2급 1차 필기 직업상담사

직업상담사 2급(필기)

초판 1쇄 인쇄	2026년 01월 28일
초판 1쇄 발행	2026년 01월 30일

편 저 자 | 박선주, 박상우, 심현아, 이정미, 황부순
발 행 처 | (주)서원각
등록번호 | 1999-1A-107호
주　　소 | 경기도 고양시 일산서구 덕산로 88-45(가좌동)
대표번호 | 031-923-2051
팩　　스 | 031-923-3815
교재문의 | 카카오톡 플러스 친구 [서원각]
홈페이지 | goseowon.com

안녕하십니까? 직업상담사 2급 자격 취득을 통해 새로운 인생의 항로를 설계하시는 수험생 여러분의 드전을 진심으로 응원합니다. 시험이라는 단어는 누구에게나 무거운 부담으로 다가옵니다. 특히 직업의 전환점에 서 있거나, 새로운 진로를 설계해야 하는 시기에 맞이하는 자격시험은 단순한 지식의 평가를 넘어, 삶의 방향을 결정짓는 중요한 과정이 됩니다. 이러한 여러분의 간절한 마음에 깊이 공감하여, 합격으로 가는 가장 확실한 길잡이가 되고자 본 교재를 집필하였습니다.

전문가의 노하우로 다지는 합격의 기틀

본서의 집필진은 다년간의 실무 경험과 석·박사급 학력을 보유한 전문가들로 구성되었습니다. 직업상담 분야의 국가기술자격 시험 준비에 오랜 기간 참여하며 높은 합격률을 기록해 온 노하우를 바탕으로, 수험생들이 느끼는 막막함을 해소하고 가장 빠른 합격의 길로 안내하기 위해 최선을 다했습니다.

변화된 2025년 시험, 실무 중심의 새로운 기준

직업상담사 2급은 학력이나 전공에 제한 없이 누구나 도전할 수 있는 국가공인 자격으로, 지난 20여 년간 수많은 합격자들이 이 과정을 거쳐 직업상담 현장으로 진출하였고, 현재는 고용센터를 비롯한 공공 고용서비스 기관, 민간 취업지원기관, 학교와 직업훈련기관, 지역 고용지원 현장에서 직업상담사로 활동하고 있습니다. 이 시험은 단순히 자격을 취득하는 과정이 아니라, 사람의 일과 삶을 돕는 전문가로 나아가기 위한 첫 관문이라 할 수 있습니다.

직업상담사 2급 자격 시험은 2025년부터는 이론 중심에서 벗어나 NCS(국가직무능력표준) 기반의 실무 이 해와 현장 적용 능력을 평가하는 방식으로 출제 기준이 개편되었습니다. 본 교재는 이러한 변화에 발맞추어 다음과 같은 세 가지 원칙으로 구성되었습니다.

1. 최신 출제 기준의 완벽한 반영 실무 역량을 강조하는 NCS 기반 개편안을 철저히 분석하였습니다. 특히 「협업체계 및 행정」, 「취업지원행사 운영」 등 새롭게 추가된 영역을 현장 실무 경험을 바탕으로 재구성하여, 생소한 신규 과목에서도 명확한 학습 방향을 잡을 수 있도록 하였습니다.

2. 핵심 이론과 실전 문제의 체계적 결합 기존 출제 내용과 NCS 학습 모듈을 통합하여 핵심 내용을 요약 정리하였습니다. 빈출 문제와 예상 문제에 대한 상세한 해설은 물론, 2025년 1~3회차 기출문제를 수록하여 수험생들이 최근의 출제 경향을 완벽하게 파악하고 실전 감각을 극대화할 수 있도록 돕습니다.

3. 논리적 서술 능력을 키우는 실전 가이드 2차 실기 시험의 핵심은 핵심 내용을 논리적으로 설명하는 능력에 있습니다. 본서는 단순 요약에 그치지 않고 실무 현장의 사례와 개념의 원리를 연계하여, 수험생들이 자연스럽게 답안 작성 능력을 갖추고 실전 임기응변 능력을 키울 수 있도록 설계되었습니다.

이 책이 단순한 수험서를 넘어, 여러분을 당당한 직업상담 전문가로 만들어 줄 소중한 동반자가 되기를 희망합니다. 아울러 '행복한 생애진로연구소카페(https://cafe.naver.com/lifecareer)'를 통해 최신 정보와 자료를 지속적으로 공유하며 여러분과 소통하겠습니다. 여러분의 노력이 합격이라는 결실로 이어져, 행복한 내일을 맞이하시기를 진심으로 기원합니다.

저자 일동

2025년 시험 개편에 따른 새로운 출제 방식

본서는 예상문제와 기출문제를 통해 개념을 익히고 실전 감각을 키울 수 있는 학습서로서 구성되었습니다. 각 문항마다 상세한 해설을 제공하며, 단순한 정답 설명이 아니라 문제의 핵심 개념, 관련 이론, 유사 문제 접근법까지 포함하여 학습자들이 기본 이론서를 별도로 보지 않고도 충분히 이해할 수 있도록 하였습니다.

NCS 기반 과목 반영

2025년부터 새롭게 추가된 NCS능력단위 관련 교과목은 NCS학습모듈을 반영한 예상문제로 새로운 시험 유형에 대비할 수 있도록 하였으며, 기존 교과목은 기출문제를 포함하여, 각 문항마다 상세한 해설을 제공하여 학업성취도를 높이고자 하였습니다. 또한, NCS 기반 직무 수행 능력이 강조되는 만큼, 문제를 풀 때 단순한 암기보다는 실무적인 상황을 연계하여 이해하는 연습이 필요합니다. 본서에서 제공하는 해설을 통해 문제 해결 능력을 기르고, 실무에서 활용할 수 있는 지식까지 함께 익혀나간다면, 시험뿐만 아니라 직업상담사로서의 역량을 키우는 데에도 큰 도움이 될 것입니다.

직업상담사 2급(필기) 교재 활용방법

STEP.01 출제경향으로 시험에 출제되는 방향을 학습한다.

2025년 세 차례 실시된 직업상담사 2급 시험을 분석하여 1차 필기 과목인 직업심리, 직업상담 및 취업지원, 직업정보, 노동시장, 고용노동관계법규(I)의 출제경향을 상세히 분석하였습니다. 빈출되고 중요한 내용들을 키워드로 만들어 한눈에 확인할 수 있도록 구성하였습니다.

STEP.02 핵심이론을 공부하면서 이론을 익힌다.

실제 시험에서 주로 등장하는 이론들의 개념을 정리하여 수록하였습니다. 1차 필기시험을 안정적으로 합격하기 위해서는 무엇보다 주요 이론을 익히는 것이 중요한 만큼, 본격적인 문제 풀이를 하기 전 개념학습을 할 수 있도록 하였습니다.

STEP.03 기출문제 중심으로 구성된 예상문제를 풀어본다.

1차 필기 과목인 '노동시장론'과 '고용노동 관계법규(I)' 과목은 최근 5년간의 기출문제와 해설로 학습의 효과를 높이도록 구성하였습니다.

STEP.04 상세하고 개념이 정리된 해설을 통해 재차 공부한다.

단순한 정답 풀이가 아닌, 문제에 나타난 핵심 개념이 상세히 설명된 해설로 구성하였습니다. 오답을 피할 수 있도록 유사 개념과 혼동하기 쉬운 개념을 비교·정리하였습니다. 본서를 효과적으로 활용하기 위해서는 문제 풀이와 정답 확인뿐만 아니라 해설을 꼼꼼히 읽으며 개념을 복습하는 방식으로 접근해야 합니다.

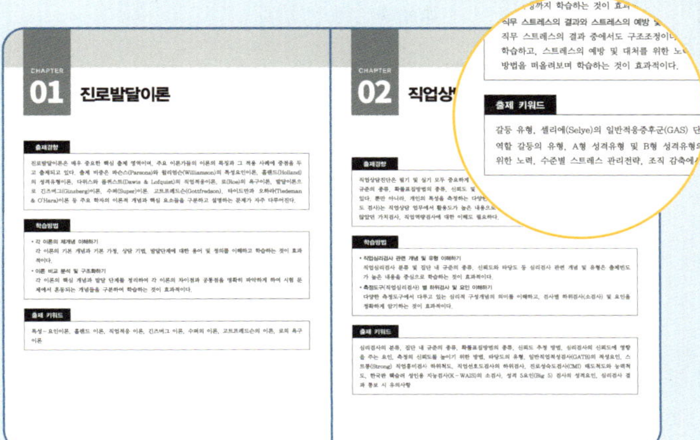

챕터별 상세한 분석

챕터별로 시험에 출제되는 경향과 학습하는 방법, 출제 키워드를 수록하여 해당 과목에 학습이 좀 더 수월하게 진행될 수 있도록 하였습니다. 또한 섹션별로 기출빈도를 아이콘으로 표시하여 수험생이 학습하는 데에 도움이 되도록 구성하였습니다.

핵심요약이론

중요도가 높은 알짜 이론들을 모아서 구성하였습니다. 최근 시험을 분석한 출제경향을 먼저 살피고 이어서 이론 학습을 진행한다면 더욱 효과적으로 개념을 정립할 수 있습니다.

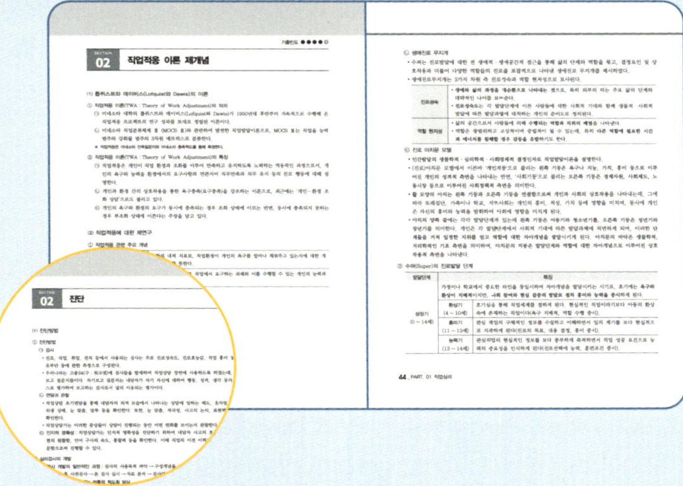

기출문제 및 출제예상문제 중심 학습

직업상담사 2급 필기 기출문제를 복원하여 챕터별로 수록하였습니다. 상단에 출제연도가 표시된 문항이 복원된 기출문제이며, 표시가 없는 문항은 최신 출제경향을 반영하여 만든 출제예상문제입니다. 기출문제와 출제예상문제를 함께 학습하며 더욱 효과적으로 시험을 준비할 수 있습니다.

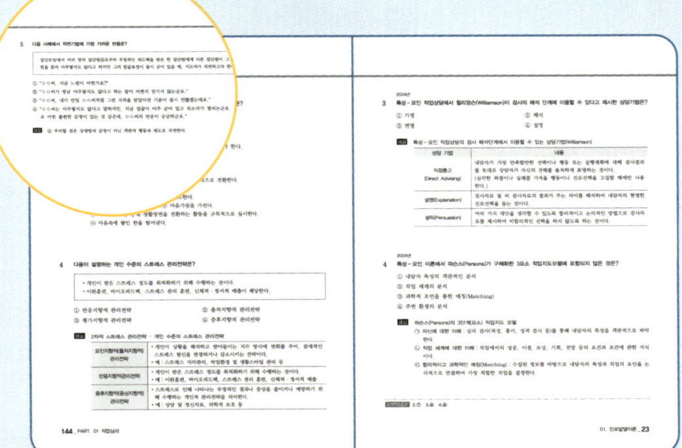

Information

직업상담사 2급 직무 내용

노동시장, 신직업, 직업상담정책 등의 관련 정보를 수집 및 분석하고, 집단상담프로그램을 개발하며, 내담자의 직업논점 진단, 역량분석, 직업상담, 집단상담프로그램 운영 등을 지원하고, 직업상담 행정을 수행하는 직무입니다.

진로 및 전망

노동부 지방노동관서, 고용안정센터, 인력은행 등 전국 19개 국립직업 안정기관과 전국 281개 시·군·구 소재 공공직업안정기관 및 민간 유·무료직업소개소 및 24개 국외 유료직업소개소 등의 직업상담원에 취업이 가능합니다. 노동부 지방노동관서 등 직업소개 기관 직업상담원 채용시 직업상담사 자격소지자에게 우대할 예정입니다.

직업상담사 2급 우대현황

우대법령	조문내역	활용내용
공무원임용 시험령	제27조 경력 경쟁채용시험 등의 응시자격 등(별표7, 별표8)	경력경쟁채용시험 등의 응시
공무원임용 시험령	제31조 자격증 소지자 등에대한 우대(별표12)	6급 이하 공무원채용시험가산대상자격증
교육감 소속 지방공무원 평정규칙	제23조 자격증 등의 가산점	5급 이하 공무원, 연구사 및 지도사 관련 가점사항
국가공무원법	제36조의2 채용시험의 가점	공무원채용 시험 응시 가점
군무원인사법 시행령	제10조 경력경쟁채용 요건	경력경쟁채용시험으로 신규 채용할 수 있는 경우
군인사법 시행규칙	제14조 부사관의 임용	부사관 임용자격
근로자 직업능력 개발법 시행령	제24조 직업능력개발훈련시설의 지정	직업능력개발훈련시설의 지정을 받으려는 자의 인력
근로자 직업능력 개발법 시행령	제27조 직업능력개발훈련을위하여 근로자를 가르칠 수 있는 사람	직업능력개발훈련교사의 정의
근로자 직업능력 개발법 시행령	제28조 직업능력개발훈련교사의 자격취득(별표2)	직업능력개발훈련교사의 자격
근로자 직업능력 개발법 시행령	제44조 교원등의 임용	교원임용시자격증 소지자에 대한 우대
기초 연구 진흥 및 기술개발지원에 관한 법률 시행규칙	2조 기업부설연구소등의 연구 시설 및 연구전담요원에 대한 기준	연구전담요원의 자격기준
중소기업인력지원특별법	제28조 근로자의 창업지원 등	해당 직종과 관련 분야에서 신기술에 기반한 창업의 경우 지원
지방공무원 임용령	제17조 경력경쟁임용시험 등을 통한 임용의 요건	경력경쟁시험 등의 임용
지방공무원 임용령	제55조의3 자격증소지자에 대한 신규임용시험의 특전	6급 이하 공무원 신규임용시 필기시험 점수 가산
지방공무원 평정규칙	제23조 자격증 등의 가산점	5급 이하 공무원 연구사 및 지도사 관련 가점 사항
국가기술자격법	제14조 국가기술자격취득자에 대한 우대	국가기술자격취득자 우대
국가기술자격법 시행규칙	제21조 시험위원의 자격 등(별표16)	시험위원의 자격
국가기술자격법 시행규칙	제27조 국가기술자격취득자의 취업 등에 대한 우대	공공기관 등 채용시 국가기술자격취득자 우대

국회인사 규칙	제20조 경력경쟁채용 등의 요건	동종 직무에 관한 자격증 소지자에 대한 경력경쟁 채용
군무원인사법 시행규칙	제18조 채용시험의 특전	채용시험의 특전
비상대비자원관리법	제2조 대상자원의 범위	비상대비자원의 인력자원 범위

NCS(국가직무능력표준) 활용법

NCS(국가직무능력표준, National Competency Standards)는 직무수행능력 중 세분류(직무)를 구성하는 기본 단위로 직무의 세부 업무(Duty)에 해당합니다. NCS가 현장의 직무 요구서라고 한다면, NCS학습모듈은 NCS의 능력단위를 교육훈련에서 학습할 수 있도록 구성한 교수·학습 자료입니다. NCS학습모듈은 구체적 직무를 학습할 수 있도록 이론 및 실습과 관련된 내용을 상세하게 제시하고 있습니다.

NCS학습모듈 활용법 (검색 일자 : 2026년 1월 1일)

www.ncs.go.kr로 검색 → 24개 산업 분야 중 대분류 '07.사회복지·종교' 선택 → 중분류 '02. 상담' 선택 → 소분류 '01.직업상담서비스' 선택 → 세분류 '01.직업상담 / 03.전직지원' 선택 → 해당 NCS학습모듈 선택

노동관계법규 법령 찾는 방법

노동관계법규를 법제처 국가법령정보센터(www.law.go.kr)에서 검색하는 방법은 다음과 같습니다.

① 법제처 국가법령정보센터(www.law.go.kr) 접속

　국가법령정보센터 웹사이트로 이동합니다.

② 검색창 활용하여 법령 찾기

　홈페이지 상단의 검색창에 찾고자 하는 법률명을 입력하고 검색합니다.

　예 : 근로기준법, 고용보험법 등

③ 세부 검색 기능 활용

　검색 결과에서 법령명을 클릭하면, 해당 법률의 전문, 개정 이력, 시행령, 시행규칙 등을 확인할 수 있습니다.

　특정 조문을 검색하려면 검색창에 "법령명 + 조문번호" 입력

　예 : 근로기준법 제60조 (연차 유급휴가)

직업상담사 2급 필기 합격률

연도	응시	합격	합격률
2025	15,497	8,819	56.9%
2024	15,513	9,099	58.7%
2023	16,060	9,440	58.8%

Contents

PART

01

직업심리

진로발달이론

출제경향

진로발달이론은 매우 중요한 핵심 출제 영역이며, 주요 이론가들의 이론의 특징과 그 적용 사례에 중점을 두고 출제되고 있다. 출제 비중은 파슨스(Parsons)와 윌리엄슨(Williamson)의 특성요인이론, 홀랜드(Holland)의 성격유형이론, 다위스와 롭퀴스트(Dawis & Lofquist)의 직업적응이론, 로(Roe)의 욕구이론, 발달이론으로 긴즈버그(Ginzberg)이론, 수퍼(Super)이론, 고트프레드슨(Gottfredson), 타이드만과 오하라(Tiedeman & O'Hara)이론 등 주요 학자의 이론적 개념과 핵심 요소들을 구분하고 설명하는 문제가 자주 다루어진다.

학습방법

- 각 이론의 제개념 이해하기
  각 이론의 기본 개념과 기본 가정, 상담 기법, 발달단계에 대한 용어 및 정의를 이해하고 학습하는 것이 효과적이다.
- 이론 비교 분석 및 구조화하기
  각 이론의 핵심 개념과 발달 단계를 정리하여 각 이론의 차이점과 공통점을 명확히 파악하게 하여 시험 문제에서 혼동되는 개념들을 구분하여 학습하는 것이 효과적이다.

출제 키워드

특성–요인이론, 홀랜드 이론, 직업적응 이론, 긴즈버그 이론, 수퍼의 이론, 고트프레드슨의 이론, 로의 욕구이론

SECTION 01 특성-요인 이론 제개념

(1) 특성-요인이론의 특징

① 특성-요인 이론의 의의 및 특징
  ㉠ 특성-요인이론은 파슨스(Parsons)의 직업지도모델에 기초하여 형성된다.
  ㉡ 파슨스(Parsons)는 각 개인들이 객관적으로 측정될 수 있는 독특한 능력을 지니고 있으며, 이를 직업에서 요구하는 요인과 합리적인 추론을 통하여 매칭시키면 가장 좋은 선택이 된다고 주장하였다.
  ㉢ 특성-요인이론은 모든 사람에게는 자신에게 옳은 하나의 직업이 존재한다는 가정에서 출발한다. 즉, 개인은 자신의 성격에 맞는 직업을 찾아야 만족하게 된다는 것이다.
  ㉣ 심리검사 이론과 개인차 심리학에 그 기초를 두고 있으며, 진단 과정을 매우 중시한다.
  ㉤ 개인적 흥미와 능력 등을 심리검사나 객관적 수단을 통해 밝혀내고자 한다.
  ㉥ 특성-요인이론에 따른 직업상담 방법들은 합리적이고 인지적인 특성을 가지며, 정신역동적 직업상담이나 내담자중심 직업상담에서와 같은 가설적 구성개념을 가정하지 않는다.
  ㉦ 윌리엄슨(Williamson), 헐(Hull) 등을 비롯한 미네소타 대학의 연구자들이 파슨스(Parsons)의 이론을 확장했다.
    • 특성 : 개인의 흥미, 적성, 성격, 가치관 등 검사에 의해 측정가능한 특징이다.
    • 요인 : 직업에서 요구하는 책임감, 성실성, 직업성취도 등 성공적인 직업수행을 위해 요구되는 특징이다.

② 파슨스(Parsons)의 3단계(요소) 직업지도 모델
  ㉠ 자신에 대한 이해 : 심리 검사(적성, 흥미, 성격 검사 등)를 통해 내담자의 특성을 객관적으로 파악한다.
  ㉡ 직업 세계에 대한 이해 : 직업에서의 성공, 이점, 보상, 기회, 전망 등의 요건과 조건에 관한 지식이다.
  ㉢ 합리적이고 과학적인 매칭(Matching) : 수집된 정보를 바탕으로 내담자의 특성과 직업의 요인을 논리적으로 연결하여 가장 적합한 직업을 결정한다.

(2) 특성-요인이론의 주요 내용

① 특성-요인 이론의 기본적인 가설(클라인과 바이너(Klein & Weiner))
  ㉠ 인간은 신뢰롭고 타당하게 측정할 수 있는 독특한(고유한) 특성의 집합체이다.
  ㉡ 다양한 특성을 지닌 개인들이 주어진 직무를 성공적으로 수행해낸다 할지라도, 모든 직업은 그 직업에서의 성공을 위한 매우 구체적인 특성을 지닐 것을 요구한다.
  ㉢ 진로선택은 다소 직접적인 인지과정이므로 개인의 특성과 직업의 특성을 짝짓는 것이 가능하다.
  ㉣ 개인의 특성과 직업의 요구사항이 서로 밀접한 관계를 맺을수록 직업적 성공의 가능성은 커진다.

② 윌리엄슨(Williamson)의 인간에 대한 기본 가정

　㉠ 인간은 선과 악의 잠재력을 모두 지니고 있는 존재이다.

　㉡ 인간은 선을 실현하는 과정에서 타인의 도움을 필요로 하는 존재이다.

　㉢ 인간의 선한 생활을 결정하는 것은 바로 자기 자신이다.

　㉣ 선의 본질은 자아의 완전한 실현이다.

　㉤ 인간은 누구나 그 자신만의 세계관을 지닌다.

- 윌리엄슨(Williamson)의 직업선택 문제유형(변별진단) 4가지(무/불/모/현)

유형	내용
직업 무선택	직업을 선택하지 않았거나, 어떤 직업을 선택해야 할지 전혀 모르는 경우이다.
불확실한 선택 (직업선택의 확신 부족)	직업을 선택했지만 교육수준, 자기이해 · 직업세계에 대한 이해 부족 등으로 자신의 결정에 확신을 가지지 못한 경우이다.
흥미와 적성의 불일치 (모순)	흥미를 느끼는 직업에 적성이 없거나, 적성에 맞는 직업에 흥미를 느끼지 못하는 등 흥미와 적성이 불일치하는 경우로 모순적인 선택을 말한다.
현명하지 못한 선택 (어리석은 선택)	자신의 특성과 관계없는 목표나 특정 직업에 대한 특권이나 갈망으로 직업을 선택하는 경우이다.

- 윌리엄슨(Williamson)의 상담과정 → 합리적 문제해결의 과학적 방법을 따른다.

단계	내용	
분석	내담자에 관한 모든 기록 자료를 수집하고, 면담, 심리검사 등을 통하여 개인적 특성을 파악한다.	상담자가 주도적 역할
종합	수집된 각종 자료를 종합하여 내담자의 특성을 총체적으로 이해한다.	
진단	얻어진 정보나 인상을 가지고 상담자는 내담자의 문제에 대하여 그 성질과 원인에 대하여 판단한다.	
예후(예측)	조정 가능성 및 문제들의 결과에 대한 다양한 가능성 판단, 대안적 조치와 중점 사항을 예측한다.	
상담	대안 중에서 가장 좋은 것을 한 가지 이상 선택하고, 앞으로 직업에 적응하고 성공하기 위한 준비나 대책을 마련할 수 있도록 조력한다.	내담자가 능동적으로 참여
추수지도	상담을 종료한 후 내담자에게 다시 문제가 발생했을 때나 상담의 효과를 확인, 내담자가 바람직한 행동 계획을 실행하도록 계속적으로 돕는다.	

③ 특성-요인 직업상담의 기술 및 기법
　　㉠ 특성-요인 직업상담의 상담기술(Williamson)

상담기술	내용
촉진적 관계형성	상담자는 신뢰감을 줄 수 있는 분위기를 조성하며, 내담자의 문제해결을 촉진할 수 있는 관계를 형성한다.
자기이해의 신장	상담자는 내담자가 자신의 장점이나 특징들에 대해 개방된 평가를 하도록 도움. 또한 자신의 장점이나 특징들이 문제해결에 어떻게 관련되는지 통찰력을 가질 수 있도록 격려한다.
행동계획의 권고와 설계	상담자는 내담자가 이해하는 관점에서 상담 또는 조언을 함. 또한 내담자가 표현한 학문적`직업적 선택 또는 감정, 습관, 행동 태도와 일치하거나 반대되는 증거를 언어로 정리해 주며, 실제적인 행동을 계획하고 설계할 수 있도록 돕는다.
계획의 수행	상담자는 내담자가 진로선택을 하는 데 있어서 직접적인 도움이 되는 여러 가지 제안을 함으로써 내담자가 계획을 실행에 옮겨 직업을 선택할 수 있도록 돕는다.
위임 또는 의뢰	필요한 경우 다른 상담자를 만나보도록 권유한다.

　　㉡ 특성-요인 직업상담의 검사 해석단계에서 이용할 수 있는 상담기법(Williamson)

상담 기법	내용
직접충고 (Direct Advising)	내담자가 가장 만족할만한 선택이나 행동 또는 실행계획에 대해 검사결과를 토대로 상담자가 자신의 견해를 솔직하게 표명하는 것이다. (심각한 좌절이나 실패를 가져올 행동이나 진로선택을 고집할 때에만 사용한다.)
설명 (Explanation)	검사자료 및 비 검사자료의 결과가 주는 의미를 해석하여 내담자의 현명한 진로선택을 돕는 것이다.
설득 (Persuasion)	여러 가지 대안을 생각할 수 있도록 합리적이고 논리적인 방법으로 검사자료를 제시하여 비합리적인 선택을 하지 않도록 하는 것이다.

④ 진단의 종류

진단 종류	내용
변별진단	많은(일련의) 사실들로부터 일관된 의미를 논리적으로 변별(파악)하여 문제를 하나씩 해결한다.
선택진단	자기분석, 직업분석, 합리적 매칭을 통해 (직업) 선택진단한다.
다중진단	내담자의 흥미, 적성, 성격 등 표준화된 검사를 통해 다각도로 진단한다.
범주진단	진로무선택, 불확실한 선택, 현명하지 못한 선택, 흥미와 적성의 불일치 등의 내담자 범주를 의미한다.

⑤ 스트롱과 슈미트(Strong & Schmidt)가 제시한 상담자가 갖추어야 할 특성 또는 자질

상담사의 자질	내용
전문성 (Expertness)	상담자가 상담 분야에 대한 충분한 지식, 기술, 경험을 갖추고 있어 내담자의 문제를 다룰 능력이 있다고 내담자가 인식하는 정도이다.
신뢰 (Trustworthiness)	상담자가 솔직하고 진실하며, 내담자의 비밀을 지키고, 내담자의 복지를 최우선으로 생각한다고 내담자가 믿는 정도이다.
매력 (Attractiveness)	상담자가 내담자에게 호감을 주는 정도를 의미하며, 이는 외모뿐만 아니라 친밀감, 공통점, 온화함, 수용적 태도 등 대인 관계적 매력을 포함한다.

※ 특성-요인 상담 과정에서 상담자의 역할은 '교사'의 역할과 유사하다.

⑥ 특성-요인 이론의 한계

　ⓐ 인간의 변화 가능성 무시 : 개인의 특성이 고정적이라고 가정하여, 시간이 지남에 따라 변할 수 있는 인간의 발달적 측면을 충분히 고려하지 못하였다.

　ⓐ 개인의 주체성 부족 : 상담 과정에서 내담자의 주관적인 감정, 가치관, 목표 설정 등 능동적인 역할을 간과할 수 있다는 비판을 받았다.

　ⓐ 급변하는 사회와 직업 환경 : 빠르게 변화하는 현대 사회의 직업 세계와 새로운 직업을 충분히 설명하기 어렵다는 한계가 있다.

⑦ 특성-요인 이론의 쟁점

　㉠ 특성은 안정적이고 지속적인 것인가?

　　트라이온과 아나스타시(Tryon & Anastasi)는 특성-요인이론이 가정하는 특성의 안정성과 지속성에 대해 의문을 제기하였다. 그들은 특성이란 학습되는 것이며, 특정한 임무나 상황에 대해서만 타당한 것으로 간주하였다.

　㉡ 특성이 연구를 통해 정확한 활용가치를 측정할 수 있는가?

　　헤어와 크레머(Herr & Crammer)는 특성-요인적 접근이 통계적인 정교함과 검사의 세련화에도 불구하고 특정 직업에서의 개인의 성공을 예언하는데 있어서 부정확하다고 주장하였다.

(3) 홀랜드의 직업선택 이론(인성 이론)

① 의의 및 특징

　㉠ 홀랜드는 사람들의 인성(성격)과 환경을 현실형, 탐구형, 예술형, 사회형, 진취형, 관습형으로 구분하고, 육각형 모델을 통해 효과적인 직업결정 방법을 제시하였다.

　㉡ 홀랜드의 인성이론은 "직업적 흥미는 일반적으로 성격이라고 불리는 것의 일부분이기 때문에 개인의 직업적 흥미에 대한 설명은 개인의 성격에 대한 설명이다"라는 가정에 기초한다. 이는 개인의 직업 선택을 타고난 유전적 소질(성격)과 문화적 요인(환경) 간 상호작용의 산물로 보는 견해이기도 하다.

ⓒ 개인의 특성과 직업세계의 특징 간의 최적의 조화를 이루는 것을 강조하며, 개인이 자신의 성격을 표현할 수 있는 적합한 환경을 추구한다고 주장하였다.

ⓔ 개인-환경 적합성(Person-Environment Fit) 모형을 통해 개인의 행동이 그들의 성격에 부합하는 직업환경 특성들 간의 상호작용에 의해 결정된다고 보았다. 특히 개인-환경 적합성 모형은 개인의 지속적인 직업 흥미 유형이 직업 선택이나 직업 적응과 밀접한 관계가 있음을 시사한다.

② 홀랜드(Holland) 인성 이론의 4가지 기본 가정

㉠ 대부분의 사람들은 여섯 가지 유형, 즉 '현실적(Realistic), 탐구적(Investigative), 예술적(Artistic), 사회적(Social), 진취적(Enterprising), 관습적(Conventional)'유형의 하나로 분류될 수 있다.

㉡ 직업 환경에도 '현실적(R), 탐구적(I), 예술적(A), 사회적(S), 진취적(E), 관습적(C)'인 여섯 가지 종류가 있으며, 대부분 각 환경에는 그 성격유형과 일치하는 사람들이 있다.

㉢ 사람들은 자신의 능력과 기술을 발휘하고 태도와 가치를 표현하고 자신에게 맞는 역할을 수행할 수 있는 환경을 찾는다.

㉣ 개인의 행동은 성격과 환경의 상호작용에 의해 결정된다. 개인의 성격과 그의 직업 환경에 대한 지식은 진로 선택, 직업 변경, 직업성취 등에 관한 중요한 결과를 예측할 수 있도록 해 준다.

③ 홀랜드(Holland) 6가지 직업 흥미 유형

유형	성격 특징 / 선호하는 활동 / 대표직업
현실형(실재적) (R Realistic)	• 솔직하고 성실하며, 검소하고 지구력이 있다. • 말이 적고 고집이 세며, 직선적이고 단순하다.
	• 분명하고, 질서정연하고, 체계적인 것을 좋아하며, 연장이나 기계의 조작을 주로 하는 활동 내지 신체적인 기술들에 흥미를 보인다. • 기계, 도구, 동물에 관한 체계적인 조작활동, 현장에서 몸으로 부대끼는 활동을 좋아하지만, 사회적 기술이 부족하고 사교적이지 못하여 대인관계가 요구되는 상황에서 어려움을 느낀다.
	기술자, 정비사, 엔지니어, 전기·기계기사, 비행기조종사, 트럭운전사, 조사연구원, 농부, 목수, 운동선수 등
탐구형 (I : Investigative)	• 논리적·분석적·합리적이며, 추상적·과학적이고 호기심이 많다. • 조직적이며 정확한 반면, 내성적이고 수줍음을 잘 탄다.
	• 관찰적·상징적 체계적이고 과제 지향적이며, 물리적·생물학적·문화적 현상의 창조적인 탐구를 수반하는 활동들에 흥미를 보인다. • 사회적이고 반복적인 활동들에는 관심이 부족한 편이며, 흔히 리더십 기술이 부족하다.
	과학자, 생물학자, 화학자, 물리학자, 인류학자, 지질학자, 의료기술자, 의사, 심리학자, 분자공학자 등

예술형 (A : Artistic)	• 표현이 풍부하고 창의적 · 독창적이며 개성이 강하고 비순응적이다. • 상상력이 풍부하고 감수성이 강하며, 자유분방하고 개방적이다.
	• 변화와 다양성을 좋아하고 틀에 박힌 것을 싫어하며, 모호하고, 자유롭고, 상징적인 활동들에 흥미를 보인다. • 체계적이고 구조화된 활동, 협동이 요구되는 활동에는 흥미가 없다.
	예술가, 작곡가, 음악가, 무대감독, 작가, 배우, 소설가, 미술가, 무용가, 디자이너 등
사회형 (S : Social)	• 사람들과 어울리기를 좋아하고 대인관계에 뛰어나며, 친절하고 이해심이 많다. • 남을 잘 돕고 봉사적이며, 감정적이고 이상주의적이다.
	• 타인의 문제를 듣고, 이해하고, 도와주고, 치료해 주고, 봉사하는 활동들에 흥미를 보인다. • 다른 사람과 함께 일하거나 다른 사람을 돕는 것을 즐기지만, 도구와 기계를 포함하는 질서정연하고 조직적인 활동에는 흥미가 없다.
	사회복지사, 사회사업가, 교육자, 교사, 종교지도자, 상담사(카운슬러), 바텐더, 임상치료사, 간호사, 언어재활사 등
진취형 (E : Enterprising)	• 지배적이고 통솔력 · 지도력이 있으며, 말을 잘하고 설득적이다. • 경쟁적이고 야심적이며, 외향적이고 열성적이다.
	• 조직의 목적과 경제적인 이익을 얻기 위해 타인을 선도, 계획, 통제, 관리하는 일과 그 결과로 얻어지는 위신, 인정, 권위에 흥미를 보인다. • 관찰적 · 상징적 · 체계적 활동에는 흥미가 없으며, 과학적 능력이 부족하다.
	정치가, 사업가, 기업경영인, 판사, 영업사원, 상품구매인, 보험회사원, 판매원, 관리자, 연출가 등
관습형 (C : Conventional)	• 정확하고 조심성이 있으며, 세밀하고 계획성이 있다. • 다소 보수적이고 변화를 좋아하지 않으며, 완고하고 책임감이 강하다.
	• 구조화된(조직적인) 환경을 선호하며, 질서정연하고 체계적인 자료정리를 좋아한다. • 정해진 원칙과 계획에 따라 자료들을 기록, 정리, 조직하는 일을 좋아하고, 체계적인 작업환경에서 사무적 · 계산적 능력을 발휘하는 활동들에 흥미를 보인다.
	사서, 은행원, 행정관료, 공인회계사, 경리사원, 경제분석가, 세무사, 법무사, 감사원, 안전관리사 등

④ 홀랜드의 육각형 모델과 직업성격 유형의 차원

　㉠ 홀랜드의 육각형 모델(모형)에서 '현실형(R)과 사회형(S)', '탐구형(I)과 진취형(E)', '예술형(A)과 관습형(C)'은 서로 대각선에 위치하여 대비되는 특성을 지닌다.

　㉡ '관습형(C)과 진취형(E)'은 '관습형(C)과 사회형(S)'에 비해 서로 간의 거리가 가까우며, 상대적으로 유사한 직업성격을 지닌다.

⑤ 홀랜드(Holland)의 육각형 모델과 5개 개념(해석 차원)

일관성	• 어떤 유형의 쌍들은 다른 유형의 쌍들보다 공통점을 더 많이 가지고 있다. 즉, 육각형 모델의 둘레를 따라 서로 인접한 직업유형들은 유사성이 있는 반면, 떨어져 있는 유형들은 유사성이 거의 없다. • 개인의 흥미 하위 유형 간의 내적 일관성을 말하는 것으로서, 개인의 흥미 유형이 얼마나 서로 유사한가를 의미한다. ※ 일관성 수준과 코드(첫 2개 문자를 사용)

일관성의 수준	성격 유형
높음	RI, RC, IR, IA, AI, AS, SA, SE, ES, EC, CE, CR
보통	RA, RE, IS, IC, AE, AR, SC, SI, ER, EA, CS, CI
낮음	RS, SR, IE, EI, AC, CA

차별성 (변별성)	• 개인의 흥미 유형 혹은 작업환경은 특정 흥미 유형 혹은 작업환경과 매우 유사한 반면, 다른 흥미 유형 혹은 작업환경과 차별적(유사성이 낮다)이라는 의미이다(육각형의 모양과 관련 있다. : 찌그러진 모양일수록 더 차별성이 있다). • 흥미의 차별성에 대한 측정치로서, 6가지 흥미 유형 중 특정 흥미 유형의 점수가 다른 흥미 유형의 점수보다 높은 경우 차별성(변별성)도 높지만, 이들의 점수가 대부분 비슷한 경우 차별성(변별성)이 낮다고 할 수 있다. • 자기방향탐색 검사(SDS)와 직업선호도 검사(VPI)검사로 측정 가능하다.
정체성	• 성격적 측면에서의 정체성은 개인의 목표, 흥미, 재능에 대한 명확하고 견고한 청사진을 말하는 반면, 환경적 측면에서의 정체성은 조직의 투명성 및 안정성, 목표·일·보상의 통합을 의미한다(육각형의 크기와 관련 있다. : 크기가 클수록 정체성이 발달되었다고 할 수 있다). • 자기직업상황 검사(MVS)의 직업정체성 척도는 개인의 정체성 요인을 측정하는 데 사용된다.
일치성	• 개인의 흥미 유형과 개인의 몸담고 있거나 소속되고자 하는 환경의 유형이 서로 부합하는 정도를 말한다. • 한 개인이 자기 자신의 성격과 동일하거나 유사한 환경에서 일하고 생활하는 경우에 해당한다. 즉, 개인은 자신의 유형 또는 정체성과 비슷한 환경에서 일하거나 생활할 때 일치성이 높아진다.

<table>
<tr><td rowspan="3" style="text-align:center; vertical-align:middle;">계측성</td><td>
<ul>
<li>유형들 내 또는 유형들 간의 관계는 육각형 모델에 의해 정리되며, 육각형 모델에서의 유형들 간의 거리는 그 이론적인 관계에 반비례한다는 의미한다.</li>
<li>육각형은 이론의 본질적 관계를 설명해 주는 것으로서, 여러 가지 실제적인 용도를 가지고 있다.</li>
<li>실제로 육각형은 상담자로 하여금 그 이론을 이해할 수 있도록 해 주며, 내담자가 육각형 모델을 사용할 수 있도록 돕는다.</li>
</ul>
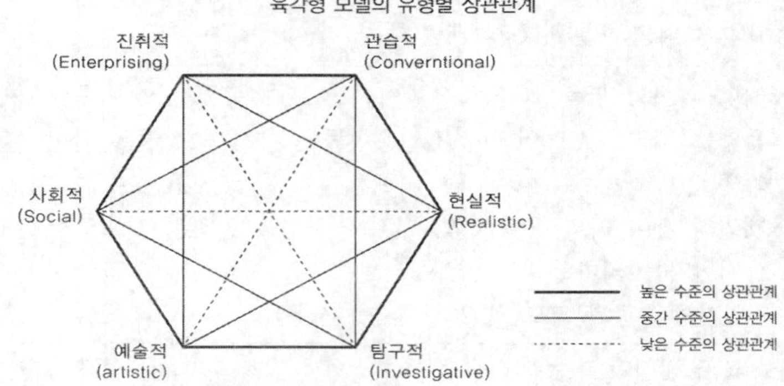

</td></tr>
</table>

⑥ 홀랜드(Holland) 모델에 근거한 주요 검사 도구

직업선호도검사 (VPI : Vocational Perference Inventory)	160개의 직업목록에 흥미 정도를 표시하는 검사이다. 차별성을 표시한다.
자기방향탐색검사 (SDS : Self-Directed Search)	능력 및 태도 등 자아 평가능력을 다룬다. 직업의 차별성을 표시한다.
직업탐색검사 (VEIK : Vocation Exploration And Insight Kit)	미래 진로문제에 대한 스트레스 및 직업탐색검사이다.
자기직업상황검사 (MVS : My Vocational Situation)	직업정체성, 직업정보에 대한 필요 정도, 직업 선택 후 목표의 장애를 파악한다..
경력의사결정검사 (CDM : Career Decision Making System)	6가지 흥미유형에 대한 점수가 도출되는 검사이다.

출제예상문제 | 특성 – 요인 이론 제개념

2024년

1 특성 – 요인 직업상담에서 일련의 관련 있는 또는 관련 없는 사실들로부터 일관된 의미를 논리적으로 파악하여 문제를 하나씩 해결하는 과정은?

① 다중진단
② 선택진단
③ 변별진단
④ 범주진단

해설 진단의 종류

진단 종류	내용
변별진단	많은(일련의) 사실들로부터 일관된 의미를 논리적으로 변별(파악)하여 문제를 하나씩 해결한다.
선택진단	자기분석, 직업분석, 합리적 매칭을 통한 (직업) 선택진단한다.
다중진단	내담자의 흥미, 적성, 성격 등 표준화된 검사를 통해 다각도로 진단한다.
범주진단	진로무선택, 불확실한 선택, 현명하지 못한 선택, 흥미와 적성의 불일치 등의 내담자 범주를 의미한다.

ANSWER 1.③

2 윌리엄슨(Williamson)이 구분한 특성-요인 상담과정 중 A에 대한 설명으로 옳은 것은?

분석 → 종합 → (A) → 예후 → 상담 → 추수지도

① 문제를 사실적으로 확인하고 원인을 발견한다.
② 상담에서 학습했던 것을 일상생활에서 적용할 때 이루어지는 행동을 강화, 재평가, 점검한다.
③ 내담자의 다양한 측면들을 정리 재배열하여 전체적인 모습을 그려본다.
④ 일반화된 방식으로 생활 전체를 다루는 것을 학습하는 단계이다.

해설 윌리엄슨(Williamson)의 상담과정

단계	특징
분석	내담자에 관한 각종 기록 자료를 수집하고, 면담, 심리검사 등을 통하여 개인적 특성을 파악한다.
종합	수집된 각종 자료를 종합하여 내담자의 특성을 총체적으로 이해한다.
진단	얻어진 정보나 인상을 가지고 상담자는 내담자의 문제에 대하여 그 성질과 원인에 대하여 판단한다.
예후(예측)	조정 가능성 및 문제들의 결과에 대한 다양한 가능성 판단, 대안적 조치와 중점 사항을 예측한다.
상담	대안 중에서 가장 좋은 것을 한 가지 이상 선택하고, 앞으로 직업에 적응하고 성공하기 위한 준비나 대책을 마련할 수 있도록 조력한다.
추수지도	상담을 종료한 후 내담자에게 다시 문제가 발생했을 때나 상담의 효과를 확인, 내담자가 바람직한 행동 계획을 실행하도록 계속적으로 돕는다.

3 특성-요인 직업상담에서 윌리엄슨(Williamson)이 검사의 해석 단계에 이용할 수 있다고 제시한 상담기법은?

① 가정   ② 해석

③ 변명   ④ 설명

해설   특성-요인 직업상담의 검사 해석단계에서 이용할 수 있는 상담기법(Williamson)

상담 기법	내용
직접충고 (Direct Advising)	내담자가 가장 만족할만한 선택이나 행동 또는 실행계획에 대해 검사결과를 토대로 상담자가 자신의 견해를 솔직하게 표명하는 것이다. (심각한 좌절이나 실패를 가져올 행동이나 진로선택을 고집할 때에만 사용한다.)
설명(Explanation)	검사자료 및 비 검사자료의 결과가 주는 의미를 해석하여 내담자의 현명한 진로선택을 돕는 것이다.
설득(Persuasion)	여러 가지 대안을 생각할 수 있도록 합리적이고 논리적인 방법으로 검사자료를 제시하여 비합리적인 선택을 하지 않도록 하는 것이다.

4 특성-요인 이론에서 파슨스(Parsons)가 구체화한 3요소 직업지도모델에 포함되지 않은 것은?

① 내담자 특성의 객관적인 분석

② 직업 세계의 분석

③ 과학적 조언을 통한 매칭(Matching)

④ 주변 환경의 분석

해설   파슨스(Parsons)의 3단계(요소) 직업지도 모델

    ㉠ 자신에 대한 이해 : 심리 검사(적성, 흥미, 성격 검사 등)를 통해 내담자의 특성을 객관적으로 파악한다.

    ㉡ 직업 세계에 대한 이해 : 직업에서의 성공, 이점, 보상, 기회, 전망 등의 요건과 조건에 관한 지식이다.

    ㉢ 합리적이고 과학적인 매칭(Matching) : 수집된 정보를 바탕으로 내담자의 특성과 직업의 요인을 논리적으로 연결하여 가장 적합한 직업을 결정한다.

ANSWER   2.①   3.④   4.④

5 파슨스(Parsons)가 강조하는 현명한 직업 선택을 위한 필수 요인이 아닌 것은?

① 자신의 흥미, 적성, 능력, 가치관 등 내면적인 자신에 대한 명확한 이해

② 현대사회가 필요로 하는 전망이 밝은 분야에서의 취업을 위한 구체적인 준비

③ 직업에서의 성공, 이점, 보상, 자격요건, 기회 등 직업 세계에 대한 지식

④ 개인적인 요인과 직업 관련 자격요건, 보수 등의 정보를 기초로 한 현명한 선택

해설 파슨스(Parsons)의 3단계(요소) 직업지도 모델
ㄱ 자신에 대한 이해 : 심리 검사(적성, 흥미, 성격 검사 등)를 통해 내담자의 특성을 객관적으로 파악한다.
ㄴ 직업 세계에 대한 이해 : 직업에서의 성공, 이점, 보상, 기회, 전망 등의 요건과 조건에 관한 지식이다.
ㄷ 합리적이고 과학적인 매칭(Matching) : 수집된 정보를 바탕으로 내담자의 특성과 직업의 요인을 논리적으로 연결하여 가장 적합한 직업을 결정한다.

6 직업상담에서 특성 – 요인이론에 관한 설명으로 옳은 것은?

① 대부분의 사람들은 여섯 가지 유형으로 성격 특성을 분류할 수 있다.

② 각각의 개인은 신뢰할 만하고 타당하게 측정될 수 있는 고유한 특성의 집합이다.

③ 개인은 일을 통해 개인적 욕구를 성취하도록 동기화되어 있다.

④ 직업적 선택은 개인의 발달적 특성이다.

해설 ① 홀랜드의 직업선택이론
③ 로의 욕구이론
④ 수퍼의 진로발달이론

TIP 특성 – 요인이론의 기본적 가설
ㄱ 각 개인은 신뢰할 만하고 타당하게 측정될 수 있는 고유한 특성의 집합체이다.
ㄴ 모든 직업은 그 직업에서 성공하는데 필요한 특성을 지닌 근로자를 요구한다.
ㄷ 진로선택은 다소 직접적인 인지과정이므로 개인의 특성과 직업의 특성을 짝짓는 것이 가능하다.
ㄹ 개인의 특성과 직업의 요구사항이 서로 밀접한 관계를 맺을수록 직업적 성공(생산성과 만족)의 가능성은 커진다.

7 윌리엄슨(Williamson)이 분류한 직업선택 문제의 주요 영역에 해당하지 않은 것은?

① 직업 무선택

② 현명하지 못한 선택

③ 직업선택의 확신 부족

④ 흥미와 가치의 모순

해설 윌리엄슨(Williamson)의 직업선택 문제 유형

유형	특징
직업 무선택	직업을 선택하지 않았거나, 어떤 직업을 선택해야 할지 전혀 모르는 경우이다.
불확실한 선택 (직업선택의 확신 부족)	직업을 선택했지만 교육수준, 자기이해 · 직업세계에 대한 이해 부족 등으로 자신의 결정에 확신을 가지지 못한 경우이다.
흥미와 적성의 불일치(모순)	흥미를 느끼는 직업에 적성이 없거나, 적성에 맞는 직업에 흥미를 느끼지 못하는 등 흥미와 적성이 불일치하는 경우로 모순적인 선택을 말한다.
현명하지 못한 선택 (어리석은 선택)	자신의 특성과 관계없는 목표나 특정 직업에 대한 특권이나 갈망으로 직업을 선택하는 경우이다.

8 직업발달에 관한 특성-요인이론의 종합적인 결과를 토대로 Klein과 Weiner 등이 내린 결론과 가장 거리가 먼 것은?

① 인간은 신뢰롭고 타당하게 측정할 수 있는 독특한 특성을 지니고 있다.

② 모든 직업은 성공에 필요한 독특한 특성을 가지고 있다.

③ 개인의 직업선호는 부모의 양육환경 특성에 의해 좌우된다.

④ 개인의 특성과 직업의 요구사항 간에 상관이 높을수록 직업적 성공의 가능성이 커진다.

해설 ③은 로(Roe)의 욕구이론의 특징이다.

TIP 특성-요인 이론의 기본적인 가설

㉠ 인간은 신뢰롭고 타당하게 측정할 수 있는 독특한(고유한) 특성의 집합체이다..

㉡ 다양한 특성을 지닌 개인들이 주어진 직무를 성공적으로 수행해낸다 할지라도, 모든 직업은 그 직업에서의 성공을 위한 매우 구체적인 특성을 지닐 것을 요구한다.

㉢ 진로선택은 다소 직접적인 인지과정이므로 개인의 특성과 직업의 특성을 짝짓는 것이 가능하다.

㉣ 개인의 특성과 직업의 요구사항이 서로 밀접한 관계를 맺을수록 직업적 성공의 가능성은 커진다.

ANSWER 5.② 6.② 7.④ 8.③

9 윌리엄슨(Williamson)이 분류한 임상적 상담 과정을 바르게 나열한 것은?

① 분석 → 종합 → 진단 → 예후 → 상담 → 추수
② 분석 → 진단 → 종합 → 상담 → 예후 → 추수
③ 진단 → 분석 → 종합 → 예후 → 상담 → 추수
④ 진단 → 종합 → 분석 → 상담 → 예후 → 추수

해설 윌리엄슨(Williamson)의 상담 과정

단계	특징
분석	내담자에 관한 모든 기록 자료를 수집하고, 면담, 심리검사 등을 통하여 개인적 특성을 파악한다.
종합	수집된 각종 자료를 종합하여 내담자의 특성을 총체적으로 이해한다.
진단	얻어진 정보나 인상을 가지고 상담자는 내담자의 문제에 대하여 그 성질과 원인에 대하여 판단한다.
예후(예측)	조정 가능성 및 문제들의 결과에 대한 다양한 가능성 판단, 대안적 조치와 중점 사항을 예측한다.
상담	대안 중에서 가장 좋은 것을 한 가지 이상 선택하고, 앞으로 직업에 적응하고 성공하기 위한 준비나 대책을 마련할 수 있도록 조력한다.
추수지도	상담을 종료한 후 내담자에게 다시 문제가 발생했을 때나 상담의 효과를 확인, 내담자가 바람직한 행동 계획을 실행하도록 계속적으로 돕는다.

10 특성-요인 직업상담의 과정에서 내담자가 능동적으로 참여하는 단계는?

① 상담 또는 치료 단계

② 분석 단계

③ 진단 단계

④ 종합 단계

해설 윌리엄슨(Williamson)의 상담 과정

단계	내용	
분석	내담자에 관한 모든 기록 자료를 수집하고, 면담, 심리검사 등을 통하여 개인적 특성을 파악한다.	상담자가 주도적 역할
종합	수집된 각종 자료를 종합하여 내담자의 특성을 총체적으로 이해한다.	
진단	얻어진 정보나 인상을 가지고 상담자는 내담자의 문제에 대하여 그 성질과 원인에 대하여 판단한다.	
예후(예측)	조정 가능성 및 문제들의 결과에 대한 다양한 가능성 판단, 대안적 조치와 중점 사항을 예측한다.	
상담	대안 중에서 가장 좋은 것을 한 가지 이상 선택하고, 앞으로 직업에 적응하고 성공하기 위한 준비나 대책을 마련할 수 있도록 조력한다.	내담자가 능동적으로 참여
추수지도	상담을 종료한 후 내담자에게 다시 문제가 발생했을 때나 상담의 효과를 확인, 내담자가 바람직한 행동 계획을 실행하도록 계속적으로 돕는다.	

ANSWER 9.① 10.①

11 **특성-요인이론과 관련된 내용과 가장 거리가 먼 것은?**

① 특성-요인 직업상담은 정신역동적 가설에서 비롯되었다.

② Parsons는 이 이론의 기반이 되는 3요소 직업지도 모델을 구체화하였다.

③ 특성의 안정성과 지속성은 의문을 제기하는 학자들이 있어 논쟁이 되고 있다.

④ 특성-요인이론에 따른 직업상담 방법들은 합리적이고 인지적인 특성을 가진다.

해설 특성-요인이론의 특징

㉠ 파슨스(Parsons)의 3단계(요소) 직업지도 모델 : 자신에 대한 이해→직업 세계에 대한 이해→합리적이고 과학적인 매칭(Matching)을 한다.

㉡ 트라이온과 아나스타시(Tryon & Anastasi)는 특성-요인이론이 가정하는 특성의 안정성과 지속성에 대해 의문을 제기하였다. 그들은 특성이란 학습되는 것이며, 특정한 임무나 상황에 대해서만 타당한 것으로 간주한다.

㉢ 특성-요인이론에 따른 직업상담 방법들은 합리적이고 인지적인 특성을 가지며, 정신역동적 직업상담이나 내담자중심 직업상담에서와 같은 가설적 구성개념을 가정하지 않는다.

12 **특성-요인 상담에서 스트롱과 슈미트(Strong & Schmidt)가 중요하게 생각한 상담사의 특성과 거리가 가장 먼 것은?**

① 신뢰　　　　　　　　　　　② 전문성

③ 매력　　　　　　　　　　　④ 공감

해설 스트롱과 슈미트(Strong & Schmidt)가 제시한 상담자가 갖추어야 할 특성 또는 자질

상담사의 자질	내용
전문성(Expertness)	상담자가 상담 분야에 대한 충분한 지식, 기술, 경험을 갖추고 있어 내담자의 문제를 다룰 능력이 있다고 내담자가 인식하는 정도이다.
신뢰(Trustworthiness)	상담자가 솔직하고 진실하며, 내담자의 비밀을 지키고, 내담자의 복지를 최우선으로 생각한다고 내담자가 믿는 정도이다.
매력(Attractiveness)	상담자가 내담자에게 호감을 주는 정도를 의미하며, 이는 외모뿐만 아니라 친밀감, 공통점, 온화함, 수용적 태도 등 대인 관계적 매력을 포함한다.

13 다음 중 홀랜드(Holland) 인성이론의 기본가정에 대한 설명으로 옳지 않은 것은?

① 사람들의 성격은 6가지 유형 중의 하나로 분류될 수 있다.

② 직업환경은 6가지 유형의 하나로 분류될 수 있다.

③ 개인의 행동은 성격에 의해 결정된다.

④ 사람들은 자신의 능력을 발휘하고 태도와 가치를 표현할 수 있는 환경을 찾는다.

해설 홀랜드(Holland) 인성이론의 4가지 기본 가정

㉠ 대부분의 사람들은 여섯 가지 유형, 즉 '현실적(Realistic), 탐구적(Investigative), 예술적(Artistic), 사회적(Social), 진취적(Enterprising), 관습적(Conventional)'유형의 하나로 분류될 수 있다.

㉡ 직업 환경에도 '현실적(R), 탐구적(I), 예술적(A), 사회적(S), 진취적(E), 관습적(C)'인 여섯 가지 종류가 있으며, 대부분 각 환경에는 그 성격유형과 일치하는 사람들이 있다.

㉢ 사람들은 자신의 능력과 기술을 발휘하고 태도와 가치를 표현하고 자신에게 맞는 역할을 수행할 수 있는 환경을 찾는다.

㉣ 개인의 행동은 성격과 환경의 상호작용에 의해 결정된다. 개인의 성격과 그의 직업환경에 대한 지식은 진로선택, 직업변경, 직업성취 등에 관한 중요한 결과를 예측할 수 있도록 해 준다.

ANSWER 11.① 12.④ 13.③

14 다음 보기의 내용은 홀랜드(Holland)의 6가지 성격유형 중 무엇에 해당하는가?

> • 다른 사람들과 함께 일하거나 다른 사람을 돕는 것을 즐기지만, 도구와 기계를 포함하는 질서정연하고 조작적인 활동을 싫어한다.
> • 기계적이고 과학적인 능력이 부족하며 카운슬러, 바텐더 등이 해당한다.

① 현실적 유형(R)
② 사회적 유형(S)
③ 탐구적 유형(I)
④ 관습적 유형(C)

유형	선호하는 활동 / 대표직업
현실형 (R : Realistic)	• 분명하고, 질서정연하고, 체계적인 것을 좋아하며, 연장이나 기계의 조작을 주로 하는 활동 내지 신체적인 기술들에 흥미를 보인다. • 기계, 도구, 동물에 관한 체계적인 조작활동, 현장에서 몸으로 부대끼는 활동을 좋아하지만, 사회적 기술이 부족하고 사교적이지 못하여 대인관계가 요구되는 상황에서 어려움을 느낀다.
	기술자, 정비사, 엔지니어, 전기·기계기사, 비행기조종사, 트럭운전사, 조사연구원, 농부, 목수, 운동선수 등
탐구형 (I : Investigative)	• 관찰적·상징적 체계적이고 과제 지향적이며, 물리적·생물학적·문화적 현상의 창조적인 탐구를 수반하는 활동들에 흥미를 보인다. • 사회적이고 반복적인 활동들에는 관심이 부족한 편이며, 흔히 리더십 기술이 부족하다.
	과학자, 생물학자, 화학자, 물리학자, 인류학자, 지질학자, 의료기술자, 의사, 심리학자, 분자공학자 등
예술형 (A : Artistic)	• 변화와 다양성을 좋아하고 틀에 박힌 것을 싫어하며, 모호하고, 자유롭고, 상징적인 활동들에 흥미를 보인다. • 체계적이고 구조화된 활동, 협동이 요구되는 활동에는 흥미가 없다.
	예술가, 작곡가, 음악가, 무대감독, 작가, 배우, 소설가, 미술가, 무용가, 디자이너 등
사회형 (S : Social)	• 타인의 문제를 듣고, 이해하고, 도와주고, 치료해 주고, 봉사하는 활동들에 흥미를 보인다. • 다른 사람과 함께 일하거나 다른 사람을 돕는 것을 즐기지만, 도구와 기계를 포함하는 질서정연하고 조직적인 활동에는 흥미가 없다.
	사회복지사, 사회사업가, 교육자, 교사, 종교지도자, 상담사(카운슬러), 바텐더, 임상치료사, 간호사, 언어재활사 등
진취형 (E : Enterprising)	• 조직의 목적과 경제적인 이익을 얻기 위해 타인을 선도, 계획, 통제, 관리하는 일과 그 결과로 얻어지는 위신, 인정, 권위에 흥미를 보인다. • 관찰적·상징적·체계적 활동에는 흥미가 없으며, 과학적 능력이 부족하다.
	정치가, 사업가, 기업경영인, 판사, 영업사원, 상품구매인, 보험회사원, 판매원, 관리자, 연출가 등
관습형 (C : Conventional)	• 구조화된(조직적인) 환경을 선호하며, 질서정연하고 체계적인 자료정리를 좋아한다. • 정해진 원칙과 계획에 따라 자료들을 기록, 정리, 조직하는 일을 좋아하고, 체계적인 작업환경에서 사무적·계산적 능력을 발휘하는 활동들에 흥미를 보인다.
	사서, 은행원, 행정관료, 공인회계사, 경리사원, 경제분석가, 세무사, 법무사, 감사원, 안전관리사 등

ANSWER 14.②

15 다음 중 홀랜드(Holland)의 육각형 모델에서 "어떤 유형의 쌍들은 다른 유형의 쌍들보다 더 많은 공통점을 가지고 있다"는 것을 나타내는 것은?

① 일관성

② 차별성

③ 일치성

④ 정체성

해설 홀랜드(Holland)의 육각형 모델과 5개 개념(해석 차원)

일관성	어떤 유형의 쌍들은 다른 유형의 쌍들보다 공통점을 더 많이 가지고 있다. 즉, 육각형 모델의 둘레를 따라 서로 인접한 직업유형들은 유사성이 있는 반면, 떨어져 있는 유형들은 유사성이 거의 없다.
차별성 (변별성)	• 개인의 흥미 유형 혹은 작업환경은 특정 흥미 유형 혹은 작업환경과 매우 유사한 반면, 다른 흥미 유형 혹은 작업환경과 차별적(유사성이 낮다)이라는 의미이다(육각형의 모양과 관련 있다 : 찌그러진 모양일수록 더 차별성이 있다). • 자기방향탐색 검사(SDS)와 직업선호도 검사(VPI)검사로 측정 가능하다.
정체성	• 성격적 측면에서의 정체성은 개인의 목표, 흥미, 재능에 대한 명확하고 견고한 청사진을 말하는 반면, 환경적 측면에서의 정체성은 조직의 투명성 및 안정성, 목표·일·보상의 통합을 의미이다(육각형의 크기와 관련 있다 : 크기가 클수록 정체성이 발달되었다고 할 수 있다). • 자기직업상황 검사(MVS)의 직업정체성 척도는 개인의 정체성 요인을 측정하는 데 사용된다.
일치성	개인의 흥미 유형과 개인의 몸담고 있거나 소속되고자 하는 환경의 유형이 서로 부합하는 정도를 말한다.
계측성	유형들 내 또는 유형들 간의 관계는 육각형 모델에 의해 정리되며, 육각형 모델에서의 유형들 간의 거리는 그 이론적인 관계에 반비례한다는 의미이다.

16 다음 중 홀랜드(Holland)의 진로발달에 관한 육각형에서 서로 대각선에 위치하여 대비되는 특성을 지닌 유형들을 짝지은 것으로 옳지 않은 것은?

① 예술형(A)과 사회형(S)

② 진취형(E)와 탐구형(I)

③ 현실형(R)과 사회형(S)

④ 관습형(C)과 예술형(A)

해설 홀랜드의 육각형 모델과 직업성격 유형의 차원
  ㉠ 홀랜드의 육각형 모델(모형)에서 '현실형(R)과 사회형(S)', '탐구형(I)과 진취형(E)', '예술형(A)과 관습형(C)'은 서로 대각선에 위치하여 대비되는 특성을 지닌다.
  ㉡ '사회형(S)과 진취형(E)'은 '사회형(S)과 관습형(C)'에 비해 서로 간의 거리가 가까우며, 상대적으로 유사한 직업성격을 지닌다.

17 홀랜드(Holland)의 직업선택 이론에 관한 설명으로 옳은 것은?

① RIE코드가 RES코드보다 일관성이 높다.

② 현실적 유형(R)에 맞는 직업은 공인회계사, 사서, 경리사원 등이다.

③ 탐구적 유형(I)의 성격특성은 표현이 풍부하고 독창적이며 비 순응적이다.

④ 관습적 유형(C)은 기계, 도구, 동물에 관한 체계적인 조작 활동을 좋아하고 사회적 기술이 부족하다.

해설 ② 관습적 유형(C)의 대표 직업이다.
  ③ 예술적 유형(A) 특징이다.
  ④ 현실적 유형(R)의 특징이다.

TIP 홀랜드(Holland)의 육각형 모델과 5개 개념(해석 차원)

㉠ 일관성 : 어떤 유형의 쌍들은 다른 유형의 쌍들보다 공통점을 더 많이 가지고 있다. 즉, 육각형 모델의 둘레를 따라 서로 인접한 직업유형들은 유사성이 있는 반면, 떨어져 있는 유형들은 유사성이 거의 없다.

㉡ 일관성은 유형의 첫 2개 문자를 조작하여 해석하므로 RIE의 R과 I는 육각형 모형에서 인접해 있으므로 일관성이 높고, RES의 R과 E는 2개 문자 사이에 다른 문자가 한 개 끼어있으므로 일관성 수준이 중간 정도이므로 RIE의 일관성 수준이 높다.

ANSWER 15.① 16.① 17.①

SECTION 02 직업적응 이론 제개념

(1) 롭퀴스트와 데이비스(Lofquist와 Dawis)의 이론

① 직업적응 이론(TWA : Theory of Work Adjustment)의 의의
  - ㉠ 미네소타 대학의 롭퀴스트와 데이비스(Lofquist와 Dawis)가 1950년대 후반부터 지속적으로 수행해 온 직업적응 프로젝트의 연구 성과를 토대로 정립된 이론이다.
  - ㉡ 미네소타 직업분류체계 Ⅲ (MOCS Ⅲ)와 관련하여 발전한 직업발달이론으로, MOCS Ⅲ는 직업을 능력 범주와 강화물 범주의 3차원 매트릭스로 분류한다.
  - ※ 직업적응은 미네소타 만족질문지와 미네소타 충족척도를 통해 측정한다.

② 직업적응 이론(TWA : Theory of Work Adjustment)의 특징
  - ㉠ 직업적응은 개인이 직업 환경과 조화를 이루어 만족하고 유지하도록 노력하는 역동적인 과정으로서, 개인의 욕구와 능력을 환경에서의 요구사항과 연관지어 직무만족과 직무 유지 등의 진로 행동에 대해 설명한다.
  - ㉡ 개인과 환경 간의 상호작용을 통한 욕구충족(요구충족)을 강조하는 이론으로, 최근에는 '개인-환경 조화 상담'으로도 불리고 있다.
  - ㉢ 개인의 욕구와 환경의 요구가 동시에 충족되는 경우 조화 상태에 이르는 반면, 동시에 충족되지 못하는 경우 부조화 상태에 이른다는 주장을 담고 있다.

(2) 직업적응에 대한 제연구

① 직업적응 관련 주요 개념

만족 (Satisfaction)	조화의 내적 지표로, 직업환경이 개인의 욕구를 얼마나 채워주고 있는지에 대한 개인의 평가를 뜻한다.
충족 (Satisfactoriness)	조화의 외적 지표로 직업에서 요구하는 과제와 이를 수행할 수 있는 개인의 능력과 관련된 개념이다.

② 직업적응 유형

　㉠ 성격양식 차원(직업성격적 측면)

민첩성	반응속도 및 과제 완성도와 연관되며, 정확성보다는 **속도**를 중시한다.
속도(역량)	에너지 소비량과 연관되며, 작업자(근로자)의 **평균 활동수준**을 의미한다.
지구력	환경과의 상호작용 시간과 연관되며, 다양한 활동수준의 **기간**을 의미한다.
리듬	활동에 대한 **다양성**을 의미한다.

　㉡ 직업적응 유형(적응방식적 측면)

융통성(유연성)	개인이 작업환경과 개인적 환경 간의 **부조화를 참아내는 정도**를 의미한다(환경변화로 인한 불일치에 대한 내성).
끈기(인내)	환경이 자신에게 맞지 않아도 개인이 **얼마나 오랫동안 견뎌낼 수 있는지의 정도**를 의미한다(적응행동의 **시작부터 종료까지의 지속 시간**).
적극성	개인이 작업환경을 개인적 방식과 좀 더 **조화롭게 만들어가려고 노력**하는 정도를 의미한다(상대를 변화시켜 적응하려는 양상).
반응성	개인이 작업성격의 변화로 인해 **작업환경에 반응하는 정도**를 의미한다(자신을 변화시켜 적응하려는 양상).

　㉢ 직업적응의 과정

- 직업적응은 개인이 직업환경과 조화를 이루어 만족하고 유지하도록 노력하는 역동적인 과정이다.
- 직업적응 이론에서는 평가과정에서 주관적인 평가를 먼저 실시하고, 이후에 검사도구를 통한 객관적인 평가를 실시할 것을 권유한다(직업적응의 측정 : 미네소타 만족 질문지(MSQ)와 미네소타 충족 척도(MSS) 활용).
- 개인은 자신과 환경의 부조화 정도가 받아들일 수 있는 범위라면 '융통성'을 발휘하며 부조화를 줄이기 위해 별다른 대처행동 없이 환경에 적응하게 된다.
- 부조화의 정도가 받아들일 수 없는 범위라면 '적극성(적극적 행동)'이나 '반응성(반응적 행동)'과 같은 대처행동을 통해 부조화를 줄이려는 노력을 하게 된다.
- 또한 이런 부조화를 줄이려는 노력이 얼마나 지속되는가는 '끈기(인내)'와 연관된다. 결과적으로 부조화가 개인의 적응행동을 통해 변화시킬 수 있는 범위를 넘어서는 것이라면 개인은 이직이나 퇴사를 고려하게 된다.

㉣ 직업적응 이론에 기초한 주요 검사 도구

검사 도구	내용
미네소타 중요성 질문지 (MIQ : Minnesota Importance Questionnaire)	개인이 일의 환경에 대하여 지니는 6가지의 가치(안정감, 성취, 이타심, 자율성, 편안함, 지위)와 20가지의 하위 척도를 측정하는 도구로서, 190개의 문항으로 구성된다.
미네소타 직무기술 질문지 (JDQ 또는 MJDQ : Minnesota Job Description Questionnaire)	해당 직업이 지닌 일의 환경이 MIQ에서 정의한 20개의 욕구를 만족시켜 주는 정도를 측정하는 도구로서, 하위척도는 MIQ와 동일하다.
미네소타 만족 질문지 (MSQ : Minnesota Satisfaction Questionnaire)	개인의 직무만족의 원인이 되는 일의 강화요인을 측정하는 도구로 능력의 사용, 성취, 승진, 활동, 다양성, 작업조건, 회사의 명성, 인간자원의 관리체계 등의 척도로 구성된다.
미네소타 충족 척도 (MSS : Minnesota Satisfaction Scales)	직장의 슈퍼바이저가 개인의 만족 정도를 평가한다.

㉤ 미네소타 중요성 질문지(MIQ)에 대한 연구를 통해 발견한 6가지 가치 차원(직업가치)

가치 차원	내용
성취(Achievement)	자신의 능력을 사용하는 것, 성취에 대한 느낌을 가지는 것이다.
이타심 또는 이타주의(Altruism)	타인과의 조화, 타인에 대한 봉사이다.
자율성 또는 자발성(Autonomy)	독립적으로 존재하는 것, 자기 통제력을 가지는 것이다.
안락함 또는 편안함(Comfort)	편안한 느낌을 가지는 것, 스트레스를 받지 않는 것이다.
안정성 또는 안전성(Safety)	안정과 질서, 환경에 대한 예측능력이다.
지위(Status)	타인으로부터의 인정, 중요한 지위에 있는 것이다.

2024년

1 직업적응 이론에서 개인의 가치와 직업 환경과의 강화인 간의 조화를 측정하는 데 사용하는 검사는?

① 미네소타 직업평가 척도(MORS)

② 미네소타 만족 질문지(MSQ)

③ 미네소타 충족 척도(MSS)

④ 미네소타 중요도 검사(MIQ)

해설 직업적응 이론에 기초한 주요 검사 도구

검사 도구	내용
미네소타 중요성 질문지 (MIQ : Minnesota Importance Questionnaire)	개인이 일의 환경에 대하여 지니는 6가지의 가치(안정감, 성취, 이타심, 자율성, 편안함, 지위)와 20가지의 하위 척도를 측정하는 도구로서, 190개의 문항으로 구성된다.
미네소타 직무기술 질문지 (JDQ 또는 MJDQ : Minnesota Job Description Questionnaire)	해당 직업이 지닌 일의 환경이 MIQ에서 정의한 20개의 욕구를 만족시켜 주는 정도를 측정하는 도구로서, 하위척도는 MIQ와 동일하다.
미네소타 만족 질문지 (MSQ : Minnesota Satisfaction Questionnaire)	개인의 직무만족의 원인이 되는 일의 강화요인을 측정하는 도구로 능력의 사용, 성취, 승진, 활동, 다양성, 작업조건, 회사의 명성, 인간자원의 관리체계 등의 척도로 구성된다.
미네소타 충족 척도 (MSS : Minnesota Satisfaction Scales)	직장의 슈퍼바이저가 개인의 만족 정도를 평가한다.

ANSWER 1.④

2 롭퀴스트와 데이비스(Lofquist와 Dawis)의 직업적응 이론에서 직업적응 유형의 개념에 관한 설명으로 틀린 것은?

① 일관성(Consistency) : 수행해야 할 다양한 작업들 간의 부조화를 참아내는 정도
② 끈기(Perseverance) : 환경이 자신에게 맞지 않아도 개인이 얼마나 오랫동안 견뎌낼 수 있는지의 정도
③ 적극성(Activeness) : 개인이 작업환경을 개인적 방식과 좀 더 조화롭게 만들어 가려고 노력하는 정도
④ 반응성(Reactiveness) : 개인이 작업 성격의 변화로 인해 작업환경에 반응하는 정도

해설 ① 융통성에 대한 설명이다.

TIP 직업적응 유형(적응방식적 측면)

융통성(유연성)	개인이 작업환경과 개인적 환경 간의 부조화를 참아내는 정도를 의미한다. (환경변화로 인한 불일치에 대한 내성)
끈기(인내)	환경이 자신에게 맞지 않아도 개인이 얼마나 오랫동안 견뎌낼 수 있는지의 정도를 의미한다. (적응행동의 시작부터 종료까지의 지속 시간)
적극성	개인이 작업환경을 개인적 방식과 좀 더 조화롭게 만들어가려고 노력하는 정도를 의미한다. (상대를 변화시켜 적응하려는 양상)
반응성	개인이 작업성격의 변화로 인해 작업환경에 반응하는 정도를 의미한다. (자신을 변화시켜 적응하려는 양상)

2024년

3 개인의 욕구와 능력을 환경의 요구사항과 관련시켜 진로행동을 설명하는 이론으로, 개인과 환경 간의 상호작용을 통한 욕구충족을 강조하는 이론은?

① 욕구이론

② 특성－요인 이론

③ 사회학습 이론

④ 직업적응 이론

해설 롭퀴스트와 데이비스(Lofquist와 Dawis)의 직업적응 이론의 특징
  ㉠ 인간은 작업요구를 성취하도록 동기화되어 있으며, 일을 통해 개인적 욕구를 성취하도록 동기화된다.
  ㉡ 개인의 욕구와 능력을 환경의 요구사항과 관련시켜 진로행동을 설명하고, 개인과 환경 간의 상호작용을 통한 욕구충족을 강조한다.
  ㉢ 개인과 환경 간의 상호작용을 통한 욕구충족을 강조한 이론으로, 최근에는 '개인－환경 조화 상담'으로도 불리고 있다. 이는 개인의 욕구와 환경의 요구가 동시에 충족되는 경우 조화 상태에 이르는 반면, 동시에 충족되지 못하는 경우 부조화 상태에 이른다는 주장을 담고 있다.

ANSWER 2.① 3.④

4 다음 중 직업적응 이론과 관련하여 개발된 검사도구가 아닌 것은?

① MIQ(Minnesota Impoertance Questionnaire)

② JDQ(Job Description Questionnaire)

③ MSQ(Minnesota Satisfaction Questionnaire)

④ CMI(Career Maturity Inventory)

해설 ④ CMI(Career Maturity Inventory)는 크릿츠가 개발한 진로성숙도검사이다.

TIP 롭퀴스트와 데이비스(Lofquist와 Dawis) 직업적응 이론에 기초한 직업적응 관련 검사 도구

검사 도구	내용
미네소타 중요성 질문지 (MIQ : Minnesota Importance Questionnaire)	개인이 일의 환경에 대하여 지니는 6가지의 가치(안정감, 성취, 이타심, 자율성, 편안함, 지위)와 20가지의 하위 척도를 측정하는 도구로서, 190개의 문항으로 구성된다.
미네소타 직무기술 질문지 (JDQ 또는 MJDQ : Minnesota Job Description Questionnaire)	해당 직업이 지닌 일의 환경이 MIQ에서 정의한 20개의 욕구를 만족시켜 주는 정도를 측정하는 도구로서, 하위척도는 MIQ와 동일하다.
미네소타 만족 질문지 (MSQ : Minnesota Satisfaction Questionnaire)	개인의 직무만족의 원인이 되는 일의 강화요인을 측정하는 도구로 능력의 사용, 성취, 승진, 활동, 다양성, 작업조건, 회사의 명성, 인간자원의 관리체계 등의 척도로 구성된다.
미네소타 만족성 척도 (MSS : Minnesota Satisfaction Scales)	직장의 수퍼바이저가 개인의 만족 정도를 평가한다.

5 **직업적응 이론에 관한 설명으로 틀린 것은?**

① 직업적응은 미네소타 만족 질문지(MSQ)와 미네소타 충족 척도(MSS)를 통해 측정할 수 있다.

② 직업적응은 개인이 직업환경과 조화를 이루어 만족하고 유지하도록 노력하는 역동적인 과정이다.

③ 직업적응 이론에서는 평가과정에서 주관적인 평가를 먼저 실시하고 이후에 검사도구를 통한 객관적인 평가를 실시할 것을 권유한다.

④ 개인은 자신과 환경의 부조화 정도가 받아들일 수 있는 범위라도 부조화를 줄이기 위해 대처행동을 통해 환경에 적응하게 된다.

해설 직업적응의 과정

㉠ 직업적응은 개인이 직업환경과 조화를 이루어 만족하고 유지하도록 노력하는 역동적인 과정이다.

㉡ 직업적응 이론에서는 평가과정에서 주관적인 평가를 먼저 실시하고, 이후에 검사도구를 통한 객관적인 평가를 실시할 것을 권유한다(직업적응의 측정 : 미네소타 만족 질문지(MSQ)와 미네소타 충족 척도(MSS) 활용).

㉢ 개인은 자신과 환경의 부조화 정도가 받아들일 수 있는 범위라면 '융통성'을 발휘하며 부조화를 줄이기 위해 별다른 대처행동 없이 환경에 적응하게 된다.

㉣ 부조화의 정도가 받아들일 수 없는 범위라면 '적극성(적극적 행동)'이나 '반응성(반응적 행동)'과 같은 대처행동을 통해 부조화를 줄이려는 노력을 하게 된다.

㉤ 또한 이런 부조화를 줄이려는 노력이 얼마나 지속되는가는 '끈기(인내)'와 연관된다. 결과적으로 부조화가 개인의 적응행동을 통해 변화시킬 수 있는 범위를 넘어서는 것이라면 개인은 이직이나 퇴사를 고려하게 된다.

ANSWER 4.④ 5.④

SECTION 03 발달적 이론

(1) 긴즈버그(Ginzberg)의 발달이론

① 의의 및 특징
  ㉠ 처음으로 발달적 관점에서 직업선택이론을 제시하였다.
  ㉡ 직업선택의 과정은 일생동안 계속 이루어지는 과정이기 때문에 다양한 시기(단계)에서 도움을 필요로 한다. 이 과정에서 일련의 결정들은 바람(wishes)과 가능성(possibility)간의 타협(Compromise)을 의미한다.
  ㉢ 직업선택은 단일 결정이 아닌 장기간에 걸친 일련의 결정이며, 각 단계의 결정은 전 단계의 결정 및 다음 단계의 결정으로 밀접한 관계를 가진다(나중에 이루어지는 결정은 그 이전 결정에 영향을 받는다).
  ㉣ 직업선택은 개인의 가치관, 정서적 요인, 교육의 양과 종류, 환경의 영향 등의 상호 작용으로 결정된다.

② 긴즈버그(Ginzberg) 진로발달 단계

환상기 (6 ~ 11세 또는 11세 이전)		• 이 시기는 자기가 원하는 직업이면 무엇이든 하고 싶고, 하면 된다는 식의 환상 속에서 **비현실적인 선택을 하는 경향이 있다.** • 직업에 대한 환상을 가지고 있으며 **놀이와 상상을 통해 미래 직업에 대해 생각한다.** • 자신의 능력이나 가능성, 현실여건 등은 고려하지 않고 **자신의 욕구를 중시한다.**
잠정기 (11 ~ 17세)		• 이 시기는 아동 및 청소년은 자신의 **흥미나 취미에 따라 직업선택을 하는 경향이 있다.** • 후반기로 갈수록 능력과 가치관 등의 요인도 어느 정도 고려하고, 직업이 요구하는 조건 등을 인식하지만 **여전히 비현실적이며 잠정적인 성격이 있다.**
	흥미단계 (11 ~ 12세)	자신의 **흥미나 취미에 입각해서 직업을 선택**하는 경향이 있다.
	능력단계 (12 ~ 14세)	• 자신이 흥미를 느끼는 분야에서 성공을 거둘 수 있는 능력을 지니고 있는지 시험해 보기 시작한다. • 다양한 직업이 있으며, 직업에 따라 보수도 다르고, 필요로 하는 교육 · 훈련의 유형도 각기 다르다는 사실을 처음으로 인식할 수 있다.
	가치단계 (15 ~ 16세)	• 직업을 선택할 때에 고려해야 하는 다양한 요인을 인정한다. • 자신이 선호하는 직업에 관련된 모든 정보를 알아보려고 하며, 그 직업이 자신의 가치관 및 생애목표에 부합하는지 평가한다.
	전환단계 (17 ~ 18세)	점차 주관적인 요소에서 현실적인 외적 요인으로 관심이 전환되며, 이러한 현실적인 외적 요인이 직업선택의 주요인이 된다.

현실기 (18세 이후 ~ 성인 초기)	• 이 시기는 자신의 흥미, 능력, 가치, 기회뿐만 아니라 현실 요인(직업에서 요구하는 조건)을 고려하고 타협해서 진로를 결정한다. • 직업선택은 개인의 정서 상태, 경제적 여건 등으로 인해 지체되기도 한다. • 흥미와 능력의 통합단계이다.	
	탐색단계	직업선택의 다양한 가능성을 탐색하며, 직업선택의 기회와 경험을 가지기 위해 노력한다.
	구체화단계	직업 목표를 정하고, 자신의 결정에 관련된 내 · 외적 요인을 두루 고려하여 종합할 수 있는 단계이다.
	특수화단계	자신의 결정에 대해 세밀한 계획을 세우며, 고도로 세분화 · 전문화된 의사결정을 하게 된다.

(2) 수퍼(Super)의 발달이론

① 의의 및 특징

  ㉠ 긴즈버그의 진로발달이론을 비판하고 보완하면서 발전된 이론이다.

  ㉡ 직업발달이 평생동안 이루어진다는 전 생애론적 발달론을 제시하였다.

  ㉢ 수퍼(Super)는 진로 성숙(Career Maturity)에 대해 광범위한 연구를 수행하였으며, 그 과정에서 발달 단계별 특징 및 과제를 강조하였다.

  ㉣ 인간의 진로발달 단계를 '성장기, 탐색기, 확립기, 유지기, 쇠퇴기'로 나누고 순환과 재순환 단계를 거친다.

  ㉤ 진로성숙은 생애단계 내에서 성공적으로 수행된 발달과업을 통해 획득된다.

② 수퍼(Super)의 후기 진로발달이론

  ㉠ 전 생애 발달이론 또는 평생발달이론

    • 수퍼(Super)의 초기 이론은 '성장기 – 탐색기 – 확립기 – 유지기 – 쇠퇴기'의 5단계 대순환 모형을 중심이었지만, 후기 이론은 순환, 재순환의 과정을 강조한다.

    • 재순환의 개념은 정상적인 발달 궤적 중 본래 생애순환 과정에서 초기에 놓인다고 보았던 단계로 복귀하는 것을 포함한다.

    • 순환과 재순환에 따라 인생에서 진로발달 과정은 전 생애 걸쳐 계속되면서 '성장기 – 탐색기 – 확립기 – 유지기 – 쇠퇴기' 등의 대주기(Maxi Cycle)를 거치는 동시에, 대주기외에 각 단계마다 같은 '성장기 – 탐색기 – 확립기 – 유지기 – 쇠퇴기'로 구성된 소주기(Mini cyclel)가 있음을 가정한다.

    • 수퍼(Super)의 후기 이론에서 재순환은 아동 및 청소년 심리학에서의 병리적 퇴행을 의미하는 것이 아니다. 이는 이전 단계로의 회귀로써 성숙과 적응능력, 창의적 문제해결을 위한 수단이 된다.

    • 순환과 재순환에서 '새로운 과업 차기'의 발달과업이 특히 성인중기(45~64세 또는 46~65세)에 중요하게 대두된다.

ⓒ 생애진로 무지개

- 수퍼는 진로발달에 대한 전 생애적·생애공간적 접근을 통해 삶의 단계와 역할을 묶고, 결정요인 및 상호작용과 더불어 다양한 역할들의 진로를 포괄적으로 나타낸 생애진로 무지개를 제시하였다.
- 생애진로무지개는 2가지 차원 즉 진로성숙과 역할 현저성으로 묘사된다.

진로성숙	• **생애와 삶의 과정을 대순환으로 나타내는 것으로**, 특히 외부의 띠는 주요 삶의 단계와 대략적인 나이를 보여준다. • **진로성숙도는** 각 발달단계에 이른 사람들에 대한 사회적 기대와 함께 생물적·사회적 발달에 따른 발달과업에 대처하는 개인의 준비도로 정의된다.
역할 현저성	• 삶의 공간으로서 사람들에 의해 **수행되는 역할과 직위의 배열을** 나타낸다. • 역할은 광범위하고 보상적이며 중립적이 될 수 있는데, 특히 **다른 역할에 필요한 시간과 에너지를 침해할 경우 갈등을 유발하기도 한다.**

ⓒ 진로 아치문 모델

- 인간발달의 생물학적·심리학적·사회경제적 결정인자로 직업발달이론을 설명한다.
- (진로)아치문 모델에서 이른바 '개인기둥'으로 불리는 왼쪽 기둥은 욕구나 지능, 가치, 흥미 등으로 이루어진 개인의 성격적 측면을 나타내는 반면, '사회기둥'으로 불리는 오른쪽 기둥은 경제자원, 사회제도, 노동시장 등으로 이루어진 사회정책적 측면을 의미한다.
- 활 모양의 아치는 왼쪽 기둥과 오른쪽 기둥을 연결함으로써 개인과 사회의 상호작용을 나타내는데, 그에 따라 또래집단, 가족이나 학교, 지역사회는 개인의 흥미, 적성, 가치 등에 영향을 미치며, 동시에 개인은 자신의 흥미와 능력을 발휘하여 사회에 영향을 미치게 된다.
- 아치의 양쪽 끝에는 각각 발달단계가 있는데 왼쪽 기둥은 아동기와 청소년기를, 오른쪽 기둥은 성년기와 장년기를 의미한다. 개인은 각 발달단계에서 사회적 기대에 따른 발달과제에 직면하게 되며, 이러한 단계들을 거쳐 일정한 지위를 얻고 역할에 대한 자아개념을 발달시키게 된다. 아치문의 바닥은 생물학적, 지리학적인 기초 측면을 의미하며, 아치문의 지붕은 발달단계와 역할에 대한 자아개념으로 이루어진 상호작용적 측면을 나타낸다.

③ 수퍼(Super)의 진로발달 단계

발달단계		특징
성장기 (0 ~ 14세)	가정이나 학교에서 중요한 타인을 동일시하여 자아개념을 발달시키는 시기로, 초기에는 **욕구와 환상이 지배적이지만, 사회 참여와 현실 검증의 발달로 점차 흥미와 능력을 중시**하게 된다.	
	환상기 (4 ~ 10세)	호기심을 통해 직업세계를 접하게 된다. 현실적인 직업이라기보다 아동의 환상 속에 존재하는 직업이다(욕구 지배적, 역할 수행 중시).
	흥미기 (11 ~ 12세)	관심 직업의 구체적인 정보를 수집하고 이해하면서 일의 계기를 보다 현실적으로 지각하게 된다(진로의 목표, 내용 결정, 흥미 중시).
	능력기 (13 ~ 14세)	관심직업의 현실적인 정보를 보다 풍부하게 축적하면서 직업 성공 요건으로 능력의 중요성을 인식하게 된다(진로선택에 능력, 훈련조건 중시).

탐색기 (15 ~ 24세)	학교, 여가생활, 시간제 일과 같은 활동을 통해 자아를 검증하고, 역할을 수행하여 자신에게 적합한 직업을 탐색한다.	
	잠정기(결정) (15 ~ 17세)	• 진로에 대한 선호가 점차 분명하게 드러나는 시기이다. • 욕구, 흥미, 능력, 가치가 잠정적인 진로의 기초가 된다.
	전환기(구체) (18 ~ 21세)	• 직업적 선호들 중에서 특정한 직업 선호로 구체화되는 시기이다. 중요한 발달 과업은 의사결정 능력 습득이다. • 현실이 점차 직업의식과 직업활동의 기초가 된다.
	시행기(실행) (22 ~ 24세)	• 선택한 특정 직업에 대하여 노력을 기울인다. 결정한 직장에 취업하기 위해 취업 준비 또는 학교와 학과를 결정하는 등 구체적인 노력을 기울인다. • 자신이 적합하다고 본 직업을 최초로 가지게 된다.
확립기 (25 ~ 44세)	**자신에게 적합한 분야를 발견해서 안정적인 생활의 터전을 잡으려고 노력**한다.	
	수정기 (25~30세)	• 자신이 선택한 직업이 자신의 자아개념을 적절히 나타낼 수 있는지 평가한다. • 자신이 선택한 일이 적합한지 않다고 판단되면 적합한 일을 찾을 때까지 취업과 퇴사를 1~2번 반복하며 직업 전환을 시도한다.
	안정기 (31 ~ 44세)	• 직업에 정착하게 됨에 따라 점차 신뢰할 만한 생산자가 되어가고, 긍정적인 평판이 발달하게 된다. • 만약 안정기에서 직업 안정을 찾지 못하면, 탐색기로 재순환이 시작되며, 보다 적절한 직업선택이 다시 결정되고 구체화되는 과정을 거치게 된다. • 진로가 본격적으로 안정되는 시기로써 선택한 직업으로 안정감과 소속감, 지위 등을 얻게 된다.
유지기 (45 ~ 64세)	직업 세계에서 자신의 위치가 확고해지고 자신의 자리를 유지하기 위해 노력하며 **안정된 삶을 살아간다.**	
쇠퇴기 (65세 이후)	정신적, 육체적으로 기력이 쇠퇴함에 따라 **직업 전선에서 은퇴하고 다른 일을 찾는다.**	

④ 수퍼(Super)의 흥미사정 기법

구분	내용
표현된 흥미	어떤 활동이나 직업에 대해 좋고 싫음을 말하도록 요청하는 것이다.
조작된 흥미	• 활동에 대해 질문하거나 활동에 참여하는 사람들이 어떻게 시간을 보내는지를 관찰하는 것이다. • 이 방법은 사람들이 자신이 좋아하거나 즐기는 활동과 연관된다는 것을 가정한다.
조사된 흥미	• 가장 비번이 사용되는 흥미사정기법이다. • 각 개인은 다양한 활동에 대해 좋고 싫음을 묻는 표준화된 검사를 완성하는데, 대부분의 검사에서 개인의 반응은 특정 직업에 종사하는 사람들의 흥미와 유사점이 있는지 비교된다.

⑤ 수퍼(Super)의 3가지 평가유형

구분	내용
문제평가	• 내담자의 어려움(직업문제)과 진로상담(직업상담)의 기대에 대한 평가이다. • 내담자가 경험한 문제와 그의 장점과 약점을 평가한다.
개인평가	• 심리검사, 사례연구, 임상적 방법 등을 통해 내담자의 흥미, 적성, 능력 등을 평가한다. • 내담자의 심리상태를 파악하는 것으로 직업적 장단점을 일정한 규준에 의거하여 표현한다.
예언적 평가	문제평가와 개인의 평가를 바탕으로 내담자가 어떤 직업에서 성공하고 만족할 수 있는가에 대하여 예측하는 것이다.

④ 수퍼(Super)의 발달적 직업상담 과정

발달 단계	내용
문제의 탐색 및 자아개념 묘사	비지시적인 방법으로 문제를 탐색하고 자아개념을 표출한다.
심층적 탐색	지시적 방법으로 심층적 탐색을 위한 주제를 설정한다.
자아수용 및 통찰	비지시적 방법으로 사고와 감정을 명료화하여 자아수용과 통찰을 얻는다.
현실검증	지시적 방법으로 심리검사, 직업정보 등을 통해 수집된 사실적 자료들을 탐색하여 현실을 검증한다.
태도와 감정의 탐색과 처리	비지시적 방법으로 현실검증에서 얻어진 태도와 감정 등을 통하여 자신과 일의 세계를 탐색하고 처리한다.
의사결정	비지시적 방법으로 의사결정을 위한 대안과 행동을 검토하여 자신의 직업을 결정한다.

(3) 고트프레드슨(Gottfradson) 이론

① 직업포부 발달이론(제한-타협 이론)의 의의 및 특징

　㉠ 크게는 진로발달이론의 범주에 속한다.

　㉡ 자아개념을 진로선택의 중요한 요인으로 본다.

　㉢ 진로결정에 있어 제한(한계)와 타협(절충)이라는 개념을 중시한다.

　㉣ 사람이 어떻게 특정 직업에 매력을 느끼게 되는가를 기술한다.

　㉤ 직업포부의 형성 과정을 설명하고자 제한 및 타협의 원리를 제공하므로 '제한-타협 이론'이라고도 한다.

　㉥ 자아성찰과 사회계층의 맥락에서 직업적 포부가 더욱 발달된다고 본다.

　　• 제한 : 자아개념과 일치하지 않는 직업은 배제한다(자아개념의 발달단계).

　　• 타협 : 제한 과정을 통해 선택된 직업대안들 중 자신이 극복할 수 없는 문제의 직업은 포기한다.
　　　(타협-흥미, 사회적지위, 성역할 순으로 자신에게 맞는 진로대안)

② 고트프레드슨(Gottfradson)의 진로발달 단계

구분	나이	내용
힘과 크기 지향성	3 ~ 5세	사고과정이 구체화 되며 어른이 된다는 것의 의미를 알게 된다.
성 역할 지향성	6 ~ 8세	자아개념이 성의 발달에 의해서 영향을 받게 된다.
사회적 가치 지향성	9 ~ 13세	사회계층에 대한 개념이 생기면서 '상황 속 자아'를 인식하기에 이른다.
내적 고유한 자아 지향성	14세 이상	자아성찰과 사회계층의 맥락에서 직업적 포부가 더욱 발달하게 된다.

2024년

1 긴즈버그(Ginzberg)의 진로발달 3단계가 아닌 것은?

① 잠정기(tentative phase)

② 환상기(fantasy phase)

③ 탐색기(exploring phase)

④ 현실기(realistic phase)

해설 긴즈버그(Ginzberg)의 진로발달 단계

환상기	–
잠정기	흥미단계, 능력단계, 가치단계, 전환단계
현실기	탐색단계, 구체화단계, 특수화단계

2024년

2 다음 사례에서 A 군은 긴즈버그(Ginzberg)의 발달이론의 단계 중 어디에 해당하는가?

> A 군은 직업을 선택할 때 고려해야 하는 다양한 요인들을 인정하고 있으며, 따라서 특수한 직업선호와 관련된 모든 요인들을 알아보고 그러한 직업선호를 자신의 가치관 및 생애목표에 비추어 평가하고 있다.

① 가치단계

② 전환단계

③ 구체화단계

④ 특수화단계

 긴즈버그(Ginzberg)의 진로 발달 단계

환상기 (6 ~ 11세 또는 11세 이전)		• 이 시기는 자기가 원하는 직업이면 무엇이든 하고 싶고, 하면 된다는 식의 환상 속에서 비현실적인 선택을 하는 경향이 있다. • 직업에 대한 환상을 가지고 있으며 놀이와 상상을 통해 미래 직업에 대해 생각한다. • 자신의 능력이나 가능성, 현실여건 등은 고려하지 않고 자신의 욕구를 중시한다.
잠정기 (11 ~ 17세)		• 이 시기는 아동 및 청소년은 자신의 흥미나 취미에 따라 직업선택을 하는 경향이 있다. • 후반기로 갈수록 능력과 가치관 등의 요인도 어느 정도 고려하고, 직업이 요구하는 조건 등을 인식하지만 여전히 비현실적이며 잠정적인 성격이 있다.
	흥미단계 (11 ~ 12세)	자신의 흥미나 취미에 입각해서 직업을 선택하는 경향이 있다.
	능력단계 (12 ~ 14세)	• 자신이 흥미를 느끼는 분야에서 성공을 거둘 수 있는 능력을 지니고 있는지 시험해 보기 시작한다. • 다양한 직업이 있으며, 직업에 따라 보수도 다르고, 필요로 하는 교육 · 훈련의 유형도 각기 다르다는 사실을 처음으로 인식할 수 있다.
	가치단계 (15 ~ 16세)	• 직업을 선택할 때에 고려해야 하는 다양한 요인을 인정한다. • 자신이 선호하는 직업에 관련된 모든 정보를 알아보려고 하며, 그 직업이 자신의 가치관 및 생애목표에 부합하는지 평가한다.
	전환단계 (17 ~ 18세)	점차 주관적인 요소에서 현실적인 외적 요인으로 관심이 전환되며, 이러한 현실적인 외적 요인이 직업선택의 주요인이 된다.
현실기 (18세 이후 ~ 성인 초기)		• 이 시기는 자신의 흥미, 능력, 가치, 기회뿐만 아니라 현실 요인(직업에서 요구하는 조건)을 고려하고 타협해서 진로를 결정한다. • 직업선택은 개인의 정서 상태, 경제적 여건 등으로 인해 지체되기도 한다. • 흥미와 능력의 통합단계이다.
	탐색단계	직업선택의 다양한 가능성을 탐색하며, 직업선택의 기회와 경험을 가지기 위해 노력한다.
	구체화단계	직업 목표를 정하고, 자신의 결정에 관련된 내 · 외적 요인을 두루 고려하여 종합할 수 있는 단계이다.
	특수화단계	자신의 결정에 대해 세밀한 계획을 세우며, 고도로 세분화 · 전문화된 의사결정을 하게 된다.

 1.③ 2.①

2023년

3 긴즈버그(Ginzberg)의 진로발달이론에 관한 설명으로 틀린 것은?

① 직업선택과정은 바람(wishes)와 가능성(possibility)간의 타협이다.

② 직업선택은 일련의 결정들이 계속적으로 이루어지는 과정이다.

③ 나중에 이루어지는 결정은 이전 결정의 영향을 받지 않는다.

④ 직업선택은 가치관, 정서적 요인, 교육의 양과 종류, 환경 영향 등의 상호작용으로 결정된다.

해설 긴즈버그의 발달이론의 의의 및 특징

ㄱ 처음으로 발달적 관점에서 직업선택이론을 제시하였다.

ㄴ 직업선택의 과정은 일생동안 계속 이루어지는 과정이기 때문에 다양한 시기(단계)에서 도움을 필요로 한다. 이 과정에서 일련의 결정들은 바람(wishes)과 가능성(possibility)간의 타협(Compromise)을 의미한다.

ㄷ 직업선택은 단일 결정이 아닌 장기간에 걸친 일련의 결정이며, 각 단계의 결정은 전 단계의 결정 및 다음 단계의 결정으로 밀접한 관계를 가진다(나중에 이루어지는 결정은 그 이전 결정에 영향을 받는다).

ㄹ 직업선택은 개인의 가치관, 정서적 요인, 교육의 양과 종류, 환경의 영향 등의 상호 작용으로 결정된다.

2023년

4 긴즈버그(Ginzberg)가 제시한 직업발달 단계를 바르게 나열한 것은?

① 잠정기 → 환상기 → 현실기

② 환상기 → 잠정기 → 현실기

③ 성장기 → 탐색기 → 확립기 → 유지기 → 쇠퇴기

④ 성장기 → 확립기 → 탐색기 → 유지기 → 쇠퇴기

해설 긴즈버그(Ginzberg)가 제시한 직업발달 단계

환상기(6 ~ 11세 또는 11세 이전) → 잠정기(11~17세) → 현실기(18세 이후 ~ 성인 초기)

5 발달적 직업상담에서 수퍼(Super)가 제시한 평가의 종류 중 내담자가 겪고 있는 어려움이나 직업상담에 대한 내담자의 기대를 평가하는 것은?

① 문제평가

② 현실평가

③ 일차평가

④ 내용평가

해설 수퍼(Super)의 3가지 평가유형

구분	내용
문제평가	• 내담자의 어려움과 진로상담의 기대에 대한 평가이다. • 내담자가 경험한 문제와 그의 장점과 약점을 평가한다.
개인평가	• 심리검사, 사례연구, 임상적 방법 등을 통해 내담자의 흥미, 적성, 능력 등을 평가한다. • 내담자의 심리상태를 파악하는 것으로 직업적 장단점을 일정한 규준에 의거하여 표현한다.
예언적 평가	문제평가와 개인의 평가를 바탕으로 내담자가 어떤 직업에서 성공하고 만족할 수 있는가에 대하여 예측하는 것이다.

ANSWER 3.③ 4.② 5.①

6 **수퍼(Super)가 제시한 발달적 직업상담 단계에서 다음 (　)에 알맞은 것은?**

1단계 : 문제 탐색 및 자아개념 묘사	2단계 : 심층적 탐색
3단계 : (　㉠　)	4단계 : (　㉡　)
5단계 : (　㉢　)	6단계 : 의사결정

	㉠	㉡	㉢
①	태도와 감정의 탐색과 처리	현실검증	자아수용 및 자아통찰
②	현실검증	태도와 감정의 탐색과 처리	자아수용 및 자아통찰
③	현실검증	자아수용 및 자아통찰	태도와 감정의 탐색과 처리
④	자아수용 및 자아통찰	현실검증	태도와 감정의 탐색과 처리

해설 수퍼(Super)의 발달적 직업상담 과정

발달 단계	내용
문제의 탐색 및 자아개념 묘사	비지시적인 방법으로 문제를 탐색하고 자아개념을 표출한다.
심층적 탐색	지시적 방법으로 심층적 탐색을 위한 주제를 설정한다.
자아수용 및 통찰	비지시적 방법으로 사고와 감정을 명료화하여 자아수용과 통찰을 얻는다.
현실검증	지시적 방법으로 심리검사, 직업정보 등을 통해 수집된 사실적 자료들을 탐색하여 현실을 검증한다.
태도와 감정의 탐색과 처리	비시지적 방법으로 현실검증에서 얻어진 태도와 감정 등을 통하여 자신과 일의 세계를 탐색하고 처리한다.
의사결정	비지시적 방법으로 의사결정을 위한 대안과 행동을 검토하여 자신의 직업을 결정한다.

7 수퍼(Super)가 제시한 진로발달 단계 중 탐색기에 해당하는 것은?

① 욕구와 환상이 지배하는 단계로 사회 참여와 현실 검증력의 발달로 점차 흥미와 능력을 중시하게 된다.

② 잠정기, 전환기, 시행기의 하위단계로 나누어진다.

③ 자신에게 적합한 분야를 발견해서 생활의 터전을 마련하고자 한다.

④ 개인은 비교적 안정된 만족스런 삶을 살아간다.

해설 ① 성장기 ③ 확립기 ④ 유지기

TIP 수퍼(Super)의 진로발달 단계

발달단계		특징
성장기 (0 ~ 14세)	환상기 (4 ~ 10세)	호기심을 통해 직업세계를 접하게 된다. 현실적인 직업이라기보다 아동의 환상 속에 존재하는 직업이다.
	흥미기 (11 ~ 12세)	관심 직업의 구체적인 정보를 수집하고 이해하면서 일의 계기를 보다 현실적으로 지각하게 된다.
	능력기 (13 ~ 14세)	관심직업의 현실적인 정보를 보다 풍부하게 축적하면서 직업 성공 요건으로 능력의 중요성을 인식하게 된다.
탐색기 (15 ~ 24세)	잠정기(결정) (15 ~ 17세)	욕구, 흥미, 능력, 가치가 잠정적인 진로의 기초가 된다.
	전환기(구체) (18 ~ 21세)	현실이 점차 직업의식과 직업활동의 기초가 된다.
	시행기(실행) (22 ~ 24세)	자신이 적합하다고 본 직업을 최초로 가지게 된다.
확립기 (25 ~ 44세)	수정기 (25 ~ 30세)	자신이 선택한 직업이 자신의 자아개념을 적절히 나타낼 수 있는지 평가한다.
	안정기 (31 ~ 44세)	• 직업에 정착하게 됨에 따라 점차 신뢰할 만한 생산자가 되어가고, 긍정적인 평판이 발달하게 된다. • 진로가 본격적으로 안정되는 시기로서 선택한 직업으로 안정감과 소속감, 지위 등을 얻게 된다.
유지기 (45 ~ 64세)		직업 세계에서 자신의 위치가 확고해지고 자신의 자리를 유지하기 위해 노력하며 안정된 삶을 살아간다.
쇠퇴기 (65세 이후)		정신적, 육체적으로 기력이 쇠퇴함에 따라 직업 전선에서 은퇴하고 다른 일을 찾는다.

ANSWER 6.④ 7.②

8 수퍼(Super)가 제시한 흥미사정기법에 해당하지 않은 것은?

① 표현된 흥미

② 선호된 흥미

③ 조작된 흥미

④ 조사된 흥미

해설 수퍼(Super)의 흥미사정 기법

구분	내용
표현된 흥미	어떤 활동이나 직업에 대해 좋고 싫음을 말하도록 요청하는 것이다.
조작된 흥미	• 활동에 대해 질문하거나 활동에 참여하는 사람들이 어떻게 시간을 보내는지를 관찰하는 것이다. • 이 방법은 사람들이 자신이 좋아하거나 즐기는 활동과 연관된다는 것을 가정한다.
조사된 흥미	• 가장 비번이 사용되는 흥미사정기법이다. • 각 개인은 다양한 활동에 대해 좋고 싫음을 묻는 표준화된 검사를 완성하는데, 대부분의 검사에서 개인의 반응은 특정 직업에 종사하는 사람들의 흥미와 유사점이 있는지 비교된다.

9 다음과 같은 특징을 가지는 수퍼(Super)의 진로발달 단계는?

> • 잠정기 : 욕구, 흥미, 능력, 가치가 잠정적인 진로의 기초가 된다.
> • 전환기 : 현실이 점차 직업의식과 직업활동의 기초가 된다.
> • 시행기 : 자신이 적합하다고 본 직업을 최초로 가지게 된다.

① 성장기

② 탐색기

③ 확립기

④ 유지기

 수퍼(Super)의 진로발달 단계

발달단계		특징
탐색기 (15 ~ 24세)	잠정기(결정) (15 ~ 17세)	욕구, 흥미, 능력, 가치가 잠정적인 진로의 기초가 된다.
	전환기(구체) (18 ~ 21세)	현실이 점차 직업의식과 직업활동의 기초가 된다.
	시행기(실행) (22 ~ 24세)	자신이 적합하다고 본 직업을 최초로 가지게 된다.

2023년

10 수퍼(Super)의 직업발달 5단계를 바르게 나열한 것은?

① 성장기 → 유지기 → 탐색기 → 확립기 → 쇠퇴기

② 성장기 → 탐색기 → 확립기 → 유지기 → 쇠퇴기

③ 성장기 → 탐색기 → 유지기 → 확립기 → 쇠퇴기

④ 성장기 → 확립기 → 유지기 → 탐색기 → 쇠퇴기

 수퍼(Super)의 진로발달 5단계

발달단계	특징
성장기 (0 ~ 14세)	가정이나 학교에서 중요한 타인을 동일시하여 자아개념을 발달시키는 시기로, 초기에는 욕구와 환상이 지배적이지만, 사회 참여와 현실 검증의 발달로 점차 흥미와 능력을 중시하게 된다.
탐색기 (15 ~ 24세)	학교, 여가생활, 시간제 일과 같은 활동을 통해 자아를 검증하고, 역할을 수행하여 자신에게 적합한 직업을 탐색한다.
확립기 (25 ~ 44세)	자신에게 적합한 분야를 발견해서 안정적인 생활의 터전을 잡으려고 노력한다.
유지기 (45 ~ 64세)	직업 세계에서 자신의 위치가 확고해지고 자신의 자리를 유지하기 위해 노력하며 안정된 삶을 살아간다.
쇠퇴기 (65세 이후)	정신적, 육체적으로 기력이 쇠퇴함에 따라 직업 전선에서 은퇴하고 다른 일을 찾는다.

 8.② 9.② 10.②

11 고트프레드슨(Gottfradson)의 직업포부 발달단계에 관한 설명으로 틀린 것은?

① 힘과 크기 지향 – 사고과정이 구체화 되며 어른이 된다는 것의 의미를 알게 된다.

② 성 역할 지향성 – 자아개념이 성의 발달에 의해서 영향을 받게 된다.

③ 사회적 가치 지향성 – 사회계층에 대한 개념이 생기면서 타인에 대한 개념이 완성된다.

④ 내적 고유한 자아 지향성 – 자아성찰과 사회계층의 맥락에서 직업적 포부가 더욱 발달하게 된다.

해설 고트프레드슨(Gottfradson)의 진로발달 단계

구분	나이	내용
힘과 크기 지향성	3 ~ 5세	사고과정이 구체화 되며 어른이 된다는 것의 의미를 알게 된다.
성 역할 지향성	6 ~ 8세	자아개념이 성의 발달에 의해서 영향을 받게 된다.
사회적 가치 지향성	9 ~ 13세	사회계층에 대한 개념이 생기면서 '상황 속 자아'를 인식하기에 이른다.
내적 고유한 자아 지향성	14세 이상	자아성찰과 사회계층의 맥락에서 직업적 포부가 더욱 발달하게 된다.

2023년

12 다음은 어떤 이론에 관한 설명인가?

> • 크게는 진로발달이론의 범주에 속한다.
> • 자아개념을 진로선택의 중요한 요인으로 본다.
> • 한계와 절충이라는 개념을 중시한다.
> • 사람이 어떻게 특정 직업에 매력을 느끼게 되는가를 기술한다.

① 사회학습이론

② 직업포부 발달이론

③ 가치중신적 진로이론

④ 사회인지적 진로이론

해설 고트프레드슨의 직업포부 발달이론(제한 – 타협 이론)
　　　㉠ 크게는 진로발달이론의 범주에 속한다.
　　　㉡ 자아개념을 진로선택의 중요한 요인으로 본다.
　　　㉢ 한계와 절충이라는 개념을 중시한다.
　　　㉣ 사람이 어떻게 특정 직업에 매력을 느끼게 되는가를 기술한다.

ANSWER 11.③　12.②

 # 욕구이론

(1) 욕구이론의 특징

① 로(Roe)의 욕구이론의 의의
- ㉠ 성격이론과 직업분류라는 두 가지 영역을 통합하는데 의미가 있다.
- ㉡ 매슬로우(Maslow)가 제시한 욕구의 단계를 기초로 해서 초기의 인생경험과 직업선택의 관계에 관한 가정을 발전 시켰다.

② 로(Roe)의 욕구이론의 특징
- ㉠ 개인의 진로발달과정에 사회나 환경의 영향을 상대적으로 많이 고려하는 이론으로, 진로발달이론이라기보다는 직업선택 이론에 해당한다.
- ㉡ 개인의 진로발달과정에서 초기(유아기, 아동기)의 가정환경(부모자녀 관계 유형 : 수용형, 정서집중형, 회피형)이 직업선택에 중요한 영향을 미친다.
- ㉢ 심리적 에너지가 흥미를 결정하는 중요 요소이다.
- ㉣ 흥미에 따라 직업을 8가지 장(field)과 '곤란도와 책무성'에 따라 6가지 수준(level)으로 구성된 2차원의 체계로 분류하였다(미네소타 직업평가척도(MORS : Minnesota Occupational Rating Scales)에서 힌트를 얻음).

(2) 욕구이론의 주요 내용

① 로(Roe)의 욕구이론의 5가지 가정
- ㉠ 개인이 가지고 있는 여러 가지 잠재적 특성의 발달에는 한계가 있다. 다만 그 한계의 정도는 개인차가 있다.
- ㉡ 개인의 유전적 특성의 발달통로는 개인의 유일하고 특수한 경험에 의해 영향을 받는다. 또한 가정의 사회경제적 배경 및 일반 사회의 문화 배경에 의해서도 영향을 받는다.
- ㉢ 개인의 흥미나 태도는 유전의 제약을 비교적 덜 받으므로 주로 개인의 경험에 따라 발달 유형이 결정된다.
- ㉣ 심리적 에너지는 흥미를 결정하는 중요한 요소이다.
- ㉤ 개인의 욕구와 만족 그리고 그 강도는 성취동기의 유발 정도에 따라 결정된다.

② 로(Roe)의 직업분류체계

'흥미'에 따른 8가지 장(field)		'곤란도와 책무성'에 따른 6가지 수준(level)
서비스직 : 타인의 욕구를 지원하고 봉사하는 직업군이다.	사회복지사, 판매원, 간호사	
비즈니스직 : 타인을 설득하여 판매와 거래를 중심으로 하는 직업이다.	정치인, 영업직, 마케팅 매니저	－고급 전문관리 : 전문 지식과 경험이 요구되는 고위직이다. －중급 전문관리 : 전문적 역할이지만 고위 책임은 덜한 직급이다. －준전문관리 : 숙련된 기술과 지식이 필요하며, 중간 책임을 담당한다. －숙련직 : 기본적인 지식과 훈련을 받았으나, 비교적 낮은 수준의 책임을 맡음 －준 숙련직 : 기초적인 역할을 수행하고, 책임이 낮다. －비숙련직 : 특별한 훈련이나 지식이 필요하지 않으며 단순 업무를 주로 담당한다.
단체직 : 조직과 기관의 효율성을 관리하고 조정하는 직업이다.	공무원, 사무 관리자, PM	
기술직 : 전기, 기계 등 기술적 활동을 통해 생산, 운송 등을 수행한다.	엔지니어, 기계 기사, IT 기술자	
옥외활동직 : 자연 자원을 관리, 재배, 수확하는 직업이다.	농업인, 어업인, 임업 종사자	
과학직 : 연구와 개발을 통해 기술적 지식을 활용하고 탐구한다.	연구원, 과학자, 생물학자	
문화직 : 인류 문화와 유산 보존 및 관리와 관련된 직업이다.	사서, 큐레이터, 박물관 학예사	
예술과 연예 : 창의적인 표현과 예술 활동을 수행하는 직업이다.	화가, 작곡가, 배우	

③ 부모 – 자녀간의 상호작용과 직업선택

구분		내용
수용형		온정적이고 수용적인 분위기에서 자란 사람은 자신의 욕구를 사람에게서 충족시킨 경험이 많기 때문에 사람들과 접촉이 많은 **서비스직, 단체직, 문화직, 예능직을 선호**한다.
	무관심형	자녀의 요구를 받아들이지만 깊은 관심은 없고, 흐르는 대로 수용한다.
	애정형	자녀를 따뜻하게 대하며 요구 수용. 독립심과 긍정적 능력을 길러주는 이상적 유형이다.
정서집중형		자녀가 자신들이 원하는 대로 했을 때만 사랑을 표현하므로 이러한 부모 밑에서 자란 사람은 성격이 예민해져 **예술계통의 직업을 선호**한다.
	과보호형	자녀를 지나치게 보호해 의존성을 유발. 행동과 생각을 과도하게 제약한다.
	과요구형	자녀에게 과도한 기대로 부담. 자녀가 부모의 미완성 목표를 달성하기를 원한다.
회피형		부모의 사랑과 관심을 제대로 받지 못하고, 부정적인 분위기에서 성장한 사람들은 공격적이고 방어적인 성격을 갖게 되며, 사람들에 의해 자신의 욕구가 채워진 경험이 거의 없기 때문에 사람과 접촉이 적은 **기술직, 옥외활동직, 과학직 등의 직업을 선호**한다.
	무시형	자녀에게 무관심하며 부모의 책임을 회피. 자녀의 활동에 관심이 없고, 애정이 부족하다.
	거부형	자녀의 요구를 무시하고, 부정적으로 대하며 화를 자주 낸다. 부모의 감정을 우선시한다.

2024년

1 직업발달이론 중 매슬로우(Maslow)의 욕구위계 이론에 기초하여 유아기의 경험과 직업선택에 관한 5가지 가설을 수립한 학자는?

① 홀랜드(Holland)

② 로(Roe)

③ 타크만(Tuckman)

④ 고트프레드슨(Gottfredson)

해설 로(Roe)의 욕구이론의 의의 및 특징
ㄱ 성격이론과 직업분류라는 두 가지 영역을 통합하는데 의미가 있다.
ㄴ 매슬로우(Maslow)가 제시한 욕구의 단계를 기초로 해서 초기의 인생경험과 직업선택의 관계에 관한 가정을 발전시켰다.
ㄷ 개인의 진로발달과정에 사회나 환경의 영향을 상대적으로 많이 고려하는 이론으로, 진로발달이론 이라기보다는 직업선택 이론에 해당한다.
ㄹ 개인의 진로발달과정에서 초기(유아기, 아동기)의 가정환경(부모자녀 관계 유형 : 수용형, 정서집중형, 회피형)이 직업선택에 중요한 영향을 미친다.

ANSWER 1.②

2024년

2 로(Roe)의 직업분류체계는 8가지 장(field)과 6가지 수준(level)의 2차원 조직체계로 구성되어 있는데 8가지 장에 포함되지 않은 것은?

① 서비스

② 예술과 연예

③ 과학

④ 교육

해설　로(Roe)의 직업분류체계

'흥미'에 따른 8가지 장(field)	'곤란도와 책무성'에 따른 6가지 수준(level)
서비스직 비즈니스직 단체직 기술직 옥외활동직 과학직 문화직 예술과 연예	• 고급 전문관리 : 전문 지식과 경험이 요구되는 고위직이다. • 중급 전문관리 : 전문적 역할이지만 고위 책임은 덜한 직급이다. • 준전문관리 : 숙련된 기술과 지식이 필요하며, 중간 책임을 담당한다. • 숙련직 : 기본적인 지식과 훈련을 받았으나, 비교적 낮은 수준의 책임을 맡는다. • 준숙련직 : 기초적인 역할을 수행하고, 책임이 낮다. • 비숙련직 : 특별한 훈련이나 지식이 필요하지 않으며 단순 업무를 주로 담당한다.

3 로(Roe)의 욕구이론에 관한 설명으로 옳은 것은?

① 심리적 에너지가 흥미를 결정하는 중요한 요소라고 본다.

② 청소년기 부모-자녀 간의 관계에서 생긴 욕구가 직업선택에 영향을 미친다는 이론이다.

③ 부모의 사랑을 제대로 받지 못하고 거부적인 분위기에서 성장한 사람은 다른 사람들과 함께 일하고 접촉하는 서비스 직종의 직업을 선호한다.

④ 직업군을 10가지로 분류한다.

해설 로(Roe)의 욕구이론의 특징
- ㉠ 성격이론과 직업분류라는 두 가지 영역을 통합하는데 의미가 있다.
- ㉡ 매슬로우의 욕구위계이론을 바탕으로 하였다.
- ㉢ 개인의 진로발달과정에서 초기(유아기, 아동기)의 가정환경(부모자녀 관계 유형 : 수용형, 정서집중형, 회피형)이 직업선택에 중요한 영향을 미친다.
- ㉣ 심리적 에너지가 흥미를 결정하는 중요 요소이다.
- ㉤ 흥미에 따라 직업을 8가지 장(field)과 '곤란도와 책무성'에 따라 6가지 수준(level)으로 분류하였다.

TIP 부모-자녀간의 상호작용

구분	내용
수용형	온정적이고 수용적인 분위기에서 자란 사람은 자신의 욕구를 사람에게서 충족시킨 경험이 많기 때문에 사람들과 접촉이 많은 서비스직, 단체직, 문화직, 예능직 선호한다.
정서집중형	자녀가 자신들이 원하는 대로 했을 때만 사랑을 표현하므로 이러한 부모 밑에서 자란 사람은 성격이 예민해져 예술계통의 직업을 선호한다.
회피형	부모의 사랑과 관심을 제대로 받지 못하고, 부정적인 분위기에서 성장한 사람들은 공격적이고 방어적인 성격을 갖게 되며, 사람들에 의해 자신의 욕구가 채워진 경험이 거의 없기 때문에 사람과 접촉이 적은 기술직, 옥외활동직, 과학직 등의 직업을 선호한다.

ANSWER 2.④ 3.①

4 다음 중 개인의 진로발달과정에서 사회나 환경의 영향을 상대적으로 가장 많이 고려하는 이론은?

① 파슨스(Parsons)의 특성－요인 이론

② 의사결정이론

③ 로(Roe)의 욕구이론

④ 수퍼(Super)의 발달이론

해설 로(Roe)의 욕구이론의 의의 및 특징

㉠ 성격이론과 직업분류라는 두 가지 영역을 통합하는데 의미가 있다.

㉡ 매슬로우가 제시한 욕구의 단계를 기초로 해서 초기의 인생경험과 직업선택의 관계에 관한 가정을 발전시켰다.

㉢ 개인의 진로발달과정에 사회나 환경의 영향을 상대적으로 많이 고려하는 이론으로, 진로발달이론 이라기보다는 직업선택 이론에 해당한다.

㉣ 개인의 진로발달과정에서 초기(유아기, 아동기)의 가정환경(부모자녀 관계 유형 : 수용형, 정서집중형, 회피형)이 직업선택에 중요한 영향을 미친다.

㉤ 심리적 에너지가 흥미를 결정하는 중요 요소이다.

㉥ 흥미에 따라 직업을 8가지 장(field)과 '곤란도와 책무성'에 따라 6가지 수준(level)으로 구성된 2차원의 체계로 분류하였다(미네소타 직업평가척도(MORS : Minnesota Occupational Rating Scales)에서 힌트를 얻음).

5 로(Roe)의 욕구이론에 대한 설명과 가장 거리가 먼 것은?

① 가족과의 초기관계가 진로선택에 중요한 영향을 미친다.

② 로(Roe)는 성격이론과 직업분류 영역을 통합하는데 관심을 두었다.

③ 직업과 기본욕구 만족의 관련성이 매슬로우(Maslow)의 욕구위계이론을 바탕으로 할 때 가장 효율적이라고 보았다.

④ 미네소타 직업평가척도에서 힌트를 얻어 직업을 7개의 영역으로 나누었다.

해설 로(Roe)의 욕구이론의 의의 및 특징
㉠ 성격이론과 직업분류라는 두 가지 영역을 통합하는데 의미가 있다.
㉡ 매슬로우가 제시한 욕구의 단계를 기초로 해서 초기의 인생경험과 직업선택의 관계에 관한 가정을 발전시켰다.
㉢ 개인의 진로발달과정에 사회나 환경의 영향을 상대적으로 많이 고려하는 이론으로, 진로발달이론이라기보다는 직업선택 이론에 해당한다.
㉣ 개인의 진로발달과정에서 초기(유아기, 아동기)의 가정환경(부모자녀 관계 유형 : 수용형, 정서집중형, 회피형)이 직업선택에 중요한 영향을 미친다.
㉤ 심리적 에너지가 흥미를 결정하는 중요 요소이다.
㉥ 흥미에 따라 직업을 8가지 장(field)과 '곤란도와 책무성'에 따라 6가지 수준(level)으로 구성된 2차원의 체계로 분류하였다(미네소타 직업평가척도(MORS : Minnesota Occupational Rating Scales)에서 힌트를 얻음).

직업상담 진단

출제경향

직업상담진단은 필기 및 실기 모두 중요하게 다루어지며 출제비율도 높은 편이다. 심리검사의 분류, 집단 내 규준의 종류, 확률표집방법의 종류, 신뢰도 및 타당도의 유형 등 심리검사 관련 문제들이 꾸준히 출제되고 있다. 뿐만 아니라, 개인의 특성을 측정하는 다양한 측정도구(적성검사, 지능검사, 성격검사, 흥미검사, 성숙도 검사)는 직업상담 업무에서 활용도가 높은 내용으로 출제된다. 출제기준의 변경으로 기존에는 다루어지지 않았던 가치검사, 직업역량검사에 대한 이해도 필요하다.

학습방법

- **직업심리검사 관련 개념 및 유형 이해하기**
  직업심리검사 분류 및 집단 내 규준의 종류, 신뢰도와 타당도 등 심리검사 관련 개념 및 유형은 출제빈도가 높은 내용을 중심으로 학습하는 것이 효과적이다.
- **측정도구(직업심리검사) 별 하위검사 및 요인 이해하기**
  다양한 측정도구에서 다루고 있는 심리적 구성개념의 의미를 이해하고, 검사별 하위검사(소검사) 및 요인을 정확하게 암기하는 것이 효과적이다.

출제 키워드

심리검사의 분류, 집단 내 규준의 종류, 확률표집방법의 종류, 신뢰도 추정 방법, 심리검사의 신뢰도에 영향을 주는 요인, 측정의 신뢰도를 높이기 위한 방법, 타당도의 유형, 일반직업적성검사(GATB)의 적성요인, 스트롱(Strong) 직업흥미검사 하위척도, 직업선호도검사의 하위검사, 진로성숙도검사(CMI) 태도척도와 능력척도, 한국판 웩슬러 성인용 지능검사(K-WAIS)의 소검사, 성격 5요인(Big 5) 검사의 성격요인, 심리검사 결과 통보 시 유의사항

SECTION 01 직업심리검사

(1) 직업심리검사의 이해

① 직업상담 진단과 심리검사

　㉠ 진단(diagnosis)

- 진단은 개인의 직업적 논점에서 검사, 면담, 행동 관찰 등을 통하여 신체적 혹은 심리적 상태에 관하여 평가하고, 이 결과를 토대로 전체적인 해석을 하는 것을 의미한다. 이때 언어적, 비언어적 정보도 포함한다.
- 진단은 측정, 검사, 평가, 사정, 관찰 등을 포함하며, 좁은 의미에서는 심리적 특성을 재는 행위 그 자체를 뜻하거나 측정 도구인 심리검사를 의미한다.

　㉡ 심리검사의 의의

- 심리검사는 능력, 성격, 흥미, 태도 등과 같은 인간의 심리적 속성, 즉 심리적 구성개념을 수량화하기 위해서 표준화된 측정 도구를 의미한다.
- 심리평가의 객관적 근거자료로 활용되며, 정량적 결과를 통해 심리적 구성개념에 대한 해석을 가능하게 한다.
- 개인의 행동을 표본으로 하여 심리적 속성(예 : 성격, 능력, 태도 등)을 간접적으로 측정하는 도구이며, 표준화된 절차에 따라 실시되므로 개인 간 비교가 가능하다.
- 인터넷을 활용한 온라인 심리검사는 검사 결과를 즉시 알 수 있어 편리하므로 상담 장면에서 유용하게 활용된다.

　㉢ 심리검사의 정의

심리검사 (psychological testing)	능력, 성격, 흥미, 태도 등과 같은 인간의 심리적 속성, 즉 심리적 구성 개념(psychological constructs)을 수량화하기 위해서 표준화된 측정 도구를 의미한다.
심리평가	심리검사를 통해 개인의 심리적 속성을 평가하는 것이다.
직업심리검사 (vocational psychological testing)	심리검사 중에서 직업 논점을 진단하고 진로, 직업, 취업, 전직 관련 직업상담과 관련해서 사용하는 검사이다.

② 심리검사의 목적과 용도
　　㉠ 분류 및 진단 : 내담자의 심리적 특성 자료를 수집하여, 현재의 진로 문제에 영향을 주는 원인을 진단한다.
　　㉡ 자기이해 증진 : 내담자가 자신을 올바르게 이해함으로써 합리적인 의사결정을 하도록 돕는다.
　　㉢ 예측 : 내담자의 특성을 분석하여 미래의 행동·성과를 예측하며, 회사에서는 인사선발 및 배치에 활용한다.
　　㉣ 연구 및 조사 : 집단의 성향을 조사하고 분석하여 해당 집단의 특징과 특성을 규명한다.

③ 주요 개념
　　㉠ 심리적 구성개념(심리적 구성체)
　　　• 개인의 흥미, 적성, 지능 등 인간 행동을 설명해 주는 이론을 만들기 위해서 연구자들이 만들어 낸 추상적이고 가설적인 개념이다.
　　　• 심리적 구성개념은 직접적으로 측정할 수 없고, 그 사람의 행동을 관찰함으로써 추론할 수 있다.
　　㉡ 측정
　　　• 어떤 일정한 규칙에 따라 대상이나 사건에 대해 수치를 할당하는 과정이다.
　　　• 측정이란 엄밀히 말하면, 대상 자체가 아니라 그 대상의 속성(attribute)에 수치를 할당하는 과정을 의미한다.
　　㉢ 표준화
　　　• 검사의 실시와 채점 절차의 동일성을 유지하기 위하여 검사 재료, 시간제한, 검사의 순서, 검사 장소, 지시문 읽기 등 검사 실시의 모든 과정과 응답한 내용을 어떻게 점수화하는가 하는 채점 절차를 세부적으로 명시하는 것이다.
　　　• 심리검사는 표준화를 통해 검사자, 채점자, 실시 환경과 같은 외적 요인을 일정 수준까지 통제할 수 있으나, 수검자의 심리적 상태나 개인차와 같은 내적 요인은 통제하기 어렵다.
　　　• 표준화된 심리검사의 특징
　　　　－검사의 실시와 채점이 객관적이다.
　　　　－신뢰도와 타당도가 비교적 높다.
　　　　－규준집단과 비교하여 피검자의 상대적 위치를 알 수 있다.
　　　　－비통제적 외부요인에 의한 무선적 오차를 완전히 제거하지 못한다.
　　㉣ 타당화 과정 : 특정 심리검사가 측정하고자 하는 행동 표본이 실제 생활 전반에서 나타나는 행동을 얼마나 잘 대표할 수 있는지를 검토하고, 문제를 해결하려는 과정이다.
　　㉤ 분류변인
　　　• 연령, 지능, 성격 특성, 태도 등과 같이 피험자의 고유한 속성을 반영하며, 이들 간의 개인차를 구분하고 집단 간 비교를 가능하게 하는 변인이다.
　　　• 실험 이전부터 존재하는 개인차 변인으로 연구자가 직접 조작할 수 없으며 실험적으로 통제할 수 없으므로 일반화 가능성 측면에서도 내적 타당도가 낮다.
　　　• 인과적 해석이 불가능하며, 이를 독립변인으로 사용할 경우 외적 타당도가 낮아진다.

④ 심리검사의 분류

㉠ 실시 방식에 따른 분류

실시 시간 기준	속도검사	• 시간제한 있고, 쉬운 문제로 구성 한다. • 숙련도를 측정한다.
	역량검사	• 시간제한 없고, 어려운 문제들로 구성된다. • 궁극적인 문제해결력을 측정한다.
한번에 실시할 수 있는 수검자의 수	개인검사	• 1:1로 하는 검사이며, 개인에 대해 심층적으로 연구한다. • 예 : GATB, 주제통각검사(TAT), 직업카드 심리검사
	집단검사	• 한 번에 여러 명에게 실시한다. • 예 : MMPI, MBTI, 직업카드 심리검사
검사 도구에 따른 분류	지필검사	• 종이에 인쇄된 문항에 응답하는 방식, 가장 일반적 방식이 있다.
	수행검사	• 수검자가 대상이나 도구를 직접 다루는 검사이다. • 일상생활과 유사한 상황에서 직접 해보도록 하는 것이다.
인터넷과 앱	검사도구의 실시, 채점, 해석 등이 컴퓨터나 휴대폰을 기반으로 개발되어 이용 즉시 평가가 가능하다.	

㉡ 내용에 따른 분류

인지적 검사 = 능력 검사 = 극대 수행 검사	• 인지능력을 평가하기 위한 검사이다. • 인간의 전체가 아닌 일부 능력만을 측정하는 능력검사이다. • 일반적으로 문항의 정답이 있고, 시간제한이 엄격하게 적용된다. • 최대한의 능력발휘를 요구한다.	
	지능 검사	• 일반적인 정신 능력을 측정한다. • 언어, 수리, 동작 능력 등을 종합적으로 측정한다. • 유아용 웩슬러 지능검사(K－WPPSI－IV, 3~7세) • 아동용 웩슬러 지능검사(K－WISC－V, 6~16세) • 한국판 웩슬러 지능검사(K－WAIS－IV, 16~69세)
	적성 검사	• 지능검사보다 더 특수하고 광범위한 영역의 능력을 시간제한 하에서 측정한다. • 주로 산업체나 학교에서 많이 사용된다. • GATB, 성인용 직업적성검사, 적성검사, 직업 적성검사
	성취도 검사	• 시험형태로 배운 수준을 측정한다. • 특정 교육이나 훈련의 성과를 알아보기 위해 실시한다. • 개인의 지식, 기술, 성취 수준을 측정하는 검사이다. • 대학 수능, 토익, 토플 등

정서적 검사 = 성격 검사 = 습관적 수행 검사		• 비인지적 검사, 정서 · 동기 · 흥미 · 태도 · 가치 등을 재는 검사이다. • 정답이 없음, '~검사'라기보다 '~목록 또는 항목표'라고 한다. • 응답시간을 제한하지 않고, 최대한의 정직한 응답을 요구한다. • 가장 습관적으로 하는 행동을 선택
	성격 검사	• 개인이 가지고 있는 성향이나 기질 등을 측정하는 검사이다. • 예 : 직업선호도검사 L형 중 성격검사(Big-5), MMPI, MBTI, 캘리포니아 성격검사(CPI)
	흥미 검사	• 사람들이 특정 분야에 대해 가지고 있는 흥미를 비교하기 위한 검사이다. • 예 : 직업선호도검사 S형, 직업선호도검사 L형 중 흥미검사, 직업카드 심리검사, 스트롱(Strong) 진로 탐색 검사, 직업 흥미검사, 쿠더 직업흥미검사(KOIS)
	태도 검사	• 특정 분야나 대상에 대한 태도 또는 의견을 측정하는 검사이다. • 예 : 직무만족도 검사, 학습 태도, 부모 양육 태도, 근무 태도

ⓒ 사용 목적에 따른 분류

| 규준참조검사 | • 개인의 점수를 다른 사람들의 점수와 비교해서 상대적으로 어떤 수준인지를 알아보는 것이 주목적인 검사이다.
• 이때 비교 기준이 되는 점수들을 규준(norm)이라고 하며, 이런 규준 집단(norm group)이라고 부르는 대표적인 집단을 통해 비교 점수들을 얻어 낸다.
• 예 : 대부분의 심리검사, 선발검사 등 |
| 준거참조검사 | • 검사 점수를 타인과 비교하는 것이 아니라, 어떤 기준 점수와 비교해서 이용하려는 검사이다.
• 기준 점수는 검사에 따라, 또 검사를 사용하는 기관이나 조직의 특성에 따라, 시기에 따라 각각 달라질 수 있다.
• 준거 참조 검사는 '규준'을 가지고 있지 않다.
• 예 : 국가자격시험, 운전면허시험 등 |

㉣ 객관적 검사와 투사적 검사

객관적 검사	특징	• 개인이 자신의 내면 상태를 직접 보고하며, 표준화된 도구를 통해 응답을 수치화하여 정량적으로 분석하는 방식이다. • 예 : MMPI, MBTI
	장점	• 검사의 시행, 채점, 해석이 용이하다. • 표준화 : 문항의 내용과 절차가 표준화되어 있어 신뢰도와 타당도가 높다. • 자기인식 : 피검사자가 자신의 감정, 사고, 행동 특성을 자각하고 성찰할 수 있도록 돕는다. • 객관성 : 결과가 수치화되어 있어 해석이 객관적이며 평가자 간 일관성 유지가 가능하다. • 경제성 : 짧은 시간 안에 대규모 인원을 대상으로 실시할 수 있어 시간 및 비용 효율이 높다.
	단점	• 자기보고의 한계 : 피검사자가 자신의 상태를 객관적으로 인식하지 못하거나, 사회적으로 긍정적인 방향으로 응답하려는 경향이다.(사회적 바람직성). • 문화적 편향 : 검사 문항이 특정 문화나 집단의 규범에 기반할 경우, 타문화권 응답자에게 타당하지 않은 해석이 나타날 수 있다. • 심리적 방어 : 피검사자가 자신의 약점을 감추거나 의도적으로 사실과 다른 정보를 응답하는 경우로, 검사 결과의 신뢰도를 저하시킬 수 있다.
투사적 검사	특징	• 피검사자가 애매모호한 자극에 자유롭게 반응하도록 하여, 그 반응 속에 내포된 무의식적 심리 내용을 해석하는 데 목적이 있다. • 예 : 로르샤흐 검사, 주제통각검사
	장점	• 깊이 있는 평가 : 무의식적 욕구와 감정을 탐색하여 심층적인 이해가 가능하다. • 개인차 반영 : 개인의 독특한 반응을 통해 차이를 파악한다. • 방어기제 탐지 : 간접적 자극을 통해 피검사자의 방어기제를 우회하여 보다 진실된 심리 반응을 이끌어 낸다.
	단점	• 주관적 해석 : 결과 해석이 평가자에 따라 달라질 수 있다. • 표준화의 어려움 : 검사 절차와 해석 기준이 일관되지 않으므로 신뢰도와 타당도가 낮다. • 시간 소모 : 검사 시행과 결과 분석에 시간이 오래 걸린다.

ⓜ 직업상담에 사용되는 주요 질적 측정도구

자기효능감 척도	개인이 특정 과제를 수행할 수 있는 능력을 자신이 어느 정도로 갖추었다고 인식하는지를 평가하는 것이다.
카드분류 (직업카드분류)	• 내담자의 직업 관련 선호요소(가치관, 흥미, 직무기술, 라이프스타일 등)를 측정하는 데 유용하다. • 일련의 카드를 직업 선호도에 따라 분류하고, 분류에 대한 근거를 분석하여 진로에 대한 사고를 명료화하는 활동이다.
직업가계도 (제노그램)	내담자의 진로 선택에 영향을 줄 수 있는 가족 또는 선조의 직업적 배경을 시각적 표상을 얻기 위해 도표로 만든 것이다.
역할극 (역할놀이)	업무 수행 중 나타나는 행동 패턴과 역량을 드러낼 수 있도록 직무와 유사한 과업 상황을 제공하고, 이에 대한 반응을 분석한다.

(2) 규준과 점수해석

① 변인 및 척도

㉠ 변인(변수)

• 둘 이상의 값(value)이나 수치를 가질 수 있어 측정할 수 있거나 구분이 가능한 특성을 의미한다. 예를 들어 성별, 연령, 교육수준, 직업, 소득 등은 모두 서로 다른 값을 가질 수 있으므로 변인에 해당한다.
• 변인의 적용과 통제

독립변인	다른 변인(주로 종속변인)에 영향을 미치거나, 그 원인으로 작용한다고 간주되는 변인이다.
종속변인	독립변인의 조작 또는 변화에 따라 결과적으로 영향을 받는 변수이다.
가외변인 (외생변인)	독립변인과 종속변인 사이에서 양쪽 변인 간의 인과관계에 영향을 줄 수 있는 제3의 변인이다.

ⓒ 척도

- 실증연구에서 측정은 변인에 수치를 체계적으로 부여하는 과정이며, 척도는 이러한 수치 부여를 위한 도구이다. 인간의 내적 특성을 재는 심리검사는 모두 척도의 일종으로 간주된다.
- 척도의 종류(유형)

명명척도 (명목척도)	• 분류나 범주 구분만 가능하며, **속성의 차이**만을 나타내는 척도이다. • 예 : 성별(남/여), 혈액형, 전공 등
서열척도	• 숫자의 차이가 측정한 속성의 차이에 관한 정보뿐 아니라, **서열관계에 대한 정보도 포함**하고 있는 척도이다. • 숫자 간 간격이 동일하지 않아 차이의 크기는 알 수 없다. • 예 : 학년, 석차, 만족도 순위
등간척도	• 서열뿐만 아니라 수치 간의 **간격(등간성)이 동일하게 유지됨**을 보장하는 척도이다. • 절대적인 0점은 존재하지 않는다. • 예 : 온도(℃), IQ 점수
비율척도	• 순서, 간격, 차이, **비율까지 해석할 수 있는 가장 정밀한 척도**이며, 절대 0점이 존재한다. • 예 : 키, 몸무게, 나이, 소득

ⓒ 직업심리학의 연구방법

현장연구	• 연구자가 독립변인을 인위적으로 조작하거나 통제하지 않고, 실제 생활환경(자연 상태)에서 수집된 자료를 바탕으로 독립변인과 종속변인 간의 관계를 사후적으로 분석하는 비실험연구의 한 유형이다. • 주로 질문지, 면접, 자기보고식 응답을 통해 데이터를 수집하며, 실제성과 외적 타당도가 높고, 동시에 다양한 변인에 대한 정보를 수집한다.	
실험연구	• 연구자가 독립변인을 인위적으로 조작하고, 그에 따른 종속변인의 변화를 체계적으로 관찰하여 인과관계를 검증하는 연구 설계이다. • 실험이 수행되는 장소나 환경에 따라, 실험연구는 현장실험과 실험실 실험으로 구분된다.	
	현장실험	실험실 실험
	자연환경에서 독립변인을 조작하여 인과관계를 분석하는 연구로, 외적 타당도가 높고 현실적인 상황 반영이 가능하다.	엄격하게 통제된 환경에서 독립변인을 조작하여 인과관계를 검증하는 방법으로, 내적 타당도가 매우 높고 정밀한 측정이 가능하다.

② 통계의 기본개념

㉠ 중심경향치 대푯값

평균값 (평균치)	• 자료의 중심 경향성을 나타내는 통계적 측정치이다. • 모든 값(점수)을 합산한 후, 전체 사례 수(n)로 나누어 계산된 대푯값이다.
중앙값 (중앙치)	• 주어진 자료를 크기순으로 배열했을 때, **가운데 위치한 값**을 의미하며, 전체 자료를 두 개의 동수 집단으로 나누는 중심값이다. • 서열척도 이상의 척도로 측정된 자료에서만 산출할 수 있으며, 명명척도에서는 사용할 수 없다.
최빈값 (최빈치)	• 자료의 빈도분포에서 **가장 자주 관찰되는 값**이다. • 빈도가 가장 높은 점수 또는 급간의 중심값을 의미한다.

㉡ 분산 정도를 판단하기 위한 기준

범위	주어진 점수 분포에서 **최고값과 최저값 사이의 차이(거리)**이다.
분산 (변량)	• 변수의 전체 **관측값**들이 평균으로부터 얼마나 떨어져 있는지를 제곱값의 평균으로 나타낸 값 • 편차를 제곱하여 총합한 다음 전체 사례 수로 나눈 값이다.
표준편차	• **각 점수가 평균으로부터 평균적으로 얼마나 떨어져 있는지를 나타내는 값**이다. • 클수록 점수들이 평균으로부터 넓게 퍼져 있어 이질적인 것으로, 작을수록 동질적인 것으로 해석 한다.

㉢ 표준오차

• 표본에서 계산된 평균들이 실제 모집단의 평균(모평균)으로부터 얼마나 떨어져 분포되어 있는지를 나타내는 통계적 추정값이다.
• 검사 점수의 신뢰도를 반영한다.
• 표준오차가 작을수록 표본의 대표성이 높다고 볼 수 있으므로 검사의 표준오차는 작을수록 좋다.
• 오차 범위($\pm$SEM) 내의 점수 차이는 신뢰 가능한 차이가 아닐 수 있으므로, 통계적으로 무시할 수 있다.

㉣ 정규분포(정상분포)

• 데이터가 평균을 중심으로 좌우 대칭으로 분포하는 형태이며, 종 모양의 곡선을 보인다.
• **정규분포에서는 평균, 중앙값, 최빈값이 같으므로**, 심리검사에서 내담자가 중앙값을 얻었다면 평균 점수를 얻은 것과 같다고 볼 수 있다.
• 평균이 100, 표준편차가 15이고 정상분포를 이루고 있는 검사의 경우 85 ~ 115점(평균 $\pm$1SD)안에 전체 사례의 약 68.3%가 속하게 되고, 70 ~ 130점(평균 $\pm$2SD) 안에 전체 사례의 약 95.4%가 속하게 된다.

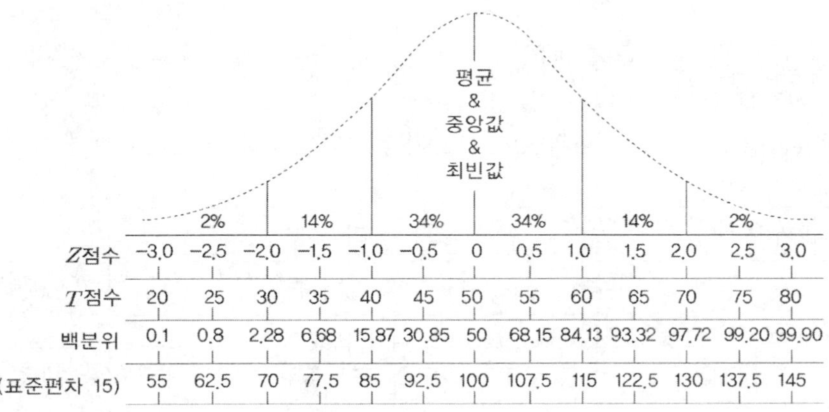

Z점수	-3.0	-2.5	-2.0	-1.5	-1.0	-0.5	0	0.5	1.0	1.5	2.0	2.5	3.0
T점수	20	25	30	35	40	45	50	55	60	65	70	75	80
백분위	0.1	0.8	2.28	6.68	15.87	30.85	50	68.15	84.13	93.32	97.72	99.20	99.90
IQ(표준편차 15)	55	62.5	70	77.5	85	92.5	100	107.5	115	122.5	130	137.5	145

- 표준화를 위해 수집한 자료가 정규분포에서 벗어나는 것의 해결 방법

완곡화	점수 분포를 보다 자연스럽고 이상적인 정규분포(종형 곡선) 형태로 만들기 위해, 절선도표나 주상도표상의 **점수를 일정하게 가감하는 방법**이다.
절미법	검사 점수가 한쪽으로 과도하게 치우친 분포(편포)를 보일 때, 극단적으로 높은 값이나 낮은 값을 의도적으로 제거하는 방법이다.
면적환산법	원점수를 백분위로 환산한 후, 그 백분위에 대응되는 **Z점수(표준점수)를 표준 정규분포의 누적면적 곡선에서 찾아내는 방법**이다.

　㉤ 상관계수와 결정계수

　　• 상관계수

　　　- 두 변인 간의 선형적 관계(관련성)의 정도와 방향을 나타내는 통계적 지표이다.

　　　- 상관계수는 '-1'에서 '+1' 사이의 값을 가지며, '+1'은 '정적상관', '0'은 '상관없음', '-1'은 '부적상관'을 의미한다.

　　• 결정계수

　　　- 두 변수 간 상관관계를 바탕으로, 한 변수가 다른 변수를 설명할 수 있는 분산의 비율을 나타내는 지표로, 상관계수를 제곱한 값이다.

　　　- 0에서 1 사이의 값을 가진다.

③ 규준의 제작

　㉠ 원점수와 규준

　　• 원점수 : 심리검사를 통해 얻는 원점수는 해당 검사 문항에 대한 개인의 반응을 단순히 합산한 수치로, 그 자체만으로는 해석 가능한 의미를 충분히 제공하지 못한다. 이러한 원점수는 일반적으로 서열척도 수준의 측정치에 불과하며, 등간척도의 성질을 지닌다고 보기는 어렵다.

• 규준(Norm)
  - 규준은 특정 검사를 표준화된 대표집단에게 실시하여 얻은 점수들을 통계적으로 처리하고, 이를 일정한 분포 형태로 정리한 기준 자료를 의미한다.
  - 규준은 원점수를 표준화된 집단의 검사 점수와 비교함으로써 그 점수의 상대적 의미를 해석할 수 있게 해주는 근거가 된다.

ⓛ 규준 제작 시 사용되는 표집방법

확률표집방법	단순무선표집 (단순무작위표집)	모집단의 모든 구성요소가 동일한 확률로 표본에 선택되도록 하는 표집 방법이다.
	층화표집	집단이 서로 다른 특성을 가진 **이질적인 하위집단**으로 구성되어 있을 때 사용하는 방법이다.
	군집표집 (집락표집)	모집단을 서로 **동질적인 하위집단**으로 먼저 구분한 다음 집단 자체를 표집하는 방법이다.
	계통표집 (체계적 표집)	모집단의 구성요소들을 일정한 순서대로 배열한 목록에서, 임의의 시작점을 정한 후 일정한 간격(k 간격)으로 매 k번째 요소를 추출하는 표집 방법이다.
비확률표집방법	할당표집	모집단에 대한 사전 정보(예 : 성별, 연령, 지역 등)를 바탕으로, 모집단을 여러 하위집단(카테고리)으로 나눈 뒤, 각 집단에서 미리 정해진 수만큼 표본을 비확률적으로(작위적으로) 선택하는 방법이다.
	유의표집 (판단표집)	연구자가 모집단에 대한 사전 지식과 전문적 판단을 바탕으로, 연구 목적에 가장 적합하다고 판단되는 구성요소(사람, 집단 등)를 의도적으로 선택하는 방법이다.
	임의표집 (편의표집)	모집단에 대한 정보가 부족하거나, 모집단 구성요소 간 차이가 크지 않다고 판단될 때, 연구자가 접근이 쉬운 대상자들을 임의로 선택하여 표본을 구성하는 방법이다.
	누적표집 (눈덩이표집)	연구자가 처음에 소수의 참여자(초기 표본)를 임의로 선정한 후, 이들이 또 다른 참여자를 추천하게 하고, 그 과정을 반복하면서 표본을 확장해 나가는 방법이다.

④ 규준의 종류
  ㉠ 발달규준

연령규준	학년규준	서열규준
개인의 점수를 규준집단의 연령 수준과 비교하여 해석한다.	개인의 점수를 규준집단의 학년 수준과 비교하여 해석한다.	개인의 점수를 규준집단의 행동 발달 수준과 비교하여 해석한다.

ⓛ 집단 내 규준

- 백분위점수
  - 표준화된 집단에서 특정 원점수 이하에 해당하는 사람들의 비율을 기준으로 산출되며, 개인의 상대적 위치를 나타내는 점수이다.
  - 예 : 백분위가 88이라는 것은 내담자보다 낮은 점수를 받은 사람들이 전체의 88%라는 뜻이며, 내담자는 표준화집단에서 전체 12%에 해당한다는 것이다.
- 표준점수
  - 개인의 점수가 집단의 평균을 기준으로 얼마나 떨어져 있는지를 표준편차 단위로 나타낸 값이다.
  - 원점수를 표준점수로 변환하면, 해당 점수가 전체 집단 내에서 어떤 상대적 위치에 있는지 파악할 수 있으며, 이를 통해 다른 검사 결과와 비교하거나 해석하는 데 유용하게 활용할 수 있다.
  - 표준점수에는 Z점수와 T점수가 있다.

Z점수 (Z-score)	T점수 (T-score)
• 원점수를 평균이 0, 표준편차가 1인 Z분포상의 점수로 변환한 점수이다. • 예를 들면, Z점수 0은 원점수가 정확히 평균값에 위치한다는 의미이며, Z점수 -1.5는 해당 원점수가 참조집단의 평균보다 1.5 표준편차만큼 낮다는 것을 의미한다. $$\text{T점수} = \dfrac{\text{원점수} - \text{평균}}{\text{표준편차}}$$ 표준편차	• Z점수를 변환한 표준점수의 일종으로, 평균 50, 표준편차 10인 분포로 만든 것이다. • 가장 널리 사용되는 정규화된 표준점수로, 대표적으로 미네소타 다면적 인성검사(MMPI) 등의 심리검사에서 활용된다. • T점수 = 10 × Z점수 + 50

- 표준등급
  - 스테나인 점수(Stanine Score)라고도 하며, 원점수 분포를 정규분포를 가정하여 1부터 9까지의 등급으로 나눈 규준이다. *Stanine = Standard + Nine
  - 대규모 학력 평가 및 심리 검사 결과를 보고할 때 9개의 단순한 등급으로 복잡한 원점수를 요약하여 제공함으로써, 상대적인 성취 수준을 파악하기 용이하다.
    예) 수능이나 내신 등급제
  - 백분위 50에 해당하는 스테나인의 점수는 5이다.

(3) 신뢰도(Reliability)

① 개요

ⓖ 개념

- 신뢰도란, 측정도구가 측정하고자 하는 특성을 일관되게 측정하는 정도를 의미한다.
- 만약 동일한 대상을 동일한 측정도구로 반복 측정했을 때 항상 일관된 결과가 나온다면, 해당 도구는 신뢰도가 매우 높은 것으로 간주할 수 있다.

• 측정 오차가 작을수록, 측정값의 일관성이 높아지므로 신뢰도 역시 높아지는 경향이 있다.

ⓛ 신뢰도 계수

• 신뢰도 계수는 측정 결과의 일관성을 수치로 나타내는 지표이다.
• 신뢰도 계수는 일반적으로 0에서 1 사이의 값을 가지며, 계수 값이 0에 가까울수록 신뢰도가 낮고, 1에 가까울수록 신뢰도가 높음을 의미한다.

② 신뢰도 유형

㉠ 검사-재검사 신뢰도(안정성 계수)

• 의의 및 특징

－동일한 검사를 동일한 수검자에게 일정한 시간 간격을 두고 두 번 실시한 후, 두 검사 점수 간의 상관계수로 신뢰도를 추정하는 방법이다.

－검사 점수가 시간의 경과에 따라 얼마나 일관되게 유지되는지를 평가하는 것이므로, 검사-재검사 신뢰도는 시간에 따른 측정의 안정성을 의미하며, 이를 '안정성 계수'라고도 부른다.

• 검사-재검사를 통해 신뢰도를 추정할 때 충족되어야 할 조건

－시간이 지나도 측정하려는 내용 자체는 변하지 않아야 한다.
－첫 번째 검사 경험이 두 번째 검사 점수에 영향을 미치지 않는다는 확신이 있어야 한다.
－검사와 재검사 사이에 이루어진 학습활동이나 경험이 두 번째 검사 점수에 영향을 주지 않아야 한다.

• 검사-재검사 신뢰도 추정치를 구할 때 단점(검사-재검사 신뢰도에 영향을 미치는 요인)

환경 변화	검사 환경상의 변화가 신뢰도에 영향을 미칠 수 있다.
시간 간격	검사 시행사이의 기간이 짧거나 길 경우 신뢰도에 영향을 미칠 수 있다.
응답자 속성 변화	능력, 가치관, 정서 등 피험자의 속성의 변화가 신뢰도에 영향을 미칠 수 있다.
기억효과(연습효과)	선행 검사 시 기억이 두 번째 검사 점수에 영향을 미치는 현상을 말한다.
반응민감성 효과	검사 경험 자체가 후속 반응에 영향을 준다.

㉡ 동형검사 신뢰도(동등성(동형성) 계수)

• 의의 및 특징

－동일한 수검자에게 내용과 난이도 등이 동등한 두 개의 검사(동형검사)를 실시한 후, 두 검사 점수 간의 상관계수를 통해 측정의 일관성을 추정하는 방법이다.

－상관계수는 두 검사의 동등성(내용, 난이도, 측정 특성 등)이 얼마나 유지되고 있는지를 나타내는 지표이므로 이를 '동등성 계수' 또는 '동형성 계수'라고도 부른다.

－이미 신뢰도가 입증된 유사한 형태의 검사와 새롭게 실시한 검사 간 점수의 상관계수를 통해 측정의 일관성을 추정하는 신뢰도 유형이다.

• 동형검사 신뢰도를 통해 신뢰도를 추정 할 경우 충족되어야 할 조건

－내용 영역의 일치 : 두 검사는 측정하고자 하는 심리적 속성이나 영역이 동일해야 하며, 문항 내용이 동일한 개념을 대표할 수 있도록 표집되어야 한다.

－문항 수와 형식의 동일성 : 두 검사 모두 동일한 문항 수, 유사한 문항 구조 및 응답 형식을 가져야
    한다.
  －난이도(곤란도)의 동등성 : 각 문항의 평균 정답률이나 문항 난이도 수준이 유사해야 하며, 두 검사가
    측정의 어려움에서 큰 차이가 없어야 한다.
  －검사 조건의 일관성 : 지시문, 제한 시간, 검사 환경, 설명 방식 등 모든 실행 조건이 동등하게 유지
    되어야 한다.
ⓒ 반분 신뢰도
 • 의의 및 특징
   －하나의 검사를 한 집단에게 실시한 후, 검사 문항을 동등한 두 부분(예 : 홀수/짝수, 전반/후반 등)으로
     나누어, 각 부분 점수 간 상관계수를 계산함으로써 측정의 일관성을 추정하는 방법이다.
   －둘로 나뉜 문항 집합 간의 점수 일치 정도, 즉 내용의 일관성을 평가하는 것이므로, 이를 '내적 합치
     도 계수'라고도 부른다.
 • 반분신뢰도 추정을 위한 방법

전후절반법 (전후양분법)	전체 검사의 **문항을 출제** 순서에 따라 전반부와 후반부로 나누어 두 부분의 점수 간 상관계수를 계산하여 내적 일관성을 추정하는 방식이다.
기우절반법 (기우양분법)	전체 검사 **문항을 번호** 순서에 따라 홀수 문항과 짝수 문항으로 나누어 두 부분의 점수 간 상관계수를 계산하여 내적 일관성을 추정하는 방식이다.
짝진 임의배치법 (임의적 짝짓기법)	전체 검사 **문항을 난이도와 문항－총점 간 상관계수(문항 변별도)**를 기준으로 짝을 지은 뒤, 각 짝의 문항을 무작위로 양쪽 절반에 하나씩 배치하여 두 부분의 점수 일치도를 분석하는 방식이다.

ⓔ 문항내적합치도
 • 의의 및 특징
   －반분 신뢰도 방식에서 문항을 나누는 방식에 따라 신뢰도 계수가 달라지는 문제점을 보완하기 위해
     고안된 방법이다.
   －가능한 모든 방식으로 문항을 반분하여 각 반분 신뢰도를 계산한 뒤, 그 평균값을 신뢰도로 추정한다.
   －하나의 검사에 포함된 문항들에 대한 반응의 일관성은 해당 문항들이 얼마나 동질적인 내용을 측정하
     느냐에 따라 결정되므로, 문항내적합치도 계수는 흔히 '동질성 계수'라고도 불린다.
 • 문항내적합치도 추정 방법

쿠더－리처드슨(Kuder －Richardson) 계수	• 응답 형식이 이분형(예/아니오, 정답/오답)인 검사 문항에 적용된다. • 검사 문항 간의 정답과 오답 반응의 일관성을 종합적으로 추정한 상관계수로, 문항들이 동일한 특성을 얼마나 일관되게 측정하는지를 나타낸다.
크론바흐(Cronbach) 알파계수	• 서답형, 논문형, 평정형 척도와 같이 이분법적으로 채점되지 않는 연속형 또는 등간척도 자료에도 적용할 수 있는 신뢰도 지표이다. • 크론바흐 알파계수는 0과 1 사이의 값을 가지며($0 < \alpha < 1$), 값이 1에 가까울수록 신뢰도가 높은 것을 의미한다.

ⓜ 채점자 간 신뢰도

• 의의 및 특징
  − 서로 다른 채점자들이 동일한 응답에 대해 얼마나 일관되게 채점하는지를 나타내는 지표로, 일반적으로 상관계수로 표현되며, 채점의 객관성과 일관성을 반영한다.
  − 사지선다형과 같은 객관식 문항은 정답이 명확하여 채점자 간 신뢰도가 높지만, 에세이 검사나 투사검사처럼 주관적 판단이 개입되는 검사 유형은 채점자 간 신뢰도가 낮다.

• 채점자로 인한 오차 유형

후광효과	특정 응답자가 과거에 긍정적인 평가를 받았거나 좋은 인상을 준 경우, 이후의 평가 항목들에서도 일관되게 높은 점수를 부여하게 되는 경향이다.
관용 오류	채점자가 전반적으로 관대한 혹은 엄격한 채점 성향을 일관되게 유지함으로써 발생하는 평가 왜곡이다.
중앙집중경향 오류	채점자가 극단적인 점수를 피하고 중간값 근처의 점수만을 반복적으로 부여하는 경향이다.
논리적 오류	채점자가 논리적으로 관련이 있다고 여기는 항목 간에 실제보다 강한 상관이 있다고 가정하고, 한 항목의 점수가 다른 항목에도 영향을 미치도록 평가하는 오류이다.
대비효과	바로 이전에 평가한 대상의 수준에 영향을 받아, 현재 응답자의 평가가 상대적으로 과소 또는 과대 평가되는 현상이다.

ⓗ 신뢰도의 추정

• 심리검사에서 신뢰도에 영향을 주는 요인
  − 개인차 : 개인차가 클수록 신뢰도 계수는 높아지는 경향이 있다.
  − 문항 수 : 일반적으로 문항 수가 많아질수록 신뢰도는 증가하는 경향이 있으나, 신뢰도가 문항 수에 정비례하여 증가하지는 않는다.
  − 문항반응 수 : 문항 반응 수는 일정 수준까지는 신뢰도를 높이지만, 적정수준을 초과할 경우 오히려 신뢰도를 떨어뜨릴 수 있다.
  − 검사유형 : 검사의 형식(형태)은 신뢰도에 중요한 영향을 미친다. 즉, 검사가 객관식인지 주관식인지, 또는 수행평가 형태인지에 따라 측정의 일관성과 오차 수준이 달라질 수 있다.
  − 신뢰도 추정방법 : 신뢰도 계수는 어떤 추정 방법을 사용하느냐에 따라 달라지며, 이는 심리검사의 일관성과 안정성을 평가하는 기준이다.

• 심리검사의 신뢰도를 높이는 방법
  − 문항 수를 늘리면 측정오차가 감소하고 결과의 일관성이 향상된다.
  − 일관된 검사 환경(조명, 소음, 온도 등) 유지하여 피검자의 집중을 돕는다.
  − 내적 일관성이 낮거나 혼란을 유발하는 문항은 삭제 또는 수정한다.
  − 구체적인 채점 기준 설정으로 채점자의 일관성을 높인다.

- 신뢰도 추정 시 고려사항
  - 신뢰도 추정에 영향을 미치는 요인 중 가장 중요한 것은 **표본의 동질성**이다.
  - 신뢰도 추정에 영향을 미치는 요인은 상관계수에 영향을 미치는 요인과 매우 유사하다.
  - 속도검사의 경우, 기우절반법을 사용하여 반분 신뢰도를 추정하면, 신뢰도 계수가 실제보다 과대추정되는 경향이 있다.
  - 정서 반응과 같은 불안정한 심리적 특성의 신뢰도를 정확하게 추정하기 위해서는, 검사-재검사 간의 시간 간격을 최소화하여 거의 동시에 실시하는 것이 바람직하다.

(4) 타당도(Validity)

① 개요
  - ㉠ 개념 : 타당도란, 한 검사가 측정하고자 의도한 심리적 구성개념을 얼마나 정확하게 측정하고 있는지를 나타내는 정도를 의미한다.
  - ㉡ 신뢰도와 타당도의 관계
    - 신뢰도는 타당도의 필요조건이지만 타당도는 신뢰도의 충분조건이다. 즉, 타당도가 낮다고 하여 반드시 신뢰도가 낮은 것은 아니며, 신뢰도가 높다고 하여 반드시 타당도가 높은 것은 아니다.
    - 단순히 신뢰도 계수가 높다고 하여 해당 검사의 타당도를 추론할 수 없으며, 신뢰도만으로는 타당도를 보장할 수 없다.

② 타당도 유형
  - ㉠ 내용타당도
    - 내용타당도는 검사가 측정하고자 하는 내용영역을 정확하고 자세하게 기술하고 있는가를 의미한다.
    - 해당 분야 전문가의 논리적 추론에 근거한 주관적 판단을 통해 평가되며, 객관적인 경험적 자료가 부족하므로 정량적 타당도 계수를 산출하기 어렵다.
    - 내용타당도는 성취도 검사의 타당성을 검토할 때 가장 일반적으로 활용되는 평가 방법 중 하나이다.
  - ㉡ 안면타당도
    - 안면타당도는 전문가가 아닌 일반인의 상식 수준에서 평가되며, 실제로 무엇을 측정하는가보다 검사 문항이 잰다고 한 것을 재는 것처럼 보이는 가에 중점을 둔다.
    - 즉, 피검자에게 그 검사가 타당하게 보이는지를 의미한다.
  - ㉢ 준거타당도
    - 의의 및 특징
      - 검사 점수가 특정 준거와 얼마나 밀접하게 관련되어 있는지를 나타내는 통계적 타당도로, 상관관계 분석을 통해 평가된다.
      - 준거타당도 검증 시에는 보통 신뢰성과 타당성이 확보된 기존 검사도구의 결과를 기준 준거로 활용한다.

• 준거타당도의 분류

동시타당도 (공인타당도)	새로운 검사의 타당도를 검증하기 위해 이미 타당성이 입증된 기존 검사와 동일한 시점에서 함께 실시하고, 두 결과 간의 상관계수를 산출하여 검사의 유사성과 관련성을 평가하는 방식이다.
예언타당도 (예측타당도)	• 검사 점수를 바탕으로 미래의 행동이나 성과를 얼마나 정확하게 예측할 수 있는지를 나타내는 타당도이다. • 검사를 실시한 후 일정 시간이 지난 뒤에 외부 준거(직무수행 결과 등)와의 상관관계를 분석하여 판단한다.

• 심리검사에서 준거타당도 계수의 크기에 영향을 미치는 요인(실증 연구의 타당도 계수가 실제 타당도계수 보다 낮은 이유)

표집오차	표본이 모집단을 제대로 반영하지 못하면 표집오차가 커지고, 이로 인해 검사 결과의 일반화가 어려워져 타당도 계수가 낮아질 수 있다.
범위제한	검사 점수와 준거 점수가 전체 범위를 반영하지 않고 일부에만 국한되면, 상관계수는 실제보다 낮게 추정될 수 있다.
준거측정치의 신뢰도	준거로 사용된 측정치의 신뢰도가 낮으면, 그에 따라 검사의 준거타당도도 낮아질 수 있다.
준거측정치의 타당도	준거에 결핍이나 오염이 있을 경우, 검사의 준거타당도는 실제보다 낮게 나타날 수 있다.

• 직업상담에서 준거타당도가 중요한 이유
 - 준거타당도가 높은 진단 도구는 미래 행동을 예측하여 선발, 배치, 훈련 등 인사관리에 관한 의사결정의 설득력을 제공한다.
 - 경험적 근거에 따른 비교적 명확한 준거를 토대로 내담자의 직업선택을 위한 효과적인 정보를 제공한다.
 - 직업상담 프로그램의 효과를 객관적으로 평가하고, 개선점을 찾는 데 유용하다.
• 직업상담이나 산업장면에서 준거타당도가 낮은 검사를 사용해서는 안 되는 이유
 - 선발 및 평가의 효율성이 저하된다.
 - 의사결정의 공정성을 저해한다.
 - 평가 시스템에 대한 신뢰를 상실한다.
㉣ 구성타당도
• 의의 및 특징
 - 구성타당도는 검사가 측정하려는 이론적 개념이나 심리적 구성개념을 얼마나 정확히 측정하고 있는지를 나타내는 타당도이다.
 - '구인타당도', '개념타당도'라고도 불리며, 이론적 연구를 하는 데 가장 중요한 타당도로 볼 수 있다.

• 구성타당도의 종류

수렴타당도 (집중타당도)	• 어떤 검사가 **이론적으로 관련이 있다고 예상되는 다른 변수**나 측정도구들과 실제로 어느 정도 높은 상관관계를 가지는지를 평가하는 타당도이다. • 동일 · 유사 개념을 측정하는 도구 간 높은 상관을 확인할 수 있다. • **상관계수가 높을수록 타당도가 높다.**
변별타당도 (판별타당도)	• **이론적으로 관련이 없어야 할 변수**를 측정하는 검사와 실제로 낮은 상관관계를 보이는지를 평가하는 타당도이다. • 서로 다른 개념을 측정하는 도구 간 낮은 상관을 확인할 수 있다. • **상관계수가 낮을수록 타당도가 높다.**
요인분석 (요인타당도)	검사를 구성하는 문항 간의 상관관계를 분석하여, 공통된 요인을 공유하는 문항들끼리 묶어주는 통계적 기법이다.

2018년, 2010년

1 표준화된 심리검사의 특징으로 틀린 것은?

① 검사의 실시와 채점이 객관적이다.

② 상담자의 직관에 따라 해석이 크게 달라질 수 있다.

③ 신뢰도와 타당도가 비교적 높다.

④ 규준집단과 비교하여 피검자의 상대적 위치를 알 수 있다.

해설 표준화된 심리검사의 특징
 ㉠ 검사의 실시와 채점이 객관적이다.
 ㉡ 신뢰도와 타당도가 비교적 높다.
 ㉢ 규준집단과 비교하여 피검자의 상대적 위치를 알 수 있다.
 ㉣ 비통제적 외부요인에 의한 무선적 오차를 완전히 제거하지 못한다.

2014년

2 다음 중 심리검사에 관한 설명으로 틀린 것은?

① 수행검사는 수검자가 대상이나 도구를 직접 다룬다.

② 인지적 검사에는 지능검사, 적성검사 등이 있다.

③ 준거참조검사는 개인의 점수를 다른 사람들의 점수와 비교한다.

④ 역량검사는 궁극적인 문제해결력을 측정한다.

해설 심리검사의 분류 – 사용 목적에 따른 분류

규준참조검사	• 개인의 점수를 다른 사람들의 점수와 비교해서 상대적으로 어떤 수준인지를 알아보는 것이 주목적인 검사이다. • 이때 비교 기준이 되는 점수들을 규준(norm)이라고 하며, 이런 규준 집단(norm group)이라고 부르는 대표적인 집단을 통해 비교 점수들을 얻어낸다.
준거참조검사	• 검사 점수를 타인과 비교하는 것이 아니라, 어떤 기준 점수와 비교해서 이용하려는 검사이다. • 기준 점수는 검사에 따라, 또 검사를 사용하는 기관이나 조직의 특성에 따라, 시기에 따라 각각 달라질 수 있다. • 준거 참조 검사는 '규준'을 가지고 있지 않다.

3 다음은 질적 측정도구 중 무엇에 관한 설명인가?

> 내담자의 진로 선택에 영향을 줄 수 있는 가족 또는 선조의 직업적 배경을 시각적 표상을 얻기 위해 도표로 만든 것이다.

① 역할놀이　　　　　　　　　② 자기효능감척도
③ 제노그램　　　　　　　　　④ 직업카드 분류

해설 직업상담에 사용되는 주요 질적 측정도구

자기효능감 척도	• 개인이 특정 과제를 수행할 수 있는 능력을 자신이 어느 정도로 갖추었다고 인식하는지를 평가하는 것이다.
카드분류 (직업카드분류)	• 내담자의 직업 관련 선호요소(가치관, 흥미, 직무기술, 라이프스타일 등)를 측정하는 데 유용하다. • 일련의 카드를 직업 선호도에 따라 분류하고, 분류에 대한 근거를 분석하여 진로에 대한 사고를 명료화하는 활동이다. • 직업카드 심리검사 활용의 관점 : 생애진로주제분석, 흥미사정, 가치사정이 있다.
직업가계도 (제노그램)	내담자의 진로 선택에 영향을 줄 수 있는 가족 또는 선조의 직업적 배경을 시각적 표상을 얻기 위해 도표로 만든 것이다.
역할극 (역할놀이)	업무 수행 중 나타나는 행동 패턴과 역량을 드러낼 수 있도록 직무와 유사한 과업 상황을 제공하고, 이에 대한 반응을 분석한다.

4 평균이 100, 표준편차가 15이고 정상분포를 이루고 있는 검사의 경우, 전체 사례의 68%가 속하게 되는 점수의 범위는?

① 85~115　　　　　　　　　② 70~130
③ 65~145　　　　　　　　　④ 50~160

해설 정상분포(정규분포)상에서의 표준편차
평균이 100, 표준편차가 15이고 정상분포를 이루고 있는 검사의 경우 85~115점(평균 ±1SD)안에 전체 사례의 약 68.3%가 속하게 되고, 70~130점(평균 ±2SD) 안에 전체 사례의 약 95.4%가 속하게 된다.

ANSWER 1.② 2.③ 3.③ 4.①

5 표준화된 심리검사에서 표준점수에 관한 설명으로 옳은 것은?

① 원점수를 1부터 9까지의 단순한 한 자리 숫자로 변환한 표준화된 등급 점수 체계이다.

② 개인의 점수가 집단의 평균을 기준으로 얼마나 떨어져 있는지를 나타내는 점수이다.

③ 표준점수는 음수(−)값을 가질 수 없다.

④ 특정 원점수 이하에 해당하는 사람들의 비율을 기준으로 산출된다.

> **해설** ① 스테나인 점수
> ③ T점수
> ④ 백분위점수

> **TIP** 표준점수
> ㉠ 개인의 원점수가 집단의 평균을 기준으로 얼마나 떨어져 있는지를 표준편차 단위로 나타낸 값이다.
> ㉡ 원점수를 표준점수로 변환하면, 해당 점수가 전체 집단 내에서 어떤 상대적 위치에 있는지 파악할 수 있으며, 이를 통해 다른 검사 결과와 비교하거나 해석하는 데 유용하게 활용할 수 있다.
> ㉢ 표준점수 중 Z점수의 경우 음수(−) 값을 가질 수 있다.

2020년

6 다음 중 동일한 검사를 동일한 피검자 집단에 일정 시간 간격을 두고 두 번 실시하여 얻은 두 점수의 상관계수로 신뢰도를 측정하는 방법은?

① 검사−재검사 신뢰도

② 동형검사 신뢰도

③ 채점자 간 신뢰도

④ 반분 신뢰도

> **해설** 검사−재검사 신뢰도
> ㉠ 동일한 검사를 동일한 수검자에게 일정한 시간 간격을 두고 두 번 실시한 후, 두 검사 점수 간의 상관계수로 신뢰도를 추정하는 방법이다.
> ㉡ 검사 점수가 시간의 경과에 따라 얼마나 일관되게 유지되는지를 평가하는 것이므로, 검사−재검사 신뢰도는 시간에 따른 측정의 안정성을 의미하며, 이를 '안정성 계수'라고도 부른다.

2020년, 2014년

7 **신뢰도 계수에 관한 설명으로 틀린 것은?**

① 개인차가 클수록 신뢰도 계수는 높아지는 경향이 있다.

② 문항 반응 수는 일정 수준까지는 신뢰도를 높이지만, 적정 수준을 넘으면 오히려 낮아질 수 있다.

③ 검사 유형과 신뢰도 추정 방법에 따라 신뢰도 계수가 달라질 수 있다.

④ 문항 수가 많아질수록 신뢰도는 무한정 비례하여 증가한다.

해설　④ 문항 수가 많아질수록 신뢰도 계수는 일반적으로 증가하지만, 그 증가율은 점차 둔화되어 최댓값
인 1.0에 수렴한다. 신뢰도는 문항 수에 정비례하여 무한정 증가하지 않는다.

TIP 신뢰도 계수

㉠ 개인차가 클수록 신뢰도 계수는 높아지는 경향이 있다.

㉡ 일반적으로 문항 수가 많아질수록 신뢰도는 증가하는 경향이 있으나, 신뢰도가 문항 수에 정비례하여 증
가하지는 않는다.

㉢ 문항 반응 수는 일정 수준까지는 신뢰도를 높이지만, 적정수준을 초과할 경우 오히려 신뢰도를 떨어뜨릴
수 있다.

㉣ 검사의 형식(형태)은 신뢰도에 중요한 영향을 미친다. 즉, 검사가 객관식인지 주관식인지, 또는 수행평가
형태인지에 따라 측정의 일관성과 오차 수준이 달라질 수 있다.

㉤ 신뢰도 계수는 어떤 추정 방법을 사용하느냐에 따라 달라지며, 이는 심리검사의 일관성과 안정성을 평가
하는 기준이다.

8 한 연구자가 검사를 개발한 후 요인분석을 통해 그 검사가 검사개발의 토대가 되는 이론을 잘 반영하는지를 확인하였는데 이 과정은 무엇을 확인하기 위한 것인가?

① 구성타당도

② 내용타당도

③ 준거타당도

④ 안면타당도

해설 구성타당도

㉠ 검사가 측정하려는 이론적 개념이나 심리적 구성개념을 얼마나 정확히 측정하고 있는지를 나타내는 타당도이다.

㉡ 구성타당도의 종류

수렴타당도 (집중타당도)	• 어떤 검사가 이론적으로 관련이 있다고 예상되는 다른 변수나 측정도구들과 실제로 어느 정도 높은 상관관계를 가지는지를 평가하는 타당도이다. • 상관계수가 높을수록 타당도가 높다.
변별타당도 (판별타당도)	• 이론적으로 관련이 없어야 할 변수를 측정하는 검사와 실제로 낮은 상관관계를 보이는지를 평가하는 타당도이다. • 상관계수가 낮을수록 타당도가 높다.
요인분석 (요인타당도)	검사를 구성하는 문항 간의 상관관계를 분석하여, 공통된 요인을 공유하는 문항들끼리 묶어주는 통계적 기법이다.

2011년

9 A 씨는 회사에 입사할 때 적성검사와 흥미검사를 실시하였다. 이후 A 씨는 영업부에 배치되었고, 최근에 A 씨의 영업실적이 평가되었다. A 씨가 입사 시 실시한 검사점수와 최근에 측정한 영업실적과의 상관계수를 통해 측정하려고 하는 것은 무엇인가?

① 수렴타당도

② 예언타당도

③ 구성타당도

④ 동시타당도

해설 준거타당도

㉠ 검사 점수가 특정 준거와 얼마나 밀접하게 관련되어 있는지를 나타내는 통계적 타당도로, 상관관계 분석을 통해 평가된다.

㉡ 준거타당도의 분류

동시타당도 (공인타당도)	• 새로운 검사의 타당도를 검증하기 위해 이미 타당성이 입증된 기존 검사와 동일한 시점에서 함께 실시하고, 두 결과 간의 상관계수를 산출하여 검사의 유사성과 관련성을 평가하는 방식이다. • 예 : 새로운 수학 성취도 검사를 개발한 연구자가 같은 시기에 기존의 국가 공인 수학능력검사를 함께 실시하여 두 검사 결과 간의 상관관계를 평가한다.
예언타당도 (예측타당도)	• 검사 점수를 바탕으로 미래의 행동이나 성과를 얼마나 정확하게 예측할 수 있는지를 나타내는 타당도이다. • 검사를 실시한 후 일정 시간이 지난 뒤에 외부 준거(직무수행 결과 등)와의 상관관계를 분석하여 판단한다. • 적성검사에서 높은 점수를 받은 사람이 입사 후 업무수행이 우수한 것으로 나타났다면 이는 예언타당도가 높은 것으로 볼 수 있다.

진단

(1) 진단방법

① 진단방법

　㉠ 검사

　　• 진로, 직업, 취업, 전직 등에서 사용되는 검사는 주로 진로성숙도, 진로효능감, 직업 흥미 및 적성, 우유부단 등에 관한 측정으로 구성된다.

　　• 우리나라는 고용24(구 : 워크넷)에 검사들을 탑재하여 직업상담 장면에 사용하도록 하였는데, 주로 자기보고 질문지들이다. 자기보고 질문지는 내담자가 자기 자신에 대하여 행동, 성격, 생각 등의 특성을 스스로 평가하여 보고하는 검사로서 널리 이용되는 평가이다.

　㉡ 면담과 관찰

　　• 직업상담 초기면담을 통해 내담자의 외적 모습에서 나타나는 상담에 임하는 태도, 옷차림, 자세, 억양, 위생 상태, 눈 맞춤, 말투 등을 확인한다. 또한, 눈 맞춤, 적극성, 사고의 논리, 표현력, 지구성 등을 확인한다.

　　• 직업상담가는 이러한 증상들이 상담이 진행되는 동안 어떤 변화를 보이는지 관찰한다.

　㉢ 인지적 명확성 : 직업상담가는 인지적 명확성을 진단하기 위하여 내담자 사고의 흐름, 논리성, 언어 표현의 원활함, 언어 구사의 속도, 통찰력 등을 확인한다. 이때 직업의 이전 이력과 중단한 이유 등을 질문함으로써 진행할 수 있다.

② 심리검사의 개발

　㉠ 검사 개발의 일반적인 과정 : 검사의 사용목적 파악 → 구성개념을 대표하는 행동 파악 → 문항 개발 → 문항 검토 후 사전검사 → 본 검사 실시 → 자료 분석 → 검사의 규준 설정 및 표준화 → 발행 및 수정(개정)

　㉡ 심리검사에서 사용되는 전통적 척도화 방식

응답자 중심 방식	• 문항 자체를 척도화하지 않고, 응답자의 특성 · 태도 · 행동을 직접적으로 척도화하는 방식이다. • 예 : 리커트 척도
자극 중심 방식	• 응답자를 척도화하기 이전에 문항(자극)을 먼저 척도화하는 데 중점을 두는 방식이다. • 예 : 서스톤 척도
반응 중심 방식	• 응답자와 문항을 동시에 척도화하는 방식이다. • 예 : 거트만 척도

ⓒ 심리검사 제작을 위한 예비문항 작성 시 주요 고려사항

- 문항의 내용이 측정하고자 하는 심리적 특성과 일치하여야 한다.
- 문항의 내용이 수검자의 분석력, 종합력, 추론력 등 고등정신기능을 유효하게 측정할 수 있어야 한다.
- 문항은 나열된 사실을 요약하고, 이를 추상화시킬 수 있는 내용을 포함하여야 한다.
- 문항은 내용과 형식이 참신하여야 한다.
- 문항은 명확하게 구조화되고 체계적으로 제시되어야 한다.
- 문항은 수검자에게 적합한 난이도로 구성되어야 한다.

③ 심리검사에서 사용되는 개념

ㄱ 문항의 난이도

- 문항 난이도 계산식

$$P = \frac{R}{N} \times 100$$

(P : 문항 난이도, N : 총 사례 수, R : 어떤 문항에 정답을 한 수)

- 문항의 쉽고 어려운 정도를 의미한다.
- 문항 난이도 지수는 0.00에서 1.00 사의 값을 가지며, 문항 난이도 지수가 높을수록 답을 맞추기 쉬운 문항이다.
- 문항이 너무 쉽거나 어려울수록 검사점수의 변량이 낮아져서 검사의 신뢰도나 타당도가 낮아진다.
- 문항 난이도가 0.50일 때 검사 점수의 분산도가 최대가 된다. 이는 문항마다 문항을 맞히는 사람들이 반, 못 맞히는 사람들이 반일 때 사람들의 전체점수에서 변화폭이 클 가능성이 많아짐을 의미한다.

ㄴ 문항의 **변별도** : 검사에서 높은 점수를 얻은 사람과 낮은 사람을 얻은 사람을 구별할 수 있는 변별력을 의미한다.

ㄷ 문항의 **추측도** : 피검자가 능력이나 지식이 없음에도 불구하고 문항의 답을 맞힐 확률을 의미한다.

ㄹ 오답의 **능률도** : 선다형 문항에서 오답지가 정답지처럼 보여 피검자로 하여금 오답지를 정답으로 선택할 가능성을 의미한다.

(2) 진단도구 선정

① 직업적성검사

ㄱ 적성의 개념

- 적성이란, 개인이 특정 과제나 직무를 효과적으로 수행하기 위해 필요한 능력 또는 수행 가능성을 예측하는 잠재력을 의미한다.
- 직업적성검사는 개인이 특정 직무나 직업 환경에서 요구되는 능력과 특성을 갖추고 있는지를 평가하여, 해당 직무를 성공적으로 수행할 가능성을 측정하는 검사이다.

ⓒ 일반직업적성검사(GATB)

- 검사의 구성
  - 미국 노동청 고용위원회에서 개발한 종합적 직업적성검사로, 다양한 직업군에 필요한 여러 특수 능력을 평가한다.
  - 모두 15개의 하위 검사를 통해 9개 분야의 적성을 측정할 수 있도록 제작된 것으로, 11개는 지필 검사이고, 4개는 수행 검사이다.
  - 국내에서 사용되는 GATB는 타당도에 관한 경험적 연구가 제한적이며, 중·고등학생을 대상으로 표준화되어 있어 성인 직업상담 장면에서 활용하기에는 규준과 해석의 한계가 존재한다.
- GATB에서 측정하는 9가지 적성

적성	측정 내용
지능(G)	일반적인 학습 능력, 설명이나 지도 내용과 원리를 이해하는 능력, 추리 판단하는 능력, 새로운 환경에 빨리 순응하는 능력
언어능력(V)	언어의 뜻과 그에 관련된 개념을 이해하고 사용하는 능력, 언어 상호 간의 관계와 문장의 뜻을 이해하는 능력, 보고 들은 것이나 자신의 생각을 발표하는 능력
수리능력(N)	빠르고 정확히 계산하는 능력
사무지각(Q)	문자나 인쇄물, 전표 등의 세부를 식별하는 능력, 잘못된 문자나 숫자를 찾아 교정하고 대조하는 능력, 직관적인 인지 능력의 정확도나 비교 판별하는 능력
공간적성(S)	공간상의 형태를 이해하고 평면과 물체의 관계를 이해하는 능력, 기하학적 문제해결 능력, 2차원이나 3차원의 형체를 시각으로 이해하는 능력
형태지각(P)	실물이나 도해 또는 표에 나타나는 것을 세부까지 바르게 지각하는 능력, 시각으로 비교 판별하는 능력, 도형의 형태나 음영, 근소한 선의 길이나 넓이 차이를 지각하는 능력, 시각의 예민도 등
운동반응(K)	눈과 손 또는 눈과 손가락을 함께 사용해서 빠르고 정확한 운동을 할 수 있는 능력, 눈으로 겨누면서 정확하게 손이나 손가락의 운동을 조절하는 능력
손가락재치(F)	손가락을 정교하고 신속하게 움직이는 능력, 작은 물건을 정확하고 신속히 다루는 능력
손재치(M)	손을 마음대로 정교하게 조절하는 능력, 물건을 집고, 놓고 뒤집을 때 손과 손목을 정교하고 자유롭게 운동할 수 있는 능력

• 하위검사별 검출되는 적성요인

측정방식	하위검사명	검출되는 적성요인		
지필검사	기구대조검사	형태지각(P)		
	형태대조검사			
	명칭비교검사	사무지각(Q)		
	타점속도검사	운동반응(K)		
	표식검사			
	종선기입검사			
	평면도판단검사	공간적성(S)		
	입체공간검사	공간적성(S)		지능(G)
	어휘검사	언어능력(V)		
	산수추리검사	수리능력(N)		
	계수검사	수리능력(N)		
수행검사	환치검사	손재치(M)		
	회전검사			
	조립검사	손가락재치(F)		
	분해검사			

② 직업흥미검사

㉠ 흥미의 개념

• 흥미는 개인이 잠재적으로 가치 있다고 인식하는 대상에 주의를 기울이고, 그것을 추구하려는 일반적인 정서적 성향을 의미한다.

• 직업흥미검사는 개인의 직업 관련 선호와 흥미를 파악하여 진로선택에 도움을 주는 도구로, 내담자가 만족을 느낄 가능성이 높은 직무나 환경을 탐색하는 데 중점을 둔다. 그러나 이 검사는 개인이 특정 직업에서 성공할 가능성을 직접적으로 예측하지는 않는다.

ⓛ 직업흥미검사의 방식

스트롱 방식 (Srtong)	• 특정 직업에 종사하는 기존 직업인들의 직업 선호도와 개인의 흥미 유형 간의 일치 정도를 판단한다. • 예 : 스트롱 진로탐색검사, 스트롱 직업흥미검사, 스트롱－캠벨 흥미검사
쿠더 방식 (Kuder)	• 동일 직업군에서 공통적으로 나타나는 활동 유형과 내용을 기초로 하여, 개인이 이러한 활동에 대해 보이는 흥미 반응을 측정하고 직업선호 경향을 판단한다. • 예 : 쿠더 직업흥미검사(KOIS)
홀랜드 방식 (Holland)	• 개인의 성격과 직업 활동의 유형을 분석한다. • 예 : 자기방향탐색(SDS), 직업선호도검사(VPI), 경력의사결정검사(CDM)

ⓒ 스트롱(Strong) 진로탐색검사

• 광범위한 흥미 영역을 탐색함으로써 수검자의 포괄적인 흥미 유형을 규명하고, 계열 선택 및 진학 계획 수립을 위한 기초 자료를 제공하기 위해 개발되었다.
• 진로성숙도검사와 직업흥미검사로 구성되어 있다.

진로성숙도검사	진로정체감, 가족일치도, 진로준비도, 진로합리성, 정보습득률 등을 측정한다.
직업흥미검사	직업, 활동, 교과목, 여가활동, 능력, 성격특성 등에 대한 문항을 통해 개인의 흥미유형을 포괄적으로 파악한다.

ⓔ 스트롱(Strong) 직업흥미검사

• 미국의 스트롱(Strong) 흥미검사(SII : Strong Interest Inventory)를 한국 실정에 맞게 표준화한 도구이다.
• 개인의 흥미 영역을 세분화하여 보다 구체적인 직업 탐색 및 경력개발에 효과적으로 활용될 수 있도록 개발되었다.
• 일반직업분류(GOT), 기본흥미척도(BIS), 개인특성척도(PSS) 3개의 하위척도로 구성되어 있다.

일반직업분류 (GOT)	• 홀랜드(Holland)의 직업선택이론에 기반한 6가지 직업흥미 유형(RIASEC)을 토대로, 개인의 전반적인 직업 흥미 유형을 평가한다. • 현실형, 탐구형, 예술형, 사회형, 기업형, 관습형
기본흥미척도 (BIS)	일반직업분류(GOT)의 6가지 유형(RIASEC)을 보다 세분화한 것으로, 수검자가 특정한 활동이나 주제 영역에 대해 얼마나 흥미를 느끼는지를 측정한다.
개인특성척도 (PSS)	• 개인이 일상생활과 직업 환경에서 어떤 방식의 행동이나 활동을 선호하고 심리적으로 편안하게 느끼는지를 평가한다. • 업무유형, 학습유형, 리더십유형, 모험심유형의 4개 척도로 구성

ⓜ **직업선호도검사(VPI)**

- 홀랜드(Holland)의 직업흥미 이론을 기반으로 표준화된 검사로, 개인이 특정 직업 활동에 대해 갖는 선호도를 측정하기 위해 개발되었다.
- 고용24(구 : 워크넷) 제공 직업선호도검사는 L(Long)형과 S(Short)형으로 구분된다.
- L형은 직업흥미검사, 성격검사, 생활사검사로 구성되어 있어, 내담자가 충분한 시간적 여유가 있고 보다 심층적인 정보를 필요로 할 때 실시하는 종합 진단 도구이다. 반면, S형은 직업흥미검사로만 구성되어 있어 시간 제약이 있거나 특정 정보만을 신속히 파악하고자 할 때 활용된다.

(직업)흥미검사	• 홀랜드(Holland)의 직업흥미 이론을 기반으로 하며, 개인이 자신의 흥미 유형에 적합한 직업을 선택할 수 있도록 한다. • 직업흥미유형을 현실형, 탐구형, 예술형, 사회형, 진취형, 관습형으로 분류한다.
성격검사	• 일상생활에서 나타나는 개인의 행동적 성향을 측정한다. • 성격을 외향성, 호감성, 성실성, 정서적 불안정성, 경험에 대한 개방성 등 5가지 요인으로 분류하여 평가한다.
생활사검사	• 개인의 과거 경험이나 현재의 생활 특성을 바탕으로, 직업선택 및 진로결정 과정에서 고려할 수 있는 유의미한 정보를 제공한다. • 대인관계지향, 독립심, 가족친화, 야망, 학업성취, 예술성, 운동선호, 종교성, 직무만족 등 9가지 요인으로 구분된다.

- 홀랜드(Holland)의 6가지 흥미 유형의 특징

흥미유형	특징
현실형 (R : Realistic)	현장에서 몸으로 부대끼는 활동을 좋아한다. 〈신체활동 + 기술사용 선호〉
탐구형 (I : Investigative)	사람보다는 아이디어를 강조하고, 추상적인 사고 능력을 가지고 있다. 〈(과학적인 지식에 대해) 연구 + 분석 + 사고 선호〉
예술형 (A : Artistic)	창의성을 지향하며, 아이디어와 재료를 사용해서 자신을 새로운 방식으로 표현하는 작업을 한다. 〈(사람들에 대한) 창의적 + 변화를 추구하는 일 선호〉
사회형 (S : Social)	다른 사람을 육성하고 계발하는 것을 좋아하며, 이익이 적더라도 도움이 필요한 사람을 돕는 일을 좋아한다. 〈(사람들에 대한) 조력 + 육성 + 지원 선호〉
진취형 (E : Enterprising)	물질이나 아이디어보다는 사람에게 관심을 가지며, 특정 목표를 달성하기 위해 타인을 통제하고 지배하는 데 관심이 있다. 〈(사람들을) 관리 + 설득 선호〉
관습형 (C : Conventional)	일반적으로 잘 짜여진 구조에서 일을 잘하고, 세밀하고 꼼꼼한 일에 능숙하다. 〈비즈니스 사무행정 + 구조화된 상황 선호〉

ⓗ 스트롱 – 캠벨 흥미검사

- 홀랜드의 6가지 직업유형모델(RIASEC)을 기반으로 개인의 전반적인 직업흥미를 평가한다.
- 207개 직업별 흥미척도가 제시된다.
- 반응 관련 자료 및 특수척도 점수 등과 같은 자료가 제공된다.
- 직업전환에 관심이 있는 사람들에게 활용하기 유용하다.
- 개인이 어떤 직업에서 만족하고 성공할 가능성이 있는지를 예측하는 데 도움을 준다.

ⓢ 쿠더 직업흥미검사(KOIS)

- 각 문항에서 세 가지 활동 중 하나를 선택하게 하는 방식으로 구성되어 있다.
- 개인의 흥미를 여러 분야에 걸쳐 평가한다.
- 대규모 표본을 기반으로 표준화되어 있어, 다양한 연령대와 배경의 사람들에게 적용할 수 있다.

ⓞ 직업카드 심리검사

- 개요
  - 직업카드 심리검사는 개인차 연구에 관심을 가졌던 타일러(Tyler, 1961)가 전통적인 흥미 사정과 다른 접근으로서 직업카드 분류라는 개념을 미국심리협회 심리상담분과의 연설에서 최초로 제안하였다.
  - 직업카드 분류는 일련의 카드를 직업 선호도에 따라 분류하고, 분류에 대한 근거를 분석하여 진로에 대한 사고를 명료화하는 활동이다.
- 의의
  - 내담자가 언어로 표현한 생각, 가치, 태도, 자신과 타인, 세상에 대한 신념을 분석하여 사고 체계를 명료화할 수 있다.
  - 내담자는 직업세계에 대한 이해를 넓히고 자신이 의식하거나 의식하지 못하는 흥미와 직업적 욕구, 가치관 등에 대해 생각해 보는 기회를 제공하고 선택의 과정을 체험한다.
  - 상담자는 내담자에 대한 심상이 형성되고, 행동의 흐름과 개인적 논리를 인식하게 된다.
  - 현재 가지고 있거나 예상되는 직장 내 역할 갈등이나 직무 불만족의 근거를 발견할 수 있다.
  - 직업 대안 탐색의 초석을 마련할 수 있다.
- 직업카드 심리검사 활용의 관점

관점	내용
생애진로주제 분석	• 생애진로주제(life career themes)는 개인이 표현한 생각, 가치, 태도, 자신의 신념, 타인에 관한 신념, 세상에 대한 신념 등이 농축된 단어들이다. • 직업카드 분류 활동을 통해 상담자는 물론 내담자 스스로 표현된 주제의 분석을 통해 자신의 신념 체계에 대한 명료한 이해를 가질 수 있다.
흥미 사정	• 자기 인식 발전시키기 • 직업 대안 규명하기 • 여가 선호와 직업 선호 구별하기 • 직업, 교육상 불만족의 원인 규명하기 • 직업 탐색 구체화하기

가치 사정	• 자기 인식(self-awareness)의 발전 • 역할 갈등의 근거에 대한 확정 • 저수준의 동기, 성취의 근거 확정 • 개인의 다른 측면들을 사정할 수 있는 예비 단계 • 직업 선택이나 직업 전환을 바로잡아 주는 한 전략

③ 진로성숙검사

　㉠ 진로성숙의 개념

- 진로성숙은 학자들에 따라 다양하게 제시되고 있다. 수퍼(Super)는 진로성숙을 '한 개인이 속해 있는 연령단계에서 이루어야 할 직업적 발달과업에 대한 준비도'로 규정하였다.
- 진로성숙은 자기의 이해, 일과 직업세계에 대한 이해를 토대로 자신의 진로계획과 진로선택을 통합 및 조정해 나가는 발달단계의 연속이다.

　㉡ 진로성숙도 검사(CMI : Career Maturity Inventory)

- 크릿츠(Crites)가 개발하였으며, 진로탐색과 직업선택 과정에서 요구되는 태도와 능력이 얼마나 발달하였는지를 측정하는 표준화된 검사도구이다.
- 태도척도와 능력척도로 구성되며, 진로선택과 관련된 내용과 과정이 통합적으로 반영된 검사이다.

태도척도	• **결정성** : 선호하는 진로의 방향에 대한 확신의 정도이다. 　예 : 나는 선호하는 진로를 자주 바꾸고 있다. • **참여도** : 진로선택 과정에 능동적으로 참여하는 정도이다. 　예 : 나는 졸업할 때까지는 진로선택 문제에 별로 신경을 쓰지 않을 것이다. • **독립성** : 진로선택을 독립적으로 할 수 있는 정도이다. 　예 : 나는 부모님이 정해 주시는 직업을 선택하겠다. • **성향** : 진로결정에 필요한 사전이해와 준비 정도이다. 　예 : 일하는 것이 무엇인지에 대해 생각한 바가 거의 없다. • **타협성** : 진로선택 시 욕구와 현실에 타협하는 정도이다. 　예 : 나는 하고 싶기는 하나 할 수 없는 일을 생각하느라 시간을 보내곤 한다.
능력척도	• **자기평가** : 자신의 성격, 흥미, 가치관, 능력 및 태도 등을 명확히 인식하고 이해하는 능력이다. • **직업정보** : 직업 세계에 대한 지식, 고용 동향, 직무 요건 등에 대한 정보를 탐색하고 평가하는 능력이다. • **목표선정** : 자기 이해와 직업 정보에 근거하여, 현실적이고 합리적인 직업선택을 하는 능력이다. • **계획** : 설정한 진로 목표를 달성하기 위해 필요한 교육, 경험, 자원 등을 조직적으로 계획하는 능력이다. • **문제해결** : 진로 선택 및 진로 진행 과정에서 발생할 수 있는 갈등, 장애, 불확실성을 효과적으로 해결하는 능력이다.

ⓒ 진로발달검사 또는 경력개발검사(CDI : Career Development Inventory)

- 수퍼(Super)의 진로발달 이론적 모델에 근거하여 개발된 도구로, 진로발달 수준, 직업 성숙도, 진로결정을 위한 준비도, 경력 관련 의사결정에 대한 참여 준비도를 측정한다.
- 총 8개의 하위척도로 구성되어 있으며, 이 중 5개 척도는 진로발달의 특수 영역을 개별적으로 측정하고, 나머지 3개 척도는 이들 중 유사한 특성을 가진 척도들을 조합하여 구성된 종합 척도이다.
  - CP(Career Planning) : 진로계획
  - CE(Career Exploration) : 진로탐색
  - DM(Decision Making) : 의사결정
  - WW(Word of Work Information) : 일의 세계에 대한 정보
  - PO(Knowledge of Preferred Occupational group) : 선호 직업군에 대한 지식
  - CDA(Career Development Attitude) : 진로발달태도
  - CDK(Career Development Knowledge and skills) : 진로발달 지식과 기술
  - COT(Career Orientation Total) : 총체적 진로성향

ⓔ 한국교육개발원(1991)의 진로성숙도검사

- 진로성숙도검사는 인간의 진로발달 측면에서 각 단계별 계획성, 독립성, 결정성 등의 성숙 여부를 확인하는 도구이다.
- 진로성숙도검사의 문항들은 진로 의사결정 과정에서 가장 일반적으로 제기되는 두 가지 문제점, 즉, 미결정(indecision)과 무결정(undecided)의 분석뿐만 아니라 이와 같은 문제점을 발생시키는 요인들을 찾아내는 데 유용하다.
- 진단에 따라 진로교사나 상담교사가 학생 개인별로 어느 영역이 보다 많은 지도가 필요한가를 판단할 수 있는 자료를 제시하는 처방적 성격을 가지고 있는 검사이다.
- 진로성숙도검사에서는 진로성숙이라는 개념을 '태도'와 '능력'으로 대별하고, 태도 영역(정의적 영역)에는 계획성, 독립성, 결정성 등, 능력 영역(인지적 영역)에는 직업 선택 능력, 의사결정 능력, 직업세계이해 능력 등을 포함시켰다.
- 진로 선택에 관한 인지적 영역과 정의적 영역을 측정하는 종합 검사의 성격을 지닌다.

정의적 영역 (태도영역)	계획성	자신의 진로 방향 선택 및 직업 결정을 위한 사전 준비와 계획정도이다.
	독립성	자신의 진로를 탐색, 준비, 선택하는 데 있어서 스스로 할 수 있는 정도이다.
	결정성	자신의 진로 방향 및 직업 선택에 대한 확신의 정도이다.
인지적 영역 (능력영역)	직업세계 이해 능력	직업의 종류, 직업의 특성, 작업 조건, 교육 수준, 직무 및 직업세계의 변화 경향과 직업정보 획득 등 6개 분야에 대한 지식과 이해의 정도이다.
	직업 선택 능력	자신의 적성, 흥미, 학력, 신체적 조건, 가정환경 등과 직업세계에 대한 지식과 이해를 토대로 자신에게 적합한 직업을 선택할 수 있는 능력이다.
	합리적인 의사결정 능력	자기 자신 및 직업 세계에 대한 올바른 이해와 지식을 바탕으로 진로와 관련된 의사결정 과정에서 부딪히는 갈등 상황을 합리적으로 해결하는 능력이다.

④ 직업가치검사

　㉠ 가치의 개념

- 가치란, 사람의 기본 신념에 해당하며, 신념이란 사람들이 가장 신성하게 간직하고 있는 것이다.
- 가치는 동기의 원천이자 개인적인 충족의 근거가 되며, 일정 영역에서의 개인적인 수행 기준, 한 개인의 전반적인 달성 목표의 원천 등이 되기도 한다.

　㉡ 고용24 성인용 직업가치관검사

- 직업가치관검사는 직업선택 및 경력설계와 같은 직업의사결정에 유용한 도구이다.
- 개인이 중요하게 생각하는 직업가치관을 측정하고, 이를 토대로 개인의 직업가치를 실현하기 위해 적합한 직업을 안내한다.
- 9개의 하위요인으로 구성되어 있다.

가치요인	내용
사회공헌	일을 통해 다른 사람이나 사회에 도움이 되는 것을 중시한다.
성취	자신이 세운 목표를 실현하기 위해 계획한 일에 관심을 가지고, 자신의 능력을 발휘하여 자신이 세운 목표를 이루고 달성해 나가는 것을 중시한다.
경제적 보상	일에 대한 보상으로 경제적인 보상을 중시한다.
일과 삶의 균형	일뿐만 아니라 자신의 삶에서도 만족할 수 있도록 적절한 균형을 가질 수 있는 것을 중시한다.
자기개발	직업을 통해 지식, 기술, 능력 등을 발전시켜 성장해 나가는 것을 중시한다.
자율성	자율적으로 업무를 수행해 나가는 것을 중시한다.
사회적 인정	다른 사람들과 사회로부터 일의 가치를 인정받는 것을 중시한다.
직업안정	직업에서 오랫동안 안정적으로 일할 수 있는지를 중시한다.
변화지향	업무가 고정되어 있지 않고 변화가능한 것을 중시한다.

　㉢ 직업가치검사 – 미네소타 직업가치검사(MIQ)

- 의미와 목적
  - 미네소타–직업가치검사(MIQ : minnesota importance questionnaire)는 다위스와 롭퀴스트(Dawis & Lofquist)의 직업적응 이론(TWA:theory of work adjustment)을 기초로 개발되었다.
  - 개인이 직업환경에서 중요하게 생각하는 욕구와 가치관을 측정하는 도구이다.
  - 개인의 가치를 우선순위로 확인할 수 있다.
  - 개인은 직업환경이 자신의 가치체계와 부합하는 보상을 제공할 때 만족한다.

- 6개의 상위척도와 직업 욕구에 대한 21개의 하위척도로 구성

상위 가치척도	하위 가치 척도
이타심	동료, 사회봉사, 도덕성
지위	발전가능성, 인정, 지휘권, 지위
성취	능력, 성취감
안전	공정성, 업무지원, 직무교육
편안함	활동성, 독립성, 다양성, 보상, 안정성, 근무환경
자율성	자율성, 창의성, 재량권

⑤ 직무역량검사

㉠ 직무역량의 개념

- 역량의 개념은 학자들마다 다양하게 제시하고 있으나, 일반적으로 역량은 '높은 성과를 내도록 하는 개인의 행동특성이나 태도'를 의미한다.
- 학자별 역량의 정의

맥클랜드	역량	개인성과를 예측하거나 설명할 수 있는 다양한 심리적·행동적 특성이다.		
스펜서	핵심 역량	특정한 업무 또는 상황에서 효과적이고 우수한 성과 기준과 인과적으로 관계가 있는 개인의 내적 특성이다.		
		역량 유형	설 명	관찰가능여부
		기술(skill)	특정한 신체적 혹은 정신적 과제를 수행할 수 있는 능력이다.	가시적, 표면적이다.
		지식(knowledge)	특정 분야에 대해 가지고 있는 정보이다.	
		자기개념 (self－concept)	태도 가치관 또는 자기상이다.	비가시적, 짧은 시간에 평가하기 어렵다.
		특질(trait)	신체적 특성, 상황정보에 대한 일관된 반응 성향이다.	
		동기(motive)	개인이 일관되게 마음에 품고 있거나 원하는 어떤 것 이다.	

㉡ 고용24 중장년 직업역량검사

- 중장년 직업역량검사는 고용환경의 특성과 중장년 근로자의 특성을 고려하여 개발된 검사이다.
- 중장년 직업역량검사에서 '역량'은 특정한 상황이나 직무에서 우수한 성과를 달성할 수 있는 개인의 특성을 의미하는 것으로, 지식, 기술 등의 능력을 비롯하여 다양한 개인의 특성을 포함하고 있다.

- 근로자의 개인 특성뿐만 아니라 후기 경력개발에 영향을 미치는 다양한 환경 요인을 측정하여, 후기 경력개발과 관련된 의사결정에 도움이 되는 정보를 제공한다.
- 중장년 근로자의 주요 직업역량으로 **경력활동, 직무태도, 직무능력, 개인특성, 기초자산**을 제시하고 있다.

경력활동	향후 경력변화를 생각하면서 장기적이고 실행 가능한 목표를 세우고 필요한 활동을 하는지, 경력 전환이 필요할 경우 재취업에 대한 자신감 정도를 나타낸다.
직무태도	현재 종사하고 있는 일에 대한 감정으로서, 현재의 일이 자신의 가치관과 흥미와 일치한다고 생각하는 정도와 현재의 일에 만족하는 정도를 나타낸다.
직무능력	일반적으로 일을 할 때 필요한 지식과 기술을 사용할 수 있는 능력과 업무를 위해 다른 사람과 교류하면서 생기는 문제를 해결하는 능력에 대한 자신의 판단이다.
개인특성	개인의 성격 특성으로서, 자기, 타인, 세상에 대해 긍정적인 태도를 갖고 자신감을 보이는 정도와 다양한 상황과 사물에 대한 호기심과 개방성을 가진 정도를 나타낸다.
기초자산	향후 경력을 추구하는 데 필요한 기본적 자원으로서, 자신의 정신적, 신체적 건강에 대한 전망과 가족이 믿고 지지해주는 정도를 나타낸다.

- 직업역량 별 하위요인은 다음과 같다.

	하위요인	설명
경력 활동	재취업 자신감	자신이 재취업하기 위한 능력 및 노력에 대해 자신감을 갖고 있는지에 대한 내용이다.
	경력계획	자신의 경력을 위해서 장기적이고 실행 가능한 목표를 세우고, 목표 달성을 위해 얼마나 노력하는지에 대한 내용이다.
직무 태도	직무적합도	현재 하고 있는 일이 자신의 특성 및 적성에 알맞은 정도이다.
	직무만족	자신이 현재 하고 있는 일에 대해 만족하는 정도이다.
직무 능력	업무능력	의사결정이나 과제를 수행하기 위한 계획을 기획하는 등 지식을 사용하여 업무를 수행하는 능력이다.
	관계능력	다른 사람과의 관계에서 발생하는 문제를 적절히 해결하는 기술이다.
	인지능력	수를 셈하거나 주요 정보를 기억하는 등 지식을 획득하고 사용하는 방식에 관한 능력이다.
	신체능력	기계를 조작하거나 부품을 조립하는 등 신체적인 업무를 수행하는 데 필요한 능력이다.
개인 특성	자기평가	삶을 살아가는 능력에 대해 스스로 판단하는 정도이다.
	개방성	자기 자신을 둘러싼 세계에 대한 호기심, 다양한 경험에 대한 추구 및 포용 정도이다.
기초 자산	가족의 지지	자신과 가족이 서로 얼마나 믿고 의지할 수 있는지에 대한 내용이다.
	건강	자신의 정신적, 신체적 건강에 대한 내용이다.

⑥ 지능검사

㉠ 지능의 개념

- 지능은 학자에 따라 다양하게 정의되며, 일반적으로는 학습능력, 환경 적응력, 추상적 사고능력 등을 포함하는 심리적 구성개념으로 간주된다.
- 지능검사는 인지적 검사에 해당하며, 개인의 일반적인 지적 능력을 측정하여 다양한 분야에서 과업을 성공적으로 수행할 수 있는 잠재력을 평가하는 데 목적이 있다.
- 스피어만(Spearman)은 지능이 하나의 단일 능력으로 구성되어 있지 않음을 주장하며, 2요인설을 제시하였다. 그는 모든 지적 활동에 공통적으로 작용하는 일반요인(G 요인)과, 특정 과제나 상황에서만 작용하는 특수요인(S 요인)을 구분하였고, 그 중 일반요인(G 요인) 지능의 중요성을 강조하였다.
- 스턴버그(Sternberg)는 지능을 단일한 능력으로 보지 않고, 다양한 요소가 통합된 구조로 간주하며, 이를 바탕으로 삼원지능이론을 제시하였다. 삼원지능이론은 맥락적 지능이론, 경험적 지능이론, 성분적 지능이론을 하위요소로 한다.

㉡ 카텔(Cattell)의 유동성 지능과 결정성 지능

- 카텔(Cattell)은 성인기에 지능이 일괄적으로 쇠퇴한다는 기존의 관점에 의문을 제기하고, 지능을 두 가지 구성요소인 유동성 지능과 결정성 지능으로 구분함으로써 성인지능 발달에 대한 이론적 전환점을 제시하였다.

유동성 지능	• 선천적 지능이다. • 정상적인 노화나 신경학적 손상(예 : 뇌손상, 치매 등)에 따라 감소한다. • 14세까지는 지속적으로 발달하지만 22세 이후에 급격하게 감소한다.
결정성 지능	• 유동성 지능을 기반으로 개인이 삶의 과정에서 획득한 지식, 기술, 언어능력 등 문화적·교육적 경험에 의해 형성된 지능이다. • 환경에 따라 40세까지 혹은 이후에도 발전이 가능하다.

㉢ 스탠포드-비네 지능검사

- 지능지수(Intelligence Quotient : IQ)의 개념은 1916년 터만(Terman)이 스탠포드-비네 지능검사를 개발하면서 처음으로 도입되었다.

비율지능지수	편차지능지수
• 개인의 지적 능력을 정신연령(MA : Mental Age)과 생활연령 또는 신체연령(CA : Chronological Age)의 비율로 나타낸 것이다. • 생활연령이 계속 증가하는 청소년 후반기나 성인을 대상으로 할 경우, 비율지능지수는 지능이 실제보다 낮게 나타나는 왜곡된 결과를 초래할 수 있어 타당하지 않다. 따라서 15세 이후 청소년이나 성인 대상 지능평가에는 부적합한 방식이다.	• 개인의 특정 시점에서의 지능 수준을 동일 연령 집단 내 평균 지능 점수와 비교하여, 얼마나 이탈되어 있는지를 표준화된 점수로 표현한 것이다. • 이때 지능지수의 분포 형태는 평균 100, 표준편차는 일반적으로 15 또는 16으로 설정한다.

ⓔ 한국판 웩슬러 성인용 지능검사(K-WAIS)

- 개인의 능력을 언어성 능력과 동작성 능력으로 구분하여 분석하는 대표적인 지능검사이다.
- 편차지능지수 방식을 사용하므로, 신뢰도와 타당도가 높은 표준화 검사이다.
- 총 11개의 하위검사로 구성되며, 언어성 검사와 동작성 검사로 대별된다.
- 언어성 검사 중 결정성 지능과 관련 있는 하위검사 : 기본지식, 어휘문제, 이해문제, 공통성 문제

언어성 검사	동작성 검사
• 기본지식 • 숫자 외우기 • 어휘문제 • 산수문제 • 이해문제 • 공통성문제	• 빠진 곳 찾기 • 차례 맞추기 • 토막짜기 • 모양 맞추기 • 바꿔쓰기

ⓜ 한국판 웩슬러 성인용 지능검사 4판(K-WAIS-Ⅳ)

- 성인의 인지능력을 평가하는 표준화된 심리검사로, 다양한 인지 영역을 종합적으로 측정하여 개인의 강점과 약점을 파악할 수 있다.
- 여러 차례의 표준화 과정을 통해 신뢰도와 타당도가 확보되었으며, 임상, 교육, 직업 분야 등에서 폭넓게 활용된다.
- 언어이해, 지각추론, 작업기억, 처리속도 등 4요인 구조에 대한 측정이 이루어진다.

언어이해	지각추론	작업기억	처리속도
• 공통성 • 어휘 • 상식 • 이해	• 토막짜기 • 행렬추론 • 퍼즐 • 무게비교 • 빠진 곳 찾기	• 숫자 • 산수 • 순서화	• 동형찾기 • 기호쓰기 • 지우기

⑦ 성격검사

ⓐ 성격의 개념

- 한 개인이 환경에 반응할 때 나타내는 비교적 안정적이고 일관된 행동 양식, 사고 방식, 감정 표현의 특성을 의미한다.
- 성격(Personality)에 대한 정의는 학자들에 따라 다양하게 제시되고 있으며, 이론적 입장에 따라 그 해석 범위와 강조점이 달라진다.
- 성격검사는 개인이 지닌 기질, 성향, 정서적 반응 양식 등을 측정하여, 일관되게 반복적으로 나타나는 행동 특성이나 정신적 경향성을 파악한다.

ⓒ 성격 5요인(Big 5) 검사

- 골드버그(Goldberg, 1981)는 이전까지 다양한 학자들에 의해 제안되었던 성격의 5요인 구조를 이론적으로 통합하고 명료화하여, 이를 'Big Five(또는 Big 5)'라는 명칭으로 정립하였다.
- 성격 5요인 이론은 여러 학자들의 연구를 통해 이론화되었으며, 이후 다양한 심리검사 도구로 개발되었다. 특히, 코스타(Costa)와 맥크레이(McCrae)는 5요인 구조를 기반으로 하여, 개인의 성격 특성을 체계적으로 측정할 수 있도록 NEO 인성검사(NEO-PI : NEO Personality Inventory)를 개발하였다.
- 성격 5요인은 다음과 같이 성격의 5가지 차원을 제시하고 있다.

외향성	타인과의 상호작용을 원하고 타인의 관심을 끌고자 하는 정도를 측정한다.
호감성	타인과의 관계에서 편안하고 조화로움을 유지하는 정도를 측정한다.
성실성	사회적 규칙, 규범, 원칙 등을 기꺼이 지키려는 정도를 측정한다.
정서적 불안정성	정서적인 안정감과 세상에 대한 통제감 정도를 측정한다.
경험에 대한 개방성	세계에 대한 관심 및 호기심, 다양하고 새로운 경험에 대한 추구 및 포용성 정도를 측정한다.

- 고용24 직업선호도검사 L형에 포함된 성격검사

이 검사는 Big Five 이론을 토대로 개발되었으며, 외향성, 호감성, 성실성, 정서적 불안정성, 경험에 대한 개방성 등 5가지 요인으로 구성되어 있으며, 다음과 같은 소검사를 포함하고 있다.

요인 이름	소검사
외향성	온정성, 사교성, 리더십, 적극성, 긍정성
호감성	타인에 대한 믿음, 도덕성, 타인에 대한 배려, 수용성, 겸손, 휴머니즘
성실성	유능감(성), 조직화 능력, 책임감, 목표 지향(성), 자기통제력, 완벽성
정서적 불안정성	불안, 분노, 우울, 자의식, 충동성, 스트레스 취약성
경험에 대한 개방성	상상력, 문화, 정서, 경험 추구, 지적 호기심

ⓒ 마이어-브릭스 성격유형검사(MBTI)

- 융(C. G. Jung)의 분석심리학에 기반한 심리유형론을 이론적 토대로 하여 개발된 자기보고식의 강제선택형 검사이다.
- 개인이 선호하는 작업역할, 기능, 환경을 파악하는 데 유용하다.
- 성격의 네 가지 양극차원(선호지표)

외향형(E)	← 에너지의 방향 →	내향형(I)
감각형(S)	← 인식기능 →	직관형(N)
사고형(T)	← 판단기능 →	감정형(F)
판단형(J)	← 생활양식 →	지각형(P)

ⓔ 미네소타 다면적 인성검사(MMPI)

- 검사의 특성
  - 하더웨이(Hathaway)와 매킨리(McKinley)가 개발한 자기보고식 성격검사로, 정신건강에 이상이 있는 사람을 식별하고 구별하기 위해 고안된 검사이다.
  - 본 검사는 주로 정신과적 진단과 분류를 목적으로 개발되었지만, 일반적인 성격 특성에 대한 해석적 추론도 일정 수준에서 가능하다.
  - 실제 환자들의 반응 자료를 기반으로 한 **경험적 제작 방법**에 의해 개발되었다.
  - 본 검사는 임상심리, 법정심리, 직업상담을 포함한 다양한 응용심리 분야에서 유의미한 평가 도구로 활용되고 있다.
- 타당도 척도 : 수검자의 수검태도(검사태도)를 측정

구분	척도명	비고
문항 내용과 무관한 응답 평가 척도	? 척도 (무응답 척도)	• 대답을 누락했거나 '그렇다' 또는 '아니다' 모두에 응답한 문항의 수이다. • 무응답이 30개 이상이면 해석을 보류한다.
	무선반응 비일관성(VRIN) 척도	전형적으로 문항의 내용을 제대로 읽지도 않고 응답했거나 문항에 완전히 혹은 대부분 무선적으로 응답한 사람들을 구별해 내는 것이다.
	고정반응 비일관성(TRIN) 척도	문항 내용과 상관없이 무분별하게 '그렇다'로 응답하는 경향이나 '아니다'로 응답하는 경향을 평가한다.
문항 내용과 관련 왜곡 응답을 평가하는 척도	부인(L) 척도	원래 자신을 실제보다 더 좋게 드러내려는 의도를 탐지하는 척도이다.
	교정(K) 척도	정신병리를 부인하고 자신을 매우 좋게 드러내려는 수검자의 시도 혹은 이와 반대로 이를 과장하거나 자신을 매우 나쁘게 드러내려는 수검자의 시도를 좀 더 효과적으로 탐지할 수 있다.
	과장된 자기 제시(S) 척도	자기 자신을 매우 정직하고 책임감이 있고 심리적인 문제가 없고, 도덕적인 결점이 거의 없으며, 다른 사람들과 매우 잘 어울리는 사람인 것처럼 드러내려는 경향을 평가한다.
	비전형(F) 척도	• 문항 내용을 제대로 읽지 않고 응답하거나 무선적으로 응답하는 것과 같은 이상 반응 경향 혹은 비전형적인 반응 결과를 탐지하기 위해 개발하였다. • 점수가 높으면 모든 문항에 '그렇다'로 응답한 반응 편향, 부정적 방향으로 왜곡하거나 꾀병으로 과장하려는 시도를 나타낸다.

비전형 – 후반부(Fb) 척도	표준적인 F척도에 속하는 문항들은 시험용 검사지의 전반부에 배치되어 있어 후반부에 위치한 문항들의 수검자가 타당하게 응답했는지를 평가하기 위해 사용한다.
비전형 – 정신병리 척도(Fp) 척도	F척도 점수가 상승하는 이유는 내담자가 실제로 심각한 정신병리를 지니고 있기 때문일 수 있다는 점을 인식하여 F척도의 보완으로 설계한다.

- 임상척도 : 주요 비정상 행동심리적 증상을 측정

척도 1	척도 2	척도 3	척도 4	척도 5
건강염려증(Hs)	우울증(D)	히스테리(Hy)	반사회성(Pd)	남성성 – 여성성(Mf)
척도 6	척도 7	척도 8	척도 9	척도 10
편집증(Pa)	강박증(Pt)	조현병(Sc)	경조증(Ma)	내향성(Si)

⑧ 경력진단검사
　㉠ 경력진단의 개념
- 경력진단은 개인의 경력개발 과정에서 나타나는 문제를 식별하고 평가하는 절차를 의미한다.
- 경력진단검사의 목적 : 자기이해증진, 적합한 직업선택 지원, 경력개발 및 전환 지원
　㉡ 진로결정척도 또는 경력결정척도(CDS)
- 오시포(Osipow)가 본래 상담 현장에서 활용하기 위한 진단 도구로 개발한 것으로, 고등학생부터 성인에 이르기까지 진로 또는 경력 관련 의사결정의 어려움에 대한 정보를 제공하기 위해 설계되었다.
- '확신 또는 확실성(Certainty)'과 '비결정 또는 미결정성(Indecision)'의 두 가지 하위척도를 통해, 개인의 진로결정에 영향을 미치는 장애 요인은 물론, 교육적 및 진로 미결정 상태의 선행 요인까지 파악할 수 있도록 구성되어 있다.
　㉢ 자기직업상황 또는 개인직업상황검사(MVS)
- 홀랜드(Holland) 등에 의해 개발된 것으로, 주로 개인의 직업적 정체성 형성 여부를 평가하기 위해 고안되었다.
- 세 가지 하위척도인 직업정체성, 직업정보, 장애는 각각 진로에 대한 자기 인식의 명확성, 직업 세계에 대한 정보 보유 정도, 그리고 진로결정 과정에서 작용하는 심리적·환경적 장애 요인을 평가함으로써, 진로상담 개입의 핵심 영역을 진단하는 데 도움을 준다.
　㉣ 경력태도검사 또는 진로신념검사(CBI)
- 크롬볼츠(Krumboltz)에 의해 개발되었다.
- 고등학생부터 성인까지를 대상으로 하여 내담자가 자신의 자아 인식 및 세계관과 관련된 진로신념을 점검하고, 진로 목표 달성에 장애가 될 수 있는 비합리적 신념을 파악할 수 있도록 돕는 것을 목적으로 한다.

(3) 진단 실시

① 진단 실시 시 보편적인 주의사항

㉠ 평가동맹 형성
- 평가하는 상담자와 내담자 간에 적절한 관계 형성이 중요하며, 이를 평가동맹이라 한다.
- 평가동맹 형성은 평가자의 개입으로 이루어지며, 내담자가 진단에 대한 관심과 흥미를 갖고 협조적으로 임하도록 돕는다.

㉡ 내담자 : 상담자는 검사 불안을 느끼고 있는 내담자가 있다면, 이 검사가 시험이 아니며, 자신이 '그렇다'라고 판단되면 응답하는 것으로 정답이 없음을 제시하고, 한 문장을 오래 두고 생각하는 것이 아니라 문장을 읽고 생각한 처음이 정답임을 안내한다.

㉢ 진단 상황 : 진단에서는 내담자가 정서적으로 안정된 시간이나 장소, 피로감 등이 고려되어야 한다.

② 진단 도구 선택 시 고려 사항

㉠ 평가자 : 진단이 자기 보고의 내담자 스스로 평가하는 것인지, 아니면 타인의 보고에 의한 측정으로 할 것인지에 따라 평가자의 임무가 주어진다.

㉡ 진단 도구의 주제 : 인간의 심리적 평가, 정서적 특성, 인지적 변인, 행동 반응 등을 측정하는 것인지에 대한 판단이다.

㉢ 진단 실시 장소 및 방법 : 조용하고 독립되어 방해받지 않는 검사실에서 실시하여야 하며, 컴퓨터, 휴대폰, 지필도구 등의 방법을 사용할지를 결정한다.

㉣ 진단 실시일 : 진단은 내담자가 좋은 조건의 상태에 있을 때 실시하여야 한다.

㉤ 진단 실시 이유 : 동일한 진단 도구라고 할지라도 다양하게 사용된다. 예를 들어, 직업카드 심리검사는 구체적인 적합한 직업을 안내, 진로태도, 의사결정, 진로신화, 진로갈등, 성격적 성향 등을 평가하여 활용할 수 있다.

③ 진단의 도입

㉠ 친밀교감 형성
- 내담자에 대한 관심과 협조, 격려를 통해 내담자로 하여금 검사를 성실하도록 하려는 노력을 말한다.
- 친밀교감은 대단히 기술적인 문제이고 많은 수련이 필요하다.
- 친밀교감은 수검자가 성실하고 솔직하게 답하려는 동기를 결정하기 때문에 심리검사 도입 시에 필요하다.

㉡ 속이기
- 대부분의 진단 도구는 내담자의 자기 보고에 의존한다. 그러나 여러 가지 이유로 해서 내담자는 최선을 다하지 않거나, 솔직하지 않게 답할 가능성이 있다. 이런 행위를 '속이기'라고 한다.
- 내담자가 진단 도구의 결과가 자신에 관한 중요한 의사결정의 근거로 쓰인다는 것을 알 때 나타날 가능성이 크다.
- 선발이 유리한 경우 '좋게 속이기'가 나타날 가능성이 크고, 선발이 불리한 경우에는 '나쁘게 속이기'가 나타날 가능성이 크다.

ⓒ **진단 불안** : 내담자의 검사 불안을 줄일 수 있도록 연습 문항 및 응답 요령 사례 등을 미리 제공하는 것이 도움이 된다.

④ **심리검사의 일반적인 실시 과정** : 심리검사의 선택 → 검사요강에 대한 이해 → 검사에 대한 동기화 → 검사의 실시 → 검사의 채점 → 결과에 대한 해석

⑥ **심리검사 사용의 윤리적 문제에 관한 유의사항**

ㄱ 평가기법을 이용할 때 그에 대해 수검자에게 충분히 설명해 주어야 한다.

ㄴ 새로운 평가 기법이나 심리검사를 개발하고 표준화할 때 기존의 과학적 절차를 충분히 따라야 한다.

ㄷ 평가 결과를 보고할 때 신뢰도 및 타당도에 관한 모든 제한점을 지적한다.

ㄹ 평가 결과가 시대에 뒤떨어질 수 있음을 인식한다.

ㅁ 적절한 훈련이나 교습을 받지 않은 사람들이 심리검사를 이용하지 않도록 한다.

2019년

1 문항분석에서 다음의 P는 무엇인가?

$$P = \frac{R}{N} \times 100$$

(단, 'R'은 어떤 문항에 정답을 한 수, 'N'은 총 사례 수)

① 문항 변별도 　　　　　　　　② 문항 난이도

③ 문항 오답률 　　　　　　　　④ 오답 능률도

해설　문항 난이도 계산식

$$P = \frac{R}{N} \times 100$$

(P : 문항 난이도, N : 총 사례 수, R : 어떤 문항에 정답을 한 수)

2015년

2 GATB 직업적성검사에 대한 설명으로 틀린 것은?

① 지필검사와 수행검사로 구성되어 있다.

② 지능도 측정한다.

③ 모두 8개 영역의 적성을 측정한다.

④ 모두 15개의 하위검사로 이루어져 있다.

해설　GATB 직업적성검사

　ⓐ 미국 노동청 고용위원회에서 개발한 종합적 직업적성검사로, 다양한 직업군에 필요한 여러 특수 능력을 평가한다.

　ⓑ 모두 15개의 하위 검사를 통해 9개 분야의 적성을 측정할 수 있도록 제작된 것으로, 11개는 지필 검사이고, 4개는 수행 검사이다.

　ⓒ 국내에서 사용되는 GATB는 타당도에 관한 경험적 연구가 제한적이며, 중·고등학생을 대상으로 표준화되어 있어 성인 직업상담 장면에서 활용하기에는 규준과 해석의 한계가 존재한다.

ANSWER　1.②　2.③

3 스트롱-캠벨 흥미검사(SVIB-SCII)에 관한 설명으로 틀린 것은?

① 사회 경제구조와 직업형태에 적합한 18개 영역의 직업흥미를 분류하여 구성하였다.

② 직업전환에 관심이 있는 사람들에게 활용하기 유용하다.

③ 반응 관련 자료 및 특수척도 점수 등과 같은 자료가 제공된다.

④ 207개 직업별 흥미척도가 제시된다.

> **해설** 스트롱-캠벨 흥미검사(SVIB-SCII)
> ㉠ 홀랜드의 6가지 직업유형모델(RIASEC)을 기반으로 개인의 전반적인 직업흥미를 평가한다.
> ㉡ 207개 직업별 흥미척도가 제시된다.
> ㉢ 반응 관련 자료 및 특수척도 점수 등과 같은 자료가 제공된다.
> ㉣ 직업전환에 관심이 있는 사람들에게 활용하기 유용하다.
> ㉤ 개인이 어떤 직업에서 만족하고 성공할 가능성이 있는지를 예측하는 데 도움을 준다.

4 진로성숙도검사(CMI)의 태도척도와 이를 측정하는 문항의 예가 올바르게 짝지어진 것은?

① 타협성-일하는 것이 무엇인지에 대해 생각한 바가 거의 없다.

② 참여도-나는 졸업할 때까지는 진로선택 문제에 별로 신경을 쓰지 않을 것이다.

③ 결정성-나는 부모님이 정해 주시는 직업을 선택하겠다.

④ 성향-나는 선호하는 진로를 자주 바꾸고 있다.

> **해설** 진로성숙도검사(CMI) 중 태도척도 하위영역

결정성	선호하는 진로의 방향에 대한 확신의 정도이다. 예) 나는 선호하는 진로를 자주 바꾸고 있다.
참여도	진로선택 과정에 능동적으로 참여하는 정도이다. 예) 나는 졸업할 때까지는 진로선택 문제에 별로 신경을 쓰지 않을 것이다.
독립성	진로선택을 독립적으로 할 수 있는 정도이다. 예) 나는 부모님이 정해 주시는 직업을 선택하겠다.
성향	진로결정에 필요한 사전이해와 준비 정도이다. 예) 일하는 것이 무엇인지에 대해 생각한 바가 거의 없다.
타협성	진로선택 시 욕구와 현실에 타협하는 정도이다. 예) 나는 하고 싶기는 하나 할 수 없는 일을 생각하느라 시간을 보내곤 한다.

5 성인용 직업가치관검사(고용24)에서 다루는 가치관과 관련 설명으로 틀린 것은?

① 경제적 보상 – 일에 대한 보상으로 경제적인 보상을 중시한다.

② 직업안정 – 직업에서 오랫동안 안정적으로 일할 수 있는지를 중시한다.

③ 변화지향 – 자율적으로 업무를 수행해 나가는 것을 중시한다.

④ 자기개발 – 직업을 통해 지식, 기술, 능력 등을 발전시켜 성장해 나가는 것을 중시한다.

해설 고용24 성인용 직업가치관검사의 9가지 가치요인

가치요인	내용
사회공헌	일을 통해 다른 사람이나 사회에 도움이 되는 것을 중시한다.
성취	자신이 세운 목표를 실현하기 위해 계획한 일에 관심을 가지고, 자신의 능력을 발휘하여 자신이 세운 목표를 이루고 달성해 나가는 것을 중시한다.
경제적 보상	일에 대한 보상으로 경제적인 보상을 중시한다.
일과 삶의 균형	일뿐만 아니라 자신의 삶에서도 만족할 수 있도록 적절한 균형을 가질 수 있는 것을 중시한다.
자기개발	직업을 통해 지식, 기술, 능력 등을 발전시켜 성장해 나가는 것을 중시한다.
자율성	자율적으로 업무를 수행해 나가는 것을 중시한다.
사회적 인정	다른 사람들과 사회로부터 일의 가치를 인정받는 것을 중시한다.
직업안정	직업에서 오랫동안 안정적으로 일할 수 있는지를 중시한다.
변화지향	업무가 고정되어 있지 않고 변화가능 한 것을 중시한다.

2016년, 2012년

6 성격 5요인(Big Five)에 해당하지 않은 것은?

① 정서적 개방성   ② 호감성

③ 외향성   ④ 성실성

해설 성격 5요인
  ㉠ 외향성
  ㉡ 호감성
  ㉢ 성실성
  ㉣ 정서적 불안정성
  ㉤ 경험에 대한 개방성

ANSWER 3.① 4.② 5.③ 6.①

7 **중장년 직업역량검사에 관한 설명으로 틀린 것은?**

① 고용환경의 특성과 중장년 근로자의 특성을 고려하여 개발된 검사이다.

② 개인의 후기 경력개발과 관련된 의사결정에 도움이 되는 정보를 제공한다.

③ 중장년 근로자의 주요 직업역량으로 경력활동, 직무태도, 직무능력, 개인특성, 기초자산을 제시하고 있다.

④ 개인이 중요하게 생각하는 직업가치관을 측정하고, 이를 토대로 개인의 직업가치를 실현하기 위해 적합한 직업을 안내한다.

해설 ④ 직업가치관 검사에 대한 설명이다.

TIP 중장년 직업역량검사(고용24)

㉠ 중장년 직업역량검사는 고용환경의 특성과 중장년 근로자의 특성을 고려하여 개발된 검사이다.

㉡ 중장년 직업역량검사에서 '역량'은 특정한 상황이나 직무에서 우수한 성과를 달성할 수 있는 개인의 특성을 의미하는 것으로, 지식, 기술 등의 능력을 비롯하여 다양한 개인의 특성을 포함하고 있다.

㉢ 근로자의 개인 특성뿐만 아니라 후기 경력개발에 영향을 미치는 다양한 환경 요인을 측정하여, 후기 경력개발과 관련된 의사결정에 도움이 되는 정보를 제공한다.

㉣ 중장년 근로자의 주요 직업역량으로 경력활동, 직무태도, 직무능력, 개인특성, 기초자산을 제시하고 있다.

2011년

8 **한국판 웩슬러 성인지능검사(K-WAIS)의 구성에 관한 설명으로 틀린 것은?**

① 언어성 검사와 동작성 검사로 대별된다.

② 총 11개의 하위검사로 구성되어 있다.

③ 동작성 검사에는 빠진 곳 찾기, 토막짜기, 모양 맞추기 등이 포함된다.

④ 언어성 검사에는 기본지식, 숫자 외우기, 바꿔쓰기 등이 포함된다.

TIP 한국판 웩슬러 성인지능검사(K-WAIS)의 구성

㉠ 총 11개의 하위검사로 구성되며, 언어성 검사와 동작성 검사로 대별된다.

㉡ 언어성 검사와 동작성 검사는 다음과 같다.

언어성 검사	동작성 검사
• 기본지식 • 숫자 외우기 • 어휘문제 • 산수문제 • 이해문제 • 공통성문제	• 빠진 곳 찾기 • 차례 맞추기 • 토막짜기 • 모양 맞추기 • 바꿔쓰기

9 홀랜드(Holland) 등이 개발한 검사로, 직업정체성 · 직업정보 · 장애의 세 하위 척도를 통해 진로상담 개입의 핵심 영역을 진단하는 것은 무엇인가?

① 자기직업상황(MVS)
② 진로결정척도(CDS)
③ 경력태도검사(CBI)
④ 진로성숙도검사(CMI)

> **해설** 자기직업상황 또는 개인직업상황검사(MVS)
> ㉠ 홀랜드(Holland) 등에 의해 개발된 것으로, 주로 개인의 직업적 정체성 형성 여부를 평가하기 위해 고안되었다.
> ㉡ 세 가지 하위 척도인 직업정체성, 직업정보, 장애는 각각 진로에 대한 자기 인식의 명확성, 직업 세계에 대한 정보 보유 정도, 그리고 진로결정 과정에서 작용하는 심리적 · 환경적 장애 요인을 평가함으로써, 진로상담 개입의 핵심 영역을 진단하는 데 도움을 준다.

10 진단 도구 선택 시 고려 사항에 해당하지 않은 것은?

① 진단 도구의 주제
② 피평가자
③ 진단 실시일
④ 진단 실시 이유

> **해설** 진단 도구 선택 시 고려 사항
> ㉠ 평가자
> ㉡ 진단 도구의 주제
> ㉢ 진단 실시 장소 및 방법
> ㉣ 진단 실시일
> ㉤ 진단 실시 이유

SECTION 03 진단결과 해석

(1) 진단결과 해석

① 진단결과 해석 수준

구체적 수준 (concrete level)	진단 결과 점수에 초점을 맞추어 기술하는 데 그치며, 해석이나 결론을 제시하지 않는다.
기계적 수준 (mechanical level)	소검사와 요인 검사 간의 차이에 초점이 맞추어 기술하고 이에 대한 결론을 내린다. 고용24(구 : 워크넷)에서 제공되는 해석 수준에 해당한다.
개별적 수준 (individualized level)	진단 결과 점수를 통합하여 결론을 내리되, 내담자에 초점을 맞추어 진단 결과 점수를 해석한다. 직업카드 심리검사 해석 수준에 해당한다.

② 심리검사 결과 해석 시 유의사항
  ㉠ 검사 결과를 내담자가 이해하기 쉬운 언어로 설명한다.
  ㉡ 결과에 대한 내담자의 정서적 반응을 고려한다.
  ㉢ 내담자의 방어를 최소화하기 위해 비판 없는, 중립적 태도를 유지한다.
  ㉣ 검사결과는 상담자의 개인적 해석 없이, 객관적이고 중립적으로 제시해야 한다.
  ㉤ 하나의 점수만 전달하기보다 진점수 범위로 설명하여 오차 가능성을 고려한다.
  ㉥ 검사가 측정하는 것과 측정하지 않는 것을 명확히 구분하여 설명한다.
  ㉦ 해석 시 객관적이고 표준화된 규준 자료를 근거로 설명한다.
  ㉧ 상담자가 일방적으로 해석하기보다 내담자와 함께 검사결과를 탐색하며 해석에 참여시킨다.
  ㉨ 결과는 확정적 진단이나 예언이 아닌 가능성의 정보로서 제시되어야 한다.

③ 심리검사 결과 통보 시 유의사항
  ㉠ 기계적으로 전달해서는 안 되며, 적절한 해석을 담은 설명과 함께 전달되어야 한다.
  ㉡ 쉽고 일상적인 용어로 전반적인 수행을 설명하고 질적인 해설을 덧붙이는 것이 좋다.
  ㉢ 그 정보를 받고 이용할 당사자의 특성을 참작해 보는 것이 바람직하다.
  ㉣ 검사 결과를 통보받는 사람이 경험하게 될 정서적인 반응도 고려할 필요가 있다.
  ㉤ 내담자에게 결과를 설명할 때에 내담자의 정서적 상태, 학력 수준, 연령 등에 따라 전문적 용어, 평가적 말투, 애매한 표현 등을 자제하고 잘 알아들을 수 있는 언어로 설명하여야 하며, 이때 내담자의 반응을 고려하여 필요하다면 다시 설명한다.

④ 보고서 조직화 : 상담자는 진단 결과 보고서에 각 영역별 내용이 전체적인 흐름과 맥락에 맞게 조직화와 통합화 과정이 요구된다. 보고서 조직화에는 진단의 조직화, 내담자 직업 논점에 대한 조직화, 진단 도구의 특성에서 나타나는 기능별 조직화가 있다.

진단의 조직화	• 내담자에게 제공된 다양한 진단 도구에서 나타난 결과들은 각 진단 도구의 특성에 맞는 영역에 대한 결과이므로 각 진단 도구에서 제시된 영역을 차례대로 보고하는 경우이다. • 이는 각 진단 도구별 특성에 맞춘 보고이기에 전체를 통합하는 과정이 누락될 수 있다. 이때 상담자가 통합한 내용을 앞에 제시하고, 각 진단 결과와 검사 응답 내용을 차례대로 제시하고 한 묶음으로 보고한다.
내담자 직업 논점에 대한 조직화	• 내담자가 진단 결과 보고서를 보고 내담자가 이해를 점점 높이도록 구성한다. 내담자가 진단 과정에 나타난 태도나 결과에 대해 언급한 후 영역별로 차츰 전개해나가는 방식이다. • 이는 내담자의 관심이 자신의 진로나 직업에 대한 역량, 가능성, 예견되는 분야 등에 대한 것이므로 검사에 임하는 태도에서의 해석, 내담자의 관심 영역에서 가벼운 주제로부터 무거운 주제로 구성하고 전체에 대한 통합을 제시한다.
진단 도구의 특성에서 나타나는 기능별 조직화	• 진단 도구로 측정하려는 다양한 영역들을 기능별로 구성하여 제시한다. • 예를 들어, 직업 판정, 직업 성격, 직업 가치, 적합 전공 등의 영역이라면, 직업 가치와 직업 성격을 제시하고, 이에 적합한 전공과 직업을 기능별로 구분하여 조직화하는 것이다. 이렇게 함으로써 내담자가 보고를 보고 해석하는 데 용이하다.

⑵ 홀랜드 6각형 프로파일의 해석

① 개요

㉠ 홀랜드(Holland) 이론은 직업적으로 들여다본 인간의 성격을 제시한 이론이자 직업상담 장면에서 검사 개발에 가장 많이 활용되는 이론이다.

㉡ 홀랜드(Holland)의 근본적인 생각

- 첫째, 진로결정, 진로참여, 성취를 이끌어 낼 수 있는 성격과 환경 특성
- 둘째, 결정을 못하거나, 결정에 불만족하거나, 낮은 성취력을 가져오는 성격과 환경 특성
- 셋째, 인간 생애 동안 개인이 수행하는 일과 수준의 종류가 안정적이거나 변화시키는 성격과 환경 특성

② 5개의 주요 개념

주요 개념	내용
일관성	유형들의 어떤 쌍들은 다른 유형의 쌍들보다 공통점을 더 많이 가지고 있다. 홀랜드 코드 첫 2개 문자를 사용하여 일관성의 수준을 높음(인접), 중간(다른 문자 1개), 낮음(다른 문자 2개)으로 나눈다. 〈개인과 환경에 대한 개념〉
차별성	1개의 유형에는 유사성이 많이 나타나지만, 다른 유형에는 별로 유사성이 나타나지 않는다. SDS 또는 VPI 프로파일로 측정된다. 〈환경에 대한 개념〉
정체성	개인에게 있어서 정체성이란 개인의 목표, 흥미, 재능에 대한 명확하고 견고한 청사진을 말한다. 환경에 있어서 정체성이란 조직의 투명성, 안정성, 목표·일·보상의 통합이라고 규정된다. MVS의 직업정체성 척도는 개인의 정체성을 측정하는데 사용하고, 이 점수가 낮은 사람들은 반대되는 직업 목표를 가진 사람들이 많다. 〈환경에 대한 개념〉
일치성	개인과 환경 간의 일치 정도(적합도)를 측정하는 것으로, 사람은 자신의 유형과 비슷하거나 정체성이 있는 환경 유형에서 일하거나 생활할 때 일치성이 높아지게 된다. 환경과 개인의 가장 좋지 않은 일치의 정도는 육각형에서 유형들이 반대 지점에 있을 때 나타난다. 〈환경에 대한 개념〉
계측성	유형들(환경) 내 또는 유형들 간의 관계는 육각형 모델에 따라 정리될 수 있는데, 육각형 모델에서 유형들(환경) 간의 거리는 그것들 사이의 이론적인 관계에 반비례한다. 〈개인에 대한 개념〉

(3) 검사결과의 검토

① 상담자는 내담자의 검사결과를 해석하기에 앞서 검사결과를 검토해야 한다.

② 틴슬리와 브래들리(Tinsly & Bradley)의 검사결과 검토

이해 단계	내담자의 검사 결과 해석을 위해 우선적으로 규준을 참조하여 검사점수의 의미를 충분히 이해한다.
통합 단계	이해를 통해 얻어진 정보들을 이전에 내담자에 대해 수집한 정보들과 통합한다.

③ 틴슬리와 브래들리(Tinsly & Bradley)의 검사결과 해석 4단계

1단계 : 해석 준비하기	내담자가 검사결과를 충분히 이해하고 있는지 숙고하는 단계로, 면담을 통해 얻은 내담자의 정보와 어떻게 통합되는지 검토한다.
2단계 : 내담자가 검사결과의 해석을 받아들일 수 있도록 준비시키기	내담자에게 검사의 목적을 상기시키고 검사를 하는 동안 어떤 경험을 했는지, 점수나 프로파일이 어떻게 나올지를 생각해 보도록 한다
3단계 : 결과 정보 전달	측정목적을 염두에 두고 해석에 임한다. 어려운 용어는 피하고 점수 자체보다는 점수가 의미하는 바를 강조하여 전달하도록 한다.
4단계 : 추후 활동	내담자와 상담결과에 대하여 이야기를 나누고 내담자가 어떻게 이해했는지 확인하며, 내담자가 검사를 통해 알게 된 내용과 기타 내담자에 관한 관련 자료들을 잘 통합하도록 도와준다.

1 향후 개입이나 경과 예측을 고려한 해석 수준에 대한 내용으로 옳은 것은?

① 개별적 수준은 고용24에서 제공되는 해석 수준에 해당하며, 기계적 수준은 직업카드 심리검사 해석 수준에 해당한다.

② 구체적 수준은 소검사와 요인 검사 간의 차이에 초점이 맞추어 기술하고 이에 대한 결론을 내린다

③ 기계적 수준은 진단 결과 점수에 초점을 맞추어 기술하는 데 그치며, 해석이나 결론을 제시하지 않는다.

④ 개별적 수준은 진단 결과 점수를 통합하여 결론을 내리되, 내담자에 초점을 맞추어 진단 결과 점수를 해석한다.

TIP 진단 결과 해석 수준

구체적 수준 (concrete level)	진단 결과 점수에 초점을 맞추어 기술하는 데 그치며, 해석이나 결론을 제시하지 않는다.
기계적 수준 (mechanical level)	소검사와 요인 검사 간의 차이에 초점이 맞추어 기술하고 이에 대한 결론을 내린다. 고용24(구 : 워크넷)에서 제공되는 해석 수준에 해당한다.
개별적 수준 (individualized level)	진단 결과 점수를 통합하여 결론을 내리되, 내담자에 초점을 맞추어 진단 결과 점수를 해석한다. 직업카드 심리검사 해석 수준에 해당한다.

2020년, 2006년

2 심리검사 결과 해석 시 유의사항으로 틀린 것은?

① 검사가 측정하는 것과 측정하지 않는 것을 명확히 구분하여 설명한다.

② 결과는 확정적 진단이나 예언이 아닌 가능성의 정보로서 제시되어야 한다.

③ 검사결과를 내담자와 함께 해석하는 것은 검사 전문가로서는 해서는 안된다.

④ 내담자의 방어를 최소화하기 위해 비판 없는, 중립적 태도를 유지한다.

> **해설** 심리검사 결과 해석 시 유의사항
> ㉠ 검사 결과를 내담자가 이해하기 쉬운 언어로 설명한다.
> ㉡ 결과에 대한 내담자의 정서적 반응을 고려한다.
> ㉢ 내담자의 방어를 최소화하기 위해 비판 없는, 중립적 태도를 유지한다.
> ㉣ 검사결과는 상담자의 개인적 해석 없이, 객관적이고 중립적으로 제시해야 한다.
> ㉤ 하나의 점수만 전달하기보다 진점수 범위로 설명하여 오차 가능성을 고려한다.
> ㉥ 검사가 측정하는 것과 측정하지 않는 것을 명확히 구분하여 설명한다.
> ㉦ 해석 시 객관적이고 표준화된 규준 자료를 근거로 설명한다.
> ㉧ 상담자가 일방적으로 해석하기보다 내담자와 함께 검사결과를 탐색하며 해석에 참여시킨다.
> ㉨ 결과는 확정적 진단이나 예언이 아닌 가능성의 정보로서 제시되어야 한다.

2004년

3 심리검사 결과의 해석에 있어 상담자의 행동으로 옳은 것은?

① 상담자의 개인적 해석 없이, 객관적이고 중립적으로 제시해야 한다.

② 검사점수를 그대로 전한다.

③ 전문적인 용어를 사용하여 결과를 전달한다.

④ 내담자의 반응은 고려하지 않는다.

> **해설** ② 진점수의 범위를 말해주는 것이 좋다.
> ③ 내담자가 이해하기 쉬운 언어를 사용한다.
> ④ 내담자의 반응을 고려해야 한다.

ANSWER 1.④ 2.③ 3.①

4 심리검사 결과를 전달할 때 유의사항으로 틀린 것은?

① 검사 결과를 통보받는 사람이 경험하게 될 정서적인 반응도 고려할 필요가 있다.

② 검사결과에 대해 여러 정보에 근거한 주관적인 견해를 설명해 준다.

③ 쉽고 일상적인 용어로 전반적인 수행을 설명하고 질적인 해설을 덧붙이는 것이 좋다.

④ 기계적으로 전달해서는 안 되며, 적절한 해석을 담은 설명과 함께 전달되어야 한다.

해설 심리검사 결과 통보 시 유의사항
  ㉠ 기계적으로 전달해서는 안 되며, 적절한 해석을 담은 설명과 함께 전달되어야 한다.
  ㉡ 쉽고 일상적인 용어로 전반적인 수행을 설명하고 질적인 해설을 덧붙이는 것이 좋다.
  ㉢ 그 정보를 받고 이용할 당사자의 특성을 참작해 보는 것이 바람직하다.
  ㉣ 검사 결과를 통보받는 사람이 경험하게 될 정서적인 반응도 고려할 필요가 있다.
  ㉤ 내담자에게 결과를 설명할 때에 내담자의 정서적 상태, 학력 수준, 연령 등에 따라 전문적 용어,
    평가적 말투, 애매한 표현 등을 자제하고 잘 알아들을 수 있는 언어로 설명하여야 하며, 이때 내
    담자의 반응을 고려하여 필요하다면 다시 설명한다.

5 홀랜드 이론의 5가지 주요 개념과 관련 설명으로 틀린 것은?

① 계측성 : 육각형 모델에서 유형[환경]들 간의 거리는 그것들 사이의 이론적인 관계에 반비례한다.

② 차별성 : 개인과 환경 간의 일치 정도(적합도)를 측정하는 것으로, 사람은 자신의 유형과 비슷하거나 정체성이 있는 환경 유형에서 일하거나 생활할 때 높아진다.

③ 정체성 : 개인에게 있어서 정체성이란 개인의 목표, 흥미, 재능에 대한 명확하고 견고한 청사진을 말한다.

④ 일관성 : 유형들의 어떤 쌍들은 다른 유형의 쌍들보다 공통점을 더 많이 가지고 있다.

TIP 홀랜드의 5개의 주요 개념

주요 개념	내용
일관성	유형들의 어떤 쌍들은 다른 유형의 쌍들보다 공통점을 더 많이 가지고 있다. 홀랜드 코드 첫 2개 문자를 사용하여 일관성의 수준을 높음(인접), 중간(다른 문자 1개), 낮음(다른 문자 2개)으로 나눈다. 〈개인과 환경에 대한 개념〉
차별성	1개의 유형에는 유사성이 많이 나타나지만, 다른 유형에는 별로 유사성이 나타나지 않는다. SDS 또는 VPI 프로파일로 측정된다. 〈환경에 대한 개념〉
정체성	개인에게 있어서 정체성이란 개인의 목표, 흥미, 재능에 대한 명확하고 견고한 청사진을 말한다. 환경에 있어서 정체성이란 조직의 투명성, 안정성, 목표·일·보상의 통합이라고 규정된다. MVS의 직업정체성 척도는 개인의 정체성을 측정하는데 사용하고, 이 점수가 낮은 사람들은 반대되는 직업 목표를 가진 사람들이 많다. 〈환경에 대한 개념〉
일치성	개인과 환경 간의 일치 정도(적합도)를 측정하는 것으로, 사람은 자신의 유형과 비슷하거나 정체성이 있는 환경 유형에서 일하거나 생활할 때 일치성이 높아지게 된다. 환경과 개인의 가장 좋지 않은 일치의 정도는 육각형에서 유형들이 반대 지점에 있을 때 나타난다. 〈환경에 대한 개념〉
계측성	유형들(환경) 내 또는 유형들 간의 관계는 육각형 모델에 따라 정리될 수 있는데, 육각형 모델에서 유형들(환경) 간의 거리는 그것들 사이의 이론적인 관계에 반비례한다. 〈개인에 대한 개념〉

6 상담자는 내담자의 검사결과를 해석하기에 앞서 검사 결과를 검토해야 한다. 틴슬리와 브래들리(Tinsly & Bradley)는 검사결과의 검토를 2단계로 설명하였다. 각 단계에 대한 설명으로 틀린 것은?

① 이해 단계는 내담자와 상담결과에 대해 의견을 나누는 단계이다.

② 통합 단계는 이해를 통해 얻어진 정보들을 이전에 내담자에 대해 수집한 정보들과 통합한다.

③ 통합 단계는 내담자가 검사결과를 수용할 수 있도록 검사의 목적을 다시 확인시키고, 검사 과정에서의 느낌이나 경험을 회상하도록 유도하며, 예상되는 점수나 프로파일에 대해 스스로 생각해보도록 한다.

④ 이해 단계는 내담자의 검사 결과 해석을 위해 우선적으로 규준을 참조하여 검사점수의 의미를 충분히 이해한다.

해설 ① 틴슬리와 브래들리(Tinsly & Bradley)의 검사결과 해석 4단계에서 추후 활동에 대한 설명이다.

TIP 틴슬리와 브래들리(Tinsly & Bradley)의 검사결과 검토 2단계

이해 단계	내담자의 검사 결과 해석을 위해 우선적으로 규준을 참조하여 검사점수의 의미를 충분히 이해한다.
통합 단계	• 이해를 통해 얻어진 정보들을 이전에 내담자에 대해 수집한 정보들과 통합한다. • 내담자가 검사결과를 수용할 수 있도록 검사의 목적을 다시 확인시키고, 검사 과정에서의 느낌이나 경험을 회상하도록 유도하며, 예상되는 점수나 프로파일에 대해 스스로 생각해보도록 한다.

7 틴슬리와 브래들리(Tinsly & Bradley)의 검사결과 해석 4단계에 대한 설명으로 적합하지 않은 것은?

① 1단계 : 해석 준비하기 – 내담자가 검사결과를 충분히 이해하고 있는지 숙고하는 단계로, 면담을 통해 얻은 내담자의 정보와 어떻게 통합되는지 검토한다.

② 2단계 : 내담자가 검사결과의 해석을 받아들일 수 있도록 준비시키기 – 내담자에게 검사의 목적을 상기시키고 검사를 하는 동안 어떤 경험을 했는지, 점수나 프로파일이 어떻게 나올지를 생각해 보도록 한다.

③ 3단계 : 결과 정보 전달 – 검사결과에 대한 신뢰성을 높이기 위해서 전문적인 용어를 사용해서 결과 정보를 전달한다.

④ 4단계 : 추후 활동 – 내담자와 상담결과에 대하여 이야기를 나누고 내담자가 어떻게 이해했는지 확인하며, 내담자가 검사를 통해 알게 된 내용과 기타 내담자에 관한 관련 자료들을 잘 통합하도록 도와준다.

해설 ③ 3단계 : 결과 정보 전달 – 측정목적을 염두에 두고 해석에 임한다. 어려운 용어는 피하고 점수 자체보다는 점수가 의미하는 바를 강조하여 전달하도록 한다.

TIP 틴슬리와 브래들리(Tinsly & Bradley)의 검사결과 해석 4단계

1단계 : 해석 준비하기	내담자가 검사결과를 충분히 이해하고 있는지 숙고하는 단계로, 면담을 통해 얻은 내담자의 정보와 어떻게 통합되는지 검토한다.
2단계 : 내담자가 검사결과의 해석을 받아들일 수 있도록 준비시키기	내담자에게 검사의 목적을 상기시키고 검사를 하는 동안 어떤 경험을 했는지, 점수나 프로파일이 어떻게 나올지를 생각해 보도록 한다.
3단계 : 결과 정보 전달	측정목적을 염두에 두고 해석에 임한다. 어려운 용어는 피하고 점수 자체보다는 점수가 의미하는 바를 강조하여 전달하도록 한다.
4단계 : 추후 활동	내담자와 상담결과에 대하여 이야기를 나누고 내담자가 어떻게 이해했는지 확인하며, 내담자가 검사를 통해 알게 된 내용과 기타 내담자에 관한 관련 자료들을 잘 통합하도록 도와준다.

직업과 스트레스

출제경향

직업과 스트레스는 직업 관련 스트레스 요인, 직무 관련 스트레스의 조절변인, 직무 스트레스의 결과, 스트레스의 예방 및 대처를 위한 노력 중심으로 출제되고 있다. 특히, 스트레스의 예방 및 대처를 위한 노력은 포괄적인 노력뿐만 아니라 수준별 스트레스 예방 관리 전략 등 다양한 내용에서 골고루 출제되는 경향이 있다.

학습방법

- 직업 관련 스트레스 요인 및 조절변인을 구분해서 이해하기
  현재까지 실제 출제된 내용을 중심으로 직업 관련 스트레스 요인과 직무 관련 스트레스 조절변인의 예시와 행동특성까지 학습하는 것이 효과적이다.
- 직무 스트레스의 결과와 스트레스의 예방 및 대처를 위한 노력 이해하기
  직무 스트레스의 결과 중에서도 구조조정이나 조직 감축에서 살아남은 구성원들이 보이는 전형적인 반응을 학습하고, 스트레스의 예방 및 대처를 위한 노력은 암기보다는 개인의 입장에서 스트레스를 예방하기 위한 방법을 떠올려보며 학습하는 것이 효과적이다.

출제 키워드

갈등 유형, 셀리에(Selye)의 일반적응증후군(GAS) 단계, 여크스-도슨(Yerkes-Dodson)의 역U자형가설
역할 갈등의 유형, A형 성격유형 및 B형 성격유형의 특징, 일 중독증과 소진, 스트레스의 예방 및 대처를 위한 노력, 수준별 스트레스 관리전략, 조직 감축에서 살아남은 구성원들이 보이는 반응

SECTION 01 # 스트레스의 의미

(1) 스트레스의 특성

① 스트레스의 의미

  ㉠ 자극으로서의 스트레스

  • 개인이 일상이나 삶 속에서 경험하는 여러 자극이나 사건 그 자체를 스트레스로 보는 관점이다.
  • 자연재해, 전쟁, 사랑하는 사람과의 이별이나 사망 등이 이에 해당한다.

  ㉡ 반응으로서의 스트레스

  • 생물학적 · 생리학적 또는 정서적 · 행동적 항상성(Homeostasis)이 깨짐으로써 나타나는 스트레스를 의미한다.
  • 외부나 내부의 요인으로 인해 신체나 감정 상태의 균형이 무너질 때 유발되는 반응이 스트레스가 된다.

  ㉢ 개인과 환경 간의 상호작용으로서의 스트레스

  • 환경에서 오는 자극 요인과 개인의 고유한 특성이나 반응 방식이 맞물려 나타나는 스트레스를 의미한다.
  • 같은 자극이라도 개인의 인지 · 해석 · 대처 방식에 따라 스트레스 수준이 달라지는 관점이다.

② 스트레스의 발생원인

  ㉠ 좌절 : 자신이 원하는 목표가 지연되거나 차단될 때 경험하는 부정적인 정서 상태이다.

  ㉡ 과잉부담 : 개인의 능력이나 감당할 수 있는 한계를 초과하는 일이나 요구로 인해 경험하는 부정적인 정서 상태이다.

  ㉢ 갈등

  • 서로 다른 두 가지 동기가 충돌하거나 대립할 때 경험하는 정서 상태이다.
  • 갈등의 유형

접근 – 접근 갈등	• 서로 바람직하고 긍정적인 의미를 지닌 두 가지 목표가 동시에 제시되지만, 그 목표들이 상호배타적이어서 둘 중 하나만 선택해야 하는 상황을 의미한다. • 예 : 여름휴가를 산으로 갈 것인지 바다로 갈 것인지 갈등하는 경우
접근 – 회피 갈등	• 하나의 동일한 목표가 긍정적인 측면(정적 유의성)과 부정적인 측면(부적 유의성)을 동시에 가지고 있어, 그 목표를 향해 가면서도 동시에 피하고 싶은 마음이 드는 상황을 의미한다. • 예 : 승진을 하려면 지방근무를 해야만 하고, 서울근무를 계속하려면 승진기회를 잃는 경우

회피 - 회피 갈등	• 서로 부정적인 의미를 가진 두 가지 목표가 동시에 주어져 둘 중 하나를 반드시 선택해야 하는 상황에서 발생하는 갈등을 의미한다. 즉, 어느 쪽도 원하지 않지만 피할 수 없이 하나를 골라야 하는 경우이다. • 예 : 학교에 가기 싫어하는 학생이 부모에게 꾸중을 들을까 봐 집에 있을 수도 없어 갈등하는 경우
이중 접근 - 회피 갈등	• 두 개의 선택지가 모두 접근 - 회피 갈등을 동시에 가지고 있으며, 그중 하나만 선택해야 하는 상황에서 발생하는 갈등을 의미한다. • 예 : 승진을 수락하면 급여와 직위가 높아지지만, 업무 부담과 야근 가능성이 커지고 현 직급을 유지하면 업무 부담이 적고 일과 삶의 균형을 유지할 수 있지만, 급여와 승진 기회가 제한되어서 갈등하는 경우

ⓔ **생활의 변화** : 결혼, 이사, 군 입대, 이혼, 사별 등과 같이 생활에 갑작스럽게 일어나는 변화로 인해, 평소 익숙하던 생활환경이 바뀔 때 경험하는 정서 상태를 의미한다.

ⓜ **탈핍성 스트레스**

• 사람이 적정 수준의 감각 자극이나 흥분 상태를 필요로 하는데, 이와 같은 자극이 충분히 주어지지 않을 경우 발생하는 스트레스를 의미한다.

• 자극이 부족하여 지루함, 무기력, 집중력 저하 등의 부정적인 정서 상태를 경험하게 되는 것이다.

ⓗ **압박 또는 압력** : 타인이나 사회가 우리가 특정한 방식으로 행동하기를 기대하거나 요구하는 것을 의미하며, 이러한 기대와 요구가 심리적 부담을 주어 스트레스를 유발한다.

③ **스트레스의 효과**(반응)

㉠ **신체의 변화**

• 호흡과 심장박동이 빨라지고 혈압이 높아진다.

• 교감 신경계가 활성화되며, 에피네프린(아드레날린)이 분비된다.

• 부신피질 호르몬인 코티졸이 분비된다.

㉡ **부정적 효과**

• 불안 · 분노 · 우울 · 무기력 등의 부정적인 정서를 유발한다.

• 주의력 부족과 건망증, 합리적인 의사결정과 행동을 방해한다.

• 만성적 스트레스는 일반 적응증후군과 함께 위장 질환, 심장순환계 질환 등 각종 질병을 유발한다.

㉢ **긍정적 효과**

• 적정 수준의 스트레스는 도전하려는 욕구를 자극한다.

• 개인적 성장, 자기향상 증진 등의 기능을 한다.

• 스트레스에 대한 내성을 기르도록 함으로써 더 큰 스트레스를 대비할 수 있도록 한다.

(2) 스트레스의 작용원리

① 생리적 연구

- ㉠ 17-OHCS는 부신피질에서 분비되어 전해질·당질 대사에 관여하며, 코티졸을 포함해 스트레스의 생리적 지표로 활용되는 호르몬이다.
- ㉡ 코티졸은 스트레스 시 분비되어 혈중 포도당을 증가시켜 세포가 스트레스 상황을 극복할 수 있도록 에너지를 공급하므로 '스트레스 호르몬'이자 '스트레스 통제 호르몬'으로 불린다.
- ㉢ 장기간 스트레스나 과도한 운동은 코티졸 과다 분비로 만성피로증후군을 유발하며, 지속적 과다 분비는 코티졸 기능을 손상시켜 스트레스에 대한 신체 저항력을 저하시킨다.

② 라자루스와 포크만(Lazarus & Folkman)의 스트레스 인지적 평가이론

- ㉠ 스트레스를 발생시키는 사건 자체보다 개인이 사건을 어떻게 지각하고 인지하는지를 중시한다.
- ㉡ 스트레스는 생활사건 자체보다 상황에 대한 개인의 주관적 인지와 해석에 의해 결정된다.
- ㉢ 스트레스원에 대한 인지적 평가 과정은 다음의 3단계로 이루어진다.

1차 평가	사건이 얼마나 위협적인지를 평가한다.
2차 평가	개인이 실행할 수 있는 유효한 대처전략 또는 자신의 대처능력을 평가한다.
3차 평가(재평가)	환경으로부터 오는 새로운 정보에 근거하여 처음의 평가를 수정하는 것이다.

③ 셀리에(Selye)의 일반적응증후군(GAS)

- ㉠ 셀리에는 반응중심적 접근의 스트레스 연구 대표자로, 동물실험을 통해 스트레스의 일반적 반응 양상에 주목하였다.
- ㉡ 일반적응증후군(GAS)에서 '일반'은 스트레스의 결과가 신체 부위에 일정한 영향을 준다는 의미이며, '적응'은 스트레스의 원인으로부터 신체가 대처하도록 한다는 의미이다.
- ㉢ 셀리에가 제시한 일반적응증후군의 3단계는 다음과 같다.

경고(경계) 단계	• 스트레스 자극을 받았을 때 나타나는 즉각적인 반응이다. • 스트레스에 의해 체온이 떨어지고 심박수가 빨라지는 '쇼크단계'와 신체의 자동적 방어기제에 의해 신체가 스트레스에 즉각적으로 방어력을 회복하고 대항하는 '역쇼크단계'로 이루어진다.
저항 단계	• 스트레스에 대한 경고반응으로 비상동원체계가 작동되었음에도 불구하고 스트레스가 지속되는 경우 저항단계가 나타난다. • 초기의 제시된 스트레스 유발요인에 대한 저항력과 면역력이 일시적으로 증가하지만, 스트레스가 지속될 경우 신체의 전반적인 기능은 저하된다.
소진(탈진) 단계	• 유해한 스트레스에 장기간 노출됨으로써 신체 에너지가 고갈상태에 이른다. • 신체의 저항력과 면역력이 붕괴되어 심각한 질병이 유발되며, 신체손상을 가져오기도 한다.

④ 일 중독증과 소진

일 중독증 (workaholic)	• 일에 과도하게 몰두하여 삶의 균형이 깨지는 상태이며, 일하지 않으면 불안하거나 죄책감을 느끼는 심리적 상태이다. • '과잉 적응 증후군'이라고도 한다. • **행동특성(예)** – 점심을 먹으면서도 서류를 본다. – 아무것도 하지 않고 쉬면 견딜 수 없다. – 주말이나 휴일에도 쉴 수가 없다.
소진 (Burnout)	• 일에 모든 에너지를 쏟은 후, 일로부터 소외감을 느끼며 나타나는 심리적 · 행동적 증상이다. • '탈진 증후군'이라고도 한다. • **행동특성(예)** – 열심히 일을 했지만 성취감보다는 허탈감을 느낀다. – 인생에 환멸을 느낀다. – 불면증이 생긴다.

⑤ 여크스 – 도슨(Yerkes – Dodson)의 역U자형가설

㉠ 직무 스트레스가 너무 높거나 낮으면 직무수행능력이 떨어지는 역U자형 양상을 보이게 된다.

㉡ 역U자형 곡선은 흥분이나 욕구, 긴장이 증가할 때 일정 수준까지는 수행실적이 증가하다가 이후에는 오히려 수행실적이 감소한다는 사실을 반영한다.

㉢ 스트레스 수준이 너무 높거나 너무 낮은 경우 건강과 작업능률에 부정적인 영향을 미치므로 스트레스를 적정 수준으로 유지하는 것이 중요하다.

⑥ 홈스와 라헤(Holmes & Rahe)의 사회재적응척도(SRRS)와 생활변화단위(LCU)

㉠ 홈스와 라헤는 주요 생활사건이 가져오는 스트레스 수준을 평가하기 위해 사회재적응척도(SRRS)를 고안하였다.

㉡ 사회재적응척도는 1년 동안의 43개 주요 생활사건을 생활변화단위(LCU)로 측정하도록 구성되어 있다.

㉢ 생활의 변화(Life Change)는 익숙한 생활환경이 바뀌는 것을 의미하며, 홈스와 라헤는 이를 깨진 정신생리적 안정을 본래의 항정상태로 회복하기 위해 필요한 기간과 노력의 양으로 스트레스를 설명하였다.

㉣ 생활변화단위의 합이 0 ~ 150 미만인 사람은 생활위기와 관련된 질병의 발생 가능성이 거의 없으며, 150 ~ 199인 사람은 '경도의 생활위기(Mild Life Crisis)', 200 ~ 299인 사람은 '중등도의 생활위기(Moderate Crisis)', 300 이상인 사람은 '중증도의 생활위기(Major Crisis)'로 인해 질병의 발생 가능성이 있음을 나타낸다.

2019년

1 승진을 하려면 지방근무를 해야만 하고, 서울근무를 계속하려면 승진기회를 잃는 경우에 겪는 갈등의 유형은?

① 접근-회피 갈등

② 접근-접근 갈등

③ 회피-회피 갈등

④ 이중 접근-회피 갈등

TIP 갈등의 유형

접근-접근 갈등	• 서로 바람직하고 긍정적인 의미를 지닌 두 가지 목표가 동시에 제시되지만, 그 목표들이 상호배타적이어서 둘 중 하나만 선택해야 하는 상황을 의미한다. • 예 : 여름휴가를 산으로 갈 것인지 바다로 갈 것인지 갈등하는 경우
접근-회피 갈등	• 하나의 동일한 목표가 긍정적인 측면(정적 유의성)과 부정적인 측면(부적 유의성)을 동시에 가지고 있어, 그 목표를 향해 가면서도 동시에 피하고 싶은 마음이 드는 상황을 의미한다. • 예 : 승진을 하려면 지방근무를 해야만 하고, 서울근무를 계속하려면 승진기회를 잃는 경우
회피-회피 갈등	• 서로 부정적인 의미를 가진 두 가지 목표가 동시에 주어져 둘 중 하나를 반드시 선택해야 하는 상황에서 발생하는 갈등을 의미한다. 즉, 어느 쪽도 원하지 않지만 피할 수 없이 하나를 골라야 하는 경우이다. • 예 : 학교에 가기 싫어하는 학생이 부모에게 꾸중을 들을까 봐 집에 있을 수도 없어 갈등하는 경우
이중 접근-회피 갈등	• 두 개의 선택지가 모두 접근-회피 갈등을 동시에 가지고 있으며, 그중 하나만 선택해야 하는 상황에서 발생하는 갈등을 의미한다. • 예 : 승진을 수락하면 급여와 직위가 높아지지만, 업무 부담과 야근 가능성이 커지고 현 직급을 유지하면 업무 부담이 적고 일과 삶의 균형을 유지할 수 있지만, 급여와 승진 기회가 제한되어서 갈등하는 경우

ANSWER 1.①

2 **스트레스 요인과 상황에 관한 설명으로 틀린 것은?**

① 좌절 : 자신이 원하는 목표가 지연되거나 차단될 때 경험하는 부정적인 정서 상태이다.

② 갈등 : 서로 다른 두 가지 동기가 충돌하거나 대립할 때 경험하는 정서 상태이다.

③ 생활의 변화 : 부정적인 사건이 제한된 시간 내에 많을 때이다.

④ 과잉부담 : 개인의 능력이나 감당할 수 있는 한계를 초과하는 일이나 요구로 인해 경험하는 부정적인 정서 상태이다.

해설 스트레스 요인(스트레스 발생 원인)

ⓐ 좌절 : 자신이 원하는 목표가 지연되거나 차단될 때 경험하는 부정적인 정서 상태이다.

ⓑ 과잉부담 : 개인의 능력이나 감당할 수 있는 한계를 초과하는 일이나 요구로 인해 경험하는 부정적인 정서 상태이다.

ⓒ 갈등 : 서로 다른 두 가지 동기가 충돌하거나 대립할 때 경험하는 정서 상태이다.

ⓓ 생활의 변화 : 결혼, 이사, 군입대, 이혼, 사별 등과 같이 생활에 갑작스럽게 일어나는 변화로 인해, 평소 익숙하던 생활환경이 바뀔 때 경험하는 정서 상태를 의미한다.

ⓔ 탈핍성 스트레스 : 사람이 적정 수준의 감각 자극이나 흥분 상태를 필요로 하는데, 이와 같은 자극이 충분히 주어지지 않을 경우 발생하는 스트레스를 의미한다.

ⓕ 압박 또는 압력 : 타인이나 사회가 우리가 특정한 방식으로 행동하기를 기대하거나 요구하는 것을 의미하며, 이러한 기대와 요구가 심리적 부담을 주어 스트레스를 유발한다.

3 셀리에(Selye)가 제시한 스트레스 반응단계(일반적응증후군)를 순서대로 바르게 나열한 것은?

① 저항 – 경고 – 소진
② 경고 – 소진 – 저항
③ 소진 – 경고 – 저항
④ 경고 – 저항 – 소진

TIP 스트레스 일반적응증후군의 3단계(Selye)

경고(경계)단계	• 스트레스 자극을 받았을 때 나타나는 즉각적인 반응이다. • 스트레스에 의해 체온이 떨어지고 심박수가 빨라지는 '쇼크단계'와 신체의 자동적 방어기제에 의해 신체가 스트레스에 즉각적으로 방어력을 회복하고 대항하는 '역쇼크단계'로 이루어진다.
저항단계	• 스트레스에 대한 경고반응으로 비상동원체계가 작동되었음에도 불구하고 스트레스가 지속되는 경우 저항단계가 나타난다. • 초기의 제시된 스트레스 유발요인에 대한 저항력과 면역력이 일시적으로 증가하지만, 스트레스가 지속될 경우 신체의 전반적인 기능은 저하된다.
소진(탈진)단계	• 유해한 스트레스에 장기간 노출됨으로써 신체 에너지가 고갈상태에 이른다. • 신체의 저항력과 면역력이 붕괴되어 심각한 질병이 유발되며, 신체손상을 가져오기도 한다.

4 스트레스와 직무수행 간의 관계에 대한 설명으로 옳은 것은?

① 스트레스와 직무수행은 관계가 없다.

② 일정시점 이후에 스트레스 수준이 증가하면 수행실적은 오히려 감소하는 역U자형 관계이다.

③ 스트레스가 많을수록 직무수행이 떨어지는 일차함수 관계이다.

④ 어느 수준까지만 스트레스가 많을수록 직무수행이 떨어진다.

해설 여크스 – 도슨(Yerkes – Dodson)의 역U자형가설

㉠ 직무 스트레스가 너무 높거나 낮으면 직무수행능력이 떨어지는 역U자형 양상을 보이게 된다.

㉡ 역U자형 곡선은 흥분이나 욕구, 긴장이 증가할 때 일정 수준까지는 수행실적이 증가하다가 이후에는 오히려 수행실적이 감소한다는 사실을 반영한다.

㉢ 스트레스 수준이 너무 높거나 너무 낮은 경우 건강과 작업능률에 부정적인 영향을 미치므로 스트레스를 적정 수준으로 유지하는 것이 중요하다.

ANSWER 2.③ 3.④ 4.②

SECTION 02 스트레스의 원인

(1) 직무 및 조직 관련 스트레스원

① 과제특성
- ㉠ 복잡한 과제는 정보 과부하를 유발하여 높은 인지적 노력을 요구하며, 이는 스트레스 수준을 증가시킬 수 있다.
- ㉡ 반복적이고 단조로운 과업은 지루함을 유발하며, 이 또한 중요한 스트레스 요인이 될 수 있다.

② 역할갈등
- ㉠ 역할담당자가 자신의 역할과 타인의 역할기대가 충돌할 때 느끼는 심리적 긴장 상태이다.
- ㉡ 조직에서 자신이 인식하는 역할과 상급자가 기대하는 역할 간의 차이에서 발생한다.
- ㉢ 공식적 조직에서는 구조적 요인(예 : 의사결정의 참여)으로, 비공식적 조직에서는 인간관계 요인으로 역할갈등이 발생한다.
- ㉣ 역할갈등은 다음의 네 가지 유형으로 분류할 수 있다.

개인 간 역할갈등	• 직업상의 요구와 가정이나 개인생활 등 직업 외적 요구 간의 충돌에서 발생한다. • 예 : 직장에서의 긴급 업무와 자녀 돌봄 요구가 동시에 주어지는 경우
개인 내 역할갈등	• 복잡한 과제나 직무 요구가 개인의 가치관과 상충할 때 발생한다. • 예 : 조직에서의 이중장부 요구
송신자 간 갈등	• 두 명 이상의 역할기대가 서로 충돌할 때 발생한다. • 예 : 부서장은 업무 성과를 중시하여 야근을 요구하고, 동시에 인사팀은 워라밸(일과 삶의 균형)을 위해 정시 퇴근을 강조하는 경우, 해당 직원은 상반된 기대 사이에서 갈등을 경험하게 된다.
송신자 내 갈등	• 하나의 지시자가 상반되거나 양립하기 어려운 요구를 동시에 전달할 때 발생하는 갈등이다. • 예 : 상사가 "빠르게 처리하라"고 하면서도 동시에 "실수 없이 완벽하게 하라"고 요구할 때, 두 요구를 동시에 충족시키기 어려워 갈등이 발생한다.

③ 역할모호성
- ㉠ 역할담당자가 역할기대나 수행 기준을 명확히 알지 못할 때 발생하는 심리적 상태이다.
- ㉡ 개인의 책임 범위나 직무 목표가 명확하지 않아 자신의 역할이 불분명할 때 발생한다.

④ 역할과다(역할과부하) 또는 역할과소

 ㉠ **역할과다** : 역할담당자가 일상적인 업무를 수행하는 과정에서 새로운 업무나 추가적인 역할을 부여받아, 자신의 대처 능력 한계치를 초과하게 되는 상황을 의미한다.

 ㉡ **양적 과부하** : 제한된 시간 안에 처리할 수 있는 양을 초과하는 업무나 역할이 주어지는 경우를 말하며, '질적 과부하'는 직무를 수행하는 데 필요한 경험, 기술, 지식, 자격 등이 부족하여 업무 수행이 어려운 경우를 의미한다.

 ㉢ 기대와 직무가 요구하는 수준이 역할담당자의 능력을 초과하면 역할과다가 발생하며, 반대로 기대와 직무의 요구가 역할담당자의 능력을 충분히 활용하지 못할 때는 역할과소가 나타난다.

⑤ **산업의 조직문화와 풍토** : 개인주의와 집합주의 산업문화의 충돌은 근로자에게 스트레스원이 된다.

개인주의 문화	• 근로자는 직무 자체나 개인적인 보상을 중시한다. • 근로자 개인과 조직 간의 관계를 계약의 관점에서 계산적으로 이해한다. • 능력주의
집합주의 문화	• 근로자는 관리자나 동료와의 유대를 중시한다. • 근로자 개인과 조직 간의 관계를 도덕적인 관점에서 이해한다. • 연고주의

(2) 직무 관련 스트레스의 조절요인(조절변인)

① A/B 성격유형

 ㉠ 성격유형별 직무 스트레스 양상은 프리드만과 로젠만(Friedman & Rosenman)이 제시한 A/B 성격유형의 행동패턴에 근거한다.

 ㉡ A형 성격유형의 사람들은 B형 성격유형의 사람들보다 성취욕구와 포부 수준이 높아 일로부터 스트레스를 받을 가능성이 더 크다.

 ㉢ 스트레스 상황에 노출되면 A형 성격유형이 B형 성격유형보다 더 많은 부정과 투사기제를 사용한다.

 ㉣ A/B 성격유형의 일반적인 행동특징

A형 성격유형	성향	능동적 · 공격적이다.
	직무수행	• 경쟁 및 성취를 지향한다. • 신속성, 완벽함을 추구한다.
	특징	• 근무 시간을 철저하게 지키고, 항상 긴박감을 느낀다. • 평소 활동이 공격적이고 적대적이며 참을성이 없다. • 사내의 활동이 경쟁적이며 승부에 집착한다. • 시간의 절박감과 경쟁적 성취욕이 강하다. • 관상동맥성 심장병(CHD)에 걸릴 확률이 높다. • 쉽게 화를 내고, 스트레스를 많이 받는다.

	성향	수동적 · 방어적이다.
B형 성격유형	직무수행	• 느긋함과 차분함이 있다. • 일 처리를 여유롭게 대처한다. • 상황을 수용한다.
	특징	• 시간에 대한 걱정이 덜 하고 여유를 가진다. • 차분한 성격과 평온함을 특징으로 한다. • 상황을 받아들이는 태도를 가지며, 스트레스에 잘 대처한다. • 목표달성에 집착하지 않으며, 성과에 대한 기대가 비교적 낮다.

② 통제 위치 또는 통제 소재(Locus of Control) : 개인은 자신의 운명이나 일상생활에서 발생하는 결과를 자신이 얼마나 통제할 수 있다고 믿느냐에 따라, 즉 성공과 실패의 원인이 자신(내부)에 있는가 또는 외부에 있는가에 따라 내적 통제자와 외적 통제자로 구분된다.

내적 통제자	• 사건의 발생이나 결과를 자신의 행동에서 비롯된 것으로 보고 스스로 통제 가능하다고 인식한다. • 문제 중심의 대응행동을 통해 스트레스 상황에 적절히 대처한다. • 스트레스 상황에 대한 통제력이 더 이상 유용하지 못하다고 판단하게 되면 스트레스 대처 노력을 쉽게 포기한다.
외적 통제자	• 사건의 발생이나 결과가 기회나 운 등 외적 요인의 강력한 영향력에 의해 결정된다고 인식한다. • 부정적 사건에 민감하고 자기방어적 성향을 보여 대처능력이 낮으며, 실제 생활에서 높은 수준의 스트레스를 경험한다.

③ 사회적지지 또는 사회적지원(Social Support)

㉠ 직무 스트레스를 완화할 수 있도록 해주는 조직 내적 혹은 외적 요인을 의미한다.

㉡ 사회적지지가 제공되면 우울이나 불안 같은 직무 스트레스 반응이 감소한다.

㉢ 조직 외적 요인으로는 가족이 있으며, 조직 내적 요인으로는 직장 상사, 동료, 부하가 있다.

㉣ 사회적지지는 스트레스 출처를 약화시키지만 출처로부터 야기되는 권태감, 직무 불만족 자체를 감소시키는 것은 아니다.

2022년

1 **스트레스의 원인 중 역할갈등과 가장 관련이 높은 것은?**

① 물리적 환경 스트레스원

② 개인 관련 스트레스원

③ 직무 관련 스트레스원

④ 조직 관련 스트레스원

TIP 스트레스의 원인

직무 관련 스트레스원	과제특성, 역할갈등, 역할모호성, 산업의 조직문화와 풍토, 역할과다 또는 역할과소 등
개인 관련 스트레스원	A 유형 행동, 통제위치(통제소재), 인구통계적 변인 등
물리적 환경 관련 스트레스원	조명, 소음, 온도, 진동, 공기오염, 사무실 설계, 사회적 밀도 등

ANSWER 1.③

2 다음이 설명하는 스트레스 요인은?

> • 역할담당자가 역할기대나 수행 기준을 명확히 알지 못할 때 발생하는 심리적 상태이다.
> • 개인의 책임 범위나 직무 목표가 명확하지 않아 자신의 역할이 불분명할 때 발생한다.

① 역할과다
② 역할모호성
③ 역할갈등
④ 과제특성

TIP 직무 및 조직관련 스트레스원

과제특성	• 복잡한 과제는 정보 과부하를 유발하여 높은 인지적 노력을 요구하며, 이는 스트레스 수준을 증가시킬 수 있다. • 반복적이고 단조로운 과업은 지루함을 유발하며, 이 또한 중요한 스트레스 요인이 될 수 있다.
역할갈등	역할담당자가 자신의 역할과 타인의 역할기대가 충돌할 때 느끼는 심리적 긴장 상태이다.
역할모호성	• 역할담당자가 역할기대나 수행 기준을 명확히 알지 못할 때 발생하는 심리적 상태이다. • 개인의 책임 범위나 직무 목표가 명확하지 않아 자신의 역할이 불분명할 때 발생한다.
역할과다 또는 역할과소	• 역할과다는 역할담당자가 일상적인 업무를 수행하는 과정에서 새로운 업무나 추가적인 역할을 부여받아, 자신의 대처 능력 한계치를 초과하게 되는 상황을 의미한다. • 기대와 직무가 요구하는 수준이 역할담당자의 능력을 초과하면 역할과다가 발생하며, 반대로 기대와 직무의 요구가 역할 담당자의 능력을 충분히 활용하지 못할 때는 역할과소가 나타난다.
산업의 조직문화와 풍토	개인주의와 집합주의 산업문화의 충돌은 근로자에게 스트레스원이 된다.

3 다음이 설명하는 역할갈등은?

> • 두 명 이상의 역할 기대가 서로 충돌할 때 발생한다.
> • 예 : 부서장은 업무 성과를 중시하여 야근을 요구하고, 동시에 인사팀은 워라밸(일과 삶의 균형)을 위해 정시 퇴근을 강조하는 경우이다.

① 송신자 간 갈등
② 송신자 내 갈등
③ 개인 간 역할갈등
④ 개인 내 역할갈등

TIP 역할갈등 유형

개인 간 역할갈등	• 직업상의 요구와 가정이나 개인생활 등 직업 외적 요구 간의 충돌에서 발생한다. • 예 : 직장에서의 긴급 업무와 자녀 돌봄 요구가 동시에 주어지는 경우
개인 내 역할갈등	• 복잡한 과제나 직무 요구가 개인의 가치관과 상충할 때 발생한다. • 예 : 조직에서의 이중장부 요구
송신자 간 갈등	• 두 명 이상의 역할 기대가 서로 충돌할 때 발생한다. • 예 : 부서장은 업무 성과를 중시하여 야근을 요구하고, 동시에 인사팀은 워라밸(일과 삶의 균형)을 위해 정시 퇴근을 강조하는 경우, 해당 직원은 상반된 기대 사이에서 갈등을 경험하게 된다.
송신자 내 갈등	• 하나의 지시자가 상반되거나 양립하기 어려운 요구를 동시에 전달할 때 발생하는 갈등이다. • 예 : 상사가 "빠르게 처리하라"고 하면서도 동시에 "실수 없이 완벽하게 하라"고 요구할 때, 두 요구를 동시에 충족시키기 어려워 갈등이 발생한다.

ANSWER 2.② 3.①

2020년

4 **직무 스트레스를 조절하는 변인과 가장 거리가 먼 것은?**

① 통제소재   ② 성격의 유형

③ 사회적지지   ④ 역할모호성

> **해설** 직무 스트레스 조절요인(조절변인)
> ㉠ 성격의 유형(A/B 성격유형)
> ㉡ 통제위치(통제소재)
> ㉢ 사회적지지(사회적지원)

2017년

5 **A형 성격유형에 대한 설명으로 틀린 것은?**

① 목표달성에 집착하지 않으며, 성과에 대한 기대가 비교적 낮다.

② 관상동맥성 심장병(CHD)에 걸릴 확률이 높다.

③ 근무 시간을 철저하게 지키고, 항상 긴박감을 느낀다.

④ 평소 활동이 공격적이고 적대적이며 참을성이 없다.

> **TIP** A/B 성격유형의 일반적인 행동특징

	성향	능동적 · 공격적이다.
A형 성격유형	직무수행	• 경쟁 및 성취를 지향한다. • 신속성, 완벽함을 추구한다.
	특징	• 근무 시간을 철저하게 지키고, 항상 긴박감을 느낀다. • 평소 활동이 공격적이고 적대적이며 참을성이 없다. • 사내의 활동이 경쟁적이며 승부에 집착한다. • 시간의 절박감과 경쟁적 성취욕이 강하다. • 관상동맥성 심장병(CHD)에 걸릴 확률이 높다. • 쉽게 화를 내고, 스트레스를 많이 받는다.
	성향	수동적 · 방어적이다.
B형 성격유형	직무수행	• 느긋함과 차분함이 있다. • 일 처리를 여유롭게 대처한다. • 상황을 수용한다.
	특징	• 시간에 대한 걱정이 덜 하고 여유를 가진다. • 차분한 성격과 평온함을 특징으로 한다. • 상황을 받아들이는 태도를 가지며, 스트레스에 잘 대처한다. • 목표달성에 집착하지 않으며, 성과에 대한 기대가 비교적 낮다.

6 다음 설명에 해당하는 행동특성을 바르게 나타낸 것은?

㉠	• 점심을 먹으면서도 서류를 본다. • 아무것도 하지 않고 쉬면 견딜 수 없다. • 주말이나 휴일에도 쉴 수가 없다.
㉡	• 열심히 일을 했지만 성취감보다는 허탈감을 느낀다. • 인생에 환멸을 느낀다. • 불면증이 생긴다.

	㉠	㉡
①	A형 성격	B형 성격
②	내적 통제소재	외적 통제소재
③	과다 과업 지향성	인간관계 지향성
④	일 중독증	소진

TIP 일 중독증과 소진

일 중독증 (workaholic)	• 일에 과도하게 몰두하여 삶의 균형이 깨지는 상태이며, 일하지 않으면 불안하거나 죄책감을 느끼는 심리적 상태이다. • '과잉 적응 증후군'이라고도 한다. • 행동특성(예) －점심을 먹으면서도 서류를 본다. －아무것도 하지 않고 쉬면 견딜 수 없다. －주말이나 휴일에도 쉴 수가 없다.
소진 (Burnout)	• 일에 모든 에너지를 쏟은 후, 일로부터 소외감을 느끼며 나타나는 심리적·행동적 증상이다. • '탈진 증후군'이라고도 한다. • 행동특성(예) －열심히 일을 했지만 성취감보다는 허탈감을 느낀다. －인생에 환멸을 느낀다. －불면증이 생긴다.

ANSWER 4.④ 5.① 6.④

SECTION 03 스트레스의 결과 및 예방

(1) 개인적 결과

① 직무 스트레스의 일반적인 결과
- ㉠ 직무수행 감소
- ㉡ 결근 및 이직
- ㉢ 직무 불만족

② 직무 스트레스로 인한 직장에서의 행동적 결과
- ㉠ 신경질적·공격적 행동이 증가한다.
- ㉡ 결근이나 지각이 증가한다.
- ㉢ 인내심, 집중력이 감소한다.
- ㉣ 대인관계상의 문제를 보인다.
- ㉤ 의사결정 및 정보처리 수행 과정에서 저하된 양상을 보인다.

(2) 조직의 결과

① 직무소외
- ㉠ 브라우너(Blauner)는 직무소외 연구에서 시만(Seeman)의 개념적 틀을 활용해 4가지 비소외적 상태를 정의하고, 이에 따라 4가지 소외 양상을 제시하였다.

비소외적 상태	소외 양상
• 자기몰입 • 목적 • 자유와 통제 • 사회적 통합	• 자기상실감 혹은 자기소원감 • 고립감 • 무기력감 • 무의미감

- ㉡ 소외 양상의 개념
  - 자기상실감(자기소원감) : 직무에 자신이 몰두할 수 없는 상태이다.
  - 고립감 : 개인이 사회적 관계나 공동체에서 단절감을 느끼는 상태이다.
  - 무기력감 : 자유와 통제의 결핍상태이다.
  - 무의미감 : 경영정책이나 생산목적 등의 목적으로부터의 단절을 의미한다.

② 구조조정이나 조직 감축에서 살아남은 구성원들의 전형적인 반응

　㉠ 살아남은 구성원들도 종종 조직에 대한 신뢰를 잃는다.

　㉡ 더 많은 일을 해야하기 때문에 과로하며 종종 불이익도 감수하려고 한다.

　㉢ 일부 구성원들은 다른 직무나 낮은 수준의 직무로 이동하는 것을 감수한다.

　㉣ 감축대상이 된 동료들에 대한 미안함과 자신도 언제든지 같은 상황에 처할 수 있다는 불안감으로 인해 조직 몰입에 어려움을 겪는다.

　㉤ 조직의 비전과 목표에 대한 신뢰가 감소하여 동기 부여가 떨어진다.

　㉥ 구성원들의 이직 의향과 이직률이 높아지는 등 조직 이탈 현상이 나타날 수 있다.

　㉦ 조직 감축이 불공정하다고 느끼면 분노나 공격적 태도를 보여 인간관계가 악화된다.

(3) 스트레스 대처를 위한 기본 조건

① 적절한 스트레스는 오히려 도움이 된다.

② 유스트레스(긍정적 스트레스)는 적극적인 노력에 의해서 획득될 수 있다.

③ 자신의 스트레스 상황을 의식하고 확인하는 일은 매우 중요하다.

④ 스트레스 상황이 자기 내면에 있다는 점을 인식해야 한다.

⑤ 긴장방출률(TDR)을 최대한 높여야 한다.

(4) 예방 및 대처 전략

① 스트레스의 예방 및 대처를 위한 포괄적인 노력

　㉠ 가치관을 전환시킨다.

　㉡ 목표지향적 사고방식에서 과정중심적 사고방식으로 전환한다.

　㉢ 균형 있는 생활을 한다.

　㉣ 운동을 통해 스트레스를 적절히 해소한다.

　㉤ 스트레스에 정면으로 도전하는 마음가짐을 가진다.

　㉥ 취미·오락을 통해 생활장면을 전환하는 활동을 규칙적으로 실시한다.

　㉦ 마음속에 쌓인 한을 털어낸다.

② 스트레스 예방관리전략(Quick&Quick)

　㉠ 1차적 예방 – 스트레스 요인 중심(출처지향적 관리전략) : 실제적으로 디스트레스(Distress)를 유발하는 조직적 스트레스의 여러 요인을 수정 및 변경하는 것을 목적으로 한다.

　㉡ 2차적 예방 – 스트레스 반응 중심(반응지향적 관리전략) : 개인적으로 조직적인 긴장을 방제·제거하거나 억제하는 것을 목적으로 한다.

ⓒ 3차적 예방 – 스트레스 증후 중심(증후지향적 관리전략) : 조직적 스트레스 요인의 증상이 나타나는 것을 적합한 상태에서 최소화하거나 통제하는 것을 목적으로 한다.

③ 수준별 스트레스 관리전략

㉠ 1차적 스트레스 관리전략 – 조직 수준의 스트레스 관리전략

직무중심 관리전략	• 직무 및 물리적 · 육체적 요구로 받는 스트레스를 관리하는 것이다. • 예 : 직무재설계, 참여적 관리, 경력개발, 융통적 작업계획
관계중심 관리전략	• 조직구성원들의 역할 및 대인관계 측면에서 스트레스를 관리하는 것이다. • 예 : 역할분석, 목표설정, 사회적지지, 팀 형성 등

㉡ 2차적 스트레스 관리전략 – 개인 수준의 스트레스 관리전략

요인지향적(출처지향적) 관리전략	• 개인이 상황을 해석하고 받아들이는 지각 방식에 변화를 주어, 잠재적인 스트레스 원인을 변경하거나 감소시키는 전략이다. • 예 : 스트레스 지각관리, 작업환경 및 생활스타일 관리 등
반응지향적 관리전략	• 개인이 받은 스트레스 정도를 최적화하기 위해 수행하는 것이다. • 예 : 이완훈련, 바이오피드백, 스트레스 관리 훈련, 신체적 · 정서적 배출
증후지향적(증상지향적) 관리전략	• 스트레스로 인해 나타나는 부정적인 결과나 증상을 줄이거나 예방하기 위해 수행하는 개인적 관리전략을 의미한다. • 예 : 상담 및 정신치료, 의학적 보호 등

1 소외 양상의 개념에 관한 설명으로 옳은 것은?

① 무의미감 : 자유와 통제의 결핍상태

② 자기상실감 : 경영정책이나 생산목적 등의 목적으로부터의 단절

③ 고립감 : 개인이 사회적 관계나 공동체에서 단절감을 느끼는 상태

④ 무기력감 : 직무에 자신이 몰두할 수 없는 상태

해설 소외 양상의 개념
  ㉠ 자기상실감(자기소원감) : 직무에 자신이 몰두할 수 없는 상태이다.
  ㉡ 고립감 : 개인이 사회적 관계나 공동체에서 단절감을 느끼는 상태이다.
  ㉢ 무기력감 : 자유와 통제의 결핍상태이다.
  ㉣ 무의미감 : 경영정책이나 생산목적 등의 목적으로부터의 단절을 의미한다.

2020년

2 조직 감축에서 살아남은 구성원들이 전형적으로 조직에 보이는 전형적인 반응이 아닌 것은?

① 일부 구성원들은 다른 직무나 낮은 수준의 직무로 이동하는 것을 감수한다.

② 조직 감축에서 살아남은 데에 만족하며 조직 몰입을 더 많이 한다.

③ 더 많은 일을 해야 하기 때문에 과로하며 종종 불이익도 감수하려고 한다.

④ 살아남은 구성원들도 종종 조직에 대한 신뢰를 잃는다.

해설 구조조정이나 조직 감축에서 살아남은 구성원들의 전형적인 반응
  ㉠ 살아남은 구성원들도 종종 조직에 대한 신뢰를 잃는다.
  ㉡ 더 많은 일을 해야 하기 때문에 과로하며 종종 불이익도 감수하려고 한다.
  ㉢ 일부 구성원들은 다른 직무나 낮은 수준의 직무로 이동하는 것을 감수한다.
  ㉣ 감축대상이 된 동료들에 대한 미안함과 자신도 언제든지 같은 상황에 처할 수 있다는 불안감으로 인해 조직 몰입에 어려움을 겪는다.
  ㉤ 조직의 비전과 목표에 대한 신뢰가 감소하여 동기 부여가 떨어진다.
  ㉥ 구성원들의 이직 의향과 이직률이 높아지는 등 조직 이탈 현상이 나타날 수 있다.
  ㉦ 조직 감축이 불공정하다고 느끼면 분노나 공격적 태도를 보여 인간관계가 악화된다.

ANSWER 1.③ 2.②

3 **스트레스의 예방 및 대처를 위한 포괄적인 노력과 가장 거리가 먼 것은?**

① 가치관을 전환시킨다.

② 스트레스에 정면으로 도전하는 마음가짐을 가진다.

③ 균형 있는 생활을 한다.

④ 과정중심적 사고방식에서 목표지향적 초고속사고로 전환해야 한다.

> **해설** 스트레스의 예방 및 대처를 위한 포괄적인 노력
> ㉠ 가치관을 전환시킨다.
> ㉡ 목표지향적 사고방식에서 과정중심적 사고방식으로 전환한다.
> ㉢ 균형 있는 생활을 한다.
> ㉣ 운동을 통해 스트레스를 적절히 해소한다.
> ㉤ 스트레스에 정면으로 도전하는 마음가짐을 가진다.
> ㉥ 취미·오락을 통해 생활장면을 전환하는 활동을 규칙적으로 실시한다.
> ㉦ 마음속에 쌓인 한을 털어낸다.

4 **다음이 설명하는 개인 수준의 스트레스 관리전략은?**

> • 개인이 받은 스트레스 정도를 최적화하기 위해 수행하는 것이다.
> • 이완훈련, 바이오피드백, 스트레스 관리 훈련, 신체적·정서적 배출이 해당한다.

① 반응지향적 관리전략　　　　　　② 출처지향적 관리전략

③ 평가지향적 관리전략　　　　　　④ 증후지향적 관리전략

> **해설** 2차적 스트레스 관리전략 – 개인 수준의 스트레스 관리전략
>
> | 요인지향적(출처지향적) 관리전략 | • 개인이 상황을 해석하고 받아들이는 지각 방식에 변화를 주어, 잠재적인 스트레스 원인을 변경하거나 감소시키는 전략이다.
 • 예 : 스트레스 지각관리, 작업환경 및 생활스타일 관리 등 |
> | --- | --- |
> | 반응지향적관리전략 | • 개인이 받은 스트레스 정도를 최적화하기 위해 수행하는 것이다.
 • 예 : 이완훈련, 바이오피드백, 스트레스 관리 훈련, 신체적·정서적 배출 |
> | 증후지향적(증상지향적) 관리전략 | • 스트레스로 인해 나타나는 부정적인 결과나 증상을 줄이거나 예방하기 위해 수행하는 개인적 관리전략을 의미한다.
 • 예 : 상담 및 정신치료, 의학적 보호 등 |

5 다음에 해당하는 스트레스 관리 전략은?

> 예전에는 은행원들이 창구에서 줄 서서 기다리는 고객들에게 가능한 빨리 서비스를 제공하고자 스트레스를 많이 받았는데, 고객 대기표(번호표) 시스템을 도입한 이후 이러한 스트레스를 많이 줄일 수 있게 되었다.

① 출처지향적 관리전략

② 반응지향적 관리전략

③ 증후지향적 관리전략

④ 평가지향적 관리전략

해설 스트레스 예방관리전략(Quick&Quick)

ㄱ 1차적 예방 – 스트레스 요인 중심(출처지향적 관리전략)
- 실제적으로 디스트레스(Distress)를 유발하는 조직적 스트레스의 여러 요인을 수정 및 변경하는 것을 목적으로 한다.
- 고객 응대의 신속성에 대한 압박을 완화하기 위해 새로운 시스템을 도입하는 등, 직무수행 과정에서 발생하는 조직적 스트레스 요인을 구조적으로 개선하는 것이다.

ㄴ 2차적 예방 – 스트레스 반응 중심(반응지향적 관리전략) : 개인적으로 조직적인 긴장을 방제·제거하거나 억제하는 것을 목적으로 한다.

ㄷ 3차적 예방 – 스트레스 증후 중심(증후지향적 관리전략) : 조직적 스트레스 요인의 증상이 나타나는 것을 적합한 상태에서 최소화하거나 통제하는 것을 목적으로 한다.

직업상담 초기면담

출제경향

직업상담 초기면담 과목은 초기면담 유형과 목적, 상담자의 기본적 태도, 초기면담의 주요 요소, 생애진로사정의 구조와 이를 통해 얻을 수 있는 정보, 내담자 중심 상담에서 직업상담사가 갖추어야 할 태도, 내담자의 정보와 행동을 이해하고 해석하는데 활용되는 기본 상담기법을 중심으로 출제된다. 특히 개념 정의, 구조와 단계, 각 요소의 특징을 구분하는 문제가 반복적으로 출제되는 경향이 있다.

학습방법

- 기본 개념 익히기

  로저스(Rogers)의 인간중심상담 이론을 바탕으로 상담자의 기본적 태도인 공감적 이해, 무조건적 긍정적 존중, 진실성의 의미와 적용을 정확히 이해하는 것이 효과적이다.

- 구조화된 면담기법의 틀 익히기

  생애진로사정은 초기면담에서 활용할 수 있는 대표적인 구조화된 면담기법으로, 구조와 절차, 이를 통해 수집되는 정보의 종류를 중심으로 학습하는 것이 중요하다.

출제 키워드

초기면담 유형, 상담자의 기본적 태도, 초기면담의 주요 요소, 생애진로사정, 기스버스와 무어의 상담기법 9가지

SECTION 01 초기면담의 의미

(1) 초기면담의 유형과 요소

① 초기면담의 유형

시작 주체자에 따른 상담	내담자 대 상담자의 솔선수범 면담	내담자에 의해 시작된 면담, 상담자에 의해 시작된 면담 등으로 구분된다.
목적에 따른 상담	정보지향적 면담	• **탐색해 보기** : '누가, 무엇을, 어디서, 어떻게'로 시작되는 질문으로 한 두 마디 단어 이상의 응답을 요구한다. • **폐쇄형 질문** : '예, 아니요'와 같은 특정하고 제한된 응답을 요구하는 것이다. • **개방형 질문** : 폐쇄적인 질문과 대조적으로 통상적으로 '무엇을, 어떻게' 등과 같은 단어로 시작되는 개방형 질문이다.
	관계지향적 면담	재진술과 감정의 반향 등이 주로 이용된다.

② 초기면담의 요소

구분	내용
친밀교감 (rapport) 형성	내담자가 가지고 있는 긴장감을 풀어 주도록 노력하고, 상담 관계에서 유지되는 윤리적 문제와 비밀 유지의 원칙을 설명함으로써 불안을 감소시키고 친밀감을 형성시키는 과정이다.
감정이입 (empathy)	상담자가 길을 전혀 잃어버리지 않고 마치 자신이 내담자 세계에서의 경험을 하는 듯한 능력이다.
언어적 행동 및 비언어적 행동	• **언어적 행동** : 내담자에게 중요한 것이 무엇인가를 논의하거나 이해시키려는 열망을 보여 주는 의사소통을 포함한다. • **비언어적 행동** : 미소, 몸짓, 기울임, 눈 맞춤, 끄덕임이 있다.
자기 노출	자신의 사적인 정보를 드러내 보임으로써 자기 자신에 대해서 다른 사람이 알 수 있도록 하는 것이다.
즉시성	상담자가 상담자 자신의 바람은 물론 내담자의 느낌, 인상, 기대 등에 대해서 이를 깨닫고 대화를 나누는 것이다.

유머	상담에서 유머는 민감성과 시의성을 동시에 요구함. 유머를 통해 내담자의 저항을 우회할 수 있고 긴장을 없앨 수 있을 뿐만 아니라 내담자를 심리적 고통에서 벗어나도록 도울 수도 있으며 상황을 보다 분명하게 지각할 수도 있다.
직면	내담자가 인정하고 싶지 않은 자신의 모순된 모습을 똑바로 바라볼 수 있도록 하기 위한 상담자의 지적이다.
계약	목표 달성에 포함된 과정과 최종 결과에 초점을 두고 이루어지는 상담자와 내담자의 약속이다.
리허설	내담자에게 선정된 행동을 연습하거나 실천하도록 함으로써 내담자가 계약을 실행하는 기회를 최대화하도록 도울 수 있다.

㉠ 도움이 되는 면담행동

언어적 행동	비언어적 행동
• 이해 가능한 언어를 사용한다. • 내담자의 진술을 되돌아보고 명백히 한다. • 적절한 해석을 한다. • 근본적인 신호에 대한 반응을 한다. • 언어적 강화를 사용한다[예 : '음', '알지요', '선생님은']. • 내담자에 대해 '성'이나 '선생님'으로 호칭한다. • 적절하게 정보를 제공한다. • 자아에 대한 질문에 답한다. • 긴장을 줄이기 위해 가끔 유머 사용한다. • 비판단적이다. • 내담자의 진술을 더 많이 이해하도록 돕는다. • 내담자로부터 성실한 피드백을 유도하기 위하여 시험적으로 해석하는 단계이다.	• 내담자와 유사한 언어의 톤을 한다. • 기분 좋은 눈의 접촉을 유지한다. • 가끔 고개를 끄덕인다. • 표정을 짓는다. • 가끔 미소를 짓는다. • 가끔 손짓을 한다. • 내담자에게 신체적으로 가깝게 근접한다. • 부드럽게 이야기한다. • 내담자에게로 몸을 기울인다. • 가끔 접촉한다.

㉡ 즉시성이 유용한 경우

- 방향감이 없는 관계의 경우
- 긴장이 감돌고 있을 경우
- 신뢰성에 의문이 제기될 경우
- 상담자와 내담자 간에 상당한 정도의 사회적 거리가 있을 경우
- 내담자 의존성이 있을 경우
- 의존성이 있을 경우
- 상담자와 내담자 간에 친화력이 있을 경우

(2) 초기면담의 단계

초기면담	• 상담자와 내담자가 처음 만나는 과정이다. • 전체 상담과정을 시작하는 첫 단계이다. • 직업상담 과정에서 가장 중요한 면담이다. • 내담자의 논점과 관련된 많은 정보를 초기면담을 통해 수집한다.
초기면담 과정	관계 형성, 상담목표 및 전략 수립, 구조화, 계약 수립 등
초기면담의 7가지 지침 (초기면담의 단계)	1) 면담 준비 2) 내담자와의 만남 및 관계 형성 3) 구조화-초기 계약 설정과 비공식적 역할 수립 4) 비밀 유지의 한계 설정 5) 평가사항 및 평가방법 인식하기 6) 상담 시 필요한 주의사항 7) 초기면담의 종결

1 초기면접에 관한 설명으로 틀린 것은?

① 내담자의 행동에 대한 평가를 하지 않는다.

② 내담자와는 최적 거리를 유지한다.

③ 내담자와 자연스럽게 눈 접촉을 한다.

④ 내담자가 말하는 내용 중 모호한 부분을 자세하게 설명하도록 요구한다.

해설　④ 초기면접에서는 모호한 부분을 자세하게 설명하도록 요구하면 내담자는 긴장하고 경직된다.

2016년

2 초기면담의 한 유형인 정보지향적 면담에서 주로 사용하는 기법이 아닌 것은?

① 폐쇄형 질문

② 개방형 질문

③ 탐색하기

④ 감정이입하기

해설　④ 초기면담의 유형은 정보지향적 면담과 관계중심적(지향적) 면담으로 구분된다. 감정이입하기는 관계지향적 면담기법이다.

TIP 초기면담의 유형

정보지향적 면담	• 탐색해보기 • 폐쇄형 질문 • 개방형 질문
관계지향적 면담	• 재진술 • 감정의 반향

3 개방적 질문의 형태와 가장 거리가 먼 것은?

① 당신은 학교를 좋아하지요?

② 지난주에 무슨 일이 있었습니까?

③ 시험이 끝나고서 기분이 어떠했습니까?

④ 당신은 누이동생을 어떻게 생각하는지요?

해설 ① "당신은 학교를 좋아하지요?"는 '예/아니오'로 대답하게 되는 폐쇄형 질문이다.

개방형 질문	• '무엇을, 어떻게' 등과 같은 단어로 시작된다. • 이러한 질문은 내담자가 말할 수 있는 응답 시간이 충분하게 주어져야 한다. • 내담자로 하여금 가능한 많은 대답을 선택하게 하는 것이다.
폐쇄형 질문	'예, 아니요'와 같은 특정하고 제한된 응답을 요구하는 것이다.

4 직업상담에서 즉시성을 사용하기에 적합하지 않은 것은?

① 내담자의 독립성이 있는 경우

② 상담자와 내담자 간에 친화력이 있을 경우

③ 방향감이 없는 관계의 경우

④ 신뢰성에 의문이 제기될 경우

해설 ① 내담자의 독립성이 있는 경우는 해당되지 않는다. 내담자의 의존성이 있을 경우 즉시성이 유용하다.

ANSWER 1.④ 2.④ 3.① 4.①

5 다음 사례에서 직면기법에 가장 가까운 반응은?

> 집단모임에서 여러 명의 집단원들로부터 부정적인 피드백을 받은 한 집단원에게 다른 집단원이 그의 느낌을 묻자 아무렇지도 않다고 하지만 그의 얼굴표정이 몹시 굳어 있을 때, 지도자가 직면하고자 한다.

① "○○씨, 지금 느낌이 어떤가요?"
② "○○씨가 방금 아무렇지도 않다고 하는 말이 어쩐지 믿기지 않는군요."
③ "○○씨, 내가 만일 ○○씨처럼 그런 지적을 받았다면 기분이 몹시 언짢겠는데요."
④ "○○씨는 아무렇지도 않다고 말하지만, 지금 얼굴이 아주 굳어 있고 목소리가 떨리는군요. 내적으로 어떤 불편한 감정이 있는 것 같은데, ○○씨의 반응이 궁금하군요."

해설 ④ 주의할 점은 상대방의 감정이 아닌 객관적 행동과 태도로 직면한다.

6 다음 내용에 해당하는 직업상담 기법은?

> 상담자가 상담자 자신의 바람은 물론 내담자의 느낌, 인상, 기대 등에 대해서 이를 깨닫고 대화를 나누는 것을 의미한다.

① 직면
② 유머
③ 즉시성
④ 리허설

해설 초기면담의 요소

구분	내용
친밀교감 형성	내담자가 가지고 있는 긴장감을 풀어 주도록 노력하고, 상담 관계에서 유지되는 윤리적 문제와 비밀 유지의 원칙을 설명함으로써 불안을 감소시키고 친밀감을 형성시키는 과정이다.
감정이입	상담자가 길을 전혀 잃어버리지 않고 마치 자신이 내담자 세계에서의 경험을 하는 듯한 능력이다.
언어적 행동 및 비언어적 행동	언어적 행동은 내담자에게 중요한 것이 무엇인가를 논의하거나 이해시키려는 열망을 보여주는 의사소통을 포함한다.
자기 노출	자신의 사적인 정보를 드러내 보임으로써 자기 자신에 대해서 다른 사람이 알 수 있도록 하는 것이다.
즉시성	상담자가 상담자 자신의 바람은 물론 내담자의 느낌, 인상, 기대 등에 대해서 이를 깨닫고 대화를 나누는 것이다.
유머	• 상담에서 유머는 민감성과 시의성을 동시에 요구한다. • 유머를 통해 내담자의 저항을 우회할 수 있고 긴장을 없앨 수 있을 뿐만 아니라 내담자를 심리적 고통에서 벗어나도록 도울 수도 있으며 상황을 보다 분명하게 지각할 수도 있다.
직면	내담자가 인정하고 싶지 않은 자신의 모순된 모습을 똑바로 바라볼 수 있도록 하기 위한 상담자의 지적이다.
계약	목표 달성에 포함된 과정과 최종 결과에 초점을 두고 이루어지는 상담자와 내담자의 약속이다.
리허설	내담자에게 선정된 행동을 연습하거나 실천하도록 함으로써 내담자가 계약을 실행하는 기회를 최대화하도록 도울 수 있다.

SECTION 02 친밀교감 형성

(1) 수용적 상담분위기 조성

① 초기면담 준비
  ㉠ 면담준비 : 초기면담을 시작하기에 앞서서 내담자와 만나기 전에 상담자가 초기면담을 효과적으로 수행하기 위한 준비과정이 필요하다.
  ㉡ 내담자의 기록을 검토하는 이유
  • 중복 노력을 피할 수 있기 때문이다(만약 검사나 질문지가 예전에 수행된 것이라면 또다시 그 검사를 할 필요는 없음).
  • 상담자가 면담을 준비할 수 있기 때문이다.

② 내담자와의 만남 및 관계 형성
  ㉠ 상담 현장의 기본적인 규칙은 일단 내담자가 상담을 하러 오면 내담자를 반갑게 맞을 준비를 해야 한다.
  ㉡ 이 원칙이 깨지면 관심 부족으로 생각하고 관계 발달이 어려워진다.

③ 직업상담 내담자 유형 및 특성

솔선수범 유형	대부분의 상담자들은 내담자가 협력적인 것으로 생각하고 있으며, 실제로 내담자는 자발적으로 상담하러 오는 경우이다.
유보적인 태도를 보이는 유형	이 유형의 내담자는 대부분 상담과정을 마음 내켜 하지 않기 때문에 상담자가 이 유형의 내담자를 만나면 무엇을 어떻게 해야 할지, 어떤 방법으로 진행해야 할지 당황하게 된다.
상담과정에서 반항적이거나 변화하기를 꺼리거나 변화를 거부하는 유형	이러한 내담자들은 상담과정에 적극적으로 참여할 수 있지만, 요구를 변화시키는 고통을 경험하고 싶어하지 않는다. 그 대신 현재 행동의 명확성에 집착한다. 반항적인 내담자의 경우 결정 내리기를 거부하고, 문제를 다루는 데 있어서 피상적이며, 문제를 해결하려는 어떤 행동도 거부하고 상담자가 말하는 어떤 행위도 거부한다.

(2) 관계 형성 기법

① 인간중심상담 이론과 상담자의 기본 태도
  ㉠ 로저스의 인간중심상담이론
  • 로저스는 모든 내담자가 자신의 중요한 일들을 스스로 결정하고 해결할 수 있는 능력을 지니고 있음을 강조한다.
  • 상담자는 내담자들이 긴장이나 정서적 불안을 발산하고 자기 자신의 문제에 대한 해결 능력을 되찾아 인간적인 성숙을 기할 수 있도록 돕고, 적극적으로 성장할 수 있도록 허용적인 분위기를 만드는 데 주력한다.
  ㉡ 상담자의 기본적 태도 세 가지
  • 로저스는 촉진적 관계 형성을 위해 상담자가 갖추어야 할 기본적인 태도로서 공감적 이해, 무조건적 수용과 존중, 일관적 성실성의 세 가지를 강조한다.

공감적 이해	• 상담자와 내담자가 상호작용하는 동안에 발생하는 내담자의 경험과 감정들을 이해하려고 노력하는 것이다. • 공감은 동정이나 동일시와는 다르며, 상담자가 내담자의 입장이 되어 내담자를 깊이 있게 주관적으로 이해하면서도 자기 본연의 자세는 버리지 않는 것이다.
수용적 존중	상담자가 내담자를 평가하거나 판단하지 않고, 내담자가 나타내는 어떤 감정이나 행동도 있는 그대로 수용하여 소중히 여기고 존중하는 상담자의 태도이다.
일관적 성실성	• 상담자가 내담자와의 관계에서 순간순간 경험하는 자신의 감정이나 태도를 있는 그대로 솔직하게 인정하고, 경우에 따라서는 솔직하게 표현하는 태도이다. • 이러한 진실한 태도는 내담자와 순수한 인간 간의 만남을 가능하게 하고, 내담자의 개방적인 자기탐색을 촉진 · 격려하게 된다.

  • 공감적 이해의 수준

공감적 이해의 1, 2수준 [인습적 수준]	• 상담자가 내담자의 말을 듣고 그에 반응을 보이기는 하지만 주로 자신의 생각에 사로잡혀 있기 때문에 자기 주장만을 할 뿐 내담자의 생각이나 느낌과 일치된 의사소통을 하지 못하는 경우이다. • 내담자의 이야기를 듣고 난 후 성급하게 판단하여 섣부른 조언이나 상투적인 충고를 하게 되는 경우가 해당된다.
공감적 이해의 3수준 [기본적 수준]	상담자는 대체로 내담자의 행동이나 말에 주의를 기울여 내담자의 현재 마음 상태나 전달하려는 내용을 정확하게 파악하고 그에 맞는 반응을 보인다. 내담자의 의견에 대하여 재언급이나 요약 등을 하면서 반응을 보이는 경우가 이에 해당한다.
공감적 이해의 4, 5수준 [심층적 수준]	상담자가 언어적으로 명백히 표현되지 않은 내담자의 내면적 감정, 사고를 지각하고 이를 자신의 개념 틀에 의하여 왜곡 없이 충분히 표현함으로써 내담자의 적극적인 성장 동기를 이해하고 표출한다.

1 〈보기〉의 내용 중 인간중심 상담에서 중요하게 요구되는 상담자의 태도로 짝지어진 것은?

보기

㉠ 해석   ㉡ 진솔성
㉢ 공감적 이해   ㉣ 무조건적 수용
㉤ 맞닥뜨림

① ㉠, ㉡, ㉢   ② ㉡, ㉢, ㉣
③ ㉠, ㉣, ㉤   ④ ㉡, ㉢, ㉤

해설 ② 인간중심 상담의 상담자의 태도는 일치성 또는 진실성(진솔성), 무조건적인 수용(긍정적 관심), 공감적 이해이다. 해석은 정신분석적 상담기법이다.

공감적 이해	• 상담자와 내담자가 상호작용하는 동안에 발생하는 내담자의 경험과 감정들을 이해하려고 노력하는 것이다. • 공감은 동정이나 동일시와는 다르며, 상담자가 내담자의 입장이 되어 내담자를 깊이 있게 주관적으로 이해하면서도 자기 본연의 자세는 버리지 않는 것이다.
수용적 존중	상담자가 내담자를 평가하거나 판단하지 않고, 내담자가 나타내는 어떤 감정이나 행동도 있는 그대로 수용하여 소중히 여기고 존중하는 상담자의 태도이다.
일관적 성실성 (진실성 또는 진솔성)	• 상담자가 내담자와의 관계에서 순간순간 경험하는 자신의 감정이나 태도를 있는 그대로 솔직하게 인정하고, 경우에 따라서는 솔직하게 표현하는 태도이다. • 이러한 진실한 태도는 내담자와 순수한 인간 간의 만남을 가능하게 하고, 내담자의 개방적인 자기탐색을 촉진·격려하게 된다.

2 공감적 이해 과정에 대한 설명으로 틀린 것은?

① 공감적 이해를 위해서는 내담자의 입장에서 느끼고 생각해야 한다.

② 공감적 이해는 내담자의 자기 탐색과 수용을 촉진시킨다.

③ 공감적 이해를 위해서 상담자는 자신의 가치관이나 정체감을 내담자에게 맞추어 수용해야 한다.

④ 공감적 이해란 지금−여기에서의 내담자의 감정과 경험을 정확히 이해하는 것이다.

해설 ③ 공감적 이해는 상담자와 내담자가 상호작용하는 동안에 발생하는 내담자의 경험과 감정들을 이해하려고 노력하는 것을 말한다. 공감은 동정이나 동일시와는 다르며, 상담자가 내담자의 입장이 되어 내담자를 깊이 있게 주관적으로 이해하면서도 자기 본연의 자세는 버리지 않는 것이다.

3 다음 내용에 대한 상담자의 공감적 이해 수준 중 가장 높은 것은?

> 일단 저에게 맡겨진 업무에 대해서는 너무 간섭하지 마세요.
> 제 소신껏 창의적으로 일하고 싶습니다.

① 자네가 알아서 할 일을 내가 부당하게 간섭한다고 생각하지 말게.
② 자네가 지난번에 처리했던 일이 아마 잘못됐었지?
③ 믿고 맡겨준다면 잘할 수 있을 것 같은데, 간섭 받는 기분이 들어 불쾌한 게로군.
④ 기분이 나쁘더라도 상사의 지시대로 해야지

해설 ③ 가장 높은 수준의 '공감적 이해'이다. 상담자는 자기 탐색과 완전히 같은 몰입 수준에서 상대방이 표현한 감정과 의미에 첨가하여 의사소통을 하였다. 상대방의 적극적인 성장 동기를 이해하여 표현하였다.

4 다음에 대해 가장 수준이 높은 공감적 이해와 관련된 반응은?

> 우리 집은 왜 그리 시끄러운지 모르겠어요.
> 집에서 영 공부할 마음이 없어요.

① 시끄러워도 좀 참고 하지 그러니.

② 그래, 집이 시끄러우니까 공부하는 데 많이 힘들지?

③ 식구들이 좀 더 조용히 해주면 공부를 더 잘할 수 있을 것 같단 말이지.

④ 공부하기가 싫으니까 핑계도 많구나.

해설 ③ 가장 수준이 높은 '공감적 이해'는 "식구들이 좀 더 조용히 해주면 공부를 더 잘할 수 있을 것 같단 말이지"라고 공감하는 것이다. 보기에서 '공감적 이해'의 수준이 높은 순서는 ③, ②, ①, ④이다.

TIP 공감적 이해

㉠ 상담자와 내담자가 상호작용하는 동안에 발생하는 내담자의 경험과 감정들을 이해하려고 노력하는 것이다.
㉡ 내담자를 깊이 있게 주관적으로 이해하면서도 자기 본연의 자세는 버리지 않는 것이다.

TIP 공감적 이해 수준

1수준	상대방의 언어 및 행동 표현의 내용으로부터 벗어나거나 내용에 주의를 기울이지 않기 때문에 감정 및 의사소통에서 상대방이 표현한 것보다는 훨씬 못 미치게 소통하는 수준이다.
2수준	상대방이 표현한 감정에 반응은 하지만 상대방이 표현한 것 중에서 주목할 만한 감정을 제외시키고 의사소통하는 수준이다.
3수준	상대방이 표현한 것과 본질적으로 같은 정서와 의미를 표현하여 상호교류적인 의사소통을 하는 수준이다(기계적 공감, 앵무새 공감).
4수준	상대방이 스스로 표현할 수 있었던 것보다 더 내면적인 감정을 표현하면서 의사소통하는 수준, 4수준부터는 의사소통이 촉진된다(정서적 반응, 반영).
5수준	자기 탐색과 완전히 같은 몰입 수준에서 상대방이 표현한 감정과 의미에 첨가하여 의사소통 하는 수준이다. 상대방의 적극적인 성장 동기를 이해하여 표현한다(긍정적인 성장동기까지도 반영).

SECTION 03 호소논점 파악

(1) 내담자 정보수집과 초기면담기법

① 내담자 정보수집과 초기면담

㉠ 내담자의 목적, 논점 확인, 논점 명료화, 논점 상세화를 위한 상담 전기단계의 절차

- 기스버스와 무어(Gysbers & Moore, 1987)는 직업상담의 단계를 상담의 전반부와 후반부로 나누어 제시하였다.
- 상담 전기단계 목표 : 내담자의 논점을 명료화하는 것이다.

들어가기	직업 관련 맺기 • 내담자의 목표와 논점 확인하기 • 내담자의 내적인 사고, 느낌, 역량 듣기 • 상담자와 내담자 각각의 책임을 포함한 상호 간의 관계 확립하기
내담자 정보 수집하기	내담자의 목표, 논점을 표현하는 것을 분류하고 세분화하기 • 내담자가 타인과 자신의 세계를 보는 견해 탐색하기(내담자가 타인과 자신의 세계를 나타내는 언어 탐색, 내담자가 이러한 관점을 표현하기 위해 사용하는 주제 탐색) • 내담자의 생애역할, 주변상황, 그리고 사태[과거, 현재, 미래]를 만드는 감각에 대한 내담자의 방법 탐색하기 • 개인적 가능성, 환경적 장벽 또는 강제성 탐색하기 • 내담자의 의사결정 방법 · 형태 탐색하기
내담자 행동 이해 및 가정하기	언어 적용, 직업의 구조, 상담, 성격이론, 내담자 정보 분석, 내담자의 현재 목표와 논점 등에 관련된 행동 • 내담자의 목표와 논점에 관련하여 개입 선택하기 • 내담자 행동에 영향을 줄 수 있는 특수한 변인들에 초점 맞추기 • 가능성이 있는 내담자 저항에 반응하거나 듣기

ⓛ 내담자의 목적 또는 논점 해결을 위한 상담 후기단계의 절차 : 상담 후기단계에서의 목표는 상담 전기단
계에서 확인된 내담자의 논점을 해결하는 것이다.

행동 취하기	진단에 기초한 개입 선정, 직업상담 기법을 이용한 개입, 심리검사, 질적 및 양적 사정, 직업 관련 맺기를 위한 직업정보 및 노동시장 정보수집, 직업 관련 맺기를 위한 논점 해결, 목표 성취를 위한 내담자 지원하기
직업 목표 및 행동 계획 발전시키기	내담자의 진로목적을 발전시키고 진로 성취를 위한 행동을 계획하며 논점을 해결하고, 환경과 현재의 시간과 장소의 장벽에 대한 편견을 극복하기
사용된 개입의 영향 평가하기	개입을 통해 내담자의 목적 또는 논점을 해결하였는지 확인하기
목적 또는 목표가 해결되어 있지 않았으면 다시 한 번 순환하기	
목적 또는 논점이 해결되었으면 상담 관계를 끝내기	

② 생애진로사정 기법

㉠ 생애진로사정

- 생애진로사정은 초기면담 시 적용해 볼 수 있는 구조화된 면담기법
- 생애진로사정의 구조는 진로사정, 전형적인 하루, 강점과 장애, 요약 등 4개의 주요 부분으로 이뤄진다.

진로 사정	일의 경험	• 직업은 성격에 따라 시간제 · 정시제, 유급 · 무급 등으로 나뉜다. • 일의 경험을 사정하려면 내담자에게 과거 또는 현재의 직업을 서술하게 한다. • 내담자에게 수행했던 직무를 적도록 하고 직무에 관하여 가장 좋았던 것과 싫었던 것을 적도록 한다.
	교육 또는 훈련 과정 및 관심사	• 진로사정은 내담자에게 교육 또는 훈련 경험에 대한 일반적인 진로경로를 작성하게 하는 데서 시작된다. • 내담자에게 가장 좋아하는 것과 가장 싫어하는 것을 질문하여 구조를 진전시키는데, 대개 주제는 좋음과 싫음으로 나타나기 시작한다.
	오락	• 생애진로사정에서 오락영역을 사정하기 위해서는 내담자들이 여가시간에 무엇을 하는지를 질문하여야 한다. • 이때 오락활동이 일과 교육적 주제와 일치하는지의 여부가 중요하다. 여가시간의 사정은 사랑과 우정 관계를 탐색하는 데에도 유용하다.
전형적인 하루		• 생애진로사정을 실시하는 동안 나타난 많은 주제들은 활동적－수동적, 사교적－비사교적 등과 같은 본질적인 대립들을 보인다. • 생애진로사정 부분에서 전형적인 하루 동안 검토되어야 할 성격 차원은 의존적－독립적 성격 차원, 그리고 자발적－체계적 성격 차원이다.

강점과 장애	• 생애진로사정의 강점 및 장애 부분에 대해서는 내담자가 믿고 있는 자기 자신의 주요 강점과 주요 장애가 무엇인지를 질문한다. • 강점 및 장애에 대한 사정은 내담자가 다루고 있는 문제와 내담자를 돕기 위해 내담자가 마음대로 사용하는 자원 등에 대하여 직접적인 정보를 준다.
요약	• 요약은 생애진로사정의 마지막 부분이다. 요약하는 데는 두 가지 목적이 있는데, 첫 번째는 면접하는 동안에 수집된 정보를 강조하는 것이다. • 요약할 때 수집된 모든 정보를 검토할 필요는 없지만, 주도적인 생애 주제, 강점, 장애 등은 반복해서 검토하여야 한다. • 이 부분에서는 상담자가 내담자에게 깨달은 것을 요약하도록 하는 것이 도움이 되는데, 이는 내담자에게 깨달은 것을 표현하도록 함으로써 정보의 충돌을 증가시키고 자기 인식을 증진시킬 수 있기 때문이다.

• 생애진로사정의 유용한 점

> 1) 내담자의 일의 경험, 교육의 성취 등과 같은 비교적 객관적이고 사실적인 유형의 정보를 얻으며,
> 2) 내담자의 기술과 유능에 대한 평가 정보를 얻을 수 있고,
> 3) 상담자가 내담자의 기술과 능력을 추론하여 판단할 수 있으며,
> 4) 내담자의 자신에 대한 인식으로서 내담자의 가치와 관련하여 정보를 얻을 수 있다는 점

③ 내담자 정보 및 행동 이해 기법 : 내담자와 관련된 정보를 수집하고 내담자의 행동을 이해하고 해석하는데 기본이 되는 기스버스와 무어(Gysbers & Moore, 1987)의 9가지 상담기법이다.

상담기법	내용	
가정 사용하기	• 가정의 사용법은 가설에 의하여 결정되며(Bandler, Grinder, Satir, 1976), 이를 통해 내담자의 행동을 추측할 수 있다. • 가정의 사용법은 상담자가 내담자에게 그러한 행동이 이미 존재했다는 것을 가정한다. (예 : 당신의 직업에서 마음에 드는 것이 어떤 것들입니까?)	
의미 있는 질문 및 지시 사용하기	가정법을 지지하는 의미 있는 질문과 지시를 사용하는 기법이다.	
전이된 오류 정정하기	내담자의 행동이나 표현을 관찰하면서 전이된 오류가 있는지 확인하고 이를 정정한다.	
	정보의 오류	삭제, 불확실한 인물의 인용, 불분명한 동사의 사용, 참고자료, 제한된 어투의 사용
	한계의 오류	예외를 인정하지 않는 것, 불가능을 가정하는 것, 어쩔 수 없음을 가정하는 것
	논리적 오류	잘못된 인간관계 오류, 마음의 해석, 제한된 일반화

분류 및 재구성하기	• 내담자의 경험을 이끌어 내는 것을 도와주고, 또 경험의 중요성을 새로운 언어로 구사함으로써 경험을 재구성하는 데 도움을 준다. • 내담자의 긍정적인 측면들에 초점을 맞춘 것이다.
	• '분류 및 재구성하기'에 의한 **역설적 의도 기법**은 강박증이나 공포증을 가지고 있는 사람들의 예기불안을 다룰 때, 자기가 두려워하는 그 일을 일부러 하도록 활용하는 기법이다. • 역설적 의도의 원칙 : 저항하기, 시간제한 하기, 변화 꾀하기, 목표행동 정하기 등

저항감 재인식하기 및 다루기	저항적이고 동기화되지 않은 내담자들이 자신만의 독특한 대응방법 및 방어기제를 사용하여 의도적으로 의사소통을 방해하는 경우 사용하는 상담기법이다.

저항감 다루기 전략	• 변형된 오류 수정하기 • 내담자와 친숙해 지기 • 은유 사용하기 • 대결하기

근거 없는 믿음 확인하기	• 내담자와 직업상담을 하는 과정에서 루이스와 길하우젠이 언급한 진로 신화에 관한 진술이다. 진로 신화란 근거 없는 믿음에 바탕을 둔 진로발달 과정에 대한 내담자의 사고에서 나타난다. • 예 : 나는 앞으로 이런 종류의 일을 하고 싶지 않을 것이라고 믿어요.

왜곡된 사고 확인하기	• 왜곡된 사고란 결론 도출, 재능 지각, 지적 및 정보의 부적절하거나 부분적인 일반화, 관념 등에서 정보의 한 부분만을 보는 경우이다. • 왜곡된 사고나 내담자의 정의에 대한 15가지 목록은 맥케이(Mckay), 데이비스(Davis), 패닝(Fanning) 등에 의해 개발되었다. • 여과하기, 극단적인 생각, 과도한 일반화, 마음읽기, 파국, 인격화, 오류의 통제, 공정성의 오류, 비난, 의무, 정서적 이성, 변화의 오류, 포괄적 분류, 정당화하기, 인과응보의 오류 등

반성의 장 마련하기	내담자 자신과 타인, 살고 있는 세상에 판단을 내리는 과정을 알 수 있게 상황을 만들어 주는 것이다.

1단계	내담자의 독단적인 사고를 밝히는 단계이다.
2단계	이상적인 지식이란 정확하고 확실하게 얻을 수 있는 것이라고 확신하면서 현실의 대안적인 개념에 대하여 어느 정도 알기 시작하는 단계이다.
3단계	지식의 확실성을 의심하여 준법적인 권위조차 받아들여질 수 없을 때 3단계로 들어선다.
4단계	주위 모든 지식의 불확실성을 깨닫는 단계이다.
5단계	내담자들은 존재의 법칙에 따라서 논쟁을 숙고하고 평가하며 법칙을 배운다.
6단계	자신의 판단 체계를 벗어나서 일반화된 지식을 비교 · 대조한다.
7단계	전반적인 반성적 판단이 이루어진다.

유형	반응
책임을 회피하기	부정, 알리바이, 비난
결과를 다르게 조작하기 [그렇게 나쁘다고 할 수 없어요.]	축소, 정당화, 훼손
책임을 변형시키기 [네, 그러나 ….]	"그렇게 할 수밖에 없었어요." "그것을 의미한 것은 아니에요." "이것은 정말 제가 아니에요."

변명에 초점 맞추기 (첫 번째 열)

(2) 내담자의 인지적 명확성 및 동기사정

① 인지적 명확성의 사정에 따른 직업상담 과정
  ㉠ 특성·요인 지향적 직업상담 과정 : 인지적 명확성과 상관없이 직업 선택의 논점에 따라 개인과 직업을 적절히 연결하고자 하는 것을 상담의 목표로 한다.

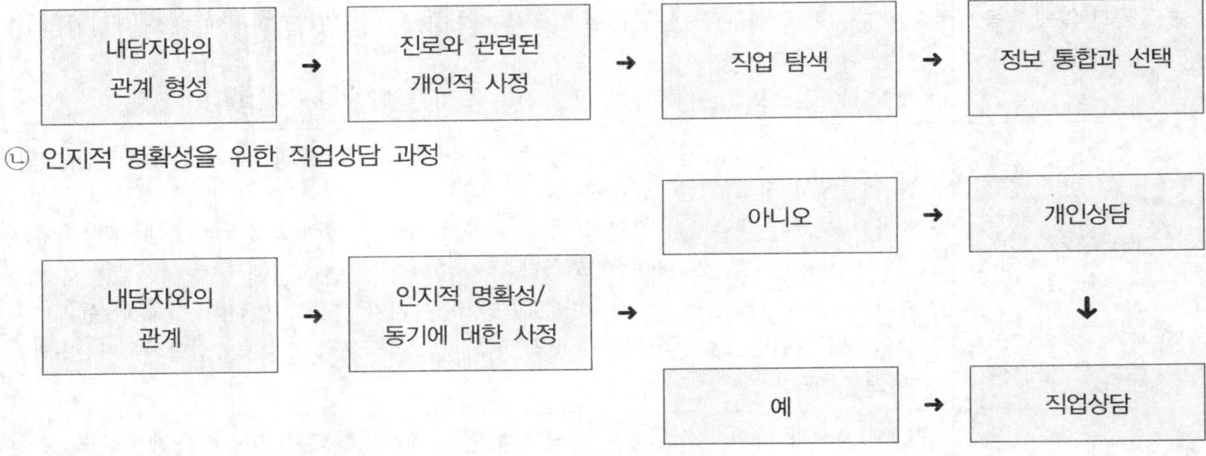

  ㉡ 인지적 명확성을 위한 직업상담 과정

② 인지적 명확성의 범위와 문제

㉠ 인지적 명확성의 범위

범위 분류	문제 내용	상담
정보 결핍	왜곡된 정보에 집착하거나 정보 분석 능력이 보통 이하인 경우, 변별력이 낮은 경우이다.	바로 직업상담 진행
고정관념	경험 부족에서 오는 관념, 편협된 가치관, 낮은 자기효능감, 의무감에 의한 집착성 등이다.	바로 직업상담 진행
경미한 정신건강의 문제	잘못된 결정 방법이 진지한 결정 방법을 방해하는 경우, 낮은 자기효능감, 비논리적 사고, 공포증이나 말더듬 등을 포함한다.	직업 심리치료후 직업상담
심각한 정신건강의 문제	심각한 정신건강의 문제는 심각하게 손상된 정신건강이나 약물 남용 등에 의한 것이다.	직업 심리치료후 직업상담
기타 외적 요인들	일시적인 위기나 일시적이거나 장기적인 스트레스에서 온다.	개인상담 후 직업상담

㉡ 인지적 명확성이 부족한 내담자 유형에 따른 개입방법

내담자 유형	개입방법
단순 오정보	정보제공
복잡한 오정보	논리적 분석
구체성의 결여	구체화시키기
가정된 불가능/불가피성	논리적 분석, 격려
원인과 결과의 착오	논리적 분석
파행적 의사소통	저항에 다시 초점 맞추기
강박적 사고	합리적 · 정서적 치료(REBT)
양면적 사고	역설적 사고
걸러내기	재구조화 · 역설적 기법
비난하기	직면 · 논리적 분석
잘못된 의사결정방식	근육이완, 심호흡, 의사결정 도움 사용
자기인식의 부족	은유나 비유 쓰기

ⓒ 인지적 명확성의 문제 – 진로경로 개척에 있을 때 다루어질 수 있음

인지적 명확성의 문제 유형	진로문제와 함께 동시에 발생할 수 있는 문제의 예시
극단적 사고	나는 변호사가 될 것이다. 그렇게 하지 않으면 나는 어떤 일도 할 수 없다.
명령	완벽한 직업을 찾아야 한다.
비논리적 사고	직업여성은 항상 이혼한다.
고정성	진정한 남자는 간호사가 될 수 없다.

1 생애진로사정에 관한 설명으로 틀린 것은?

① 상담자와 내담자가 처음 만났을 때 이용할 수 있는 구조화된 면접기법이며 표준화된 진로사정 도구의 사용이 필수적이다.

② Adler의 심리학 이론에 기초하여 내담자와 환경과의 관계를 이해하는 도움을 주는 면접기법이다.

③ 비판단적이고 비위협적인 대화 분위기로써 내담자와 긍정적인 관계를 형성하는 데 도움이 된다.

④ 생애진로사정에서는 작업자, 학습자, 개인의 역할 등을 포함한 다양한 생애역할에 대한 정보를 탐색해간다.

> **해설** ① 생애진로사정은 상담자와 내담자가 처음 만났을 때 사용할 수 있는 구조화된 면접기법은 맞지만, 이 과정에서는 표준화된 진로사정 도구를 사용하지 않으며, 내담자의 자유로운 진술과 상담자–내담자 간의 상호작용을 중시하므로 가급적 필기, 메모도 권장하지 않는다. 생애진로사정은 초기면담 시 적용해 볼 수 있는 구조화된 면담기법이다. 생애진로사정의 구조는 진로사정, 전형적인 하루, 강점과 장애, 요약 등 4개의 주요 부분으로 이루어진다.

2025년

2 다음 괄호(   )안에 알맞은 용어로 바르게 짝지어진 것은?

> 생애진로사정의 구조는 진로사정, (㉠   ), 강점과 장애, 그리고 (㉡   )으로 이루어진다.

	㉠	㉡
①	진로요약	하루에 대한 묘사
②	일의 경험	요약
③	전형적인 하루	요약
④	훈련과정과 관심사	내담자 자신의 용어 사용

> **해설** ③ 생애진로사정의 구조는 진로사정, 전형적인 하루, 강점과 장애, 요약으로 구성된다.

3 다음에서 설명하고 있는 생애진로사정의 구조는?

> • 개인이 자신의 생활을 어떻게 조직하는 지를 발견하는 것이다.
> • 내담자가 그들 자신의 생활을 체계적으로 조직하는지 아니면 매일 자발적으로 반응하는지 결정하는
>   데 도움을 준다.

① 감정과 장애　　　　　　　　　　　　② 진로사정
③ 전형적인 하루　　　　　　　　　　　④ 요약

해설　③ 전형적인 하루는 생애진로사정을 실시하는 동안 나타난 많은 주제들은 활동적−수동적, 사교적−
　　　　비사교적 등과 같은 본질적인 대립들을 보인다. 생애진로사정 부분에서 전형적인 하루 동안 검토
　　　　되어야 할 성격 차원은 의존적−독립적 성격 차원, 그리고 자발적−체계적 성격 차원이다.

4 내담자의 정보를 수집하고 행동을 이해하고 해석할 때 내담자가 다음과 같은 반응을 보일 경우 사용하는
상담기법은?

> • 이야기 삭제하기
> • 불확실한 인물 인용하기
> • 불분명한 동사 사용하기
> • 제한적 어투 사용하기

① 분류 및 재구성하기　　　　　　　　② 전이된 오류 정정하기
③ 왜곡된 사고 확인하기　　　　　　　④ 저항감 재인식 시키기

해설　② 보기는 전이된 오류 정정하기 중에서도 '정보의 오류'에 해당한다.

TIP 전이된 오류 정정하기(수정하기)

정보의 오류	이야기 삭제하기, 불확실한 인물 인용하기, 불분명한 동사 사용하기, 참고자료, 제한된 어투 사용하기
한계의 오류	예외를 인정하지 않는 것, 불가능을 가정하는 것, 어쩔 수 없음을 가정하는 것
논리적 오류	잘못된 인간관계 오류, 마음의 해석, 제한된 일반화

5 직업상담 시 한계의 오류를 가진 내담자들이 자신의 견해를 제시하는 방법에 해당하지 않는 것은?

① 왜곡되게 판단하는 것
② 불가능을 가정하는 것
③ 예외를 인정하지 않는 것
④ 어쩔 수 없음을 가정하는 것

해설　① 한계의 오류에 해당하지 않는다.

TIP 한계의 오류

㉠ 예외를 인정하지 않는 것
㉡ 불가능을 가정하는 것
㉢ 어쩔 수 없음을 가정하는 것

6 직업상담시 내담자의 표현을 분류하고 재구성하기 위해 사용하는 역설적 의도의 원칙이 아닌 것은?

① 재구성 계획하기
② 저항하기
③ 시간 제한하기
④ 변화 꾀하기

해설　① 재구성 계획하기는 역설적 의도의 원칙에 해당하지 않는다.

TIP 역설적 의도의 원칙

㉠ **저항하기** : 내담자가 특정 행동을 의도적으로 하게 함으로써 그 행동에 대해 저항감을 느끼도록 유도한다.
㉡ **시간 제한하기** : 문제가 되는 행동을 일정 시간 동안만 제한함으로써 내담자의 통제감을 높인다.
㉢ **변화 꾀하기** : 무의식적으로 변화를 회피하던 내담자가 자신의 행동을 객관적으로 인식하고 변화의 동기를 갖게 한다.
㉣ **반복 시도하기** : 문제가 되는 행동을 반복해서 해보도록 요청하여 내담자 스스로 그 행동의 불합리성을 깨닫게 한다.

ANSWER 3.③　4.②　5.①　6.①

7 다음 내용은 어떤 오류가 발생한 경우인가?

> 내담자들은 직업세계에 대해서 충분한 정보를 알고 있다고 잘못 생각하는 경우가 많다. 예를 들어 내담자가 '내 상사가 그러는데 나는 책임감이 없대요'라고 반응하는 경우이다.

① 삭제
② 참고자료
③ 어투의 사용
④ 불분명한 동사 사용

해설 ① 정보의 오류 중 삭제(이야기 삭제)에 해당한다. 내담자의 경험을 이야기 함에 있어 중요한 부분이 빠졌을 경우 상담자는 보충 질문이나 되물어 봄으로써 잘못을 인식시켜 준다.

8 Synder 등은 직업상담을 하면서 접할 수 있는 내담자의 변명을 종류별로 구분하였다. 다음 중 종류가 다른 것은?

① 비난
② 축소
③ 정당화
④ 훼손

해설 ① 비난은 '책임을 회피하기' 유형에 해당된다.

TIP 변명에 초점 맞추기

유형	반응
책임을 회피하기	부정, 알리바이, 비난
결과를 다르게 조작하기 [그렇게 나쁘다고 할 수 없어요.]	축소, 정당화, 훼손
책임을 변형시키기 [네, 그러나 ….]	"그렇게 할 수밖에 없었어요." "그것을 의미한 것은 아니에요." "이것은 정말 제가 아니에요."

9 처음 직업상담을 받는 내담자에게 탐색해야 할 내용으로 가장 적합한 것은?

① 자기인식 수준

② 유머감각 수준

③ 내담자의 경제적 상황

④ 상담자와 문화적 차이

해설 ① 처음 직업상담을 받는 내담자에게는 '자기인식 수준'을 탐색한다.

10 다음은 인지적 명확성이 부족한 내담자와의 상담 내용이다. 상담사가 주로 다루고 있는 내담자 특성으로 가장 적합한 것은?

> 내담자 : 사람들이 요즘 취직을 하기가 어렵다고들 해요.
> 상담사 : 어떠한 사람들을 이야기하시는지 짐작이 안되네요.
> 내담자 : 모두 다예요. 제가 상의할 수 있는 상담사, 담당 교수님들, 심지어는 친척들까지요. 정말 그런가요?
> 상담사 : 그래요? 그럼 사실이 어떤지 알아보도록 하죠.

① 파행적 의사소통

② 구체성의 결여

③ 가정된 불가능

④ 강박적 사고

해설 ② 내담자는 "사람들", "모두 다"와 같은 포괄적이고 불분명한 단어를 반복적으로 사용하며, 구체적인 상황이나 인물, 맥락을 제시하지 않고 있다. 이는 인지적 명확성 문제 중에서 '구체성의 결여'에 해당한다.

11 내담자의 인지적 명확성을 사정할 때 고려할 사항이 아닌 것은?

① 직장을 처음 구하는 사람과 직업전환을 하는 사람의 직업상담에 관한 접근은 동일하게 해야 한다.

② 직장인으로서의 역할이 다른 생애 역할과 복잡하게 얽혀 있는 경우 생애 역할과 함께 고려한다.

③ 직업상담에서는 내담자의 동기를 고려하여 상담이 이루어져야 한다.

④ 우울증과 같은 심리적 문제로 인지적 명확성이 부족한 경우 진로문제에 대한 결정은 당분간 보류하는 것이 좋다.

> **해설**　① 개개인의 상황 및 인식 수준 차이가 있기 때문에 인지적 명확성을 사정할 때는 어떤 내담자도 동일하게 접근하면 안 된다.

12 다음 면담에서 인지적 명확성이 부족한 내담자의 유형과 상담자의 개입 방법이 바르게 짝지어진 것은?

> 내담자 : 난 사업을 할까 생각 중이에요. 그런데 그 분야에서 일하는 여성들은 대부분 이혼을 한대요.
> 상담자 : 선생님은 사업을 하면 이혼을 할까 봐 두려워하시는군요. 직장 여성들의 이혼률과 다른 분야에 종사하는 여성들에 대한 통계를 알아보도록 하죠.

① 구체성의 결여 - 구체화 시키기

② 파행적 의사소통 - 저항에 다시 초점 맞추기

③ 원인과 결과 착오 - 논리적 분석

④ 강박적 사고 - RET 기법

> **해설**　③ 원인과 결과의 착오는 내담자의 논리적 근거 없이 특정 사건의 인과관계를 설정하는데 이 경우 상담자는 논리적으로 타당한지 분석하여 개선해 준다.

2022년

13 자기인식이 부족한 내담자를 사정할 때 인지에 대한 통찰을 구조화하거나 발달시키는데 적합한 방법은?

① 직면이나 논리적 분석을 해준다.

② 불안에 대처하도록 심호흡을 시킨다.

③ 은유나 비유를 사용한다.

④ 사고를 재구조화한다.

해설　① 비난하기

　　　② 잘못된 의사결정방식

　　　④ 걸러내기

SECTION 04 구조화

(1) 직업상담 구조화

① 상상담 구조화의 기능

상담구조화의 기능	내용
오리엔테이션의 기능	내담자에게 앞으로의 상담과정이 어떻게 진행될지, 무엇을 하고 하지 말아야 할지, 어떤 지원이 이루어질지 등에 관한 정보를 제공하고 안내하는 기능을 한다.
내담자의 불안감 감소	내담자가 상담에 참여하는 것에 대해 가지고 있을 막연한 두려움과 불안을 감소시켜 안심하고 상담에 임하도록 돕는다.
면담 자체로서의 기능	상담자와 내담자는 협의와 타협의 과정을 통해 계약을 맺게 되며, 상담구조를 정하는 것은 내담자의 동의가 필요한 과정이다. 이러한 구조화의 과정은 그 자체로 또 하나의 면담이 된다.
상담의 안정적 수행	상담을 시작하는 단계에서 상담의 틀을 설정함으로써 계획적으로 상담을 진행할 수 있고, 협의를 통해 모호하고 상충하는 부분을 확인하여 조정하게 되므로 안정적인 상담이 가능해진다.

② 상담 구조화의 내용과 방법

㉠ 상담 구조화의 내용

		내용
상담관계의 구조화	상담자와 내담자의 기대 조정	서로의 기대와 오해를 확인하고, 이것이 확실해지면 상담과정 동안 일어날 일에 대해 차이점을 해결하고 일치점을 만드는 것이 구조화 과정의 핵심이다.
	공식적·비공식적 역할의 구조화	• 상담자와 내담자의 역할과 규범 등을 설명하고 협의한다. • 내담자는 스스로 문제해결능력을 키워야 하며, 상담자는 문제해결의 과정을 돕고 조력하는 역할임을 확인한다. 내담자는 자신의 변화가 문제해결의 실마리임을 알고 성실히 상담에 임하며, 상담자는 전문가로서 신뢰를 형성하는 데 노력하는 등 비공식적 역할에 대한 것도 구조화에 포함된다.
상담실제의 구조화		상담실제에 대한 구조화는 상담시간, 상담장소, 상담비용, 상담빈도, 총 상담횟수, 연락방법, 상담시간 엄수 및 취소 등에 대한 정보를 설명하고 이해하도록 한다.
상담윤리의 구조화		상담 관련 윤리적 내용은 비밀보장, 이중관계 금지, 내담자의 알 권리 보장 등에 대한 전문가로서 지켜야 할 내용을 포함한다.

ⓛ 상담 구조화의 방법

명시적 구조화	상담 진행과 관련된 내용을 내담자에게 언어적으로 명확하게 설명한 다음 내담자와 협의를 거쳐 상담의 구조적 형태를 만들어 가는 것이다.
암시적 구조화	언어적으로 설명하지 않고 이면적이고 암시적으로 구조화하는 방식이다. 상담자의 모든 행동이 암시적 구조화이므로 상담자는 원칙을 가지고 자신의 행동을 살피면서 신중하게 개입해야 한다.

ⓒ 상담 구조화의 유의사항 : 상담 구조화는 너무 경직되거나 너무 느슨하지 않도록 적절한 수준에 이루어져야 한다.

> • 구조화는 타협해야 하는 것이지 강요되어서는 안 된다.
> • 구조화는 내담자를 체벌하는 방식으로 이루어져서는 안 된다.
> • 구조화하는 이유를 내담자에게 설명해야 한다.
> • 내담자의 준비도와 상담관계의 흐름 등을 고려하여 구조화 시기를 정한다.
> • 지나치게 경직된 구조화는 내담자의 좌절과 저항을 유발할 수 있다.
> • 불필요하고 목적이 없는 규칙은 오히려 내담자의 활동을 억제한다.
> • 내담자의 인지, 정서, 행동적 특성을 고려해야 한다.
> • 상담관계를 원활하게 하는 것이 목적이며 치료적 효과가 있는 것은 아니다.
> • 상담의 초기단계에서 한 번으로 끝나는 것이 아니라 지속적으로 반복해서 상담 전 과정에서 상담을 재구조화해 나간다.

(2) 직업상담 윤리

① 윤리강령의 주요 내용

사회관계	자기가 실제로 갖추고 있는 자격 및 경험의 수준을 벗어나는 인상을 타인에게 주어서는 안 된다.
전문적 태도	개인 문제 및 능력의 한계인 경우 다른 전문직 동료 및 관련 기관에게 의뢰해야 한다.
내담자의 복지	소속 기관 및 비전문인과의 갈등의 경우 내담자의 복지를 우선적으로 고려해야 한다.

② 비밀보장의 한계

> • 내담자가 자신이나 타인의 생명 혹은 사회의 안전을 위협하는 경우
> • 내담자가 감염성이 있는 치명적인 질병이 있다는 확실한 정보를 가졌을 경우
> • 미성년의 내담자가 학대를 당하고 있는 경우
> • 내담자가 아동학대를 하는 경우
> • 법적으로 정보의 공개가 요구되는 경우

③ 상담자의 윤리강령 : 직업상담가 윤리강령(https://www.kvoca.org/about−us/regulation/) 참조

2025년

1 상담 윤리강령의 역할 및 기능과 가장 거리가 먼 것은?

① 내담자의 복리 증진
② 지역사회의 경제적 기대 부응
③ 상담자 자신의 사생활과 인격 보호
④ 직무수행 중의 갈등 해결 지침 제공

해설　② 윤리강령은 경제적·사회적 이익이 아니라 전문직의 도덕적 기준과 내담자 보호를 위한 것이다. 지역사회나 기관의 경제적 요구에 부응하는 것은 윤리적 기준과 무관하다.

2 다음 내담자를 상담할 경우 가장 먼저 해야 할 것은?

> 갑자기 구조조정 대상이 되어 직장을 떠난 40대 후반의 남성이 상담을 받으러 왔다. 전혀 눈 마주침도 못하며, 상당히 위축되어 있는 상태이고 미래에 대한 불안감을 호소하고 있다.

① 상담자의 전문성 소개
② 관계 형성
③ 상담 구조 설명
④ 상담목표 설정

해설　② 내담자가 소극적이고 상당히 위축되어 있는 상태이기 때문에 수선 관계형성, 친밀감 유지 등이 필요하다.

3 상담과정에 관한 설명으로 틀린 것은?

① 구조화 : 상담목표를 위해 제시된 대안이나 대체될 행동들을 실제로 적용해 나가는 단계이다.

② 명료화 : 문제 자체가 무엇이며 누가 상담의 대상인가를 분명하게 밝히는 단계이다.

③ 라포(rapport)형성 : 상담자와 내담자가 신뢰관계를 형성하는 단계이다.

④ 탐색 : 문제해결에 도움이 될 수 있는 방법과 절차를 결정하는 단계이다.

해설 ① 구조화는 실제로 적용해 나가는 단계가 아닌 상담초기 상담을 진행하기 위해 필요한 틀을 정하는 것이다. 상담의 초기단계에서 구조화가 잘 이루어졌을 때 내담자는 보다 안심하고 상담에 참여할 수 있으며 상담과정에서 발생할 수 있는 불필요한 혼란도 피할 수 있다.

4 직업상담 과정의 구조화 단계에서 상담자의 역할에 대한 설명으로 옳은 것은?

① 내담자에게 상담자의 자질, 역할, 책임에 대해서 미리 알려줄 필요가 없다.

② 상담과정은 예측할 수 없으므로 상담 장소, 시간, 상담의 지속 등에 대해서 미리 합의해서는 안 된다.

③ 상담 중에 얻은 내담자에 대한 비밀을 지키는 것은 당연하므로 사전에 이것을 밝혀두는 것은 오히려 내담자를 불안하게 만든다.

④ 내담자에게 검사나 과제를 잘 이행할 것을 기대하고 있다는 것을 분명히 밝힌다.

해설 ① 내담자에게 상담자의 자질, 역할, 책임에 대해서 미리 알려줄 필요가 있다.
② 상담과정은 예측할 수 없으므로 상담 장소, 시간, 상담의 지속 등에 대해서 미리 합의해야 한다.
③ 상담 중에 얻은 내담자에 대한 비밀을 지키는 것은 당연하므로 사전에 이것을 밝혀두어야 한다.

5 직업상담사가 지켜야 할 윤리사항으로 옳은 것은?

① 습득된 직업정보를 가지고 다니면서 직업을 찾아준다.

② 습득된 직업정보를 먼저 가까운 사람들에게 알려준다.

③ 상담에 대한 이론적 지식보다는 경험적 훈련과 직관을 앞세워 구직활동을 도와준다.

④ 내담자가 자기로부터 도움을 받지 못하고 있음이 분명한 경우에는 상담을 종결하려고 노력한다.

해설　① 직업상담사는 직업정보를 단순히 전달하거나 직접 직업을 알선하는 역할이 아니라, 내담자가 스스로 탐색·선택할 수 있도록 돕는 역할을 수행해야 한다.

② 직업상담사는 상담과정에서 얻은 정보와 자료를 비밀로 유지해야 한다. 이를 가까운 사람들에게 먼저 알리는 것은 비밀보장 원칙 위반에 해당한다.

③ 카운슬러는 카운슬링에 대한 이론적, 경험적 훈련과 지식을 갖추는 것을 전제로 하며, 내담자를 보다 효과적으로 도울 수 있는 방법에 관하여 꾸준히 연구 노력하는 것을 의무로 삼는다. 따라서 직관이나 경험은 보조적인 수단일 뿐이며, 이론적 근거 없는 직관 의존은 전문성 결여로 이어져 내담자의 복지를 해칠 수 있다.

6 상담내용에 대한 비밀을 지키지 않아도 되는 상황을 모두 고른 것은?

> ㉠ 내담자가 자신이나 다른 사람을 위험에 빠뜨릴 가능성이 클 때
> ㉡ 내담자의 법적 보호자가 내담자의 정보를 구할 때
> ㉢ 법적으로 정보의 공개가 요구되는 경우
> ㉣ 내담자 감염성이 있는 치명적인 질병에 걸린 경우

① ㉠, ㉡, ㉢　　　　　　　　　　② ㉠, ㉡, ㉣

③ ㉡, ㉢, ㉣　　　　　　　　　　④ ㉠, ㉢, ㉣

해설　④ ㉡은 비밀유지 예외 조항에 해당되지 않는다.

7 직업상담사의 윤리강령으로 옳지 않은 것은?

① 직업상담사는 개인이나 사회에 임박한 위험이 있더라도 개인정보의 보호를 위하여 내담자의 정보를 누설하지 말아야 한다.

② 직업상담사는 내담자에 대한 정보를 교육 장면이나 연구에 사용할 경우에는 내담자와 합의 후 사용하되 정보가 노출되지 않도록 해야 한다.

③ 직업상담사는 소속 기관과의 갈등이 있을 경우 내담자의 복지를 우선적으로 고려해야 한다.

④ 직업상담사는 상담관계의 형식, 방법, 목적을 설정하고 그 결과에 대하여 내담자와 협의해야 한다.

해설 비밀 보호의 한계(내담자의 동의 없이도 내담자에 대한 정보를 관련 전문인이나 사회에 알림)
    ㉠ 내담자가 자신이나 타인의 생명 혹은 사회적 안전을 위협하는 경우
    ㉡ 내담자가 감염성이 있는 치명적인 질병이라는 확실한 정보가 있는 경우
    ㉢ 내담자가 아동을 학대하거나 학대를 당하고 있는 경우
    ㉣ 법적으로 정보가 요구될 때

ANSWER 5.④ 6.④ 7.①

SECTION 05 전략 수립

(1) 직업상담 개입 전략

① **직업상담 이론들** : 직업지도운동의 선두주자였던 파슨스(Parsons)에 의해 1900년대 초반에 주장된 이론 이후 미네소타 그룹 윌리엄슨(Williamson)에 의해 정교화되었다.

　㉠ **특성－요인 이론 이론가들의 직업상담 전략** : 직업선택의 관점에서 직업문제를 진단하였고, 개인 분석, 직업 분석, 과학적 조언을 통한 매칭 등 3단계 과정을 통해 개인과 직업을 연결하고자 하는 전략을 제시하였다.

　㉡ **윌리엄슨의 직업상담 상담 단계와 전략**

단계	특징
분석	내담자에 관한 각종 기록 자료를 수집하고, 면담, 심리검사 등을 통하여 개인적 특성을 파악한다.
종합	종합한 분석된 자료를 요약하고 조직화하는 단계이다.
진단	내담자의 문제들과 자질, 경향성, 장점 등에 대하여 자료를 해석한다. 이때 논점을 확인하고 원인을 발견한다.
예후(예측)	대안을 찾아 처치 또는 처방하고 논점 해결을 위한 중점적 변화를 예언하는 과정이다.
상담	일반화된 방식으로 생활 전체를 다루는 것을 학습하는 단계이며, 내담자가 능동적으로 참여하는 과정이다.
추수지도	새로운 문제나 문제의 재발에 대하여 도와주는 과정이다.

② **생애진로발달 이론**

　㉠ 수퍼(Super)는 직업문제를 일회적인 선택의 문제가 아니라 인간이 전 생애에 걸친 과정으로 본다.

　㉡ 성장기(growth, 0 ~ 14, 15세), 탐색기(exploration, 15 ~ 24세), 확립기(establishment, 25 ~ 44세), 유지기(maintenance, 45 ~ 64세), 쇠퇴기(decline, 65세 이상) 등 직업발달 단계를 나타낸다.

　㉢ 진로발달을 타협과 선택이 상호작용하는 일련의 적응과정으로 보고, 진로 성숙, 진로 적응 등의 개념을 진로 아치문, 생애진로 무지개 등의 모형들을 통해 제시한다.

ⓔ 상담전략 : C-DAC 평가모형(Career Development Assessment Counseling)

내담자의 생애구조와 직업역할의 평가	6가지 역할 중 직업인으로서의 역할이 자녀, 학생 등의 역할에 비해 얼마나 더 중요한지 탐색한다.
내담자의 진로발달 수준과 자원에 대한 평가	• 상담자는 어떤 발달과업이 내담자와 연관되어 있는지를 확인해야 한다. • 내담자의 주요 발달과업을 확인하고 내담자의 자원을 평가한다.
직업적 정체성 평가	가치, 능력, 흥미의 측면에서 내담자의 직업적 정체성을 파악하고 다양한 생애역할에 어떻게 나타나는지를 탐색한다.
직업적 자기개념과 생애주제 평가	• 내담자가 자신과 자신의 다양한 생애주제에 대해 어떻게 이해하고 있는지 자아개념을 평가한다. • 상담자는 내담자가 현재의 자신을 어떻게 묘사하는지 경청함으로서 생애전반에 초점을 두는 종단적 평가와 자아개념에 초점을 둔 횡단적 평가를 병행한다.

③ 자기정체감의 발달

　ⓐ 타이드만과 오하라(Tiedman & O'Hara, 1963)는 에릭슨(Erikson, 1950)이 제시한 심리사회적 발달의 8단계인 신뢰감 대 불신감, 자율성 대 수치심과 의심, 주도성 대 죄의식, 근면성 대 열등감, 정체성 대 혼돈, 친밀감 대 고립감, 생산성 대 침체성, 자기통합 대 절망감으로부터 영향을 받아 이론을 전개하였다.

　ⓑ 자기정체감이 발달하면서 분화(differentiation)와 통합(integration)의 과정을 거쳐 진로 의사결정이 이루어진다고 하였다.

④ 진로포부의 발달

　ⓐ 고트프레드슨(Gottfredson)은 개인이 자기심상에 알맞은 직업을 원하며 자기개념을 진로 선택의 중요한 요인으로 보았다.

　ⓑ 자기개념이 발달하면서 진로포부의 한계가 설정된다고 하였다.

　ⓒ 고트프레드슨은 타협(compromise) 개념을 도입하였다. 타협은 성유형, 직업수준, 직업분야 등에 대한 유사성과 차이점 등을 평가함으로써 자신이 선택할 직업의 영역 혹은 한계를 설정하게 된다고 하였다.

　ⓓ 직업포부 발달 5단계

　• 힘과 크기 지향성(3～5세) : 사고과정이 구체화되며, 어른이 된다는 것의 의미를 알게 된다.

　• 성역할 지향성(6～8세) : 자아개념이 성의 발달에 의해서 영향을 받게 된다.

　• 사회적 가치 지향성(9～13세) : 사회계층에 대한 개념이 생기면서 자아를 인식하게 되고, 일의 수준에 대한 이해를 확장시킨다.

　• 내적, 고유한 자아 지향성(14세 이후) : 내성적인 사고를 통하여 자아인식이 발달되고 타인에 대한 개념이 생겨나며, 자아성찰과 사회계층의 맥락에서 직업적 포부가 더욱 발달하게 된다.

⑤ 욕구 이론

   ㉠ 로(Roe)는 매슬로우(Maslow, 1954)의 욕구위계 이론에 영향을 받아 욕구에 따른 직업선택과 직업분류를 제시하였다.

   ㉡ 직업의 8개 군집과 직능수준 6단계

흥미에 기초해서 직업을 8개의 군집(group) 나눔	• 사람 지향(person-oriented) : 서비스, 사업적 접촉, 조직, 보편문화, 예술과 연예 • 사물 지향(nonperson-oriented) : 기술직, 옥외직, 과학직 등
직업에서의 곤란도와 책무성을 고려하여 직능수준 6단계 나눔	• 고급 전문관리, 중급 전문관리, 준 전문관리, 숙련직, 반숙련직, 비숙련직

⑥ 성격유형 이론 : 홀랜드(Holland)는 육각형의 모형으로 자신의 이론을 소개하였고, 일관성, 차별성, 일치성, 정체성, 계측성의 5가지 기본 개념을 통해 직업적 문제에 대한 진단과 접근방법을 제안하였다.

⑦ 직업적응 이론

   ㉠ 다위스와 롭퀴스트(Dawis & Lofquist)는 개인의 특성에 해당하는 욕구와 능력을 환경에서의 요구사항과 연관지어 진로 선택, 직무만족이나 직무유지 등의 진로행동을 설명하는 직업적응 이론을 제시하였다.

   ㉡ 개인과 환경 간의 상호작용과 조화의 관점에서 직업문제를 바라보았고, 개인의 만족과 조직의 충족에 영향을 미치는 요인들을 진단하고 부조화의 원인을 파악하여 적응할 수 있도록 돕는 것이 직업적응 이론에서의 접근이다.

⑧ 사회학습 이론

   ㉠ 초기에는 크럼볼츠, 미첼, 겔라트(Krumboltz, Mitchell, Gelatt, 1975), 최근(1990)에는 미첼과 크럼볼츠 등에 의해 제안되었다.

   ㉡ 사회학습 이론의 진로발달 과정

요인	내용
유전적 요인과 특별한 능력	유전적 요인과 특별한 능력을 진로결정 과정의 영향요인으로 보아야 하며, 개인의 진로기회를 제한하는 타고난 특질도 포함된다.
환경조건과 사건	개인의 통제를 넘어서 영향을 미치는 영향요인으로 환경에서의 특정한 사건, 기술발달, 활동, 진로선호 등이다.
학습경험	학습활동의 결과와 진로계획 및 발달에 대한 영향은 무엇보다도 활동, 개인의 유전적 특성, 특별한 능력과 기술, 과업 자체 등의 강화 혹은 비강화에 의해 결정된다.
과제 접근기술	문제 해결기술, 작업습관, 정신구조, 정서적·인지적 반응 등과 같이 개인이 발달시켜 온 기술의 집합이다. 이러한 발달된 기술의 집합은 개인이 직면한 문제와 과업의 결과를 결정한다.

(2) **직업상담 평가**

〈상담 이론별 직업상담 평가〉

이론명	직업상담에서의 장점	직업상담에서의 단점
특성-요인 이론	• 직업상담의 과학적·체계적 기반을 확립한다. • 심리검사 활용으로 객관적 진단이 가능하다. • 합리적 의사결정을 강조한다.	• 인간을 기계적·정적 존재로 간주한다. • 정서·동기 등 심리내적 요인을 간과한다. • 취업 후 적응 등 발달적 변화 반영이 부족하다.
생애진로발달 이론	• 진로를 성장·발달 과정으로 이해한다. • 자아개념과 진로의 통합을 강조한다. • 교육·진로지도에 폭넓게 적용이 가능하다.	• 장기간 추적·지원이 필요하다(현장 적용의 어려움). • 문화·환경적 변인 고려가 미흡하다.
자기정체감의 발달 이론	• 청소년·청년기의 진로혼란, 탐색 이해에 효과적이다. • 상담에서 진로결정의 심리적 성숙탐색에 유용하다.	• 진로선택의 구체적 방법 제시가 부족하다. • 성인기 이후의 변화나 경력 적응설명이 미약하다.
진로포부의 발달 이론	• 성별·사회계층이 진로포부에 미치는 제한요인 설명이다. • 진로포부 형성의 사회심리적 이해를 제공한다.	• 개인의 주체적 선택과 변화 가능성을 간과한다. • 성인기 이후 진로변화 설명에 한계가 있다.
욕구이론	• 가정환경·심리적 요인과 진로의 연관성을 제시한다. • 직업흥미 유형의 기초이론을 제공한다.	• 욕구와 직업유형 간 연결의 경험적 근거가 부족하다. • 환경적·사회적 요인반영이 미약하다.
성격유형 이론	• RIASEC 모형으로 간단하고 실용적이다. • 검사도구(Strong, SDS 등)로 현장 활용성이 높다. • 적응성·만족도 예측이 가능하다.	• 인간-환경의 상호작용적 측면이 부족하다. • 진로 변화나 발달적 측면 설명에 한계가 있다.
직업적응 이론	• 직업생활 중 만족·적응 과정을 설명한다. • 직무스트레스·이직 등 상담적용에 유용하다.	• 초기 진로결정보다는 직무적응 중심으로 제한된다. • 정서적 요인 반영이 부족하다.
사회학습 이론	• 진로선택을 학습과정으로 설명한다. • 진로탐색·경험학습 강조로 교육적 활용이 높다. • 우연학습(Planned happenstance) 개념으로 현실성을 강화한다.	• 지나치게 행동주의적·환경 결정론적 성향이다. • 개인 내적 동기·가치체계 설명에 한계가 있다.

1 **특성－요인이론과 관련된 내용과 가장 거리가 먼 것은?**

① 특성의 안정성과 지속성은 의문을 제기하는 학자들이 있어 논쟁이 되고 있다.

② Parsons는 이 이론의 기반이 되는 3요소 직업지도 모델을 구체화하였다.

③ 특성－요인 직업상담은 정신역동적 가설에서 비롯되었다.

④ 특성－요인이론에 따른 직업상담 방법들은 합리적이고 인지적인 특성을 가진다.

해설　③ 특성－요인이론은 심리측정적, 합리적, 과학적 접근에 기반하며, 정신역동적 가설과는 관련이 없다.

2 **직업적응 이론에서 개인의 가치와 직업 환경과의 강화인 간의 조화를 측정하는데 사용하는 검사는?**

① 미네소타 직업평가 척도(MORS)

② 미네소타 만족 질문지(MSQ)

③ 미네소타 충족 척도(MSS)

④ 미네소타 중요도 검사(MIQ)

해설　④ 개인의 가치와 직업 환경의 강화인 간의 조화를 측정하는데 사용되는 검사는 미네소타 중요도 검사
　　　이다.

TIP　미네소타 중요도 검사(MIQ)에서 측정되는 6가지 가치

㉠ 지위

㉡ 성취감

㉢ 이타심

㉣ 안정

㉤ 보장(편안함)

㉥ 자유

3 수퍼(Super)의 C-DAC 평가모형(Career Development Assessment Counseling)에 해당하지 않는 것은?

① 내담자의 생애구조와 직업역할의 평가

② 직업적 정체성 평가

③ 직업적 자기개념과 중요도 평가

④ 내담자의 진로발달 수준과 자원에 대한 평가

> **해설** 수퍼(Super)의 C-DAC 평가모형
> ㉠ 내담자의 생애구조와 직업역할의 평가
> ㉡ 내담자의 진로발달 수준과 자원에 대한 평가
> ㉢ 직업적 정체성 평가
> ㉣ 직업적 자기개념과 생애주제 평가

4 Roe의 직업분류체계는 8가지 장(field)과 6가지 수준(level)의 2차원 조직체계로 구성되어 있는데, 8가지 장에 포함되지 않는 것은?

① 서비스 ② 예술과 연예
③ 과학 ④ 교육

> **해설** ④ 교육은 로(Roe)의 직업분류체계에 별도 항목으로 존재하지 않으며, 서비스나 보편문화 영역에 포함되어 다뤄진다.
>
> **TIP** 흥미에 기초해서 직업을 8개 군집(Group) 나눔
> ㉠ 사람 지향(person-oriented) : 서비스, 사업적 접촉, 조직, 보편문화, 예술과 연예
> ㉡ 사물 지향(nonperson-oriented) : 기술직, 옥외직, 과학직 등
>
> **TIP** 곤란도와 책무성을 고려하여 직능수준 6단계 나눔
> ㉠ 고급 전문관리
> ㉡ 중급 전문관리
> ㉢ 준 전문관리
> ㉣ 숙련직
> ㉤ 반숙련직
> ㉥ 비숙련직

ANSWER 1.③ 2.④ 3.③ 4.④

5 직업발달이론 중 매슬로우(Maslow)의 욕구위계 이론에 기초하여 유아기의 경험과 직업선택에 관한 5가지 가설을 수립한 학자는?

① 홀랜드(Holland) ② 로(Roe)

③ 타크만(Tuckman) ④ 고트프레드슨(Gottfredson)

해설 ② 매슬로우(Maalow)의 욕구위계 이론에 기초하여 가설을 수립한 학자는 로(Roe)이다.

2021년

6 인지적 정보처리이론에서 제시하는 의사결정 과정의 절차를 바르게 나열한 것은?

㉠ 분석단계	㉡ 종합단계
㉢ 실행단계	㉣ 가치평가단계
㉤ 의사소통단계	

① ㉠ → ㉡ → ㉢ → ㉣ → ㉤ ② ㉡ → ㉣ → ㉠ → ㉢ → ㉤

③ ㉢ → ㉠ → ㉡ → ㉤ → ㉣ ④ ㉤ → ㉠ → ㉡ → ㉣ → ㉢

해설 ④ 의사소통단계 → 분석 → 종합 → 가치평가단계 → 실행단계

2022년

7 수퍼의 진로발달이론에 관한 설명으로 틀린 것은?

① 개인은 능력이나 흥미, 성격에 있어서 각각 차이점을 갖고 있다.

② 진로발달이란 진로에 관한 자아개념의 발달이다.

③ 진로발달단계의 과정에서 재순환을 일어날 수 없다.

④ 진로성숙도는 가설적인 구인이며 단일한 특질이 아니다.

해설 ③ 수퍼(Super)는 이론 초기에서 '성장기 – 탐색기 – 확립기 – 유지기 – 쇠퇴기'의 5단계 대순환 모형으로 발표했지만, 이후 후기로 가면서 순환과 재순환의 과정을 강조하였다.

8 진로선택에 관한 사회학습이론에서 개인의 진로발달 과정과 관련이 없는 요인은?

① 유전 요인과 특별한 능력　　　　　　② 환경조건과 사건

③ 학습경험　　　　　　　　　　　　　④ 인간관계 기술

해설　④ 인간관계 기술은 진로발달에 영향을 미칠 수는 있으나, 크럼볼츠가 제시한 4대 결정요인에는 포함 되지 않는다.

9 사회학습 이론의 진로발달 과정에 영향을 미치는 4가지 요인이 아닌 것은?

① 학습경험　　　　　　　　　　　　　② 결과 기대

③ 환경적 조건과 사건　　　　　　　　④ 유전적 요인과 특별한 능력

해설　사회학습 이론의 진로발달 과정에 영향 요인
ㄱ 유전적 요인과 특별한 능력
ㄴ 환경적 조건과 사건
ㄷ 학습경험
ㄹ 과제 접근기술

10 Ginzberg의 진로발달 3단계가 아닌 것은?

① 잠정기　　　　　　　　　　　　　　② 환상기

③ 현실기　　　　　　　　　　　　　　④ 탐색기

해설　④ 탐색기는 단계명이 아니라 현실기의 하위 과정이다. 현실기는 탐색기–결정기–실행기의 하위단계 로 구성된다.

SECTION 06 초기면담의 종결

(1) 초기면담의 종결기법 : 초기면담 종결 시 유의점

① 내담자와 상담자 간의 역할과 비밀 유지에 관해 상호 약속한 동의 내용을 요약한다. 이 요약은 상담자가 할 수도 있고, 내담자가 할 수도 있다.

② 상담을 진행하면서 필요하다면 과제물을 부여할 수 있다.

③ 상담 시 반드시 지켜야 할 준수 사항을 모두 지킨다.

(2) 초기면담의 요약

① 요약의 방법

㉠ 요약은 이제까지 진행해 온 상담의 종결 부분으로 내담자의 동의가 있어야 한다.

㉡ 요약은 상담자가 해도 되고 내담자로 하여금 요약해 보도록 권고할 수 있으며, 상담자와 내담자가 함께 수행할 수도 있다.

② 요약의 목적

㉠ 상담과정 중 나누었던 대화의 내용에 대해 상담자와 내담자가 상호 간에 제대로 이해했는지 확인하기 위한 목적이 있다.

㉡ 상담을 통해 확인된 정보와 합의된 주요 사항들에 대해 한 번 더 강조하고, 필요한 경우 과제를 제시하기 위한 목적이 있다.

㉢ 상담이 어디까지 이루어졌는지 진행과정을 명확히 하고, 다음 회기에 대한 계획을 점검하는 데 목적이 있다.

1 초기면담 종결에서 요약의 목적이 아닌 것은?

① 상담과정 중 나누었던 대화의 내용에 대해 상담자와 내담자가 상호 간에 제대로 이해했는지 확인하기 위한 목적이 있다.

② 상담을 통해 확인된 정보와 합의된 주요 사항들에 대해 한 번 더 강조하고, 필요한 경우 과제를 제시하기 위한 목적이 있다.

③ 상담이 어디까지 이루어졌는지 진행과정을 명확히 하고, 다음 회기에 대한 계획을 점검하는 데 목적이 있다.

④ 상담과정 중 내담자의 잘못이나 부족한 부분을 지적하여 수정하기 위한 목적이 있다.

해설 ①②③번은 요약의 목적이나 ④번은 요약의 목적에 해당하지 않는다.

2 초기면담 종결 시 상담자의 점검사항에 해당하지 않는 것은?

① 찾아올 내담자에게 초점을 맞추기 위해 상담자는 어떤 준비를 하였는지 점검한다.

② 내담자를 따뜻하게 맞이하고, 좋은 관계를 형성할 수 있는 기법을 사용하였는지 점검한다.

③ 내담자에 대한 정보를 얻을 수 있는 모든 자료를 검토하여 내담자에 대해 결론을 정확히 내리도록 한다.

④ 직업상담 과정과 역할에 대한 서로의 기대를 명확히 하였는지 점검한다.

해설 ③ 내담자에 대한 정보를 얻을 수 있는 모든 자료를 검토하여 섣불리 내담자에 대해 결론을 내리지 않도록 한다.

ANSWER 1.④ 2.③

PART

02

직업상담 및 취업지원

출제경향

직업상담의 이론 과목은 주요 상담이론의 인간관과 기본 개념, 이론별 상담 목표와 과정, 핵심 기법의 특징, 개념 간 비교·구분을 중심으로 출제된다. 특히 아들러의 개인심리학, 로저스의 내담자 중심 상담, 엘리스의 REBT, 벡의 인지치료와 같은 주요 이론에서 상담 목표, 핵심 개념, 대표 기법을 묻는 문제가 반복적으로 출제되는 경향이 있다. 또한 전이·역전이의 의미와 상담적 개입 방안처럼 상담 장면을 제시한 응용형 문항도 자주 출제된다.

학습방법

- 이론별 인간관과 핵심 개념 이해하기
  각 상담이론이 바라보는 인간관과 문제 발생 원인을 중심으로 기본 개념을 정리하면 이론 간 차이를 이해하는 데 도움이 된다.
- 이론별 상담목표와 기법 연결하기
  상담의 목표, 주요 개념, 대표 기법을 연계하여 학습하고, 각 이론에서 활용되는 기법의 특징과 목적을 함께 정리하는 것이 효과적이다.

출제 키워드

아들러의 개인주의 상담과정의 목표, 내담자 중심 상담에서 상담자 기본 태도, 엘리스의 합리적 정서행동치료(REBT), 벡(Beck)의 인지치료 기법, 벡(Beck)의 인지적 오류 유형, 전이의 의미와 상담적 개입

SECTION 01

기초상담 이론의 종류

(1) 아들러의 개인주의 상담

① 개인주의 상담의 개요

등장 배경	• 알프레드 아들러(Alfred Adler)는 지그문트 프로이트(Sigmund Freud)의 제자였으나, 프로이트와 다른 관점으로 1911년에 개인심리학을 창시하였다. • 인간은 사회적 존재이며, 열등감 극복과 공동체 속에서 성장한다고 보았다.
인간 행동 이해	아들러는 인간 행동을 사회적 충동과 의식적 사고에 바탕을 두고 설명해야 한다고 보았다. 즉 무의식보다는 사회적 관계와 개인의 의식적 해석을 더 중시하였다.
핵심 전제	인간은 목적 지향적이며, 자신의 삶을 스스로 창조하는 존재이다.
'개인'의 의미	분리되지 않은 하나의 '통합된 존재'를 뜻한다.

② 개인주의 상담의 인간관

총체적인 존재	인간은 하나의 통합된 전체이다.
사회적 존재	인간은 타인과 관계를 맺으면 살아가는 존재이다.
창조적 존재	인간은 자신의 삶을 스스로 창조하는 능동적 존재이다.
주관적 존재	인간은 객관적 사실보다는 자신이 해석한 의미에 따라 행동한다.
목적지향적 존재	인간의 행동은 과거의 원인보다 미래의 목적에 의해 결정된다.

③ 개인주의 상담의 목적

열등감 극복과 우월성 추구	패배감(열등감)을 극복하고 우월감을 추구하도록 돕는다.
사회적 관심 함양	사회적 관심을 갖도록 돕는다.
잘못된 가치와 목표 수정	잘못된 가치와 목표를 수정하도록 돕는다.
부적응적 동기의 변화	잘못된 동기를 바꾸도록 돕는다.

④ 개인주의 상담의 특징 및 주요개념

<table>
<tr><td rowspan="6">초기 경험의
중요성</td><td colspan="5">• 알프레드 아들러(Alfred Adler)는 어린 시절 경험이 성인의 삶에 큰 영향을 미친다고 주장하였다.
• 인생에 대한 기본 태도인 생활양식도 생애 초기에 형성된다고 보았다.</td></tr>
<tr><td>구분</td><td>사회적 관심</td><td>활동수준</td><td colspan="2">특징</td></tr>
<tr><td>지배형</td><td>낮음</td><td>높음</td><td colspan="2">목표지향적이고 지배적이다.</td></tr>
<tr><td>기생형(획득형)</td><td>중간</td><td>낮음</td><td colspan="2">타인에게 의존적이다.</td></tr>
<tr><td>도피형(회피형)</td><td>낮음</td><td>낮음</td><td colspan="2">자신감이 없고 부정적이다.</td></tr>
<tr><td>사회형</td><td>높음</td><td>높음</td><td colspan="2">심리적으로 건강하며 타인과 협력한다.</td></tr>
<tr><td rowspan="7">출생순위의
영향</td><td colspan="5">• 동일한 가정에서 태어난 자녀들조차 출생순위에 따라 행동 방식이 달라진다.</td></tr>
<tr><td>출생순위</td><td colspan="4">성격의 특징</td></tr>
<tr><td>외동</td><td colspan="4">능숙한 사람들 속에서 어린 시절을 보내기 때문에 외동은 확실히 인생에 있어 어려운 출발을 한다. 외동은 어른의 동정심을 얻기 위해 조르거나 어른 세계에서 시인을 얻을 수 있는 영역에서 기술을 개발하려고 노력한다.</td></tr>
<tr><td>첫째 아이</td><td colspan="4">첫째 아이는 인생에서 위협적 위치에 있으며 가장 나이가 들었다는 점에서 붙는 칭호이다. 첫째 아이는 둘째 아이가 태어남으로써 용기를 잃을 수 있으며, 책임을 받아들이길 거부할지도 모른다.</td></tr>
<tr><td>둘째 아이</td><td colspan="4">둘째 아이는 생애에 있어 불만족스러운 점을 가지며 항상 원기왕성한 태도를 지니고, 첫째 아이를 간파하려고 하며, 끊임없는 압력이 있음을 느낀다.</td></tr>
<tr><td>막내</td><td colspan="4">막내는 가족에서 특별히 낮은 위치에 있어서 '행운아'가 되며, 그렇기 때문에 가장 성공할 수 있으나, 용기를 잃게 되면 열등감을 느낀다.</td></tr>
<tr><td>셋째 중에
가운데 아이</td><td colspan="4">가족 전체에서 셋째 중의 가운데 아이는 불확실한 위치이며 무시당한다고 느낄 수 있다. 가운데 아이는 막내 아이의 특권이나 첫째 아이의 권리에 반해 아무것도 가질 수 없다.</td></tr>
<tr><td rowspan="5">인생과제</td><td colspan="5">• 세계와 개인의 관계에 관한 세 가지 과제는 서로 유기적으로 관계를 맺는다.
• 세 가지 과제 : 일 · 사회 · 성</td></tr>
<tr><td>일(work)</td><td colspan="4">사회의 일원으로서 생산적인 일을 수행하고 기여하는 과제(직업적 과제)</td></tr>
<tr><td>사회(social)</td><td colspan="4">타인과 더불어 살아가는 관계를 형성하고 유지하는 과제(사회적 과제)</td></tr>
<tr><td>성(love)</td><td colspan="4">친밀한 관계 속에서 상호 신뢰와 헌신을 바탕으로 한 사랑의 과제</td></tr>
<tr><td>허구적
최종목적론</td><td colspan="5">• 인간의 행동은 과거 경험보다는 미래에 대한 기대에 의해 움직인다.
• 인간의 행동을 유도하는 상상된 중심목표를 설명하기 위한 것이다.
• 허구나 이상이 현실을 보다 더 효과적으로 움직인다.
• 인간은 현실적으로 전혀 실현 불가능한 가공적인 생각에 의해서 살아가고 있다.</td></tr>
</table>

⑤ 개인주의 상담의 기법

격려하기	내담자의 이야기를 경청하고 감정을 공유하며 관심과 이해를 표현함으로 내담자를 존중하고 올바른 결정과 행동을 할 것이라는 믿음을 보여준다(내담자 칭찬하기).
초인종 누르기	• 상담자와 내담자가 긴장 상태에서 벗어나고 새로운 주제나 방향으로 전환하기 위한 기법이다. • 상담자가 의도적으로 내담자의 '반응 버튼'을 눌러 내담자가 평소에 보이던 감정·행동 패턴을 바로 드러내게 한 뒤, 그 반응을 함께 탐색하고 수정하도록 돕는 체험적·도발적 기법이다.
타인을 즐겁게 하기	• 긍정적인 태도를 유지하며 공감과 감정적인 지원을 내담자가 타인을 위해서 실시해 보도록 하는 기법이다. • 예 : "주변 사람에게 감사 인사를 전해보세요."
역설적 사고	문제를 바라보는 기존의 관점을 뒤집어 생각하게 하는 사고전환 기법이다. | 내담자	상담자의 역설적 사고 예시
나는 실패하면 가치 없는 사람이에요.	실패가 없다면 성장도 없지 않을까요?
나는 항상 완벽해야 해요.	항상 완벽하면 주변 사람들이 피곤하지 않을까요?	
끓는 물에 찬물 끼얹기	내담자가 부적응적인 행동을 반복하며 타인의 관심이나 동정을 얻으려 할 때, 그 행동에 대해 상담자가 극각적이고 단호하게 반응을 차단하거나 무효화하는 기법이다.

(2) 내담자중심상담(인간중심 상담)

① 내담자중심상담의 개요

창시자와 이론	칼 로저스(Carl Rogers)는 인간중심치료(내담자중심치료)의 창시자로 인간의 성장과 자기실현을 중시하는 이론을 발전시켰다.
이론 배경	정신분석의 결정론과 행동주의의 기계론을 비판하며, 인간의 자율성·성장 가능성을 강조한 인본주의 심리학에 기반한다.
상담의 목표	• 개인의 일관된 자아개념을 가지고 현실적 자아가 중심되어 자신의 기능을 최대로 발휘하는 사람이 되도록 돕는 것이다. • 내담자의 내적 기준에 대한 신뢰를 증가시키도록 도와주는 것이다. • 경험에 보다 개방적이 되도록 도와주는 것이다. • 지속적인 성장 경향성을 촉진시켜 주는 것이다.

인간관	• 인간은 스스로 성장할 수 있는 능력을 가진 존재이며, 상담자는 이를 방해하지 않고 수용적 환경을 제공함으로써 내담자의 변화를 돕는다.	
	자기실현적 존재	인간은 본래 긍정적인 성장 잠재력을 지니며, 자신을 발전시키려는 '실현화 경향성'을 가지고 있다.
	주체적·자율적 존재	외부 통제나 지시가 아니라 자기결정과 자율성을 통해 변화한다.
	가치의 조건화로 인해 왜곡될 수 있음	성장 과정에서 '조건적 사랑'(~ 해야 사랑받는다)을 경험하면 자기개념이 왜곡되어 부적응이 발생한다.
	경험의 주관성	현실은 객관적 사실보다 개인이 어떻게 지각－경험하느냐에 의해 결정된다.

특징	• 동일한 상담원리를 정상적인 상태에 있는 사람이나 정신적으로 부적응 상태에 있는 사람 모두에게 적용한다. • 상담은 모든 건설적인 대인관계의 실제 사례중 단지 하나에 불과하다. • 상담의 과정과 그 결과에 대한 연구조사를 통하여 개발되어 왔다.
자기 개념 구조	현실적 자기(Real self), 이상적 자기(Ideal self), 타인이 본 자기(Perceived self)간의 경험 불일치로 인해 불안을 경험한다고 설명한다.
직업상담의 적용	• 직업상담을 적용할 때, 비지시적 상담을 원칙으로 한다. • 내담자가 자아와 일에 대한 정보 부족이나 왜곡을 스스로 수정하도록 초점을 맞춘다.
비지시적 상담	상담자가 지시·충고·판단을 하지 않고, 내담자가 스스로 통찰하고 성장하도록 돕는 원칙을 말한다.

② 상담자의 기본적 태도 : 로저스는 촉진적 관계 형성을 위해 상담자가 갖추어야 할 기본적인 태도로서 공감적 이해, 무조건적 수용과 존중, 일관적 성실성의 세 가지를 강조한다.

공감적 이해	• 상담자와 내담자가 상호작용하는 동안에 발생하는 내담자의 경험과 감정들을 이해하려고 노력하는 것이다. • 공감은 동정이나 동일시와는 다르며, 상담자가 내담자의 입장이 되어 내담자를 깊이 있게 주관적으로 이해하면서도 자기 본연의 자세는 버리지 않는 것이다.
수용적 존중	• 상담자가 내담자를 평가하거나 판단하지 않고, 내담자가 나타내는 어떤 감정이나 행동도 있는 그대로 수용하여 소중히 여기고 존중하는 상담자의 태도이다.
일관적 성실성	• 상담자가 내담자와의 관계에서 순간순간 경험하는 자신의 감정이나 태도를 있는 그대로 솔직하게 인정하고, 경우에 따라서는 솔직하게 표현하는 태도이다. • 이러한 진실한 태도는 내담자와 순수한 인간 간의 만남을 가능하게 하고, 내담자의 개방적인 자기탐색을 촉진 · 격려하게 된다.

③ 내담자중심상담의 특징 및 주요 개념

실현화 경향성 (Actualizing Tendency)	• 모든 인간에게 내재된 성장 · 발전하려는 기본적 동기, 생리적 · 심리적 차원 모두 포함한다. • 자기를 보전, 유지하고 향상시키고자 하는 선천적 성향이다(타고남). • 유기체의 성장과 향상, 즉 발달을 촉진하고 지지한다. • 유기체를 향상시키는 활동으로부터 도출된 기쁨과 만족을 강조한다. • 성숙한 단계에 포함된 성장의 모든 국면에 영향을 준다. • 사람이나 동물뿐 아니라 모든 살아있는 것에서 볼 수 있다.
자기개념 (Self-Concept)	• 자신에 대한 인식 · 평가 가치의 총체이다. • 이상적 자아와 불일치가 클수록 부적응이 심화된다.
가치 조건화 (Conditions of Worth)	• 사람들이 성장하고 발전하기 위해서는 '무조건적인 긍정적 존중'이 필요하다고 강조된다. • 그러나 실제 생활에서 사람들은 종종 '가치조건화'로 인해 고통받는다. • 가치조건화의 형성 과정 : 어린시절 경험, 자기개념 형성, 내적 갈등 • "이럴 때만 사랑받을 수 있다"는 조건적 수용이 내면화되어 자기개념을 왜곡시키는 현상이다. • 가치조건화의 형성 과정 : 어린시절 경험, 자기개념 형성, 내적 갈등

④ 내담자중심상담에서 기대하는 상담결과

　㉠ 내담자는 현실적 자아개념이 중심된다.

　㉡ 내담자는 불일치의 경험이 감소한다.

　㉢ 내담자는 문제해결에 있어 더 능률적이 된다.

　㉣ 타인을 더 잘 수용할 수 있게 된다.

(3) 합리적 · 정서적 행동치료

① 합리적 · 정서적 행동치료의 개요

창시자와 이론	앨버트 엘리스(Albert Ellis)가 합리적·정서적·행동적 치료(REBT : Rational Emotive Behavior Therapy)를 주장한다.
이론 배경	인지치료의 대표 이론으로, 인간의 비합리적 신념이 부적응적 정서와 행동을 유발한다고 본다.
핵심 개념	인간의 정서적 문제를 사건(A) 때문이 아니라, 그것을 어떻게 해석하느냐(B:신념)에 의해 결과(C)가 달라진다는 ABC모델에 기초한다.
상담목표	내담자가 자신의 왜곡된 사고나 인지적 오류를 인식하고 수정하여, 현실적이고 균형잡힌 사고를 형성하도록 돕는 것이다.

<table>
<tr><td rowspan="5">인간관</td><td colspan="2">인간은 사고에 의해 감정을 만든다. 비합리적 사고를 합리적으로 바꾸면 감정과 행동도 변화한다.</td></tr>
<tr><td>인지적 존재</td><td>인간은 사고, 신념, 해석을 통해 감정과 행동을 결정한다.</td></tr>
<tr><td>자기언어적 존재</td><td>인간은 스스로에게 말을 걸며 사고하고 행동한다.</td></tr>
<tr><td>불완전하지만 변화 가능한 존재</td><td>인간은 완벽하지 않으며 실수를 하지만, 자기성찰과 인지적 훈련을 통해 성장할 수 있다.</td></tr>
<tr><td>책임적 존재</td><td>자신의 감정과 행동은 외부가 아닌 자신의 신념과 선택의 결과로 본다.</td></tr>
</table>

REBT 목표	• 인간의 비합리적인 사고는 비합리적인 신념 체계에서 일어난다고 믿는다. • 이 접근법에서는 내담자의 정서적 혼란과 관계되는 비합리적인 신념 체계를 논박하여 이를 최소화하거나 보다 합리적인 신념 체계로 바꾸도록 하여 현실적으로 효과적이며 융통성 있는 인생관을 가질 수 있도록 하는 데 중점을 둔다.
REBT 이론의 기본 가정	• 인간은 이성에 따라 합리적이고 올바른 사고를 할 수 있는 동시에 왜곡된 사고를 할 수도 있는 잠재 기능을 가지고 태어났다. • REBT 이론의 근본적인 전제는 동일한 부정적 상황이라도 개인마다 자신과 타인을 둘러싼 세계에 대한 의미와 철학, 평가하는 신념 등에 따라서 각자 다르게 받아들일 수 있다. • 만약 비합리적으로 상황을 받아들일 경우 심리적 장애를 경험할 수 있다.
ABC 인지행동 모델	• 선행 사건(Activating event)과 그것을 받아들이는 신념[(Belief 합리적 신념(RB : Rational Belief)과 비합리적 신념(IB : Irrational Belief)]으로 인한 결과(Consequence)의 과정으로 사람이 어떤 일을 받아들이는 방식을 설명한 것이다. • 선행 사건은 판단의 이전에 일어난 사건으로 외부의 상황, 생각, 느낌 또는 다른 종류의 내부적 사건을 포함한다(C는 A 때문이 아니라 B(신념) 때문에 결정된다).
핵심 기법	논박, 인지 재구조화, 역할연습, 과제 부여, 자기 대화 점검 등
상담자의 태도	적극적, 지시적, 교육적 태도

② 비합리적 신념

비합리적 신념과 심리적 문제	• 개인이나 집단이 가지고 있는 비논리적이거나 비현실적인 신념을 의미한다. • 합리 정서 행동 치료에서는 사람들의 부정적 행동을 유발하는 모든 형태의 신념을 비합리적 신념이라고 지칭한다.	
비합리적 신념의 구분	비합리적 신념은 타당화될 수 없고, 융통성 없는 사고방식으로 주로 "~을 절대해서는 안 된다.", "~을 하면 비참해질 것이다." 등의 형태를 띤다. 선행 사건을 신념 체계를 통해 해석함으로써 정서적 – 행동적 결과가 생긴다. 만약 비합리적 신념 체계를 통해 선행 사건을 받아들였을 경우 심리적 장애 또는 심할 경우 정신적 질환이 발생한다.	
	융통성	'모든', '항상', '반드시', '꼭', '결코', '당연히', '~이어야만' 등과 같은 단어가 들어가는 생각들은 융통성이 없고, 따라서 비합리적이다.
	현실성	현실적으로 실현 불가능한 생각들이다. 예를 들어 '나는 완벽한 딸이 되어야 한다'라는 생각에서 '완벽한 딸'이라는 것은 이상적인 얘기일 뿐 현실적이지 않은 비합리적 신념이다.
비합리적 신념 유형	당위적 사고	• 자신에 대한, 타인에 대한, 세상에 대한 당위적 신념 • "반드시 ~해야 한다", "꼭 ~해야 한다" • 인간문제의 근본요인으로서 당위적 사고 : 앨버트 엘리스는 비합리적 신념 중에서도 당위적 사고(must, should, have to 등)를 인간의 심리적 문제의 핵심 원인으로 보았다. 이러한 사고는 현실을 수용하지 못하게 하고, 좌절과 분노, 우울을 유발한다.
	과장	• 부정적 사건을 과도하게 해석하거나 재앙화 한다. • 예 : "실수 하나로 내 인생이 끝났어"
	자기비하	• 실패나 비판을 이유로 자신 전체를 무가치하게 평가한다. • 예 : "나는 실패했어, 그러니까 나는 쓸모없는 사람이야"
	인내심 부족	• 불쾌한 상황을 견디지 못하고 즉각적 만족을 추구한다. • 예 : "이건 너무 지루해, 도저히 못 참겠어"
비합리적 신념의 교정과 정서적 건강	정서적 문제로부터 벗어날 수 있기 위해서는 비합리적 신념들을 합리적인 신념들로 대체해야 한다.	
	비합리적 신념을 합리적 신념으로 전환한 사례	
	'나는 이 면접에서 떨어지지 않아야만 한다' : 비합리적인 신념[당위성] '나는 이 면접에서 떨어지지 않았으면 좋겠다' : 합리적 신념[단순 선호나 소망]	

③ 인지·행동적 접근의 개입 방법 : 인지(사고)가 정서와 행동에 미치는 영향에 주목하고, 심리적 문제는 부정적 인지에 의해 야기된다고 보았다.. 따라서 심리적·행동적 부적응을 해소하기 위한 치료의 과정으로 인지를 변화시키는 방법을 제안하였다.

㉠ 엘리스의 A-B-C-D-E 모형 : 비합리적 신념을 다루기 위하여 타당한 근거가 없는 비합리적 사고를 파악한 다음 A-B-C-D-E의 모형에 따라 비합리적 신념을 논박하는 것이다.

A(Activating event) : 선행 사건	개인에게 일반적인 감정 동요 및 행동에 영향을 끼치는 사건, 앞서 일어난 사건이다.
B(Belief system) : 신념 체계	선행 사건에 대해 개인이 갖게 되는 신념, 합리적이거나 비합리적인 결과를 초래한다.
C(Consequence) : 결과	선행 사건과 신념이 결합되어 나타나는 정서적·행동적 결과, 합리적 신념은 합리적 결과를 비합리적 신념은 비합리적 결과를 초래한다.
D(Dispute) : 논박	비합리적 결과를 초래한 신념을 합리적 신념으로 바꿀 수 있도록 촉구하고 설득하며 논박한다.
E(Effect) : 효과	논박의 효과로 인해 비합리적 신념이 합리적 신념으로 바뀌는 효과이다.

㉡ 엘리스의 A-B-C-D-E 모형의 예시

사례	이OO은 첫 번째 노동시장에 입직하려고 했다. 그는 현재 20세로, 자동화기계학과가 있는 고등학교를 졸업했다. 그의 영어 발음은 적당했으나, 작문 표현은 빈약했으며, 다른 기능도 역시 부족한 편이었다. 그는 직업을 절대 가질 수 없는 이유 때문에 우울하다고 했으며, 마지막 직업 면접시험 이후 거절당했다고 말했다.
A : 선행 사건	마지막 직업 면접에서 거절당한 사건으로 자신의 기능과 표현력이 부족하다는 피드백을 경험하였다. 절대 취업할 수 없다는 생각을 갖게 되었다.
B : 신념 체계	• 나는 능력이 없어서 아무 일도 할 수 없다. • 한 번 실패했으니 앞으로도 다 실패할 것이다. • 직업을 갖지 못하면 나는 무가치한 사람이다. • 비합리적 신념 → 과잉일반화, 흑백논리, 자기비하적 사고
C : 결과	• 정서적 결과 : 우울, 무기력, 자신감을 상실 • 행동적 결과 : 구직활동 회피, 자기계발 의욕 저하, 사회적 위축
D : 논박	• 한 번의 실패가 영원한 실패를 의미하나요? • 지금 부족한 부분을 개선할 방법은 없을까요? • 기능이 부족하다는 것이 직업을 절대 가질 수 없다는 뜻인가요?
E : 효과	• 새로운 합리적 생각의 변화 : 나는 아직 준비가 덜 되었을 뿐이다. 훈련하면 충분히 개선할 수 있다. • 정서적 변화 : 희망, 자신감 회복 • 행동적 변화 : 기술훈련이나 자격증 취득, 모의면접 참여 등 적극적 구직활동 시작

(4) 인지치료

① **인지치료(CT : Cognitive Therapy)의 개요** : 벡(Beck)은 내담자가 지닌 정서적 불편감 또는 행동 문제들과 관련된 역기능적 사고를 찾고 내담자와 협동적으로 역기능적인 사고를 수정하여, 정서적 불편감 또는 행동 문제들을 해결해 나가는 치료법으로 인지치료를 제안하였다.

창시자와 이론	아론 벡(Aaron T. Beck)의 인지치료(Cognitive Therapy, CT)	
이론 배경	• 우울증 환자의 자동적 사고를 연구하다가 개발하였다. • 인간의 감정과 행동을 사건보다 사건에 대한 해석(사고)에 의해 결정된다는 인지적 관점에 기초한다.	
핵심 전제	"사고가 감정을 결정한다" → 부정적이고 왜곡된 사고를 합리적으로 수정하면 정서와 행동도 변화한다.	
인간관	인간은 스스로 생각을 점검하고 수정할 수 있으며, 사고의 변화가 감정과 행동의 변화를 이끈다.	
	인지적 존재	인간은 외부 자극에 직접 반응하는 것이 아니라 사고를 통해 세상을 인식한다.
	능동적 존재	사고를 점검하고 변화시킬 수 있는 능력을 가진 자기조절적 존재이다.
	학습된 왜곡 가능성	성장 과정에서 잘못된 경험이나 학습으로 인해 왜곡된 사고체계를 형성할 수 있다.
	변화 가능한 존재	왜곡된 사고를 수정함으로써 정서적 문제를 극복할 수 있다.
상담의 목표	• 내담자가 자신의 비합리적·왜곡된 사고를 인식하고 수정하도록 도와 현실적이고 균형잡힌 사고를 형성하게 하는 것이다. • 자동적 사고 인식, 인지왜곡 수정, 현실검증 능력 향상, 감정·행동 변화, 자기조절 능력 강화이다.	
주요 상담기법	인지 재구조화	비합리적 사고를 인식하고 합리적으로 재해석하는 핵심 기법이다.
	자동적 사고 기록지	사건−감정−사고−대안적 사고를 표로 기록하며 사고를 점검한다.
	소크라테스식 질문	• 내담자의 사고를 탐색하고 스스로 오류를 깨닫게 하는 질문이다. • 예 : "그 생각의 근거는 무엇인가요?", "반대의 증거는 없을까요?"
	현실검증	사고가 실제 사실과 일치하는지 검토한다.
	행동실험	새로운 사고를 행동으로 시험해 보고 그 결과를 검증한다.
	과제부여	상담실 밖에서 사고·행동을 점검하는 과제 수행한다.
	역할연습	대안적 사고나 행동을 실습하며 새로운 대처방식을 체험한다.

② 인지치료의 기본개념

부정적 자동적 사고	• **자동적 사고**(automatic thoughts) : 사람들은 대개 어떤 사건에 접하게 되면 자동적으로 어떤 생각들을 떠올리게 된다. 사람들이 경험하는 심리적인 문제는 스트레스 사건을 경험했을 때 자동적으로 떠올리는 부정적인 내용의 자동적 사고에 의해 발생하는 것이다. • 심리적 부적응[우울증 등]을 가져오는 자동적 사고 : '인지삼제(cognitive triad)' ※ **인지삼제**(cognitive triad) 첫째, 자기에 대해 비관적인 생각[예 : 나는 무가치한 사람이다.] 둘째, 앞날에 대한 염세주의적 생각[예 : 나의 앞날은 희망이 없다.] 셋째, 세상에 대한 부정적인 생각[예 : 세상은 살기가 매우 힘든 곳이다.]
역기능적 인지도식	**인지도식** • 세상을 살아가는 과정에서 **삶에 관한 이해의 틀을 형성한 것**이다. • 아주 어린 시절부터 시작해서 삶을 사는 과정 속에서 하나의 체계화된 덩어리를 이루어 형성되고, 사람에 따라 살아온 삶의 과정과 경험한 내용이 다르기 때문에 인지도식의 내용은 달라질 수 있다. **역기능적인 인지도식** 문제가 되는 것은 그 인지도식의 내용이 부정적인 성질의 것인 경우 심리적 문제를 초래하게 된다. **역기능적인 인지도식의 사례** • 인정을 받으려면 항상 일을 잘해야만 한다. • 사람은 멋지게 생기고 똑똑하고 돈이 많지 않으면 행복해지기 어렵다. • 다른 사람에게 도움을 청하는 것은 나약함의 표시이다.
인지적 오류	• **역기능적 인지도식**은 자동적 사고와 인지적 오류를 발생시키는 역할을 한다. • **인지적 오류**(cognitive errors) : 현실을 제대로 지각하지 못하거나 사실 또는 그 의미를 왜곡하여 받아들이는 것을 뜻한다. 사람들이 이러한 오류를 많이 범할수록 심리적 문제를 겪게 될 가능성이 더 커진다.

구분	내용	예시
흑백논리	사건의 의미를 이분법적으로 해석하며 회색 지대를 인정하지 않는다.	"이번 프로젝트를 완벽히 해내지 못했으니 나는 완전히 실패한 사람이야."
과잉 일반화	한두 번의 사건에 근거하여 일반적인 결론을 내리고, 무관한 상황에도 적용한다.	"이번에 면접에 떨어졌으니 앞으로 어떤 회사에서도 나를 뽑지 않을 거야."
선택적 추상화	전체 내용은 무시하고 특정한 일부의 부정적 정보에만 주의를 기울여 해석한다.	"팀장님이 발표 중에 한 번 인상을 찌푸렸어. 분명 내 발표가 형편없다고 생각했을 거야."
의미 확대, 의미 축소	긍정적인 정보는 걸러내고 부정적인 정보만 선택적으로 받아들인다.	"다들 발표 좋다고 했지만 한 명이 지적했으니 망한 거야."
정신적 여과	사건의 중요성이나 의미를 지나치게 과장하거나 축소한다.	오늘 친구들이랑 즐거웠지만, 한 사람이 무뚝뚝하게 굴어서 기분이 계속 나빠
당위적 사고	자신이나 타인에 대해 융통성 없고 엄격한 '당위적' 기준을 적용하여 비난한다.	"나는 절대 실수해서는 안 돼."
자의적 추론	충분한 증거 없이 부정적인 결론을 서둘러 내린다.	"친구가 오늘 인사 안 한 거 보니 나를 싫어하는 게 분명해."
긍정 격하	자신의 긍정적 성취나 칭찬을 폄하하고 무시한다.	"운 좋았던 거지, 내가 잘한 건 아냐."
잘못된 명명	하나의 행동이나 실수를 자신 전체의 부정적 특성으로 일반화하여 낙인을 찍는다.	"나는 완전한 루저야."

③ 인지치료 이론에서의 심리적 문제 발생 과정

사고가 정서와 행동에 미치는 영향을 강조	• 벡은 초기 연구에서부터 행동주의적 기법을 함께 포함시킬 것을 주장한다. • 인지치료 및 인지 행동 치료는 기본적으로 사고가 감정과 행동에 영향을 미치며, 행동양식은 사고의 패턴과 감정에 영향을 미친다고 전제한다. • 벡은 인지와 행동이 밀접한 관계를 가지는 만큼 인지적 오류를 다루는 것과 함께 행동적 관점에서의 개인이 중요하다고 강조한다.

④ 벡의 인지치료 단계

1단계	• 내담자가 느끼는 감정의 속성이 무엇인지를 확인한다. • 가능하다면 이 느낌을 구체적인 상황과 함께 묶으면 내담자가 사고와 감정들에 더 쉽게 접속할 수 있다.
2단계	감정과 연합된 사고, 신념, 태도 등을 확인하며, 사고가 감정을 야기한다는 발상의 표현은 피해야 한다. 왜냐하면 이런 것은 인지와 정서 간의 관계를 기술하는 가장 정확한 방식이 아니며, 내담자가 다른 주장을 하도록 여지를 주기 때문이다.
3단계	내담자의 사고들을 1 ~ 2개의 문장으로 요약 · 정리한다. 그리고 상담자가 믿는 신념이나 행동의 핵심 부분을 분석하여 내담자와 함께 상담자가 그것을 정확하게 파악하였는지를 검토해 본다. 이들 문장은 앞으로 바꾸어야 할 내담자의 낡은 사고방식으로 구성된다.
4단계	내담자를 도와 현실과 이성의 사고를 조사해 보도록 개입한다. 종종 두 부분의 개입을 하게 되는데, 첫 번째는 낡은 사고에 대한 인지적 평가로서 이는 대개 새로운 인지의 형성으로 이어진다. 그리고 두 번째는 낡은 사고나 새로운 사고의 적절성을 검증하고 실험하는 것이다.
5단계	과제를 부여하여 신념들과 생각들의 적절성을 검증하게 한다. 각 단계의 제언을 참조해 보면, 다른 방법들이 떠오를 수도 있으며, 또 추천된 읽을거리에서도 찾을 수 있을 것이다.

(5) 주제분석(교류분석적 상담) – 상호교류분석이론

① 주제분석(교류분석적 상담)의 개요 : 교류분석적 상담(Transactional Analysis, TA)은 흔히 주제분석이라고 부르는 이론이다.

창시자와 이론	에릭 번(Eric Berne)의 교류분석적 상담(Transactional Analysis, TA)
이론 배경	• 정신분석이 복잡하고 전문가 중심적이라는 한계를 느껴, 모든 사람이 쉽게 이해하고 사용할 수 있는 자기이해 중심의 심리이론으로 발전시켰다. • 인본주의적 가치 위에 행동주의적 명료성과 정신분석적 깊이를 더한 대인의 정신내적 및 대인관계적 심리학인 동시에 심리치료 이론이다.
핵심 개념	인간은 누구나 자율적이고 성장할 수 있는 능력을 가지고 있으며, 자신의 삶의 각본(생활대본, 인생각본)을 인식하고 수정함으로써 건강한 관계를 형성할 수 있다.
이론 목적	자신의 성격 구조와 대인관계 패턴을 분석하여, 의사소통을 개선하고 자율적이고 책임 있는 삶을 살아가도록 돕는 것이다.

인간관		
	• 인간은 과거의 각본에 의해 영향을 받지만, 자기인식과 선택을 통해 새로운 인생각본을 다시 쓸 수 있는 존재이다.	
	자율적 존재	인간은 스스로 사고·감정·행동을 조절할 수 있는 능력을 가진다.
	선한 존재	인간은 본래 긍정적이며, 타인과 I'm OK-You're OK 관계를 맺을 수 있다.
	결정적 존재	과거의 경험 속에서 형성된 생활대본에 따라 현재의 행동을 결정하기도 한다.
	변화 가능한 존재	자신의 자기상태(ego state)와 생활대본을 인식하고 수정함으로써 변화할 수 있다.
상담의 목표		
	내담자가 자신의 자아상태를 인식하고, 비생산적인 교류와 게임을 중단하며, 부정적인 생활대본을 수정하여, 자율적이고 성숙한 'I'm OK, You're OK' 인생태도를 형성하도록 돕는 것이다.	
	자아상태의 인식과 통합	자신의 자아상태(P-A-C)를 인식하고, 각 상태가 조화를 이루도록 한다.
	교류패턴의 이해와 개선	타인과의 의사소통(교류) 형태를 분석하여 원활한 인간관계를 형성하도록 돕는다.
	심리적 게임의 중단	반복되는 부정적 대인관계 패턴(게임)을 인식·중단하도록 돕는다.
	생활대본의 수정	어릴 때 형성된 부정적 인생 각본을 인식하고 새롭게 재결정하도록 돕는다.
	자율성의 회복	인간의 본래적 자율성을 회복하여, 자기인식, 자발성, 친밀성을 증진시킨다.
교류분석적 상담의 특징	• 계약적이고 의사결정적이다. • 새로운 결정을 내릴 수 있는 개인의 능력을 강조한다. • 개인 간 및 개인 내부의 상호작용을 분석하기 위한 구조를 제공한다. • 자아 상태 모델을 핵심 도구로 사용한다. • 삶의 각본(Life Script) 분석을 통해 문제를 이해한다. • 궁극적인 목표는 자율성 회복이다.	

② 주요 개념 및 기법

㉠ 교류분석은 성격의 역동성을 심층적으로 이해할 수 있는 많은 개념을 내포하고 있다.

㉡ 대본분석 평가항목이나 질문지를 사용하고, 게임과 삶의 위치분석, 가족모델링 등의 상담기법이다.

세 가지 자아상태 (PAC모델)	자아상태(ego-state) : 일단의 일관된 유형의 행동이자 이와 직접적으로 관련된 감정 및 경험을 일컬음. 우리가 하는 사고, 행동, 감정이 일어나는 원천은 세 가지다.	
	P(Parent) 어버이 자아상태	부모 또는 부모와 같은 권위적 인물을 모방한 행동, 사고, 감정이다.
	A(Adult) 어른 자아상태	'지금-여기'에 대한 직접적인 반응으로서의 행동, 사고, 감정이다.
	C(Child) 어린이 자아상태	아동기 시절부터 재연되고 있는 행동, 사고, 감정이다.

기능적 자아상태와 에고그램

• 자아상태는 구조와 기능이라는 두 가지 측면으로 P,A,C라는 구조적 모델이 각 자아상태 안에 어떤 내용이 들어 있는가를 말한다면, 기능적 모델은 이것을 '어떻게' 사용하는가를 나타낸다.

• 기능적 자아상태

CP(통제적 어버이)	가르치고 통제하며 비판하는 기능이다.
NP(양육적 어버이)	남을 돕고 돌보고 지지하며 칭찬하는 기능이다.
A(어른)	성장한 사람으로서의 자원을 총동원하여 '지금-여기'의 상황에 적절하게 반응하는 기능이다.
FC(자유로운 어린이)	자신의 사고나 행동이나 감정을 있는 그대로 자유롭게 표현하는 기능이다.
AC(순응하는 어린이)	타인의 말이나 규칙 등에 순응하는 기능이다.

• 에고그램
- 듀세이(1972)가 이러한 다섯 가지 기능을 직관적으로 보여 줄 방법을 고안하였다.
- 에고그램(egogram)은 일상생활에서 다섯 가지 기능이 어떻게 드러나는가를 시각적으로 보여준다.
- 에고그램은 생활 스타일을 반영한다.

교류, 스트로크, 사회적 시간 구조화	대인관계적 측면을 이해할 수 있도록 한다. • 교류	

	암시적 교류(이면교류)	겉으로 드러난 메시지와 숨은(암시적) 메시지가 다르다. 겉보기에는 상보적이지만 실제 의도는 다르게 작용한다.
	직접적 교류(상보교류)	자극과 반응이 예상된 자아상태 간에 일치함. 의사소통이 원활한 상태이다.
	이차적 교류(교차교류)	자극과 반응이 다른 자아상태로 교차되어, 의사소통이 단절된다.

• 스트로크 : 상대방의 현존을 인정하는 행위
- 피부접촉, 표정, 태도, 감정, 언어, 기타 여러 형태의 행동을 통해 상대방에 대한 반응을 알리는 인간인식의 기본단위
- 언어적 스트로크, 신체적 스트로크, 긍정적 스트로크, 부정적 스트로크, 조건적 스트로크, 무조건적 스트로크
- 어릴 때부터 스트로크를 추구하는 전략은 어른이 되어서도 재연된다.
• 사회적 시간구조화 : 두 사람 이상이 모여 시간을 보내는 방법이다.
- 폐쇄, 의례, 소일, 활동, 게임, 친밀이 있다.
- 가정이나 사회에서 서로 나누는 커뮤니케이션의 양과 질을 분석하는데 도움이 된다.

인생각본

• 일생 동안 살아갈 인생 계획으로서, 부모나 환경에 대한 반응으로 어린 시절 C 자아상태에서 내린 수많은 초기 결정을 토대로 형성된다.
• 어린 시절에 작성한 각본은 무의식적인 것이라 본인이 의식하지 못하지만, 일생 동안 각본에 따라 세상을 살아간다.
• 인생각본은 단순한 세상관이 아니라 일생 동안 살아갈 구체적인 계획이다. '까지' 각본, '그 후' 각본, '결코' 각본, '항상' 각본, '거의' 각본, '텅빈' 각본
• 각본 메트릭스 : 스타이너(1974)는 부모나 부모와 같은 주요한 타인들로부터 전달되는 각본 메시지가 어린이의 각본 형성에 영향을 미치는 과정을 분석할 수 있는 각본 메트릭스를 개발하였다.

생활 자세

I'm OK, You're OK	자신과 타인을 모두 가치있고 존중할 만한 존재로 여긴다.
I'm not OK, You're OK	자신은 무가치하다고 느끼고, 타인을 우월하게 여긴다.
I'm OK, You're not OK	자신은 옳고 타인은 틀렸다고 여긴다.
I'm not OK, You're not OK	자신과 타인 모두에 대해 부정적이다.

각본에 따른 삶

• 디스카운트 : 자신이나 타인의 능력·가치·감정·현실을 축소하거나 무시하는 것이다.
• 재정의 : 실제 현실을 자신의 생활대본에 맞게 왜곡하여 해석하는 것이다.
• 공생 : 두 사람이 서로의 자아상태 일부를 의존하거나 혼합하여 독립성을 잃은 관계이다.

라켓과 스탬프	• 라켓 : 어린 시절에 학습된 부적절한 감정표현 방식이다(가짜 감정). 　예 : 슬플 때 분노로 표현하거나, 두려울 때 웃어넘기는 등 • 스탬프 : 라켓감정을 억누르거나 모아서 나중에 한꺼번에 폭발시키는 경향이다.
게임	• 겉으로는 논리적 대화처럼 보이지만, 속에는 숨은 의도와 이득(심리적 보상)이 있는 반복적 대인관계 패턴 • 카프만(1968)의 게임을 분석할 수 있는 단순하면서도 강력한 도구인 '드라마 삼각형'을 제시하였다. _박해자_ : 상대방을 not-OK로 보고 무시하고 얕잡아 보며 억누른다. _구원자_ : 도와주려는 입장이지만 역시 상대방을 not-OK로 보고 무력한 존재로 취급한다. _희생자_ : 자신을 not-OK로 보고 자신을 무력하게 여긴다. • 세 역할은 무의식적으로 반복 교대될 수 있다. 세 역할 모두 비생산적이고 불건강한 상호작용 패턴(게임)이다.

③ **교류분석 상담의 주요 분석유형** : 교류분석 상담에서는 인간의 심리와 행동을 자아상태(구조), 상호작용(교류/게임), 삶의 이야기(각본)의 세 차원에서 분석한다. 이 분석을 통해 문제의 뿌리를 인식하고, 더 자율적이고 책임 있는 삶을 선택하도록 변화시키는 것을 목표로 한다.

구분	명칭	설명
구조분석	자아상태 분석	개인의 인격을 부모(P) · 어른(A) · 어린이(C) 세 가지 자아상태로 구분하여, 현재 어떤 자아상태에서 행동 · 사고 · 감정을 표현하는지 분석한다.
교류분석/게임분석	대인관계 분석	사람들 간의 의사소통(교류)과 반복되는 부정적 상호작용(게임)을 분석하여 문제의 원인을 파악한다.
생활각본분석	인생 시나리오 분석	어린 시절 부모의 영향과 경험으로 형성된 무의식적 인생계획(각본)을 점검하고, 스스로 새로운 각본(재결단)을 선택하도록 돕는 과정이다.

정신분석 상담의 개요	• 창시자 : 지그문트 프로이트(Sigmund Freud)에 의해 시작되었다. • 기반 : 무의식, 본능, 심리성적 발달 이론 • 핵심 전제 : 인간의 행동은 무의식적 동기와 과거 경험, 특히 유아기 경험에 의해 결정된다. • 상담 접근 : 내담자가 무의식적 갈등을 의식화시켜 통찰을 얻도록 돕는 심층심리학적 접근 • 상담사의 주요 역할은 텅 빈 스크린(Blank-Screen)이다. • 심리결정론 : 현재의 어떤 사람의 행동 및 사고·감정 등은 과거에 겪었던 여러 가지 사건에 의하여 결정된다는 것이다. • 무의식의 중요성 : 프로이트는 인간의 행동과 감정이 대부분 무의식에 의해 결정된다고 보았다. 무의식은 개인에게 지각되지 않은 심리적 현상으로, 의식적 요인보다 더 큰 영향을 미친다고 여긴다.
인간관	결정론적 인간관, 비관적 인간관, 무의식 중심, 심리역동적 관점
상담의 목적	• 무의식 속에 억압된 내용을 의식화 • 내담자가 자신의 문제를 이해 해결 • 내담자의 불안 감소

방어기제		
	억압	불쾌한 생각이나 감정을 무의식으로 밀어넣는다.
	합리화	잘못된 행동을 그럴듯한 이유로 정당화한다.
	전위	감정을 원래 대상이 아닌 다른 대상에게 옮긴다.
	퇴행	스트레스 상황에서 미성숙한 행동으로 되돌아간다.
	부정	받아들이기 힘든 현실을 인정하지 않는다.
	반동형성	실제 감정과 반대되는 태도를 보인다.
	승화	사회적으로 용납되지 않는 충동을 건전한 방향으로 전환한다.
	투사	자신의 부정적인 감정을 남 탓으로 돌린다.
	동일시	다른 사람의 특성을 자기 것으로 삼는다.
	주지화	감정적으로 괴로운 상황이나 불안을 이성적·논리적으로만 생각하여 감정을 차단한다.

상담기법		
	자유연상	내담자가 마음속에 떠오르는 생각, 감정, 기억, 이미지 등을 검열 없이 자유롭게 말하도록 하는 기법이다.
	꿈의 분석	꿈을 통해 무의식의 소망과 갈등을 해석하는 기법이다.
	전이의 분석	내담자가 과거의 중요한 인물(부모, 교사 등)에게 느꼈던 감정이나 태도를 상담자에게 옮겨서 표현하는 현상을 탐색하고 해석하는 기법이다.

※ 분석심리 상담의 특징 및 주요 개념

분석심리 상담의 개요	• 창시자 : 칼 구스타프 융(Carl Gustav Jung) 개발한 이론이다. • 핵심 전제 : 인간은 의식과 무의식의 통합을 통해 자기(Self)를 실현하려는 존재이다. • 상담 접근 : 꿈의 상징, 원형 분석 등을 통해 무의식의 메시지를 자각하고 자아 통합을 돕는다.
인간관	인간은 무의식과 의식의 상호작용 속에서 자기(Self)의 실현을 추구하는 존재이다.
상담의 목적	내담자가 꿈, 상징, 원형 등을 통해 무의식을 자각하고 자아 통합을 이루도록 돕는 것이다.

주요개념	정신 : 의식과 무의식으로 구분, 무의식은 개인무의식과 집단무의식으로 구분된다.	
	원형 : 자각, 정서, 행동에 대한 생득적인 정신적 소인을 원형이라 함. 타고난 생각이나 기억으로 개인이 어떤 방식으로 자신이 접하는 세계를 지각하고, 경험·반응하게 하는 것이다.	
	자기(Self)	인격 전체의 중심으로, 의식과 무의식을 통합하여 개성화를 이끄는 핵심 원형이다.
	페르소나(Persona)	사회적 역할을 수행하기 위해 만든 가면적 자아, 외부에 보이는 사회적 얼굴이다.
	그림자(Shadow)	자신이 인정하지 못한 부정적·억압된 면, 개인이 통합해야 할 무의식의 어두운 부분이다.
	아니마(Anima)	남성의 무의식 속 여성상, 감성적·관계적 측면을 상징한다.
	아니무스(Animus)	여성의 무의식 속 남성상, 논리적·이성적 측면을 상징한다.

상담기법	꿈 분석	꿈을 통해 무의식의 상징과 메시지를 탐색하고, 원형이나 내면의 갈등을 통찰하게 함. 꿈은 자기(Self)를 향한 무의식의 지침으로 해석된다.
	적극적 상상	꿈, 환상, 이미지 등을 떠올리고 그것과 대화하거나 표현(글, 그림, 움직임 등)을 통해 무의식과 의식의 대화를 유도하는 창조적 기법이다.
	상징 해석	꿈, 신화, 예술, 이야기 등에서 반복적으로 나타나는 상징을 해석하여 개인의 심리적 의미를 찾아가는 작업. 집단 무의식과 연결된다.
	전이와 역전이 분석	상담 과정에서 상담자를 통해 나타나는 내담자의 감정(전이), 상담자의 반응(역전이)을 분석하여 내담자의 대인관계 패턴이나 무의식적 갈등을 통찰하게 한다.
	자기(Self) 탐색	• 자아(Ego)와 무의식적 자기(Self)의 통합 과정을 돕기 위한 작업으로 자기실현(individuation) 과정을 촉진한다. • 통합되지 않은 '그림자'나 '아니마/아니무스' 등을 인식하게 한다.
	자기의식 일기/그림	내담자에게 이미지, 감정, 상징 등을 그림이나 글로 표현하게 하여 무의식을 의식화하도록 돕는 창조적 표현활동이다.

※ 행동주의 상담의 특징

㉠ 실험에 기초한 귀납적인 접근방법이며 실험적 방법을 상담과정에 적용한다.

㉡ 행동은 학습의 결과이며, 학습된 것은 수정될 수 있다.

㉢ 객관적으로 관찰 가능한 행동을 중심으로 상담과 치료를 진행한다.

㉣ 강화와 벌을 통해 행동을 변화시키는 원리를 활용한다.

※ 상담이론별 특징

이론	학자	상담목표	주요개념	주요기법
개인주의 상담	알프레드 아들러 (A. Adler)	• 열등감(패배감) 극복과 우월성 추구 • 사회적 관심 함양 • 잘못된 가치·목표 수정 및 부적응 동기 변화	열등감과 보상, 우월성 추구, 사회적 관심, 생활양식, 허구적 최종목적론, 격려	격려하기, 역설적 의도, 마치 ~인 것처럼 행동하기, 단추 누르기, 초인종 누르기, 타인을 즐겁게 하기, 꿈·생애초기기억 분석
내담자중심 상담	칼 로저스 (C. Rogers)	• 내담자가 자신의 감정과 경험을 이해하고 자기이해·자기수용을 통해 성장 • 자아실현을 촉진	실현화 경향성, 자기개념과 유기체적 경험, 가치의 조건화, 무조건적 긍정적 존중, 공감적 이해, 진실성	적극적 경청, 공감적 반영, 무조건적 긍정적 존중, 진실성 표현, 비지시적 태도 유지
합리적·정서적 행동치료 (REBT)	앨버트 엘리스 (A. Ellis)	• 비합리적 신념을 논박하여 합리적 사고 형성 • 정서적 안정과 건전한 행동 유도	ABC이론(A : 사건, B : 신념, C : 결과), 비합리적 신념(Irrational Belief), 논박(Disputation), 합리적 사고·정서·행동	논박하기(D), 인지적 과제 부여, 현실검증, 재귀훈련, 과장된 사고 수정
인지치료	아론 벡 (A. Beck)	• 왜곡된 사고나 인지적 오류를 인식·수정하여 현실적이고 균형 잡힌 사고 형성	인지적 왜곡, 자동적 사고, 역기능적 신념, 인지적 재구조화	인지재구조화, 사고기록표 작성, 증거 찾기, 대안적 해석, 소크라테스식 질문
교류분석 상담	에릭 번 (E. Berne)	• 자아상태의 인식과 통합 • 교류패턴의 이해와 개선 • 심리적 게임 중단, 생활각본 수정, 자율성 회복	자아상태(P·A·C), 상보·교차·이면교류, 심리적 게임, 생활각본(Script), 라켓감정, 재결단	구조분석(자아상태 분석), 교류분석(상보, 교차, 이면 교류), 게임분석(반복된 부정적 관계), 생활각본분석(무의식적 인생계획 수정), 재결단기법

2021년

1 **아들러(Adler)의 개인주의 상담에 대한 설명으로 맞는 것을 모두 고른 것은?**

> ㉠ 범인류적 유대감을 중시한다.
> ㉡ 인간을 전체적 존재로 본다.
> ㉢ 사회 및 교육 문제에 관심을 갖는다.

① ㉠, ㉡　　　　　　　　　　　　② ㉠, ㉢
③ ㉡, ㉢　　　　　　　　　　　　④ ㉠, ㉡, ㉢

TIP 아들러 개인주의 상담의 특징 및 주요 개념

구분	내용
초기 경험의 중요성	• 아들러는 어린시절 경험이 성인의 삶에 큰 영향을 미친다고 주장하였다. • 인생에 대한 기본 태도인 생활양식도 생애 초기에 형성된다고 보았다.
출생순위의 영향	동일한 가정에서 태어난 자녀들조차 출생순위에 따라 행동 방식이 달라진다.
열등감과 우월성	열등감의 극복과 우월성의 추구가 개인의 주요 목표이다.
목적 지향성	인간의 행동은 목적적이고 목표 지향적이라고 주장한다.
사회적 동기의 중요성	인간이 성적 동기보다 <u>사회적 동기</u>에 의해 더 많이 동기화된다고 주장한다.
인생과제	• 세계와 개인의 관계에 관한 세 가지 과제는 서로 유기적으로 관계를 맺는다. • 세 가지 주제는 일 · <u>사회</u> · 성이다.
의식의 중심성	성격의 중심을 무의식이 아닌 의식에 두었으며, <u>인간을 전체적이고 통합적으로 본다.</u>
사회적 관심	개인의 심리적 건강을 측정하는 중요한 척도로 간주하며 <u>범인류적 유대감을 중시한다.</u>

2 아들러(Adler)의 개인주의 상담의 목표로 옳지 않은 것은?

① 사회적 관심을 갖도록 돕는다.

② 내담자의 잘못된 목표를 수정하도록 돕는다.

③ 패배감을 극복하고 열등감을 감소시킬 수 있도록 돕는다.

④ 전이 해석을 통해 중요한 타인과의 관계 패턴을 알아차리도록 돕는다.

해설 ④ 프로이트의 정신분석 상담이론의 목표에 대한 설명이다. 정신분석 상담에서 전이 해석을 통해 중요한 타인과의 관계패턴을 알아차리도록 돕는다.

TIP 개인주의 상담의 목적

열등감 극복과 우월성 추구	패배감(열등감)을 극복하고 우월감을 추구하도록 돕는다.
사회적 관심 함양	사회적 관심을 갖도록 돕는다.
잘못된 가치와 목표 수정	잘못된 가치와 목표를 수정하도록 돕는다.
부적응적 동기의 변화	잘못된 동기를 바꾸도록 돕는다.

3 개인주의 상담의 상담기법이 아닌 것은?

① 격려하기

② 초인종 누르기

③ 반대 행동하기

④ 타인을 즐겁게 하기

해설 ③ 반대 행동하기는 '형태주의(게슈탈트)' 상담의 기법이다.

TIP 개인주의 상담의 상담기법

격려하기	내담자의 이야기를 경청하고 감정을 공유하며 관심과 이해를 표현함으로 내담자를 존중하고 올바른 결정과 행동을 할 것이라는 믿음을 보여준다(내담자 칭찬하기).
초인종 누르기	상담자와 내담자가 긴장 상태에서 벗어나고 새로운 주제나 방향으로 전환하기 위한 기법이다.
타인을 즐겁게 하기	긍정적인 태도를 유지하며 공감과 감정적인 지원을 내담자가 타인을 위해서 실시해 보도록 하는 기법이다.

ANSWER 1.④ 2.④ 3.③

4 개인이 외부 세계에 내보이는 이미지며 환경의 요구에 조화를 이루려고 하는 적응의 원형은?

① 페르소나

② 원형

③ 아니마와 아니무스

④ 정신

> **해설**　② 원형(archetype) : 융(Carl G. Jung)의 이론에서 원형은 인류 보편의 무의식 속에 존재하는 상징적 이미지나 행동 패턴을 의미한다.
> ③ 아니마(Anima) : 남성의 무의식 속 여성상, 감성적·관계적 측면을 상징한다.
> ③ 아니무스(Animus) : 여성의 무의식 속 남성상, 논리적·이성적 측면을 상징한다.
> ④ 정신 : 의식과 무의식으로 구분, 무의식은 개인무의식과 집단무의식으로 구분된다.

2018년

5 비지시적 상담을 원칙으로 자아와 일에 대한 정보 부족 혹은 왜곡에 초점을 맞춘 직업 상담은?

① 정신분석 직업상담

② 내담자중심 직업상담

③ 행동적 직업상담

④ 발달적 직업상담

> **TIP** 직업상담의 이론별 초점

내담자중심 직업상담	• 창시자 : 칼 로저스 • 직업상담을 적용할 때, 비지시적 상담을 원칙으로 한다. • 내담자가 자아와 일에 대한 정보 부족이나 왜곡을 스스로 수정하도록 초점을 맞춘다.
정신분석 직업상담	• 창시자 : 프로이트 • 무의식적 갈등과 과거 경험을 탐색하는 상담으로 지시적이며 해석 중심이다.
행동적 직업상담	• 학습이론에 근거함. 행동 수정과 조건형성을 통해 문제를 해결함. 매우 지시적이다.
발달적 직업상담	• 수퍼, 긴즈버그 등이 대표적이다. • 진로발달 단계를 이해하고, 발달적 과업을 돕는 상담으로 지시성보다는 조력형이지만, 로저스의 비지시적 상담은 아니다.

2017년

6 내담자중심 상담이론의 특징이 아닌 것은?

① 동일한 상담원리를 정상적인 상태에 있는 사람이나 정신적으로 부적응 상태에 있는 사람 모두에게 적용한다.

② 상담은 모든 건설적인 대인관계의 실제 사례중 단지 하나에 불과하다.

③ 실험에 기초한 귀납적인 접근방법이며 실험적 방법을 상담과정에 적용한다.

④ 상담의 과정과 그 결과에 대한 연구조사를 통하여 개발되어 왔다.

해설 ③ 행동주의 상담의 특징에 해당한다.

TIP 내담자중심 상담이론의 특징

㉠ 동일한 상담원리를 정상적인 상태에 있는 사람이나 정신적으로 부적응 상태에 있는 사람 모두에게 적용한다.
㉡ 상담은 모든 건설적인 대인관계의 실제 사례중 단지 하나에 불과하다.
㉢ 상담의 과정과 그 결과에 대한 연구조사를 통하여 개발되어 왔다.

2017년

7 인간중심상담의 실현화 경향성에 관한 설명으로 틀린 것은?

① 유기체의 성장과 향상, 즉 발달을 촉진하고 지지한다.

② 성숙한 단계에 포함된 성장의 모든 국면에 영향을 준다.

③ 동물을 제외한 살아있는 모든 사람에게서 볼 수 있다.

④ 유기체를 향상시키는 활동으로부터 도출된 기쁨과 만족을 강조한다.

해설 ③ 로저스는 모든 유기체(개인은 물론 살아있는 모든 동·식물 포함)에게 실현화 경향성이 있다고 보았다. 비지시적상담 → 내담자중심상담 → 인간중심상담으로 이론이 발전되었다.

TIP 인간중심 상담의 실현화 경향성

• 유기체의 성장과 향상, 즉 발달을 촉진하고 지지한다.
• 유기체를 향상시키는 활동으로부터 도출된 기쁨과 만족을 강조한다.
• 성숙한 단계에 포함된 성장의 모든 국면에 영향을 준다.
• 사람이나 동물뿐 아니라 모든 살아있는 것에서 볼 수 있다.

ANSWER 4.① 5.② 6.③ 7.③

8 다음은 어떤 상담이론에 관한 설명인가?

> 부모의 가치조건을 강요하여 긍정적 존중의 욕구가 좌절되고, 부정적 자아개념이 형성되면서 심리적 어려움이 발생된다고 본다.

① 행동주의 상담
② 게슈탈트 상담
③ 실존주의 상담
④ 인간중심 상담

해설 인간중심 상담의 '가치의 조건화'
    ㉠ 사람들이 성장하고 발전하기 위해서는 '무조건적인 긍정적 존중'이 필요하다고 강조한다.
    ㉡ 그러나 실제 생활에서 사람들은 종종 '가치조건화'로 인해 고통받는다.
    ㉢ 가치조건화의 형성 과정 : 어린시절 경험, 자기개념 형성, 내적 갈등

TIP 행동주의 상담의 특징

㉠ 인간행동을 자극 – 반응으로 설명한다.
㉡ 내담자의 비정상적, 부적응적 행동을 학습에 의해 획득 · 유지된 것으로 본다.
㉢ 상담자의 능동적이고 지시적인 역할을 강조한다.
㉣ 내담자의 부적절한 행동을 밝혀서 제거하고, 보다 적절한 새로운 행동을 학습하도록 한다.

TIP 게슈탈트 상담의 특징

㉠ 인간은 전체적인 유기체로서, 지금 – 여기(here and now)의 경험과 자각을 통해 성장한다고 본다.
㉡ 미해결 과거 경험(unfinished business)이 현재 행동에 영향을 준다고 본다.
㉢ 내담자의 감정, 신체감각, 언어 · 비언어 행동 등 모든 표현을 '지금 이 순간'에 자각하도록 돕는다.
㉣ 상담자는 해석보다 자각 촉진을 중시하며, 실험과 직면기법을 통해 자기 통합을 유도한다.

TIP 실존주의 상담의 특징

㉠ 인간의 궁극적 관심사로 자유와 책임, 삶의 의미성, 죽음과 비존재, 진실성 등을 제시한다.
㉡ 인간은 자유로운 존재인 동시에 자기 자신을 스스로 만들어가는 존재임을 가정한다.
㉢ 내담자로 하여금 자신의 현재 상태에 대해 인식하고 피해자적 역할로부터 벗어날 수 있도록 조력한다.

9 인간중심 상담이론에 관한 설명으로 틀린 것은?

① 실현화 경향성은 자기를 보전, 유지하고 향상시키고자 하는 선천적 성향이다.

② 자아는 성격의 조화와 통합을 위해 노력하는 원형이다.

③ 가치의 조건화는 주요 타자로부터 긍정적 존중을 받기 위해 그들의 원하는 가치와 기준을 내면화하는 것이다.

④ 현상학적 장은 세계 또는 주관적 경험으로 특정 순간에 개인이 지각하고 경험하는 모든 것을 뜻한다.

해설 ② 융의 분석심리 상담의 내용이다.

TIP 내담자중심상담(인간중심상담)의 특징 및 주요개념

실현화 경향성 (Actualizing Tendency)	• 모든 인간에게 내재된 성장 · 발전하려는 기본적 동기, 생리적 · 심리적 차원을 모두 포함한다. • 자기를 보전, 유지하고 향상시키고자 하는 선천적 성향이다(타고남). • 유기체의 성장과 향상, 즉 발달을 촉진하고 지지한다. • 유기체를 향상시키는 활동으로부터 도출된 기쁨과 만족을 강조한다. • 성숙한 단계에 포함된 성장의 모든 국면에 영향을 준다. • 사람이나 동물뿐 아니라 모든 살아있는 것에서 볼 수 있다.
자기개념 (Self – Concept)	• 자신에 대한 인식 · 평가 가치의 총체이다. • 이상적 자아와 불일치가 클수록 부적응이 심화된다.
가치 조건화 (Conditions of Worth)	• "이럴 때만 사랑받을 수 있다"는 조건적 수용이 내면화되어 자기개념을 왜곡시키는 현상이다. • 가치조건화의 형성 과정 : 어린시절 경험, 자기개념 형성, 내적 갈등
현상학적 장 (Phenomenological Field)	• 주관적 경험이 현실이다 – 인간중심 상담은 개인의 내면적 경험을 실제 현실보다 더 중요하게 여긴다. – 사람은 자신이 어떻게 지각하느냐에 따라 행동하기 때문이다. • 지금–여기의 자각 강조 : 상담자는 내담자의 현상학적 장을 이해하고 존중하며, 그 사람이 '지금 이 순간'에 무엇을 느끼고 경험하는지에 주의를 기울인다. • 무조건적인 긍정적 존중, 공감적 이해, 진실성 : 이 주관적 세계를 안전하게 탐색하고 표현하도록 돕기 위한 상담자의 태도이다.

10 내담자중심상담 상담목표가 아닌 것은?

① 내담자의 내적 기준에 대한 신뢰를 증가시키도록 도와주는 것

② 경험에 보다 개방적이 되도록 도와주는 것

③ 지속적인 성장 경향성을 촉진시켜 주는 것

④ 내담자의 자유로운 선택과 책임의식을 증가시켜 주는 것

해설 ④ 실존주의 상담의 목표 중 하나이다.

TIP 내담자 중심상담 상담 목표

㉠ 개인의 일관된 자아개념을 가지고 현실적 자아가 중심되어 자신의 기능을 최대로 발휘하는 사람이 되도록 돕는 것
㉡ 내담자의 내적 기준에 대한 신뢰를 증가시키도록 도와주는 것
㉢ 경험에 보다 개방적이 되도록 도와주는 것
㉣ 지속적인 성장 경향성을 촉진시켜 주는 것

TIP 실존주의 상담의 목표

㉠ 부적응 행동의 감소와 적응 행동의 학습
㉡ 학습 원리에 근거한 행동 변화 촉진
㉢ 자기통제력과 자기조절 능력 향상
㉣ 자유로운 선택과 책임의식 증가 시켜주는 것

2016년

11 Rogers가 제시한 내담자 변화의 필요충분조건은?

① 공감, 수용, 일치

② 의식, 전의식, 무의식

③ 감각, 알아차림, 접촉

④ 비합리적 신념, 논박, 결과

해설 ② 분석심리 상담의 내용이다.
  ③ 게슈탈트 상담의 내용이다.
  ④ 합리적 정서적 행동치료의 내용이다.

12 내담자 중심 직업상담에서 상담자가 지녀야 할 태도 중 내담자로 하여금 개방적 자기탐색을 촉진하여 그가 지금-여기에서 경험하는 감정을 자각하도록 하는 요인은?

① 일치성

② 일관성

③ 공감적 이해

④ 무조건적 수용

해설 ② 일관성 : Hoallnd의 일관성은 어떤 유형의 쌍들은 다른 유형의 쌍들보다 공통점을 더 많이 가지고 있음을 나타내며, 육각형 모델의 둘레를 따라 서로 인접한 직업유형들은 유사성이 있는 반면, 떨어져 있는 유형들은 유사성이 거의 없음을 의미한다.

TIP 상담자의 기본적 태도 3가지

공감적 이해	상담자와 내담자가 상호작용하는 동안에 발생하는 내담자의 경험과 감정들을 이해하려고 노력하는 것이다.
무조건적 수용 (수용적 존중)	상담자가 내담자를 평가하거나 판단하지 않고, 내담자가 나타내는 어떤 감정이나 행동도 있는 그대로 수용하여 소중히 여기고 존중하는 상담자의 태도이다.
일치성 (일관적 성실성)	내담자로 하여금 개방적 자기탐색을 촉진하여 그가 지금-여기에서 경험하는 감정을 자각하도록 한다.

13 내담자 중심 직업상담에서 스나이더(Snyder)가 제시한 상담자가 보일 수 있는 반응 중 다음은 어떤 반응에 해당하는가?

> 상담자가 내담자의 생각을 변화시키려 시도하거나 내담자의 생각에 상담자의 가치를 주입하려 하는 범주

① 안내를 수반하는 범주
② 지시적 상담 범주
③ 감정에 대한 비지시적 상담 범주
④ 감정에 대한 준지시적 상담 범주

TIP 반응 범주화 : 스나이더(Snyder)가 제시한 상담자가 보일 수 있는 반응

범주	내용
안내를 수반하는 범주	내담자가 어떤 이야기를 해야 하는지에 대해 상담자가 제시해 주는 것
지시적 상담 범주	내담자의 생각에 상담자의 가치를 주입하려 하는 범주
감정에 대한 비지시적 상담 범주	내담자의 표현한 감정과 이야기에 상담자가 재진술하는 범주
감정에 대한 준지시적 상담 범주	내담자의 감정에 대해 해석하는 범주

14 내담자 중심 상담에서 기대하는 상담결과가 아닌 것은?

① 내담자는 이상적 자아개념을 갖는다.
② 내담자는 불일치의 경험이 감소한다.
③ 내담자는 문제해결에 있어 더 능률적이 된다.
④ 타인을 더 잘 수용할 수 있게 된다.

해설 ① 로저스는 이상적 자아를 추구하기보다는 현실적 자기와 경험 간의 일치성을 회복하는 것을 목표로 한다.

TIP 내담자중심상담에서 기대하는 상담결과
㉠ 내담자는 현실적 자아개념이 중심된다.
㉡ 내담자는 불일치의 경험이 감소한다.
㉢ 내담자는 문제해결에 있어 더 능률적이 된다.
㉣ 타인을 더 잘 수용할 수 있게 된다.

15 비합리적 신념에 대한 논박을 통해 사고와 감정의 변화를 도모하는 상담이론은?

① 인지 행동적 상담

② 현실치료

③ 교류분석 상담

④ 합리적·정서적 상담

TIP 상담이론별 특징

이론	내용
인지 행동적 상담	사고와 행동의 상호작용을 이해하고, 부적응적인 인지와 행동을 수정하여 문제해결을 촉진한다.
현실치료	내담자가 현재 자신의 선택에 책임을 지고, 욕구 충족을 위한 효과적인 행동을 계획하도록 돕는다.
교류분석 상담	내담자가 자신의 자아상태와 상호작용 패턴을 자각하고, 비효율적인 관계 방식을 중단하며 자율성을 회복하도록 한다.
합리적·정서적 상담 (REBT)	비합리적 신념에 대한 논박을 통해 사고와 감정의 변화를 도모하고, 합리적 신념 형성을 유도한다.

16 인지정서행동 상담의 비합리적 신념의 차원 중 인간문제의 근본요인에 해당하는 것은?

① 당위적 사고

② 과장

③ 자기비하

④ 인내심 부족

TIP 엘리스의 비합리적 신념

당위적 사고	• 자신에 대한, 타인에 대한, 세상에 대한 당위적 신념 • "반드시 ~해야 한다, "꼭 ~해야 한다" • 인간문제의 근본요인으로서 당위적 사고 : 앨버트 엘리스는 비합리적 신념 중에서도 당위적 사고(must, should, have to 등)를 인간의 심리적 문제의 핵심 원인으로 보았다. 이러한 사고는 현실을 수용하지 못하게 하고, 좌절과 분노, 우울을 유발한다.
과장	• 부정적 사건을 과도하게 해석하거나 재앙화 한다. • 예 : "실수 하나로 내 인생이 끝났어"
자기비하	• 실패나 비판을 이유로 자신 전체를 무가치하게 평가한다. • 예 : "나는 실패했어, 그러니까 나는 쓸모없는 사람이야"
인내심 부족	• 불쾌한 상황을 견디지 못하고 즉각적 만족을 추구한다. • 예 : "이건 너무 지루해, 도저히 못 참겠어"

ANSWER 13.② 14.① 15.④ 16.①

17 다음 상담 과정에서 필요한 상담기법은?

> 내담자 : 전 의사가 될 거예요. 저희 집안은 모두 의사들이거든요.
> 상담자 : 학생은 의사가 될 것으로 확신하고 있네요.
> 내담자 : 예, 물론이지요.
> 상담자 : 의사가 되지 못한다면 어떻게 되나요?
> 내담자 : 한 번도 그런 경우를 생각해 보지 못했습니다. 의사가 안 된다면 내 인생은 매우 끔찍할 것입니다.

① 재구조화   ② 합리적 논박
③ 정보제공   ④ 직면

해설 ② 합리적 논박은 내담자의 비합리적 신념('의사가 안 되면 인생은 매우 끔찍할 것')을 논리적으로 검토하고 수정하도록 돕는 REBT의 핵심기법

18 엘리스(Ellis)가 개발한 합리적, 정서적 행동치료에서 정서적이고 행동적인 결과를 야기하는 것은?

① 선행사건   ② 논박
③ 신념   ④ 효과

TIP 엘리스의 ABCDE 모형

A(Activating event) : 선행 사건	개인에게 일반적인 감정 동요 및 행동에 영향을 끼치는 사건, 앞서 일어난 사건이다.
B(Belief system) : 신념 체계	선행 사건에 대해 개인이 갖게 되는 신념, 합리적이거나 비합리적인 결과를 초래한다.
C(Consequence) : 결과	선행 사건과 신념이 결합되어 나타나는 정서적·행동적 결과, 합리적 신념은 합리적 결과를 비합리적 신념은 비합리적 결과를 초래한다.
D(Dispute) : 논박	비합리적 결과를 초래한 신념을 합리적 신념으로 바꿀 수 있도록 촉구하고 설득하며 논박한다.
E(Effect) : 효과	논박의 효과로 인해 비합리적 신념이 합리적 신념으로 바뀌는 효과이다.

19 인지치료에서 다루는 인지적 오류와 그 사례로 옳은 것은?

① 선택적 추론 - "90%의 성공도 나에게는 실패야"

② 양분법적 논리 - "돌다리도 두들겨 보고 건너자"

③ 과일반화 - "영어시험을 망쳤으니 이번 시험은 완전히 망칠거야"

④ 과소평가 - "나는 이번에 시험에 꼭 합격해야 해"

해설　① "90%의 성공도 나에게는 실패야" → 성공적인 결과(90%)에도 불구하고 일부의 부정적인 부분에만 초점을 맞춰 자신을 실패자로 규정하는 것은 정신적 여과(Mental Filter)에 가깝다.
- 선택적 추론 : 전체 상황의 맥락을 무시하고 한 가지 사소한 부정적 세부 사항에만 초점을 맞추어 결론을 내리는 오류
- 정신적 여과 : 마치 깔때기나 여과 장치처럼, 긍정적인 정보는 모두 걸러내고 부정적인 정보만 선택적으로 흡수하여 전체 상황을 부정적으로 인식하는 오류

② "돌다리도 두들겨 보고 건너자" → 이 속담은 신중함, 조심성을 강조하는 표현으로, 인지적 오류가 아니다. 양분법적 논리는 모든 것을 중간 없이 극단적으로 (성공/실패, 완벽/최악) 나누어 생각하는 오류이다.

④ "나는 이번에 시험에 꼭 합격해야 해" → 과소평가가 아니라 당위적 사고에 해당한다.

20 인지적 왜곡의 유형 중 상황의 긍정적인 양상을 여과하는데 맞추어져 있고 극단적으로 부정적인 세부사항에 머무르는 것은?

① 자의적 추론　　　　　　　　　② 선택적 추상

③ 긍정 격하　　　　　　　　　　④ 잘못된 명명

해설

자의적 추론	충분한 증거 없이 부정적인 결론을 내리는 것이다.
긍정 격하	자신의 긍정적 성취나 칭찬을 폄하하고 무시하는 것이다.
잘못된 명명	하나의 행동이나 실수를 자신 전체의 부정적 특성으로 일반화 하는 것이다.

ANSWER　17.②　18.③　19.③　20.②

21 인지상담에서 주장하는 인지적 오류를 모두 고른 것은?

㉠ 자동적 사고	㉡ 흑백논리
㉢ 자극일반화	㉣ 임의적 추론
㉤ 선택적 추상화	

① ㉠, ㉡, ㉢   ② ㉠, ㉡, ㉤

③ ㉠, ㉢, ㉣   ④ ㉡, ㉣, ㉤

해설 ㉠ 자동적 사고는 인지적 오류가 아니라 인지치료의 핵심 개념이다.
㉢ 자극일반화는 행동주의 개념이다.

2016년

22 교류분석적 상담에 관한 설명으로 틀린 것은?

① 대부분의 다른 이론과는 달리 계약적이고 의사결정적이다.

② 새로운 결정을 내릴 수 있는 개인의 능력을 강조한다.

③ 현재를 온전히 음미하고 경험하는 학습을 강조한다.

④ 개인 간 개인 내부의 상호작용을 분석하기 위한 구조를 제공한다.

해설 ③ 게슈탈트 상담의 특징이다. 교류분석은 현재의 경험보다 대인관계의 교류 구조 분석에 초점을 둔다.

TIP 교류분석적 상담의 특징

㉠ 계약적이고 의사결정적이다.

㉡ 새로운 결정을 내릴 수 있는 개인의 능력을 강조한다.

㉢ 개인 간 및 개인 내부의 상호작용을 분석하기 위한 구조를 제공한다.

㉣ 자아 상태 모델을 핵심 도구로 사용한다.

㉤ 삶의 각본(Life Script) 분석을 통해 문제를 이해한다.

㉥ 궁극적인 목표는 자율성 회복이다.

23 교류분석상담의 과정에서 내담자 자신의 부모자아, 성인자아, 어린이자아의 내용이나 기능을 이해하는 방법은?

① 구조분석
② 의사교류분석
③ 게임분석
④ 생활각본분석

해설

구분	명칭	설명
구조분석	자아상태 분석	개인의 인격을 부모(P)·어른(A)·어린이(C) 세 가지 자아상태로 구분하여, 현재 어떤 자아상태에서 행동·사고·감정을 표현하는지 분석한다.
교류분석/ 게임분석	대인관계 분석	사람들 간의 의사소통(교류)과 반복되는 부정적 상호작용(게임)을 분석하여 문제의 원인을 파악한다.
생활각본분석	인생 시나리오 분석	어린 시절 부모의 영향과 경험으로 형성된 무의식적 인생계획(각본)을 점검하고, 스스로 새로운 각본(재결단)을 선택하도록 돕는 과정이다.

24 다음 대화는 교류분석 이론의 어떤 유형에 해당하는가?

> A : 철수야, 우리 눈썰매 타러 갈래?
> B : 나이에 맞는 행동 좀 해라. 난 그런 쓸데없는 짓으로 낭비할 시간이 없어!

① 암시적 교류
② 직접적 교류
③ 일차적 교류
④ 교차적 교류

해설　④ A는 어린이 자아(C)에서 B의 어린이 자아(C)에게 말을 걸었지만, B는 부모 자아(P)로 어린이 자아(C)에게 반응했기 때문에 자극과 반응의 방향이 교차되었다.

TIP 교류유형 구분

암시적 교류 (이면교류)	겉으로 드러난 메시지와 숨은(암시적) 메시지가 다르다. 겉보기에는 상보적이지만 실제 의도는 다르게 작용한다.
직접적 교류 (상보교류)	자극과 반응이 예상된 자아상태 간에 일치함. 의사소통이 원활한 상태이다.
이차적 교류 (교차교류)	자극과 반응이 다른 자아상태로 교차되어, 의사소통이 단절된다.

ANSWER 21.④ 22.③ 23.① 24.④

25 교류분석적 상담에서 피부접촉, 표정, 태도, 감정, 언어, 기타 여러 형태의 행동을 통해 상대방에 대한 반응을 알리는 인간인식의 기본단위은?

① 스트로크(stroke)

② 교류(transaction)

③ 각본(script)

④ 라켓(racket)

해설 ② 교류(transaction) : 사람들 사이의 의사소통 단위, 즉 자아상태(P-A-C)간의 상호작용이다.
③ 각본(script) : 어린 시절 부모의 영향와 경험을 통해 무의식적으로 형성된 인생계획이다.
④ 라켓(racket) : 과거의 부정적 감정을 습관적으로 현재의 상황에 부적절하게 반복 경험하는 것이다.

26 직업상담 중 대본분석 평가항목이나 질문지를 사용하고, 게임과 삶의 위치분석, 가족모델링 등의 상담기법을 활용하는 것은?

① 개인주의 상담

② 실존주의 상담

③ 교류분석적 상담

④ 형태주의 상담

해설 이론별 상담기법

이론	창시자	주요 상담기법
개인주의 상담	알프레드 아들러(Adler)	격려하기, 마치 ~인 것처럼 행동하기, 단추 누르기 기법, 초인종 누르기 기법, 역설적 의도, 타인을 즐겁게 하기, 꿈 분석, 생애 초기기억 분석 등
실존주의 상담	빅터 프랭클(Frankl)	자유·선택·책임 자각 촉진, 의미 추구, 현존 분석, 만남의 진정성 강조, 자기인식과 불안의 수용
형태주의 상담	프리츠 펄스(Perls)	지금-여기, 빈 의자 기법, 과장하기, 책임지기 기법, 꿈 작업, 반복하기·대화 실험 등

27 주제분석(교류분석)상담의 기능적 자아상태 중 가르치고 통제하며 비판하는 기능에 해당하는 것은?

① FC

② A

③ CP

④ NP

해설 기능적 자아상태

구분	내용
CP(통제적 어버이)	가르치고 통제하며 비판하는 기능이다.
NP(양육적 어버이)	남을 돕고 돌보고 지지하며 칭찬하는 기능이다.
A(어른)	성장한 사람으로서의 자원을 총동원하여 '지금－여기'의 상황에 적절하게 반응하는 기능이다.
FC(자유로운 어린이)	자신의 사고나 행동이나 감정을 있는 그대로 자유롭게 표현하는 기능이다.
AC(순응하는 어린이)	타인의 말이나 규칙 등에 순응하는 기능이다.

2022년

28 인지적－정서적 상담에 관한 설명으로 틀린 것은?

① Ellis에 의해 개발되었다.

② 모든 내담자의 행동적－정서적 문제는 비논리적이고 비합리적인 사고에서 발생한 것이다.

③ 성격 자아상태 분석을 실시한다.

④ A－B－C 이론을 적용한다.

해설 ③ 성격 자아상태 분석은 REBT가 아닌 교류분석 상담의 기법이다.

29 교류분석적 상담의 상담목표에 해당하는 것은?

① 자아상태의 인식과 통합

② 열등감 극복과 우월성 추구

③ 내담자가 자신의 감정과 경험을 이해하고 자기이해 · 자기수용을 통해 성장을 이루도록 돕는 것

④ 자신의 왜곡된 사고나 인지적 오류를 인식하고 수정

해설 상담 이론별 상담목표

상담이론	상담목표
개인주의 상담	열등감 극복과 우월성 추구, 사회적 관심 함양, 잘못된 가치와 목표 수정, 부적응적 동기의 변화시키는 것이다.
내담자중심상담	내담자가 자신의 감정과 경험을 이해하고 자기이해 · 자기수용을 통해 성장을 이루도록 돕는 것이다.
합리적 · 정서적 행동치료 (REBT)	내담자의 비합리적 신념을 발견 · 도전 · 변화시켜 현실적이고 합리적인 사고방식을 형성하게 함으로써, 건강한 정서와 행동을 유도한다.
인지치료 (Cognitive Therapy)	내담자가 자신의 왜곡된 사고나 인지적 오류를 인식하고 수정하여, 현실적이고 균형잡힌 사고를 형성하도록 돕는 것이다.
주제분석 (교류분석적 상담, TA)	자아상태의 인식과 통합, 교류패턴의 이해와 개선, 심리적 게임의 중단, 생활대본의 수정, 자율성 회복을 돕는 것이다.

30 직업상담의 이론가와 이론이 잘못 연결된 것은?

① 지그문트 프로이트(Freud) – 정신분석 상담

② 알프레드 아들러(Adler) – 개인주의 상담

③ 에릭 번(Berne) – 내담자중심상담

④ 아론 벡(Beck) – 인지치료

해설 ③ 에릭 번(Berne) – 교류분석적 상담

TIP 직업상담의 이론가와 이론

이론가	상담이론	핵심 개요
지그문트 프로이트 (S. Freud)	정신분석 상담	무의식, 본능적 충동, 심리성적 발달 등을 통해 인간 행동을 설명하고, 전이·꿈해석 등을 통해 통찰을 유도한다.
알프레드 아들러 (A. Adler)	개인주의 상담	열등감 극복과 사회적 관심 증진을 통해 생활양식을 변화시키고 자기통합을 돕는 상담이다.
칼 로저스 (C. Rogers)	내담자중심상담 (인간중심상담)	무조건적 긍정적 존중, 공감, 진실성 등의 관계를 통해 내담자가 자아실현하도록 돕는 비지시적 접근이다.
아론 벡 (A. Beck)	인지치료	자동적 사고와 인지도식을 확인하고 왜곡된 사고를 합리적으로 수정함으로써 정서와 행동을 변화시킨다.
앨버트 엘리스 (A. Ellis)	REBT (합리적, 정서적 행동치료)	비합리적 신념을 ABCDE 모형을 통해 파악하고 논박하여 합리적 신념으로 대체함으로써 정서와 행동을 변화시킨다.
에릭 번 (Eric Berne)	주제분석 (교류분석 상담)	대인관계 갈등, 감정 반응, 삶의 패턴(게임, 각본 등)을 자각하게 하여 성숙하고 자율적인 삶을 살도록 돕는 교육적·실용적 상담이다.

02 직업상담 접근방법

출제경향

직업상담 접근방법은 특성-요인 직업상담, 내담자 중심 직업상담, 발달적 직업상담, 포괄적 직업상담의 이론적 배경과 접근 관점, 상담 과정과 핵심 개념, 각 접근방법의 특징과 차이점을 중심으로 출제된다. 특히 특성-요인 직업상담의 상담 과정과 기본 가정, 발달적 직업상담에서의 평가 요소, 포괄적 직업상담에서 여러 이론을 통합적으로 적용하는 관점을 구분하여 이해하고 있는지를 묻는 문제가 반복적으로 출제되는 경향이 있다.

학습방법

- 접근방법별 핵심 관점 정리하기

  특성-요인, 내담자 중심, 발달적, 포괄적 직업상담이 각각 무엇을 중심으로 상담을 전개하는지를 비교하며 정리하면 이해에 도움이 된다.
- 이론 · 기법 · 평가 요소 연결하기

  각 접근방법에서 활용되는 상담 과정, 주요 기법, 평가 요소를 함께 정리하여 접근방법 간 혼동을 줄이는 학습이 필요하다.

출제 키워드

특성-요인 상담 과정, 특성-요인 직업상담의 기본 가정, 윌리엄슨(Williamson)의 상담과정, 윌리엄슨(Williamson)의 변별진단 4가지 범주, 수퍼(Super)의 3가지 평가, 포괄적 직업상담 접근법, 고트프레드슨의 진로포부 발달 단계

SECTION 01 특성-요인 직업 상담

(1) 특성-요인 직업상담 모형의 기본 개념

이론적 배경	파슨스(Parsons)의 직업 지도 3단계는 오늘날에도 유효하게 적용되는 상담 단계이다. 검사나 심리 측정 운동을 발달시켰다. • 특성(Trait) : 검사에 의해 측정 가능한 개인의 특징으로 성격, 적성, 흥미, 가치관 등 • 요인(Factor) : 성공적인 직업수행을 위해 요구되는 특징으로 책임감, 성실성, 직업성취도 등
특성-요인 직업상담의 특징 및 주요개념	• 상담자 중심의 상담방법이다. • 문제의 객관적 이해에 중점-과학적이고 합리적인 해결방법을 활용한다. • 내담자에게 정보를 제공하고 학습기술과 사회적 적응기술을 알려주는 것을 중요시한다. • 사례연구를 상담의 중요한 자료로 삼는다. • '직업과 사람을 연결시키기'라는 심리학적 관점의 토대이다. • 표준화 검사의 실시와 결과의 해석을 강조한다. • 상담자는 교육자로서 주장적이고 주도적인 역할을 수행한다.
특성-요인 상담 3단계	• 첫째, 개인에 대하여 탐구한다. • 둘째, 직업세계를 조사한다. • 셋째, 개인과 직업을 연결하여 일치시키는 것이다.
특성-요인 상담의 목표	• 내담자가 자기 자신의 가능성을 확인하고 그 가능성을 활용하도록 한다. • 내담자가 자신이 필요로 하는 정보를 수집, 분석, 종합할 수 있도록 한다. • 내담자가 자신의 문제를 해결하도록 한다.

(2) 특성-요인 직업상담의 과정(윌리엄슨)

단계	내용
1단계 분석	심리검사를 통한 분석을 한다.
2단계 종합	내담자의 이해를 위한 정보를 수집, 종합한다.
3단계 진단	문제의 원인들을 탐색, 문제해결방안을 검토한다.
4단계 예측(예후)	미래 진로에 대한 예언과 처치와 처방적 지도를 실시한다.
5단계 상담(치료)	협동적, 능동적 상담을 한다.
6단계 추수(추후)지도	일상생활에서의 적용과 향후 새로운 문제가 나타났을 때에도 적용할 수 있도록 돕는다.

(3) 주요 상담 기법

설명	검사 결과를 바탕으로 상담자가 내담자가 잘 알 수 있도록 자료를 이해하기 쉽게 밝혀 말한다(해설함).
설득	상담자가 내담자에게 검사자료와 수집한 정보를 분석하여 논리적인 방법으로 합리적인 진로 결정을 할 수 있도록 제시하는 것이다.
직접충고	검사 결과를 바탕으로 내담자에게 상담자가 자신의 견해를 솔직하고 분명하게 드러내는 것이다(표명하는 것).
직업정보 제공	다양한 직업과 교육 정보를 체계적으로 제공한다.
재확인	내담자가 목표를 명확히 인식하도록 되짚어 정리한다.

(4) 상담 기술과 상담 원칙

상담 기술	촉진적 관계형성, 행동계획의 권고와 설계, 계획의 수행, 위임 또는 의뢰
상담 원칙 – 달리(Darley)	• 내담자에게 강의하려 하거나 거만한 자세로 말하지 않아야 한다. • 간단한 어휘를 사용하고, 상담 초기에는 내담자에게 제공하는 정보를 비교적 적은 범위로 시작하여 점차 확대해 나간다. • 어떤 정보나 해답을 제공하기 전에 내담자가 정말로 그것을 알고 싶어 하는지 확인한다. • 상담사는 자신이 내담자가 지니고 있는 여러 가지 태도를 제대로 파악하고 확인해야 한다.

(5) 평가(장단점)

장점	• 직업상담의 과학적, 체계적 접근을 확립한다. • 심리검사 활용 기반을 마련한다. • 합리적 의사결정에 도움을 준다.
단점	• 상담자의 주도성이 강하고 내담자 자율성이 약하다. • 인간을 정적, 기계적 존재로 본다. • 정서, 동기, 환경적 요인을 충분히 고려하지 않는다.

2021년

1 **파슨스(Parsons)가 강조하는 현명한 직업선택을 위한 필수 요인이 아닌 것은?**

① 자신의 흥미, 적성, 능력, 가치관 등 내면적인 자신에 대한 명확한 이해

② 현대사회가 필요로 하는 전망이 밝은 분야에서의 취업을 위한 구체적인 준비

③ 직업에서의 성공, 이점, 보상, 자격요건, 기회 등 직업 세계에 대한 지식

④ 개인적인 요인과 직업 관련 자격요건, 보수 등의 정보를 기초로 한 현명한 선택

해설 ② 파슨스는 사회적 전망보다는 개인−직업 간의 적합성을 강조하였다. 전망이 밝은 분야에서의 취업 하고자 하는 구체적인 준비 단계는 없다.

TIP 파슨스(Parsons)의 직업모델 3요소

㉠ 개인분석

㉡ 직업세계 분석

㉢ 개인적 요소와 직업 관련 요소의 과학적 매칭

2 **특성−요인 이론과 관련된 내용과 가장 거리가 먼 것은?**

① 특성−요인 직업상담은 정신 역동적 가설에서 비롯되었다.

② Parsons는 이 이론의 기반이 되는 3요소 직업지도 모델을 구체화하였다.

③ 특성 안정성과 지속성은 의문을 제기하는 학자들이 있어 논쟁이 되고 있다.

④ 특성−요인 이론에 따른 직업상담 방법들은 합리적이고 인지적인 특성을 가진다.

해설 ① 특성−요인 직업상담은 정신 역동적 가설과는 관계가 없다. 정신 역동은 무의식, 내면 갈등 중심 의 접근이다.

3 특성-요인의 상담목표가 아닌 것은?

① 내담자가 잠재적인 모든 개성을 발달시키는 데 주력한다.
② 내담자가 자기 자신의 가능성을 확인하고 그 가능성을 활용할 수 있게 한다.
③ 내담자가 자신이 필요로 하는 정보를 수집, 분석, 종합할 수 있도록 한다.
④ 내담자가 자신의 문제를 해결하도록 한다.

해설　① 내담자 중심 직업상담의 상담목표이다.

2011년

4 특성-요인 직업상담에서 윌리엄슨이 검사의 해석단계에서 이용할 수 있다고 제시한 상담기법이 아닌 것은?

① 직접충고
② 해석
③ 설득
④ 설명

해설　② 해석은 심리검사 결과를 내담자와 함께 의미를 탐색하고 이해하는 과정이지만, 윌리엄슨은 이를 검사 해석 단계에서 사용하는 상담기법으로 직접 제시하지 않았다.

TIP　윌리엄슨의 3가지 검사해석 기법

㉠ **설명** : 상담자가 검사자료 및 비검사자료들을 해석하여 내담자의 진로선택을 돕는 것이다.
㉡ **설득** : 상담자가 내담자에게 합리적이고 논리적인 방법으로 검사자료를 제시하는 것이다.
㉢ **직접충고** : 검사결과를 토대로 상담자가 내담자에게 자신의 견해를 솔직하게 표명하는 것이다.

ANSWER　1.②　2.②　3.①　4.②

5 Williamson의 특성 – 요인 직업상담의 단계를 바르게 나열한 것은?

㉠ 분석	㉡ 종합
㉢ 진단	㉣ 예측
㉤ 상담	㉥ 추수지도

① ㉠ → ㉡ → ㉢ → ㉣ → ㉤ → ㉥
② ㉢ → ㉠ → ㉡ → ㉤ → ㉣ → ㉥
③ ㉡ → ㉠ → ㉣ → ㉢ → ㉤ → ㉥
④ ㉠ → ㉢ → ㉤ → ㉡ → ㉣ → ㉥

해설 Williamson의 특성 – 요인 직업상담의 단계

단계	내용
1단계 분석	심리검사를 통한 분석을 한다.
2단계 종합	내담자의 이해를 위한 정보를 수집, 종합한다.
3단계 진단	문제의 원인들을 탐색, 문제해결방안을 검토한다.
4단계 예측(예후)	미래 진로에 대한 예언과 처치와 처방적 지도를 실시한다.
5단계 상담(치료)	협동적, 능동적 상담을 한다.
6단계 추수(추후)지도	일상생활에서의 적용과 향후 새로운 문제가 나타났을 때에도 적용할 수 있도록 돕는다.

6 특성 – 요인 직업상담에서 상담자가 지켜야 할 상담원칙으로 틀린 것은?

① 내담자에게 강의하려 하거나 거만한 자세로 말하지 않는다.

② 전문적인 어휘를 사용하고, 상담 초기에는 내담자에게 제공하는 정보를 비교적 큰 범위로 확대한다.

③ 어떤 정보나 해답을 제공하기 전에 내담자가 정말로 그것을 알고 싶어 하는지 확인한다.

④ 상담사는 자신이 내담자가 지니고 있는 여러 가지 태도를 제대로 파악하고 있는지 확인한다.

해설 ② 상담 초기에는 전문용어나 과도한 정보 제공을 피하고, 내담자가 이해할 수 있도록 간단하고 구체적으로 설명해야 한다.

ANSWER 5.① 6.②

SECTION 02 내담자 중심 직업상담

(1) 내담자 중심 직업상담 모형의 기본 개념

이론적 배경	• 칼 로저스(C. Rogers)의 인간중심상담 이론에 기초한다. • 내담자 중심 상담에 뿌리를 두고 있다.
핵심 전제	인간은 스스로 문제를 해결하고 성장할 수 있는 '실현화 경향성'을 지닌 존재이다.
상담 목표	내담자가 자신의 감정, 가치, 경험을 탐색하여 자기이해를 높이고 자율적으로 진로를 결정하도록 돕는 것이다.
상담자의 역할	조언자나 전문가가 아니라 공감적 촉진자로서 내담자의 자기탐색을 지원한다.
내담자 중심 직업상담의 특징	• 비지시시적 상담을 원칙으로 자기(자아)와 일에 대한 정보 부족 혹은 왜곡에 초점을 맞춘다. • 자기개념(자아개념)을 중심으로 자기(자아)와 일의 세계에 대한 정보 부족과 일치성 부족으로 내담자의 부적응이 발생한다고 본다. • 모든 내담자는 공통적으로 자기와 경험의 불일치로 인해서 고통을 받고 있기 때문에, 직업상담 과정에서 내담자가 지니고 있는 직업문제를 진단하는 것 자체가 불필요하다고 본다. • 진로 및 직업선택과 관련된 내담자의 불안을 줄이고 자기의 책임을 수용하도록 한다.
내담자 중심 직업상담의 목적	• 내담자 중심 직업상담의 목적 및 결과는 상담을 통해 직업적 역할 속에서 자기(자아)가 이행되는 정도, 즉 일치성의 정도에 달려 있다. • 내담자가 직업발달의 연속선상에서 어느 위치에 있든지 간에 직업적 역할 속에서 자기(자아)의 개념을 명백히 하고 실행할 수 있도록 돕는다.

(2) 내담자 중심 직업상담의 과정

관계 형성	공감, 수용, 진실성을 바탕으로 신뢰 관계를 형성한다.
자기 탐색	내담자가 자신의 감정, 가치, 경험을 자유롭게 표현하도록 돕는다.
통찰 증진	자기이해를 통해 진로 문제의 원인을 스스로 깨닫게 한다.
의사결정	외부 조언이 아닌 내면의 통찰에 기반한 자율적 선택을 하도록 촉진한다.
실행 및 성장	내담자가 선택한 진로 방향에 따라 행동하고 자기효능감을 강화한다.

(3) 주요 상담기법

공감적 이해	내담자의 내면세계를 마치 자신의 내면세계인 것처럼 느껴야 한다.
무조건적 수용	내담자를 아무런 조건 없이 무조건적이고 긍정적으로 존중해야 한다.
일치성과 진실성	진실하고 개방적이어야 한다.
감정 반영	내담자의 감정을 언어로 되돌려 주어 자기이해를 돕는다.
명료화	내담자의 모호한 진술을 명확하게 정리해 준다.

(4) 반응의 범주화(상담자의 언어적 개입)

안내를 수반하는 범주	• 면접의 방향을 결정짓는 범주로서, 상담자가 내담자로 하여금 이야기해야 할 것이 무엇인지를 제시해 주는 것이다. • 예 : "오늘은 직업 선택에 대해 이야기해 볼까요?"
감정에 대한 비지시적 반응범주	• 해석이나 충고, 비평이나 제안 없이 내담자가 표현하는 감정을 재진술하는 범주이다. • 예 : "지금 많이 답답하신가 봐요."
감정에 대한 준지시적 반응범주	• 내담자의 감정에 대해 해석하는 범주로서, 내담자의 정서나 반응에 대한 상담자의 의미부여 또는 해석 등의 반응이 포함된다. • 예 : "그때 화가 난 건 인정받지 못했다고 느껴서겠죠."
지시적 상담범주	• 상담자가 내담자의 생각을 변화시키려 시도하거나 내담자의 생각에 상담자의 가치를 주입하려 하는 범주이다. • 예 : "그렇게 생각하면 안 되죠"

(5) 검사의 사용 및 해석

① 상담자는 심리검사의 장단점, 제한점을 충분히 이해하고 있어야 한다.

② 내담자가 검사를 원하는 이유와 과거 검사 경험을 먼저 탐색한다.

③ 내담자가 알고자 하는 정보와 관련하여 해당 검사의 유용성과 한계를 설명한다.

④ 검사 결과는 추가 자료가 확보될 때까지는 잠정적으로 다루며, 신중하게 제시되어야 한다.

⑤ 검사 결과를 전달할 때는 평가적이거나 단정적인 말투를 피하고, 항상 중립적인 태도를 유지한다.

⑥ 적성검사의 결과는 확률적인 예측으로 제시할 수 있다.

⑦ 검사 결과의 해석 과정에 내담자가 적극적으로 참여하도록 한다.

⑧ 낮은 점수의 검사 결과를 해석할 때는 특히 신중하고 배려 깊게 접근해야 한다.

⑥ 상담 기술과 상담 원칙

상담 기술	경청, 반영, 명료화, 요약, 재진술, 공감 표현 등
상담 원칙	비지시성 : 상담자는 조언보다 탐색을 돕는다. 수용적 태도 : 비판이나 평가 없이 내담자를 존중한다. 자기이해 중심 : 내담자가 스스로 문제의 본질을 깨닫게 한다. 현재 중심 : 내담자의 현재 경험과 감정에 초점을 맞춘다.

⑦ 평가

장점	내담자의 자율성과 자기결정 능력을 존중한다. 상담관계가 공감적, 인간적이며 심리적 안정감을 제공한다. 내담자의 성장과 자기이해 촉진에 효과적이다.
단점	직업정보나 구체적 조언 제공이 부족할 수 있다. 구조가 느슨해 상담 목표가 모호해질 수 있다. 행동 변화보다 정서적 수용에 치중될 위험이 있다.

1 다음은 어떤 직업상담 접근방법에 관한 설명인가?

> • 상담자는 내담자의 직업성숙도와 진로발달단계를 파악하여, 자아개념과 진로정체성을 경확히 인식하도록 돕는다.
> • 또한 진로자서전이나 의사결정 일기 등을 활용해 현실적 목표를 세우고 진로성장과 개인의 성숙을 함께 촉진한다.

① 포괄적 직업상담 ② 발달적 직업상담

③ 내담자 중심 직업상담 ④ 특성－요인 직업상담

해설 ② 수퍼(Super)가 제안한 접근으로, 진로발달단계와 직업성숙도의 일치를 중시한다. 내담자가 자신의 자아개념을 인식·실현하도록 돕고, 진로발달과 개인의 성숙을 함께 촉진하는 상담이다.

2 직업상담기법 중 비지시적 상담 규칙이 아닌 것은?

① 상담자는 내담자와 논쟁해서는 안 된다.

② 상담자는 내담자에게 질문 또는 이야기를 해서는 안 된다.

③ 상담자는 내담자에게 어떤 종류의 권위도 과시해서는 안 된다.

④ 상담자는 인내심을 가지고 우호적으로 그러나 지적으로는 비판적인 태도로 내담자의 말을 경청해야 한다.

해설 ② 비지시적 상담은 로저스가 제시한 인간중심(내담자 중심) 상담기법이다. 비지시적 상담은 심리검사가 아닌 질문과 이야기(대화상담)로 내담자를 이해하고 문제를 해결한다.

ANSWER 1.② 2.②

3   내담자 중심 상담에서 검사의 사용 및 해석에 대한 원칙이 아닌 것은?

① 상담자는 심리검사의 장단점, 제한점을 충분히 이해하고 있어야 한다.

② 상담자는 검사결과를 토대로 상담자가 내담자에게 자신의 견해를 솔직하게 표명한다.

③ 내담자가 검사를 원하는 이유와 과거 검사 경험을 먼저 탐색한다.

④ 내담자가 알고자 하는 정보와 관련하여 해당 검사의 유용성과 한계를 설명한다.

해설　② 특성-요인 직업상담의 직접충고에 해당한다.

4   패터슨(Patterson)의 내담자중심 직업상담의 직업정보 활용원리가 아닌 것은?

① 직업정보는 내담자에게 영향을 주거나 조작하기 위해 사용해서는 안 된다.

② 직업정보를 제공할 때는 내담자 입장에서 필요하다고 인정할 때만 제공한다.

③ 직업과 일에 대한 내담자의 태도와 감정을 자유롭게 표현할 수 있도록 한다.

④ 직업정보는 내담자가 편리하도록 상담자가 직접 찾아서 제공해야 한다.

해설　④ 직업정보의 출처를 알려주고 직접 찾도록 격려하여 내담자의 자발성과 책임감을 증진시킨다.

5 내담자 중심 상담을 활용할 때 상담자의 언어적 개입의 범주에 해당하는 것은?

> 면접의 방향을 결정짓는 범주로서, 상담자가 내담자로 하여금 이야기해야 할 것이 무엇인지를 제시해 주는 것이다.

① 지시적 상담범주
② 감정에 대한 비지시적 반응범주
③ 안내를 수반하는 범주
④ 감정에 대한 준지시적 반응범주

해설 반응의 범주화(상담자의 언어적 개입)

안내를 수반하는 범주	• 면접의 방향을 결정짓는 범주로서, 상담자가 내담자로 하여금 이야기해야 할 것이 무엇인지를 제시해 주는 것이다. • 예 : "오늘은 직업 선택에 대해 이야기해 볼까요?"
감정에 대한 비지시적 반응범주	• 해석이나 충고, 비평이나 제안 없이 내담자가 표현하는 감정을 재진술하는 범주이다. • 예 : "지금 많이 답답하신가 봐요."
감정에 대한 준지시적 반응범주	• 내담자의 감정에 대해 해석하는 범주로서, 내담자의 정서나 반응에 대한 상담자의 의미부여 또는 해석 등의 반응이 포함된다. • 예 : "그때 화가 난 건 인정받지 못했다고 느껴서겠죠."
지시적 상담범주	• 상담자가 내담자의 생각을 변화시키려 시도하거나 내담자의 생각에 상담자의 가치를 주입하려 하는 범주이다. • 예 : "그렇게 생각하면 안 되죠"

6 내담자 중심 직업상담의 상담자 태도가 아닌 것은?

① 일치성과 진실성

② 공감적 이해

③ 무조건적 수용

④ 진로자서전

해설 ④ 발달적 직업상담의 상담기법에 해당한다.

TIP 내담자 중심 직업상담의 주요 상담기법

공감적 이해	내담자의 내면세계를 마치 자신의 내면세계인 것처럼 느껴야 한다.
무조건적 수용	내담자를 아무런 조건 없이 무조건적이고 긍정적으로 존중해야 한다.
일치성과 진실성	진실하고 개방적이어야 한다.
감정 반영	내담자의 감정을 언어로 되돌려 주어 자기이해를 돕는다.
명료화	내담자의 모호한 진술을 명확하게 정리해 준다.

7 내담자 중심 직업상담의 기본 전제로 가장 적절한 것은?

① 인간은 본래 수동적이며 외적 자극에 의해 행동이 결정된다.

② 인간은 스스로 성장하고 문제를 해결할 수 있는 능력을 지닌 존재이다.

③ 내담자의 문제는 무의식적 갈등에서 비롯된다.

④ 진로결정은 개인의 적성과 흥미가 일치할 때 이루어진다.

해설 ① 행동주의 상담이론이다.
③ 정신분석적 상담이론이다.
④ 특성 – 요인 이론이다.

8 내담자중심 직업상담에서 직업 선택의 핵심 기준으로 가장 적절한 것은?

① 직업의 안정성과 소득 수준

② 사회적 인정과 경쟁력

③ 개인의 자아개념과 가치관의 일치

④ 적성검사 결과의 점수

해설　① 외적 요인을 강조하는 현실주의 · 특성－요인이론 관점이다.
　　　② 사회적 기대나 지위 중심의 접근으로 정신역동 이론에 가깝다.
　　　④ 검사 중심의 접근으로 특성－요인이론에 해당한다.

SECTION 03 발달적 직업 상담

(1) 발달적 직업상담 모형의 기본 개념

이론적 배경	• 진로는 한 시점의 선택이 아니라 인생 전반에 걸친 발달과정이다. • 대표적인 학자는 수퍼(Super), 긴즈버그(Ginzberg), 타이드만&오하라(Tiedeman&O'Hara) 등
핵심 전제	• 직업발달은 성격, 자아개념, 역할, 환경적 요인이 상호작용하며 형성된다. • 진로선택은 단회적 결정이 아니라 지속적 성장, 적응의 과정이다.
상담 목표	내담자가 자신의 자아개념(Self-concept)을 명확히 하고 생애주기별로 진로발달 과업을 성공적으로 수행할 수 있도록 돕는다.
상담자의 역할	진로선택의 조언자가 아니라, 발달단계별 진로과업을 지원하는 촉진자(Facilitator) 역할을 한다.
발달적 직업상담의 의의	• 내담자의 생애단계를 통한 진로발달의 측면을 중시한다. • 발달의 의사결정적 측면을 강조한 정신역동적 직업상담과 달리, 내담자의 직업 의사결정 문제와 직업성숙도(진로성숙도) 사이의 일치성에 초점을 둔다. • 직업상담을 통해 개인의 진로발달을 도움으로써 내담자의 개인적 및 사회적 발달이 촉진될 수 있도록 조력한다.

수퍼(Super)의 세 가지 평가유형		
	* 진로발달은 전 생애에 걸쳐 계속되는 과정이므로, 개인의 과거와 현재뿐만 아니라 미래까지도 동시에 고려해야 한다는 주장이다. • 진로발달을 개인과 환경과의 상호작용에 의한 적응 과정이라 강조한다.	
	문제의 평가	내담자가 겪고 있는 어려움이나 직업상담에 대한 내담자의 기대를 평가한다.
	개인의 평가	내담자의 신체적, 심리적, 사회적 상태에 대한 통계자료 및 사례연구로 분석이 이루어진다.
	예언평가 (예후평가)	내담자에 대한 직업적, 개인적 평가를 토대로 내담자가 성공하고 만족할 수 있는 것에 대한 예언이 이루어진다.

	단계	시기	주요 과업
수퍼(Super)의 진로발달단계	성장기	0 ~ 14세	자아개념·흥미·능력 발달
	탐색기	15 ~ 24세	진로탐색, 직업적 시도
	확립기	25 ~ 44세	직업선택, 안정화
	유지기	45 ~ 64세	직업적 성숙 유지
	쇠퇴기	65세 이후	은퇴 및 새로운 역할 준비
발달적 직업상담에서 직업정보가 갖추어야 할 조건	• 사회경제적 측면에서 수준별 직업의 유형 및 그러한 직업들이 갖는 직업적 특성에 대한 정보 • 높은 수준의 직업이란 어느 정도의 수준을 의미하는지, 부모의 사회경제적 수준과 개인의 직업수준 사이에는 어떤 관계가 있는지에 대한 정보 • 낮은 수준의 직업에서 높은 수준의 직업으로 옮겨갈 수 있는 방법, 이를 위해 요구되는 지식과 기술에 대한 정보 • 사람들이 주로 어떤 직업에서 어떤 직업으로 옮겨가고 있는지, 그 비율은 어느 정도인지, 이러한 직업의 이동 방향과 비율을 결정하는 요인에는 어떤 것들이 있는지에 대한 정보 • 특정 직업분야나 산업분야에의 접근가능성과 개인의 적성, 가치관, 성격특성 등의 요인들 간의 관계에 대한 정보 • 부모와 개인의 직업적 수준과 그 차이, 그리고 그들의 적성, 흥미, 가치, 개인적 특성들 간의 관계에 대한 정보		

(2) 발달적 직업상담의 단계(Super)

1단계	문제 탐색 및 자아(자기)개념 묘사	비지시적 방법으로 문제를 탐색하고 자아(자기)개념을 묘사한다.
2단계	심층적 탐색	지시적 방법으로 심층적 탐색을 위한 주제를 설정한다.
3단계	자아수용 및 자아통찰	자아수용 및 자아통찰을 위해 비지시적 방법으로 사고와 느낌을 명료화한다.
4단계	현실검증	심리검사, 직업정보, 과외활동 등을 통해 수집된 사실적 자료들을 지시적으로 탐색한다.
5단계	태도와 감정의 탐색과 처리	현실검증에서 얻어진 태도와 감정을 비지시적으로 탐색하고 처리한다.
6단계	의사결정	대안적 행위들에 대한 비지시적 고찰을 통해 자신의 직업을 결정한다.

(3) 주요 상담 기법

생애진로사정	개인의 생애 역할(자녀, 학생, 직장인 등)과 가치, 경험을 통합적으로 탐색한다.
진로자아개념 탐색	자신이 '일하는 사람'으로서 어떤 정체성을 갖고 싶은지 탐색한다.
역할연습 및 모델링	발달단계에 맞는 직업역할을 시각화하고 실습한다.
진로포트폴리오 작성	진로발달 과정과 성취를 시각화하여 자기이해를 강화한다.
생애곡선 (Life line)	인생의 중요한 시점과 직업적 사건을 회고하며 성장과 변화를 성찰한다.

(4) 발달적 직업상담에서 사용하는 검사와 기법

집중검사	특성－요인 직업상담처럼 직업상담의 초기에 내담자에게 종합진단을 실시하는 것이다.
정밀검사	직업상담이 진행되는 과정 중에 내담자의 직업발달 과정과 유형을 개별검사들을 통해 평가하는 것이다.
진로자서전	내담자의 과거 의사결정 방식을 알아보기 위해 학과선택, 아르바이트 경험 등 과거의 일상적인 결정들에 대해 자유롭게 기술하도록 한다.
의사결정일기	내담자의 현재 의사결정 방식을 알아보기 위해 오늘 무엇을 할 것인지 등 매일의 일상적인 결정들에 대해 자유롭게 기술하도록 한다.

(5) 상담 기술과 상담 원칙

상담 기술	경청, 반영, 요약, 명료화, 발달단계 진단, 진로과업 점검, 역할탐색, 피드백 제공한다.
상담 원칙	• 발달적 관점 유지 : 진로문제는 성장단계의 과업 미달성으로 본다. • 자아개념 중심 : 자기를 이해하고 일과의 관계를 통합한다. • 전생애적 접근 : 진로는 생애 전반의 역할과 연관된다. • 적응적 조정 : 환경 변화에 유연하게 대응하도록 돕는다.

(6) 평가

장점	• 진로를 성장과정으로 이해하여 인간발달의 전체 맥락을 고려한다. • 내담자의 자아 이해와 자기주도성을 강화한다. • 진로적응력을 높여 변화에 대처하도록 돕는다.
단점	• 발달단계 구분이 개인차를 충분히 반영하지 못한다. • 실제 직업결정의 구체적 방법 제시가 부족하다. • 상담 기간이 길고 지속적 접근이 필요하여 현실적 제약이 크다.

2020년

1 Super의 진로발달이론에 대한 설명으로 틀린 것은?

① 진로발달은 성장기, 탐색기, 확립기, 유지기, 쇠퇴기를 거쳐 이루어진다.

② 진로선택은 자아개념의 실현과정이다.

③ 진로발달에 있어서 환경의 영향보다는 개인의 흥미, 적성, 가치가 더 중요하다.

④ 자아개념은 직업적 선호와 환경과의 상호작용을 통해 계속 변화한다.

해설 ③ 수퍼는 진로발달을 개인과 환경의 상호작용 과정으로 보았다. 즉, 개인적 요인(흥미·가치·능력)과 환경적 요인(가족, 교육, 사회적 기회)이 모두 중요하다고 강조한다.

TIP Super의 진로발달 단계

단계	시기	주요 과업
성장기	0 ~ 14세	자아개념·흥미·능력 발달
탐색기	15 ~ 24세	진로탐색, 직업적 시도
확립기	25 ~ 44세	직업선택, 안정화
유지기	45 ~ 64세	직업적 성숙 유지
쇠퇴기	65세 이후	은퇴 및 새로운 역할 준비

ANSWER 1.③

2 발달적 직업상담에서 Super가 제시한 평가의 종류 중 내담자가 겪고 있는 어려움이나 직업상담에 대한 내담자의 기대를 평가하는 것은?

① 문제평가
② 현실평가
③ 일차평가
④ 내용평가

TIP 수퍼(Super)의 세 가지 평가유형

문제의 평가	내담자가 겪고 있는 어려움이나 직업상담에 대한 내담자의 기대를 평가한다.
개인의 평가	내담자의 신체적, 심리적, 사회적 상태에 대한 통계자료 및 사례연구로 분석이 이루어진다.
예언평가 (예후평가)	내담자에 대한 직업적, 개인적 평가를 토대로 내담자가 성공하고 만족할 수 있는 것에 대한 예언이 이루어진다.

3 생애 직업발달에 관한 설명으로 틀린 것은?

① 개인의 역할, 상황, 사건 간의 상호작용에 대한 개념이다.
② 개인의 생활양식에 따라 다양하게 표현된다.
③ 자아 발달을 강조하는 개념이다.
④ 단일 시점의 특정한 사건을 해결하는 방안에 대한 개념이다.

해설 ④ 생애 직업발달은 특정 시점의 단일 시점이 아닌 생애 전체를 아우르는 진로적응과정을 설명한다.

4 수퍼(Super)가 제시한 발달적 직업상담 단계를 바르게 나열한 것은?

> ㉠ 문제탐색 및 자아개념묘사
> ㉡ 현실검증
> ㉢ 자아 수용 및 자아 통찰
> ㉣ 심층적 탐색
> ㉤ 태도와 감정의 탐색과 처리
> ㉥ 의사결정

① ㉠ → ㉡ → ㉢ → ㉣ → ㉤ → ㉥
② ㉠ → ㉣ → ㉢ → ㉡ → ㉤ → ㉥
③ ㉠ → ㉢ → ㉡ → ㉣ → ㉤ → ㉥
④ ㉠ → ㉡ → ㉣ → ㉢ → ㉤ → ㉥

TIP 수퍼(Super)가 제시한 발달적 직업상담 단계

	단계	내용
1단계	문제 탐색 및 자아(자기)개념 묘사	비지시적 방법으로 문제를 탐색하고 자아(자기)개념을 묘사한다.
2단계	심층적 탐색	지시적 방법으로 심층적 탐색을 위한 주제를 설정한다.
3단계	자아수용 및 자아통찰	자아수용 및 자아통찰을 위해 비지시적 방법으로 사고와 느낌을 명료화한다.
4단계	현실검증	심리검사, 직업정보, 과외활동 등을 통해 수집된 사실적 자료들을 지시적으로 탐색한다.
5단계	태도와 감정의 탐색과 처리	현실검증에서 얻어진 태도와 감정을 비지시적으로 탐색하고 처리
6단계	의사결정	대안적 행위들에 대한 비지시적 고찰을 통해 자신의 직업을 결정한다.

ANSWER 2.① 3.④ 4.②

5 긴즈버그(Ginzberg)의 진로발달 3단계가 아닌 것은?

① 잠정기(tentative phase)

② 환상기(fantasy phase)

③ 탐색기(exploring phase)

④ 현실기(realistic phase)

해설 긴즈버그의 진로발달 단계
- ㉠ 환상기 : 흥미와 상상에 따라 직업을 선택하는 시기(흥미기, 능력기, 가치기, 전환기)이다.
- ㉡ 잠정기 : 능력, 흥미, 가치, 현실 등을 점차 고려하며 진로를 탐색하는 시기이다.
- ㉢ 현실기 : 구체적 계획 수립, 직업 탐색, 실제 선택 및 준비를 수행하는 시기(탐색기, 구체화기, 특수화기)이다.

6 진로성숙도검사(CMI)의 태도척도 영역과 이를 측정하는 문항의 예가 바르게 짝지어진 것은?

① 결정성 - 나는 선호하는 진로를 자주 바꾸고 있다.

② 독립성 - 나는 졸업할 때까지는 진로선택 문제에 별로 신경을 쓰지 않겠다.

③ 타협성 - 일하는 것이 무엇인지에 대해 생각한 바가 거의 없다.

④ 성향 - 나는 하고 싶기는 하나 할 수 없는 일을 생각하느라 시간을 보내곤 한다.

해설 진로성숙도검사(CMI)의 태도척도 영역:
- ㉠ 결정성 : 나는 선호하는 진로를 자주 바꾸고 있다.
- ㉡ 참여성 : 나는 졸업할 때까지는 진로선택 문제에 별로 신경을 쓰지 않겠다.
- ㉢ 독립성 : 진로선택에 독립적으로 할 수 있는 정도이다.
- ㉣ 성향(지향성) : 일하는 게 무엇인지에 대해 생각한 바가 거의 없다.
- ㉤ 타협성 : 나는 하고 싶기는 하나 할 수 없는 일을 생각하느라 시간을 보내곤 한다.

7 **발달적 직업상담에 관한 설명으로 틀린 것은?**

① 내담자의 직업 의사결정문제와 직업 성숙도 사이의 일치성에 초점을 둔다.

② 내담자의 진로발달과 함께 일반적 발달 모두를 향상시키는 것을 목표로 한다.

③ 정밀검사는 특성–요인 직업상담처럼 직업상담의 초기에 내담자에게 종합진단을 실시하는 것이다.

④ 직업상담사가 사용할 수 있는 기법에는 진로 자서전과 의사결정 일기가 있다.

해설 ③ 발달적 직업상담에서는 정밀검사를 상담 중간 단계 이후에 실시하며, 초기 종합진단을 하지 않는다.

8 **이론적 강조점이 다른 직업심리 이론가는?**

① 수퍼(Super)

② 패터슨(Paterson)

③ 윌리엄슨(Williamson)

④ 파슨스(Parsons)

해설 ① 패터슨, 윌리엄슨, 파슨스는 '특성이론' 학자이며, 수퍼는 '발달이론' 학자이다.

ANSWER 5.③ 6.① 7.③ 8.①

SECTION 04 포괄적 직업 상담

(1) 포괄적 직업상담 모형의 기본 개념

포괄적 직업상담 : 크릿츠(Crites)가 여러 직업상담 이론들과 일반상담 이론들이 갖는 장점들을 서로 절충하고 단점들을 보완하여 일관성 있게 체계로 통합시킨 이론이다.

이론적 배경	• 특성－요인이론, 정신분석이론, 행동주의이론, 인간중심이론 등 다양한 상담이론을 절충, 통합한다. • 한 가지 이론에 치우치지 않고 내담자 특성에 따라 다양한 상담 전략을 융합하는 통합적 모델이다.
핵심 전제	• 직업문제는 한 가지 원인(흥미, 가치, 환경)으로 설명할 수 없으며 다차원적 요인의 결과이다. • 따라서 상담자는 내담자의 인지·정서·행동·환경적 요인을 모두 고려해 개별화된 개입을 해야 한다.
상담 목표	내담자가 자신의 자기이해, 의사결정 능력, 환경 적응력, 진로발달 역량을 통합적으로 향상시키는 것이다.
상담자의 역할	한 이론에 국한되지 않고 상황에 따라 유연하게 이론과 기법을 선택, 적용하는 통합적 전문가이다.

상담 단계별 주요 접근 이론 : 초기 단계에는 발달적 접근법과 내담자중심 접근법을, 중간 단계에서는 정신역동적 접근법을, 마지막 단계에는 특성－요인적 접근법과 행동주의적 접근법으로 접근한다.

상담 단계별 주요 접근 이론	초기 단계	발달적 접근법과 내담자 중심 접근법을 통해 내담자에 대한 탐색과 문제의 원인에 대한 토론을 촉진시킨다.
	중기 단계	정신역동적 접근법을 통해 내담자의 문제에서 원인이 되는 요인을 명료히 밝혀 이를 제거한다.
	상담 마무리 단계	특성－요인 접근법과 행동주의적 접근법을 통해 상담자가 보다 능동적, 지시적인 태도로 내담자의 문제해결에 개입하게 된다.

포괄적 직업상담의 특징 및 주요개념	• 논리적인 것과 경험적인 것을 의미 있게 절충시킨 모형이다. • 진단은 변별적이고 역동적인 성격을 가진다. • 문제해결 단계에서는 도구적(조작적) 학습에 초점을 맞춘다. • 직업 흥미·적성 심리검사를 활용하여 내담자의 문제를 분류하고 진로성숙도(CMI)를 통해 내담자의 직업선택에 대한 능력과 태도를 검토한다.

포괄적 직업상담의 목표	직업선택, 의사결정 기술의 습득, 일반적 고양 등의 습득이다.

(2) 포괄적 직업상담의 과정

1단계	진단	내담자가 직업선택에서 가졌던 문제들을 진단한다.
2단계	명료화(문제분류, 문제 구체화)	내담자의 진로문제를 직업심리검사 등을 통해 명료화한다(해석함).
3단계	문제해결	• 내담자는 자신의 문제를 확인하고 상담과 검사를 통해 얻어진 자료를 바탕으로 직업정보를 제공한다. • 문제해결을 위한 의사결정을 실시한다.

(3) 주요 상담 기법

변별적 진단검사	직업성숙도검사, 직업적성검사, 직업흥미검사 등을 실시하여 직업상의 문제를 가려낸다.
역동적 진단검사	상담자와 내담자의 상호작용을 통해 상담자에 의한 주관적 오류를 보완하며, 상담과정에서 얻은 다양한 자료들을 통해 심리측정적 자료에 의한 통계적인 오류를 보완한다.
결정적 진단검사	직업선택 및 의사결정의 과정에서 나타나는 내담자의 다양한 문제를 체계적으로 분석한다.

(4) 상담 기술과 상담 원칙

상담 기술	경청, 반영, 명료화, 요약, 해석, 직업정보제공, 목표설정, 행동계획 수립 등
상담 원칙	• 통합성 : 내담자 특성에 따라 다양한 이론과 기법을 유연하게 적용한다. • 개별화 : 내담자의 발달단계, 가치, 환경을 고려한 맞춤형 접근이다. • 과학성과 인간성의 균형 : 검사, 분석 중심의 합리성과 인간관계 중심의 공감의 조화이다. • 지속성 : 사후관리와 추수지도까지 포함한 전과정을 지원한다.

(5) 평가

장점	• 기존의 직업상담이론의 장점을 통합적으로 접근하여 내담자와 상황에 맞게 적용할 수 있다. • 진학, 취업, 적응 등 폭넓은 직업문제에 활용 가능하며 현실성이 높다. • 다양한 접근법을 통해 내담자의 문제 이해와 해결 가능성을 높인다.
단점	• 다른 직업상담이론과 마찬가지로 진학 및 취업 초기의 문제에는 적합하지만 취업 후 직업적응이나 경력 유지 등 심층적 문제를 다루는 데 한계가 있다. • 이론적 통합의 체계성과 일관성 부족 우려가 있다. • 상담자의 다양한 이론, 기법에 대한 숙련도가 요구된다.

2021년

1 포괄적 직업상담에서 초기, 중간, 마지막 단계 중 중간 단계에서 주로 사용하는 접근법은?

① 발달적 접근법

② 정신역동적 접근법

③ 내담자 중심 접근법

④ 행동주의적 접근법

해설 포괄적 직업상담의 단계별 주요 접근방법

초기 단계	발달적 접근법과 내담자 중심 접근법을 통해 내담자에 대한 탐색과 문제의 원인에 대한 토론을 촉진시킨다.
중기 단계	정신역동적 접근법을 통해 내담자의 문제에서 원인이 되는 요인을 명료히 밝혀 이를 제거한다.
상담 마무리 단계	특성−요인 접근법과 행동주의적 접근법을 통해 상담자가 보다 능동적, 지시적인 태도로 내담자의 문제해결에 개입하게 된다.

2 직업상담의 과정에 진단, 문제분류, 문제 구체화, 문제해결의 단계 등이 포함되어야 하며, 이러한 목적을 달성하기 위해 면담기법, 검사해석, 직업정보 등이 직업상담 과정에 포함되어야 한다는 견해를 가진 학자는?

① 크릿츠(Crites)

② 보딘(Bordin)

③ 긴즈버그(Ginzberg)

④ 윌리엄슨(Williamson)

해설 크릿츠(Crites)의 포괄적 상담이론의 과정

1단계	진단	내담자가 직업선택에서 가졌던 문제들을 진단한다.
2단계	명료화(문제분류, 문제구체화)	내담자의 진로문제를 직업심리검사 등을 통해 명료화한다(해석함).
3단계	문제해결	• 내담자는 자신의 문제를 확인하고 상담과 검사를 통해 얻어진 자료를 바탕으로 직업정보를 제공한다. • 문제해결을 위한 의사결정을 실시한다.

2025년

3 포괄적 직업상담에 관한 설명으로 틀린 것은?

① 논리적인 것과 경험적인 것을 의미있게 절충시킨 모형이다.

② 진단은 변별적이고 역동적인 성격을 가지고 있다.

③ 상담의 진단단계에서는 주로 특성–요인이론과 행동주의 이론으로 접근한다.

④ 문제해결 단계에서는 도구적(조작적) 학습에 초점을 맞춘다.

해설 ③ 진단단계에서는 정신역동이론이 활용된다. 특성–요인이론과 행동주의는 주로 상담 마무리 단계인 문제해결단계(행동수정 단계)에서 사용된다.

TIP 포괄적 직업상담의 단계별 주요 접근방법

초기 단계	발달적 접근법과 내담자 중심 접근법을 통해 내담자에 대한 탐색과 문제의 원인에 대한 토론을 촉진시킨다.
중기 단계	정신역동적 접근법을 통해 내담자의 문제에서 원인이 되는 요인을 명료히 밝혀 이를 제거한다.
상담 마무리 단계	특성–요인 접근법과 행동주의적 접근법을 통해 상담자가 보다 능동적, 지시적인 태도로 내담자의 문제해결에 개입하게 된다.

2020년

4 포괄적 직업상담에서 내담자가 지닌 직업상의 문제를 가려내기 위해 실시하는 변별적 진단검사와 가장 거리가 먼 것은?

① 직업성숙도 검사

② 직업적성 검사

③ 직업흥미 검사

④ 경력개발 검사

해설 ④ 경력개발검사는 경력상담 영역에 해당하며, 포괄적 직업상담의 변별적 진단검사에는 포함되지 않는다.

ANSWER 1.② 2.① 3.③ 4.④

5 **포괄적 직업상담 프로그램의 단점으로 가장 적합한 것은?**

① 직업결정 문제의 원인으로 불안에 대한 이해와 불안을 규명하는 방법이 결여되어 있다.

② 직업상담의 문제 중 진학상담과 취업상담에 적합할 뿐 취업 후 직업적응 문제들을 깊이 있게 다루지 못하고 있다.

③ 직업선택에 미치는 내적 요인의 영향을 지나치게 강조한 나머지 외적 요인의 영향에 대해서 충분하게 고려하고 있지 못하다.

④ 직업상담사가 교훈적 역할이나 내담자의 자아를 명료화하고 자아실현을 시킬 수 있는 적극적 태도를 취하지 않는다면 내담자에게 직업에 대한 정보를 효과적으로 알려줄 수 없다.

해설 ① 정신분석적 상담이론
③ 내담자 중심 상담이론
④ 특성-요인 이론

TIP 포괄적 직업상담에 대한 평가

장점	• 기존의 직업상담이론의 장점을 통합적으로 접근하여 내담자와 상황에 맞게 적용할 수 있다. • 진학, 취업, 적응 등 폭넓은 직업문제에 활용 가능하며 현실성이 높다. • 다양한 접근법을 통해 내담자의 문제 이해와 해결 가능성을 높인다.
단점	• 다른 직업상담이론과 마찬가지로 진학 및 취업 초기의 문제에는 적합하지만, 취업 후 직업적응이나 경력 유지 등 심층적 문제를 다루는 데 한계가 있다. • 이론적 통합의 체계성과 일관성 부족 우려가 있다. • 상담자의 다양한 이론, 기법에 대한 숙련도가 요구된다.

6 **포괄적 직업상담에 대한 평가가 아닌 것은?**

① 기존의 직업상담이론의 장점을 통합적으로 접근하여 내담자와 상황에 맞게 적용할 수 있다.

② 취업 후 직업적응이나 경력 유지 등 심층적 문제를 다루는 데 한계가 있다.

③ 다양한 접근법을 통해 내담자의 문제 이해와 해결 가능성을 높인다.

④ 진로를 성장과정으로 이해하여 인간발달의 전체 맥락을 고려하였다.

해설 ④ 발달적 직업상담에 대한 평가이다.

7 포괄적 직업상담에서 활용하는 진단검사의 유형이 아닌 것은?

① 상징적 진단검사
② 변별적 진단검사
③ 역동적 진단검사
④ 결정적 진단검사

해설 포괄적 직업상담에서 활용하는 진단검사의 유형

변별적 진단검사	직업성숙도검사, 직업적성검사, 직업흥미검사 등을 실시하여 직업상의 문제를 가려낸다.
역동적 진단검사	상담자와 내담자의 상호작용을 통해 상담자에 의한 주관적 오류를 보완하며, 상담과정에서 얻은 다양한 자료들을 통해 심리측정적 자료에 의한 통계적인 오류를 보완한다.
결정적 진단검사	직업선택 및 의사결정의 과정에서 나타나는 내담자의 다양한 문제를 체계적으로 분석한다.

진로상담

출제경향

진로상담 과목은 진로 의사결정 과정과 유형, 개인의 심리적 · 정서적 특성과 진로문제의 관계, 강점과 자원을 활용한 진로개입 전략, 코칭 기반 진로상담 기법을 중심으로 출제될 가능성이 높다. 현재까지는 의사결정 유형 중심의 문항만 출제되었으나, 향후에는 상담동기와 상담관계, 몰입 경험에 따른 진로문제 유형, 강점 기반 접근(VIA), 진로 SWOT 전략, 단계적 의사결정 모형과 코칭 기법 등 실제 진로상담 장면에서 활용도가 높은 내용으로 출제 범위가 확대될 것으로 예상된다.

학습방법

- 진로 의사결정 개념과 유형 중심으로 정리하기

  현재까지 실제 출제된 내용을 고려하여 의사결정 과정과 유형을 중심으로 개념을 명확히 정리하는 학습이 필요하다.

- 진로문제 유형과 개입 전략 연결하기

  몰입 경험에 따른 진로문제 유형, 상담동기 수준, 강점과 자원 분석, 코칭 기법 등을 상담 장면에서의 개입 전략과 연결하여 이해하면 향후 출제 확대에 대비할 수 있다.

출제 키워드

상담동기의 자발성에 따른 상담자와 내담자의 관계 유형, 몰입 경험에 따른 진로문제 유형, VIA 강점 분류 체계, 진로 SWOT 매트릭스, 조앤의 직업선택 의사결정 6단계, 하렌의 의사결정 유형, GROW 코칭

<table>
<tr><td>SECTION
01</td><td colspan="2"># 진로논점</td></tr>
</table>

(1) 진로논점 분석

① 상담동기 파악

　㉠ 진로상담과 직업상담 및 심리정서 상담

　　• 직업상담에서 진로상담으로의 확장 – 1951년 수퍼(Super)가 직업을 진로모형으로 설명하면서 '진로'라는 용어가 사용되었는데, 진로상담은 직업상담의 영역을 넓히고 새로운 기법의 이론으로 정립되었다.

　　• 진로상담과 직업상담의 비교

구분	진로상담		직업상담	
대상	• 청소년 • 직업전환자	• 입직 이전의 성인	• 입직자 및 재직자 • 직업전환자 • 실업자 · 은퇴자 • 장애인	• 제대군인 • 외국인 근로자 • 북한 이탈주민
상담자의 직무내용	• 진로계획 • 개인 · 직업 · 미래사회 정보 수집, 분석, 가공, 제공 • 검사 실시 • 의사결정	• 진로 수정 • 프로그램 개발 및 운영 • 진로경로 개척 • 상담실 관리	• 진로경로 계획 • 개인 · 직업 · 미래사회 정보 수집, 분석, 가공, 제공 • 검사 실시 • 상담 실시	• 의사결정 • 취업알선 • 직업전환 • 진로경로 개척 • **은퇴 후 진로** • 상담실 관리
상담 종류	• 진로일반상담 • 진로경로 개척 상담 • 진로수정 상담 • 진로문제 치료		• 직업일반상담 • **취업상담** • 진로경로 개척 상담 • **직업전환상담**	• **직업적응상담** • **직업건강상담** • 직업문제 치료 • 은퇴상담

　㉡ 진로상담과 심리정서 상담의 관계

　　• 심리학적인 과정의 개입

　　• 진로와 비진로의 통합적 접근

　㉢ 직업상담에서 진로상담의 위치 : '직업상담 초기면담' 후 '진로상담'이 이어질 수 있다. 그러나 대상자의 특성 및 상담 요구에 따라 '진로상담'을 거치지 않고 '취업상담', '직업복귀상담', '다문화 직업상담', '재활 직업상담', '해외취업상담', '창직상담'으로 이어질 수 있다. 효과적인 직업상담을 위해서는 '진로상담'이 개입되는 것이 장기적으로는 바람직하다.

㉣ **진로상담 사례 개념화**(case conceptualization) : 상담자가 내담자로부터 얻은 정보들을 통합하여 내담자의 문제 형성 배경과 원인에 대해 가설을 세우고 치료에 필요한 개입 계획과 목표를 설정하는 과정을 의미한다.

㉤ **진로상담 사례 개념화 요소**

유목	사례 개념화 요소
기본정보	내담자 기본정보
상담 경위 및 기대	상담 신청 및 의뢰 경위, 상담에 대한 기대
주 호소문제와 사전평가	내담자의 주 호소문제, 정신건강 상태, 내담자에 대한 행동관찰, 심리검사 결과, 보고하는 내담자 특성
가족력	가족 정보 및 상호관계, 원가족의 진로관련 이력
생애역할 인식과 적응	생애역할 인식, 생애역할 각 영역에 대한 적응 및 만족
진로에 방해되는 인지 · 정서 · 신체 · 특성	진로 신화 및 편견, 인지 · 정서적 특성, 신체 · 행동적 특성
진로 강점 및 자원	내담자의 진로 강점, 주변지지 자원
진로발달 과정	교육 및 일에 대한 경험, 자기이해, 진로정보에 대한 이해, 진로에 대한 포부 및 동기
진로 의사결정	진로 의사결정 수준 및 효능감, 진로 의사결정 패턴
진로행동	진로준비행동, 취업스킬 및 취업활동
종합이해	핵심문제에 대한 이론적 설명, 상담자의 종합적 평가 및 이해
상담목표 및 전략	상담목표, 상담전략 및 개입

㉥ **진로상담에 대한 기대 척도**

요인	내용
특성 전문성	내담자의 특성에 맞는 진로를 탐색할 수 있도록 돕는 상담자의 전문성
요인 전문성	직업세계에 대한 정보 등의 직업요인에 대한 상담자의 전문성을 기대
상담 과정 및 결과	진로상담과정 중에 기대하는 것과 상담 후에 변화되기 원하는 것
상담자 태도	상담자가 어떤 태도로 상담에 임하기를 원하는가?
내담자 태도	상담에 임하는 내담자의 태도

ⓐ 내담자의 자발성에 따른 상담자 유형

고객 유형	자신의 문제를 인식하고 그 문제를 상담을 통해 변화시키겠다는 동기가 강한 사람으로 상담에 대해 현실적인 기대를 가지고 있다.
방문자 유형	본인의 의지와 상관없이 기관이나 부모에 의해서 비자발적으로 온 내담자로 상담에 대하여 알아보려고 하는 내담자이다.
불평자 유형	자신보다는 주변 다른 삶의 문제를 호소한다. 주로 불평만 할 뿐 변화에 대한 의지나 동기 수준이 낮고 자신이 변화해야 한다는 인식이 부족한 경우이다.

② 진로논점 파악

㉠ 진로논점에 영향을 미치는 심리문제

• 심리문제와 진로문제가 서로 분리될 수 없는 이유

총체적인 접근	진로상담은 중요하고 의미 있는 역할들을 포함하여 **전인적인 관점에서 개인의 삶을 돕는 총체적인 접근**이므로 심리문제를 진로문제와 구별하는 것은 무의미하다.
삶과 진로	개인의 삶과 진로는 분리될 수 없는 것이어서 진로상담에서 이 둘을 함께 고민해야 한다.
진로상담과 심리상담의 과정	• **진로상담과 심리상담의 과정은 유사한 부분이 매우 많다.** • 진로상담 역시 무엇보다 내담자와 상담자의 목표에 대한 합의, 과제에 대한 합의, 유대감으로 구성되는 상담 협력 관계에 기초를 두고 있다.
심리문제의 해결과 진로상담	진로상담 과정에서 **심리문제가 해결되지 않는 내담자들은 진로상담 종료 후에도 진로준비 행동으로 이어지지 못함을 지적**하였으며, 진로상담에서 이러한 문제들을 함께 개입해야 함을 제시한다.

㉡ 내담자의 진로 관심사(진로탐색에서 전형적으로 다루는 문제 영역)

진로탐색과 의사결정	• 이 영역에서 문제를 가진 내담자는 **진로 선택에 확신이 없고 결정을 내리는 것을 어려워한다.** • 노동시장에 대한 정보가 부족하거나 기술, 가치, 흥미 및 개인적 스타일에 대한 자기 이해가 부족한 것과 관련된 문제일 수 있다.
직업적 또는 일반적 기술 발달	이 영역에서 문제를 가진 내담자는 구직 기회를 활용하는 기술의 훈련이 부족 교육을 받을 수 있는 공신력 있는 기관에 대한 정보를 상담자가 가지고 있는 것이 중요하다.
직업탐색 기술	직업탐색 기술은 시간에 따라 변화한다. 직업탐색 기술에 대하여 상담자가 방법을 제안해주기를 내담자가 기대할 수 있으나, 내담자 스스로 기술에 대한 정보를 탐색할 수 있도록 지원하는 것이 중요하다.

직업유지 기술	취업도 중요하지만 그 자리를 유지하고 성취하는 방법에 대하여도 진로 관심을 가질 수 있음을 확인한다.

③ 진로상담의 대안 : 몰입이론을 적용한 진로상담
　㉠ 몰입 경험에 따른 진로문제 유형
　　• 몰입 경험의 두 가지 구조[일상의 몰입 경험과 삶의 의미]에 따라 진로문제의 성격과 대처 방안이 달라질 수 있다.

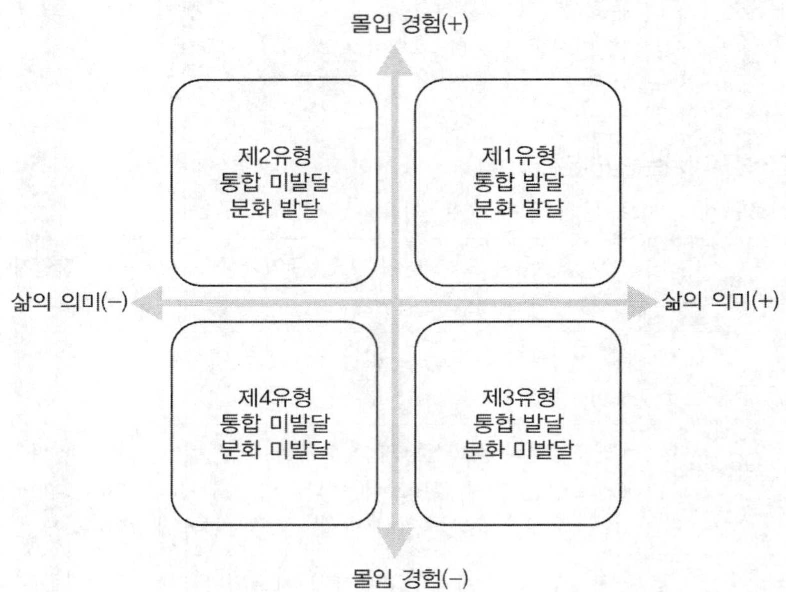

　　• 몰입 경험에 따른 진로유형

유형	내용
제1유형 통합 · 분화 발달 집단 (보다 높은 자기발전 추구)	• 몰입 경험의 두 기제인 통합과 분화가 모두 적절하게 발달된 경우이다. • 일상의 몰입 경험이 삶 전체의 의미와 적절하게 통합되고, 다음의 새로운 복잡성으로 나아가기 위해 적절히 분화된다. • 개인의 재능은 올바른 발달 과정을 거치고, 진로와 관련된 혼란이나 불안은 존재하지 않는다. • 각 개인은 자신의 재능 영역에서 충분한 수월성을 보이고, 그 활동에 깊이 몰입하며 유능감과 만족감, 그리고 존재의 의미를 충분하게 느낄 수 있다.

제2유형 통합 미발달, 분화 발달 집단 (부정적인 몰입 경험)	• 일상의 몰입 경험은 높지만 삶의 의미가 낮은 집단이다. • 일상에서 몰입 경험을 많이 하지만, 이들 활동이 수렴된 의미를 갖지 못하는 경우이다. • 몰입 경험은 자아의 복잡성, 즉 보다 높은 수준의 재능발달을 창출해내지 못하는데, 그 이유는 분화는 잘 일어나지만 통합이 적절하게 발달하지 못했기 때문이다. • 일상의 몰입 경험은 자신이 가치 있다고 여기는 활동이 아니거나, 혹은 단편적으로 몰입하는 경험이 의미 있는 정점으로 수렴되지 못한다. • 정신적 에너지는 파편화되어 낭비되며 적절한 의미 부여가 되지 못한 몰입 경험은 진로 관련 불안과 혼란을 야기한다.
제3유형 통합 발달, 분화 미발달 집단 (비현실적인 기대)	• 일상의 몰입 경험은 낮지만 삶의 의미가 높은 집단이다. • 자신의 진로에 대한 수렴된 목표와 의미는 가지고 있으나, 일상의 몰입 경험이 부족한 경우이다. • 실제로 일상의 경험이 뒤따르지 않을 때 진정한 생의 의미는 성립될 수 없다. • 여기에서 삶의 의미를 개인의 '지각'이라고 본다면 이 유형의 내담자들은 생의 의미와 목표를 발견했다고 지각하지만, 실제로는 생의 의미와 관련된 일상의 경험을 하지 못한 것 이다. • 전형적으로 나타나는 진로문제는 비현실적인 기대이다. 즉, 진로와 관련된 구체적인 행동은 하지 않으면서 생각만 하는 경우이다. • 과잉 확장된 진로의식은 실제 삶의 변화와 연결되지 못하고, 오히려 실존적 공허감을 부추길 뿐이다.
제4유형 통합·분화 미발달 집단 (무망감)	• 일상의 몰입 경험과 삶의 의미가 모두 낮은 집단이다. • 이런 상황에 빠진 내담자들은 진로에 대한 무망감[hopeless]을 호소한다. • 이들은 전형적으로 자기 자신에 대한 무존재감, 무가치함, 무력함 등을 호소하고 인생이나 진로에 대한 어떠한 전망과 가능성에 대해서도 회의적이며 절망감을 가지고 있다. • 이런 내담자들은 대개 일상에서 작은 성공 경험이나 긍정적인 몰입 경험을 가져보지 못한 경우가 많다. • 이 경우 일상에서의 구체적인 몰입 경험은 이들에게 극적인 희열 경험을 줄 수도 있다.

ⓛ 몰입이론 적용 진로상담의 내용과 방법

• 개인적 특성을 이해하는 방법
• 직업정보 제공 방법
• 몰입경험 통제 능력 촉진 방법 : 동기 수준의 유지 방법, 목표의 구체화 방법, 피드백 통로 마련 방법

ⓒ 몰입이론 적용 진로상담 기술
- 안전한 상담 관계를 형성한다.
- 내담자 자신이 정말 해보고 싶었지만 하지 못했던 활동들을 한다.
- 이전의 여러 경험 중에서 몰입 경험을 하기도 했지만 지속할 수 없었던 경험의 목록을 만드는 것이다.
- 그 중에서 현실적으로 가능한 활동을 선택하는 것이다.
- 내담자가 목표를 너무 높이 잡지 않고 구체적으로 잡아서 스스로에게 성공 경험을 주게 한다.
- 즉각적인 피드백을 받을 수 있는 통로를 찾는다.
- 자신의 기술 수준에 적합한 과제 선택하기 등의 기술이 있다.

(2) 내담자 특성파악

① 자기탐색

㉠ 강점 중심의 내담자 특성 이해
- 성장 모델과 행복한 삶 : 약점 모델의 실효성에 이의를 제기하고 성장 모델을 제시하면서 인간의 긍정적인 특성에 주목하기 시작하였다. 이는 개인의 강점이 최대한 발현될수록 궁극적인 삶의 목표에 도달 가능하여 행복한 삶을 영위할 수 있다는 것으로, 강점은 국내외 여러 연구들에서 적응 및 삶의 만족, 행복과 정적 상관이 있는 것으로 보고된다(이지원, 이기학, 2017).
- 강점 : 피터슨과 셀리그만은 성격 강점(character strengths)을 사고, 정서 및 행동에 반영되어 있는 긍정적 특질로 정의. 보다 포괄적인 관점으로 정의된 강점은 긍정적인 특질뿐만 아니라 타고난 능력이나 지식과 기술로 길러진 재능을 말한다.
- 강점 분류체계(VIA : value in action) : 6가지의 핵심 덕목과 24개의 성격강점을 분류한다.

덕목	내용	요소
지혜 및 지식	더 나은 삶을 위해 지식을 습득하고 활용하는 것과 관련된 인지적 강점이다.	창의성, 호기심, 개방성, 학구열, 지혜
용기	목표 추구 과정에서 난관에 직면하더라도 이를 극복하면서 목표를 성취하려는 강인한 투지의 성격적 강점이다.	용감성, 끈기, 활력, 진실성
자애	다른 사람을 보살피고 이해하며, 그들과 따뜻하고 친밀한 관계를 형성하도록 돕는 성격적 강점이다.	사랑, 친절, 사회지능
절제	지나침으로부터 우리를 보호해주는 성격적 강점이다.	용서, 겸손, 신중성, 자기조절
정의	모든 개인과 개인을 둘러싼 사회 간의 건강한 상호작용에 기여하는 성격적 강점이다.	시민의식, 리더십, 공정성
초월성	현상과 행위에 대해 의미를 부여하고 보다 큰 우주와의 연결성을 추구한다.	감상력, 낙관성, 감사, 영성, 유머감각

ⓛ 심리검사를 활용한 내담자의 특성 파악 (고용24 예시, 2025.10.18. 기준)

적성검사	성인용 직업적성검사(개정)
흥미검사	직업선호도검사 L형(개정), 직업선호도검사 S형(개정)
직업가치관검사	성인용 직업가치관검사
기타	대학생진로준비도검사, 영업직무 기본역량검사, IT직무 기본역량검사, 구직준비도검사

ⓒ 가족과 가족 자원
• 가족체계이론
  − 진로상담에서 가족을 바라보는 관점은 체계적 관점으로 접근한다.
  − 한 개인의 행동은 개인을 둘러싼 가족 구성원의 의사소통 방식, 상호작용의 패턴, 심리적 거리감, 구성원의 독립심, 구성원 간의 일체감 등으로 구성된 체계적 특징과 관련이 있다고 본다.
• 로(Roe)의 욕구이론
  − 부모와 자녀 간의 관계가 직업선택에 핵심 역할을 하는 것으로 본다.
  − 초기의 경험은 가정환경에 의해 주로 영향을 받으며, 특히 부모와의 관계에 의해 영향을 받기 때문에 부모 행동에 대해 관심을 기울인다.

ⓔ 진로 가계도
• 진로 가계도 : 진로상담 과정에서 활용될 수 있는 하나의 도구로서 진로상담의 '정보 수집' 단계에서 유용한 일종의 질적 평가 과정. 진로 가계도는 가족상담에서 많이 활용되는 보웬(Bowen)의 가계도를 진로상담 과정에 적용한 것이다.
• 진로 가계도에서 사용되는 기호

남성	네모 (□)	밀착된 관계	≡
여성	동그라미 (○)	친밀한 관계	=
사망	기호 안에 ×	소원한 관계	…….
중심인물	중심인물은 두겹 (◎)	갈등관계	⩽

• 진로 가계도 해석 (김봉환, 2020)

가족의 구조	• 가계도의 선과 기호가 어떻게 연결되어 있는지 탐색함으로써 가족의 구조를 확인한다. • 가족 형상과 형제 순위 등의 가족관계를 확인하여 가족의 전체적인 구조를 이해한다.
세대 간 반복되는 유형	가계도상에서 반복되는 직업의 유형을 탐색한다.
가족의 역할과 직업	• 가족 구성원의 역할과 이들 직업 사이의 관계를 알아본다. • 가족의 역할과 관련하여 직업의 사회·경제적 지위와 직업적 특성을 알아본다.
가족의 관계 유형	가족 상호작용의 유형을 설명하는 선을 탐색하여 밀착, 친밀, 소원, 갈등적인 관계를 이해한다.

• 진로 가계도 분석 : 일반적인 질문을 하고 확장 질문의 순서로 진행한다.

일반적인 질문 예시	• 당신이 성장해 온 가정을 어떻게 묘사할 수 있을까요? • 당신에게 어머니와 아버지는 어떤 분이셨나요? • 어머니와 아버지의 직업을 적어주셨는데, 혹시 부모님이 이루지 못한 꿈들이 있을까요?
확장 질문의 예시	• 가족의 가장 지배적인 가치는 무엇이라고 생각하나요? • 가족의 '미해결된 작업'으로부터 오는 심리적 압박 같은 것이 있나요? • 세대에 걸쳐 내려오는 신화 또는 오해가 있나요?

② 개인자원목록 작성

㉠ SWOT 매트릭스

	기회	위협
내부 요소	[강점(Strength)] 분석 대상이 가지고 있는 유·무형의 자산으로 성과를 만드는 데 긍정적인 역할을 하는 내부 요소이다.	[약점(Weekness)] 특정한 목표를 달성하거나 성과를 만드는 데 방해가 되는 내부 요소이다.
외부 요소	[기회(Opportunity)] 분석 대상의 지속적인 생존이나 성장에 긍정적인 영향을 주는 외부 요소이다.	[위협(Threat)] 목표를 달성하는 데 장애가 되거나 위험이 되는 외부 요소이다.

ⓛ 진로 SWOT 매트리스(강점은 활용, 약점은 보완, 기회는 살리고(활용), 위협은 최소화(or 회피))

	긍정적 요소	부정적 요소
내부 요소	• SO : **공격적인 전략** • 강점을 가지고 기회를 살리는 전략이다. • 기회를 살리기 위한 강점을 발굴한다. • 나의 강점을 이용하여 진로역량을 개발하기 위해서는?	• ST : **다양화 전략** • 강점을 활용해 외부환경의 위협 요소를 최소화하는 전략이다. • 위협을 회피하기 위해 강점을 발굴한다.
외부 요소	• WO : **방향전환 전략** • 약점을 보완하여 기회를 살리는 전략이다. • 외부 환경의 기회를 활용해 자신의 약점을 보완할 수 있는 전략이다. • 약점을 회피(보완)하기 위한 기회를 발굴한다.	• WT : **방어적 전략** • 약점을 보완하여 외부 환경의 위협요소를 최소화하는 전략 • 약점을 보완할 수 없고 위협을 회피할 수 없다면 정면대결 또는 철수한다.

1 다음 내용은 어떤 오류가 발생한 경우인가?

> 내담자들은 직업세계에 대해서 충분한 정보를 알고 있다고 잘못 생각하는 경우가 많다. 예를 들어 내담자가 '내 상사가 그러는데 나는 책임감이 없대요'라고 반응하는 경우이다.

① 삭제   ② 참고자료

③ 어투의 사용   ④ 불분명한 동사 사용

해설   ① 정보의 오류 중 삭제(이야기 삭제)에 해당한다. 내담자의 경험을 이야기 함에 있어 중요한 부분이 빠졌을 경우 상담자는 보충 질문이나 되물어 봄으로써 잘못을 인식시켜 준다. 삭제된 부분이 있으면 보충할 수 있는 기회를 제공한다.

TIP 전이된 오류 정정하기

정보의 오류	삭제, 불확실한 인물의 인용, 불분명한 동사의 사용, 참고 자료, 제한적 어투의 사용
한계의 오류	예외를 인정하지 않는 것, 불가능을 가정하는 것, 어쩔 수 없음을 가정하는 것
논리적 오류	잘못된 인간관계 오류, 마음의 해석, 제한된 일반화

2025년

2 직업상담 시 한계의 오류를 가진 내담자들이 자신의 견해를 제시하는 방법에 해당하지 않는 것은?

① 왜곡되게 판단하는 것

② 불가능을 가정하는 것

③ 예외를 인정하지 않는 것

④ 어쩔 수 없음을 가정하는 것

해설   ① 왜곡되게 판단하는 것은 한계의 오류에 해당하지 않는다. 한계의 오류는 예외를 인정하지 않는 것, 불가능을 가정하는 것, 어쩔 수 없음을 가정하는 것이 해당된다.

3 진로상담의 몰입 모델에 따르면 몰입 경험의 두 가지 구조에 따라 진로문제의 성격 및 대처 방안이 달라질 수 있다. 다음 중 일상의 몰입 경험은 낮지만 삶의 의미가 높은 집단에 해당하는 것은?

① 통합 · 분화 발달 집단

② 통합 · 분화 미발달 집단

③ 통합 미발달, 분화 발달 집단

④ 통합 발달, 분화 미발달 집단

해설

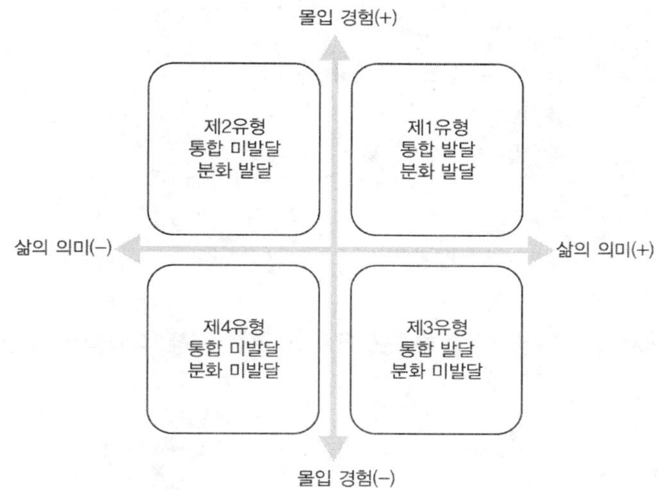

TIP 몰입 경험에 따른 진로유형

제1유형	통합 발달, 분화 발달	일상의 몰입 경험과 삶의 의미가 높은 집단
제2유형	통합 미발달, 분화 발달	일상의 몰입 경험은 높지만 삶의 의미가 낮은 집단
제3유형	통합 발달, 분화 미발달	일상의 몰입 경험은 낮지만 삶의 의미가 높은 집단
제4유형	통합 미발달, 분화 미발달	일상의 몰입 경험과 의미가 모두 낮은 집단

ANSWER 1.① 2.① 3.④

4 다음 중 피터슨과 셀리그만(Peterson & Seligman)의 강점 분류체계에서 '지혜 및 지식'의 덕목에 포함되는
성격 강점을 올바르게 모두 고른 것은?

> ㉠ 창의성 ㉡ 호기심
> ㉢ 개방성 ㉣ 공정성
> ㉤ 사회지능

① ㉠, ㉡, ㉢ ② ㉡, ㉢, ㉣

③ ㉠, ㉡, ㉣, ㉤ ④ ㉠, ㉡, ㉢, ㉣, ㉤

해설 ㉠㉡㉢ '지혜 및 지식'에는 창의성, 호기심, 학구열, 지혜가 해당한다.
㉣ 공정성은 '정의'의 성격 강점에 분류된다.
㉤ 사회지능은 '자애'의 성격 강점에 분류된다.

5 다음 중 SWOT 분석에 의한 전략에서 외부 환경의 기회를 활용하여 분석 대상의 약점을 보완하는 전략에
해당하는 것은?

① SO 전략

② WO 전략

③ ST 전략

④ SW 전략

해설 ㉠ WO 전략 : 분석 대상의 약점을 보완하여 외부 환경의 기회 요소를 살린다.
㉡ SO 전략 : 분석 대상의 강점을 활용하여 외부 환경의 기회 요소들을 살린다.
㉢ ST 전략 : 분석 대상의 강점을 활용하여 외부 환경의 위협 요소들을 최소화한다.
㉣ WT 전략 : 분석 대상의 약점을 보완하여 외부 환경의 위협 요소들을 최소화한다.

6 진로논점에서 심리문제와 진로문제가 서로 분리될 수 없는 이유가 아닌 것은?

① 진로상담은 개인의 삶을 돕는 총체적인 접근이므로 심리문제를 진로문제와 구별하는 것은 무의미하기 때문이다.

② 개인의 삶과 진로는 분리될 수 없기 때문이다

③ 진로상담과 심리상담의 과정은 절차와 대상이 다르기 때문이다.

④ 심리문제가 해결되지 않는 내담자들은 진로상담 종결 후에도 진로준비 행동으로 이어지지 못하기 때문이다.

해설 심리문제와 진로문제가 분리될 수 없는 이유
　ㄱ 총제적인 접근 : 진로상담은 중요하고 의미 있는 역할들을 포함하여 전인적인 관점에서 개인의 삶을 돕는 총체적인 접근이므로 심리문제를 진로문제와 구별하는 것은 무의미하다.
　ㄴ 삶과 진로 : 개인의 삶과 진로는 분리될 수 없는 것이어서 진로상담에서 이 둘을 함께 고민해야 한다.
　ㄷ 진로상담과 심리상담의 과정 : 진로상담과 심리상담의 과정은 유사한 부분이 매우 많으며, 진로상담 역시 무엇보다 내담자와 상담자의 목표에 대한 합의, 과제에 대한 합의, 유대감으로 구성되는 상담 협력 관계에 기초를 두고 있다.
　ㄹ 심리문제의 해결과 진로상담 : 진로상담 과정에서 심리문제가 해결되지 않는 내담자들은 진로상담 종료 후에도 진로준비 행동으로 이어지지 못함을 지적하였으며, 진로상담에서 이러한 문제들을 함께 개입해야 함을 제시하였다.

2025년

7 경력상담 시 내담자의 가족이나 선조들의 직업 특징에 대한 시각적 표상을 얻기 위해 도표를 만드는 방식은?

① 경력개발프로그램

② 경력사다리

③ 제노그램

④ 칸트도표

해설 ③ 선조들의 직업 특징에 대한 도표방식은 제노그램(직업가계도)이다

SECTION 02 직업정보 탐색

(1) 직업정보 요구 탐색

① 진로정보

ㄱ 정보의 의미
- 정보라는 용어의 속성에는 동사적 요소(verbal noun)가 내포되어 있다.
- 정보라는 용어에는 '정보의 제공' 또는 '정보를 통한 교육활동'과 같은 동사적 속성을 내포하고 있는 것이다.
- '정보'가 단순한 지식이나 가공된 데이터를 일컫는 말에 그치지 않고, 생산되고 전달되는 총체적인 과정을 포함하며, 이미 정보에는 '서비스'하는 동사적 개념이 있다.

ㄴ 진로정보의 의미
- 기존 관점 : 진로정보는 '개인이 진로에서 어떤 선택이나 결정을 할 때 또는 직업 적용이나 직업 발달을 꾀할 때 필요로 하는 모든 자료를 총칭하는 개념'으로 정의한다.
- 확장된 정의 : 진로정보는 '개인의 진로선택 및 결정 등 진로발달을 지원하는 메시지 혹은 서비스 기능을 갖춘 구조화된 자료'로 정의한다.

② 내담자의 특성과 진로정보

ㄱ 진로정보에 대한 내담자의 필요 확인

ㄴ 진로정보에 대한 내담자의 필요 수준

구분		진로정보에 대한 관심 수준		
		관심이 낮다	보통이다	관심이 높다
내담자가 가지고 있는 정보량	너무 적다			
	적절하다			
	너무 많다			

ⓒ 진로정보에 대한 필요 수준에 따라 내담자에게 제공하는 정보의 수준과 방법 또는 다른 상담으로의 연계를 고려한다.

진로정보에 대한 필요 수준	제공하는 정보의 수준과 방법 또는 연계 고려
진로정보에 대한 관심이 낮음, 정보량은 필요 이상으로 많다.	그 이유를 물어보고 내담자의 정확한 욕구를 탐색한다.
진로정보에 대한 관심도 낮음, 가지고 있는 정보량이 적다.	내담자의 문제를 다시 검토한다.
진로정보에 대한 관심이 높음, 가지고 있는 정보량이 적다.	적극적으로 직업정보를 탐색한다.

② 내담자의 필요에 따른 진로정보를 제공하는 목적

교육적 목적	동기부여를 위한 목적
정보를 알려주기	자극하기
발전 및 확장하기	도전감을 갖도록 하기
수정하기	확신감을 갖도록 하기

③ 진로정보 활용

㉠ **정보 활용능력** : 자신의 정보 요구를 파악하여 정보 과제를 명확히 설정하고, 문제 해결에 필요한 정보를 탐색·분석·해석하고 종합적으로 표현하여 새로운 지식과 정보를 창출하여 전달하는 일련의 과정을 통해 문제를 해결하는 능력이다.

㉡ **진로정보와 진로상담가의 역할** : 상담가는 진로정보를 일방적으로 제공하는 것이 아니라 내담자가 진로정보를 효과적으로 활용할 수 있도록 지원한다는 측면에서 볼 때 상담가는 진로정보가 바르게 활용되고 있는지 검토할 필요가 있다.

⑵ 직업정보 탐색

① 직업상담가와 구별되는 진로상담가의 역할

상담	• 직업상담가는 내담자의 정보, 직업세계 정보, 미래사회 정보를 통합하여 직업선택에 도움을 주는 일련의 상담활동을 수행한다. • 진로상담에서는 직업선택 과정까지의 내담자의 건강한 성장을 지원한다.
처치	• 직업상담가는 직업문제를 갖고 있는 내담자에게 문제를 인식하도록 문제를 진단하고 처치할 수 있는 처치자이다. • 진로상담에서는 내담자의 내적 갈등을 발견하고 이를 지원한다.
조언	• 직업상담가는 직업정보를 가지고 내담자를 조언하는 조언자이다. • 진로상담에서는 내담자 스스로가 직업정보를 대하는 태도를 보고 격려한다.
지원	• 직업상담가는 내담자가 스스로 직업문제를 해결하도록 도우며 진로지도 프로그램을 적용하는 지원자이다. • 진로상담에서는 직업문제가 발생하게 된 내담자의 내적 갈등을 지원한다.
해석	• 직업상담가는 진로상담의 도구인 내담자의 성격, 흥미, 적성, 진로성숙도 등에 관한 검사를 실시하고 결과를 분석·해석하여 내담자가 자신을 잘 이해하도록 돕는 해석자이다. • 진로상담에서는 그 해석 과정에 내담자를 적극적으로 참여시켜 검사가 성장의 도구가 되도록 지원한다.
분석	• 직업상담가는 직업정보를 수집하고 이를 분석·가공·관리하며, 피드백을 통하여 정보를 축적하는 임무를 수행하고 개인에게 적합한 정보를 제공하는 직업정보 분석자이다. • 진로상담에서는 직업정보 분석 과정에서 내담자의 개입 정도를 점차 늘려서 자신감을 회복하도록 지원한다.
관리	• 직업상담가는 상담과정에서 일어나는 일련의 업무를 관리하고 통제하는 관리자이다. • 진로상담에서는 내담자의 상담과정에서 일어나는 변화를 격려하고 지원한다.

② **직업정보의 활용** : 직업선택 의사결정과정 이론들은 직업정보를 중심으로 한 의사결정보다는 상담적 측면에서의 의사결정과정이 중요하다고 본다. 조앤(Joann, 2002)은 의사결정과정에서의 직업정보의 역할에 초점을 두고 의사결정과정을 강조하였다.

1단계 직업선택의 인식	• **직업선택을 왜 해야 하는지 인식하는 단계**이다. • 이직, 전직, 실직, 신규 취업 등으로 자신이 직업을 선택해야 하는 필요성을 인식하게 되는 단계이다.
2단계 개인의 직업특성 평가	• 자신에 대한 직업적 특성들을 객관적으로 평가한다는 것은 직업선택 과정에서 필수적인 선행단계이다. • **심리검사 등을 통하여 개인의 특성을 평가한다.** • 커리어넷(www.career.go.kr)과 워크넷(고용24)(www.work24.go.kr)에서 제공하는 심리검사는 결과에 따라 적합한 직업을 탐색할 수 있다.
3단계 적합한 직업의 목록화	2단계에서 기술된 내담자의 직업특성 평가를 통해 개인에게 적합한 직업목록을 생성한다.
4단계 직업목록에 관한 직업정보의 수집	• 3단계에서 생성한 직업목록에 관한 다양한 경로를 통해 직업정보를 탐색하고 수집한다. • 직업 내용, 근로조건, 전망 등과 같은 직업 자체에 대한 정보와 요구하는 학력 수준, 능력 등과 같은 직업에 종사하는 인적 자원에 대한 정보를 수집한다.
5단계 선택 직업의 결정	• 4단계에서 수집한 직업정보들을 활용하여 직업 간 비교를 통해 최종적으로 선택 직업을 결정한다. • 많은 정보 중에서 내담자가 자신의 특성에 맞게 정보를 정리하고 비교할 수 있도록 도와준다.
6단계 선택 직업 진입을 위한 실천 행동	• 내담자들이 선택 직업에 진입하기 위한 정보들을 요구하게 된다. • 자신이 선택한 직업에 바로 진입이 가능한지 혹은 훈련, 자격 취득, 진학 등과 같이 진입을 위한 준비 과정을 거쳐야 하는지를 결정한다.

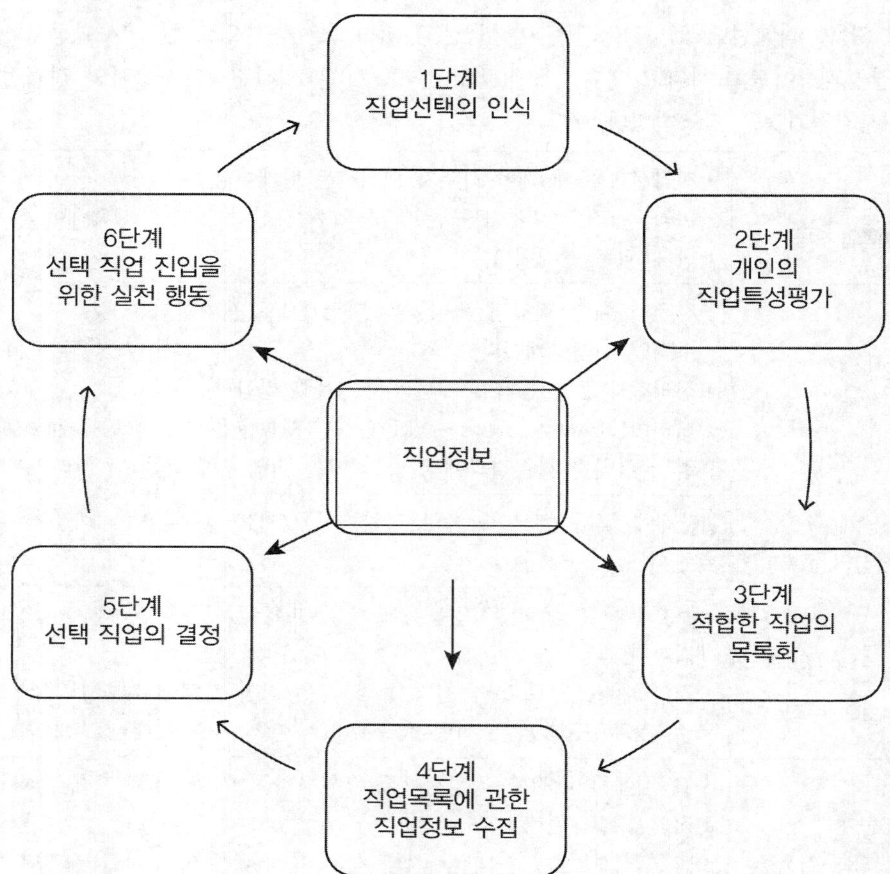

출처 : 박상철(2008), 「직업선택 의사결정 단계에서의 직업정보 활용」, 「e-고용이슈」, 2008-14호, p.4

③ 직업정보 제공 기관 : 직업정보는 한국직업능력연구원, 한국고용정보원을 통해서 주로 생산된다.

한국직업능력 연구원	• 국무총리 산하 국책기관으로서 그 아래에 진로·직업정보센터를 설치하여 각종 진로정보에 대한 연구뿐만 아니라 수요자가 직접 필요로 하는 진로정보를 생산하여 커리어넷 홈페이지(www.career.go.kr)를 통해 보급한다. • 제공하는 직업정보 : 직업사전, 직업정보서, 직업[직업인]동영상, 직업카드, 직업 지표 전망[연구보고서] 등을 생산 및 제공한다. • 수록된 직업정보 : 대체로 해당 직업에서 하는 일, 흥미와 적성, 관련 자격 등과 같은 기본적인 정보뿐만 아니라 해당 분야의 취업 현황, 직업 전망, 준비 방법, 관련 학과 등
한국고용 정보원	• 한국고용정보원은 고용노동부 산하 기관으로서 직업연구센터와 생애진로개발센터를 중심으로 수요자가 직접 활용할 수 있는 진로정보를 생산하고 있다. • 생산된 진로정보는 대체로 워크넷(고용24) 홈페이지(www.work24.go.kr)를 통해 제공 • 한국고용정보원에서 제공하는 직업정보는 우리나라 전체 직업 및 유사 직업을 발굴하여 직업사전으로 제작하고 있으며, 한국 직업 전망, 이색 및 테마별 직업 탐방, 신직업, 외국직업 등을 발굴하여 제공하고 있다. • 각 직업별 직무, 관련 교육, 자격훈련 전반에 대한 사항과 전망을 제시하고 직업별로 요구되는 성격, 흥미, 가치관 등도 제시하고 있다. 직업·직장에 대한 정보 외에도 일자리나 취업 관련 뉴스, 이력서 작성 등 필요정보, 취업 가이드, 일자리나 구인 정보 등 취업과 고용에 관한 정보들도 생산 및 제공되고 있다.

④ 인터넷상의 진로정보 평가기준

권한	누가 왜 해당 정보를 제공하거나 작성하였는가?
신뢰성	얼마나 증명 가능한 정보인가?
객관성	왜 해당 정보가 해당 위치에 존재하는가? 해당 정보가 혹시 다른 사이트를 홍보하고 있지는 않은가?
최신성	언제 작성된 정보인가? 작성 시기를 파악할 수 있는가?
전문성	정보가 전문성 있게 제시되어 있는가?

1 **직업정보의 효과성에 대한 설명으로 적합하지 않은 것은?**

① 리드(Reid, 1972)는 노동자가 노동시장에 대한 정확한 정보가 부재할 경우, 직업을 찾기도 힘들며 직업을 얻었다 하더라도 그 직업에 오래 머무르지 못한다고 제안하였다.

② 오하라(O'Hara, 1968)는 직업정보 없이는 직업 발달이 습관적이며 비합리적으로 될 가능성이 높다고 제안하고 있다.

③ 권경애(2000)는 직업정보가 직업 결정에 어떠한 영향을 주는지에 대한 연구 결과, 직업정보를 많이 제공받을수록 취업 결정에 성공할 확률이 높다고 하였다.

④ 김봉환(2010)은 직업정보가 있으면 자신의 진로를 계획할 수 있기 때문에 모든 내담자는 직업정보를 필요로 한다고 하였다.

해설 ④ 모든 내담자에게 직업정보가 필요한 것이 아니라 스스로 탐색이 어렵거나 직업정보가 더 요구되는 경우 효과적이다.

2 **내담자의 필요에 따라 진로정보를 제공할 때 동기부여를 위한 목적에 해당하지 않는 것은?**

① 자극하기

② 도전감을 갖도록 하기

③ 발전 및 확장하기

④ 확신감을 갖도록 하기

해설 ③ 발전 및 확장하기는 진로정보의 목적 중 교육적 목적에 해당한다.

TIP 진로정보의 목적

교육적 목적	동기부여를 위한 목적
정보를 알려주기	자극하기
발전 및 확장하기	도전감을 갖도록 하기
수정하기	확신감을 갖도록 하디

3 내담자의 진로정보에 대한 필요 수준에 따라 내담자에게 제공하는 정보의 수준과 방법이 가장 적합한 것은?

① 진로정보에 대한 관심이 높으면서 가지고 있는 정보량이 적다면 그 이유를 물어보고 내담자의 정확한 욕구를 탐색한다.

② 진로정보에 대한 관심이 낮으면서 정보량은 필요 이상으로 많이 가지고 있다면 적극적으로 직업정보를 탐색한다.

③ 진로정보에 대한 관심도 높고 가지고 있는 정보량도 많다면 적극적으로 집단상담 참여를 안내한다.

④ 진로정보에 대한 관심도 낮고 가지고 있는 정보량이 적다면 내담자의 문제를 다시 검토해 본다.

> **해설** ① 진로정보에 대한 관심이 높으면서 가지고 있는 정보량이 적다면 적극적으로 직업정보를 탐색한다.
> ② 진로정보에 대한 관심이 낮으면서 정보량은 필요 이상으로 많이 가지고 있다면 그 이유를 물어보고 내담자의 정확한 욕구를 탐색한다.
> ③ 진로정보에 대한 관심도 높고 가지고 있는 정보량도 많다면 적극적으로 집단상담 참여를 안내하지 않아도 된다.

4 다음 중 직업상담가와 진로상담가의 역할 비교가 적합하지 않은 것은?

① 해석자 역할의 경우 직업상담가는 심리검사를 실시하고 해석하여 자신을 잘 이해하도록 돕지만 진로상담가는 해석 과정에 내담자를 적극적으로 참여시켜 검사가 성장의 도구가 되도록 지원한다.

② 분석자 역할의 경우 직업상담가는 직업정보를 분석하여 개인에게 적합한 정보를 제공하지만 진로상담가는 직업정보 분석 과정에서 내담자의 개입 정도를 점차 늘려서 자신감을 회복하도록 지원한다.

③ 관리자 역할의 경우 직업상담가는 상담과정에서 전반의 업무를 관리하고 통제하지만 진로상담가는 상담과정에서 일어나는 내담자의 변화를 격려하고 지원한다.

④ 조언자 역할의 경우 직업상담가는 직업정보를 가지고 내담자를 조언하지만 진로상담가는 내담자가 얼마나 많은 정보를 갖고 있는지 확인하고 탐색 방법을 지원한다.

> **해설** ④ 조언자 역할의 경우 직업상담가는 직업정보를 가지고 내담자를 조언하지만 진로상담가는 내담자 스스로가 직업정보를 대하는 태도를 보고 격려한다.

ANSWER 1.④ 2.③ 3.④ 4.④

5 다음은 조앤(Joann)의 직업정보 역할에 초점을 둔 직업선택 의사결정과정에 대한 설명이다. 내용에 따른 단계별 순서를 바르게 제시한 것을 고르시오.

> ㉠ 개인에게 적합한 직업목록을 생성하는 단계이다.
> ㉡ 정확한 비교를 위해 다양한 경로를 통해 직업정보를 탐색하고 수집하는 단계이다.
> ㉢ 심리검사 등을 통하여 개인의 특성을 평가하는 단계이다.
> ㉣ 내담자들이 직업에 바로 진입이 가능한지 혹은 훈련, 자격 취득, 진학 등과 같이 진입을 위한 준비 과정을 거쳐야 하는지를 결정하는 단계이다.
> ㉤ 많은 정보 중에서 내담자가 자신의 특성에 맞게 정보를 정리하고 비교한 다음 최종적으로 선택 직업을 결정하는 단계이다.
> ㉥ 직업선택을 왜 해야 하는지 인식하는 단계이다.

① ㉥－㉤－㉠－㉡－㉣－㉢
② ㉥－㉢－㉠－㉡－㉤－㉣
③ ㉥－㉠－㉢－㉤－㉡－㉣
④ ㉥－㉡－㉠－㉢－㉣－㉤

해설 조앤(Joann, 2002)의 의사결정과정에서의 직업정보의 역할에 초점을 두고 의사결정과정을 구체화하였다.

1단계	직업선택의 인식
2단계	개인의 직업특성 평가
3단계	적합한 직업의 목록화
4단계	직업목록에 관한 직업정보의 수집
5단계	선택 직업의 결정
6단계	선택 직업 진입을 위한 실천 행동

6 인터넷상의 진로정보 평가 기준과 내용이 적합하지 않은 것은?

① 신뢰성 : 얼마나 증명 가능한 정보인가?

② 정확성 : 왜 해당 정보가 해당 위치에 존재하는가?

③ 최신성 : 언제 작성된 정보인가?

④ 객관성 : 해당 정보가 혹시 다른 사이트를 홍보하고 있지는 않은가?

해설 ② 객관성 : 왜 해당 정보가 해당 위치에 존재하는가?

TIP 인터넷상의 진로정보 평가기준

권한	누가 왜 해당 정보를 제공하거나 작성하였는가?
신뢰성	얼마나 증명 가능한 정보인가?
객관성	왜 해당 정보가 해당 위치에 존재하는가? 해당 정보가 혹시 다른 사이트를 홍보하고 있지는 않은가?
최신성	언제 작성된 정보인가? 작성 시기를 파악할 수 있는가?
전문성	정보가 전문성 있게 제시되어 있는가?

7 직업정보 탐색에 대한 설명으로 적합하지 않은 것은?

① 진로상담가에 대한 기대가 비현실적으로 높은 내담자의 경우에는 상담자의 적극적 지원과 함께 다양한 직업정보를 제공해 준다.

② 직업정보는 가변적이며 많은 정보는 개인에 따라 다르게 받아들일 수 있다는 점을 알게 하고, 직업정보 탐색은 내담자의 역할이며, 상담가는 내담자의 탐색을 지원하는 역할임을 강조한다.

③ 직업정보에 대하여 모든 진로상담가가 전문적인 지식을 갖출 수는 없기 때문에 진로상담에서의 직업정보를 접근할 때는 편견과 오개념에 대한 검토가 수시로 이루어져야 한다.

④ 진로상담에서의 직업정보 탐색은 다양한 가능성을 열어둔다는 점에서 진로상담 후에 실시하는 본격적인 취업상담과 차별화된다.

해설 ① 진로상담가에 대한 기대가 비현실적으로 높은 내담자의 경우에는 상담가가 정확한 직업정보를 일방적으로 제공해주기를 원할 수도 있다. 이때는 직업에 대한 정보는 가변적이라는 것을 인식하게 하고, 스스로 직업정보를 탐색할 수 있는 능력을 갖추는 것이 중요함을 함께 이야기한다.

ANSWER 5.② 6.② 7.①

SECTION 03 진로설계 지원

(1) 진로목표 수립

① 진로계획

　㉠ 의미 있는 타인 : 긍정적 의미에서 의미 있는 타인은 나를 지원하고 인정하며, 나를 성장시키는 사람을 뜻한다.

의미 있는 타인	의미 있는 타인은 사회적 지지자로서의 역할을 한다.
	의미 있는 타인은 자기평가에 영향력을 미친다.
	유사성이 많을수록 의미 있는 타인으로 여겨진다.
	영향력의 상호성이 의미 있는 타인의 기준이 될 수 있다.

　㉡ 타인 관여 요청방식

불확실한 타인 활용	• 의사결정자는 자신의 진로선택 능력에 대한 확신이 부족하기 때문에 타인의 충고나 지식에 의존하며 타인의 도움을 적극적으로 구한다. • 이들은 타인과의 대화를 통해서 자신의 불안을 낮추기 원한다. • 따라서 타인의 의견은 의사결정자에게 매우 중요하다. • 하렌이 제시한 의사결정 유형 중에서 의존적 의사결정에 가장 가깝다.
협조적 관계 유지	• 의사결정자는 자신의 선택이 의미 있는 타인에 어떠한 영향을 주는지 명확히 알고 있으며 모두가 만족할 수 있는 진로를 선택하고자 한다. • 예를 들어, "혼자 결정하지 않아요. 난 가족들과 함께 의논해서 결정하죠. 가족은 내가 무언가를 결정할 때 매우 중요하고, 그래서 나의 결정이 모두를 기쁘게 한다면 그게 바로 내가 제대로 된 결정을 했다는 걸 의미해요."가 해당된다.
신중한 의사결정	• 의사결정자는 진로선택에 있어서 실수를 막기 위해 타인의 도움을 필요로 한다. • 이들은 자신의 의사결정 능력에 대해 불안해하고 걱정하기 때문에 진로선택에 대한 긴장을 낮추고 성급한 선택 대신 최선의 선택을 하기 위해서 타인의 도움을 요청한다.
자신에 대한 정보 획득	• 의사결정자 자신에 대한 정보를 평소 의사결정자를 잘 안다고 여겨지는 타인으로부터 구한다. • 이들이 도움을 요청하는 타인은 의사결정자의 흥미, 적성, 능력, 선호 등에 대해 객관적 정보를 제공해줄 수 있고 의사결정자에 대한 새로운 시각을 줄 수 있는 사람들이다.

대안의 가중 판단	• 의사결정자는 진로선택에 대한 여러 가지 대안들을 비교하고 선택하기 위해서 타인의 도움을 필요로 한다. • 4가지보다는 자율성이 강하고 따라서 타인의 의견을 모두 수용하는 것은 아니다. 대신 의사결정자는 의사결정의 특정 상황이나 주제에 대해서 타인을 잘 활용하고자 한다.
조언을 얻음	의사결정은 전적으로 의사결정자가 독립적으로 수행하지만, 특정 부분에 있어서 구체적인 조언이나 지도를 타인에게 요청한다.
정보를 얻음	• 의사결정자는 자신의 의사결정 능력에 대해 확신이 있다. • 이들은 자신이 필요한 정보에 대해 매우 잘 알고 있으며 누가 필요한 정보를 줄 수 있는지도 잘 알고 있다. 이를 바탕으로 타인을 통해 부족한 정보를 획득하여 최종적인 의사결정을 하고자 한다.
진로선택 공유	의사결정자는 단지 자신의 의견을 타인들과 공유하고 싶어 한다. 최종적인 선택에 대한 타인의 도움이나 조언을 바라는 것이 아니고 단지 자신의 선택을 이야기함으로써 스스로의 선택에 대해 더 큰 확신을 갖기 원한다.
실패한 관여 요청	의사결정자는 타인의 도움을 필요로 하지만 자신에게 유용한 방법을 찾지 못했거나 타인 관여 요청에 성공하지 못했다.

ⓒ 타인 관여 방식 : 타인이 의사결정 과정에 참여하고 의사결정자에게 영향을 미치는 방식을 말하는 것이다.

소극적 지지	기본적으로 내담자에 대한 지지 입장을 가지지만 의사결정을 도울 수 있는 어떠한 구체적인 행동이나 정보제공 등의 행동을 하지 않는다.
무조건적인 지지	타인은 내담자에 대해 적극적으로 지지를 보낸다. 내담자가 어떤 진로를 선택하느냐와 관계없이 그것이 모두 옳고 좋은 것이라고 여긴다.
진로정보 제공	타인은 내담자에게 진로에 대한 정보[일반적인 정보부터 특정 직업 세계의 구체적인 정보]를 제공한다. 내담자의 의사결정에 영향을 주려고 하는 것은 아니며 단지 그들이 알고 있는 영역에 대한 정보를 제공하기 원한다.
진로대안 제공	타인은 내담자에게 진로선택을 위한 구체적인 방법이나 직업 세계를 경험할 수 있는 기회를 제공한다. 예를 들어 연극에 관심 있어 하는 친구에게 오디션 정보를 알려주거나 관심 있어 하는 업무에 대한 인턴 기회를 제공하는 것 등이다.
권유	내담자에게 최상이라고 생각하는 진로선택을 하도록 내담자에게 제안한다.
지도	내담자에게 최상이라고 생각하는 진로선택이 있다는 점에서 권유와 비슷하지만, 그 최상의 진로선택이 내담자의 흥미나 욕구를 고려한 것은 아니라는 점에서 차이가 있다.
비판	내담자의 진로선택 능력에 대해 부정적인 입장을 취하고 내담자의 능력, 생각, 진로목표 등에 대해 비판적이다. 진로결정에 가장 강력한 타인 관여 행위로 보통 내담자들은 이러한 관여 방식에 대해 부정적인 정서를 경험한다.

ⓔ 진로목표와 행동계획을 수립시 유의점

> • 목표는 구체적이어야 한다.
> • 목표는 관찰, 측정 가능해야 한다.
> • 목표가 달성되는 시간이 정해져야 한다.
> • 목표는 달성 가능해야 한다.
> • 목표는 기록될 필요가 있다.
> • 목표는 명확히 표현되어야 한다.
> • 목표는 내담자가 원하고 바라는 것이어야 한다.

ⓜ 진로계획 평가 (김병숙, 2010)

원하는 성과 연습	• 내담자의 선호도 목록에 준해 각 직업들을 점검하는 데 있으며, 이 선호도들은 이전의 상담 단계에서 최근의 선호하는 직업 종류들을 찾아낸 것들이다. • 연습의 목적을 설명한 후, 우측에는 고려 중인 직업들의 명세표를 만들고 좌측에는 선호하는 가치를 적는다. 다음에는 내담자에게 한 번에 한 개의 직업을, 그 직업들이 원하는 성과를 제공할 가능성을 추정하게 한다.
찬반 연습	내담자들로 하여금 각 직업들의 장·단기적 장단점을 생각하도록 계획한 것이다.
대차대조표 연습	좀 더 구조화된 방법으로서 내담자로 하여금 특정 직업의 선택에 의해 가장 영향을 받게 될 영역이나 사람들에게 초점을 맞추는 것이다.
확률추정 연습	• 내담자가 예상한 결과들이 실제로 얼마나 일어날 것인지를 추정해보도록 만든 것이다. • 내담자가 원하는 목표에 도달할 수 있는지의 여부에 관심이 있다면 그 확률에 대한 평가도 함께 해보는 것이 유용하다.
미래를 내다보는 연습	• 앞으로 다른 위치에 있을, 어느 한 직업의 결과를 짐작해보는 좀 더 창의적인 방법이다. • 이 연습은 환상을 유도하는 것이며 끝난 후 그 점을 설명해주어야 한다.

(2) 진로의사결정 기법

① 합리적 의사결정

㉠ 타협

타협 정의	특정 진로를 선택할 때 자신이 생각하는 이상적인 직업과 현실적으로 실현 가능한 직업 사이에서 조정을 할 수밖에 없는 상황이 발생하며, 이때 개인은 **이상적인 직업 포부를 포기하고 대신 실현가능한 직업을 선택하게 된다. 진로의사결정 상황에서 발생하는 이와 같은 행동**은 타협(compromise)이라고 한다.

㉡ 계획된 우연이론

우연적 사건	"계획되지 않고 예상치 못하게 발생하였거나 또는 상황적이면서 예측할 수 없으며 때로는 의도하지 않았던 사건들과 관련되며, 이들이 진로발달과 행동에 영향을 미치는 것이다"(손은령, 2009).
우연 진로이론	**진로선택과 발달에서 우연의 영향이 매우 크며, 우연 사건의 내용보다 개인의 능동적 대처가 더 중요하고 우연을 적극적으로 만들어낼 수 있다**는 인식의 전환을 가져왔다.

㉢ 의사결정 수준

진로결정	• 하나의 사건이라기보다는 '선택에 대한 확신의 정도'로 보아야 한다는 관점이 제기되었고, 이러한 관점에서 '진로결정수준'이라는 개념이 제안되었다. • 확신의 정도가 높은 상태를 '결정'이라고 보고, 확신의 정도가 낮은 상태를 '미결정'이라고 개념화하였다.
진로 미결정	지연형 미결정, 발달형 미결정, 다재다능형 미결정
진로결정	갈등 회피형 결정, 수행형 결정, 확인형 결정

ⓔ 의사결정 유형

의사결정 유형	내용
딘클라게(Dinklage)의 의사결정 유형	• 의사결정 유형에 관한 연구는 딘클라게에 의해 처음 시작되었다. • 학생들의 교육, 직업, 개인적 영역에서 과거에 어떤 방식으로 결정했는가에 대한 면접을 한후, 그 자료에 기초하여 계획형, 직관형, 순응형, 운명론형, 충동형, 지연형, 번민형, 마비형의 8가지 의사결정 유형을 분류하였다.
아로바(Arroba)의 의사결정 유형	아로바는 다양한 상황에서의 의사결정 사용에 대한 연구에서 의사결정 유형은 논리형, 망설이는 형, 생각 없이 결정하는 형, 직관형, 감정형, 순응형의 6가지 유형으로 구분하였다. 그러나 딘클라게와 달리 아로바는 개인은 의사결정 상황에 따라 의사결정 전략을 다양하게 활용한다고 주장하였다(고향자, 1992).
하렌(Harren)의 의사결정 유형	• 하렌은 적절한 자기존중감을 지니고 잘 분화되고 통합된 자아개념을 가지며 자신의 의사결정에 책임을 지는 사람이 효과적인 의사결정을 할 수 있는 사람이라고 하였다. • 효과적인 의사결정자는 **적절한 자아존중감과 잘 분화되고 통합된 자아개념을 갖고 있으며, 합리적 의사결정 유형을 활용하고 의사결정에 대한 책임을 지는 사람**으로, 성숙한 대인관계와 분명한 목적의식을 가진 사람이다 **합리적 유형**: 충분한 정보를 바탕으로 합리적으로 결정하지만 결정에 시간이 오래 걸린다. **직관형 유형**: 순간적으로 판단하여 다소 충동적으로 결정하지만 결정에 책임을 진다. **의존형 유형**: 타인의 의견을 받아들여 결정하지만 결과의 책임을 남에게 돌린다.

• 진로수레바퀴 : 내담자의 진로에 대한 생각을 정리할 수 있도록 한다. 내담자의 진로목표, 내담자의 자기이해 수준, 내담자의 진로요구 수준 등을 종합해보는 활동이므로 합리적인 의사결정을 위한 기초자료로 활용한다.

출제예상문제 | 진로설계 지원

1 목표 설정의 특성이 아닌 것은?

① 목표는 구체적이어야 한다.

② 목표는 실현 가능해야 한다.

③ 목표는 내담자가 원하고 바라는 것이어야 한다.

④ 목표는 내담자의 기술과 양립 가능해야 한다.

> **해설** 목표설정의 특성
> ㉠ 목표는 구체적이어야 한다.
> ㉡ 목표는 실현 가능해야 한다.
> ㉢ 목표는 내담자가 원하고 바라는 것이어야 한다.
> ㉣ 목표는 상담자의 기술과 양립 가능해야 한다.

2 직업선택을 위한 마지막 과정으로 선택할 직업에 대한 평가과정 중 Yost가 제시한 방법이 아닌 것은?

① 원하는 성과연습   ② 확률추정 연습

③ 대차대조표 연습   ④ 동기추정 연습

> **해설** ④ '동기추정 연습'은 오답으로 '확률추정 연습'이다.

TIP 요스트(Yost)가 제시한 직업평가 방법

원하는 성과 연습	자신의 선택이 가져올 결과와 기대효과를 명확히 인식하도록 돕는 기법이다.
찬반 연습	여러 선택지의 장점과 단점을 비교함으로써 합리적 판단을 돕는 기법이다.
대차대조표 연습	각 선택대안에 대해 얻는 것(이익)과 잃는 것(손실)을 체계적으로 정리하는 방법이다.
확률추정 연습	각 선택대안이 실제로 실현될 가능성(확률)을 추정하여 현실적인 찬반을 강화한다.
미래를 내다보는 연습	선택 결과가 미래의 삶에 어떤 영향을 미칠지 시뮬레이션해 보는 기법이다.

ANSWER 1.④   2.④

3 다음 중 진로 미결정자에 대한 설명으로 적합하지 않은 것은?

① 진로 미결정자는 발달적 미결정자와 만성적 미결정자로 나뉜다.

② 발달적인 관점에서 진로미결정자는 직업을 결정하는 발달의 비정상적인 과정에 존재하는 '아직 결정에 이르지 않은' 상태를 의미한다.

③ 발달적인 관점에서 미결정자는 정보와 의사결정능력이 부족해서 미결정하는 유형이다.

④ 우유부단은 성격 특성이므로 정보가 제공되어도 의사결정을 하지 못할 수 있다.

해설 ② 발달적인 관점에서 진로미결정자는 직업을 결정하는 발달의 '정상적인' 과정에 존재하는 '아직 결정에 이르지 않은' 상태를 의미한다.

4 다음 내용에 해당하는 직업평가 방법은?

> • 내담자의 진로에 대한 생각을 정리할 수 있도록 함.
> • 내담자의 진로목표, 내담자의 자기이해 수준, 내담자의 진로요구 수준 등을 종합해보는 활동이므로 합리적인 의사결정을 위한 기초자료로 활용

① 확률추정 연습

② 미래를 내다보는 연습

③ 진로수레바퀴

④ 원하는 성과 연습

해설 요스트(Yost)가 제시한 직업평가 방법

원하는 성과 연습	자신의 선택이 가져올 결과와 기대효과를 명확히 인식하도록 돕는 기법이다.
찬반 연습	여러 선택지의 장점과 단점을 비교함으로써 합리적 판단을 돕는 기법이다.
대차대조표 연습	각 선택대안에 대해 얻는 것(이익)과 잃는 것(손실)을 체계적으로 정리하는 방법이다.
확률추정 연습	각 선택대안이 실제로 실현될 가능성(확률)을 추정하여 현실적인 찬반을 강화한다.
미래를 내다보는 연습	선택 결과가 미래의 삶에 어떤 영향을 미칠지 시뮬레이션해 보는 기법이다.

5 딘클라게(Dinklage)의 의사결정 유형에 대한 설명으로 적합하지 않은 것은?

① 의사결정 유형에 관한 연구는 딘클라게에 의해 처음 시작되었다.

② 논리형, 망설이는 형, 생각 없이 결정하는 형, 직관형, 감정형, 순응형의 6가지 유형으로 구분하였다.

③ 분류된 의사결정 행동이 여러 종류의 의사결정에서 일관되게 나타난다고 주장하였다.

④ 특성 개념의 중요성을 제시해주고 의사결정 유형에 대한 계속적인 탐구를 자극시켰다.

해설 ② 아로바(Arroba)의 의사결정 유형 6가지이다.

SECTION 04 실행 지원

(1) 진로 역량 확장

① 진로역량 개발
  ㉠ GROW 코칭 모델 – 코칭의 정의
  • 코칭(coaching)은 마차(coach)의 의미에서 유래하였으며, 고객을 현재 있는 지점에서 출발하여 원하는 목적지까지 안내하는 개별 서비스를 의미한다.
  • 코칭은 질문과 경청, 피드백을 통한 과정에서 개인의 생각을 자극하고 사고의 지평을 넓혀 새로운 인식을 통해 스스로 현재 직면하고 있는 문제와 해결방법을 찾도록 돕는 과정이다.
  ㉡ GROW(goal, realty, option, will) 모델 : 문제 정의, 원인 파악, 해결안 모색, 실행 등 일반적인 문제 해결 프로세스를 따르고 있어 단순하며 적용이 쉬워 가장 많이 사용되는 모델이다.

목표(goal)	• **초기에 대화 주제에 대한 초점을 목표에 둔다.** • 해결해야 할 문제에 초점을 두는 것이 아니라 문제를 해결하는 것은 어떤 의미고, 그 주체가 누구이며, 그 과정을 통해 내담자가 진정 원하는 바가 무엇인지는 먼저 생각할 수 있게 바라보게 함으로써 긍정적인 에너지를 갖게 하고, 한 단계 사고를 진전시키는 것으로써 진로상담의 가치를 갖게 된다.
현실(reality)	• **현재의 문제 상황, 즉 현실에 대해 살펴본다.** • 실제로 벌어지고 있는 이슈와 그것에 대한 내담자의 시각을 함께 관찰하면서 새로운 관점을 갖게 되는 단계이다. • 상담가는 내담자의 고정관념이나 인식에 대한 비합리적 신념이나 가정들을 직면할 수 있도록 안내한다.
대안(option)	목표를 이루기 위해 **그동안 시도했던 실패와 성공의 경험들**은 무엇이었고, **거기에서 배울 것**은 무엇이었는지, 시도하지 않았던 방법들과 새롭게 시도해 볼 만한 것들은 무엇인지 등에 대해 **새로운 대안을 탐색**하게 된다.
실행의지(will)	• **구체적인 실행계획에 대해 합의하고 지속적으로 실행할 수 있는 후원 환경들을 점검하며 다짐**하는 단계이다. • 상담자는 내담자와의 수평적 파트너십을 통해 지속적인 시스템을 구축할 수 있다.

② 사회적 지지

　㉠ 사회적 지지의 가설

주 효과 가설	사회적 지지가 적응에 직접적인 영향을 준다고 보는 '주 효과 가설'은 안정된 대인관계에서의 긍정적 경험이 자신이 관심 있는 대상이며, 사랑받고 가치 있는 존재임을 지각하도록 지지해주고, 이러한 사회적 지지가 생활환경을 보다 안정되고 예측 가능하게 하여 적응에 긍정적인 영향을 미치게 된다는 가설이다.
완충 역할 가설	사회적 지지를 매개 변인으로 보고 있는 '완충 역할 가설'은 개인이 스트레스 상황에 처했을 때 대인관계를 통해 얻게 되는 자원이 스트레스의 영향을 완충시켜 준다는 것이다.

　㉡ 사회적지지 척도

정서적 지지	인간의 기본적인 사회 정서적 욕구를 만족시켜주는 지지이다.
평가적 지지	자신의 행위를 인정해주거나 부정하는 등 자기평가와 관련된 정보를 전달하는 것이다.
정보적 지지	개인이 문제에 대처하는 데 이용할 수 있는 정보를 제공하는 것이다.
물질적 지지	일을 대신해주거나 필요시 돈, 물건, 서비스, 시간 등의 제공함으로써 직접적으로 돕는 행위이다.

(2) 동기 부여

① 진로동기 모델(career motivation theory) : 론돈(London)이 스트레스 대처 모형에 근거하여 제시한 이론으로서 진로탄력성(career resilience)을 최초로 개념화하여 제시한 모델이다. 진로정체성과 진로통찰력, 진로탄력성 등 세 가지 개념을 포함한다.

진로정체성	진로동기의 방향성을 결정하는 요소이다.
진로통찰력	진로동기를 촉발하는 요소이다.
진로탄력성	진로동기를 유지하는 요소이다.

- 진로동기의 세 요소는 각각 진로장벽이 발생했을 때 극복할 수 있도록 돕는다.
- 진로장벽을 극복하기 위하여 개인은 단지 자신의 작업 환경을 이해하고[진로통찰력], 설정된 목표를 따르는 것이 아니라[진로정체성], 불안정한 직업 상황의 어려움을 이겨내는 능력[진로탄력성]을 길러야 한다.

② 진로탄력성

　㉠ 회복탄력성(resilience)

- '되튀기다'는 뜻인 동사 'resile'에 명사형 어미 'ence'를 붙여 '되튀어 오르는 행위', '외부의 압력에 의해 물체가 이전의 크기와 모양으로 되돌아가는 능력'을 의미한다.
- 회복탄력성은 개인이 역경에 직면했을 때 이에 적응하고 오히려 성장을 가능하게 하는 개인의 사회적, 심리적 특성을 의미한다.

ⓒ 진로탄력성

- 회복탄력성을 진로에 접목하여, 진로 좌절을 극복하는 능력이다.
- 진로탄력성이 높은 사람은 부정적인 일 상황에서 좀 더 효과적으로 대처한다.
- 진로취약성(career vulnerability) : 최적의 진로 조건에 미치지 못하는 상황에 직면할 때 드러나는 심리적인 허약성을 의미한다.
- 진로탄력성의 하위 요소

자기 신뢰	자신에 대한 긍정적인 지각과 어려운 상황이나 스트레스에도 불구하고 자신을 믿고 확신하며 자기 긍정성을 발휘하는 것이다.
성취 열망	개인이 세운 목표를 달성하고자 하는 의지이며, 어려움과 역경에 부딪혔을 때에도 자신의 미래를 낙관적으로 보고 인내와 끈기로 더 높은 목표를 달성하고자 하는 태도나 행동을 의미한다.
진로 자립	개인이 원하는 진로목표를 달성하는 능력과 노력을 의미한다. 지속적으로 학습하며, 새로운 기술과 훈련을 주도적으로 계획하여 직무기술을 향상시키는 태도나 행동을 의미한다.
변화 대처	변화 대처란 개인이 세운 진로목표를 달성하는 과정에서 예기치 않게 발생한 사건 또는 그로 인한 결과를 받아들이며 실패를 두려워하지 않고 부정적인 결과에서도 긍정적인 요소를 찾아 대처하는 태도나 행동을 의미한다.
관계 활용	관계 활용이란 진로 상황에서 어려움이나 역경에 부딪혔을 때 개인이 활용할 수 있는 사회적 자원을 확보하고 대인관계 네트워크 구축과 긍정적인 관계를 활용하는 태도나 행동을 의미한다.

③ **진로 장애**(career barriers) : 취업, 진학, 승진 등 진로와 관련된 여러 가지 경험들을 수행해 가는 과정에서 개인의 진로 선택과 목표, 포부, 동기 등에 영향을 미치거나 역할 행동을 방해할 것으로 지각되는 여러 부정적 사건이나 사태이다.

직업정보 부족	충분한 직업정보를 갖고 있지 못해서 적합한 직업을 선택하지 못하는 정도를 의미한다.
자기명확성 부족	자기 자신의 이해와 자신의 장단점을 정확히 파악하지 못해서 어떤 진로를 결정해야 할지 모르기 때문에 진로를 결정하지 못하는 정도를 의미한다.
우유부단한 성격	개인적인 성격 특성에 기인하여 진로선택에 어려움을 보이는 정도를 의미한다.
필요성 인식 부족	아직까지 진로를 결정해야 하는 필요성을 인식하지 못하기 때문에 진로선택을 하지 못하는 정도를 의미한다.
외적 장애	모나 주변 사람의 기대에 대한 갈등 혹은 사회적인 요구 조건과의 불일치 때문에 진로선택에 어려움을 보이는 정도를 의미한다.

④ 진로적응성(career adaptability) : 수퍼(Super)는 이와 같이 진로성숙이라는 용어를 성인에게 사용할 때 나타나는 문제를 피하기 위해 '진로적응성'이라는 새로운 용어를 도입하였다. 즉, 성인의 진로발달에 대한 관심이 의사결정을 위한 준비도로서의 진로성숙에서 변화하는 일과 일하는 조건에 대처하기 위한 준비도로서의 진로적응성으로 이동한다는 것을 의미한다.

대인관계	업무를 수행하는 과정에서 접촉하게 되는 사람들과 문제를 일으키지 않고 원만하게 지내는 능력으로서 협동 능력, 갈등관리 능력, 협상 능력, 리더십 능력, 고객 서비스 능력 등이 포함된다.
목표의식	목표는 개인이 가야 할 목적지나 방향을 제시한다. 목표는 '잘 살고 싶다.', '행복해지고 싶다.', '소외받는 자를 위해 살고 싶다.' 등과 같은 소망, 욕구, 가치와 구별되는 것이다. 이러한 소망, 욕구, 가치가 쉽게 설명될 수 있고 성취 여부를 측정할 수 있는 형태로 구체화될 때 비로소 목표가 된다. 즉, 목표란 자신의 소망이나 욕구, 가치를 구체적이고도 객관화할 수 있는 행동 대상으로 변형시킨 것이다.
주도성	현 상황을 개선하거나 혹은 새로운 상황을 창조하기 위해 솔선해서 행동함으로써 현 상태를 변화시키는 것이다.
긍정적 태도	미래에 좋은 일이 많이 일어나고 나쁜 일은 적게 일어날 것이라는 일반화된 기대이다.
개방성	개인이 호기심이 많고 반성적이며, 창의적이고 상상력이 뛰어나며, 근원적이고 독립적이고, 비관습적이며 다양성을 수용하는 정도를 광범위하게 반영한다. 변화와 새로운 경험에 대한 개방성은 지속적인 학습을 지원하고 개인이 진로 기회를 확인하고 실현할 수 있게 한다.

⑤ 진로적응성과 진로탄력성

㉠ 진로적응성은 변화하는 일과 일하는 조건에 대처하기 위한 준비도, 예측할 수 있는 과제를 준비하고 일 역할에 참여하며 일과 일하는 조건의 변화로 야기된 예측할 수 없는 적응에 대처하기 위한 준비도로서 아직 도래하지 않은 미래 상황을 염두에 두고 현재 상황을 긍정적, 적극적으로 대처하는 능력 혹은 태도를 의미한다.

㉡ 진로탄력성은 위기 상황을 성공적으로 극복해내는 회복력으로써 시간상으로 과거 역경 상황을 극복해냈는가를 다루는 과거를 지향한다.

진로적응성과 진로탄력성의 공통점	상황적으로 좋지 않은 환경적 조건 혹은 스트레스 상황을 가정하고 이 상황을 효과적으로 극복한다는 긍정적 의미가 내포되어 있다.
진로적응성과 진로탄력성의 차이점	탄력성은 이미 닥쳐와서 극복해낸 과거 역경상황에 대한 회복력을 나타내는 반면, 적응성은 아직 오지 않은 환경적 변화, 즉 불확실한 미래 상황에 대한 태도이다.
진로적응성과 진로탄력성의 관계	• 불확실한 미래를 준비하는 능력과 태도는 단순히 할 수 있을 것이라는 기대에서 나오는 것이 아니라, 과거의 역경을 성공적으로 극복한 경험을 바탕으로 해서 나온다. • 결론적으로 적응성에는 탄력성의 개념을 포함하여 미래에 대한 성공적인 생존 가능성이 내포된 광범위한 개념이라고 할 수 있다.

⑥ 진로탄력성 틀(CRF : career resiliency framework)

㉠ 릭우드(Rickwood, 2002)가 제시한 모델로 진로선택과 관련하여 개인의 탄력성을 밝히고 무엇이 탄력성을 증진시키는지를 평가하기 위한 모델이다.

㉡ 급변하는 업무 환경에 처한 내담자를 돕기 위한 방법으로 활용된다.

주제 수용	조직의 관리자나 정책을 통하여 탄력적 특성과 관련된 직업 발달을 적극적으로 촉진하는 환경을 만든다.
자기인식 돕기	개인이 자신의 핵심 가치와 흥미에 대한 이해를 발달시키도록 돕는다.
전환	내담자의 내적 동기를 찾는 행동 계획을 세움으로써 진로 상황을 분명히 하고 현실에서 꿈을 실현하기 위하여 진로 장벽을 극복하도록 돕는다.
관계성	직장 내 공동체의식을 가지며 다른 사람들과 의미 있는 상호작용을 하도록 장려한다.

1 GROW 코칭 모델을 적용한 진로상담 단계를 바르게 제시한 것은?

① 목표 설정 – 현실 파악 – 대안 탐색 – 실행 의지

② 대안 탐색 – 현실 파악 – 목표 설정 – 실행 의지

③ 현실 파악 – 대안 탐색 – 목표 설정 – 실행 의지

④ 현실 파악 – 목표 설정 – 대안 탐색 – 실행 의지

해설 GROW 코칭 모델

목표(goal)	• 초기에 대화 주제에 대한 초점을 목표에 둔다. • 구체적이고 달성 가능한 목표를 명확히 설정하는 단계이다.
현실(reality)	• 현재의 문제 상황, 즉 현실에 대해 살펴본다. • 현재 상황, 자원, 장애요인을 객관적으로 파악하는 단계이다.
대안(option)	• 시도했던 실패와 성공의 경험들, 배운 것, 시도하지 않았던 방법들과 새롭게 시도해 볼 만한 것들 등 새로운 대안을 탐색한다. • 가능한 해결방안이나 선택지를 함께 탐색한다.
실행의지(will)	• 구체적인 실행계획에 대해 합의, 실행할 수 있는 후원 환경들을 점검하며 다짐하는 단계이다. • 선택한 대안을 구체적으로 실행계획으로 전환하고 실천 의지를 다지는 단계이다.

2 다음 중 진로역량 개발을 위한 GROW 코칭 모델의 단계에 포함되지 않는 것은?

① 목표(Goal) ② 역할(Role)

③ 대안(Option) ④ 실행의지(Will)

해설 ② '역할(Role)'이 아니라 '현실(reality)'이다.

ANSWER 1.① 2.②

3 론돈(London)의 진로동기 모델은 진로동기를 유지하는 요소로 진로탄력성(Career Resilience)을 강조하고 있다. 다음 중 보기의 내용과 연관된 진로탄력성의 하위 요소에 해당하는 것은?

> • 개인이 세운 목표를 달성하고자 하는 의지
> • 어려움과 역경에 부딪혔을 때에도 자신의 미래를 낙관적으로 보고 인내와 끈기로 더 높은 목표를 달성하고자 하는 태도나 행동을 의미

① 성취 열망
② 진로 자립
③ 변화 대처
④ 자기 신뢰

해설 진로탄력성의 하위 요소

자기 신뢰	자신에 대한 긍정적인 지각과 어려운 상황이나 스트레스에도 불구하고 자신을 믿고 확신하며 자기 긍정성을 발휘하는 것이다.
성취 열망	개인이 세운 목표를 달성하고자 하는 의지이며, 어려움과 역경에 부딪혔을 때에도 자신의 미래를 낙관적으로 보고 인내와 끈기로 더 높은 목표를 달성하고자 하는 태도나 행동을 의미한다.
진로 자립	개인이 원하는 진로목표를 달성하는 능력과 노력을 의미한다. 지속적으로 학습하며, 새로운 기술과 훈련을 주도적으로 계획하여 직무기술을 향상시키는 태도나 행동을 의미한다.
변화 대처	변화 대처란 개인이 세운 진로목표를 달성하는 과정에서 예기치 않게 발생한 사건 또는 그로 인한 결과를 받아들이며 실패를 두려워하지 않고 부정적인 결과에서도 긍정적인 요소를 찾아 대처하는 태도나 행동을 의미한다.
관계 활용	관계 활용이란 진로 상황에서 어려움이나 역경에 부딪혔을 때 개인이 활용할 수 있는 사회적 자원을 확보하고 대인관계 네트워크 구축과 긍정적인 관계를 활용하는 태도나 행동을 의미한다.

4 사회적 지지에 대한 설명으로 적합하지 않은 것은?

① 사회적 지지는 사회적 관계를 통하여 얻을 수 있는 모든 형태의 긍정적인 자원을 말한다.

② 사회적 지지의 '주 효과 가설'은 대인관계를 통해 얻게 되는 자원이 생활환경을 보다 안정되고 예측 가능하게 하여 적응에 긍정적인 영향을 미치게 된다는 것이다.

③ 사회적 지지의 '완충 역할 가설'은 개인이 스트레스 상황에 처했을 때 대인관계를 통해 얻게 되는 자원이 스트레스의 영향을 완충시켜 준다는 것이다.

④ 사회적 지지는 정서적 지지, 정보적 지지, 비판적 지지, 물질적 지지의 네 가지 유형으로 구분된다.

해설 ④ 사회적 지지의 하위요인은 정서적 지지, <u>평가적 지지</u>, 정보적 지지, 물질적 지지로 구성된다.

5 진로동기 모델에 대한 설명으로 적합하지 않은 것은?

① 진로정체성, 진로통찰력, 진로탄력성의 세 가지 개념을 포함한다.

② 진로정체성은 진로동기의 방향성을 결정하는 요소이다.

③ 진로탄력성은 진로동기를 유지하는 요소이다.

④ 진로통찰력은 진로동기를 강화하는 요소이다.

해설 ④ 진로통찰력은 진로동기를 촉발하는 요소이다.

6 진로탄력성에 대한 설명으로 적합하지 않은 것은?

① 진로탄력성의 하위 요소는 목표의식, 주도성, 긍정적 태도, 개방성이다.

② 진로탄력성은 이미 닥쳐와서 극복해낸 과거 역경상황에 대한 회복력을 나타낸다.

③ 진로탄력성이 높은 사람은 부정적인 일 상황에 좀 더 효과적으로 대처한다.

④ 진로탄력성은 진로동기를 유지하는 요소이다.

해설 ① 진로적응성의 하위요소는 대인관계, 목표의식, 주도성, 긍정적 태도, 개방성이다.

TIP 론돈(1983)의 진로동기 모델

㉠ 론돈(London)이 스트레스 대처 모형에 근거하여 제시한 이론으로서 진로탄력성(career resilience)을 최초로 개념화하여 제시한 모델이다.

㉡ 론돈(1983)의 진로동기 모델은 진로정체성과 진로통찰력, 진로탄력성 등 세 가지 개념을 포함한다.

㉢ 진로장벽을 극복하기 위하여 개인은 단지 자신의 작업 환경을 이해하고[진로통찰력], 설정된 목표를 따르는 것이 아니라[진로정체성], 불안정한 직업 상황의 어려움을 이겨내는 능력[진로탄력성]을 길러야 한다.

진로정체성	진로동기의 방향성을 결정하는 요소
진로통찰력	진로동기를 촉발하는 요소
진로탄력성	진로동기를 유지하는 요소

7 탁진국 · 이기학(2001)이 제시하는 진로 장애 척도의 구성 요인이 아닌 것은?

① 우유부단한 성격

② 인지적 명확성 부족

③ 외적 장애

④ 직업정보 부족

해설 탁진국 · 이기학(2001)이 제시하는 진로 장애 척도의 구성 요인

직업정보 부족	충분한 직업정보를 갖고 있지 못해서 적합한 직업을 선택하지 못하는 정도를 의미한다.
자기명확성 부족	자기 자신의 이해와 자신의 장단점을 정확히 파악하지 못해서 어떤 진로를 결정해야 할지 모르기 때문에 진로를 결정하지 못하는 정도를 의미한다.
우유부단한 성격	개인적인 성격 특성에 기인하여 진로선택에 어려움을 보이는 정도를 의미한다.
필요성 인식 부족	아직까지 진로를 결정해야 하는 필요성을 인식하지 못하기 때문에 진로선택을 하지 못하는 정도를 의미한다.
외적 장애	모나 주변 사람의 기대에 대한 갈등 혹은 사회적인 요구 조건과의 불일치 때문에 진로선택에 어려움을 보이는 정도를 의미한다.

취업상담

출제경향

취업상담 과목은 실제 구직 활동을 지원하는 실무 지식에 중점을 두고 출제된다. 출제 경향은 주로 취업을 위한 구직유형 분석 및 내담자 취업장애요인 파악, 직업기초능력, 취업효능감 프로그램의 구성요소와 취업목표 설정에 대해 평가한다. 또한, 구인구직 등록 및 관리, 직업 정보 수집 및 분석, 그리고 직업 상담 과정에서 필요한 실질적인 개입 방법에 대한 이해도를 평가한다. 특히, 취업 알선 및 취업 정보망 활용, 이력서 및 자기소개서 작성 지도, 대상자별 면접 기술 지도 등 구직자의 취업 역량을 강화하는 데 직접적으로 관련된 내용들이 빈번하게 다루어진다.

학습방법

• 주요 개념 익히기

실제 직업상담 과정을 이해하고 구직유형의 특징을 분석하고 단순히 개념을 암기하는 것을 넘어, 구인구직 등록 및 관리 절차, 직업 정보 활용 매뉴얼, 이력서/자기소개서 지도법 등 실제 직업상담 현장에서 사용하는 매뉴얼과 절차를 중심으로 주요 개념을 학습해야 한다. 이는 주요 개념이 실제 취업 지원 과정의 어떤 단계에서 어떻게 활용되는지를 명확히 이해하는 데 필수적이다.

• 직업상담 단계별 핵심 내용 학습하기

내담자 초기 접수부터 구직 등록, 취업 알선 및 사후 관리에 이르기까지 취업 상담의 전 과정을 단계별로 나누고, 각 단계마다 핵심 개념의 특징, 하위요소 등에 대해 학습해야 한다. 즉, 구직자 유형 분석에서부터 취업효능감 향상 및 취업목표 설정, 구직활동 지원 등 실무 비중이 높은 부분을 중점적으로 학습하는 것이 중요하다.

출제 키워드

구직자 유형 분류 및 특징, 직업기초능력의 정의와 하위 능력, 구직역량과 하위 역량군, 내담자 취업장애요인, 취업효능감 프로그램, 취업목표 설정, 고용정보 분석, 적중알선, 구직활동 지원, 사후관리 지원

SECTION

01 구직역량 파악

(1) 내담자 구직역량 분석

① 취업상담 및 취업알선 개념

    ㉠ **취업상담의 정의** : 실직자 혹은 미취업자의 취업이나 재취업을 목표로 이들에게 관련된 취업정보를 제공하고, 현실 적합한 취업계획을 세우도록 보조하며, 효과적인 구직활동 수행과 관련된 기술 및 조언을 제공하고, 필요시에는 심리적·정서적 지지까지 제공하는 일련의 상담 활동을 지칭한다.

    ㉡ **취업알선의 정의** : 구인 또는 구직의 신청을 받아 구인자와 구직자 사이에 고용 계약의 성립을 위해 알선하는 일련의 행위이다.

② 내담자 파악

    ㉠ 내담자의 강점과 약점, 취업욕구 파악

구분	내용	취업상담 시 고려할 점
내담자의 강점	내담자의 경력, 학력, 전공, 직업훈련, 인턴 등 직무 경험, 관련 자격증 보유 여부, 학교 활동, 동아리나 스터디 활동, 공모전 참여 이력, 수상 여부, 어학 점수 및 어학 능력 및 직무능력 및 구직기술 보유 여부	취업시장에서 어떻게 **발휘**가 될 것인지
내담자의 약점	직무에 반드시 필요한 부분 중 갖추지 못한 것	어떻게 **극복**하는 전략을 가지고 갈 것인지
취업욕구	내담자의 구직의지, 구직목표, 취업을 원하는 취업 희망 시기 등을 파악하여 가늠	–

ⓛ 구직욕구 분석

욕구	행동을 시작하게 하고, 방향을 설정하게 하며, 강도와 끈기를 결정하는 힘으로 정서적·인지적·행동적인 면을 포함한다.
구직욕구	실직이나 미취업 상태에 있는 개인이 직업 또는 직장을 찾기 위해 자신의 부정적인 감정을 다스리고, 구체적인 계획을 세우고 실행하도록 하는 힘이다.
	• 구직욕구는 자기존중감, 자기효능감과 관련이 있다. • **자기존중감** : 개인의 비교적 **일반적인 자아상**을 나타내는 개념이며, 개인이 생활해 오면서 **누적된 경험**에 의해 **형성되는 자신에 대한 긍정적 지각**을 의미한다. • **자기효능감** : **특정 영역**에서의 개인의 능력에 대한 신념으로, 특히 어떤 성취 상황에서 자신의 수행에 대한 기대이므로 **구직상황에서는 자신의 구직활동의 효율성에 대한 기대**를 의미한다.

ⓒ 구직자 유형 분류 : 구직자 유형은 구직자의 취업의욕, 취업능력, 취업기술 등을 종합적으로 고려하여 결정하게 되며, 구직자를 유형별로 분류하여 관리하고 적합한 취업상담을 제공하는 데 활용한다.

구직능력/ 구직의욕	구직의욕 낮음	구직의욕 높음
구직능력 높음	**A형(고능력 · 저의지)** 의욕향상 지원형 → 취업의지 제고	**C형(고능력 · 고의지)** 빠른 취업 지원형 → 취업 알선
	구직능력은 높으나 구직의욕은 낮음 → 희망 직업 선택 및 취업의지 제고에 중점, 직업목표 수립에 중점 ⇒ **집단상담 프로그램 등 의욕 증진 서비스 제공**	구직능력, 구직의욕 모두 높음 → 취업에 대한 의사 및 희망 직업이 명확함 ⇒ **직업정보 제공 등의 지원**
구직능력 낮음	**B형(저능력 · 고의지)** 능력향상 지원형 → 직업훈련 연계	**D형(저능력 · 저의지)** 심층 지원형 → 구직의지 고취, 직무능력 향상 동시 지원
	구직의욕은 높으나 구직능력은 낮음 → 직무수행능력, 직업기초능력 향상이 필요함 ⇒ **직업훈련, 취업특강 등 구직기술 향상 서비스 제공**	구직능력과 구직의욕 모두 낮음 → **직업목표 수립과 직무수행능력 향상, 구직기술 향상에 초점** ⇒ **심층상담 등 밀착 서비스 필요**

ⓔ 구직욕구 판단 예시

구직욕구가 높은 경우	구직욕구가 낮은 경우
"퇴직 후 일자리를 찾아본 경험이 있다."고 응답	"퇴직 후 일자리를 찾아본 경험이 없다."고 응답
"일자리를 알아보고 싶지만 방법을 모른다."고 응답	"개인 사정이 있어 취업하기 곤란하거나 하고 싶지 않아서" 또는 '실업급여 수급 후 취업하기 위해서" 로 응답
"희망 재취업 시기를 1～2개월 또는 3～5개월"로 응답	"희망 재취업 시기를 실업 급여 수급 후"로 응답
그 밖에 세대주, 부양가족, 자산 부족 등으로 시급하게 취업을 희망하는 경우	심층상담시 실업급여 수급만을 주목적으로 한다고 판단되는 경우

ⓜ 내담자의 취업 장애요인 파악

구분	내용
인적 요인	연령(고연령, 군 미필자 등 저연령), 성별(여성, 한부모, 미혼모), 학력 및 자격(저학력자, 청년층 고학력자, 중장년층의 이전 경력과의 수준 차이), 건강 상태, 신체적 특성에 관한 호소문제가 많다.
가구 관련 요인	가족 간의 병, 가구 특성, 양육 및 교육, 가족 갈등, 경제적 어려움[취업준비 여력 없음, 생계 어려움], 탈수급에 대한 두려움, 복지지원 지속 희망 등의 문제가 있다.
심리적 요인	자신과 삶에 대한 부정적 태도, 대인관계 두려움, 불안·분노·심리적 취약성 등 정신건강의 문제 등이 있다.
취업 관련 요인	• 취업역량 : 자격이나 경력이 부재하다. • 취업동기 및 목표 : 취업의지가 없고 일에서 실패한 경험이 많으며 목표가 없다. • 일에 대한 인식 및 선택 : 일에 대한 부정적 인식, 힘들고 어려운 일에 대한 두려움이 있다. • 취업정보 : 취업 및 정책에 대한 정보 부족, 정보탐색 방법이 부족하고 왜곡된 취업정보를 가지고 있다. • 구직활동 경험이 부족하고 취업 경험이 부족하다.

③ 내담자의 직무수행역량 파악

　　㉠ 내담자의 희망 직무에 관한 역량 파악 : 내담자가 원하는 직무를 파악하고 희망 취업조건을 파악한 이후 내담자가 직무역량을 갖추었는지 확인하고 역량개발을 위한 상담을 진행한다.

　　　• 역량의 정의

맥클랜드	역량	개인성과를 예측하거나 설명할 수 있는 다양한 심리적 · 행동적 특성"이라고 정의한다.		
스펜서	핵심 역량	특정한 업무 또는 상황에서 효과적이고 우수한 성과 기준과 인과적으로 관계가 있는 개인의 내적 특성이다.		
		역량 유형	**설명**	**관찰가능여부**
		기술(skill)	특정한 신체적 혹은 정신적 과제를 수행할 수 있는 능력	가시적, 표면적
		지식 (knowledge)	특정 분야에 대해 가지고 있는 정보	
		자기개념 (self – concept)	태도 가치관 또는 자기상	비가시적, 짧은 시간에 평가하기 어려움
		특질(trait)	신체적 특성, 상황정보에 대한 일관된 반응 성향	
		동기(motive)	개인이 일관되게 마음에 품고 있거나 원하는 어떤 것	

　　㉡ 직무수행역량의 정의 : 직무수행에 필요한 역량(직무수행능력＋직업기초능력)이다.

　　　• 직무수행능력 : 해당 직무를 수행하는 데 필요한 역량[지식, 기술, 태도]이다.

　　　• 직업기초능력 : 직업인으로서 기본적으로 갖추어야 할 공통 능력이다.

　　㉢ 직업 기초 능력의 정의와 하위 역량 : 산업현장에서 직무를 수행하기 위해 요구되는 지식 · 기술 · 소양 등의 내용을 국가가 산업 부문별 · 수준별로 체계화한 국가직무능력표준(NCS : national competency standards)에서는 직업 기초 능력을 10개 항목(10개 능력에 34개 하위 능력)으로 구분한다.

직업기초능력	정의 및 하위 능력
의사소통 능력	업무를 수행함에 있어서 글과 말을 읽고 들음으로써 다른 사람이 뜻한 바를 파악하고, 자기가 뜻한 바를 글과 말을 통해 정확하게 쓰거나 말하는 능력이다.
	문서이해능력, 문서작성능력, 경청능력, 의사표현능력, 기초외국어능력
수리 능력	업무를 수행함에 있어 사칙연산, 통계, 확률의 의미를 정확하게 이해하고, 이를 업무에 적용하는 능력이다.
	기초연산능력, 기초통계능력, 도표분석능력, 도표작성능력
문제해결 능력	업무를 수행함에 있어 문제 상황이 발생하였을 경우, 창조적이고 논리적인 사고를 통하여 이를 올바르게 인식하고 적절히 해결하는 능력이다.
	사고력, 문제처리능력
자기개발 능력	업무를 추진하는데 스스로를 관리하고 개발하는 능력이다.
	자아인식능력, 자기관리능력, 경력개발능력
자원관리 능력	업무를 수행하는데 시간, 자본, 재료 및 시설, 인적자원 등의 자원 가운데 무엇이 얼마나 필요한지를 확인하고, 이용 가능한 자원을 최대한 수집하여 실제 업무에 어떻게 활용할 것인지를 계획하고, 계획대로 업무 수행에 이를 할당하는 능력이다.
	시간관리능력, 예산관리능력, 물적자원관리능력, 인적자원관리능력
대인관계 능력	업무를 수행함에 있어 접촉하게 되는 사람들과 문제를 일으키지 않고 원만하게 지내는 능력이다.
	팀워크능력, 리더십능력, 갈등관리능력, 협상능력, 고객서비스능력
정보 능력	업무와 관련된 정보를 수집하고, 이를 분석하여 의미있는 정보를 찾아내며, 의미있는 정보를 업무수행에 적절하도록 조직하고, 조직된 정보를 관리하며, 업무 수행에 이러한 정보를 활용하고, 이러한 제 과정에 컴퓨터를 사용하는 능력이다.
	컴퓨터 활용능력, 정보처리능력
기술능력	업무를 수행함에 있어 도구, 장치 등을 포함하여 필요한 기술에는 어떠한 것들이 있는지 이해하고, 실제로 업무를 수행함에 있어 적절한 기술을 선택하여 적용하는 능력이다.
	기술이해능력, 기술선택능력, 기술적용능력
조직이해 능력	업무를 원활하게 수행하기 위해 국제적인 추세를 포함하여 조직의 체제와 경영에 대해 이해하는 능력이다.
	국제감각, 조직 체제 이해능력, 경영이해능력, 업무이해능력
직업윤리	업무를 수행함에 있어 원만한 직업생활을 위해 필요한 태도, 매너, 올바른 직업관이다.
	근로윤리, 공동체윤리

④ 구직역량 검사

㉠ 구직역량의 정의

- **역량** : 특정 맥락의 복잡한 요구를 지식과 인지적·실천적 기술뿐만 아니라 태도, 감정, 가치, 동기 등과 같은 사회적·행동적 요소를 가동시킴으로써 성공적으로 충족시키는 능력이다.
- **구직역량** : '구직'이라는 상황이나 맥락에서 발생하는 요구에 성공적으로 대응하여 이를 **충족**시킬 수 있는 총체적 능력이다.

㉡ 구직역량의 하위 역량군

역량군	하위 역량	비고
구직 지식군	자신에게 적합한 **직장을 탐색**하고 **입직**하기 위해 갖추어야 할 **지식**이다.	구직 전 더 중요
	자기이해, 구직 희망 분야 이해, 전공지식, 외국어 능력, 구직 일반 상식	
구직 기술군	**직장을 선택**하고 그곳에 **취업**하는 데 필요한 실제적 **기술**이다.	
	구직 의사결정 능력, 구직 정보탐색 능력, 인적 네트워크 활용 능력, 구직서류 작성 능력, 구직 의사소통 능력	
구직 태도군	**직장**에 취업하고 **적응**하는 데 갖추어야 할 태도 및 가치관이다.	구직 후 더 중요
	긍정적 가치관, 도전정신, 글로벌 마인드, 직업윤리	
직무 적응군	직장에서 **직무를 성공적으로 수행**하고 지속적인 발전을 가능하게 하는 능력이다.	
	직무 및 조직몰입, 현장 직무수행 능력, 대인관계 능력, 문제해결능력, 자원활용능력, 자기관리 및 개발 능력	

㉢ **구직역량 평가 활용방안** : 구직역량은 취업역량과 같은 의미로 사용되며, 등급에 따른 후속 조치를 진행한다.

등급	후속 조치
A등급	집단상담, 직업훈련, 동행면접 등 적극 제공
B등급	집단상담 우선 제공
C, D등급	직업훈련 참여 제한 직업훈련 관리 강화

(2) 취업효능감

① 취업효능감 프로그램의 의의
   ㉠ 자기효능감 : 특정한 문제를 자신의 능력으로 성공적으로 해결할 수 있다는 자기 자신에 대한 신념이나 기대감으로, 자기효능감에 영향을 주는 요인으로 수행 성취, 대리 경험, 언어적 설득, 정서적 안정이 있다.
   ㉡ 취업효능감 : 자기효능감 이론을 바탕으로 개인이 취업이라는 결과를 얻는 과정에서 필요한 취업정보 획득 기술, 서류전형에 임하는 기술, 면접 기술 등 직업을 얻기 위해 성공적으로 수행할 수 있는 능력과 자신감을 말한다.

② 취업효능감 프로그램 구성요소

수행성취 (성공경험)	• 작은 일부터 성공을 경험하도록 하여 자신감을 높이고 아주 사소하게 보이는 비교적 작은 목표들부터 경험하여 성공에 대한 신념을 고무시킨다. • 개인이 충분히 달성할 수 있는 작은 목표를 부여하고, 이를 성취할 수 있도록 격려하여 자기효능감을 증가시킨다.
대리경험 (대리학습)	이미 성공한 사람들이나 위인들을 모델로 하여 대리 경험을 하게 해주어 자기효능감이 증가하도록 한다.
언어적 설득 (언어적 강화)	격려의 말이나 수행에 대한 구체적인 평가를 통해 구직자의 노력을 강화하고, 자기효능감을 증진시킨다.
정서적 안정 (정서적 각성, 생리적 반응)	수행 상황에서 실패를 극복할 수 있다는 긍정적인 마음을 통해서 과제를 접하고 해석하여 정서적 각성을 통해 불안에서 탈피해야 자기효능감이 높아질 수 있다.

1 구직자 유형별 취업지원 서비스의 방향으로 옳은 것은?

① 고능력 · 고의지 : 집단상담 프로그램 등 의욕 증진 서비스 제공

② 저능력 · 고의지 : 직업훈련, 취업특강 등 구직기술 향상 서비스 제공

③ 고능력 · 저의지 : 심층상담 등 밀착 서비스 필요

④ 저능력 · 저의지 : 직업정보 제공 등의 지원

해설 구직자 유형별 취업지원 서비스 방향

구직능력＼구직의욕	구직의욕 낮음	구직의욕 높음
구직능력 높음	A형(고능력 · 저의지) 의욕향상 지원형 → 취업의지 제고	C형(고능력 · 고의지) 빠른 취업 지원형 → 취업 알선
	⇒ 집단상담 프로그램 등 의욕 증진 서비스 제공	⇒ 직업정보 제공 등의 지원
구직능력 낮음	B형(저능력 · 고의지) 능력향상 지원형 → 직업훈련 연계	D형(저능력 · 저의지) 심층 지원형 → 구직의지 고취, 직무능력 향상 동시 지원
	⇒ 직업훈련, 취업특강 등 구직기술 향상 서비스 제공	⇒ 심층상담 등 밀착 서비스 필요

2 구직자 유형 중 저능력 · 고의지를 가진 구직자에게 적합한 취업지원 서비스로 옳은 것은?

① 직무수행능력, 직업기초능력 향상이 필요함

② 직업목표 수립과 직무수행능력 향상, 구직기술 향상에 초점

③ 희망 직업 선택 및 취업의지 제고에 중점, 직업목표 수립에 중점

④ 취업에 대한 의사 및 희망 직업이 명확함

해설 구직자 유형별 취업지원 서비스 방향

A형(고능력 · 저의지)	C형(고능력 · 고의지)
구직능력은 높으나 구직의욕은 낮음 → 희망 직업 선택 및 취업의지 제고에 중점, 직업목표 수립에 중점	구직능력, 구직의욕 모두 높음 → 취업에 대한 의사 및 희망 직업이 명확함
B형(저능력 · 고의지)	D형(저능력 · 저의지)
구직의욕은 높으나 구직능력은 낮음 → 직무수행능력, 직업기초능력 향상이 필요함	구직능력과 구직 의욕 모두 낮음 → 직업목표 수립과 직무수행능력 향상, 구직기술 향상에 초점

3 구직욕구 판단 시 구직욕구가 높은 경우의 예시로 적합하지 않은 것은?

① "퇴직 후 일자리를 찾아본 경험이 있다."고 응답

② "일자리를 알아보고 싶지만 방법을 모른다."고 응답

③ "희망 재취업 시기를 실업 급여 수급 후"로 응답

④ 그 밖에 세대주, 부양가족, 자산 부족 등으로 시급하게 취업을 희망하는 경우

해설 구직욕구 판단 예시

구직욕구가 높은 경우	구직욕구가 낮은 경우
"퇴직 후 일자리를 찾아본 경험이 있다."고 응답	"퇴직 후 일자리를 찾아본 경험이 없다."고 응답
"일자리를 알아보고 싶지만 방법을 모른다."고 응답	"개인 사정이 있어 취업하기 곤란하거나 하고 싶지 않아서" 또는 '실업급여 수급 후 취업하기 위해서"로 응답
"희망 재취업 시기를 1 ~ 2개월 또는 3 ~ 5개월"로 응답	"희망 재취업 시기를 실업 급여 수급 후"로 응답
그 밖에 세대주, 부양가족, 자산 부족 등으로 시급하게 취업을 희망하는 경우	심층상담 시 실업급여 수급만을 주 목적으로 한다고 판단되는 경우

4 구직역량군 중 직무 적응군의 하위 역량에 해당하는 것을 모두 고른 것은?

> ㉠ 직무 및 조직몰입　　　　　　　　　㉡ 현장 직무수행 능력
> ㉢ 문제해결능력　　　　　　　　　　　㉣ 구직 희망 분야 이해
> ㉤ 글로벌 마인드　　　　　　　　　　　㉥ 자기관리 및 개발 능력

① ㉠, ㉡, ㉢, ㉣, ㉤　　　　　　　　　② ㉡, ㉢, ㉣, ㉥

③ ㉠, ㉡, ㉢, ㉥　　　　　　　　　　　④ ㉡, ㉣, ㉤

해설 구직역량의 하위 역량

역량군	하위 역량	
구직 지식군	자신에게 적합한 직장을 탐색하고 입직하기 위해 갖추어야 할 지식	구직 전 더 중요
	자기이해, 구직 희망 분야 이해, 전공지식, 외국어 능력, 구직 일반 상식	
구직 기술군	직장을 선택하고 그곳에 취업하는 데 필요한 실제적 기술	
	구직 의사결정 능력, 구직 정보탐색 능력, 인적 네트워크 활용 능력, 구직서류 작성 능력, 구직 의사소통 능력	
구직 태도군	직장에 취업하고 적응하는 데 갖추어야 할 태도 및 가치관	구직 후 더 중요
	긍정적 가치관, 도전정신, 글로벌 마인드, 직업윤리	
직무 적응군	직장에서 직무를 성공적으로 수행하고 지속적인 발전을 가능하게 하는 능력	
	직무 및 조직몰입, 현장 직무수행능력, 대인관계 능력, 문제해결능력, 자원활용능력, 자기관리 및 개발 능력	

5 다음 설명에 해당하는 직업기초능력으로 옳은 것은?

> • 업무를 수행함에 있어 접촉하게 되는 사람들과 문제를 일으키지 않고 원만하게 지내는 능력
> • 하위 능력으로 팀워크능력, 리더십능력, 갈등관리능력, 협상능력, 고객서비스능력이 포함된다.

① 의사소통 능력
② 대인관계 능력
③ 자원관리 능력
④ 직업 윤리

해설 직업기초능력의 하위 역량

직업기초능력	하위 능력
의사소통 능력	문서이해능력, 문서작성능력, 경청능력, 의사표현능력, 기초외국어능력
수리 능력	기초연산능력, 기초통계능력, 도표분석능력, 도표작성능력
문제해결 능력	사고력, 문제처리능력
자기개발 능력	자아인식능력, 자기관리능력, 경력개발능력
자원관리 능력	시간관리능력, 예산관리능력, 물적자원관리능력, 인적자원관리능력
대인관계 능력	팀워크능력, 리더십능력, 갈등관리능력, 협상능력, 고객서비스능력
정보 능력	컴퓨터 활용능력, 정보처리능력
기술능력	기술이해능력, 기술선택능력, 기술적용능력
조직이해 능력	국제감각, 조직 체제 이해능력, 경영이해능력, 업무이해능력
직업윤리	근로윤리, 공동체윤리

6 취업효능감의 구성요소로 옳지 않은 것은?

① 수행성취
② 대리경험
③ 언어적 설득
④ 인지적 명확성

해설 NCS학습모듈별 '자기효능감 구성 요인' 용어 정리
　㉠ 취업상담 : 수행 성취, 대리 경험, 언어적 설득, 정서적 안정
　㉡ 직업상담 초기면담 : 성공 경험, 대리학습, 언어적 강화, 정서적 각성

7 다음 설명에 해당하는 취업효능감 구성요소로 적합한 것은?

> • 타인으로부터 격려와 지지를 받을 때 강점과 자기효능감은 상승되며, 누군가 해주는 격려의 말들에 더욱 집중하고 받아들이게 된다.
> • 격려의 말이나 수행에 대한 구체적인 평가를 통해 구직자의 노력을 강화하고, 자기효능감을 증진시킨다.

① 수행성취
② 대리경험
③ 언어적 설득
④ 정서적 안정

해설 취업효능감 구성요소

수행성취(성공경험)	• 작은 일부터 성공을 경험하도록 하여 자신감을 높이고 아주 사소하게 보이는 비교적 작은 목표들부터 경험하여 성공에 대한 신념을 고무시킨다. • 개인이 충분히 달성할 수 있는 작은 목표를 부여하고, 이를 성취할 수 있도록 격려하여 자기효능감을 증가시킨다.
대리경험(대리학습)	이미 성공한 사람들이나 위인들을 모델로 하여 대리 경험을 하게 해주어 자기효능감이 증가하도록 한다.
언어적 설득 (언어적 강화)	격려의 말이나 수행에 대한 구체적인 평가를 통해 구직자의 노력을 강화하고, 자기효능감을 증진시킨다.
정서적 안정(정서적 각성, 생리적 반응)	수행 상황에서 실패를 극복할 수 있다는 긍정적인 마음을 통해서 과제를 접하고 해석하여 정서적 각성을 통해 불안에서 탈피해야 자기효능감이 높아질 수 있다.

SECTION 02 취업목표 설정

(1) 취업목표 설정

① 목표 설정의 의의 및 특성

　㉠ 목표 : 노력이 지향하는 바의 목적이다.

　㉡ 취업상담의 목적 : 상담의 결과로서 추구되는 결과를 뜻하며, 상담의 방향을 제시하는 것이다.

　㉢ 목표 설정 의의

　　• 목표 설정은 구직자와 상담자 간의 협조적인 과정이다.

　　• 상담자는 구직자와의 초기면담에서 사전 목표를 이해하게 되는데, 초기면담만으로는 정보가 불충분하므로 장기 목표 설정 시에는 초기 목표가 재검토되거나 바뀔 수 있다.

　　• 목표 설정은 상담의 방향을 제공해 준다.

　　• 상담 전략을 선택하고 개입에 대한 기초를 마련해 준다.

　　• 상담 결과를 평가하는 기초를 제공해 준다.

② 목표설정의 특성 및 목표 확인

목표 설정의 특성	목표 확인
• 목표는 구체적이어야 한다. • 목표는 실현 가능해야 한다. • 목표는 내담자가 원하고 바라는 것이어야 한다. • 목표는 상담자의 기술과 양립 가능해야 한다.	• 구직자의 목표를 결정한다. • 목표의 실현 가능성을 결정한다. • 하위 목표를 설정한다. －구직자의 가치 · 기술 · 자산에 대한 평가를 한다. －직업정보를 수집한다. －의사결정 모형의 적용 등을 협의하고 하위 목표들에 대한 동의를 얻음으로써 모호함을 줄여나간다. • 목표 몰입도를 평가한다.

③ 취업목표 설정 과정에 대한 수행 순서

　㉠ 구직자의 취업 가능 직종을 확인한다.

　㉡ 구직자의 취업목표 설정 준비 상태를 확인한다.

　㉢ 취업 대안을 평가한다.

　㉣ 취업 대안을 압축하도록 한다.

　㉤ 취업효능감 프로그램에 참여하도록 하여 취업목표를 구체화하게 한다.

(2) 직업상담의 상담목표 설정

① **목표설정의 이유** : 상담전략 선택과 상담결과의 평가를 위해서이다.

② **구체적이어야 한다.** : 하위목표들은 명확히 하여 가능한 구체적으로 설정되어야 한다.

③ **내담자의 바람** : 내담자의 기대나 가치를 반영하여야 한다.

④ **현실성, 가능성** : 가능한 현실적이고 실현가능한 것이어야 한다. 상담자의 기술과 양립 가능해야만 한다(능력고려).

1 목표설정의 의의로 적합하지 않은 것은?

① 상담구조화의 토대

② 상담의 방향을 제공

③ 상담 전략 선택하고 개입에 대한 기초 마련

④ 상담 결과를 평가하는 기초 제공

> **해설** 목표설정의 의의
> ㉠ 목표 설정은 구직자와 상담자 간의 협조적인 과정이다.
> ㉡ 상담자는 구직자와의 초기면담에서 사전 목표를 이해하게 되는데, 초기면담만으로는 정보가 불충분하므로 장기 목표 설정 시에는 초기 목표가 재검토되거나 바뀔 수 있다.
> ㉢ 목표 설정은 상담의 방향을 제공해 준다.
> ㉣ 상담 전략을 선택하고 개입에 대한 기초를 마련해 준다.
> ㉤ 상담 결과를 평가하는 기초를 제공해 준다.

2 목표 설정의 특성이 아닌 것은?

① 목표는 구체적이어야 한다.

② 목표는 실현 가능해야 한다.

③ 목표는 내담자가 원하고 바라는 것이어야 한다.

④ 목표는 내담자의 기술과 양립 가능해야 한다.

> **해설** 목표설정의 특성
> ㉠ 목표는 구체적이어야 한다.
> ㉡ 목표는 실현 가능해야 한다.
> ㉢ 목표는 내담자가 원하고 바라는 것이어야 한다.
> ㉣ 목표는 상담자의 기술과 양립 가능해야 한다.

3 목표 확인 과정 중 하위 목표 설정 시 고려해야 할 세부 계획으로 적합하지 않은 것은?

① 구직자의 가치·기술·자산에 대한 평가

② 구직역량의 탐색

③ 직업정보의 수집

④ 의사결정 모형의 적용 등을 협의하고 하위 목표들에 대한 동의를 얻음으로써 모호함을 줄여나감

해설 목표 확인 과정
ㄱ 구직자의 목표를 결정한다.
ㄴ 목표의 실현 가능성을 결정한다.
ㄷ 하위 목표를 설정한다.
  • 구직자의 가치·기술·자산에 대한 평가를 한다.
  • 직업정보를 수집한다.
  • 의사결정 모형의 적용 등을 협의하고 하위 목표들에 대한 동의를 얻음으로써 모호함을 줄여나간다.
ㄹ 목표 몰입도를 평가한다.

4 취업 목표 설정과정에 대한 수행 순서가 바르게 연결된 것은?

> ㉠ 구직자의 취업 가능 직종을 확인한다.
> ㉡ 구직자의 취업목표 설정 준비 상태를 확인한다.
> ㉢ 취업효능감 프로그램에 참여하도록 하여 취업목표를 구체화하게 한다.
> ㉣ 취업 대안을 평가한다.
> ㉤ 취업 대안을 압축하도록 한다.

① ㉠-㉢-㉡-㉣-㉤
② ㉠-㉡-㉣-㉤-㉢
③ ㉠-㉣-㉤-㉢-㉡
④ ㉠-㉤-㉢-㉡-㉣

해설 취업목표 설정 과정
㉠ 구직자의 취업 가능 직종을 확인한다.
㉡ 구직자의 취업목표 설정 준비 상태를 확인한다.
㉢ 취업 대안을 평가한다.
㉣ 취업 대안을 압축하도록 한다.
㉤ 취업효능감 프로그램에 참여하도록 하여 취업목표를 구체화하게 한다.

5 직업상담의 상담목표에 관한 설명으로 틀린 것은?

① 상담목표 설정은 상담 전략 및 개입의 선택과 관련이 있다.

② 내담자의 기대나 가치를 반영하여야 한다.

③ 하위 목표들은 보편적으로 이해되는 수준이면 된다.

④ 상담목표는 가능한 현실적이고 실현 가능해야 한다.

해설 직업상담의 상담목표 설정
　　㉠ **목표설정의 이유** : 상담전략 선택과 상담결과의 평가를 위해서이다.
　　㉡ **구체적이어야 한다.** : 하위목표들은 명확히 하여 가능한 구체적으로 설정되어야 한다.
　　㉢ **내담자의 바람** : 내담자의 기대나 가치를 반영하여야 한다.
　　㉣ **현실성, 가능성** : 가능한 현실적이고 실현가능한 것이어야 한다. 상담자의 기술과 양립 가능해야만
　　　한다(능력고려).

SECTION 03 구인처 확보

(1) 구인정보 수집 및 제공

① 취업활동 계획에서 고려해야 할 직업정보들 : 취업활동 계획에서는 산업분석과 고용동향, 직업정보 분석이 선행되어야 한다.

   ㉠ 노동시장 정보 : 산업동향을 분석함으로 채용동향을 파악하고 구인 수요를 예측할 수 있다.

   ㉡ 고용정보 분석

> ※ 「직업안정법」에 제시된 고용정보의 내용
> 1. 경제 및 산업 동향
> 2. 노동시장, 고용 · 실업 동향
> 3. 임금, 근로시간 등 근로조건
> 4. 직업에 관한 정보
> 5. 채용 · 승진 등 고용 관리에 관한 정보
> 6. 직업능력개발 훈련에 관한 정보
> 7. 고용 관련 각종 지원 및 보조제도
> 8. 구인 · 구직에 관한 정보

② 직업정보의 범위

개인에 대한 정보	직업에 대한 정보	미래에 대한 정보
1. 나 자신을 아는 방법	1. 직업의 종류 및 분포도	1. 인력 수급 계획
2. 나의 적성, 흥미	2. 일의 성격 및 하는 일	2. 미래 사회의 모습
3. 진로계획 수립 및 수정	3. 근로조건	3. 과학 기술의 발전 방향
4. 직업관 및 직업윤리	4. 작업조건 및 안전	4. 산업 발전 추세
5. 교육 기회	5. 필요한 신체적 · 정신적 특질	5. 인구 구조 변화
6. 훈련 기회	6. 자격 · 면허 취득 방법	6. 산업 구조 변화
7. 고등학교 졸업 후 진로	7. 직업의 장단점	7. 직업 구조 변화
8. 대학교 졸업 후 진로	8. 기업 특징 및 기업 문화	8. 국가 시책
9. 사회교육 기관 안내	9. 승진 및 승급	9. 기업 경영의 전망
10. 여성 진로 안내	10. 취업 경로	10. 국 사회의 전망
11. 장애인 진로 안내	11. 노동시장 관행	
12. 중 · 고령자 진로 안내	12. 근로자의 직업관	
13. 의사결정 방법	13. 취업 알선처	

14. 전문가가 되는 길 15. 구직자의 상세한 정보 　• 연령 　• 학력 및 경력 　• 자격 및 면허 　• 근무 가능 직무 　• 희망 근무지 　• 신체적 및 정신적 특질 　• 요구하는 최소의 복지 내용 　• 원하는 구인처 　• 승급 관행	14. 구인처의 상세한 정보 　• 기업의 발전 방향 　• 기업의 성격 및 조직 　• 근로자 직급별 · 직종별 분포도 　• 생산품 및 생산 과정 　• 하는 일의 내용 　• 임금, 수당, 상여금, 퇴직금, 정년 　• 근로시간, 근무 형태, 휴가 　• 근무지 　• 복지 조건 　• 고용 방법 및 기준

(2) 구인정보 제공과 알선

① **채용정보 제공** : 채용정보의 특성을 잘 활용하여 참여자를 중심으로 구인 발굴을 진행하여 알선을 한다.

② **적중 알선**

　㉠ 구직자의 구직희망 조건과 역량 파악을 정확히 하고, 채용정보를 분석하여 알선을 하는 것이며, 조건이 맞지 않을 경우 구인업체와 정중히 의사소통을 하여 지원가능 여부를 확인하는 것이 좋다.

　㉡ 상담자는 구직자를 존중하고 구직자가 가지고 있는 자원에 주목해야 하며, 구직자와 끊임없는 상호작용을 통해 적중 알선을 할 수 있는 기반을 만든다.

　㉢ 구직자의 인적사항, 흥미, 적성, 가치관 등을 확인하고 경제적 상황, 능력[어학, 자격증], 사회경험, 봉사활동, 공모전, 취업 장애요인, 희망 근무지역, 취업희망 조건[직무, 급여 등]을 꼼꼼하게 확인하여야 한다.

　㉣ 구인업체의 채용 직무, 구인처의 요구 학력, 전공, 학점 등을 확인하고 지원자격 및 우대사항[자격증, 성별, 연령 등] 등도 잘 체크하며, 인근 거주 여부도 확인하고 알선을 진행한다.

　㉤ 알선을 진행할 때는 추천서를 활용하여 이메일이나 팩스를 활용하여 진행하고, 구인업체에는 각종 지원금[청년 추가고용 장려금, 두루누리 일자리 안정자금, 청년 내일 채움 공제]에 대해 안내하고 구직자가 해당되는지 여부를 설명해 준다.

　㉥ 이후 면접 일정을 잡도록 상담자가 구직자와 구인업체와의 의사소통을 해주는 것이 중요하며, 알선은 면접 일정을 잡는 것까지 해야 성사된다고 해도 과언이 아니다.

　㉦ 매일 시간을 정해 알선 시간을 확보해 놓고 진행하는 것이 좋다.

③ **구인처 확보를 위한 수행순서**

　㉠ 구직자가 작성한 취업활동 계획서를 가지고 채용정보를 찾아본다.

　㉡ 지역 업체 현황을 파악하고 채용가능 업체 정보를 수집한다.

　㉢ 적중 알선을 할 수 있도록 구인조건과 구직자의 역량을 꼼꼼히 확인한다.

　㉣ 구직자의 목표 달성 여부를 확인하고 취업 가능성에 대한 신념을 가지도록 도와준다.

1 「직업안정법」에 제시된 고용정보의 내용이 아닌 것은?

① 노동시장, 고용 · 실업 동향

② 임금, 근로시간 등 근로조건

③ 기업 및 직무 분석

④ 직업능력개발 훈련에 관한 정보

해설 「직업안정법」에 제시된 고용정보의 내용
　㉠ 경제 및 산업 동향
　㉡ 노동시장, 고용 · 실업 동향
　㉢ 임금, 근로시간 등 근로조건
　㉣ 직업에 관한 정보
　㉤ 채용 · 승진 등 고용 관리에 관한 정보
　㉥ 직업능력개발 훈련에 관한 정보
　㉦ 고용 관련 각종 지원 및 보조제도
　㉧ 구인 · 구직에 관한 정보

2 적중 알선에 대한 내용이 아닌 것은?

① 구인조건이 맞지 않을 경우 구직자와 정중히 의사소통을 하여 지원가능 여부를 확인한다.

② 구인업체의 채용 직무, 구인처의 요구 학력, 전공, 학점 등을 확인하고 지원자격 및 우대사항[자격증, 성별, 연령 등] 등도 잘 체크한다.

③ 알선은 면접 일정을 잡는 것까지 해야 성사된다고 해도 과언이 아니다.

④ 구인업체에는 각종 지원금[청년 추가고용 장려금, 두루누리 일자리 안정자금, 청년 내일 채움 공제]에 대해 안내하고 구직자가 해당되는지 여부를 설명해 준다.

해설 적중 알선

　㉠ <u>구직자의 구직희망 조건과 역량 파악을 정확히</u> 하고, 채용정보를 분석하여 알선을 하는 것이며, <u>조건이 맞지 않을 경우 구인업체와 정중히 의사소통을 하여 지원가능 여부를 확인하는</u> 것이 좋다.

　㉡ 상담자는 구직자를 존중하고 구직자가 가지고 있는 자원에 주목해야 하며, 구직자와 끊임없는 상호작용을 통해 적중 알선을 할 수 있는 기반을 만든다.

　㉢ 구직자의 인적사항, 흥미, 적성, 가치관 등을 확인하고 경제적 상황, 능력[어학, 자격증], 사회경험, 봉사활동, 공모전, 취업 장애요인, 희망 근무지역, 취업희망 조건[직무, 급여 등]을 꼼꼼하게 확인하여야 한다.

　㉣ 구인업체의 채용 직무, 구인처의 요구 학력, 전공, 학점 등을 확인하고 지원자격 및 우대사항[자격증, 성별, 연령 등] 등도 잘 체크하며, 인근 거주 여부도 확인하고 알선을 진행한다.

　㉤ 알선을 진행할 때는 추천서를 활용하여 이메일이나 팩스를 활용하여 진행하고, 구인업체에는 각종 지원금[청년 추가고용 장려금, 두루누리 일자리 안정자금, 청년 내일 채움 공제]에 대해 안내하고 구직자가 해당되는지 여부를 설명해 준다.

　㉥ 이후 면접 일정을 잡도록 상담자가 구직자와 구인업체와의 의사소통을 해주는 것이 중요하며, 알선은 면접 일정을 잡는 것까지 해야 성사된다고 해도 과언이 아니다.

　㉦ 매일 시간을 정해 알선 시간을 확보해 놓고 진행하는 것이 좋다.

3 직업정보의 범위 중 「개인에 대한 정보」로 모두 구성된 것은?

㉠ 필요한 신체적·정신적 특질   ㉡ 진로계획 수립 및 수정

㉢ 직업관 및 직업윤리   ㉣ 훈련 기회

㉤ 인력 수급 계획   ㉥ 전문가가 되는 길

① ㉠, ㉡, ㉢, ㉣, ㉤, ㉥

② ㉢, ㉣, ㉤, ㉥

③ ㉡, ㉢, ㉣, ㉥

④ ㉣, ㉤, ㉥

해설 직업정보의 범위

개인에 대한 정보	직업에 대한 정보	미래에 대한 정보
1. 나 자신을 아는 방법	1. 직업의 종류 및 분포도	1. 인력 수급 계획
2. 나의 적성, 흥미	2. 일의 성격 및 하는 일	2. 미래 사회의 모습
3. 진로계획 수립 및 수정	3. 근로조건	3. 과학 기술의 발전 방향
4. 직업관 및 직업윤리	4. 작업조건 및 안전	4. 산업 발전 추세
5. 교육 기회	5. 필요한 신체적·정신적 특질	5. 인구 구조 변화
6. 훈련 기회	6. 자격·면허 취득 방법	6. 산업 구조 변화
7. 고등학교 졸업 후 진로	7. 직업의 장단점	7. 직업 구조 변화
8. 대학교 졸업 후 진로	8. 기업 특징 및 기업 문화	8. 국가 시책
9. 사회교육 기관 안내	9. 승진 및 승급	9. 기업 경영의 전망
10. 여성 진로 안내	10. 취업 경로	10. 국제 사회의 전망
11. 장애인 진로 안내	11. 노동시장 관행	
12. 중·고령자 진로 안내	12. 근로자의 직업관	
13. 의사결정 방법	13. 취업 알선처	
14. 전문가가 되는 길	14. 구인처의 상세한 정보	
15. 구직자의 상세한 정보	• 기업의 발전 방향	
• 연령	• 기업의 성격 및 조직	
• 학력 및 경력	• 근로자 직급별·직종별 분포도	
• 자격 및 면허	• 생산품 및 생산 과정	
• 근무 가능 직무	• 하는 일의 내용	
• 희망 근무지	• 임금, 수당, 상여금, 퇴직금, 정년	
• 신체적 및 정신적 특질	• 근로시간, 근무 형태, 휴가	
• 요구하는 최소의 복지 내용	• 근무지	
• 원하는 구인처	• 복지 조건	
• 승급 관행	• 고용 방법 및 기준	

4 구인처 확보를 위한 수행순서가 바르게 연결된 것은?

> ㉠ 지역 업체 현황을 파악하고 채용가능 업체 정보를 수집한다.
> ㉡ 구직자가 작성한 취업활동 계획서를 가지고 채용정보를 찾아본다.
> ㉢ 구직자의 목표 달성 여부를 확인하고 취업 가능성에 대한 신념을 가지도록 도와준다.
> ㉣ 적중 알선을 할 수 있도록 구인조건과 구직자의 역량을 꼼꼼히 확인한다.

① ㉠－㉡－㉢－㉣
② ㉡－㉠－㉣－㉢
③ ㉢－㉣－㉠－㉡
④ ㉣－㉢－㉡－㉠

해설 구인처 확보를 위한 수행순서
㉠ 구직자가 작성한 취업활동 계획서를 가지고 채용정보를 찾아본다.
㉡ 지역 업체 현황을 파악하고 채용가능 업체 정보를 수집한다.
㉢ 적중 알선을 할 수 있도록 구인조건과 구직자의 역량을 꼼꼼히 확인한다.
㉣ 구직자의 목표 달성 여부를 확인하고 취업 가능성에 대한 신념을 가지도록 도와준다.

SECTION 04 구직활동 지원

(1) 구직서류 작성 지원

① 입사지원서(이력서 · 자기소개서) 작성

- ㉠ **입사서류** : 구직자가 취업을 위한 면접의 기회를 얻기 위해 회사에 제출하는 개인의 정보, 학력, 경력, 자격, 봉사활동 등이 적혀 있는 문서이다. 인사담당자는 이력서를 통해 구직자의 성향, 능력, 직무 적합성, 조직 적합성 등을 판단한다.
- ㉡ **입사서류 작성** : 입사서류는 먼저 준비해 놓아야 지원자에 적합한 채용공고가 올라왔을 때 실시간 대응을 할 수 있다. 기본서류를 준비해 놓고 기업분석만 추가하여 완성한다.
- ㉢ **구인업체와 의사소통** : 지원할 업체에 채용과 관련하여 의사소통을 할 일이 있으면 멘트를 미리 준비하고 좋은 인상을 남길 수 있도록 신중하게 소통해야 한다. 예의를 갖추고 필요한 내용으로 요점만 간단히 하고, 정확한 어투 및 어휘 사용으로 만나보고 싶다는 인상을 남기도록 한다.
- ㉣ **이메일 지원** : 이메일로 서류를 지원할 때에도 제목에 '~에 지원하는 ~~~입니다.'라고 작성하고, 이력서만 첨부하지 말고 인사말, 끝맺는 말, 간단한 어필 및 '잘 부탁드린다.'는 말을 첨부하는 것이 좋다.
- ㉤ **마무리 감사 인사** : 면접 이후 당락의 여부를 떠나 면접의 기회를 주신 것에 대한 감사 인사를 메일로 보내면 좋은 인상으로 마무리할 수 있으므로 권한다. 극히 드물지만 다시 기회가 오기도 한다.

② 입사지원 및 경력기술서 작성시 유의사항

이력서 항목별 작성방법	• 이력서는 **객관적 자료이고 정확성이 중요**하다. 되도록 빈칸이 없도록 채운다. • 해당사항이 없을 경우 해당 부분을 가능한 경우 삭제하는 것이 좋다. • **지원분야는 반드시 기재**한다. • 이메일 계정을 인당 3개까지는 만들 수 있으니 장난스러운 메일 주소는 변경하여 제출한다.
자기소개서 작성법	• 자기소개서는 **이력서에 담아내지 못했던 정성적인 역량을 표현**한다. • 성장과정, 성격의 장단점, 지원동기, 입사 후 포부 항목으로 주로 구성되어 있다. • **직무 적합성, 조직 적합성** 등을 잘 담아내어 작성하도록 한다. • 자기소개서를 통해서 열정과 패기, 도전정신, 친화력과 사회성, 학습역량 등이 잘 드러나도록 작성해야 한다. • 지원회사의 **인재상에 부합되는 인재임을 잘 표현**해야 한다. • **참신한 소제목**으로 관심을 끌고 첫 문장을 임팩트 있게 작성하여 끝까지 읽을 수 있도록 한다. • 사례를 중심으로 어떤 상황에서 벌어진 문제를 어떻게 해결했고 결과적으로 이렇게 되었다는 스토리텔링을 잘 전개해야 한다. − **STAR 기법**[자신의 경험을 situation, task, action, result로 작성하는 글쓰기 구조]을 기반으로 자신의 경험을 구체적으로 잘 표현한다면, 매력적인 스토리를 가진 지원자가 될 수 있다.

성장과정	• **인성/가치관**을 판단한다[조직 적합성, 조직 적응력] • 전체 내용과의 **일관성**을 고려한다. • **직무 및 지원 기업에 관심**을 갖게 된 계기 등을 작성한다. • 주요 관심사, 삶의 기본토대, 가족 관련사항 등을 작성한다. • **인성 중 강점**이라고 생각되는 것을 핵심 단어로 표현한다. • 전공과 관련된 직무를 지원할 경우, 전공 선택의 계기를 성장과정 항목에 기술할 수 있다.
성격의 장단점	• **장점은 지원 직무와 관련된 역량**을 사례를 들어 서술한다. • **보통 한두 가지 장점**을 쓰고, 이를 뒷받침할 만한 근거를 덧붙이는 것이 중요하다. • 근거는 **명확한 수치와 고유명사, 윗사람들의 평가** 등을 포함하여 구체적으로 기술 • 추상적인 표현을 피하고 **사례와 함께** 작성한다. • **단점은 직무역량과 관련 없는 큰 과오가 안 되는 단점**을 적고, 단점을 극복하기 위한 실천 방안을 제시한다.
학교생활, 경력사항	• **전공이나 활동했던 분야를 지원 직무와의 연관성**에 초점을 두고 구체적으로 서술한다. • 지원 회사, 지원 직무와 연관성이 높은 에피소드 중 가장 비중 있는 것으로 기술한다. • **핵심 경력사항 또는 활동사항과 구체적인 직무내용**, 이를 통한 성과 및 배울 점을 기술한다.
지원동기	• **회사에 대한 충성도**를 강조하고, 다른 회사가 아닌 이 회사를 왜 택하게 되었는지 근거를 제시하여 작성한다. • **최근 회사가 관심을 가지고 있는 부분에 대한 본인의 관심**을 표현한다. • 지원 직무에 대한 보유지식, 준비 사항을 서술하고, **왜 지원하였는지**를 잘 담아내고, 그동안의 준비과정을 몇 개의 역량으로 묶어서 제시한다.
경력기술서 작성법	• 경력자의 경우 경력기술서 작성이 필수이다. • 경력기술서는 회사명, 부서명, 직책명, 근무기간, 주요 업무, 담당 역할, 업무성과, 퇴직사유 등을 작성한다. • **경력은 최근 경력부터 작성해야 한다.** • **성과 또한 중요한 부분부터 작성**하는 것이 좋다. • 본인의 역할과 행동 그리고 **주요 성과를 드러낼 때에는 수치를 적절히 활용**하는 것이 중요하다. • 세부 직무에 관련된 활동은 세부 **직무와의 연관성을 중심으로 기술**한다. • 경력증명서에 명시되어 있는 경력사항에 대해 정확히 기술한다. • **채용할 회사가 원하는 직무와 포지션 위주로 바로 활용될 수 있는 업무 경험이 부각되도록 작성**하고, 관련된 업무가 아닌 경우는 생략하는 것이 좋다.

(2) 면접 지원

① 면접 준비 : 유형별 면접

구분	내용
인성 면접	• 1:1, 1:다 형태로 진행되며, **기본 품성과 조직 적합성을 평가**한다. • 열정이나 입사에 대한 의지를 질문한다. • **입사지원서**를 기반으로 질문할 수 있으므로 이력서, 자기소개서의 주요 내용으로 준비한다. • 인사담당자 면접 : 답변 태도, 의지, 화법, 성향 등 인성을 포함하여 종합하여 평가한다. • 임원 면접 : 지원사의 인성, 마인드, 가치관 등을 확인한다.
PT 면접	• 1:다 형태로 진행되며 **문제해결 능력과 직무수행 능력을 평가**한다. • 문제인식 및 해결, 창의성, 자료 이해도, 직무 적합도 등이 드러나며, 구조화 능력 및 발표력 등을 평가한다. • 주제가 주어지면 **기승전결로 나누어 구조화하고 두괄식으로 표현**해내도록 준비한다. • 질의응답 시간이 주어지기 때문에 **질문 요점을 정확히 파악하고 답변**한다.
역량 면접	• **과거의 경험을 통해 미래의 행동을 유추**하는 꼬리 물기식 면접이다. • **구조화된 질문(STAR기법)을 바탕**으로 면접자의 **역량을 평가**한다. • 직무를 수행하는 데 필요한 역량인 의사소통 능력, 문제해결 능력, 대인관계 능력, 조직이해 능력, 자기관리 능력 등을 답변 내용과 표정, 행동까지 세심히 관찰하여 평가하며, 과거의 경험에 기반을 둔 답변을 통해 판단한다.
토론 면접	• 토론 면접은 답을 구하는 것이 아닌 **서로의 의견을 주고받는 과정을 평가**한다. • 논리 싸움이 우선이 아니고 **합의된 결과물을 잘 만들어 내는 것이 가장 중요**하다. • **자신의 역할** 반드시 있어야 하며, **다른 의견을 수용하고 발전시키는 모습이 평가에서 좋게 반영**한다. • 끝까지 **경청하는 태도, 상대방을 존중하는 태도**가 좋은 평가를 받는다.
경력직 면접	• **핵심적인 성과 위주로 2 ~ 3가지 정도를 구체적으로 준비**한다. • 성과 당시의 역할이나 비중 등을 구체적으로 전달하여 **기여도를 표현**한다. • **이직 전직 사유 솔직하게 답변**하되, **감출 것은 감추고 표현할 것은 표현하는 전략**이 필요하다. • 이전보다 낮은 급여 수준이나 직급을 제시받는 경우도 발생하므로 희망 연봉 수준을 정해놓거나 기준을 생각해두고 면접에 임하는 것이 필요하다.
비대면 면접	• 소프트웨어 설치를 통한 **화상 면접**이나 **영상통화 면접**이 실시되며, 전화 면접도 활용된다. • 장비 준비 및 활용법 익히기, 화상 면접 시 눈 맞춤, 표정, 마이크 사용 시 목소리 발음 등을 확인한다.

| AI 면접 | • '기본 면접 → 성향 분석 → 상황 대처 → 보상 선호 → AI 게임 → 심층 면접'으로 구성된다.
• 특정 자극에 대해 어떻게 반응하는지를 바탕으로 **대인 면접에서 드러나지 않는 업무 스타일이나 성향을 판단**한다.
• **신뢰성이 중요하므로 일관성 있는 답변, 솔직한 답변과 침착함이 중요**하다.
• 포기하지 않고 흔들림 없이 문제를 풀어가는 연습이 필요하다. |

※ 주의사항
- 채용 관문의 마지막에 해당하는 중요한 과정이다.
- 다(多) 대 다(多) 면접일 경우 다른 지원자의 발언 시 주의 집중을 하고 경청하는 모습
- 마지막 발언의 기회를 꼭 활용해야 한다는 점, 시선 처리 잘 해야 한다는 점이 중요하다.

② 대상자별 면접지도

구분	내용
동행면접	• 강점 : 구직자에게는 안정감을 주고 구인 업체에는 신뢰감, 단골 기업을 만드는 중요한 출발점이다. • 활용 : 취업 자신감이 부족하거나 면접에 계속 실패하는 구직자들을 대상으로 한다(**청년층은 지양**). • 효과 : 구인 업체 방문 후 인사담당자와의 유대감 형성, 다른 구인이 발생 시 적합 구직자를 알선 유리, 구직자에게 구인 업체에 대해 설명하는 데 유리하다.
저소득층 면접	− 저학력일 경우가 높고 질병이 있거나 질병이 있는 가족이 있는 경우가 많다. − 탈수급 우려 때문에 구직활동에 대한 어려움이 있다. − 진로결정 수준과 진로 정체감이 낮은 편이다. • **단문 문장부터 연습**하도록 지원한다. • 충분한 연습을 한 후, 눈 맞춤, 면접 태도 등에 대한 컨설팅을 진행한다. • 자존감을 살려주는 피드백이 필요하다. • **최대한 모의 면접을 많이** 하도록 지원한다. • 구직자 역량강화 프로그램 참여를 독려한다.
결혼 이민자 면접	− 성장 배경과 문화가 달라서 한국 사회 이해 및 적응 능력이 부족하다. − 경제적 기반이 미약하고, 사회적 지지체계도 부족한 편이고, 한국어 능력도 부족하다. • **한국어 능력을 확인하여 의사소통 가능 수준으로 면접을 대비**한다. • **질문에 대한 이해를 먼저 할 수 있도록 면접 질문을 학습**시키는 것이 우선이다. • **단답형**부터 답변을 준비한다. • 변형된 질문에 대한 대처를 준비한다. • 구직자 역량강화 프로그램 참여를 독려한다.

신용회복 지원자 면접	−경제적 관리 능력과 신용 관리 능력이 부족한 편이다. −평균 이상의 학력을 갖춘 경우가 많은 편이나, 구직 정보를 얻는 곳은 부족하다. −신용회복 과정에 따르는 정서적 고통이 많은 편이다.	
	• **본인의 역량과 지원 분야에 대한 관심을 표현**하도록 안내한다. • **신용회복 과정에 대해 간략하면서 신뢰할 수 있게 준비**한다. • **일하는 회사에 지장 없고, 업무에 지장이 없다는 부분을 먼저 잘 어필**한다. • 회사에 대한 관심, 직무에 대한 역량을 잘 표현하도록 지도한다. • 일에 열심히 몰두할 수 있는 환경임을 어필할 수 있게 준비한다.	
장년층 면접	−근로의 의지는 있으나 현실적으로 구직활동이 장기화되거나 본인의 기존 경력에 비해 하향 취업을 하여야 하는 경우가 많은 편이다. −적정한 취업 눈높이 수준을 유지할 수 있어야 한다.	
	• **면접 태도가 가장 중요**하며, 새로운 마음가짐으로 앞으로의 일과 직장 적응에 초점을 맞추어 면접에 임하도록 지도한다. • 과거의 경력은 사실에 기반을 둔 **경력기술서를 작성하여 답변을 준비하되, 업무에 큰 성과를 창출할 수 있음을 강조**한다. • 지원한 회사에 대한 충실한 조사 바탕으로 **회사에 대한 관심을 면접 시 충분히 어필**한다. • 새로운 조직에서의 **직장 적응이 무난함을 잘 설명**할 수 있도록 답변을 준비한다. • 중장년 취업 프로그램을 소개하고 참여를 독려한다.	
여성 가장 면접	−오랜 기간 경력이 단절되어 있고 빠른 취업을 원하지만 취업 준비가 부족한 경우가 많은 편임 −진입 장벽이 낮은 비전문적 직종을 선택하는 경우가 많다. −노동시장 정보가 취약하고 정보를 습득하는 방법을 모르는 경우가 많고, 경제적으로는 빠른 취업을 희망하지만 자녀 양육에 대한 부분을 해결할 수 있도록 먼저 다루어야 한다.	
	• **자녀 양육에 대한 대안 준비 후 면접 시 대처**한다. • 일에 대한 절박한 의지를 표현하도록 하여 **꾸준히 근속하여 일할 수 있다는 부분을 어필**한다. • **경력단절이 긴 경우 조직적응에 무리가 없음을 잘 어필**하도록 지원한다. • 자존감을 높이는 피드백 필요, **충분히 모의 면접을 준비**한다. • 구직자 역량강화 프로그램을 연계하여 참여를 지원한다.	
AI 면접	• **실제로 진행해보는 것이 가장 중요**하고, 면접의 콘텐츠를 준비하는 것은 비대면 면접과 같다. • 실제로 모의 테스트를 해보기 전에 1분 자기소개, 지원동기, 입사 후 포부 등의 면접 콘텐츠는 구축해 놓고 **모의 테스트를 해보도록** 한다.	

※ 구직자의 취업 희망 조건 확인 → 업체 현황 확인 → 직무 확인 → 기타 구인조건 확인 → 구인조건의 조율

출제예상문제 | 구직활동 지원

1 자기소개서 작성 시 주의 사항으로 옳지 않은 것은?

① 성격의 장점만을 크게 부각시킨다.

② 지원동기는 회사에 대한 충성도를 강조한다.

③ 학교생활에 대해서는 지원 직무와의 연관성에 초점을 둔다.

④ 입사 후 포부에서는 지원 분야에 대한 구체적인 계획과 실천력을 표현한다.

해설 자기소개서 작성 시 주의 사항

구분	내용
성장과정	• 인성/가치관을 판단한다[조직 적합성, 조직 적응력]. • 전체 내용과의 일관성을 고려한다. • 직무 및 지원 기업에 관심을 갖게 된 계기 등을 작성한다. • 주요 관심사, 삶의 기본토대, 가족 관련사항 등을 작성한다. • 인성 중 강점이라고 생각되는 것을 핵심 단어로 표현한다. • 전공과 관련된 직무를 지원할 경우, 전공 선택의 계기를 성장과정 항목에 기술할 수 있다.
성격의 장단점	• 장점은 지원 직무와 관련된 역량을 사례를 들어 서술한다. • 보통 한두 가지 장점을 쓰고, 이를 뒷받침할 만한 근거를 덧붙이는 것이 중요하다. • 근거는 명확한 수치와 고유명사, 윗사람들의 평가 등을 포함하여 구체적으로 기술한다. • 추상적인 표현을 피하고 사례와 함께 작성한다. • 단점은 직무역량과 관련 없는 큰 과오가 안 되는 단점을 적고, 단점을 극복하기 위한 실천 방안을 제시한다.
학교생활, 경력사항	• 전공이나 활동했던 분야를 지원 직무와의 연관성에 초점을 두고 구체적으로 서술한다. • 지원 회사, 지원 직무와 연관성이 높은 에피소드 중 가장 비중 있는 것으로 기술한다. • 핵심 경력사항 또는 활동사항과 구체적인 직무내용, 이를 통한 성과 및 배울 점을 기술한다.
지원동기	• 회사에 대한 충성도를 강조하고, 다른 회사가 아닌 이 회사를 왜 택하게 되었는지 근거를 제시하여 작성한다. • 최근 회사가 관심을 가지고 있는 부분에 대한 본인의 관심을 표현한다. • 지원 직무에 대한 보유지식, 준비 사항을 서술하고, 왜 지원하였는지를 잘 담아내고, 그동안의 준비과정을 몇 개의 역량으로 묶어서 제시한다.
입사후 포부	• 지원분야에 대한 구체적 계획과 실천력을 표현한다. • 지원회사의 비전 달성을 위해 기여할 수 있는 부분을 강조하고 지원한 직무를 통해 이 분야의 전문가가 되기 위해 어떤 노력을 할 것인지 계획을 작성한다. • 기업과 산업 분석을 통해 개인의 커리어 비전과 조직의 발전 방향을 맞추어 작성한다. • 입사 후 3, 5, 10년 후 구체적인 목표와 목표 달성을 위한 계획을 잘 기술하여야 한다.

ANSWER 1.①

2 다음 보기의 내용에 해당하는 면접 방법으로 옳은 것은?

> • 일 대 다(多) 형태로 이루어진다.
> • 지원자의 문제해결 능력, 직무수행 능력 등을 평가한다.
> • 질의응답 시간이 주어지며, 지원자의 구조화 능력 및 발표력 등을 평가한다.

① 역량 면접
② PT 면접
③ 토론 면접
④ 인성 면접

해설 유형별 면접

구분	내용
인성 면접	• 1:1, 1:다 형태로 진행되며, 기본 품성과 조직 적합성을 평가한다. • 열정이나 입사에 대한 의지를 질문한다. • 입사지원서를 기반으로 질문할 수 있으므로 이력서, 자기소개서의 주요 내용으로 준비한다. • 인사담당자 면접 : 답변 태도, 의지, 화법, 성향 등 인성을 포함하여 종합하여 평가한다. • 임원 면접 : 지원사의 인성, 마인드, 가치관 등을 확인한다.
PT 면접	• 1:다 형태로 진행되며 문제해결 능력과 직무수행 능력을 평가한다. • 문제인식 및 해결, 창의성, 자료 이해도, 직무 적합도 등이 드러나며, 구조화 능력 및 발표력 등을 평가한다. • 주제가 주어지면 기승전결로 나누어 구조화하고 두괄식으로 표현해내도록 준비한다. • 질의응답 시간이 주어지기 때문에 질문 요점을 정확히 파악하고 답변한다.
역량 면접	• 과거의 경험을 통해 미래의 행동을 유추하는 꼬리 물기식 면접이다. • 구조화된 질문(STAR기법)을 바탕으로 면접자의 역량을 평가한다. • 직무를 수행하는 데 필요한 역량인 의사소통 능력, 문제해결 능력, 대인관계 능력, 조직이해 능력, 자기관리 능력 등을 답변 내용과 표정, 행동까지 세심히 관찰하여 평가하며, 과거의 경험에 기반을 둔 답변을 통해 판단한다.
토론 면접	• 토론 면접은 답을 구하는 것이 아닌 서로의 의견을 주고받는 과정을 평가한다. • 논리 싸움이 우선이 아니고 합의된 결과물을 잘 만들어 내는 것이 가장 중요하다. • 자신의 역할 반드시 있어야 하며, 다른 의견을 수용하고 발전시키는 모습이 평가에서 좋게 반영된다. • 끝까지 경청하는 태도, 상대방을 존중하는 태도가 좋은 평가를 받는다.

3 다음 중 AI면접의 구성 순서로 옳은 것은?

㉠ 기본 면접	㉡ 보상 선호
㉢ AI게임	㉣ 성향 분석
㉤ 상황대처	㉥ 심층 면접

① ㉠－㉡－㉢－㉣－㉤－㉥
② ㉠－㉢－㉡－㉤－㉣－㉥
③ ㉠－㉣－㉤－㉡－㉢－㉥
④ ㉠－㉤－㉣－㉢－㉡－㉥

해설 AI 면접의 구성 순서

'기본 면접→ 성향 분석→ 상황 대처→ 보상 선호→ AI 게임→ 심층 면접'으로 구성된다.

4 대상자별 면접 지도의 내용으로 옳은 것은?

① 저소득층 면접은 단답형부터 답변을 준비시킨다.
② 신용회복 지원자 면접은 자존감을 살려주는 피드백이 중요하다.
③ 장년층 면접은 면접 태도가 가장 중요하다.
④ 여성 가장 면접은 본인의 역량과 지원 분야에 대한 관심을 표현하는게 중요하다.

해설 대상자별 면접지도

구분	내용
저소득층 면접	• 단문 문장부터 연습하도록 지원한다. • 충분한 연습을 한 후, 눈 맞춤, 면접 태도 등에 대한 컨설팅을 진행한다. • 자존감을 살려주는 피드백이 필요하다. • 최대한 모의 면접을 많이 하도록 지원한다. • 구직자 역량강화 프로그램 참여를 독려한다.
결혼이민자 면접	• 한국어 능력을 확인하여 의사소통 가능 수준으로 면접을 대비한다. • 질문에 대한 이해를 먼저 할 수 있도록 면접 질문을 학습시키는 것이 우선이다. • 단답형부터 답변을 준비한다. • 변형된 질문에 대한 대처를 준비한다. • 구직자 역량강화 프로그램 참여를 독려한다.
신용회복 지원자 면접	• 본인의 역량과 지원 분야에 대한 관심을 표현하도록 안내한다. • 신용회복 과정에 대해 간략하면서 신뢰할 수 있게 준비한다. • 일하는 회사에 지장 없고, 업무에 지장이 없다는 부분을 먼저 잘 어필한다. • 회사에 대한 관심, 직무에 대한 역량을 잘 표현하도록 지도한다. • 일에 열심히 몰두할 수 있는 환경임을 어필할 수 있게 준비한다.
장년층 면접	• 면접 태도가 가장 중요하며, 새로운 마음가짐으로 앞으로의 일과 직장 적응에 초점을 맞추어 면접에 임하도록 지도한다. • 과거의 경력은 사실에 기반을 둔 경력기술서를 작성하여 답변을 준비하되, 업무에 큰 성과를 창출할 수 있음을 강조한다. • 지원한 회사에 대한 충실한 조사 바탕으로 회사에 대한 관심을 면접 시 충분히 어필한다. • 새로운 조직에서의 직장 적응이 무난함을 잘 설명할 수 있도록 답변을 준비한다. • 중장년 취업 프로그램을 소개하고 참여를 독려한다.
여성 가장 면접	• 자녀 양육에 대한 대안 준비 후 면접 시 대처한다. • 일에 대한 절박한 의지를 표현하도록 하여 꾸준히 근속하여 일할 수 있다는 부분을 어필한다. • 경력단절이 긴 경우 조직적응에 무리가 없음을 잘 어필하도록 지원한다. • 자존감을 높이는 피드백 필요, 충분히 모의 면접을 준비한다. • 구직자 역량강화 프로그램을 연계하여 참여를 지원한다.

ANSWER 4.③

SECTION
05 # 내담자 사후관리

(1) 내담자 사후관리 기법

① 사후관리는 취업활동 계획서에 따라 진행하고 있는 구직자가 진행 도중 취업 의지가 약화되는 것, 그리고 취업활동 계획서에 따라 취업한 구직자가 직장에서의 적응을 도와 직업유지를 할 수 있도록 지속적으로 관리하는 것 등을 포함한다.

② 또한 구인·구직 정보 제공, 일자리 알선, 취업지원 계획 수립 지원, 취업상담 등 일련의 과정을 가져갈 수 있도록 지원한 후 취업이나 창업에서 발생하는 사안들에 대한 적응과 유지를 돕는 과정이며, 이때 필요하다면 취업상담을 다시 진행할 수 있다.

(2) 취업자·미취업자 사후관리

구분	내용
취업자	• 매월 1회 이상 취업자에게 유선 등의 방법으로 **직장 적응 시 애로사항 등을 상담하여 근속이 지속될 수 있도록 유도**한다. • **직장 적응이 어려워 재취업하여야 할 경우에도 면담을 거쳐서 취업활동 계획을 재수립하도록 지원**한다. • **온·오프라인 종합적 정보를 지속적으로 제공하여 상담자가 구직자의 취업 후 직무 만족이나 적응의 애로점을 청취**한다. • 구직자 **출근 전 사전교육을 실시한다(직장 내 커뮤니케이션이나 조직문화 등에 대한 숙지**를 통해 직장 적응을 도움). • 구직자 **출근 후 일주일 뒤 사후관리를 실시**한다. • **지속적으로 구인업체를 관리**한다(추천한 구직자가 잘 적응하고 있는지, 더 도와야 하는 일은 없는지, 구인업체와 의사소통을 하고 문제점을 해결하려고 노력하고, 구직자가 구인업체와 돈독한 관계를 형성해나가도록 돕는다). • **장기 경력관리 및 경력개발의 중요성을 인식**하게 한다. • 문자, SNS를 통해 친근하고 지속적인 격려를 하며, 스트레스 관리법을 안내하여 건강한 직장생활을 영위해 가도록 돕는다. • **정기예금 등 재무관리에 대해서 정보를 제공하고 계획을 세울 수 있도록 지원**한다. • **OA 사용법, 이메일, 공문 작성법 등에 대한 팁을 제공**하는 것도 적응을 높이는 데 도움이 된다.

미취업자	• 구인정보를 제공하여 조기에 취업할 수 있도록 독려한다. • **취업이 될 때까지 채용정보 제공 및 구직동기 부여는 계속되어야 한다.** • 채용정보는 지속적이고 주기적으로 개인별 취업목표에 적합한 맞춤형으로 제공한다. • **주 1회 이상은 힘이 되는 문구를 SNS로 전달**함으로써 상담자는 항상 내담자의 편에서 구직활동을 지원해 줄 수 있다는 것을 알도록 한다. • 취업에 도움이 되는 **단기 특강이나 취업 프로그램에 대한 추천도 지속적으로 제공**한다. • **미취업 원인을 다시 분석**하여 직업훈련을 다시 받을 것인지, 새로운 취업지원 프로그램을 다시 이수할 것인지, 직종을 전환할 것인지를 상담을 통해 정해야 한다. • **희망 근로조건에 대한 조정이 필요한지 여부도 상담을 통해 확인**한다.

(3) 대상자별 사후관리

구분	내용
청년층	• **경력개발 로드맵을 그려 지금 하고 있는 일에 대한 비전을 갖게 하고, 의미 있는 직장생활을 하도록 도와준다.** • **신입사원 예절에 대하여 컨설팅을 한다.** • **입사 후 직무 만족에 대하여 수시로 점검**한다.
여성층	• **무엇보다 자녀 양육의 문제가 해결이 되었는지, 계획대로 잘 되고 있는지를 확인**한다.
중장년층	• **조직 적응에 대한 컨설팅을 가장 중요시 여겨야 한다.** • **세대 간의 차이를 극복하고 스트레스를 잘 조절할 수 있도록 도와주어야 한다.**
어르신 분	• **건강관리와 안전에 대한 관리가 필요하다.** • **조직 내에서의 커뮤니케이션도 원활하도록 지원하여야 한다.**

1 취업자의 사후관리 내용으로 모두 구성된 것은?

> ㉠ 지속적으로 구인업체를 관리한다.
> ㉡ 장기 경력관리 및 경력개발의 중요성을 인식하게 한다.
> ㉢ 주 1회 이상은 힘이 되는 문구를 SNS로 전달함으로써 상담자는 항상 내담자의 편에서 구직활동을 지원해 줄 수 있다는 것을 알도록 한다.
> ㉣ 정기예금 등 재무관리에 대해서 정보를 제공하고 계획을 세울 수 있도록 지원한다.
> ㉤ OA 사용법, 이메일, 공문 작성법 등에 대한 팁을 제공한다.

① ㉠, ㉡, ㉢, ㉣, ㉤
② ㉡, ㉣, ㉤
③ ㉠, ㉡, ㉣, ㉤
④ ㉡, ㉢, ㉣, ㉤

해설 취업자 사후관리
㉠ 구직자 출근 전 사전교육을 실시한다(직장 내 커뮤니케이션이나 조직문화 등에 대한 숙지를 통해 직장 적응을 도움).
㉡ 구직자 출근 후 일주일 뒤 사후관리를 실시한다.
㉢ 지속적으로 구인업체를 관리한다(추천한 구직자가 잘 적응하고 있는지, 더 도와야 하는 일은 없는지, 구인업체와 의사소통을 하고 문제점을 해결하려고 노력하고, 구직자가 구인업체와 돈독한 관계를 형성해나가도록 돕는다).
㉣ 장기 경력관리 및 경력개발의 중요성을 인식하게 한다.
㉤ 문자, SNS를 통해 친근하고 지속적인 격려를 하며, 스트레스 관리법을 안내하여 건강한 직장생활을 영위해 가도록 돕는다.
㉥ 정기예금 등 재무관리에 대해서 정보를 제공하고 계획을 세울 수 있도록 지원한다.
㉦ OA 사용법, 이메일, 공문 작성법 등에 대한 팁을 제공하는 것도 적응을 높이는 데 도움이 된다.

ANSWER 1.③

2 대상자별 사후관리에 대한 내용으로 옳은 것은?

① 청년층은 조직 적응에 대한 컨설팅을 가장 중요시 여겨야 한다.

② 여성층은 자녀 양육의 문제가 해결이 되었는지, 계획대로 잘 되고 있는지를 확인한다.

③ 중장년층은 입사 후 직무 만족에 대하여 수시로 점검한다.

④ 어르신 분은 세대 간의 차이를 극복하고 스트레스를 잘 조절할 수 있도록 도와주어야 한다.

해설 대상자별 사후관리

청년층	• 경력개발 로드맵을 그려 지금 하고 있는 일에 대한 비전을 갖게 하고, 의미 있는 직장 생활을 하도록 도와준다. • 신입사원 예절에 대하여 컨설팅을 한다. • 입사 후 직무 만족에 대하여 수시로 점검한다.
여성층	무엇보다 자녀 양육의 문제가 해결이 되었는지, 계획대로 잘 되고 있는지를 확인한다.
중장년층	• 조직 적응에 대한 컨설팅을 가장 중요시 여겨야 한다. • 세대 간의 차이를 극복하고 스트레스를 잘 조절할 수 있도록 도와주어야 한다.
어르신 분	• 건강관리와 안전에 대한 관리가 필요하다. • 조직 내에서의 커뮤니케이션도 원활하도록 지원하여야 한다.

3 다음 괄호( )에 들어갈 알맞은 용어는?

> ( )는 취업활동 계획서에 따라 진행하고 있는 구직자가 진행 도중 취업 의지가 약화되는 것, 그리고 취업활동 계획서에 따라 취업한 구직자가 직장에서의 적응을 도와 직업유지를 할 수 있도록 지속적으로 관리하는 것 등을 포함한다.

① 취업 효능감
② 사후관리
③ 적중 알선
④ 구직 역량

해설 사후관리
  ㉠ 사후관리는 취업활동 계획서에 따라 진행하고 있는 구직자가 진행 도중 취업 의지가 약화되는 것, 그리고 취업활동 계획서에 따라 취업한 구직자가 직장에서의 적응을 도와 직업유지를 할 수 있도록 지속적으로 관리하는 것 등을 포함한다.
  ㉡ 사후관리는 구인·구직 정보 제공, 일자리 알선, 취업지원 계획 수립 지원, 취업상담 등 일련의 과정을 가져갈 수 있도록 지원한 후 취업이나 창업에서 발생하는 사안들에 대한 적응과 유지를 돕는 과정이며, 이때 필요하다면 취업상담을 다시 진행할 수 있다.

ANSWER 2.② 3.②

직업복귀상담

출제경향

직업복귀상담은 직업복구 및 직무전환 동기파악, 직무탐색지원, 직업복귀의사결정지원, 진로자본확인, 진로장벽 파악 및 극복지원, 진로자원 향상지원, 구직역량 향상지원, 활동계획 평가 및 수정지원, 직업적응상담 등의 내용을 중심으로 출제된다. 특히 NCS 중심의 내용으로 신설된 과목으로 향후 출제빈도가 높아질 것으로 보인다. 특히 진로자본과 의사결정능력 향상지원을 위한 내용을 중심으로 출제가 예상된다.

학습방법

- 직업복귀 및 직무전환 동기 평가하기 이해하기
  내담자의 직업복귀와 희망 직무에 따른 내적, 외적 진로장벽을 파악하고, 직업복귀 동기와 진로장벽에 대해 학습하는 것이 효과적이다.
- 직업복귀 의사결정 지원하기
  내담자의 직업복귀를 위한 진로자본의 내용을 이해하고, 진로장벽 및 극복지원을 위한 내용을 중심으로 학습하는 것이 효과적이다.

출제 키워드

고트프레드슨의 진로선택 대안, 오리아레이의 진로장벽, 여성의 직업복귀 동기파악, 진로단절 여성을 위한 유형별 신 직업 유형, 하렌의 의사결정 유형, 드필리피의 진로자본 3가지 핵심역량

직업복귀 동기파악

(1) 고트프레드슨의 진로선택 대안

① 제한과 타협

    ㉠ 제한(한계) : 자기개념과 일치하지 않는 직업들을 배제하는 과정으로 자기개념의 발달에 따라 이루어지는 것이다.

    ㉡ 절충(타협) : 제한을 통해 선택된 선호하는 직업 대안 중 자신이 극복할 수 없는 문제를 가진 직업들을 어쩔 수 없이 포기하는 것이다.

② 직업포부 4단계

직업포부 4단계	내용
힘과 크기 지향성 (3 ~ 5세)	• 사고과정이 구체화 되며 어른이 된다는 것의 의미를 알게 된다. • 주로 어른들의 역할을 흉내 내고 직관적인 사고과정을 보이며, 직업을 갖는 것을 성인의 역할로 인식한다(서열 획득 단계).
성 역할 지향성 (6 ~ 8세)	• 자아 개념이 성의 발달에 의해서 영향을 받게 된다. • 자신의 성과 일치하는 직업들을 선호하여 자신과 동일한 성별의 사람들이 많이 수행하고 있는 직업들에 대한 선호를 보인다.
사회적 가치 지향성 (9 ~ 13세)	사회계층에 대한 개념이 생기면서 자아를 인식하게 되고 자신이 추구하는 사회적 지위와 일치하는 직업들을 선호한다(사회적 가치를 인지하는 단계).
내적 고유한 자아 지향성 (14세 이후)	• 생각이 점차 성숙해지면서 내적 사고를 통하여 자아 인식이 발달되고, 타인에 대한 개념이 생겨나며 자아 성찰과 사회계층의 맥락에서 직업적 포부가 발달한다. • 자신의 가치관, 흥미, 성격 등과 일치하는 직업들을 선호한다.

(2) 진로장벽(Career barrier)

① 진로장벽의 정의

    ㉠ 직업이나 진로계획에 있어서 자신의 진로목표 실현을 방해하거나 가로막는 내적 · 외적 요인이다.

    ㉡ 내적 장벽은 주로 심리적인 측면의 장벽이며, 외적 장벽은 주로 환경에서 발견, 진로선택, 취업, 직장생활 등의 여러 측면에서 작용한다.

② 여성의 진로장벽

진로장벽		내용
오리아레이 (O'leary, 1974)	내적장벽	실패에 대한 두려움, 낮은 자존감, 역할 갈등, 성공에 대한 두려움, 직업적 승진에 따른 지각된 결과들, 결과기대와 관련된 유인가
	외적장벽	사회적 성 역할 고정관념, 관리적 여성에 대한 태도, 여성의 능력에 대한 태도, '남성 관리' 모형의 유행(prevalence)
파머 (Farmer, 1976)	내적장벽	성공 공포, 성 역할 지향성, 위험 감수 행동, 가정과 진로의 갈등, 낮은 학문적 자존감, 대리 성취동기, 여성과 일에 대한 신화들
	환경적 장벽	차별, 가정 사회화, 자녀 양육과 같은 자원의 활용 가능성

(3) 직업복귀 동기 파악

① 여성의 직업복귀 동기에 영향을 미치는 요인
   ㉠ 성 역할과 직업적 고정관념
   ㉡ 낮은 자기효능감
   ㉢ 일과 가정의 다중역할
   ㉣ 수학에 낮은 흥미와 회피

② 제대군인의 직업복귀 지원 필요성

필요성	내용
국가의 책임성 측면	생명을 담보로 상시 전투태세를 유지하며 장기간 군이라는 특수한 환경에서 생활하여 온 제대군인들이 사회로 바로 복귀하여 적응한다는 것은 어려운 일이므로, 국가가 관리자 또는 고용주로서 이들에 대한 최소한의 사회 복귀 지원대책을 마련해 주어야 한다.
생애주기를 고려한 사회안전망 측면	연령·근속·계급 정년으로 인해 45세 전후에 조기 전역하는 경우가 많으므로 생애주기로 볼 때 노동생산성이나 일 역할, 가계소비 등의 면에서 가장 최고조의 시기인 점을 감안하면, 제2의 직업으로 안착할 수 있도록 하는 사회안전망이 필요하다.
군 사기와 우수 인력 확보 측면	제대군인의 직업 복귀는 현역의 사기와 우수 인력확보에 직결되며, 전직 지원 시스템을 통한 원활한 직업 복귀 여부에 따라 현역 군인이 안심하고 국토방위 업무에만 전념할 수 있도록 할 수 있다.
인적자원 활용 측면	제대군인은 국가관, 리더십 등 직업 역량을 보유한 인적자원이므로 적절한 교육과 훈련을 통해 직업 복귀를 지원한다면 국가경쟁력을 강화하는 동력이 될 수 있다.

(4) 직무전환과 직업전환

① 직업전환의 의의

구분	내용
직무전환 (협의의 정의)	승진이나 급여의 조정 없이 직무를 바꾸어 수행하도록 설계하는 방법으로 다른 직무나 부서로 이동하는 것이다.
직업전환 (광의의 정의)	• 작업자가 수행하던 직무를 그만두고 다른 직무나 조직으로 옮기는 것을 말한다. • 일을 중심으로 한 생애경로에서 변화된 상황에 따라 과거의 방식에서 벗어나 새로운 방식을 취하는 과정이다.

② 직업전환의 과정 : 모린과 카도레트(Morin & Cadorette, 1992)는 직업전환의 과정을 3단계로 나누어 제시하였다.

단계	내용
1단계 [종료]	• 감정적인 문제가 크게 부각되는 단계이다. • 과거의 상실감에 대해 충분하게 공감이 필요하다.
2단계 [탐색]	• 혼란스러운 과거와 불확실한 미래 사이의 갈등이 혼재된 단계이다. • 새로운 기회로 전환될 수 있는 가능성을 갖는다.
3단계 [새로운 시작]	• 새로운 환경에 적응하는 단계 이다. • 미래에 대한 가능성과 합리적인 수용, 새로운 역할에 대한 선택이 이루어진다.

1 고트프레드슨(Gottfredson)의 진로선택 대안에서 진로선택 대안들을 좁히는 것은 무엇에 대한 설명인가?

① 제한

② 타협

③ 흥미

④ 명성

해설 고트프레드슨(Gottfredson)의 제한 – 타협이론
  ㉠ 제한 : 진로선택 대안들을 좁히는 것이다(자기개념과 일치하지 않은 직업들을 배제).
  ㉡ 타협 : 개인적 선호와 고용 현실 간의 조정이다.

2 진로선택 대안들의 제한, 개인적 선호, 고용현실 간의 타협 등의 과정을 강조하는 직업발달 모형을 제시한 학자는?

① 수퍼

② 타이드만과 오하라

③ 긴즈버그

④ 고트프레드슨

해설 고트프레드슨(Gottfredson)의 제한 – 타협이론
  ㉠ 고트프레드슨은 진로선택 대안들의 제한, 개인적 선호, 고용 현실 간의 타협 등의 과정을 강조하는 직업발달 모형을 제시하였다.
  ㉡ 고트프레드슨은 사람들의 진로가 어릴 적부터 인종별, 성별, 사회계층별로 차이가 나는 이유를 설명하기 위해 제한 – 타협이론을 제시했다.
  ㉢ 고트프레드슨은 사람들은 자신의 자아 이미지에 알맞은 직업을 원하기 때문에 직업발달에 있어서 수퍼의 자아개념에 착안하여 자기개념은 진로선택의 중요한 요인이 된다고 하였다.
  ㉣ 고트프레드슨은 자기개념 발달의 중요한 결정요인을 사회계층, 지능수준 및 다양한 경험 등이라 하였다.

3 고트프레드슨(Gottfredson)이 제시한 제한과 타협의 직업발달 모형 중 중요 차원에 해당하지 않는 것은?

① 직업의 성 역할 유형

② 일의 분야

③ 지위

④ 직무 적합성

해설 고트프레드슨(Gottfredson)의 제시한 제한과 타협의 직업발달 중요 차원
　　ㄱ 성 역할 유형
　　ㄴ 명성
　　ㄷ 일의 분야
　　ㄹ 직무 적합성

4 진로장벽에 대한 설명으로 틀린 것은?

① 직업이나 진로계획에 있어서 자신의 진로목표 실현을 방해하거나 가로막는 내적 요인들이다.

② 내적 장벽은 주로 환경에서 발견되며, 외적 장벽은 심리적 측면의 장벽이다.

③ 진로선택, 취업, 직장생활 등의 여러 측면에서 작용할 수 있다.

④ 직장생활을 유지하거나 직장생활에서 조화롭게 하고자 할 경우에도 작용된다.

해설 진로장벽(career barrier)
　　ㄱ '직업이나 진로계획에 있어서 자신의 진로목표 실현을 방해하거나 가로막는 내적·외적 요인들'이다.
　　ㄴ 내적 장벽은 심리적 측면의 장벽들이며, 외적 장벽은 주로 환경에서 발견될 수 있다.
　　ㄷ 진로선택, 취업, 직장생활 등의 여러 측면에서 작용할 수 있다.
　　ㄹ 직장생활을 유지하거나 직장생활에서 조화롭게 하고자 할 경우에도 작용된다.

5 오리아레이(O'leary)가 제시한 여성의 진로포부 달성을 가로막는 내적 장벽에 해당하지 않는 것은?

① 실패에 대한 두려움
② 낮은 자존감
③ 직업적 승진에 따른 지각된 결과들
④ 사회적 성 역할 고정관념

해설 오리아레이(O'leary)가 제시한 여성의 진로포부 달성을 가로막는 진로장벽

내적장벽	외적장벽
여성의 자아체계 내부에 존재하며, 성취 행동에 직접적으로 영향을 미친다.	여성의 자아체계 외부의 요인이다.
• 실패에 대한 두려움 • 낮은 자존감 • 역할 갈등 • 성공에 대한 두려움 • 직업적 승진에 따른 지각된 결과들 • 결과 기대와 관련된 유인가	• 사회적 성 역할 고정관념 • 관리적 여성에 대한 태도 • 여성의 능력에 대한 태도 • 남성 관리 모형의 유행(prevalence)

6 모린과 카도레트(Morin & Cadorette, 1992)의 직업전환과정에 대한 설명으로 옳은 것은?

① 모린과 카도레트는 직업전환의 과정을 4단계로 구분하였다.
② 제1단계는 새로운 환경에 적응하는 단계이다.
③ 제2단계는 혼란스러운 과거와 불확실한 미래 사이의 갈등이 혼재된 단계이다.
④ 제3단계는 감정적인 문제가 크게 부각되는 단계이다.

해설 직업전환의 과정(Morin & Cadorette)

단계	내용
1단계[종료]	• 감정적인 문제가 크게 부각되는 단계이다. • 과거의 상실감에 대해 충분하게 공감이 필요하다.
2단계[탐색]	• 혼란스러운 과거와 불확실한 미래 사이의 갈등이 혼재된 단계 이다. • 새로운 기회로 전환될 수 있는 가능성을 갖는다.
3단계[새로운 시작]	• 새로운 환경에 적응하는 단계 이다. • 미래에 대한 가능성과 합리적인 수용, 새로운 역할에 대한 선택이 이루어진다.

7 제대군인의 직업 복귀 지원 필요성에 대한 설명으로 적합하지 않은 것은?

① 특수한 환경에서 생활해 왔기 때문에 스스로 직업 복귀를 위한 노력이 충분할 수 있다.

② 생애주기를 고려한 사회안전망 측면에서 제2의 직업으로 안착할 수 있도록 지원해야 한다.

③ 현역의 사기를 고려하여 전직 지원 시스템을 통해 원활하게 직업 복귀를 지원해야 한다.

④ 국가관, 리더십 등 직업 역량을 보유한 인적자원으로 적절한 교육과 훈련을 통해 직업 복귀를 지원해야 한다.

해설 제대군인의 직업복귀 동기 파악과 직업복귀 지원의 필요성
  ㉠ **국가의 책임성 측면** : 생명을 담보로 상시 전투태세를 유지하며 장기간 군이라는 특수한 환경에서 생활하여 온 제대군인들이 사회로 바로 복귀하여 적응한다는 것은 어려운 일이므로, 국가가 관리자 또는 고용주로서 이들에 대한 최소한의 사회 복귀 지원대책을 마련해 주어야 한다.
  ㉡ **생애주기를 고려한 사회안전망 측면** : 연령 · 근속 · 계급 정년으로 인해 45세 전후에 조기 전역하는 경우가 많으므로, 생애주기로 볼 때 노동생산성이나 일 역할, 가계소비 등의 면에서 가장 최고조의 시기인 점을 감안하면, 제2의 직업으로 안착할 수 있도록 하는 사회안전망이 필요하다.
  ㉢ **군 사기와 우수 인력확보 측면** : 제대군인의 직업 복귀는 현역의 사기와 우수 인력확보에 직결되며, 전직 지원 시스템을 통한 원활한 직업 복귀 여부에 따라 현역 군인이 안심하고 국토방위에만 전념할 수 있도록 할 수 있다.
  ㉣ **인적자원 활용 측면** : 제대군인은 국가관, 리더십 등 직업 역량을 보유한 인적자원이므로 적절한 교육과 훈련 등을 통해 직업 복귀를 지원한다면 국가경쟁력을 강화하는 동력이 될 수 있다.

8 여성의 직업복귀 동기에 영향을 미치는 요인이 아닌 것은?

① 성 역할과 직업적 관념

② 일과 가정의 다중역할

③ 국가의 책임성

④ 수학에 낮은 흥미와 회피

해설 여성의 직업 복귀 동기에 영향을 미치는 요인
  ㉠ 성 역할과 직업적 관념
  ㉡ 낮은 자기효능감
  ㉢ 일과 가정의 다중역할
  ㉣ 수학에 낮은 흥미와 회피

SECTION 02 직업복귀 목표설정

(1) 직무탐색 지원

① 직업탐색

　㉠ 직업탐색 행동

정의	내용
직업탐색 행동 (job search behavior)	• 미래의 경력기회를 획득하기 위한 다양한 정보를 찾아내고 수집하고, 취업을 위해 적극적인 방법을 모색하는 활동이다. • 잠재적인 직업에 대한 정보획득과 이를 통한 합리적인 대안을 평가하며, 이를 기반으로 직업을 얻는 일련의 활동이다. • 목표 지향성이 강한 활동이다.

　㉡ 진로준비 행동 : 진로탐색 행동과 유사개념으로 구직자가 자신에 대한 정보와 직업 세계에 대한 정보를 획득하고 취업에 필요한 도구를 갖춤으로써 설정된 목표를 향해 나아가는 것이다.

진로준비행동의 3가지 관점	내용
정보수집	• 구직자 본인의 성격, 흥미, 적성, 능력에 대한 주관적 및 객관적 정보이다. • 직업의 개괄, 세부적인 업무의 이해, 입직 방법, 필수 자격 요건, 성장 경로에 따른 근무여건 등과 같은 직업 세계로의 이행을 위한 정보를 획득하는 것이다.
준비활동에 대한 도구	진로나 직업을 갖기 위해 필요한 교재나 도구를 구입함으로써 전반적인 준비를 하는 것이다.
실행력	설정한 목표 달성을 위한 실행력, 시간과 노력을 투입하는 것이다.

② 직업복귀자의 구직 가능 분야

㉠ 진로단절여성의 구직 가능 분야 : 전통적 직업과 비전통적 직업

구분	내용
전통적 직업	• 여성 근로자의 비율이 대략 70% 이상을 차지하는 직업이다. • 저숙련 · 저임금의 직종이 다수를 차지한다. • 예 : 유치원 교사, 간호사, 미용사, 항공승무원, 가사도우미 등
비전통적 직업	• 여성 근로자의 비율이 대략 30% 미만을 차지하는 직업이다. • 대체로 고숙련 · 고임금의 직종이 다수를 차지한다. • 예 : 과학기술 전문가, 공학 엔지니어, 항공기조종사, 변호사, 군인, 경찰 등

㉡ 진로단절여성을 위한 유형별 신 직업 4가지 유형

• 진로단절여성 재취업 유망직업의 선정 기준

－나이 · 경력 · 학력에 구애를 덜 받아 노동시장 진입이 용이한 직업

－진로단절여성이 관련 경력이 없어도 직업훈련을 통해 진입이 가능한 직업

－남성지배 직업이어서 상대적으로 취업 가능성이 낮은 편이나 경력단절여성의 재취업 사례가 있어 도전감을 줄 수 있는 직업

• 진로단절여성을 위한 유형별 신직업

유형	내용
여성 유망형 직업 (유형1)	• 여성 적합성도 높고, 직업정착 가능성도 높은 유형이다. • 관계 지향적이고 정서적이며, 타인에게 안심을 줄 수 있는, 여성의 장점을 살릴 수 있는 직업이면서 동시에 우리나라에서 직업적으로 성장할 가능성이 큰 직업이다. • 예 : 베이비플래너, 병원 아동 생활 전문가, 영유아안전장치설계자, 원격 진료 코디네이터, 주변 환경 정리전문가, 평판 관리 전문가, 3D프린팅 디자이너 등
블루오션형 직업 (유형2)	• 여성 적합성은 보통이나, 직업정착 가능성은 높은 유형이다. • 여성에게 더 적합한 직업은 아니지만, 우리나라에서 직업적으로 성장할 가능성이 큰 직업이다. • 예 : 기업컨시어지, 산림치유지도사, 애완동물장의사 등
여성 도전형 직업 (유형3)	• 여성 적합성이 높으나 직업정착 가능성은 보통인 유형이다. • 관계 지향적이고 정서적이며, 타인에게 안심을 줄 수 있는, 여성의 장점을 살릴 수 있는 직업이며, 향후 시장 수요가 발생하거나 수요창출을 위한 노력에 따라서 직업적으로 정착할 가능성이 있는 직업이다. • 예 : 가정 에코 컨설턴트, 디지털 장의사, 매매주택연출가, 애완동물행동상담원, 자금조달자, 정신 대화사 등

미래개척형 직업 (유형4)	• 여성 적합성은 보통이고, 직업정착 가능성도 보통인 유형이다. • 여성에게 더 적합한 직업은 아니지만, 향후 시장 수요가 발생하거나 수요 창출을 위한 노력에 따라서 직업적으로 정착할 가능성이 있는 직업이다. • 예 : 여가생활상담원, 이혼플래너, 잡투어플래너, 장애인여행 코디네이터 등

(2) 직업복귀 의사결정 지원

① 의사결정

　㉠ 의사결정의 정의

- 목적을 달성하기 위하여 여러 가지 대체적 수단 중에서 하나를 선택하는 인간의 합리적 행동으로 문제 인식, 대체안 모색, 대체안의 예상되는 결과에 대한 평가와 선택을 하는 과정이다(시몬(Simon, 1960).
- 여러 가지 대안 중에서 하나를 선택하는 행동으로 자신의 신호기준에 가장 적합한 하나를 선택하는 과정이다.
- 의사결정의 이론 접근 방식

이론적 접근 방식	내용
기술적 의사결정	의사결정 상황에서 어떻게 생각하고 행동하는가에 관심을 두는 행동과학 분야이다.
규범적 의사결정	사람들이 합리적 · 이성적으로 생각한다면 어떻게 하는 가에 관심을 두며, 일관성과 합리성이 특징이다.

　㉡ 하렌(Harren)의 의사결정(decision making) 유형

의사결정의 유형	내용
합리적 유형 (Rational Style)	• 의사결정을 전체적이고 종합적인 시각에서 바라본다. • 자신과 상황에 대한 정보를 정확히 수집하고 논리적으로 결정을 내리고 그 결정에 대해 책임을 진다. • 의사결정이 신중하고 합리적이며 심리적인 독립과 성장에 도움이 되어 잘못되었거나 실패할 확률이 낮지만, 의사결정에 다소 시간이 걸린다. • 의사결정 과업에 대해 논리적이고 체계적으로 접근하며, 결정에 대한 책임을 수용하는 유형이다.
직관적 유형 (Intuitive Style)	• 미래를 별로 고려하지 않고 현재의 감정에 주의를 기울인다. • 정보탐색이나 대안평가 없이 상상과 정서적 자각에 기초해서 결정을 내리지만 그 결정에 대해서는 책임을 진다. • 의사결정이 즉흥적이고 감정적이며, 스스로 선택에 책임을 지나 잘못되거나 실패할 확률이 높음, 의사결정이 신속하다. • 개인 내적인 감정적 상태에 따라 의사결정을 내리는 유형이다.

의존적 유형 (Dependent Style)	• 사회적 인정에 대한 욕구가 강하고 의사결정 상황이 여러 가지로 제한을 받는다고 지각한다. • 의사결정 과정에서 타인에 의한 영향을 받고 결정에 대한 책임을 부정한다. • 의사결정이 수동적이고 순종적이며, 개인적 독립이나 성숙을 방해하지만, 실패했을 때 남의 탓을 한다. • 결정을 내릴 때 정서적으로 불안을 느낀다. • 의사결정에 대한 개인적 책임을 부정하고 그 책임을 외부로 돌리는 경향이다.

② 의사결정 기법

　㉠ 의사결정 오류 확인하기 : 사람들은 의사결정을 할 때 많은 어려움을 느끼며, 삶에 있어 대단히 중요한 작업으로 의사결정이 올바르게 되도록 사전에 많은 준비가 필요하다.

의사결정 오류 확인하기	• 정보가 제공한 준거 틀에 따라 의사결정을 내리는 경우 • 옳고 그름에 상관없이 가장 최신의 정보나 경험을 가장 신뢰 • 처음 결정에서 크게 벗어나지 못하는 경향 • 잘 아는 사건 혹은 사건에 대해 확률을 높게 측정하는 반면, 나쁜 사건에 대해서는 확률을 낮게 예측하는 경향 • 자기 자신의 전문분야에 대해 자만하는 경향 • 자신이 실패한 일에 더욱 많은 자원을 투입하고 집착하는 경향 • 과거의 성공전략에 모든 것을 연관시키는 경향 • 집단 의사결정의 경우 만장일치를 유도하다 보면, 소수의 선각적이거나 참신한 아이디어가 무시될 가능성

　㉡ 의사결정 기법의 5단계

　　• 1단계 : 상황을 명확히 한다.
　　• 2단계 : 대안을 탐색해 본다.
　　• 3단계 : 기준을 확인한다.
　　• 4단계 : 대안을 탐색하고 결정을 내린다.
　　• 5단계 : 계획을 수립하고 그대로 수행한다.

ⓒ 의사결정의 어려움과 극복방안

구분	내용
의사결정할 때의 어려움	• 실패에 대한 공포가 강할 때 • 어떤 식으로든 자신에게 해를 끼칠지 모른다는 불안감 • 완벽하려고 어떤 융통성도 보이지 않는 욕구 • 바람직하지 않은 결정에 지불해야 하는 대가를 논하지 않고 성급한 결정을 내리기 • 우유부단에 대한 강화 • 다재다능하여 어떤 모든 것에 대하여 관심을 가지는 것 • 좋은 대안의 부재
의사결정의 어려움 극복방안	• 두려움은 정상적인 것이라고 받아들이기 • 우선순위를 정하기 • 자신의 한계를 깨닫기 • 장점과 단점을 비교하기 • 정보 분류하기 • 한 번에 한 단계식 밟기 • 자신의 감정 살피기 • 긍정적인 것에 집중하기 • 자신에게 관대하기 • 결과에 책임지기

1 진로준비 행동을 위해 필요한 3가지 관점으로 틀린 것은?

① 정보수집

② 준비활동에 대한 도구

③ 실행력

④ 자기 탐색

해설 진로준비 행동

㉠ 정의 : 진로준비 행동은 자신에 대한 정보수집과 직업 세계를 이해할 정보를 획득하고 필요한 도구를 갖추어 설정된 목표를 향해 나가는 것으로 정의한다.

㉡ 진로준비 행동의 3가지 관점

주요 관점	내용
정보수집	직업세계로의 이행을 위한 정보를 획득하는 것
준비활동에 대한 도구	준비활동에 필요한 도구를 갖추는 것, 전반적인 준비
실행력	설정한 목표 달성을 위한 실행력, 시간과 노력을 투입

2 진로단절여성을 위한 신 직업 유형에 대한 설명으로 옳은 것은?

① 여성유망형은 여성 적합성도 보통이고, 직업정착 가능성도 보통인 유형이다.

② 블루오션형은 여성 적합성도 높고, 직업정착 가능성도 높은 유형이다.

③ 여성도전형은 여성 적합성은 높으나 직업정착 가능성은 보통인 유형이다.

④ 미래개척형은 여성 적합성은 보통이나, 직업정착 가능성이 높은 유형이다.

해설 진로단절여성을 위한 신 직업 유형

유형	내용
여성유망형 (유형 1)	• 여성 적합성도 높고, 직업정착 가능성도 높은 유형이다. • 예 : 베이비플래너, 병원아동생활전문가, 영유아안전장치설치자, 원격진료코디네이터, 주변환경정리전문가, 평판관리전문가, 3D프린팅 디자이너 등
블루오션형 (유망 2)	• 여성 적합성은 보통이나, 직업정착 가능성이 높은 유형이다. • 예 : 기업컨시어지, 산림치유지도사, 애완동물 장의사 등
여성도전형 (유망 3)	• 여성 적합성은 높으나, 직업정착 가능성은 보통인 유형이다. • 예 : 가정에코컨설턴트, 디지털장의사, 매매주택연출가, 애완동물행동상담원, 자금조달자, 정신대화사 등
미래개척형 (유형 4)	• 여성 적합성도 보통이고, 직업정착 가능성도 보통인 유형이다. • 예 : 여가생활상담원, 이혼플래너, 잡투어플래너, 장애인여행코디네이터 등

3 의사결정의 일반적인 유형으로 틀린 것은?

① 합리적 유형

② 직관적 유형

③ 규범적 유형

④ 의존적 유형

해설 의사결정(decision making)의 유형

의사결정의 유형	내용
합리적 유형	• 의사결정을 전체적이고, 종합적인 시각에서 볼 수 있다. • 자신과 상황에 대한 정보를 정확히 수집하고 논리적으로 결정을 내리고 그 결정에 대해서 책임을 진다. • 직업과 관련하여 의사결정이 신중하고 합리적이며, 심리적인 독립과 성장에 도움이 되어 잘못되었거나 실패할 확률이 낮지만, 의사결정에 시간이 다소 걸린다.
직관적 유형	• 미래를 별로 고려하지 않고 현재의 감정에 주의를 기울인다. • 정보탐색이나 대안평가 없이 상상과 정서적 자각에 기초해서 결정을 내리지만 그 결정에 대해서는 책임을 진다. • 직업과 관련하여 즉흥적이고 감정적이며, 스스로 선택에 책임을 지나 잘못되거나 실패할 확률이 높다. 그 대신 의사결정이 신속하다.
의존적 유형	• 사회적 인정에 대한 욕구가 강하고 의사결정 상황이 여러 가지로 제한을 받는다고 지각한다. • 의사결정 과정에서 타인에 의한 영향을 많이 받고 결정에 대한 책임을 부정한다. • 의사결정이 수동적이고 순종적이며, 개인적 독립이나 성숙을 방해하지만, 실패했을 때 남의 탓을 한다. • 결정을 내릴 때 정서적으로 불안을 느낀다.

4 하렌(Harren)이 제시한 진로의사결정 유형 중 의사결정에 대한 개인적 책임을 부정하고 외부로 책임을 돌리는 경향이 높은 유형은?

① 합리적 유형
② 투사적 유형
③ 직관적 유형
④ 의존적 유형

해설 하렌의 진로의사결정 유형

의사결정의 유형	내용
합리적 유형	의사결정 과업에 대해 논리적이고 체계적으로 접근하며, 결정에 대한 책임을 수용하는 유형이다.
직관적 유형	개인 내적인 감정적 상태에 따라 의사결정을 내리는 유형이다.
의존적 유형	의사결정에 대한 개인적 책임을 부정하고 그 책임을 외부로 돌리는 경향이다.

5 하렌의 의사결정 유형에 해당하는 것은?

① 운명론적 – 계획적 – 지연적
② 합리적 – 의존적 – 직관적
③ 주장적 – 소극적 – 공격적
④ 계획적 – 직관적 – 순응적

해설 의사결정의 유형

　　㉠ 합리적 유형 : 의사결정 과업에 대해 논리적이고 체계적으로 접근하며, 결정에 대한 책임을 수용하는 유형
　　㉡ 직관적 유형 : 개인 내적인 감정적 상태에 따라 의사결정을 내리는 유형
　　㉢ 의존적 유형 : 의사결정에 대한 개인적 책임을 부정하고 그 책임을 외부로 돌리는 경향

6 의사결정을 할 때 나타나는 오류에 대한 설명으로 틀린 것은?

① 처음 결정에서 크게 벗어나지 못하는 현상

② 자기 자신의 전문분야에 대해 자만하는 경향

③ 정보가 제공한 준거 틀에 따라 의사결정을 내리는 경우

④ 자신이 실패한 일은 회피하고 새로운 일에 많은 자원을 투입하고 집착하는 경향

해설 의사결정 단계에서 나타나는 오류
　㉠ 정보가 제공한 준거 틀에 따라 의사결정을 내리는 경우
　㉡ 옳고 그름에 상관없이 가장 최신의 정보나 경험을 신뢰
　㉢ 처음 결정에서 크게 벗어나지 못하는 경향
　㉣ 잘 아는 사건 혹은 좋은 사건에 대해 확률을 높게 측정하는 반면, 나쁜 사건에 대해서는 확률을
　　 낮게 예측하는 경향
　㉤ 자기 자신의 전문분야에 대해 자만하는 경향
　㉥ 자신이 실패한 일에 더욱 많은 자원을 투입하고 집착하는 경향
　㉦ 과거의 성공전략에 모든 것을 연관시키는 경향
　㉧ 집단 의사결정의 경우 만장일치를 유도하다 보면, 소수의 선각적이거나 참신한 아이디어가 무시될
　　 가능성

7 내담자의 의사결정 유형에 따른 어려움으로 적합하지 않은 것은?

① 좋은 대안의 선택

② 완벽하려고 어떤 융통성도 보이지 않는 욕구

③ 다재다능하여 어떤 모든 것에 대하여 관심을 갖는 것

④ 바람직하지 않은 결정에 지불해야 하는 대가를 논하지 않고 성급한 결정을 내리기

해설 의사결정할 때의 어려움
- ㉠ 실패에 대한 공포가 강할 때, 많은 사람들은 어떤 노력이나 시도를 통해 실패에 대한 확률을 최소로 줄이려 하기보다는 오히려 아무것도 시도하지 않는 실패에 대한 공포
- ㉡ 자신의 의사결정이 다른 사람의 삶에 미칠지도 모르는 부정적인 결과를 두려워하고 죄의식을 가지며, 다른 사람이 자신의 결정을 인정하지 않는 것이 두렵기도 하고, 조롱이나 관계 단절 같은 것을 통해 어떤 식으로든 자신에게 해를 끼칠지도 모른다는 불안감
- ㉢ 완벽하려고 어떤 융통성도 보이지 않는 욕구
- ㉣ 바람직하지 않은 결정에 지불해야 하는 대가를 논하지 않고 성급한 결정을 내리기
- ㉤ 우유부단에 대한 강화
- ㉥ 다재다능하여 어떤 모든 것에 대하여 관심을 갖는 것
- ㉦ 좋은 대안의 부재

8 다음 중 의사결정 기법의 5단계를 순서대로 연결한 것으로 옳은 것은?

㉠ 상황을 명확히 한다.	㉡ 기준을 확인한다.
㉢ 대안을 탐색해 본다.	㉣ 계획을 수립하고 그대로 수행한다.
㉤ 대안을 평가하고 결정을 내린다.	

① ㉠－㉡－㉢－㉣－㉤   ② ㉡－㉢－㉠－㉤－㉣

③ ㉠－㉢－㉡－㉤－㉣   ④ ㉡－㉠－㉢－㉣－㉤

해설 의사결정 기법의 5단계
- ㉠ 1단계 : 상황을 명확히 한다.
- ㉡ 2단계 : 대안을 탐색해 본다.
- ㉢ 3단계 : 기준을 확인한다.
- ㉣ 4단계 : 대안을 평가하고 결정을 내린다.
- ㉤ 5단계 : 계획을 수립하고 그대로 수행한다.

9 의사결정의 어려움 극복 방안으로 적합하지 않은 것은?

① 자신에게 관대하기

② 자신의 한계를 깨닫기

③ 우유부단에 대한 강화

④ 두려움은 정상적인 것이라고 받아들이기

해설 의사결정의 어려움 극복 방안
　㉠ 두려움은 정상적인 것이라고 받아들이기
　㉡ 우선순위를 정하기
　㉢ 자신의 한계를 깨닫기
　㉣ 장점과 단점을 비교하기
　㉤ 정보 분류하기
　㉥ 한 번에 한 단계씩 밟기
　㉦ 자신의 감정을 살피기
　㉧ 긍정적인 것에 집중하기
　㉨ 자신에게 관대하기
　㉩ 결과에 책임지기

SECTION 03 직업복귀 지원

(1) 진로자본 확인

① 진로와 자본의 정의

   ㉠ 진로(Career) : 사람이 살아가는 과정에서 수행되는 직업적 일, 취미활동, 가정생활 등을 말하는 것으로, 개인에 의해 수행되는 일을 통하여 계획된 삶을 이루게 하는 시간적으로 계속되는 일, 일련의 직업이다.

   ㉡ 자본(Capital) : 전통적으로 개인 또는 집단이 사회 경제적 목표 달성을 위해 동원되는 자원이다.

② 진로자본의 개념

   ㉠ 피에르 부르디외(Pierre Bourdieu)에 의해 경제학적 관점의 자본이 무형의 자본으로 확장되었다.

   ㉡ 1994년 발행된 드필리피와 아서(Defillippi & Arther)의 논문 「경계 없는 진로 : 통찰력 기반의 역량(boundaryless career : competency based perspective)」이 발표되면서 등장[1]하였다.

- 자본이라는 경제적 관점에서 용어를 확장시켜 사용하고 있는 개념이다.
- 진로 분야에 있어서 가치가 있는 자본의 독특한 형태를 의미한다.
- 개인의 일과 삶 전체에서 가지고 있는 지식, 역량, 특성으로 소득을 창출할 수 있는 유용성 있는 자원이다.
- 개인의 교육과 경험, 능력을 평가하고 이를 축적하여 기회로 전환시킴으로써 진로자본은 더욱 확대된다.

---

1) NCS학습모듈에 따라 (Defillippi)를 드필리피 또는 델피리피로 표기되어 있다.

③ 진로자본의 3가지 핵심역량

　㉠ 드필리퍼 외(1994)는 경계 없는 진로 맥락에서 진로자본에 대한 접근 방식과 구성요소에 대한 이해의
　　틀을 제시하였다.

　㉡ 기업에 대한 자원 및 역량기반 관점에서 세 가지 핵심역량을 도출하였다.

핵심역량	내용
진로성숙역량 (knowing-why)	• 개인이 진로에 대해 갖고 있는 태도와 관점을 의미한다. • 개인의 내재적 동기, 개인적 학습 모색, 성장경험으로 기술한다.
전문지식역량 (knowing-how)	• 개인들이 자신의 일과 관련하여 가지는 진로 관련 기술과 업무지식을 의미한다. • 실제적인 업무지식과 방법에 대한 지식을 의미한다. • 업무를 통해 비형식적으로 학습되는 암묵지와 공식적 훈련과 교육의 결과로 얻어지는 형식지를 모두 포함한다.
인적관계역량 (knowing-who)	• 개인들이 진로 안에서 갖게 되는 다양한 형태의 인간관계 및 사회적 연결망을 발전시키는 능력을 의미한다. • 특히 사회연결망은 사회적 자본과도 맥락을 같이 한다.

④ 진로자본의 주요 구성 : 메이로퍼 외[2]Mayrhofer et. al., 2004)는 프랑스의 사회이론가인 부르디외의 이론을 토대로 진로자본에 대해 3가지 유형으로 구분하였다.

진로자본의 구성	내용
경제적 자본	• 축적된 부, 즉 많은 양의 화폐나 토지 · 공장과 같은 생산의 밑거름이 되는 생산수단이다. • 경제활동 능력으로 개념 정의하였다. • 자본 중에서 가장 효율적인 형태로 화폐로의 전환이 가능한 자본이다. • 내가 가지고 있는 것이다(전환 가능성).
사회적 자본	• 사회적 관계망으로 개념 정의하였다. • 사회적 연결과 집단의 소속에 기반한 상호 인식의 관계와 지인 관계, 자원들을 포함 • 나를 아는 사람들과 내가 아는 사람들이다(사회적 관계, 네트워크, 그룹, 멤버십 등).
문화적 자본	• 가족에 의해 전수되거나 교육체계에 의해 생산된 지적 자본의 총체를 의미한다. • 내가 할 수 있는 것이다(교육, 사회적 기술 및 전문적 기술, 학위 등). • 진로연구에서 교육적 성취, 지식, 기술과 능력을 나타내는 용어로 ‘개인역량’으로 사용한다.

---

2) NCS학습모듈에 따라 (Mayrhofer)를 메이로퍼 또는 말호퍼로 되어 있다.

⑤ 긍정적 내적 자본 – 자기효능감(self – efficacy)
  ㉠ 자기효능감은 반두라(Bandur, 1977)에 의해서 처음으로 소개된 개념이다.
  ㉡ 자기효능감 정의 : 주어진 과제나 행동을 성공적으로 수행할 수 있는, 개인적 능력에 대한 믿음이다.
  ㉢ 자기효능감은 행동과 행동 변화에 이해를 예측하는 데 중요한 역할을 한다.

자기효능감의 근원	내용
성공 경험	개인이 과거에 성공 경험이 있을 때, 자기효능감이 형성된다는 것을 의미
대리 경험	다른 사람의 성취를 보는 것, 대리경험을 통해서 자기효능감이 형성된다는 것을 의미한다.
언어적 설득	주변으로부터 듣는 언어적인 설득을 통해서도 자기효능감이 형성될 수 있다는 의미이다.
정서적 각성	개인이 자신의 능력과 기능에서 어떤 부분이 취약한지를 판단하여 얻게 되는 생리적이고 정서적인 상태가 자기효능감에 영향을 준다는 의미이다.

⑥ 진로결정 자기효능감(CDMSE : Career Decision – Making Self – Efficacy)
  ㉠ 진로결정 자기효능감 : 진로를 결정하는 것과 관련된 과제들을 자신이 해결할 수 있고, 목표를 성취할 수 있다고 인지하는 자신의 능력에 대한 신념 및 유능감에 대한 주관적 지각을 의미한다.
  ㉡ 타일러와 베츠(Taylor & Betz, 1983)가 일반적인 진로결정 자기효능감을 5개의 하위요인 척도로 제시하였다.

하위요인 척도	내용
정보수집 효능감	관심 있는 직업을 찾아내고 그 직업의 조건들을 구체적으로 탐색할 수 있는 자신감이다.
목표설정 효능감	진학과 취업 등에 대하여 계획을 세우고 실천할 수 있다는 스스로에 대한 믿음이다.
진로계획 효능감	진로목표에 따라 논리적으로 계획을 세울 수 있다는 자신감이다.
문제해결 효능감	진로에서 어려움에 부딪혔을 때 스스로 헤쳐나갈 수 있다는 믿음이다.
자기평가 효능감	자신의 능력과 가치, 욕구 등을 정확하게 평가하고 그에 적합한 직업을 평가할 수 있다는 자신감이다.

⑦ 부정적 내적 자본 – 역기능적 신념
  ㉠ 벡 외(Beck 외, 1085)의 인지이론에서 인지적 취약성(cognitive vulnerability)이란 스트레스 사건에 대비되는 개인차 변인이다.
  ㉡ 인지적 취약성은 역기능적인 신념으로 이루어지며, '~ 해야만 한다', '~해서는 안 된다'라는 당위적 명제의 형태'이다.

ⓒ 역기능적 신념은 완전주의, 취약성, 절대적 명령, 철학적 사고, 타인에 대한 마음에 들려고 애씀, 우울 인지, 사회불안 인지, 신체적 위협 인지, 적대적 인지 등이 포함된다.

역기능적 신념의 유형	내용
사회적 의존성	• 타인의 인정과 애정에 과도하게 집착하는 경향을 의미한다. • 긍정적인 상호작용에 의존하여 심리적 만족을 구하는 특성을 가지며 사회적 상실에 예민하다.
자율성	• 개인의 독립성과 성취에 과도하게 집착하는 경향을 의미한다. • 좌절과 실패에 예민, 성취, 타인의 통제로부터 자유를 추구하며 고독을 좋아하는 성향을 의미한다.

(2) 진로장벽 파악 및 극복 지원 확인

① 진로장벽의 의의

진로장벽	내용
진로장벽의 의미	• 취업, 진학, 승진, 직업의 계속, 가사와 직장생활의 병행, 직무행동 등을 수행하는 과정에서 개인의 진로선택, 진로목표, 직업포부, 동기 등에 영향을 미치거나 역할행동을 방해할 것으로 지각되는 여러 부정적인 사건이나 사태 등을 의미한다. • 개인이 경험할 수 있는 진로장벽들은 다양한 형태로 나타날 수 있으며, 남성과 여성 모두 진로와 관련된 여러 장벽을 경험하게 한다.
진로장벽의 개인적 인식	• 진로장벽의 객관적인 심각성보다는 개인이 얼마나 심각하게 지각하느냐가 더 중요한 문제이다. • 진로장벽은 개인에 의해서 인식된 진로장벽을 전제로하며, 두 가지 차원으로 구분한다.
진로장벽 인식의 시점	• 현재에 존재하는 것으로 인식되어 개인의 진로선택이나 진로행동에 영향을 미친다. • 지금은 존재하지 않으나 앞으로 있을 것으로 예상되어 진로선택이나 진로행동에 영향을 미칠 수 있다 • 과거에 경험했던 진로장벽은 현재 진로장벽의 인식에 영향을 미칠 수는 있지만 엄밀한 의미에서 진로장벽에 포함되지 않는다.
진로장벽 인식의 영향	• 진로장벽의 적절한 인식은 오히려 현실적인 진로발달을 가능하게 한다. • 진로장벽을 극복한 경험은 앞으로의 진로장벽에 대한 대처 능력을 향상시킨다.

② 진로장벽의 분류

진로장벽의 분류		내용
이분법적 분류	내적 요인	• 개인특성과 관련된 것이다. • 자아개념, 가치관, 성취동기
	외적 요인	• 사회적·경제적·문화적인 구조, 회사에서의 차별 근무조건 등
삼분법적 분류	태도 장벽	• 원래 내적인 것이다. • 자아개념, 직업에 대한 태도, 적성
	사회적·대인적 장벽	• 원가족, 미래의 결혼과 가족계획 등을 포함하는 것이다. • 진로와 가사활동을 조화시키고자 할 경우 지각되는 진로장벽이다.
	상호작용 장벽	• 성, 연령, 인종과 같은 인구학적 특성으로 인한 장벽이다. • 진로에 대한 교육과 경험
우리나라의 다원 분류	손은령(2001)	차별, 직장생활에 필요한 개인특성의 부족, 다중역할로 인한 갈등, 미결정 및 직업준비 부족, 노동시장과 관습의 제약, 기대보다 낮은 직업전망, 여성취업에 대한 고정관념
	이은경(2001)	대인관계의 어려움, 자기 명확성 부족, 경제적 어려움, 중요한 타인과의 갈등, 직업정보의 부족, 나이 문제, 신체적 열등감, 흥미 부족, 미래 불안

③ 진로장벽 극복하기

㉠ 자기존중감 : 자신이 능력이 있고, 사랑스러운 인간으로 가치 있는 존재라고 믿는 신념을 의미한다.

높은 사람	자신에 대한 믿음이나 신념이 확고, 자신의 능력을 실험하고, 위험을 감수하려는 용기를 갖게 된다.
낮은 사람	자신의 수행결과에 대해 부정적인 기대를 하게 되므로 낙심하게 된다.

㉡ 진로장벽 극복

진로장벽 극복	내용
자기존중감의 ABC 회로	• A(Activating event, accident) : 사건이나 상황이다. • B(Belief) : 생각이나 사고이다. • C(Consequence) : 개인의 반응이다(정서나 행동의 결과). • A에 대한 개인이 가지고 있는 신념B가 결과인 C를 초래한다. －결과가 부적절하거나 부적응적이라면 B는 합리적이지 못한 신념으로 부정적 자기존중감과 관련이 있다.
문제해결능력 증진	• 진로에 방해되는 문제를 찾아내고 해결방법을 찾는 것이다. • 문제해결력은 인간의 사고기능 중 중요한 일부이다.

④ 진로장벽 파악 및 극복 지원하기

  ㉠ 진로장벽 자기보고서를 통해 얻은 정보로 내담자의 내적 · 외적 진로장벽을 파악한다.

  ㉡ 내담자의 내적 · 외적 진로장벽에 따라 직업복귀의 어려움을 확인하고 해결 방법을 모색한다.

  ㉢ 내담자의 내적 · 외적 진로장벽 극복을 위한 자원을 확인하고 해결 방법을 모색한다.

  ㉣ 내담자의 직업복귀와 진로장벽 극복을 위한 적합 프로그램을 탐색한다.

(3) 진로자원 향상 지원

① 진로효능감

  ㉠ 사회인지진로 이론에서의 진로효능감

- 환경과 경험에 대한 개인의 인지적 결정이 진로발달과 선택에 중요한 역할을 한다는 이론이다.
- 인지적 요인으로 자기효능감, 결과기대, 개인적 목표가 있다.

사회인지이론 진로효능감	내용
자기효능감	계획한 일을 해내기 위해 요구되는 여러 가지 행동을 조직하고 실행하는 능력에 대한 사람들의 신념이다.
결과 기대	특정한 행동을 수행하는 데서 얻어질 성과에 대한 개인적 예측이다.
개인적 목표	어떤 활동에 몰두하려는 결심 또는 미래의 성과에 영향을 미치려는 결심이다.

  ㉡ 자기효능감 증진 방법

증진 방법	내용
성공 경험	성공은 개인효능감에 대한 강한 신념을 형성한다(수행성취).
대리경험	끊임없이 노력하여 성공한 자신과 유사한 사람을 보는 것은 자신 역시 유사한 활동을 완수하기 위한 능력을 지녔다는 관찰자의 신념을 고양한다(성취모델).
언어적 설득	설득력 있는 격려는 사람이 성공하기에 충분할 만큼 열심히 노력하게 한다.
정서적 각성	신체 건강을 증진시키고, 스트레스와 부정적인 정서 성향을 감소시킨다(낙관적 태도).

② 직업복귀 구직 분야 노동시장 분석

  ㉠ 진로단절 여성

- 선진경제 도약을 위한 국가의 성장동력으로서 여성 인력의 양성 및 활용 극대화가 필요하다.
- 진로단절 후 노동시장 재진입이 곤란한 진로단절여성을 위한 종합 취업지원 시스템을 구축한다.
- 경제활동 촉진을 위한 상담, 정보제공, 직업교육훈련, 인턴십 및 사후관리의 종합적인 취업지원 서비스를 제공한다.

  ㉡ 제대군인

- 정부에서 우선적으로 지원해야 할 분야는 취업지원을 한다.
- 재취업분야 확장 및 발굴을 통해 제대군인에게 적합한 직종 및 공공분야 진출을 확장시킨다.

③ 진로자원 향상 지원하기

　㉠ 내담자의 진로효능감(자기효능감), 자기존중감 증진을 위한 방법들을 모색한다.

　㉡ 노동시장 내의 진로단절 여성 및 제대군인 고용과 관련된 법규를 검토한다.

　㉢ 내담자의 직업정보에 대한 심화 질문을 통해 직업정보 탐색을 확인한다.

(4) 구직역량 향상 지원

① 직업복귀자의 구직역량 평가

　㉠ 구직역량의 의미 : 이전 직장경력을 살려 단절 기간을 극복하고 노동시장에 다시 성공적으로 복귀하고 적응하는 데 필요한 총체적 능력을 의미한다.

　㉡ 구직역량의 하위 역량 및 역량 정의

역량군	하위 역량	역량 정의
구직 지식군	자기이해	자신에게 맞는 직장을 선택하기 위해 흥미, 적성, 능력, 가치관 등의 특성과 자신의 상황을 객관적으로 이해하는 능력이다.
	구직 희망 분야 이해	지난 경력을 활용하여 복귀하고자 하는 직업 및 산업 분야에 대한 정보를 탐색하고 이해하는 능력이다.
	전공 지식	자신의 전공 분야나 지원 분야에 해당하는 전문 지식이다.
	외국어 능력	구직하고자 하는 직업 및 직무에서 요구하는 외국어를 활용할 수 있는 능력이다.
	구직 일반상식	구직에서 요구되는 기본적인 상식이다.
구직 기술군	구직 의사결정 능력	구직 목표를 설정하고 이에 적합한 대안을 탐색하고 선택하는 능력이다.
	구직 정보탐색 능력	구직에 필요한 직업정보 및 채용정보를 탐색하고 평가하여 활용할 수 있는 능력이다.
	인적 네트워크 활용능력	구직에 필요한 인적 네트워크를 구성하고, 이를 활용할 수 있는 능력이다.
	구직 서류작성 능력	구직에 필요한 서류나 문서를 구직 분야에 맞도록 작성할 수 있는 능력이다.
	구직 의사소통 능력	구직 과정에서 직면하는 다양한 상황을 이해하고 자신의 의사를 정확하게 표현하고 전달할 수 있는 능력이다.
구직 태도군	긍정적 가치관	주어진 상황을 긍정적으로 파악하고 직무를 수행하고자 하는 태도이다.
	도전 정신	주어진 직무나 문제 상황에 대해 적극적으로 대응하며 실패를 두려워하지 않고 도전하고자 하는 태도이다.
	글로벌 마인드	구직하고자 하는 직업 및 직무와 관련된 국제적인 흐름이나 변화를 이해하고 적절히 대응하고자 하는 자세이다.
	직업윤리	직업인으로서 갖추어야 할 기본적인 윤리와 자세이다.

직무 적응군	직무 및 조직몰입	구직 지원 분야 직무 및 조직에 대한 이해를 토대로 수행직무에 대한 자부심을 가지고 조직 발전에 기여하고자 하는 자세이다.
	현장 직무수행 능력	전문 지식을 활용하여 구직 희망분야의 실제 직무를 수행할 수 있는 능력이다.
	대인관계 능력	주어진 직무를 수행하는 데 발생하는 인간관계를 효과적으로 관리하고 활용할 수 있는 능력이다.
	문제해결 능력	주어진 직무를 수행하는 과정에서 발생하는 문제 상황을 이해하고 해결할 수 있는 능력이다.
	자원활용 능력	주어진 직무를 수행하는 데 필요한 자원들을 선택 및 활용할 수 있는 능력이다.
	자기관리 및 개발능력	변화에 대응하기 위해 자신을 관리하고 개발할 수 있는 능력이다.

ⓒ 역량군별 진로단절여성에게 필요한 구직역량

구직역량	내용
구직 지식군	• 자기이해 • 구직희망 분야 이해
구직 기술군	• 구직 정보탐색 능력 • 인적 네트워크 활용능력 • 구직서류 작성능력 • 구직 의사소통 능력
구직 태도군	• 도전정신 • 직업윤리
직무 적응군	• 직무 및 조직몰입 • 자원활용 능력

ⓔ 역량군별 제대군인에게 필요한 구직역량

개념	내용
구직역량	• 자기 탐색과 직업정보 • 정보 활용과 구직기술 • 도전적이고 긍정적인 태도 • 직무 적응과 자기 관리

  ⓜ 취업역량

직업복귀자에게 요구되는 직무수행 역량	부족한 직업기초역량
진로단절여성	• 사회적 대인관계 기술 • 공적인 의사소통 기술 • 정보기술 활용 기술 • 글로벌 역량
제대군인	• 기업에서 요구하는 직업기초역량 • 전직지원 과정에 포함된 직업기초역량

② **구직역량 향상 지원**

㉠ **구직기술 역량**

- 성공적인 취업을 위해서는 내담자가 희망하는 직무에 맞는 취업처를 탐색하고, 적극적이고 활발하게 구직을 시도하는 것이 중요하다.
- 구직을 시도하는 과정에서 취업처에서 제시하는 채용공고의 전형 절차 및 평가 기준에 맞추어 입사 지원 서류, 이력서, 자기소개서, 면접 등을 위한 준비를 한다.

입사지원 서류	내용
서류 합격을 위한 이력서 작성	• 채용 인터뷰 확보 • 구직하는 사람에 관한 내용 • 미래에 초점 • 구직자가 성취한 업적 기술 • 구직자가 탁월하게 사용하는 능력, 기술 중심
강점을 활용한 자기소개서 작성	• 목표기업, 희망 직무와 관련된 검증된 과거 경험 • 검증된 리더십, 팀워크 능력 • 자신이 추구하는 생활신조, 비전과 사명[직무와 연관성] • 성실성과 책임감이 보이는 구체적 표현 • 직무와 연관된 성격적인 장점과 기질적 특성 • 철저한 자기관리 능력과 통제능력

㉡ **자기소개서 작성 체크리스트** : 항목별로 구분하여 작성하는 것이 바람직하다.

자기소개서	내용
자기소개서 내용 평가	• 기업, 직종, 직무 등 목표의 명확성 • 지원 분야의 적합성, 전문성 표현 여부
자기소개서 표현 평가	• 내용의 참신성, 진실성 • 내용 파악의 용이성 • 내용의 구체성 • 문장 · 문법 적합성

ⓒ 인터뷰 준비 전략

- "우리 기업의 인재상에 얼마나 근접한 사람인가?"를 평가하기 위한 과정이다.
- 기업이 원하는 인재상을 역량이란 관점에서 이해하고 면접을 준비한다.
- 면접은 행동 중심의 면접, 토론 면접, PT 면접, 특수 면접 등이 보편화, 코로나19 이후 화상 면접, AI 면접이 시행된다.
- 구직자 자신이 회사를 꾸준히 분석하고 준비해 왔으며, 지원하는 직무에 적합한 인재라는 것을 강조한다.

③ 구직활동 계획 수립

㉠ 구직활동 계획 수립의 의미

- 내담자가 선택한 직업을 실현시키기 위한 준비 단계이다.
- 내담자로 하여금 직업 달성을 위한 실현 가능한 실행 계획을 수립하고, 수립된 계획을 실행하도록 촉진한다.

구직활동 계획 수립	내용
선택된 직업 확인하기	• 활동 계획을 세우기 전에 내담자가 내린 의사결정을 확인한다. • 직업목표 달성을 위한 적절한 활동을 탐색한다. • 직업목표 달성을 계획하기 위해 내담자와 함께 세운 실행 계획이 구체적으로 수립되었는지 확인한다. • 내담자가 이를 달성하기 위한 계획을 수립하는 것에 동의하는지 확인한 후 구체적인 실행 계획을 수립할 것을 안내한다.
활동계획 세우기	• 내담자가 어떤 활동들이 필요한지에 대한 점검이 선행되어야 한다. • 필요한 활동들에 대한 계획을 구상할 때에는 구체적이고 성취 가능한 활동목표에 주의한다. • 활동목표는 내담자의 고유한 사항에 맞아야 하며, 내담자가 생각하기에 합리적인 방식으로 세워져야 한다. • 내담자 스스로 계획을 수립할 수 있도록 충분한 시간을 제공하고 격려한다.

㉡ 구직역량 향상 지원하기

- 서류 합격을 위한 이력서 작성법에 대한 방법들을 모색한다.
- 내담자 강점을 활용한 자기소개서 작성 방법을 모색한다.
- 합격을 위한 인터뷰 전략을 모색한다.
- 구직활동 계획서 작성 방법을 모색한다.

1 진로자본(Career Capital)에 대한 설명으로 옳지 않은 것은?

① 소득을 창출할 수 있는 유용성 있는 자원이다.

② 진로성숙역량, 전문지식역량, 인적관계역량을 핵심역량으로 한다.

③ 문화적 자본, 사회적 자본, 경제적 자본으로 구성된다.

④ 개인의 자율성 성취에 대한 집착은 긍정적 내적 자본이다.

> **해설** 벡(Beck)의 부정적 내적 자본
> ㉠ 타인의 인정과 애정에 과도하게 집착하는 경향을 의미하는 '사회적 의존성(Sociotropy)'이다.
> ㉡ 개인의 독립성과 성취에 과도하게 집착하는 '자율성(Autonomy)'을 내적자본의 부정적 요인으로 제시하였다.

2 드필리피 외(1994)가 경계없는 진로에서 제시한 진로자본의 세 가지 핵심역량이 아닌 것은?

① 진로성숙역량   ② 전문지식역량

③ 인적관계역량   ④ 전문기술역량

> **해설** 진로자본의 핵심역량
> ㉠ 드필리피 외(1994)는 경계 없는 진로 맥락에서 진로자본에 대한 접근 방식과 구성요소에 대한 이해의 틀을 제시하였다.
> - 기업에 대한 자원 및 역량기반 관점에서 3가지 핵심역량을 제시하였다.
> - 3가지 핵심역량은 후에 자본으로 바뀌어 명명되고 진로자본의 하위변인으로 구성된다.
> ㉡ 3가지 핵심역량

진로성숙역량	개인이 자신의 진로에 대해 갖고 있는 태도와 관점을 뜻한다.
전문지식역량	개인들이 자신의 일과 관련하여 가지는 진로 관련 기술과 업무지식을 의미한다.
인적관계역량	개인들이 진로 안에서 갖게 되는 다양한 형태의 인간관계 및 사회적 연결망을 발전시키는 능력을 말한다.

3 메이로퍼가 제시한 진로자본 중 교육적 성취, 지식, 기술과 능력을 나타내는 용어로 개인역량으로 표현되는 진로자본은?

① 경제적 자본

② 사회적 자본

③ 문화적 자본

④ 상징적 자본

해설 진로자본의 구성

㉠ 메이로퍼 외(Mayrhofer et. al., 2004)
  • 프랑스의 사회이론가인 부르디외의 이론을 토대로 진로자본에 대해 논의하였다.
  • 진로자본을 경제적 자본, 사회적 자본, 문화적 자본의 세 가지 유형으로 구분하였다.

㉡ 진로자본의 유형

유형	내용
문화적 자본	• 진로연구에서 교육적 성취, 지식, 기술과 능력을 나타내는 용어로 많은 연구자들이 문화적 자본 대신 '개인역량'으로 사용한다. • 개인역량이란 일을 하기 위한 전문성, 마음과 기술, 자기개발 관리를 해야 한다는 개념으로 여기서 역량(competency)은 사전적으로 '어떤 일을 해낼 수 있는 힘'으로 정의하고 있다.
사회적 자본	• 대표적으로 사회적 관계망으로 개념 정의를 할 수 있다. • 일반적으로 사회체계 내에서 복잡하게 엉켜 있는 대인관계를 나타내기 위하여 사용해 온 개념이다.
경제적 자본	• 경제학에서 자본은 매우 다양한 의미로 쓰이는 개념이다. • 일반적으로는 축적된 부, 즉 많은 양의 화폐나 토지·공장과 같은 생산의 밑거름이 되는 생산수단을 말한다.

ANSWER 1.④ 2.④ 3.③

4 반두라가 제시한 자기효능감(self-efficacy)의 4가지 근원에 해당하지 않는 것은?

① 성공 경험

② 정서적 갈등

③ 언어적 설득

④ 대리 경험

해설 긍정적 내적 자본 - 자기효능감(self-efficacy)

㉠ 자기효능감은 반두라(Bandur, 1977)에 의해서 처음으로 소개된 개념이다.

㉡ 반두라는 자기효능감 이론의 모태가 되는 '사회학습 이론'에서 인간의 심리적 기능이 개인의 내적 성향이나 외적 자극에 의해 자동적으로 조정된다기보다는 의식적이고 의도적인 자기조절과 개인과 환경의 상호작용에 의해 결정된다고 보았다.

㉢ 자기효능감의 4가지 근원

성공 경험	개인이 과거에 성공 경험이 있을 때, 자기효능감이 형성된다는 것을 의미한다.
대리 경험	다른 사람의 성취를 보는 것, 다시 말해 대리 경험을 통해서 자기효능감이 형성된다는 것을 의미한다.
언어적 설득	주변으로부터 듣는 언어적인 설득을 통해서도 자기효능감이 형성될 수 있다는 의미이다.
정서적 각성	개인이 자신의 능력과 기능에서 어떤 부분이 취약한지를 판단하여 얻게 되는 생리적이고 정서적인 상태가 자기효능감에 영향을 준다는 의미이다.

5 타일러와 베츠가 제시한 자기효능감 기대를 측정할 수 있는 하위요인 척도로 틀린 것은?

① 정보수집 효능감

② 목표설정 효능감

③ 진로계획 효능감

④ 실천행동 효능감

해설 진로결정 자기효능감(CDMSE : Career Decision – Making Self – Efficacy)
　㉠ 정의 : 진로를 결정하는 것과 관련된 과제들을 자신이 해결할 수 있고, 목표를 성취할 수 있다고
　　인지하는 자신의 능력에 대한 신념 및 유능감에 대한 주관적 지각을 의미한다.
　㉡ 타일러와 베츠(Taylor & Betz, 1983)의 자기효능감 5개 하위 요인 척도

정보수집 효능감	관심 있는 직업을 찾아내고 그 직업의 조건들을 구체적으로 탐색할 수 있는 자신감이다.
목표설정 효능감	진학과 취업 등에 대하여 계획을 세우고 실천할 수 있다는 스스로에 대한 믿음이다
진로계획 효능감	진로목표에 따라 논리적으로 계획을 세울 수 있다는 자신감이다.
문제해결 효능감	진로에서 어려움에 부딪혔을 때 스스로 헤쳐나갈 수 있다는 믿음이다.
자기평가 효능감	자신의 능력과 가치, 욕구 등을 정확하게 평가하고 그에 적합한 직업을 평가할 수 있다는 자신감이다.

6 인지이론에서 설명하는 인지적 취약성에 대한 설명으로 틀린 것은?

① 인지적 취약성은 역기능적 신념이다.

② 스트레스 사건에 대비되는 개인차 변인이다.

③ 성인이 되어 현실적인 삶의 경험에 의해 형성된 인지적 구조이다.

④ 다른 사람에 비해 상대적으로 부정적 정서를 가지기 쉬운 개인이 지닌 인지적 소인을 나타낸다.

해설 부정적 내적 자본 – 역기능적 신념

㉠ 벡 외(Beck 외, 1985)의 인지이론에서 인지적 취약성(cognitive vulnerability)이란 스트레스 사건에 대비되는 개인차 변인을 말한다.

㉡ 다른 사람에 비해 상대적으로 부정적 정서를 가지기 쉬운 개인이 지닌 인지적 소인을 나타내는 것이다.

㉢ 인지적 취약성이나 인지적 소인은 부정적인 정서들을 피할 수 없다는 의미가 아니라, 부정적 정서에 대한 위험 요인을 의미한다.

㉣ 인지적 취약성은 역기능적인 신념으로 이루어지며, 어린 시절의 학습경험에 의해 형성된 인지적 구조라고 가정하고 있다.

㉤ 신념이란 '~해야만 한다.' 또는 '~해서는 안 된다.'라는 당위적 명제의 형태를 지니며, 현실적인 삶 속에서 실현되기 어려운 것으로서 흔히 좌절과 실패를 초래하기 때문에 역기능적이라고 한다.

㉥ 벡은 역기능적 인지 연구에서 두 가지 유형의 성격 양식, 즉 사회적 의존성(sociotropy)과 자율성(autonomy)이 있다는 것을 발견하였다.

7 직업복귀자에게 요구되는 직무수행 역량 중 진로단절여성에게 부족한 직업기초역량이 아닌 것은?

① 자기개발 기술
② 정보기술 활용 기술
③ 사회적 대인관계 기술
④ 공적인 의사소통 기술

해설 진로단절여성의 부족한 직업기초역량

ⓖ **사회적 대인관계 기술** : 사회적 관계보다는 가족, 친구, 이웃, 학부모 모임 등과 같은 사회적 커뮤니티에 익숙하여 성과와 위계질서를 중시하는 조직문화에 낯설어하고, 친밀감에 익숙한 관계에서 공적인 관계에 대한 기술이 부족하다.

ⓛ **공적인 의사소통 기술** : 오랫동안 친밀한 관계 속에서 사적인 대화 방식에 익숙하여 구두 보고와 문서를 사용해야 하는 사회적 의사소통 능력이 부족하고 회의, 보고, 전화 등에 있어 공식적인 언어를 원활히 시용하는 능력이 부족하다.

ⓒ **정보기술 활용 기술** : 진로단절 기간에 업무환경의 정보기술은 많은 변화가 있었는데, 최근에 활용되고 있는 컴퓨터 소프트웨어 프로그램, 인터넷 환경, 사내 인트라넷, 화상 채팅 등에 익숙하지 않아 업무 처리에 필요한 정보기술에 대한 지식과 활용 능력에서 뒤처질 수 있다.

ⓔ **글로벌 역량** : 진로단절 기간 동안 여성은 공통점이 있는 친밀한 관계 안에서 비슷한 주제와 공통의 관심사에 대한 의견을 나누는 데 익숙하였다. 그런데 인종, 국적, 문화 등이 다른 이질적인 집단에 대한 이해가 부족하고 외국어를 사용할 기회가 거의 없었기에 다양한 구성원들이 일하는 직장에서 타인에 대한 차이를 인정하고 소통하는 방식에 어려움이 있다.

---

8 구직을 위해 요구되는 구직역량군에 대한 내용으로 틀린 것은?

① 구직 지식군
② 구직 기술군
③ 구직 태도군
④ 구직 계획군

해설 구직역량
ㄱ. 정의 : 구직역량은 직장경력을 살려 단절 기간을 극복하고 노동시장에 다시 성공적으로 복귀하고 적응하는 데 필요한 총체적 능력을 의미한다. 이러한 역량군은 구직을 위해 모두 요구되는 역량이지만, 복귀하는 시점을 기준으로 그 영향 범위와 구직 단계별 상대적 중요도는 다소 차이가 있다.
ㄴ. 구직역량군과 하위 역량
  - 구직 지식군 : 자기 이해, 구직 희망 분야, 전공 지식, 외국어 능력, 구직 일반 상식
  - 구직 기술군 : 구직 의사결정, 구직 정보탐색 능력, 인적 네트워크 활용 능력, 구직서류 작성 능력, 구직 의사소통 능력
  - 구직 태도군 : 긍정적 가치관, 도전 정신, 글로벌 마인드, 직업윤리
  - 직무 적응군 : 직무 및 조직몰입, 현장 직무수행 능력, 대인관계 능력, 문제해결 능력, 자원활용 능력, 자기관리 개발능력

9 제대군인의 직업복귀를 위해 필요한 구직역량으로 틀린 것은?

① 사회변화에 민감한 태도
② 자기 탐색과 직업정보
③ 정보 활용과 구직기술
④ 도전적이고 긍정적인 태도

해설 제대군인에게 필요한 구직역량
ㄱ. 자기 탐색과 직업정보 : 사회로의 복귀이자 새로운 삶을 시작한다는 의미로 볼 때, 지금까지의 보유 경험과 직무능력을 토대로 자신에게 맞는 제2의 직업을 선택하기 위해서는 흥미, 적성, 가치관 등 자신의 특성에 맞는 탐색과 자각, 그리고 상황을 객관적으로 이해하는 능력이 필요하다.
ㄴ. 정보 활용과 구직기술 : 주로 벽 · 오지에서 오랜 기간 생활해 온 제대군인은 최신 노동시장 및 직업정보에 관한 활용 능력이 어느 수준에 있는지 평가해 볼 필요가 있다.
ㄷ. 도전적이고 긍정적인 태도 : 군에서는 명령에 복종하고 계획된 일과와 규칙에 따르지만, 사회에서는 변화에 민감하게 대응하고 도전하는, 적극적이고 능동적인 자세를 요구하는 등의 차이가 있으므로 직업 태도와 직업윤리도 그에 따라 변화해야 하고, 이윤 추구와 경쟁의 논리에 의해 움직이는 기업의 생리를 이해하고 적응할 수 있는 긍정적 태도가 필요하다.
ㄹ. 직무 적응과 자기관리 : '국가 안보'라는 거국적 차원의 목표를 위해 직무를 수행하다가 사회에서 개별 기업의 성과와 이윤을 추구하게 되므로, 새로운 분야의 직무 및 조직에 대한 이해를 토대로 수행 직무에 대해 의미를 부여하며 자부심을 가지고 조직 발전에 기여 하고자 하는 자세가 필요하다. 희망 분야의 실제 업무를 수행할 수 있는 전문 지식을 쌓고 산업변화에 대응하기 위해 자신을 관리할 수 있도록 해야 한다.

10 취업이나 직무행동을 수행하는 과정에서 개인의 진로선택 등에 영향을 미치거나 역할 행동을 방해할 것으로 지각되는 여러 부정적 사건이나 사태 등을 의미하는 것은?

① 자기존중감

② 문제해결 능력

③ 적응 유연성

④ 진로장벽

해설 진로장벽

    ㉠ 진로장벽은 취업, 진학, 승진, 직업의 지속, 가사와 직장생활의 병행, 직무 행동 등을 수행하는 과정에서 개인의 진로선택, 진로목표, 직업포부 동기 등에 영향을 미치거나 역할 행동을 방해할 것으로 지각되는 여러 부정적 사건이나 사태 등을 의미한다.

    ㉡ 진로장벽은 개인이 경험할 수 있는 진로장벽은 다양한 형태로 나타날 수 있으며, 남성과 여성 모두 진로와 관련된 여러 장벽을 경험할 수 있다.

    ㉢ 진로장벽은 현재 시점에 존재하는 것으로 인식되어 개인의 진로선택이나 진로행동에 영향을 미칠 수도 있고, 지금은 존재하지 않으나 앞으로 있을 것으로 예상되어 현재의 진로선택이나 진로 행동에 영향을 미칠 수 있다.

11 베츠(Betz)가 제시한 여성의 내적 진로장벽에 대한 내용으로 틀린 것은?

① 진로갈등

② 자아효능감

③ 낮은 자존감

④ 성 역할 고정관념

해설 베츠(Betz, 1984)가 제시한 여성의 진로장벽

내적장벽	외적장벽
• 낮은 자존감 • 자아효능감 • 진로갈등	• 성 역할 고정관념 • 직업적 고정관념 • 교육에 있어서 성 편견 • 인종차별

12 진로장벽의 내적 요인에 대한 내용으로 틀린 것은?

① 가치관

② 성취동기

③ 자아개념

④ 사회적 · 경제적 · 문화적인 구조

해설 진로장벽

내적 요인	외적 요인
• 자아개념 • 가치관 • 성취동기	• 사회적 · 경제적 · 문화적인 구조 • 회사에서의 차별 근무조건

13 사회인지이론에서 진로발달과 선택에 큰 영향을 미치는 인지적 요인으로 적합하지 않은 것은?

① 자기효능감

② 결과기대

③ 개인적 목표

④ 환경과 경험

해설 사회인지진로 이론에서의 진로효능감

㉠ **자기효능감** : 계획한 일을 해내기 위해 요구되는 여러 가지 행동을 조직하고 실행하는 능력에 대한 사람들의 신념을 말한다.

㉡ **결과 기대** : 특정한 행동을 수행하는 데서 얻어질 성과에 대한 개인적 예측을 말한다.

㉢ **개인적 목표** : 어떤 활동에 몰두하려는 결심 또는 미래의 성과에 영향을 미치려는 결심을 말한다.

14 진로장벽을 해소하기 위해 자기효능감을 높일 수 있는 방법으로 적합하지 않은 것은?

① 성공 경험

② 언어적 설득

③ 정서적 경험

④ 사회적 모델이 제공하는 대리경험

해설 반두라(Bandura, 1986)의 자기효능감 4대 요소

㉠ 성공 경험(수행 성취도) : 성공은 개인 효능감에 대한 강한 신념을 형성하게 한다. 끈기 있는 노력을 통하여 장애물을 극복하는 경험을 함으로써 회복력 있는 효능감을 개발할 수 있다.

㉡ 대리 경험 : 끊임없이 노력하여 성공한 자신과 유사한 사람을 보는 것은 자신 역시 유사한 활동을 완수하기 위한 능력을 지녔다는 관찰자의 신념을 고양시킨다.

㉢ 언어적 설득 : 설득력 있는 격려는 사람이 성공하기에 충분할 만큼 노력하게 한다. 언어적으로 설득되는 사람은 문제가 발생했을 때 자기 회의에 빠지거나 개인적 결함에 몰두하기보다는 더욱 열심히 노력하기 위해 동기화되고 그 노력을 지속하기 쉽다.

㉣ 정서적 각성 : 신체 건강을 증진 시키고 스트레스와 부정적인 정서 경향을 감소시키며, 신체 상태에 대한 오해를 바로잡는 것이다.

ANSWER 12.④ 13.④ 14.③

SECTION 04 활동계획 평가 및 사후관리

(1) 활동계획 평가 및 수정 지원

① 활동계획 평가하기

㉠ 내담자와 상담자가 함께 수립한 활동계획은 평가하고 수정하는 과정을 거쳐야 한다.

㉡ 이 과정을 통해 상담자는 성공 가능성을 보장하는 활동들을 강화하고 지원한다.

㉢ 성공 가능성이 낮은 활동들은 수정하고, 필요한 경우에는 새로운 자극을 주어 다른 방법을 찾을 수 있도록 촉진한다.

활동계획 평가	내용
평가 및 조정하기	• 내담자가 수립한 계획의 결과 스스로 점검해보기 • 새로운 대안 제시하기
장 · 단기 계획 수립하기	• 내담자와 함께 평가하고 조정된 활동목표에 따른 세부 활동방법에 대해 현재를 기준으로 어느 정도의 기간이 걸릴 것인지에 대해 논의한다. • 단시간 내에 실천되어야 할 활동, 장기적인 관점에서 실천되어야 할 활동을 구분한다.
실천 약속하기	• 앞서 수립되고 평가된 행동계획을 재정리하고 실천 약속을 하는 과정이다. • 새로 세운 행동계획이 내담자 스스로 책임을 지면서 달성하기 적합한 목표인지 확인한다. • 상담과정에서 내담자와 상담자가 나눈 대화의 결과는 가능한 서면으로 문서화한다. • 합의 사항들은 구속력을 강화시켜 주고, 성공여부의 검토 및 사후 평가를 용이하게 한다. • 문서화 함으로써 내담자로 하여금 수립한 계획을 보다 신중하게 하고, 실천하게 도와주는 역할을 하게 된다.
내담자 격려하기	• 실천 약속을 실행하기 위해 내담자가 느끼는 부담이나 압박 등을 충분히 진지하게 경청하고 함께 노력하자고 격려하는 것이 필요하다. • 특히 부정적인 생각을 많이 하고 있다면, 과거에 성공했던 경험을 탐색하고, 내담자의 상황을 긍정적으로 재해석해줌으로써 부담을 덜어준다.

② 구직 의지 높이기

해결전략	내용
구직 의욕 향상시키기	• 건강한 자기상을 향상 시킨다. • 객관적 자기이해를 한다. • 취업지원 프로그램을 권유한다.
취업 눈높이 조절하기	• 구직자가 취업할 때 갖는 최소한의 기준을 설정한다. • 취업에 대한 의사결정에 가장 큰 영향을 미치며, 구직자의 취업선호도를 의미한다.
긍정적 사고 전환하기	• 예외 질문하기 : 내담자의 성공 경험과 현재 잘하고 있는 것을 발견하기 위한 목적으로 활용한다. • 예외질문 활용 시 유의사항 − 끈질기게 질문하기 − 주요 행동 발견하기 − 행동을 이해하고 높여주기 − 행동 반복을 위한 창의적인 방법 개발하기 • 비합리적 사고 : '생각 가다듬기'는 비합리적인 생각을 합리적인 생각으로 전환하는 것이다.

(2) 직업적응 상담 지원

① 직무만족

㉠ 직무만족의 정의

• 작업자가 자신의 직무로부터 진심으로 만족을 느끼게 되는 심리적·생리적·환경적 상황의 총체이다.
• 개인의 직무나 직무수행을 사정하여 얻은 즐겁고 긍정적인 상태이므로 정동적이고, 인간이 직무로부터 즐거움을 얻는 정도이다.

직무만족 평가차원	내용(미네소타 중요성 질문지(MIQ))
성취	• 수행을 고무시키는 환경의 중요성 • 능력 실현, 성취
안전	• 긴장적이 아니고 안정적인 환경의 중요성 • 행위, 독립성 다양성, 보상, 안전, 작업조건
지위	• 명성과 제공하는 환경의 중요성 • 승진, 재인, 자발성, 사회적 지위
이타심	• 타인과 조화를 이루며 봉사하게 하는 환경의 중요성 • 협조자, 도덕적 가치, 사회봉사

편안함	• 예측 가능하고 안정적인 환경의 조성 • 회사 정책과 실행, 감독 · 인간관계, 감독 · 기술
자율	• 시작을 자극하는 환경의 중요성 • 창조성, 책임감

ⓛ **가치와 직무만족**
- 개인적 가치(value)는 직업선택에 큰 영향을 미친다.
- 로크(Locke, 1970)는 작업 수행결과가 직무 가치와 만족을 갖는 것과 중요한 관련이 있다고 했는데, 수행에 대한 결과가 좋은 것은 개인의 중요한 직업가치에 관련이 있으며, 직무 만족과 연관된다고 가정하였다.
- 우리나라의 경우 직업가치에 대하여 김병숙 등(1998)은 내재적 직업가치와 외재적 직업가치로 구분하고 있다.

가치의 분류	내용
내재적 가치	자기능력, 사회 헌신, 인간관계 중심, 이상주의 자기표현
외재적 가치	권력 추구, 경제 우선, 개인주의 사회 인식주의, 안정 추구

② **직업적응**

㉠ **직업적응 이론**
- '직업에서 요구하는 능력과 그와 관련된 개인능력' 그리고 '개인의 욕구 및 일에 제공하는 보상과 관련된 직업가치'라는 두 가지 차원에서 개인과 환경의 일치를 설명한다.
- 개인과 환경은 서로 보완적 상호작용을 한다.
- 환경은 개인에 대해 '그 일을 할 수 있는 개인의 능력'이라는 필요조건을 요구한다.
- 개인은 환경에 대해 '개인의 욕구를 충족해 줄 수 있는 환경'이라는 필요조건을 요구한다.

직업적응	내용
개인의 만족도	• 개인이 자신의 직업환경에 얼마나 만족하는가를 나타낸다. • 개인의 욕구가 그 업무를 통해 얼마나 충족되는지를 의미한다.
조직의 만족도	직업환경이 개인에게 얼마나 만족을 주는가를 나타낸다.

ⓛ 직업적응 이론의 종류

• 직업적응 이론

직업적응 이론	내용
수퍼의 진로적응성	진로 적응성은 현재 당면한 진로 과업 및 직업변화에 개인이 대처하는 과정을 강조하는 개념이다.
사비카스의 직업 적응성 (Savickas, 2005)	• 직업 적응성은 현재 직업발달 과업, 직업전환, 개인적 외상 등에 대처할 수 있는 개인의 준비도와 자원이다. • 진로에 대한 관심, 진로 관련 문제에서의 통제감, 진로에 대한 호기심, 진로 관련 자신감
다위스와 롭퀴스트의 직업적응 이론	• 조직 내에서 개인의 직업적응을 설명하는 가장 대표적인 이론이다. • 직업적응 이론에서 개인과 환경의 조화가 중요하며, 개인－환경 간의 조화는 개인의 특성과 환경의 요구 간의 일치에 의해서 결정된다. • 개인의 대처방식은 적극적 대처방식, 반응적 대처방식, 불일치를 견디는 대처방식으로 구분된다.

• 직업부적응 이론 : 직업적응이 개인의 만족과 직업환경의 요구에 대한 충족에 의해 결정된다면, 직업 부적응은 개인과 환경 두 가지 요소의 부족, 즉 개인의 만족감이 낮거나 직업환경에서 성과가 충분하지 못하다고 평가받는 것으로 정의된다.

직업 부적응 이론	관련 요인
프릿체와 패리시 (Fritzsche & Parrish, 2005)	• 이전 직업 경험과의 비교 • 주어진 일의 사회적 맥락 • 직업 자체의 특성 • 직업 관련 스트레스 • 개인의 특성(성격 5요인과 관련) • 개인－직업 환경의 적합성

③ 직업상담 프로그램

　㉠ 직업상담 프로그램은 개인에게 제공된다.

　㉡ 내담자 특성별, 생애주기별로 직업상담 영역에서 다양하게 운영된다.

• 직업적응 상담 프로그램
• 스트레스 관리 프로그램

1 직업복귀를 위해 내담자와 상담자가 함께 수립한 활동계획을 평가하는 내용으로 틀린 것은?

① 평가 및 조정하기

② 장·단기 계획 구분하기

③ 실천 약속하기

④ 내담자 지시하기

해설 직업복귀를 위한 내담자 활동계획 평가

㉠ 평가 및 조정하기 : 이미 수립된 활동계획이 내담자가 설정한 직업목표를 달성하기 위해서 적합한지, 그리고 다양한 방법 중 더 나은 방법을 선택하기 위해 내담자와 함께 평가하고 이에 대해 조정한다. 이때 내담자가 수립한 계획의 결과 스스로 점검해보기, 새로운 대안 제시하기 등의 내용을 포함한다.

㉡ 장·단기 계획 구분하기 : 내담자와 함께 평가하고 조정된, 활동목표에 따른 세부 활동방법에 대해 현재를 기준으로 어느 정도의 기간이 걸릴 것인지에 대해 논의함으로써 단기간 내에 실천되어야 할 활동들과 장기적인 관점에서 실천되어야 할 활동을 구분한다.

㉢ 실천 약속하기 : 앞서 수립되고 평가된 행동계획을 재정리하고 실천 약속을 하는 과정으로 새로 세운 행동계획이 내담자 스스로 책임을 지면서 달성하기 적합한 목표인지 확인한다.

㉣ 내담자 격려하기 : 내담자와 상담자가 함께 실천을 위한 약속을 하였다고 하더라도 내담자가 자신이 선택한 직업을 실현시키기 위해 노력할 때, 부딪히는 어려움이 셀 수 없이 많이 발생할 수 있다. 이때 무엇보다 중요한 것은 내담자가 느끼는 부담이나 압박 등을 충분히 진지하게 경청하고 함께 노력하자고 격려하는 것이 필요하다.

2 내담자의 부정적인 태도로 인해 취업준비나 구직활동에 어려움을 겪게 되는 경우 구직 의지를 높이기 위한 해결전략으로 틀린 것은?

① 구직 의욕 향상 시키기

② 취업 눈높이 조절하기

③ 구직활동 계획 재수립하기

④ 긍정적 사고 전환하기

해설 구직 의지 높이기 위한 해결 전략

해결전략	내용
구직 의욕 향상시키기	• 건강한 자기상을 향상시킨다. • 객관적 자기이해를 한다. • 취업지원 프로그램을 권유한다.
취업 눈높이 조절하기	• 구직자가 취업할 때 갖는 최소한의 기준을 설정한다. • 취업에 대한 의사결정에 가장 큰 영향을 미치며, 구직자의 취업선호도를 의미한다.
긍정적 사고 전환하기	• 예외 질문하기 : 내담자의 성공 경험과 현재 잘하고 있는 것을 발견하기 위한 목적으로 활용한다. • 예외질문 활용 시 유의사항 －끈질기게 질문하기 －주요 행동 발견하기 －행동을 이해하고 높여주기 －행동 반복을 위한 창의적인 방법 개발하기 • 비합리적 사고 : '생각 가다듬기'는 비합리적인 생각을 합리적인 생각으로 전환하는 것이다.

3 내담자에게 구직의욕을 향상시키기 위한 방법으로 틀린 것은?

① 내담자의 건강한 자기상 형성

② 예외 질문하기

③ 객관적 자기이해

④ 취업지원 프로그램 참여 권유

해설 내담자의 구직의욕을 향상시켜주는 방법
- ⊙ 내담자의 건강한 자기상 형성 : 상담자는 내담자가 가지고 있는 장점이나 특기 등을 재탐색하고, 미래 입직 이후의 모습을 상상하게 함으로써 장점에 대해 스스로 발견하고 건강한 자기상(像)을 형성하도록 돕는다.
- ⊙ 객관적 자기이해 : 상담자는 내담자와의 상담을 통해 내담자 자신이 파악하지 못하는 무의식적인 행동습관이나 언어습관 등에 대해 공유하고, 내담자가 인지하고 있는 특성들에 대해 공감해주고, 내담자의 긍정적인 면을 강조하고 격려해 주는 것이 필요하다.
- ⊙ 취업지원 프로그램 참여 권유 : 상담자는 내담자가 비슷한 고민을 가지고 있는 내담자들과 교류를 통해 심리적으로 자신감을 얻고 취업의 필요성을 인식할 수 있도록 취업지원 프로그램을 권유할 수 있다.

4 미네소타 중요성 질문지(MIQ)의 욕구척도와 관련된 평가차원으로 적합하지 않은 것은?

① 성취

② 안정

③ 지위

④ 권력

해설 미네소타 중요성 질문지(MIQ) 욕구 척도 6개 요인
- ⊙ 성취 : 수행을 고무시키는 환경의 중요성
- ⊙ 안전 : 긴장적이 아니고 안정적인 환경의 중요성
- ⊙ 지위 : 명성과 제공하는 환경의 중요성
- ⊚ 이타심 : 타인과 조화를 이루며 봉사하게 하는 환경의 중요성
- ⊚ 편안함 : 예측 가능하고 안정적인 환경의 중요성
- ⊚ 자율 : 시작을 자극하는 환경의 중요성

5 내담자에게 구직의욕을 높이기 위한 방법 중 예외질문 활용 시 유의사항으로 적합하지 않은 것은?

① 주요행동 발견하기
② 행동을 이해하고 높여주기
③ 행동반복을 위한 창의적인 방법 개발하기
④ 필요한 질문하기

해설 예외질문 활용 시 유의사항
　　㉠ 끈질기게 질문하기 : 내담자는 자신의 문제 상황에 집중하고 있기 때문에, 그 문제가 사라진 예외 상황을 발견하기 어렵다. 따라서 상담자는 모든 문제에는 반드시 예외가 있다는 해결 중심의 대화를 통해 예외상황을 발견하도록 끈질기게 질문해야 한다.
　　㉡ 주요 행동 발견하기 : 내담자는 예외상황을 발견하더라도 우연히 운 좋게 하게 되었다고 회피할 수 있다. 이런 경우 상담자는 내담자가 문제해결에 필요한 자원을 모두 가지고 있다는 것을 전제하에 내담자의 기여나 주요행동을 발견하도록 한다
　　㉢ 행동을 이해하고 높여주기 : 내담자는 문제 상황에 매몰되어 자신의 긍정적 경험과 행동을 제대로 보지 못하고 인정하지 못하는 경향이 있다. 상담자는 내담자의 긍정적 경험과 행동에 초점을 두고 그것을 알아주고 부각시켜 주는 것이 필요하다.
　　㉣ 행동 반복을 위한 창의적인 방법 개발하기 : 내담자들은 과거의 성공이 과거의 일일 뿐이고 지금은 그렇게 할 수 없다고 생각하여 포기한 상태인 경우가 많다. 상담자는 내담자에게 충분한 격려와 지지를 보낼 뿐만 아니라 내담자가 다시 성공적인 행동을 할 창의적인 방법을 스스로 개발하도록 질문해야 한다.

6 김병숙 등(1998)이 구분한 직업선택에 큰 영향을 미치는 개인의 내재적 가치에 해당하지 않는 것은?

① 자기능력   ② 권력 추구

③ 사회 헌신   ④ 인간관계 중심

> **해설** 개인적 가치(value)
>
> ㉠ 개인적 가치는 직업선택에 큰 영향을 미치는데 확실히 정신적인 면에 치중하는 가치를 지닌 사람은 경제적 가치에 치중하는 사람과는 다른 진로를 선택하고 다르게 행동한다.
>
> ㉡ 개인적 가치는 인간행동을 결정하는 데 중요한 역할을 하며, 이러한 가치는 고정적이지 않고 변화·발전한다.
>
> ㉢ 로크(Locke, 1970)는 작업 수행결과가 직무 가치와 만족을 갖는 것과 중요한 관련이 있다고 했는데, 수행에 대한 결과가 좋은 것은 개인의 중요한 직업가치에 관련이 있으며, 직무 만족과 연관된다고 가정하였다.
>
> ㉣ 우리나라의 경우 직업가치에 대하여 김병숙 등(1998)은 내재적 직업가치와 외재적 직업가치로 구분하고 있다.
> - 내재적 가치 : 자기능력, 사회 헌신, 인간관계 중심, 이상주의, 자기표현
> - 외재적 가치 : 권력 추구, 경제 우선, 개인주의 사회 인식주의, 안정 추구

7 프릿체와 패리시가 제시한 직업 부적응과 관련 있는 요인을 모두 고른 것은?

㉠ 이전 직업 경험과의 비교	㉡ 주어진 일의 사회적 맥락
㉢ 개인 자체의 특성	㉣ 직업 관련 스트레스
㉤ 개인의 특성(흥미 이론과 관련)	㉥ 개인－직업 환경의 적합성

① ㉠, ㉡, ㉢, ㉣, ㉤, ㉥   ② ㉠, ㉢, ㉣, ㉥

③ ㉠, ㉡, ㉣, ㉥   ④ ㉠, ㉡, ㉢, ㉤, ㉥

> **해설** 프릿체와 패리시의 직업부적응 관련 요인
>
> ㉠ 이전 직업 경험과의 비교
> ㉡ 주어진 일의 사회적 맥락
> ㉢ 직업 자체의 특성
> ㉣ 직업 관련 스트레스
> ㉤ 개인의 특성(흥미 이론과 관련)
> ㉥ 개인－직업 환경의 적합성

8 다위스와 롭퀴스트의 직업적응 이론에 대한 설명으로 옳은 것은?

① 현재 당면한 진로 과업 및 직업의 변화에 개인이 대처하는 과정을 강조하는 개념이다.

② 진로와 관련한 태도, 유능성, 대처 행동 등 다차원적으로 이루어져 있다.

③ 진로에 대한 관심, 진로 관련 문제에서의 통제감, 진로에 대한 호기심, 진로 관련 자신감의 네 영역으로 구성된다.

④ 조직 내에서 직업적응을 설명하는 가장 대표적인 이론이다.

해설 직업적응 이론

ⓐ '직업에서 요구하는 능력과 그와 관련된 개인의 능력' 그리고 '개인의 욕구 및 일에 제공하는 보상과 관련된 직업가치'라는 두 가지 차원에서 개인과 환경의 일치를 설명한다.

ⓑ 개인과 환경은 서로 보완적으로 상호작용하는데, 환경은 개인에 대해 '그 일을 할 수 있는 개인의 능력'이라는 조건을 요구하고, 개인은 환경에 대해 '개인의 욕구를 충족해 줄 수 있는 환경'이라는 필요조건을 요구한다.

ⓒ 개인이 자신의 직업환경에 얼마나 만족하는가를 나타내는 '개인의 만족도(satisfaction)'와 직업환경이 개인에게 얼마나 만족을 주는가를 나타내는 '조직의 만족도(satisfactioriness)'를 모두 강조한다.

ⓓ 직업적응 상담이론은 수퍼(Super)의 진로 적응성(career adaptability)과 다위스(Dawis)와 롭퀴스트(Lofquist)의 직업적응 이론으로 제시하고 있다.

ⓔ 수퍼(Super)의 직업적응성

• 진로 적응성이란 현재 당면한 진로 과업 및 직업변화에 개인이 대처하는 과정을 강조하는 개념이다.

• 진로와 관련한 태도, 유능성, 대처 행동 등 다차원적으로 이루어져 있다.

• 특히 적응 차원은 진로에 대한 관심, 진로 관련 문제에서의 통제감, 진로에 대한 호기심, 진로 관련 자신감의 네 영역으로 구성된다.

ⓕ 사비카스(Savikas, 2005)는 직업적응성을 현재의 발달 과업, 직업전환, 개인적 외상 등에 대처할 수 있는 개인의 준비도와 자원이라 했으며, 이 개념은 진로 발달상의 '어느 한 시기가 아니라 모든 시기에 걸쳐 적용이 가능하다'고 하였다.

ⓖ 다위스(Dawis)와 롭퀴스트(Lofquist)의 직업적응 이론

• 조직 내에서 개인의 직업적응을 설명하는 가장 대표적인 이론으로 개인과 환경의 조화가 가장 중요하게 다뤄진다.

• 개인-환경 간의 조화는 개인의 특성과 환경의 요구 간의 일치에 의해서 결정된다.

• 개인의 능력과 환경의 요구가 일치할 때 개인이 직업의 요구를 충족시켜줄 수 있다.

• 개인의 가치와 직업의 강화 요인 간의 조화가 일어날 때 개인의 만족이 이루어진다고 보았다.

• 개인의 대처방식은 크게 적극적(activeness) 대처방식, 반응적(reactiveness) 대처방식, 불일치를 견디는(tolerant) 대처방식으로 구분된다.

CHAPTER 06 직업훈련상담

직업훈련상담은 2025년 최초 도입 과목이지만, 다루고 있는 내용은 기존에 「고용노동관계법규」 과목에서 출제된 내용과 중복되는 부분이 존재한다. 향후 국민평생직업능력개발법, 자격기본법 및 국민내일배움카드 등 직업훈련상담 시 제공해야 되는 정보를 중심으로 문제 출제가 예상된다.

- 국민평생직업능력개발법, 자격기본법, 국민내일배움카드 등 법률과 제도 이해하기
  국민평생직업능력개발법 제2조(정의)와 훈련목적에 따른 분류, 훈련방법에 따른 분류를 이해하며, 자격기본법 제2조(정의), 국민내일배움카드 신청 제한 대상자 등 직업훈련상담을 위해서 필요한 법률과 제도 등을 중심으로 학습하는 것이 효과적이다.
- 훈련목표관리 이해하기
  훈련기관의 기능, 훈련기관에서의 훈련생 선발기준 등 새롭게 출제될 가능성이 있는 내용에 대한 학습도 필요하다.

인적자원 개발의 특성, 직업훈련의 형태(실시자의 성격에 따른 분류), 훈련의 목적에 따른 구분, 훈련의 방법에 따른 구분, 자격의 의미(자격기본법 제2조 '정의'), 직업훈련 및 자격 관련 주요 사이트, 국민내일배움카드, 훈련과정의 종류

SECTION 01 내담자 직무역량 파악

(1) 직업능력개발 역량분석

① 인적자원개발 정의 : 고용주가 근로자에게 또는 조직이 근로자에게 그 조직의 목적에 따라 직무능력과 개인적인 성장 가능성을 기르기 위해 일정 기간 내에 제공하는 조직적인 학습을 의미한다.

② 인적자원개발의 특성

  ㉠ 반드시 의도적이고 계획적이며 조직적인 학습이어야 한다.

  ㉡ 이러한 학습은 제한된 특정 기간 내에 이루어져야 하며, 시간 개념은 비용 측면 보다 학습 성취 및 성취 여부의 평가 시점을 더욱 중요시한다.

  ㉢ 조직의 현재 또는 미래의 직무와 관련이 있어야 하므로 뚜렷한 목적하에 조직의 직무성과 향상을 위하여 효과적인 방법과 내용을 계획적으로 추진하여야 한다.

  ㉣ 직무 성과의 향상 가능성을 증대시켜야 한다.

  ㉤ 개인과 조직의 가능성을 증대시켜야 한다.

③ 인적자원관리 영역

구분	내용
인적자원 개발 영역	훈련과 계발, 조직개발, 진로경로 개척
인적자원 환경 영역	조직/직무 설계, 인적자원 기획, 수행관리 체계, 노사관계
인적자원 활용 영역	선발 및 배치, 보상/유인, 고용정보 체계(직업정보 체계), 고용인 지원

④ 직업훈련의 의미와 정의

  ㉠ 직업훈련의 의미 : 직업을 갖고자 하는 자에게 산업사회에 적응하기 위한 능력을 갖추기 위하여 필요한 기능, 지식, 태도 등을 함양하도록 도와주고, 취업한 자에게 기술혁신과 산업변화에 대처하기 위한 능력을 향상시켜 자기실현을 꾀하도록 도와주는 일련의 훈련활동이다.

  ㉡ 직업훈련의 정의

    • "직업능력개발훈련"이란 모든 국민에게 평생에 걸쳐 직업에 필요한 직무수행능력(지능정보화 및 포괄적 직업·직무기초능력을 포함한다)을 습득·향상시키기 위하여 실시하는 훈련을 말한다〈국민평생직업능력개발법 제2조〉.

    • 직업훈련은 일반교육을 포함하지 않으며, 교육과는 다르나 교육계와 상호작용 관계를 유지한다.

⑤ **직업훈련의 형태** : 직업훈련은 실시자의 성격에 따라 공공직업훈련, 인정직업훈련, 사업 내 직업훈련으로 구분된다.

구분	내용
공공직업훈련	• **국가, 지방자치단체 또는 공공직업훈련법인이 숙련된 다능공 양성을 목표로 실시하는 정규 훈련방식의 직업훈련 형태**이다. • 국비 지원 : 훈련비 전액(수업료, 실습비, 실습복, 교재비 등 포함) • 훈련생 전원에게 기숙사 제공 및 수료 후 취업 알선을 제공한다. • 생활보호대상자, 국가유공자녀에게는 소정의 훈련수당을 지급한다.
인정직업훈련	• **공공직업훈련법인 이외에 개인이나 비영리법인이 고용노동부장관의 인가를 받아 실시하는 기능공 양성목표를 가진 정규 훈련방식의 직업훈련 형태**이다. • 법인과 개인이 각각 추구하는 영리 및 비영리 목적에 따라 훈련 직종을 선정하여 운영한다. • 비영리단체인 사업주 단체나 지역공단 그리고 종교적 또는 복지적 측면이 강한 각종 기관과 단체가 참여하고 있으며 개인이 설립한 직업훈련원도 있다.
사업 내 직업훈련	• **기업주가 단독 또는 타 기업주와 공동으로 사업체 내에서 기능공을 양성하거나 고용된 근로자에게 직무 향상 및 직무 보충 등을 훈련하는 직업훈련 형태**이다. • 기업체가 필요로 하는 직종에 대한 훈련을 실시하는 것으로 훈련 수료 후 소속 기업에 취업이 가능하다.

(2) 직무역량과 직무역량 분석

① **직무역량**

    ㉠ "국가직무능력표준"이란 산업현장에서 직무를 수행하기 위하여 요구되는 지식 · 기술 · 소양 등의 내용을 국가가 산업부문별 · 수준별로 체계화한 것을 말한다〈자격기본법 제2조〉.

    ㉡ 한국고용직업분류 등을 참고로 한다.

    ㉢ 대분류(24) → 중분류(81) → 소분류(273) → 세분류(1,100개)의 순으로 구성된다(2025년 기준).

② **직무역량분석**

    ㉠ 상담자는 내담자의 전공, 그동안 수행한 직무 내용, 직업훈련 이수 경험, 직위 등을 확인한다.

    ㉡ 국가직무능력표준에서 관련 분야를 검색한다.

    ㉢ 해당 분야에서 수준별 관련 직무를 확인하고, 직무에서 분석된 수행 수준에 제시된 관련 분야를 검색한다.

    ㉣ "경력개발 경로 찾기−관련 직급−자가진단"의 자가진단을 내담자에게 권유한다.

    ㉤ 내담자의 생애진로 주기별 직업능력개발 계획에 근거하여 핵심 직무의 수준 확인 후 수준별 해당 훈련을 검색한다.

    ㉥ 상위 직급의 단계별로 소요되는 기간을 감안하여 훈련계획을 수립한다.

1 네들러(Nadler, L. 1984)가 제시한 인적자원 개발의 특성으로 틀린 것은?

① 시간 투입 자체보다 학습 성취와 평가 시점을 중요시한다.

② 개인과 조직의 가능성을 증대시켜야 한다.

③ 의도적이고 계획적이며 조직적인 학습이어야 한다.

④ 조직의 직무성과와 무관한 자율적 학습을 중심으로 진행된다.

> **해설** 네들러(Nadler, L. 1984)가 제시한 인적자원개발의 특성
> ㉠ 반드시 의도적이고 계획적이며 조직적인 학습이어야 한다.
> ㉡ 이러한 학습은 제한된 특정 기간 내에 이루어져야 하며, 시간 개념은 비용 측면 보다 학습 성취 및 성취 여부의 평가 시점을 더욱 중요시한다.
> ㉢ 조직의 현재 또는 미래의 직무와 관련이 있어야 하므로 뚜렷한 목적하에 조직의 직무성과 향상을 위하여 효과적인 방법과 내용을 계획적으로 추진하여야 한다.
> ㉣ 직무성과의 향상 가능성을 증대시켜야 한다.
> ㉤ 개인과 조직의 가능성을 증대시켜야 한다.

2 다음 중 인적자원 관리 영역 중 '인적자원 환경'에 해당하지 않는 것은?

① 인적자원 기획　　　　　　　　② 수행관리 체계

③ 직업정보 체계　　　　　　　　④ 노사관계

> **해설** 인적자원 관리 영역
> 인적자원 관리 영역은 인적자원 개발 영역, 인적자원 환경 영역, 인적자원 활용 영역으로 구분된다.
> ㉠ 인적자원 개발 영역 : 훈련과 계발, 조직개발, 진로 경로 개척
> ㉡ 인적자원 환경 영역 : 조직/직무 설계, 인적자원 기획, 수행관리 체계, 노사관계
> ㉢ 인적자원 활용 영역 : 선발 및 배치, 보상/유인, 고용정보 체계(직업정보 체계), 고용인 지원

ANSWER 1.④　2.③

3 다음 중 직업훈련에 대한 설명으로 옳은 것은?

① 직업훈련은 일반교육을 포함하며, 직무와 무관한 지식 습득도 주요 목적이다.

② 직업훈련은 교육법에 의한 교육과 동일하며, 교육계와 별개로 운영된다.

③ 직업훈련은 개인의 교육수준에 맞춰 특정 직업에 필요한 기술·기능을 습득하는 체계적이고 계획적인 활동이다.

④ 직업훈련은 주로 이론 중심으로 진행되며, 실제적 성격은 약하다.

해설　직업훈련의 의미

　　㉠ 직업과 직업군 내에서 효율적인 수행을 위해 요구되는 지식, 기능, 태도를 준비하기 위한 목적을 가진 활동으로, 기초적, 보충적, 향상적이며 새롭고 특별한 직무와 관련된 모든 것을 포함하나 일반교육은 포함하지 않는다고 규정(국제노동기구(ILO : International Labour Organization)

　　㉡ 직업훈련은 교육법에 의한 교육과 다르나 교육계와 상호작용 관계를 유지

　　㉢ 직업훈련은 자신에게 적합한 교육수준을 가지고 특정한 직업에 필요한 기술·기능 등 직업능력을 갖추기 위한 체계적이고, 계획적인 활동으로 교육보다 실제적인 면을 내포한다.

4 내담자의 직업훈련 계획 수립 시 직무역량 분석에 대한 설명으로 틀린 것은?

① 내담자의 전공, 그동안 수행한 직무 내용, 직업훈련 이수 경험, 직위 등을 확인한다.

② 내담자의 의사와 무관하게 직무 수준을 일방적으로 결정하고 훈련을 권유한다.

③ 국가직무능력표준(NCS)에서 관련 분야를 검색한다.

④ 내담자의 생애진로 주기별 직업능력개발 계획을 바탕으로 훈련 수준을 확인하고 검색한다.

해설　직무역량분석

　　㉠ 상담자는 내담자의 전공, 그동안 수행한 직무 내용, 직업훈련 이수 경험, 직위 등을 확인한다.

　　㉡ 국가직무능력표준에서 관련 분야를 검색한다.

　　㉢ 해당 분야에서 수준별 관련 직무를 확인하고, 직무에서 분석된 수행 수준에 제시된 관련 분야를 검색한다.

　　㉣ "경력개발 경로 찾기 - 관련 직급 - 자가진단"의 자가진단을 내담자에게 권유한다.

　　㉤ 내담자의 생애진로 주기별 직업능력개발 계획에 근거하여 핵심 직무의 수준 확인 후 수준별 해당 훈련을 검색한다.

　　㉥ 상위 직급의 단계별로 소요되는 기간을 감안하여 훈련계획을 수립한다.

5 직업훈련의 형태에 따른 분류와 관련 설명으로 옳은 것은?

① 인정직업훈련 수료 후에는 전원 취업이 알선된다.

② 공공직업훈련은 비영리법인이 고용노동부장관의 인가를 받아 실시한다.

③ 인정직업훈련은 국가, 지방자치단체 또는 공공직업훈련법인이 실시한다.

④ 사업 내 직업훈련은 사업체 내에서 기능공을 양성하거나 고용된 근로자에게 직무 향상 및 직무 보충 등을 훈련하는 것이다.

해설 직업훈련 형태

구분	내용
공공직업훈련	• 국가, 지방자치단체 또는 공공직업훈련법인이 숙련된 다능공 양성을 목표로 실시하는 정규 훈련방식의 직업훈련 형태이다. • 국비 지원 : 훈련비 전액(수업료, 실습비, 실습복, 교재비 등 포함) • 훈련생 전원에게 기숙사 제공 및 수료 후 취업 알선을 제공한다. • 생활보호대상자, 국가유공자녀에게는 소정의 훈련수당 지급한다.
인정직업훈련	• 공공직업훈련법인 이외에 개인이나 비영리법인이 고용노동부장관의 인가를 받아 실시하는 기능공 양성목표를 가진 정규 훈련방식의 직업훈련 형태이다. • 법인과 개인이 각각 추구하는 영리 및 비영리 목적에 따라 훈련 직종을 선정하여 운영한다. • 비영리단체인 사업주 단체나 지역공단 그리고 종교적 또는 복지적 측면이 강한 각종 기관과 단체가 참여하고 있으며 개인이 설립한 직업훈련원도 있다.
사업 내 직업훈련	• 기업주가 단독 또는 타 기업주와 공동으로 사업체 내에서 기능공을 양성하거나 고용된 근로자에게 직무 향상 및 직무 보충 등을 훈련하는 직업훈련 형태이다. • 기업체가 필요로 하는 직종에 대한 훈련을 실시하는 것으로 훈련 수료 후 소속 기업에 취업이 가능하다.

<table>
<tr><td>SECTION
02</td><td colspan="2"># 직업훈련정보 수집</td></tr>
</table>

(1) 훈련 및 자격정보 제공

① 직업훈련정보의 수집

    ㉠ 내담자의 직업훈련 분야에 적합한 훈련기관, 훈련지역, 훈련기간 등의 자료를 수집한다.

    ㉡ 국가 및 민간 직업훈련의 정보를 수집 후 장·단점을 비교하여 설명한다.

    ㉢ 내담자가 훈련하고자 하는 훈련 분야의 전망, 난이도와 수준에 관한 자료를 수집, 제공한다.

    ㉣ 국가자격증(www.q-net.or.kr), 민간자격증(www.pqi.or.kr) 검색 사이트 활용하여 자격정보를 제공한다.

    ㉤ 훈련 성공 사례를 수집하여 내담자에게 제공한다.

② 직업훈련정보 분석

    ㉠ 내담자의 욕구를 고려하여 훈련정보를 확인한다.

    ㉡ 수집된 훈련정보를 분석한다.

    ㉢ 내담자의 보유 역량과 일치성이 높은 훈련과정과의 연계를 구상한다.

    ㉣ 내담자의 보유 역량과 부합한 훈련과정을 자료화한다.

③ 직업능력개발훈련의 구분 및 실시방법〈「국민평생직업능력개발법 시행령」 제3조(정의)〉

구분	명칭	내용
훈련의 목적에 따른 구분	양성(養成)훈련	직업에 필요한 **기초적 직무수행능력을** 습득시키기 위하여 실시하는 직업능력개발훈련이다.
	향상훈련	양성훈련을 받은 사람이나 직업에 필요한 기초적 직무수행능력을 가지고 있는 사람에게 **더 높은 직무수행능력을** 습득시키거나 **기술발전에 맞추어 지식·기능을 보충**하게 하기 위하여 실시하는 직업능력개발훈련이다.
	전직(轉職)훈련	종전의 직업과 유사하거나 **새로운 직업에 필요한 직무수행능력을** 습득시키기 위하여 실시하는 직업능력개발훈련이다.
훈련의 방법에 따른 구분	집체(集體)훈련	**직업능력개발훈련을 실시하기 위하여 설치한 훈련전용시설이나 그 밖에 훈련을 실시하기에 적합한 시설**(산업체의 생산시설 및 근무장소는 제외한다)에서 실시하는 방법이다.
	현장훈련	**산업체의 생산시설 또는 근무장소에서 실시하는 방법이다.**
	원격훈련	**먼 곳에 있는 사람에게 정보통신매체 등을 이용하여 실시하는 방법이다.**
	혼합훈련	**훈련방법을 2개 이상 병행하여 실시하는 방법이다.**

④ **자격의 의미** : 자격 관련 정의는 「자격기본법」 제2조(정의)에 명시되어 있다.
  ㉠ "자격"이란 직무수행에 필요한 지식 · 기술 · 소양 등의 습득 정도가 일정한 기준과 절차에 따라 평가 또는 인정된 것을 말한다.
  ㉡ "국가직무능력표준"이란 산업현장에서 직무를 수행하기 위하여 요구되는 지식 · 기술 · 소양 등의 내용을 국가가 산업부문별 · 수준별로 체계화한 것을 말한다.
  ㉢ "자격체제"란 국가직무능력표준을 바탕으로 학교교육 · 직업훈련(이하 "교육훈련"이라 한다) 및 자격이 상호 연계될 수 있도록 한 자격의 수준체계를 말한다.
  ㉣ "국가자격"이란 법령에 따라 국가가 신설하여 관리 · 운영하는 자격을 말한다.
  ㉤ "민간자격"이란 국가 외의 자가 신설하여 관리 · 운영하는 자격을 말한다.
  ㉥ "등록자격"이란 해당 주무부장관에게 등록한 민간자격 중 공인자격을 제외한 자격을 말한다.
  ㉦ "공인자격"이란 주무부장관이 공인한 민간자격을 말한다.
  ㉧ "자격검정"이란 자격을 부여하기 위하여 필요한 직무수행능력을 평가하는 과정을 말한다.
  ㉨ "공인"이란 자격의 관리 · 운영 수준이 국가자격과 같거나 비슷한 민간자격을 이 법에서 정한 절차에 따라 국가가 인정하는 행위를 말한다.

(2) 과정평가형과 일학습병행

① **과정평가형**
  ㉠ 국가직무능력표준(NCS)에 기반하여 일정 요건을 충족하는 교육훈련과정을 이수한 자에게 내 · 외부 평가를 거쳐 합격기준에 충족되면 자격을 부여하는 제도이다.
  ㉡ 자격제도 운영은 한국산업인력공단에서 위탁 · 시행 중이다.

② **일학습병행** : 사업주가 실시하는 직업교육훈련인 일학습병행의 내용과 방법 및 일학습병행에 참여하는 학습근로자의 근로조건의 보호 등에 관한 사항을 정하고, 일학습병행과 자격을 연계하여 학습근로자의 고용촉진 및 사회적 · 경제적 지위의 향상을 도모함으로써 국민경제의 발전에 이바지함을 목적으로 한다(산업현장 일학습병행 지원에 관한 법률).

(3) 직업훈련 및 자격 관련 주요 사이트

구분	사이트명	주소
직업훈련과정 등	고용-24	www.work24.go.kr
국가자격정보	Q-net(큐넷)	www.q-net.or.kr
민간자격정보	PQI	www.pqi.or.kr
과정평가형 · 일학습병행자격 포털	CQ-Net	www.c.q-net.or.kr
국가직무능력표준	국가직무능력표준	www.ncs.go.kr

1　직업훈련정보의 수집과 분석에 대한 설명으로 틀린 것은?

① 국가자격증 및 민간자격증 검색 사이트를 활용하여 자격정보를 제공한다.

② 내담자의 보유 역량과는 무관하게 난이도와 수준이 높은 훈련과정을 우선적으로 추천한다.

③ 내담자의 직업훈련 분야에 적합한 훈련기관, 훈련지역, 훈련기간 등의 자료를 수집한다.

④ 국가 및 민간 직업훈련의 정보를 수집하여 장·단점을 비교해 설명한다.

> **해설**　직업훈련정보의 수집과 분석
> ㉠ 직업훈련정보의 수집
> - 내담자의 직업훈련 분야에 적합한 훈련기관, 훈련지역, 훈련기간 등의 자료를 수집한다.
> - 국가 및 민간 직업훈련의 정보를 수집 장·단점을 비교하여 설명한다.
> - 내담자가 훈련하고자 하는 훈련 분야의 전망, 난이도와 수준에 관한 자료를 수집, 제공한다.
> - 국가자격증(www.q-net.or.kr), 민간자격증(www.pqi.or.kr) 검색 사이트 활용하여 자격정보를 제공한다.
> - 훈련 성공 사례를 수집하여 내담자에게 제공한다.
> ㉡ 직업훈련정보 분석
> - 내담자의 욕구를 고려하여 훈련정보 확인
> - 수집된 훈련정보 분석
> - 내담자의 보유 역량과 일치성이 높은 훈련과정과의 연계를 구상
> - 내담자의 보유 역량과 부합한 훈련과정을 자료화

2　직업훈련 방법에 따른 분류에 해당하지 않는 것은?

① 집체훈련　　　　　　　　　　　② 원격훈련

③ 혼합훈련　　　　　　　　　　　④ 양성훈련

> **해설**　직업능력개발훈련의 구분(「국민평생직업능력개발법 시행령」 제3조(정의))
> ㉠ 훈련의 목적에 따른 구분 : 양성훈련, 향상훈련, 전직훈련
> ㉡ 훈련의 방법에 따른 구분 : 집체훈련, 현장훈련, 원격훈련, 혼합훈련

3 국민평생직업능력개발법령상 종전의 직업과 유사하거나 새로운 직업에 필요한 직무수행 능력을 습득시키기 위하여 실시하는 직업능력개발훈련은?

① 전직훈련 ② 양성훈련
③ 향상훈련 ④ 집체훈련

해설 훈련의 목적에 따른 분류(「국민평생직업능력개발법 시행령」 제3조(정의))

㉠ 양성(養成)훈련 : 직업에 필요한 기초적 직무수행능력을 습득시키기 위하여 실시하는 직업능력개발훈련이다.

㉡ 향상훈련 : 양성훈련을 받은 사람이나 직업에 필요한 기초적 직무수행능력을 가지고 있는 사람에게 더 높은 직무수행능력을 습득시키거나 기술발전에 맞추어 지식·기능을 보충하게 하기 위하여 실시하는 직업능력개발훈련이다.

㉢ 전직(轉職)훈련 : 종전의 직업과 유사하거나 새로운 직업에 필요한 직무수행능력을 습득시키기 위하여 실시하는 직업능력개발훈련이다.

4 국민평생직업능력개발법령상 다음이 설명하고 있는 훈련방법은?

> 산업체의 생산시설 또는 근무장소에서 실시하는 방법

① 집체훈련 ② 원격훈련
③ 현장훈련 ④ 혼합훈련

해설 훈련의 실시 방법에 따른 구분(「국민평생직업능력개발법 시행령」 제3조(정의))

㉠ 집체(集體)훈련 : 직업능력개발훈련을 실시하기 위하여 설치한 훈련전용시설이나 그 밖에 훈련을 실시하기에 적합한 시설(산업체의 생산시설 및 근무장소는 제외한다)에서 실시하는 방법이다.

㉡ 현장훈련 : 산업체의 생산시설 또는 근무장소에서 실시하는 방법이다.

㉢ 원격훈련 : 먼 곳에 있는 사람에게 정보통신매체 등을 이용하여 실시하는 방법이다.

㉣ 혼합훈련 : 훈련방법을 2개 이상 병행하여 실시하는 방법이다.

5 자격기본법령상 용어와 관련 설명으로 틀린 것은?

① "공인자격"이란 주무부장관이 공인한 민간자격을 말한다.

② "국가자격"이란 법령에 따라 국가가 신설하여 관리 · 운영하는 자격을 말한다.

③ "민간자격"이란 국가 외의 자가 신설하여 관리 · 운영하는 자격을 말한다.

④ "등록자격"이란 대통령에게 등록한 민간자격 중 공인자격을 제외한 자격을 말한다.

해설 자격기본법 제2조(정의)

㉠ "자격"이란 직무수행에 필요한 지식 · 기술 · 소양 등의 습득 정도가 일정한 기준과 절차에 따라 평가 또는 인정된 것을 말한다.

㉡ "국가직무능력표준"이란 산업현장에서 직무를 수행하기 위하여 요구되는 지식 · 기술 · 소양 등의 내용을 국가가 산업부문별 · 수준별로 체계화한 것을 말한다.

㉢ "자격체제"란 국가직무능력표준을 바탕으로 학교교육 · 직업훈련(이하 "교육훈련"이라 한다) 및 자격이 상호 연계될 수 있도록 한 자격의 수준체계를 말한다.

㉣ "국가자격"이란 법령에 따라 국가가 신설하여 관리 · 운영하는 자격을 말한다.

㉤ "민간자격"이란 국가 외의 자가 신설하여 관리 · 운영하는 자격을 말한다.

㉥ "등록자격"이란 해당 주무부장관에게 등록한 민간자격 중 공인자격을 제외한 자격을 말한다.

㉦ "공인자격"이란 주무부장관이 공인한 민간자격을 말한다.

㉧ "자격검정"이란 자격을 부여하기 위하여 필요한 직무수행능력을 평가하는 과정을 말한다.

㉨ "공인"이란 자격의 관리 · 운영 수준이 국가자격과 같거나 비슷한 민간자격을 이 법에서 정한 절차에 따라 국가가 인정하는 행위를 말한다.

6 다음이 설명하고 있는 직업훈련제도는?

> 국가직무능력표준(NCS)에 기반하여 일정 요건을 충족하는 교육훈련과정을 이수한 자에게 내외부 평가를 거쳐 합격기준에 충족되면 자격을 부여하는 제도

① 일학습병행   ② 과정평가형 자격

③ 국가기술자격제도   ④ 국민내일배움카드

해설 과정평가형

㉠ 국가직무능력표준(NCS)에 기반하여 일정 요건을 충족하는 교육훈련과정을 이수한 자에게 내 · 외부 평가를 거쳐 합격기준에 충족되면 자격을 부여하는 제도이다.

㉡ 자격제도 운영은 한국산업인력공단에서 위탁 · 시행 중이다.

7 직업훈련정보 제공과 관련 사이트 연결이 틀린 것은?

① 국가자격정보 : CQ－Net(c.q－net.or.kr)

② 직업훈련정보 : 고용24(work24.go.kr)

③ 민간자격정보 : PQI(pqi.or.kr)

④ 국가직무능력표준 : NCS(ncs.go.kr)

해설 직업훈련 및 자격 관련 주요 사이트

구분	사이트명	주소
직업훈련과정 등	고용24	www.work24.go.kr
국가자격정보	Q－net(큐넷)	www.q－net.or.kr
민간자격정보	PQI	www.pqi.or.kr
과정평가형 · 일학습병행자격 포털	CQ－Net	www.c.q－net.or.kr
국가직무능력표준	국가직무능력표준	www.ncs.go.kr

SECTION 03 훈련과정 선택지원

(1) 훈련과정 선택지원

① 내담자 훈련 참여의지와 요구도 분석 : 내담자의 훈련 의지와 요구도는 훈련, 자격, 취업 관련 정보를 고려하여 의사결정의 중요한 요소이다.

구분	내용
훈련 참여 의지	훈련과정에 참여하는 동안 견디고 이수할 수 있는 스스로의 다짐과 격려할 수 있는 역량이다.
훈련 요구도	• 직무역량을 증가시키기 위한 목적의 강도이다. • 내담자의 훈련 요구도를 분석하기 위하여 반구조화된 질문지를 개발하여 활용한다.

② 전공영역 진단
  ㉠ 직업훈련상담은 청소년들의 진학상담과 동일한 의미를 가지므로 내담자의 전공영역에 대한 진단은 직업훈련 분야에 대한 진단을 하는 것이다.
  ㉡ 이를 위해 홀랜드 이론을 바탕으로 한 직업카드 심리검사를 활용한다.

(2) 국가직무능력표준(NCS)의 훈련기준과 과정

① 훈련과정의 종류(고용24에서 확인, 2025년 기준) : 아래 훈련과정은 노동시장 수요에 따라 변경된다. 변경되는 훈련과정은 고용24 홈페이지에서 확인할 수 있다.
  ㉠ 국민내일배움카드 훈련과정
  ㉡ 국가기간전략산업직종
  ㉢ 과정평가형 훈련
  ㉣ 기업맞춤형 훈련
  ㉤ 스마트혼합 훈련
  ㉥ 일반고특화 훈련
  ㉦ K-디지털트레이닝, K-디지털기초역량 훈련
  ㉧ 실업자 원격훈련
  ㉨ 산업구조변화대응
  ㉩ 근로자 원격훈련
  ㉪ 근로자 외국어 훈련
  ㉫ 돌봄서비스 훈련

② 훈련기준

　㉠ NCS 훈련기준에는 선수학습과 관련 이론들, 다루어지는 이론들, 지식, 기술 태도 등의 역량, 훈련 소요시간, 수행준거에 의한 평가방법 등이 설명되어 있다.

　㉡ 상담자는 내담자가 다양한 훈련과정의 기준을 검토하여 훈련과정을 선택할 수 있도록 정보제공, 대안 검토, 선택과정을 진행한다.

③ 훈련과정 선택

　㉠ 훈련과정 선택에 대한 고려 요소 : 훈련직종의 미래 성장 가능성, 직무역량, 적합한 분야 및 전공, 미래 사회에서의 직업 변화

　㉡ 훈련과정 선택 지원

　　• 내담자가 훈련과정 중에 선택 가능한 훈련과정을 선택하도록 지원한다.

　　• 내담자가 선택한 훈련과정들의 훈련 내용을 확인하도록 한다.

　　• 내담자에게 훈련과정들의 자격 및 취업 등에 관한 정보들을 확인하도록 한다.

　　• 내담자에게 훈련과정들을 비교하여 훈련과정을 선택하도록 한다.

1 내담자의 직업훈련과정 선택지원을 위한 내용으로 틀린 것은?

① 훈련상담을 통하여 내담자의 훈련 의지를 확인한다.

② 내담자의 훈련 요구도 분석을 위하여 구조화된 질문지를 활용한다.

③ 내담자의 적합한 분야 및 전공영역을 진단하기 위하여 직업카드 심리검사를 활용한다.

④ 상담자는 내담자의 훈련 참여를 결정하기까지 훈련정보를 제공한다.

해설 내담자의 직업훈련과정 선택 지원

ㄱ 내담자의 훈련 참여의지와 요구도 분석

ㄴ 내담자의 훈련 요구도를 분석하기 위하여 반구조화된 질문지를 개발하여 활용

ㄷ 내담자의 적합한 분야 및 전공영역을 진단하기 위하여 직업카드 심리검사 활용

2 직업훈련상담 시에는 내담자의 훈련 참여의 의지와 요구를 확인하여야 한다. 다음 중 관련 내용으로 틀린 것은?

① 의지는 현재 상태와 바람직한 상태 간의 격차를 의미한다.

② 훈련생의 직업훈련 요구도는 직무역량을 증가시키기 위한 목적의 강도를 의미한다.

③ 훈련 참여의지는 훈련과정에 참여하는 동안 견디고 이수할 수 있는 스스로의 다짐과 격려할 수 있는 역량이다.

④ 요구는 그 자체로 존재하는 것이 아니라 현재 상태를 점검하고 미래의 상태나 조건과 비교해봄으로써 도출될 수 있다.

해설 내담자 훈련 참여의지와 요구도 분석

구분	내용
훈련 참여 의지	• 의지(국어사전) －심리선택이나 행위의 결정에 대한 내적이고 개인적인 역량이다. －어떠한 목적을 실현하기 위하여 자발적으로 의식적인 행동을 하게 하는 내적 욕구이다. • 훈련 참여 의지 : 훈련과정에 참여하는 동안 견디고 이수할 수 있는 스스로의 다짐과 격려할 수 있는 역량이다.
훈련 요구도	• 요구 －'요구'를 명사로 사용하는 경우 : 현재 상태와 바람직한 상태 또는 미래의 상태 간의 차이(또는 격차)를 의미하며, 요구는 그 자체로 존재하는 것이 아니라 현재 상태를 점검하고 그것을 미래의(더 나은) 상태나 조건과 비교해 봄으로써 도출될 수 있다. －'요구'를 동사로 사용하는 경우 : 격차를 메우기 위해 요구되는 것, 즉 해결책이나 목적을 위한 수단이다. • 직업훈련 요구도 : 직무역량을 증가시키기 위한 목적의 강도이다.

3 국가직무능력표준(NCS)에 따라 훈련기준이 제시되어 있는 훈련과정이 아닌 것은?

① 스마트 혼합훈련 　　　　　　　② 특성화고특화 훈련
③ 과정평가형 훈련 　　　　　　　④ 국가기간전략산업직종

해설 고용24 훈련과정(2025년 기준)
아래 훈련과정은 노동시장 수요에 따라 변경된다. 변경되는 훈련과정은 고용24 홈페이지에서 확인할 수 있다.
　㉠ 국민내일배움카드 훈련과정
　㉡ 국가기간전략산업직종
　㉢ 과정평가형 훈련
　㉣ 기업맞춤형 훈련
　㉤ 스마트혼합 훈련
　㉥ 일반고특화 훈련
　㉦ K-디지털트레이닝, K-디지털기초역량 훈련
　㉧ 실업자 원격훈련
　㉨ 산업구조변화대응
　㉩ 근로자 원격훈련
　㉪ 근로자 외국어 훈련
　㉫ 돌봄서비스 훈련

4 훈련과정 선택 시 고려사항에 해당하지 않는 것은?

① 주변 지인의 권유만을 기준으로 한 선택
② 선택 훈련 직종의 미래 성장 가능성
③ 내담자의 직무역량
④ 적합한 분야 및 전공

해설 훈련과정 선택에 대한 고려 요소
　㉠ 훈련직종의 미래 성장 가능성
　㉡ 직무역량
　㉢ 적합한 분야 및 전공
　㉣ 미래사회에서의 직업 변화

ANSWER 1.② 2.① 3.② 4.①

SECTION 04 훈련목표관리

(1) 훈련적응상담

① 훈련기관의 기능
- ㉠ 훈련에 대한 계획서 작성
- ㉡ 훈련생에 대한 개인, 진로, 현장 적응 등에 대한 상담
- ㉢ 훈련생에 대한 법적 처리 문제 및 행정적인 절차 수행
- ㉣ 기업체와의 섭외 활동 및 훈련 홍보 활동
- ㉤ 기업체 기술 지원
- ㉥ 훈련과정 운영
- ㉦ 훈련 성과에 대한 평가 및 훈련생의 훈련능력 평가
- ㉧ 사후지도 실시

② 훈련기관에서의 훈련생 선발기준
- ㉠ 훈련 프로그램의 참가하기를 희망하는 자
- ㉡ 직업목표가 분명한 자
- ㉢ 교과 내용과 적성이 적합한 자
- ㉣ 수료 후에도 전공 분야에 계속 취업할 의사가 있는 자
- ㉤ 단정하고 성실하며 인내성이 있는 자
- ㉥ 우수한 인력으로서 기초적인 소질과 능력과 태도를 겸비한 자
- ㉦ 인간관계가 원만하고 자기 자신에 대한 이해가 있는 자

③ 취업처에 대한 정보수집 : 훈련기관은 다음과 같이 취업대상 기업에 대해 정보를 수집한다.
- ㉠ 취업처 내에서 충원이 요구되는 직종
- ㉡ 취업처의 향후 충원계획 및 감원계획
- ㉢ 초임금 및 근로조건
- ㉣ 취업처의 직종별 분포
- ㉤ 직원의 연간 이직률
- ㉥ 직원에 대한 복지
- ㉦ 시설 및 장비의 최신성 및 낙후성

④ **훈련기관에 대한 점검 부분** : 훈련생은 훈련기관을 선택할 때 다음과 같은 사항에 대해서 점검한다.

　㉠ 기업체의 훈련 필요점에 대한 분석 능력

　㉡ 훈련 대상자의 훈련 요구도에 대한 분석 능력

　㉢ 기업체의 관련 직무분석

　㉣ 직무분석 결과에 적합한 훈련교재 선정

　㉤ 기업주가 요구하는 훈련 내용 선정

　㉥ 훈련교재에서 누락된 훈련 내용 추출 및 교안 작성

　㉦ 훈련 내용에 맞는 장비 및 시설

　㉧ 우수한 강사 보유

　㉨ 훈련생의 탈락률 및 취업률

　㉩ 해당 직종 산업계와의 네트워크 구축

⑤ **양성훈련의 효과** : 양성훈련에 참여하는 청년들은 작업습관과 태도를 형성하고, 기업주와의 협력자로서 이해하며, 해당 산업의 추이와 전망을 확인할 수 있다.

　㉠ 사회교육적 입장에서 생활 기법을 개발

　㉡ 자신에 대한 이해

　㉢ 사회에 대한 인식과 지식

　㉣ 경험의 성숙

　㉤ 직업에 관한 지식 확장

　㉥ 직업에 대한 표집활동과 직업인으로서 전이 가능

　㉦ 직업정보에 관한 선택

　㉧ 직업선택의 신중성

　㉨ 작업장에 비형식적인 문화에 유입

　㉩ 고용의 기회

⑥ **직업훈련생계비 융자(대부)**

　㉠ 고용노동부는 훈련생에게 경제적 어려움으로 인하여 훈련을 포기하는 경우를 방지하기 위하여 훈련생에게 생계비를 대부한다.

　㉡ **대부대상**

　　• 실업자 : 고용보험 피보험자격을 상실한 자 중 실업상태에 있는 자

　　　※ 실업급여 수급 중인 자, 노무제공자 상실이력만 있는 자는 제외한다.

　　• 비정규직 근로자 : 고용보험 피보험자격을 취득한 비정규직 노동자(특수형태근로종사자는 제외)

　　• 무급휴직자 : 고용보험 피보험자격을 취득한 근로자로서 휴직수당 등 금품을 받지 않고 휴직 중인 자

　　• 자영업자인 피보험자 : 자영업자 고용보험 임의가입 중인 자

⑦ 훈련목표 달성 촉진

   ㉠ 훈련 참여자가 훈련과정에서 호소하는 제반 문제를 진단하고 평가한다.

   ㉡ 훈련 참여자와 협의를 통하여 훈련목표를 단계별로 점검한다.

   ㉢ 훈련과 자격증 취득을 지속할 수 있도록 커뮤니티 모임을 구성하고 참여를 지원한다.

   ㉣ 훈련과정 수행을 통하여 스스로 변화 유지 계획을 수립하여 행동 변화를 촉진한다.

   ㉤ 훈련 종료 후 취업상담으로 연계한다.

(2) 비정규직 근로자

① 한시적 근로자 : 근로계약기간을 정한 근로자[기간제 근로자] 또는 정하지 않았으나 계약의 반복 갱신으로 계속 일할 수 있는 근로자와 비자발적 사유로 계속 근무를 기대할 수 없는 근로자[비기간제 근로자]를 포함한다.

   ㉠ 기간제 근로자 : 근로계약기간을 설정한 근로자가 해당된다.

   ㉡ 비기간제 근로자 : 근로계약기간을 정하지 않았으나 계약의 반복 갱신으로 계속 일할 수 있는 근로자와 비자발적 사유[계약만료, 일의 완료, 이전 근무자 복귀, 계절근무 등]로 계속 근무를 기대할 수 없는 근로자이다.

② 시간제 근로자 : 직장[일]에서 근무하도록 정해진 소정의 근로시간이 동일 사업장에서 동일한 종류의 업무를 수행하는 근로자의 소정 근로시간보다 1시간이라도 짧은 근로자로, 평소 1주에 36시간 미만 일하기로 정해져 있는 경우 해당된다.

③ 비전형 근로자 : 파견근로자, 용역근로자, 특수형태근로종사자, 가정 내[재택, 가내] 근로자, 일일[단기]근로자이다.

   ㉠ 파견근로자 : 임금을 지급하고 고용관계가 유지되는 고용주와 업무 지시를 하는 사용자가 일치하지 않는 경우로 파견 사업주가 근로자를 고용한 후 그 고용관계를 유지하면서 근로자 파견계약의 내용에 따라 사용 사업주의 사업장에서 지휘, 명령을 받아 사용 사업주를 위하여 근무하는 형태이다.

   ㉡ 용역근로자 : 용역업체에 고용되어 이 업체의 지휘하에 이 업체와 용역계약을 맺은 다른 업체에서 근무하는 형태이다[예 : 청소용역, 경비용역업체 등에 근무하는 자].

   ㉢ 특수형태근로종사자 : 독자적인 사무실, 점포 또는 작업장을 보유하지 않았으면서 비독립적인 형태로 업무를 수행하면서도, 다만 근로제공의 방법, 근로시간 등은 독자적으로 결정하면서, 개인적으로 모집·판매·배달·운송 등의 업무를 통해 고객을 찾거나 맞이하여 상품이나 서비스를 제공하고 그 일을 한 만큼 소득을 얻는 근무 형태이다.

   ㉣ 가정 내 근로자 : 재택근무, 가내하청 등과 같이 사업체에서 마련해 준 공동 작업장이 아닌 가정 내에서 근무[작업]가 이루어지는 근무 형태이다.

   ㉤ 일일(단기) 근로자 : 근로계약을 정하지 않고, 일거리가 생겼을 경우 며칠 또는 몇 주씩 일하는 형태의 근로자이다.

출제예상문제 | 훈련목표관리

1 직업훈련기관의 기능으로 옳은 것으로 구성된 것은?

> ㉠ 기업체 기술 지원
> ㉡ 훈련교사에 대한 법적 처리 문제 및 행정적인 절차 수행
> ㉢ 훈련 성과에 대한 평가 및 훈련교사의 훈련능력 평가
> ㉣ 기업체와의 섭외 활동 및 훈련 홍보 활동
> ㉤ 훈련 계획서 작성

① ㉠, ㉡, ㉢
② ㉢, ㉣, ㉤
③ ㉡, ㉢, ㉣
④ ㉠, ㉣, ㉤

해설 훈련기관의 기능
㉠ 훈련에 대한 계획서 작성
㉡ 훈련생에 대한 개인, 진로, 현장 적응 등에 대한 상담
㉢ 훈련생에 대한 법적 처리 문제 및 행정적인 절차 수행
㉣ 기업체와의 섭외 활동 및 훈련 홍보 활동
㉤ 기업체 기술 지원
㉥ 훈련과정 운영
㉦ 훈련 성과에 대한 평가 및 훈련생의 훈련능력 평가
㉧ 사후지도 실시

ANSWER 1.④

2 직업훈련기관의 훈련생 선발기준으로 옳지 않은 것은?

① 교과 내용에 대한 흥미와 성격적 적합성을 갖춘 자

② 훈련 프로그램에 참가하기를 희망하는 자

③ 인간관계가 원만하고 자기 자신에 대한 이해가 있는 자

④ 직업목표가 뚜렷하고 전공 분야에 대한 지속적 관심이 있는 자

> **해설** 훈련기관에서의 훈련생 선발기준
> ㉠ 훈련 프로그램의 참가하기를 희망하는 자
> ㉡ 직업목표가 분명한 자
> ㉢ 교과 내용과 적성이 적합한 자
> ㉣ 수료 후에도 전공 분야에 계속 취업할 의사가 있는 자
> ㉤ 단정하고 성실하며 인내성이 있는 자
> ㉥ 우수한 인력으로서 기초적인 소질과 능력과 태도를 겸비한 자
> ㉦ 인간관계가 원만하고 자기 자신에 대한 이해가 있는 자

3 훈련기관은 훈련생의 훈련 이수 후 취업알선을 진행한다. 취업대상 기업에 대한 정보수집 내용에 해당하는 것은?

① 취업처의 마케팅 전략

② 취업처의 직무수행 평가방식

③ 훈련생의 개인 신상정보

④ 취업처 내 충원이 요구되는 직종, 이직률, 복지 등의 정보

> **해설** 훈련기관의 취업처에 대한 정보 수집
> ㉠ 취업처 내에서 충원이 요구되는 직종
> ㉡ 취업처의 향후 충원계획 및 감원계획
> ㉢ 초임금 및 근로조건
> ㉣ 취업처의 직종별 분포
> ㉤ 직원의 연간 이직률
> ㉥ 직원에 대한 복지
> ㉦ 시설 및 장비의 최신성 및 낙후성

4 훈련생이 훈련 참여를 위한 훈련기관을 선정할 시 점검 사항으로 구성된 것은?

> ㉠ 기업주가 요구하는 훈련 내용 선정
> ㉡ 훈련기관의 향후 충원계획 및 감원계획
> ㉢ 우수한 강사 보유
> ㉣ 해당 직종 산업계와의 네트워크 구축
> ㉤ 시설 및 장비의 최신성 및 낙후성

① ㉠, ㉡, ㉢
② ㉢, ㉣, ㉤
③ ㉠, ㉢, ㉣
④ ㉡, ㉢, ㉣

해설 훈련기관에 대한 점검 부분
㉠ 기업체의 훈련 필요점에 대한 분석 능력
㉡ 훈련 대상자의 훈련 요구도에 대한 분석 능력
㉢ 기업체의 관련 직무분석
㉣ 직무분석 결과에 적합한 훈련교재 선정
㉤ 기업주가 요구하는 훈련 내용 선정
㉥ 훈련교재에서 누락된 훈련 내용 추출 및 교안 작성
㉦ 훈련 내용에 맞는 장비 및 시설
㉧ 우수한 강사 보유
㉨ 훈련생의 탈락률 및 취업률
㉩ 해당 직종 산업계와의 네트워크 구축

5 노동시장에 처음 진입하기 전 실시하는 양성훈련이 갖는 효과로 올바르지 않은 것은?

① 직업에 대한 지식을 넓히고 직업선택을 보다 신중하게 할 수 있다.

② 사회에 대한 인식과 지식을 넓히고, 비형식적 작업장 문화에 적응하는 데 도움을 준다.

③ 직업정보에 대한 선택 능력을 키우고, 직업인으로 전이 가능성을 높인다.

④ 산업별 인건비 통계를 분석하고 고용보험 시스템을 설계할 수 있는 능력을 기른다.

해설 양성훈련이 갖는 효과
  ㉠ 사회교육적 입장에서 생활 기법을 개발
  ㉡ 자신에 대한 이해
  ㉢ 사회에 대한 인식과 지식
  ㉣ 경험의 성숙
  ㉤ 직업에 관한 지식 확장
  ㉥ 직업에 대한 표집활동과 직업인으로서 전이 가능
  ㉦ 직업정보에 관한 선택
  ㉧ 직업선택의 신중성
  ㉨ 작업장에 비형식적인 문화에 유입
  ㉩ 고용의 기회

6 직업훈련 생계비 대부(융자) 대상자로 옳은 것은?

① 고용보험 피보험자격을 취득한 비정규직 노동자(특수형태근로종사자 포함)

② 자영업자 고용보험 임의가입 중인 자

③ 고용보험 피보험자격을 취득한 근로자면서 휴직수당 등 금품을 받고 휴직 중인 자

④ 고용보험 피보험자격을 취득한 실업자

해설 직업훈련 생계비 융자(근로복지공단 근로복지넷)
  ㉠ 대상
   • 실업자 : 고용보험 피보험자격을 상실한 자 중 실업상태에 있는자
    (※ 실업급여 수급중인 자, 노무제공자 상실이력만 있는 자는 제외)
   • 비정규직 근로자 : 고용보험 피보험자격을 취득한 비정규직 노동자(특수형태근로종사자는 제외)
   • 무급휴직자 : 고용보험 피보험자격을 취득한 근로자로서 휴직수당 등 금품을 받지 않고 휴직 중인 자
   • 자영업자인 피보험자 : 자영업자 고용보험 임의가입 중인 자
  ㉡ 대부조건
   • 대부한도 : 월별 50만 원에서 200만 원, 1인당 1,000만 원이내
   • 고용위기지역 및 특별고용지원업종 대상자는 1인당 2천만 원 이내
   • 신청방법 : 근로복지공단 근로복지넷

7 비정규직 근로자는 일차적으로 고용 형태에 의해 정의된다. 다음이 설명하는 용어는?

> 독자적인 사무실, 점포 또는 작업장을 보유하지 않았으면서 비독립적인 형태로 업무를 수행하면서도, 다만 근로제공의 방법, 근로시간 등은 독자적으로 결정하면서, 개인적으로 모집·판매·배달·운송 등의 업무를 통해 고객을 찾거나 맞이하여 상품이나 서비스를 제공하고 그 일을 한 만큼 소득을 얻는 근무 형태

① 특수형태근로종사자
② 일일(단기) 근로자
③ 가정 내 근로자
④ 파견 근로자

해설 비정규 근로자 중 비전형 근로자

파견근로자	임금을 지급하고 고용관계가 유지되는 고용주와 업무 지시를 하는 사용자가 일치하지 않는 경우로 파견 사업주가 근로자를 고용한 후 그 고용관계를 유지하면서 근로자 파견계약의 내용에 따라 사용 사업주의 사업장에서 지휘, 명령을 받아 사용 사업주를 위하여 근무하는 형태이다.
용역근로자	용역업체에 고용되어 이 업체의 지휘하에 이 업체와 용역계약을 맺은 다른 업체에서 근무하는 형태이다[예 : 청소용역, 경비용역업체 등에 근무하는 자].
특수형태근로종사자	독자적인 사무실, 점포 또는 작업장을 보유하지 않았으면서 비독립적인 형태로 업무를 수행하면서도, 다만 근로제공의 방법, 근로시간 등은 독자적으로 결정하면서, 개인적으로 모집·판매·배달·운송 등의 업무를 통해 고객을 찾거나 맞이하여 상품이나 서비스를 제공하고 그 일을 한 만큼 소득을 얻는 근무 형태이다.
가정 내 근로자	재택근무, 가내하청 등과 같이 사업체에서 마련해 준 공동 작업장이 아닌 가정 내에서 근무[작업]가 이루어지는 근무 형태이다.
일일(단기) 근로자	근로계약을 정하지 않고, 일거리가 생겼을 경우 며칠 또는 몇 주씩 일하는 형태의 근로자이다.

집단상담 프로그램 운영

출제경향

개별 상담과 차별화되는 집단의 역동성과 효과를 이해하는 데 초점을 맞추며, 특히 부처(Butcher)의 3단계 모델(탐색, 전환, 행동)과 톨버트의 5가지 활동 유형이 핵심 빈출 주제로 다뤄진다. 최근 출제 경향은 집단상담의 장단점과 같은 이론적 기초부터 상담자의 개입 기술까지 실무적인 운영 역량을 평가하는 문제가 주를 이룬다. 따라서 학습 시에는 집단상 프로그램의 장점을 명확히 정리하고, 단계별 핵심 과업을 키워드 중심으로 암기하는 것이 중요하다.

학습방법

- 주요 개념 익히기
  빈출 주제인 집단상담의 장단점을 개별 상담과 비교하여 명확히 정리하고, 기출문제에서 요구하는 핵심 키워드 중심의 답안 작성법을 반복 숙달해야 한다.
- 각 단계별 특징 파악하기
  또한, 프로그램 기획부터 사후 관리까지의 전 과정을 하나의 유기적인 흐름으로 파악함으로써 실전 문제에 유연하게 대응할 수 있는 역량을 키워야 한다.

출제 키워드

집단상담의 개요, 집단상담의 역동과 이점 및 한계, 집단의 구조화, 집단상담 프로그램, 부처(Butcher)와 톨버트(Tobert), 집단 프로그램 유형, 집단 역동, 집단상담 프로그램 평가 및 사후관리

SECTION 01 집단상담 프로그램 개발

(1) 집단상담의 원리

① 집단상담의 개요

집단의 정의	• **집단(group)이란** 상호 의존적인 관계에서 **사회적 상호작용을 통해 서로 영향을 주고받는 두 명 이상의 상호 독립적 개인들의 집합체를** 말하며(강진령, 2010), 단지 사람들의 집합체를 넘어서 **일정한 조건(틀)을** 갖추어야 **한다.** • 집단은 틀의 구체화 정도에 따라 구분된다. −사전에 틀이 구체적으로 정해진 **구조화 집단** −사전체계와 계획이 없는 **비구조화 집단** −중간 정도의 구조를 지닌 **반구조화 집단**
집단의 조건	• 두 명 이상의 사람들의 집합체가 집단이 되기 위해서는 **집단 대상자들에게 심리적으로 의미 있는 특성을 지녀야 하며, 서로 의사소통을** 해야 한다. • 유의한 상호작용이 있어야 하며 **집단 대상자들 사이에 역동적 상호관계가 형성**되어야 한다.
집단의 가치	• **개인측면**: 감정 표현이 자유로워 두려움이 적게 되고, 자신의 감성 흐름에 자신을 맡기며, **자신이 갖는 편견이나 오해를 인지하고 자신에 대한 긍정적이고 자신을 신뢰**하게 만든다. • **타인측면**: 타인에 대한 변화도 뒤따르는데 타인과 즐기기를 좋아하고, 타인의 말에 집중하려는 경향이 강해지며, 배려와 여유가 생기고 적의나 증오가 감소된다. 나아가 **사회활동에 적극성을 갖고, 노력을 효과적으로 관리하고 활동영역이 증대**된다.

② **집단상담의 개념과 역동성** : 집단상담은 대상별 직업적 논점들에 대하여 의견을 교환하고 대상자 간의 역동적인 교류를 통하여 긍정적으로 성장하는 것이다.

　㉠ 집단상담의 개념

　• **대상자들이 경험할 수 있는 생활 논점(issue)의 예방, 발달과 성장, 치료를 아우르는 의미로** 사용된다.

　• 윤관현 등(2006)은 '집단상담은 생활과정의 문제를 해결하고 보다 바람직한 성장발달을 위하여, 전문적으로 훈련된 상담자의 지도와 집단원들과의 역동적인 상호 교류를 통해 각자의 감정, 태도, 생각 및 행동양식 등을 탐색, 이해하고 보다 성숙된 수준으로 향상시키는 과정'이라고 정의하였다.

　• 천성문 등(2009)은 집단상담을 '심리적 문제가 심각하지 않은 사람들이 모여 집단을 형성하고 그들이 전문적인 상담자와 함께 서로를 신뢰하고 허용적인 분위기 속에서 자기 이해와 수용 및 개방을 촉진하는 상호작용을 함으로써 개인의 태도와 행동을 변화시키고 문제를 해결하며, 나아가 잠재능력의 개발을 꾀하는 활동'이라고 정의하였다.

- 보다 깊이 자기를 이해하고 또 받아들이는 것을 촉진하기 위해 집단 대상자 간의 상호작용을 하는 것을 돕는 것이다.

ⓒ **집단의 역동** : 집단상담의 성공은 집단역동에 달려 있다.

- **집단의 배경** : 대상자들의 특성, 집단원의 집단상담 사전 경험 여부, 대상자들의 기대 및 요구를 확인한다.
- **집단의 참여 형태** : 대상자들의 참여 태도를 보면, 상담자의 의존도, 자발적 집단활동, 특정 대상자 또는 상담자에게 질문이나 주의의 집중도, 전체 대상자에 대한 집중도 등에 대한 역동성을 포함한다.
- **의사소통의 형태** : 대상자들의 사상, 가치관, 감정 전달 방식, 서로를 이해하는 방식 등을 포함하고, 언어적 및 비언어적 수단이 모두 포함되며, 대화 방식, 자세, 표정, 몸짓 등도 포함된다.
- **집단의 응집성** : 응집성은 대상자들의 유대 관계의 정도를 의미한다. 이를 위하여 집단이 공동체로서 함께 활동하는지 여부, 집단 내에 존재하는 하위 집단, 집단에 미치는 영향, 대상자들이 참여하고 있는 집단을 '우리 집단' 혹은 '나의 집단'으로 부르는 호칭 등이 중요하다.
- **집단의 분위기** : 대상자들 간에 수용 정도를 의미하며, 따뜻하다, 친절하다, 느슨하다, 허용적이다, 비형식적이다, 제약적이다 등과 같은 특징으로 묘사될 수 있다.
- **집단행동의 규준** : 집단활동에 대한 대상자 간의 약속이며, 명시적 및 암시적 규준이 해당된다. 명시적 규준은 지금-여기, 나와 너, 감정 이야기, 솔직한 자기 개방 등이 있으며, 암시적 규준은 이야기 가능한 주제, 피해야 할 주제, 감정 개방의 허용 수준, 허용되는 진술의 범위 및 빈도 등이 있다.
- **집단원의 사회적 관계 유형** : 대상자들이 서로 동일시 및 지지하려는 경향을 보이는 것을 의미하며, 대상자들 간의 따돌림, 집단원 간의 우정과 반감, 집단원의 참여의 적극성 등을 파악한다.
- **하위 집단의 형성** : 집단에서 소그룹이 형성되어 집단의 주도권을 잡거나 파벌을 형성하는 등의 부정적인 영향을 미치는 경우를 의미하며, 하위 집단의 생성과 작용에 대해 유의해야 한다.
- **주제의 회피** : 다루어야 할 가치가 있는 주제이지만, 대상자들이 어색하고, 불안을 느껴서 주제를 회피하고자 할 때, 상담자는 이를 유의하고, 필요시 회피했던 주제로 다시 돌아가게끔 지원한다.
- **지도성의 경쟁** : 대상자들 간에 상대방을 아이디어와 논쟁, 패배시키려는 생각 등으로 자신의 지위를 확보하고자 노력하는 것을 의미한다. 이러한 경쟁은 중요한 과업을 이룩하는 데 방해가 된다.
- **숨겨진 안건** : 대상자들이 자신만 알고 있는 관심거리나 문제를 가지고 참여하는 경우, 이것 때문에 집단활동이 제대로 되지 않을 정도로 심각한 경우, 집단상담자나 대상자들 누구든지 이 사실을 표면화하여 다룰 필요가 있다.
- **제안의 묵살** : 어떤 대상자의 제안이 반복적으로 묵살되는 경우, 이에 대하여 표면화하여 다룰 수 있다.
- **신뢰 수준** : 신뢰는 상호 간의 이해력과 감정의 수용력, 엄격성, 개방성, 신의를 지킬 수 있는 능력 등이다. 신뢰 수준은 집단의 성패와 관련이 높으므로, 지속적으로 살피면서 신뢰성을 확보하기 위하여 힘써야 한다.

ⓒ **집단상담의 이점** : 집단상담은 각자의 대인관계적인 감정과 반응 양식이 집중적으로 탐색, 명료화, 수정되고, 그 결과가 확인되는 계속적인 절차와 과정으로 진행된다.

- **시간 및 경제적 측면에서의 효율성** : 집단상담은 개인상담에 비해 동시에 여러 명이 참여함으로써 상담자의 입장에서 동시간 내에 많은 내담자를 만난다는 측면에서 시간적으로 경제적이며, 내담자 또한 개인

상담에 소요되는 것보다 훨씬 저렴한 비용으로 자신의 이슈를 상담 현장에서 다룰 수 있다는 점에서 이점이 있다.

- **자신의 논점에 대한 객관화** : 집단상담에서는 하나의 큰 목표를 설정하고 집단원들이 목표 달성을 위해 집단정체성을 가지고 역동을 일으킨다. 이 과정에서 집단원들은 자신이 해결하고자 하는 논점을 다른 대상자들 또한 해결하고자 한다는 것을 알게 된다. 결국 자신의 논점이 자신만의 어려움이 아니라는 점을 알게 되며 자연스럽게 '논점의 객관화'를 경험하게 된다.
- **실생활의 축소판 기능** : 집단상담은 다양한 경험을 가진 대상자들이 동질적 목표를 향하여 함께 노력해 가는 상담의 현장이다. 이렇게 형성된 집단은 실제 사회 단위의 대체적 장으로 기능하면서 대상자들은 비교적 안전장치가 갖추어진 상태에서 자신의 감정, 생각, 행동 등을 표현하고, 상담자와 다른 대상자들의 피드백을 받게 된다. 집단상담 현장에서 타인 앞에서 자신을 표출하는 연습, 타인의 생각을 수용하는 연습, 타인과 타협하고 해결책을 찾아가는 등의 일련의 과정은 개인상담 속에서 경험할 수 없는 이점을 제공한다.
- **대리학습** : 집단상담 현장에서 대상자들은 다른 대상자가 표현하는 다양한 갈등과 심리상태를 듣고 관찰하면서 자신의 문제에 대해 안전한 분위기 속에서 통찰을 얻는 경우가 많다. 이 과정에서 집단원들은 자신의 강점을 터득하고 효능감을 경험하기도 하여 대리학습이 이루어진다.
- **다양한 자원과 지지** : 집단상담 대상자들은 각각 독립된 개체로서 다양한 자원과 관계형성 능력을 가지고 있다. 이들은 일정 기간 동안 함께 활동하면서 서로를 파악하게 되고 자신이 가지고 있는 다양한 자원을 공유하고 관계를 형성한다. 집단상담이 종료된 이후에도 이러한 관계는 지속력을 가지며 유지되어 서로에게 지지를 제공하는 자원이 되어준다.
- **풍부한 피드백** : 집단상담에서는 개인상담에서 상담자 한 사람으로부터 받던 피드백보다 훨씬 더 강력한 다수의 긍정적 피드백을 받을 수 있다. 집단상담에 참여한 대상자들이 표현해 준 피드백은 다수의 의견이라는 특성이 있어 객관성과 정확성을 갖게 된다. 따라서 이들의 제언, 반응, 격려 등은 매우 가치 있게 여겨진다.

ⓛ **집단상담의 한계**

- **비밀보장의 한계** : 집단상담 진행자는 대상자들이 지나치게 사적인 정보를 노출하지 않도록 개입하고, 프로그램 진행 중에 나누었던 내용을 집단 밖에서 언급하지 않는 규칙을 지키도록 강조한다.
- **개인에 대한 관심 미약** : 집단상담은 하나의 목표를 향해서 대상자들이 함께 작업하는 상담기법이다. 이 과정에서 대상자 개개인에게 부여되는 진행자의 관심은 한계가 있을 수밖에 없다. 한정된 시간 내에 이루어지는 상담이므로 특정 사안에 관한 대상자의 개인적인 문제는 자칫 등한시 될 수 있으므로 이러한 상황에 대해서는 도입 회기에 명확히 설명하도록 한다.
- **집단 압력의 가능성** : 집단상담은 대상자들이 집단의 규준과 기대치에 부응해야 할 것 같은 압박감을 갖게 할 수 있다. 또한 집단상담이 진행되어 가는 과정에서 특성이 강한 대상자들의 가치관과 견해가 압력으로 행사되기도 한다. 집단상담 진행자는 이 과정에서 압력이 지나치게 가해지지 않도록 조율하는 역할을 해야 한다.

③ 선행 프로그램의 비교 : 집단상담 목표의 효과적 달성을 위해 선행프로그램과 비교·분석한다.
  ㉠ 목표의 비교 : 프로그램의 목표를 비교할 때는 어떤 목표가 더 구체적이며, 현재 문제가 되고 있는 논점을 반영하고 있는지, 대상의 특성이 잘 고려되어 있는지 등 염두에 두고 비교하도록 한다.
  ㉡ 구조화에 대한 비교

주제	상담자는 다른 프로그램의 주제와 내용이 어떻게 조직되었는지, 프로그램은 어떤 문제가 있는지를 결과 보고서를 연구할 필요가 있다.
대상의 특성	집단상담 프로그램이 원활하게 진행되기 위해서는 대상의 **동질성 확보가 핵심적이다.** 성별, 연령, 학력, 특수 논점과 관련된 세부적인 계획이 있어야 한다.
집단의 크기	집단상담은 참여 인원에 따라 소집단과 대집단 상담으로 구분된다. 필요에 의해 30명 내외의 학급 단위로 진행되는 대집단 상담이 시행되기도 하지만 집단상담의 **전형적인 크기는 8 ~ 12명 내외의 소집단** 상담을 말한다. ※ 집단 크기에 대한 유의사항 집단의 크기는 대상의 특성을 고려하여야 한다. 즉, 청소년이나 주의 집중 시간이 짧거나 산만함이 예상되는 집단, 또는 한국어 이해 능력이 떨어져 개개인에게 집중해야 하는 경우 등은 집단의 크기를 적게 한다. 그러나 일반적으로 성인의 경우는 집단이 조금 커도 진행에 무리가 없어 12명 정도 내외로 구성해도 무방하다.
전체 회기	집단상담 프로그램의 **전체 회기는 프로그램 목표를 성취하기 위한 세부 목표를 수립**한 후에 결정할 수 있다. 한 회기당 하나의 목표 달성을 원칙으로 하여 전체 회기의 길이를 결정하는데, 이는 대상에 따라 다르게 구성되어야 한다. 폐쇄 집단으로 이루어지는 집단상담에서는 대상자들의 이탈이 발생할 경우 나머지 참여자들에게 영향이 미치게 되므로 프로그램 목표의 수행과 대상자들의 이탈을 방지할 수 있는 길이를 잘 조율하여 구성하도록 한다.
회기별 시간과 간격	**회기별 시간은 약 2 ~ 3시간 정도 이루어지는 것이 일반적**이며, 회기별 시간은 대상의 수준과 특성을 고려하여 적절하게 조절해야 한다. 집단의 크기와 마찬가지로 집중력과 이해력의 정도가 조절되어야 하며, 그 **간격은 일주일 정도가 가장 바람직**하다. ※ 회기별 간격에 대한 유의사항 **회기별 간격은 일주일을 기본**으로 한다. 그러나 짧은 시간에 프로그램 진행을 마치기 위해 매일 또는 격일 등으로 회기를 운영하는 경우가 있다. 집단상담 프로그램은 각 회기에 학습하거나 느낀 바를 스스로 익히고 체화할 시간이 필요한데, 짧은 회기별 간격은 그러한 시간이 충분히 주어지지 않는다고 볼 수 있다. 따라서 프로그램의 효과가 크지 않을 수 있으므로 지양해야 할 점이다.
장소	장소는 **집단의 크기에 적합**해야 한다. 지나치게 큰 장소에서 진행될 경우 산만함이 있고 집단 응집력이 형성되지 않을 수 있다. 또한 좁은 장소는 답답함이 있어 좋지 않다.

ⓒ 프로그램 효과성 비교 : 집단상담 프로그램의 효과성은 프로그램이 근거로 삼고 있는 이론에서 제시된 효과를 파악하고, 평가 보고서에 나타난 효과분석 내용을 참고한다.

ⓔ 프로그램의 특·장점 비교 : 프로그램이 운영될 때 프로그램의 특·장점에 명시되어 있으며 프로그램의 성격을 이해하면 도움이 된다. 예를 들면 결혼이민여성을 위한 프로그램은 참여자의 한국어 이해 능력 수준이 낮기 때문에 한 활동에 할애하는 시간이 길며, 이러한 점은 프로그램의 특성이라 볼 수 있다.

ⓜ 선행 프로그램을 수집하고 비교·분석
- 관심 있는 대상을 키워드로 자료를 수집한다.
- 근거 이론을 중심으로 개발된 집단상담 프로그램을 수집한다.
- 주제별 검색을 통해 자료를 수집한다.
- 비교·분석할 항목을 선택한다.
- 선택된 항목에 따라 선행 프로그램의 내용을 해당 칸에 기재한다.
- 목표의 명확성, 세부 목표의 타당성 등을 비교·분석·평가한다.
- 구조화에 관한 여러 사항이 적절히 설정되어 있는지 살펴본다.
- 다른 프로그램과의 차별성을 어디에 두고 있는지 효과성 분석 및 보고서의 내용을 파악한다.
- 프로그램의 특·장점을 파악하여 후속 프로그램에 반영할 수 있도록 한다.

④ 톨버트(Tobert)의 집단 직업상담의 주요 내용

㉠ 톨버트(Tobert)가 제시한 집단 직업 상담의 핵심요소(구성요소와 핵심) 6가지
- 목표(Goal) : 진로발달의 기대수준과 일치하는 현실적인 직업적 자아개념을 확립
- 과정(Process) : 탐색, 상호작용, 개인적 정보의 검색 및 목표와의 연결, 직업적·교육적 정보의 획득 및 검토, 의사결정 등 5가지 유형의 활동들로 체계적으로 구성된다.
- 비밀유지(또는 환경(Setting)/윤리적 원칙) : 개별성원은 집단직업상담에서 이루어진 토의 내용에 대해 비밀을 유지한다.
- 집단원(Members, 집단구성) : 상호작용 및 피드백을 촉진하고, 구성원의 참여가 원활히 이루어지도록 6 ~ 10명의 소집단으로 구성된다.
- 리더(Leader) : 집단의 리더는 집단상담과 직업정보에 대해 잘 알고 있는 전문적인 자여야 한다.
- 일정(Time/Schedule) : 집단 목표 달성에 충분하도록 최소 8 ~ 10회 등 적절한 횟수와 기간을 확보한다.

㉡ 톨버트(Tobert)의 집단 직업 상담 활동 유형 5가지

활동 유형	특징
자기탐색	자신의 흥미, 가치, 적성 등 진로와 관련된 개인적 특성을 탐색하는 활동 이다.
상호작용	집단 구성원 간 의견 교환, 공감, 피드백을 통해 진로관련 사고를 확장하는 활동이다.
개인적 정보의 검토	개인적 자료난 과거 경험을 재해석하고 점검하는 활동이다.
직업적 정보의 검토	다양한 직업 세계에 대한 정보를 수집·분석하는 활동이다.

의사결정	자기탐색과 정보 검토를 바탕으로 자신에게 적합한 진로를 합리적으로 결정하고 계획을 수립하며 실천방향을 구체화하는 활동이다.

⑤ 부처(Butcher)의 집단 직업상담 3단계

단계	특징
탐색단계	목적 : 개인의 직업적 관심, 가치, 능력, 특성 등을 탐색하고 자기 이해를 깊게 하는 단계이다.
	자기개방, 흥미와 적성에 대한 측정 및 결과의 피드백 등이 이루어진다.
전환단계	목적 : 탐색 단계에서 얻은 정보를 바탕으로 구체적인 직업 결정을 하고, 실행을 위한 전략을 수립하는 단계이다.
	일과 삶의 가치에 대한 조사, 자신의 가치에 대한 피드백 등이 이루어진다.
행동단계	목적 : 전환단계에서 세운 계획을 실행에 옮기고 직업 목표를 달성하기 위한 구체적인 행동을 취하는 단계이다.
	목표설정 및 목표달성을 위한 정보수집, 즉각적 및 장기적 의사결정 등이 이루어진다.

(2) 대상자 특성 파악

① 대상자의 특성

대상	대상자의 특성
결혼 이민여성	• 결혼이민여성 가구의 많은 비율이 저소득층을 형성하고 있다. • 결혼이민여성의 결혼 상태가 제도적 측면에서 불안정성을 안고 있는 상황에서 결혼이민여성의 노동시장 참여는 안정적 적응을 이루기 위한 토대가 된다. • 직업을 갖고자 하는 욕구는 강하지만 기술, 정보, 언어, 문화에 대한 이해가 부족한 상태이다. • 결혼이민여성의 전체적인 연령대가 낮아지면서 본국에서의 취업 경험이 없는 대상이 증가하고, 교육수준이 낮아지고 있는 상태이다. • 취업교육 및 취업훈련을 받은 경험이 있는 대상이 매우 낮다.
전직 대상자	• 구조조정, 명예퇴직 등 40대 후반에 일어난다. • 40대 후반에 퇴사하지 않고 끝까지 퇴사를 지연한 집단은 50대 초반에서 일어난다. • 40대 후반에 퇴직한 전직대상자는 50대 초반에 퇴직한 전직대상자보다 취업률이 높다. • 전직대상자는 50% 이상 재취업을 희망하고 사회공헌 활동, 취미활동, 귀농귀촌, 창업, 여가선호 등이 40%대로 나타난다. • 직업능력개발훈련에 참여도가 높다.

은퇴자	• 작업수행 능력 및 직업적 만족도 등과 밀접하게 관련되는 것은 주관적 연령에 대한 주관적 인식을 고려한다. • 고령자들에게 직업은 경제적 보상과 일상생활의 규칙성을 부여하며 개인의 정체감을 확고히 심어주고 사회적 관계망을 유지시켜 주는 역할을 하여 개인의 신체적, 심리적 건강을 유지할 수 있도록 한다. • 개인의 주관적 경제적 어려움 지각이나 개인의 신체적 건강 상태에 대한 주관적 판단의 높고 낮음에 따라서 구직행동, 구직효능감, 우울감, 자기 존중감과 같은 고령자 취업과 관련한 개인의 심리적 속성은 유의미한 차이가 있다.
진로 단절여성	• 진로단절 이후 학력 및 취업이력[근속년수], 진로단절 이전의 직종, 자격증 등의 인적자원이 더 이상 노동시장 이행의 결정요인으로 작용하지 못한다. • 영향력 있는 요인은 배우자의 태도와 자녀양육의 형태로서 심리적 지원이 중요하다. • 진로단절 극복을 위해 가장 중요한 요소는 자아효능감, 확신과 같은 내적인 힘이다. • 재취업을 희망하는 여성은 노동시장에 대한 정보 부족과 재취업에 대한 자신감 부족으로 자신의 능력에 비해 하향 취업을 희망하며, 저임금 저숙련의 시간제 근로로 재취업하는 것은 여성의 노동시장으로부터의 재퇴장으로 이어진다.
북한이 탈주민	• 여성의 비율이 77% 이상을 차지한다. • 경제활동을 전개해야 하는 20 ~ 50대가 80%를 차지한다. • 고졸 이상 학력 소지자가 87%에 달해 직업능력개발의 기초 수준이 충족되었다고 볼 수 있다. • 북한에서의 직업이 1990년대 당 간부가 많았던 것에 비해 점차 노동자 출신이 많아져 직업능력 향상이 필요하다. • 취업 장애요인을 개인의 내적 요인[이력 부재, 정보수집 취약]에 두기보다는 외적 요인[일자리 부족, 차별과 편견 등]으로 인식하고 있는 경향이 크다. • 진로 미결정에 대한 불안감과 긴장이 크다.
제대 군인	• 근무내용의 특성상 전방이나 벽지, 오지와 같은 곳에서 문화적 욕구가 충족되지 못한 복무환경 속에서 생활한 경우가 많다. • 일반 공무원에 비해 조기정년제가 적용되어 최대 지출기인 40 ~ 50대 퇴직자가 다수이다. • 직무 내용이 전투와 관련된 것이 대부분이어서 사회 적용이 어렵고 사회 복귀에 필요한 전문 기술 습득이 어려운 경우가 있다. • 제대군인은 자신의 직무능력 및 직업적응력을 높게 평가하고 있으나, 기업에서는 군대식 사고로부터의 전환을 요구하고 있어 입사 초기에는 둘 사이의 괴리가 크게 존재한다. • 장기복무자를 채용하고 있는 기업체에서는 제대군인의 성실성, 리더십, 책임감, 낮은 이직률 등에 만족스러움을 표명하는 경우가 많다.

(3) 집단상담 프로그램 개발

① **프로그램 목표**: 집단상담 프로그램 목표는 집단의 직업적 논점에 따라 어떤 방향으로 운영할지 설정하는 단계이며, 이러한 목표가 설정되어야 집단상담 프로그램의 틀을 구성할 수 있다.

   ㉠ **목표설정**: 프로그램에 대한 대상의 정확한 요구도를 분석하면, 프로그램의 주제 선정, 운영방식 등의 형식뿐만 아니라 내담자의 직업적 논점에 적합한 이론적인 틀, 효과 등의 일관된 목표가 설정되어야 한다. 집단 구성은 동일한 직업적 논점이 같다고 가정하고, 목표설정은 다음과 같이 집단의 포괄적이고 일반적인 목표로 구성한다.

- 집단상담 대상자의 주요 직업적 논점을 개괄한다.
- 집단상담 대상에서 주요 직업적 논점에 대한 가능한 주제 목록을 작성한다.
- 집단상담 목표를 설정한다.

   ㉡ **목표설정의 방향**

- 목표는 명확해야 한다.
- 목표는 구체적이어야 한다.
- 목표는 알기 쉬워야 한다.

   ㉢ **목표설정의 유의점**

- 목표는 대상의 요구도를 잘 반영하고 있어야 한다.
- 목표는 범위가 좁고 구체적이어야 한다.
- 목표는 이해하기 쉽고 명확해야 한다.
- 하나의 프로그램에는 하나의 목표 달성을 원칙으로 한다.
- 목표 달성이 실현 가능한 것이라야 한다.

② **이론에 근거한 집단상담의 목표**

이론	집단상담의 목표
자기효능감	• 개인이 성장하고자 하는 **신념에 자극을 주어 장애를 극복**하게 하는 것이다. • 자기평가를 거쳐 진로장벽의 극복, 직업 및 취업과정에서의 선택, 도전, 직업정보 수집, 목표 선택, 미래계획 등 **진로에 대한 자신감을 갖고 할 수 있다는 신념을 갖고 정진하도록** 돕는 데 목적이 있다.
합리정서 행동치료	• **비합리적 신념을 합리적 신념으로 바꾸어 수용할 수 있는 합리적 결과를 갖게 하는 것**이다. • 비합리적 생각에서 비롯된 비합리적 정서, 나아가서 비합리적 행동과 또 다른 비합리적 사고로 이어지는 악순환의 고리를 끊을 수 있도록 **스스로 습관처럼 사용하는 인지 왜곡에 대해 자각할 수 있도록 돕는 데에 목적**이 있다.
인지치료	• 대상자가 지닌 정서적 불편감 또는 행동 문제들을 해결해 나가는 것을 목표로 한다. • 대상자의 이전 또는 현재 부문에서 자신에게 드러났던 자신의 인생 경험에서 **왜곡된 사고의 예를 찾도록 도와주고**, 그런 다음 **대상자의 부정적인 생각에 대한 긍정적인 대체 생각을 하도록 돕는 데 목적**이 있다.

심리극	• **역할연기를 통해** 자신의 삶을 재조명하여 미래에 대한 두려움을 완화시키고 긍정적인 삶을 살 수 있도록 돕는 방법이다. • 대상자들은 역할연기를 통해 **감정의 정화를** 경험할 뿐만 아니라 **왜곡되었던 자신의 역할에서 비롯된 자기를** 이해하게 되며 새로운 자기를 형성할 수 있게 된다.
개인심리학	• 대상자들에게 **부족한 사회적 관심, 상식, 용기를 불어넣어 바람직한 삶을 영위하도록** 하는 것이다. • 대상자들의 생활양식을 파악하여 개선하도록 하고, 낙담한 대상자들에게 격려와 용기를 주며, 불완전할 용기를 갖도록 함으로써 **열등감의 극복과 자기완성을 가능하게** 돕는다.
행동치료	• 학습이론에 대한 철저한 이해를 바탕으로 대상자들이 가지고 있는 문제행동이 무엇인가를 **정확히 평가하여 구체적이고 체계적인 계획에 따라 행동변화를 가져오도록 재학습**한다. • 대상자들과 함께 **자극 – 반응 – 결과 평가를 통해 대상자들의 행동을 통제하는 주요한 변인이 무엇인지 파악하고 그에 적절한 기법을 적용**한다.
현실치료	• 집단집단원이 **책임질 수 있고 만족한 방법으로 자신의 심리적 욕구인 소속감, 힘, 자유, 흥미를 달성하도록 조력**하는 것이다. • 대상자들이 스스로 인생의 방향을 설정하고 좀 더 효율적인 행동선택을 하여 자신의 욕구를 충족시키면서, **현재와 미래를 즐겁게 살아나갈 수 있도록 인도**하는 데 역점을 둔다.
정신분석학	• 대상자들이 자신의 증상이나 문제점을 자각하고 통찰하도록 만들기 위해 스스로 저항을 극복하고 이해하도록 반복적으로 체험시키는 과정 또는 절차인 **훈습을 목표로 대상자들의 통찰을 변화로 이끄는 것을 방해하는 저항에 대하여 반복적이고 정교하게 탐색**하고, 통찰이 문제해결에 **효과적으로 적용**하는 데 있다. • 대상자 **스스로 자신의 행동과 태도를 수정하고, 적응하며, 변화시켜 생산적인 삶으로 전환시키**는 것이 목적이다.

③ **집단상담 프로그램 구조화** : 집단상담 프로그램의 구조화는 면담조사, 요구도 설문조사, 선행된 관련 프로그램 결과보고서 등을 참조하여 주제를 발굴하고, 전문가의 의견을 참고하여 수정·보완한다.

㉠ **주제 발굴** : 집단상담 주제는 동일한 대상자도, 연령별, 학력별, 지역별, 직무수행 경험별 차이가 있다.

• **대상의 세분화** : 집단상담 프로그램의 성공은 대상자의 선정에 달려 있다. 집단상담 프로그램은 공동의 주제에 몰입할 수 있는 집단을 구성하여 주제를 발달시키고 집단 간 역동성을 활용하여 집단적인 효과를 꾀하는 데 있다. 집단상담 프로그램의 주제는 대상을 세분화하여 접근함으로써 더 명료해진다. 이때 전체적인 주제와 세부적 주제로 구분된다.

• **세분화된 주제 선정** : 대상별 호소 문제에 관련 이론에 기초하고 집단상담 전개 단계별 세분화된 주제를 선정한다.

④ 집단상담 프로그램 구성 : 전반적인 프로그램의 내용을 구성하고, 실시 대상, 실시 방법, 회기 및 시간, 진행요령 및 유의사항, 평가서 등을 제시한다.

㉠ 프로그램 구성

구성의 원칙	• 제시하는 순서 : 단순한 내용에서 복잡한 내용으로, 친숙한 내용에서 낯선 내용으로, 구체적인 개념에서 추상적인 개념으로, 그리고 역사적인 발생 순서대로 제시한다. • 제시되는 내용 간의 연속성 : 연속성은 무작위로 진행하는 것보다 훨씬 더 효과적이다. • 내용의 폭과 깊이 간의 조화 • 프로그램의 참여자들에게 통합된 경험 제공 • 참여자의 능력, 흥미, 요구, 발달 과업에 적합한 내용
개요	프로그램 필요성, 주제와 목표, 내용 구성, 실시 대상, 실시 방법 및 진행 요령에 대해 구체적으로 제시하고, 집단상담자가 쉽게 이해할 수 있도록 표현한다.
프로그램 개발	프로그램의 주제와 목표에 적합한 프로그램을 개발한다. 이때는 대상, 집단 참여인원 수, 회기 수, 운영시간, 진행자의 자격 및 명수, 운영방법, 유의사항, 활동지 등을 포함한다.
활동방법	활동방법은 설명 및 강의, 시범 및 관찰, 역할연기, 반복 연습, 발표, 토론 등이 있다.
프로그램 평가	프로그램의 목적 달성에 대한 효과를 위하여 평가 방법, 평가지 등을 개발하며, 이때 평가지는 사전-사후 평가지이다.

도입 프로그램	집단상담 프로그램에서 도입은 두 가지가 있다. • **첫 회기로서의 도입** : 전체 프로그램에서의 1회기는 큰 틀에서의 도입이며, 첫 회기는 대상자가 긴장감이 고조되어 있으므로 이러한 **긴장을 완화시켜 줄 수 있는 가벼운 내용으**로 시작하여 대상자들의 자기 개방을 촉진하도록 한다. • **각 회기별 도입** －역할 : **해당 회기에서 목표로 하고 있는 주제에 접근할 수 있는 촉진제의 역할**을 하면서 동시에 즐거운 마음으로 한 회기에 참여할 수 있도록 **동기부여의 역할**을 한다. －내용 : 지난 회기에 대해 간략히 정리한 후, 본 회기의 주제와 목표에 대해 소개한다. 이에 대해 대상자들의 생각이나 나누고 싶은 이야기를 공유할 수 있으며 이와 관련된 프로그램으로 시작한다.
전개 프로그램	• **세부 목표를 달성하기 위해 구조화된 활동을 실행하는 것이다. 프로그램 개발에서 가장 중요한 단계에 해당**하며 이를 위해 다음과 같은 사항을 순서대로 수행하여야 한다. • **회기별 세부 목표 달성을 위해 어떠한 주제로 프로그램을 구성해야 하는지 결정**한다. • **프로그램은 각각 다양한 기법을 활용하여 진행할 수 있는 것이라야 참여자들이 지루해하**지 않고 집중력을 높일 수 있다. • 한 회기의 활동을 구성할 때는 **시간적인 제한을 고려**한다. • 한 회기의 활동을 구성할 때에는 **시간과 기법에 대해 적절하게 안배**한다.
마무리	• **프로그램의 마무리** －집단상담 프로그램을 마무리할 때는 전체 프로그램에 대한 **간략한 내용 정리를 비롯하여 프로그램의 목표를 달성하였는지 확인**한다. －집단상담 진행자는 집단상담 프로그램에서 경험했던 바를 통해 **변화되고 성장한 관점과 태도를 실생활에 잘 적용할 수 있도록 격려하는 내용으로 구성**한다. • **각 회기의 마무리** －회기를 마무리할 때는 **해당 회기에서 다루었던 내용을 간략하게 요약**한다. －회기를 종결할 때는 **대상자 전체의 소감 나누기를 통해 무엇을 얻었고 어떻게 변화하였는가 등의 종결 감정과 집단상담의 성과와 미해결된 논점을 확인**한다.

1 다음 괄호( )안에 공통으로 들어갈 알맞은 용어는?

> ( )은 대상자들이 경험할 수 있는 생활 논점(issue)의 예방, 발달과 성장, 치료를 아우르는 의미로 사용된다.
> ( )은 보다 깊이 자기를 이해하고 또 받아들이는 것을 촉진하기 위해 집단 대상자 간의 상호작용을 하는 것을 돕는 것이다.

① 집단
② 집단상담
③ 심리치료
④ 조직 공동체

해설 집단상담의 개념
　㉠ 대상자들이 경험할 수 있는 생활 논점(issue)의 예방, 발달과 성장, 치료를 아우르는 의미로 사용
　㉡ 윤관현 등(2006)은 '집단상담은 생활과정의 문제를 해결하고 보다 바람직한 성장발달을 위하여, 전문적으로 훈련된 상담자의 지도와 집단원들과의 역동적인 상호 교류를 통해 각자의 감정, 태도, 생각 및 행동양식 등을 탐색, 이해하고 보다 성숙된 수준으로 향상시키는 과정'이라고 정의하였다.
　㉢ 천성문 등(2009)은 집단상담을 '심리적 문제가 심각하지 않은 사람들이 모여 집단을 형성하고 그들이 전문적인 상담자와 함께 서로를 신뢰하고 허용적인 분위기 속에서 자기 이해와 수용 및 개방을 촉진하는 상호작용을 함으로써 개인의 태도와 행동을 변화시키고 문제를 해결하며, 나아가 잠재능력의 개발을 꾀하는 활동'이라고 정의하였다.
　㉣ 보다 깊이 자기를 이해하고 또 받아들이는 것을 촉진하기 위해 집단 대상자 간의 상호작용을 하는 것을 돕는 것이다.

2 집단역동 요소에 대한 설명으로 틀린 것은?

① 집단의 배경으로 대상자들의 특성, 집단원의 집단상담 사전 경험 여부, 대상자들의 기대 및 요구를 확인한다.

② 집단의 응집성은 대상자들의 유대 관계의 정도를 의미한다.

③ 집단의 분위기는 대상자들이 서로 동일시 및 지지하려는 경향을 보이는 것을 의미한다.

④ 집단 주제의 회피는 대상자들이 어색하고, 불안을 느껴서 주제를 회피하고자 할 때 이를 수용하는 것이다.

해설 집단역동 요소 13가지
- ㉠ **집단의 배경** : 대상자들의 특성, 집단원의 집단상담 사전 경험 여부, 대상자들의 기대 및 요구를 확인한다.
- ㉡ **집단의 참여 형태** : 대상자들의 참여 태도를 보면, 상담자의 의존도, 자발적 집단활동, 특정 대상자 또는 상담자에게 질문이나 주의의 집중도, 전체 대상자에 대한 집중도 등에 대한 역동성을 포함한다.
- ㉢ **의사소통의 형태** : 대상자들의 사상, 가치관, 감정 전달 방식, 서로를 이해하는 방식 등을 포함하고, 언어적 및 비언어적 수단이 모두 포함되며, 대화 방식, 자세, 표정, 몸짓 등도 포함된다.
- ㉣ **집단의 응집성** : 응집성은 대상자들의 유대 관계의 정도를 의미한다. 이를 위하여 집단이 공동체로서 함께 활동하는지 여부, 집단 내에 존재하는 하위 집단, 집단에 미치는 영향, 대상자들이 참여하고 있는 집단을 '우리 집단' 혹은 '나의 집단'으로 부르는 호칭 등이 중요하다.
- ㉤ **집단의 분위기** : 대상자들 간에 수용 정도(서로 동일시 및 지지하려는 경향)를 의미하며, 따뜻하다, 친절하다, 느슨하다, 허용적이다, 비형식적이다, 제약적이다 등과 같은 특징으로 묘사될 수 있다.
- ㉥ **집단행동의 규준** : 집단활동에 대한 대상자 간의 약속이며, 명시적 및 암시적 규준이 해당된다. 명시적 규준은 지금-여기, 나와 너, 감정 이야기, 솔직한 자기 개방 등이 있으며, 암시적 규준은 이야기 가능한 주제, 피해야 할 주제, 감정 개방의 허용 수준, 허용되는 진술의 범위 및 빈도 등이 있다.
- ㉦ **집단원의 사회적 관계 유형** : 대상자들이 서로 동일시 및 지지하려는 경향을 보이는 것을 의미하며, 대상자들 간의 따돌림, 집단원 간의 우정과 반감, 집단원의 참여의 적극성 등을 파악한다.
- ㉧ **하위 집단의 형성** : 집단에서 소그룹이 형성되어 집단의 주도권을 잡거나 파벌을 형성하는 등의 부정적인 영향을 미치는 경우를 의미하며, 하위 집단의 생성과 작용에 대해 유의해야 한다.
- ㉨ **주제의 회피** : 다루어야 할 가치가 있는 주제이지만, 대상자들이 어색하고, 불안을 느껴서 주제를 회피하고자 할 때, 상담자는 이를 유의하고, 필요시 회피했던 주제로 다시 돌아가게끔 지원한다.
- ㉩ **지도성의 경쟁** : 대상자들 간에 상대방을 아이디어와 논쟁, 패배시키려는 생각 등으로 자신의 지위를 확보하고자 노력하는 것을 의미한다. 이러한 경쟁은 중요한 과업을 이룩하는 데 방해가 된다.
- ㉪ **숨겨진 안건** : 대상자들이 자신만 알고 있는 관심거리나 문제를 가지고 참여하는 경우, 이것 때문에 집단활동이 제대로 되지 않을 정도로 심각한 경우, 집단상담자나 대상자들 누구든지 이 사실을 표면화하여 다룰 필요가 있다.
- ㉫ **제안의 묵살** : 어떤 대상자의 제안이 반복적으로 묵살되는 경우, 이에 대하여 표면화하여 다룰 수 있다.
- ㉬ **신뢰 수준** : 신뢰는 상호 간의 이해력과 감정의 수용력, 엄격성, 개방성, 신의를 지킬 수 있는 능력 등이다. 신뢰 수준은 집단의 성패와 관련이 높으므로, 지속적으로 살피면서 신뢰성을 확보하기 위하여 힘써야 한다.

3 집단상담의 이점이 아닌 것은?

① 시간 및 경제적 측면에서의 효율성

② 자신의 논점에 대한 객관화

③ 개인에 대한 관심 미약

④ 대리학습

해설 집단상담의 이점과 한계

집단상담의 이점	집단상담의 한계
㉠ 시간 및 경제적 측면에서의 효율성	㉠ 비밀보장의 한계
㉡ 자신의 논점에 대한 객관화	㉡ 개인에 대한 관심 미약
㉢ 실생활의 축소판 기능	㉢ 집단 압력의 가능성
㉣ 대리학습	
㉤ 다양한 자원과 지지	
㉥ 풍부한 피드백	

4 집단상담 구조화에 대한 내용이 아닌 것은?

① 주제는 다른 프로그램의 주제와 내용이 어떻게 조직되었는지, 프로그램은 어떤 문제가 있는지를 결과 보고서를 연구할 필요가 있다.

② 대상의 특성은 다양한 경험을 위해서 이질적으로 구성하는 것이 핵심이다.

③ 집단의 전형적인 크기는 8 ~ 12명 내외의 소집단 상담을 말한다.

④ 집단의 회기별 시간은 약 2 ~ 3시간 정도 이루어지는 것이 일반적이며, 회기별 간격은 일주일을 기본으로 한다.

해설 집단상담 구조화

주제	상담자는 다른 프로그램의 주제와 내용이 어떻게 조직되었는지, 프로그램은 어떤 문제가 있는지를 결과 보고서를 연구할 필요가 있다.
대상의 특성	집단상담 프로그램이 원활하게 진행되기 위해서는 대상의 동질성 확보가 핵심적이다.
집단의 크기	집단상담은 참여 인원에 따라 소집단과 대집단 상담으로 구분된다. 집단상담의 전형적인 크기는 8 ~ 12명 내외의 소집단 상담을 말한다.
전체 회기	집단상담 프로그램의 전체 회기는 프로그램 목표를 성취하기 위한 세부 목표를 수립한 후에 결정할 수 있다.
회기별 시간과 간격	회기별 시간은 약 2 ~ 3시간 정도 이루어지는 것이 일반적이며, 회기별 시간은 대상의 수준과 특성을 고려하여 적절하게 조절해야 한다. 집단의 크기와 마찬가지로 집중력과 이해력의 정도가 조절되어야 하며, 그 간격은 일주일 정도가 가장 바람직하다.
장소	장소는 집단의 크기에 적합해야 한다. 지나치게 큰 장소에서 진행될 경우 산만함이 있고 집단 응집력이 형성되지 않을 수 있다. 또한 좁은 장소는 답답함이 있어 좋지 않다.

ANSWER 3.③ 4.②

5 이론에 근거한 집단상담 프로그램의 목표로 옳은 것은?

① 자기효능감에 근거한 목표는 대상자가 지닌 정서적 불편감 또는 행동 문제들을 해결해 나가는 것을 목표로 한다.

② 합리정서 행동치료에 근거한 목표는 비합리적 신념을 합리적 신념으로 바꾸어 수용할 수 있는 합리적 결과를 갖게 하는 것이다.

③ 인지치료에 근거한 목표는 대상자들에게 부족한 사회적 관심, 상식, 용기를 불어넣어 바람직한 삶을 영위하도록 하는 것이다.

④ 현실치료에 근거한 목표는 개인이 성장하고자 하는 신념에 자극을 주어 장애를 극복하게 하는 것이다.

해설 이론에 근거한 집단상담의 목표

이론	집단상담의 목표
자기효능감	개인이 성장하고자 하는 신념에 자극을 주어 장애를 극복하게 하는 것이다.
합리정서 행동치료	비합리적 신념을 합리적 신념으로 바꾸어 수용할 수 있는 합리적 결과를 갖게 하는 것이다.
인지치료	대상자가 지닌 정서적 불편감 또는 행동 문제들을 해결해 나가는 것을 목표로 한다.
심리극	역할연기를 통해 자신의 삶을 재조명하여 미래에 대한 두려움을 완화시키고 긍정적인 삶을 살 수 있도록 돕는 방법이다.
개인심리학	대상자들에게 부족한 사회적 관심, 상식, 용기를 불어넣어 바람직한 삶을 영위하도록 하는 것이다.
행동치료	학습이론에 대한 철저한 이해를 바탕으로 대상자들이 가지고 있는 문제행동이 무엇인가를 정확히 평가하여 구체적이고 체계적인 계획에 따라 행동변화를 가져오도록 재학습한다.
현실치료	집단집단원이 책임질 수 있고 만족한 방법으로 자신의 심리적 욕구인 소속감, 힘, 자유, 흥미를 달성하도록 조력하는 것이다.
정신분석학	대상자들이 자신의 증상이나 문제점을 자각하고 통찰하도록 만들기 위해 스스로 저항을 극복하고 이해하도록 반복적으로 체험시키는 과정 또는 절차인 훈습을 목표로 대상자들의 통찰을 변화로 이끄는 것을 방해하는 저항에 대하여 반복적이고 정교하게 탐색하고, 통찰이 문제해결에 효과적으로 적용하는 데 있다.

6 집단상담 프로그램 구성의 원칙이 아닌 것은?

① 제시하는 순서

② 제시되는 내용 간의 연속성

③ 프로그램의 참여자들에게 개별적 경험 제공

④ 참여자의 능력, 흥미, 요구, 발달 과업에 적합한 내용

해설 집단상담 프로그램의 구성의 원칙
ㄱ 제시하는 순서 : 단순한 내용에서 복잡한 내용으로, 친숙한 내용에서 낯선 내용으로, 구체적인 개념에서 추상적인 개념으로, 그리고 역사적인 발생 순서대로 제시한다.
ㄴ 제시되는 내용 간의 연속성 : 연속성은 무작위로 진행하는 것보다 훨씬 더 효과적이다.
ㄷ 내용의 폭과 깊이 간의 조화
ㄹ 프로그램의 참여자들에게 통합된 경험 제공
ㅁ 참여자의 능력, 흥미, 요구, 발달 과업에 적합한 내용

7 **집단상담 프로그램 개발 시 대상자별 특성으로 옳은 것은?**

① 결혼이민여성은 취업교육 및 취업훈련을 받은 경험이 있는 대상이 매우 낮다.

② 전직대상자는 직업은 경제적 보상과 일상생활의 규칙성을 부여한다.

③ 은퇴자는 직업능력개발훈련에 참여도가 높다.

④ 제대군인은 진로 미결정에 대한 불안감과 긴장이 크다.

해설 집단상담 프로그램 개발 시 대상자 특성

대상	대상자의 특성
결혼 이민여성	• 결혼이민여성 가구의 많은 비율이 저소득층을 형성하고 있다. • 결혼이민여성의 결혼 상태가 제도적 측면에서 불안정성을 안고 있는 상황에서 결혼이민여성의 노동시장 참여는 안정적 적응을 이루기 위한 토대가 된다. • 직업을 갖고자 하는 욕구는 강하지만 기술, 정보, 언어, 문화에 대한 이해가 부족한 상태이다. • 결혼이민여성의 전체적인 연령대가 낮아지면서 본국에서의 취업 경험이 없는 대상이 증가하고, 교육수준이 낮아지고 있는 상태이다. • 취업교육 및 취업훈련을 받은 경험이 있는 대상이 매우 낮다.
전직 대상자	• 구조조정, 명예퇴직 등 40대 후반에 일어난다. • 40대 후반에 퇴사하지 않고 끝까지 퇴사를 지연한 집단은 50대 초반에서 일어난다. • 40대 후반에 퇴직한 전직대상자는 50대 초반에 퇴직한 전직대상자보다 취업률이 높다. • 전직대상자는 50% 이상 재취업을 희망하고 사회공헌 활동, 취미활동, 귀농귀촌, 창업, 여가선호 등이 40%대로 나타난다. • 직업능력개발훈련에 참여도가 높다.
은퇴자	• 작업수행 능력 및 직업적 만족도 등과 밀접하게 관련되는 것은 주관적 연령에 대한 주관적 인식을 고려한다. • 고령자들에게 직업은 경제적 보상과 일상생활의 규칙성을 부여하며 개인의 정체감을 확고히 심어주고 사회적 관계망을 유지시켜 주는 역할을 하여 개인의 신체적, 심리적 건강을 유지할 수 있도록 한다. • 개인의 주관적 경제적 어려움 지각이나 개인의 신체적 건강 상태에 대한 주관적 판단의 높고 낮음에 따라서 구직행동, 구직효능감, 우울감, 자기 존중감과 같은 고령자 취업과 관련한 개인의 심리적 속성은 유의미한 차이가 있다.
진로 단절여성	• 진로단절 이후 학력 및 취업이력[근속년수], 진로단절 이전의 직종, 자격증 등의 인적 자원이 더 이상 노동시장 이행의 결정요인으로 작용하지 못한다. • 영향력 있는 요인은 배우자의 태도와 자녀양육의 형태로서 심리적 지원이 중요하다. • 진로단절 극복을 위해 가장 중요한 요소는 자아효능감, 확신과 같은 내적인 힘이다. • 재취업을 희망하는 여성은 노동시장에 대한 정보 부족과 재취업에 대한 자신감 부족으로 자신의 능력에 비해 하향 취업을 희망하며, 저임금 저숙련의 시간제 근로로 재취업하는 것은 여성의 노동시장으로부터의 재퇴장으로 이어진다.

| 북한이
탈주민 | • 여성의 비율이 77% 이상을 차지한다.
• 경제활동을 전개해야 하는 20 ~ 50대가 80%를 차지한다.
• 고졸 이상 학력 소지자가 87%에 달해 직업능력개발의 기초 수준이 충족되었다고 볼 수 있다.
• 북한에서의 직업이 1990년대 당 간부가 많았던 것에 비해 점차 노동자 출신이 많아져 직업능력 향상이 필요하다.
• 취업 장애요인을 개인의 내적 요인[이력 부재, 정보수집 취약]에 두기보다는 외적 요인[일자리 부족, 차별과 편견 등]으로 인식하고 있는 경향이 크다.
• 진로 미결정에 대한 불안감과 긴장이 크다. |
| 제대
군인 | • 근무내용의 특성상 전방이나 벽지, 오지와 같은 곳에서 문화적 욕구가 충족되지 못한 복무환경 속에서 생활한 경우가 많다.
• 일반 공무원에 비해 조기정년제가 적용되어 최대 지출기인 40 ~ 50대 퇴직자가 다수이다.
• 직무 내용이 전투와 관련된 것이 대부분이어서 사회 적용이 어렵고 사회 복귀에 필요한 전문기술 습득이 어려운 경우가 있다.
• 제대군인은 자신의 직무능력 및 직업적응력을 높게 평가하고 있으나, 기업에서는 군대식 사고로부터의 전환을 요구하고 있어 입사 초기에는 둘 사이의 괴리가 크게 존재한다.
• 장기복무자를 채용하고 있는 기업체에서는 제대군인의 성실성, 리더십, 책임감, 낮은 이직률 등에 만족스러움을 표명하는 경우가 많다. |

8 부처(Butcher)가 제안한 집단 직업상담을 위한 3단계 모형에 해당하지 않은 것은?

① 탐색단계

② 계획단계

③ 전환단계

④ 행동단계

해설

단계	특징
탐색단계	자기개방, 흥미와 적성에 대한 측정 및 결과의 피드백 등이 이루어진다.
전환단계	일과 삶의 가치에 대한 조사, 자신의 가치에 대한 피드백 등이 이루어진다.
행동단계	목표설정 및 목표달성을 위한 정보수집, 즉각적 및 장기적 의사결정 등이 이루어진다.

ANSWER 7.① 8.②

9 집단상담 프로그램에서 진행자의 이론에 따른 목표로 적합하지 않은 것은?

① 합리정서 행동치료는 습관처럼 사용하는 인지 왜곡에 대해 자각할 수 있도록 돕는 데에 목적이 있다.

② 인지치료는 대상자의 부정적인 생각에 대한 긍정적인 대체 생각을 하도록 돕는 데 목적이 있다.

③ 자기효능감은 진로에 대한 자신감을 갖고 할 수 있다는 신념을 갖고 정진하도록 돕는 데 목적이 있다.

④ 심리극은 대상자 스스로 자신의 행동과 태도를 수정하고, 적응하며, 변화시켜 생산적인 삶으로 전환시키는 것이 목적이다.

해설 이론에 근거한 집단상담의 목표

이론	집단상담의 목표
자기효능감	자기평가를 거쳐 진로장벽의 극복, 직업 및 취업과정에서의 선택, 도전, 직업정보 수집, 목표선택, 미래 계획 등 진로에 대한 자신감을 갖고 할 수 있다는 신념을 갖고 정진하도록 돕는 데 목적이 있다.
합리정서 행동치료	비합리적 생각에서 비롯된 비합리적 정서, 나아가서 비합리적 행동과 또 다른 비합리적 사고로 이어지는 악순환의 고리를 끊을 수 있도록 스스로 습관처럼 사용하는 인지 왜곡에 대해 자각할 수 있도록 돕는 데에 목적이 있다.
인지치료	대상자의 이전 또는 현재 부문에서 자신에게 드러났던 자신의 인생 경험에서 왜곡된 사고의 예를 찾록 도와주고, 그런 다음 대상자의 부정적인 생각에 대한 긍정적인 대체 생각을 하도록 돕는 데 목적이 있다.
심리극	대상자들은 역할연기를 통해 감정의 정화를 경험할 뿐만 아니라 왜곡되었던 자신의 역할에서 비롯된 자기를 이해하게 되며 새로운 자기를 형성할 수 있게 된다.
개인심리학	대상자들의 생활양식을 파악하여 개선하도록 하고, 낙담한 대상자들에게 격려와 용기를 주며, 불완전할 용기를 갖도록 함으로써 열등감의 극복과 자기완성을 가능하게 돕는다.
행동치료	대상자들과 함께 자극－반응－결과 평가를 통해 대상자들의 행동을 통제하는 주요한 변인이 무엇인지 파악하고 그에 적절한 기법을 적용한다.
현실치료	대상자들이 스스로 인생의 방향을 설정하고 좀 더 효율적인 행동선택을 하여 자신의 욕구를 충족시키면서, 현재와 미래를 즐겁게 살아나갈 수 있도록 인도하는 데 역점을 둔다.
정신분석학	대상자 스스로 자신의 행동과 태도를 수정하고, 적응하며, 변화시켜 생산적인 삶으로 전환시키는 것이 목적이다.

10 다음에서 설명하는 집단상담의 목표에 적합한 이론은?

> • 개인이 성장하고자 하는 신념에 자극을 주어 장애를 극복하게 하는 것이다.
> • 자기평가를 거처 진로장벽의 극복, 직업 및 취업과정에서의 선택, 도전, 직업정보 수집, 목표선택, 미래계획 등 진로에 대한 자신감을 갖고 할 수 있다는 신념을 갖고 정진하도록 돕는 데 목적이 있다.

① 합리정서 행동치료(REBT)
② 자기효능감(self-efficacy theory)
③ 인지치료(cognitive therapy)
④ 개인심리학(individual psychology)

해설 자기효능감 이론에 근거한 집단상담의 목표
- ㉠ 개인이 성장하고자 하는 신념에 자극을 주어 장애를 극복하게 하는 것이다.
- ㉡ 집단상담에서는 진로발달, 진로행동, 진로선택 등에서 어떤 결과에 요구되는 행동을 자신이 성공적으로 수행할 수 있고, 자신이 가진 기술을 이용하여 무엇을 할 수 있다는 신념을 위하여 자기효능감 이론이 도입된다.
- ㉢ 집단상담자는 자기평가를 거처 진로장벽의 극복, 직업 및 취업과정에서의 선택, 도전, 직업정보 수집, 목표선택, 미래계획 등 진로에 대한 자신감을 갖고 할 수 있다는 신념을 갖고 정진하도록 돕는 데 목적이 있다.

11 집단상담 회기별 프로그램 구성 시 「전개 프로그램」의 수행 내용으로 적합하지 않은 것은?

① 회기별 세부 목표 달성을 위해 어떠한 주제로 프로그램을 구성해야 하는지 결정한다.
② 프로그램은 한 가지 기법을 활용하여 진행해야 참여자들의 집중력을 높일 수 있다.
③ 한 회기의 활동을 구성할 때는 시간적인 제한을 고려한다.
④ 한 회기의 활동을 구성할 때에는 시간과 기법에 대해 적절하게 안배한다.

해설 집단상담 회기별 프로그램 구성 시 전개 프로그램의 수행 내용
- ㉠ 회기별 세부 목표 달성을 위해 어떠한 주제로 프로그램을 구성해야 하는지 결정한다.
- ㉡ 프로그램은 각각 다양한 기법을 활용하여 진행할 수 있는 것이라야 참여자들이 지루해하지 않고 집중력을 높일 수 있다.
- ㉢ 한 회기의 활동을 구성할 때는 시간적인 제한을 고려한다.
- ㉣ 한 회기의 활동을 구성할 때에는 시간과 기법에 대해 적절하게 안배한다.

ANSWER 9.④ 10.② 11.②

SECTION 02 집단상담 프로그램 실시

(1) 집단상담 프로그램 유형 및 특성

① 집단상담 프로그램의 유형

　㉠ 집단의 유형

구분	내용	
개방 집단	처음 구성된 집단원 중에서 **중간 이탈자가 생기면 이를 충원해 가면서 진**행하는 집단이다.	구성원 충원 여부
폐쇄 집단	처음 구성된 집단원 중에서 **중간 이탈자가 생기면 충원하지 않는** 집단이다.	
구조화 집단	**사전에 설정된 특정 주제와 목표를 달성하기 위해 구체적인 활동으로 구성**되고 정해진 **계획과 절차에 따라 진행**하는 집단의 형태이다.	정형화된 프로그램 사용여부
반구조화 집단	비구조화 집단의 형태를 토대로 운영하되, 필요에 따라 **구조화 집단에서 활**용되는 활동을 이용하는 형태이다.	
비구조화 집단	정해진 활동이 없고 집단원 개개인의 경험과 관심을 토대로 상호 작용함으로써 집단의 치료적 효과를 얻고자 하는 형태이다.	

　㉡ 집단상담 프로그램의 유형

대상에 따른 분류	진로단절여성, 제대군인, 장애인, 고령자, 북한 이탈주민, 결혼이민여성, 취약계층, 전직지원자 등에 따라 다양한 프로그램이 있다.
주제에 따른 분류	진로탐색 프로그램, 진로성숙 프로그램, 자기개념 관련 프로그램, 진로정보탐색 프로그램, 진로의사결정 프로그램, 진로확장 프로그램, 진로장벽 극복 프로그램, 취업지원 프로그램, 직업적응 프로그램, 전직지원 프로그램, 생애설계 프로그램, 실업충격완화 프로그램 등 다양한 주제에 따라 프로그램이 구성될 수 있다.
이론적 배경에 근거한 분류	• 집단상담 프로그램은 그 효과성을 예측하기 위해 다양한 이론에 바탕을 두고 개발하게 된다. • 따라서 선행 프로그램을 수집할 때는 다양한 이론에 근거하여 개발된 프로그램을 수집하고 분석하도록 한다. • 집단상담은 자기효능감 이론, 인지 · 정서 · 행동치료, 인지치료, 심리극, 개인심리학, 행동치료, 현실치료, 정신분석학의 훈습 등의 이론이 집단상담 프로그램의 근간을 이루고 있다.

② 집단상담 프로그램 개발 시 확인사항

  ㉠ 프로그램 개발이 집단상담의 개념과 일치하는지 확인한다.

  ㉡ 집단상담의 장점과 한계를 확인하고 프로그램을 구상한다.

  ㉢ 대상자 및 집단의 성장잠재력에 대해 확인한다.

  ㉣ 집단상담 기법을 적용할 적절한 시점인지에 대해 확인한다.

  ㉤ 집단상담에 적절한 주제인지 확인한다.

  ㉥ 비적절한 주제에 대하여 수정한다.

적절한 주제	비적절한 주제
• 개인적인 성장과 적응에 관한 논점 • 경미한 정서적 논점 • 자기 탐색 및 이해와 관련된 논점 • 직무역량의 확장 및 자기계발과 관련된 논점 • 미래시간 전망 및 비전과 관련된 논점 • 문제해결 능력 및 대인관계 능력 향상	• 내밀한 개인적인 과거사가 노출되어야 하는 주제 • 과도한 심리적인 에너지가 요구되는 주제 • 비밀보장이 필수적인 주제 • 지나치게 사적이어서 보편성이 결여된 주제

(2) 집단상담 프로그램 실시

① 집단역동 관찰 : 집단상담에서 집단 구성원 간의 상호작용이 역동을 일으키고, 이 역동은 개인의 변화 기회를 마련하며 집단상담 평가에서 중요한 기준이 된다.

  ㉠ 집단역동이란?

  • 집단원들 사이에 발생하는 지속적인 상호작용과 상호관계를 일컫는 말이다.

  • 집단의 성격과 방향을 좌우하게 되며 집단상담 진행자의 개입과 중재로 집단원 개개인을 변화시키고 치유하는 원동력이 되기도 한다.

  • 집단역동은 집단원들에게 부정적인 영향을 주기도 하므로 진행자의 순발력 있고 능숙한 대처와 주의가 요구된다.

> ※ 집단역동의 관찰
> • 서로 어떻게 말하고 반응하는가?
> • 누가 주로 말하고 누가 주로 듣는가?
> • 집단원들은 집단에 대해 소속감을 가지고 있는가?
> • 집단원들은 집단 참여에 대해 어떻게 느끼는가?
> • 집단원들은 집단의 목적을 잘 인식하고 있는가?
> • 집단원들은 진행자에게 어떠한 태도를 보이는가?
> • 집단원들은 자신들에 대해 어떤 느낌을 갖고 있는가?
> • 집단원들은 다른 집단원들에게 어떤 감정을 느끼고 있는가?

ⓛ 집단역동의 영향 요소
- 집단원의 배경, 집단상담 프로그램 목적과 명료성, 집단의 크기, 집단 회기의 길이, 회기의 빈도, 집단 상담 실시 장소, 집단 참여 동기 등에 따라 많은 영향을 받는다.
- 집단을 이끄는 진행자에 따라 이러한 요소들이 영향을 미치는 정도에 차이가 있으므로 진행자는 긍정적으로 집단이 발달할 수 있도록 해야 한다.

② 집단의 발달 단계

발달단계	나타나는 현상	진행자 역할
초기 단계	상담자와 참여자 간, 참여자와 참여자 간의 소통에서 **어색함**을 보인다. • **참여자들은 기대감을 가지고 집단의 기능과 참여 방식을 배운다.** • 위험하게 느껴지는 행동이나 탐색이 매우 제한적이다. • 다른 집단원의 문제에 대한 성급한 해결책 제시 및 조언의 행동을 한다. • 상담자 및 참여자들의 환류(feedback)을 통해 응집력과 신뢰를 점차 형성한다. • 어떤 참여자는 부정적 감정을 표현해 봄으로써 집단 내에서의 수용의 정도를 시험하기도 한다. • **참여자들은 신뢰 형성을 촉진하는 존중, 공감, 수용, 관심, 반응의 기본적 태도를 배운다.**	• 집단의 시작 • 진행자와 보조 진행자 소개 • 프로그램 목표의 명확한 설명 • 참여자들의 자기소개 • 참여자들의 자기 표현 촉진 • 신뢰하는 분위기 조성 • 참여자들의 참여 촉진 • 적절한 자기 개방 유도 • 다음 회기에 대한 소개 • 첫 회기의 종결
과도기 단계	상담자와 참여자 간, 참여자들 간에서 **타인의 생각, 배려, 절제 등을** 보인다. • **자기 자각이 증대**됨에 따라 스스로에 대해 어떠한 생각을 갖게 될지, 타인들이 자신을 수용할지 또는 거부할지에 대해 염려하게 된다. • **집단 환경의 안정성에 대해 판단하기 위해 상담자나 타 집단원을 시험한다.** • 집단에 참여하기 위해 위협을 무릅쓸 것인지 뒤로 물러나 안주할 것인지 선택의 기로에서 고심한다. • **상담자가 신뢰할 만한 존재인지 탐색하고자** 한다. • 타인의 경청을 이끌어내기 위해 자신을 표현할 방법을 배우게 된다. • **높은 불안 수준, 갈등 및 과도한 감정 표현, 직면, 전이 및 역전이, 의존성, 주지화 등이 나타난다.**	• 초기에는 참여자들의 비현실적인 특성에 휩쓸리지 않도록 한다. 참여자들은 진행자의 도움, 현명함, 지각 있음, 매력적임, 힘, 역동성 등에 대한 과도하게 긍정적인 표현을 할 수 있으며 진행자는 이에 매혹되기 쉬워 이에 대해 경계가 필요하다. • 진행자에 대한 참여자들의 부정적인 표현이나 과도한 지적, 사적인 질문 등은 집단상담의 현장에서 이루어지는 촉진적 관계에 대한 어색함이나 익숙하지 않음 때문에 이를 시험해 보고자 하는 동기가 있으므로 이를 파악하도록 하고 사적으로 받아들이지 않는다. • 참여자들의 감정을 모두 전이 현상으로 해석하지 않도록 한다. • 진행자가 참여자들에게 갖는 모든 감정을 역전이로 분류하지 않도록 한다.

작업 단계	자신을 개방하고, 적절한 상호작용을 하며, 타인에 대한 이해와 격려와 변화를 꾀하는 단계이다.	• 적절한 행동 모델을 보여준다.
	• 높은 신뢰와 응집력을 보인다. • 의사소통이 개방적이고 자신의 경험 표현이 정확해진다. • **참여자들 모두가 지도력을 가지며 적절한 상호작용이 이루어진다.** • **참여자들 간의 갈등이 무엇인지 알며, 그것을 직접적이고 효과적으로 다룰 수 있다.** • **환류를 자유롭게 주고받으며 충분히 숙고한다.** • 참여자들은 **집단 밖에서 행동의 변화를 가져오려고 노력**한다. • 변화에 대한 자신들의 시도가 지지를 받는다고 느끼며 과감해진다.	• 지지와 반박에 대한 균형감각을 잃지 않도록 신경 쓰고 집단에 대한 자신의 감정을 밝힌다. • 적절한 시기에 행동 패턴의 의미를 설명하여 자기 탐색을 돕는다. • 응집력을 높이는 행동을 장려한다. • 집단의 기준을 강화하고 발전시키는 데 유의한다. • 위험을 감수하려는 참여자들의 의지를 지지해 주고 그것을 일상생활에 확장시켜 갈 수 있도록 돕는다.
종결 단계	집단상담 프로그램의 마무리 단계이다.	• 상담이 끝나는 데서 오는 감정을 잘 다스리도록 돕는다.
	• 헤어진다는 사실에 대해 슬픔과 집단해체에 대한 우려를 느낀다. • 상담의 종결단계가 느껴지면서 참여 정도에 적극성이 떨어진다. • 참여자들은 어떻게 변하고 싶은지 결정한다. • 상담을 통해 알게 된 것을 실생활에 적용할 수 있을까에 대해 두려워한다. • 변화를 적용시키는 리허설 작업을 해본다. • 참여자들이 집단상담의 평가 작업을 한다. • 추수상담에 대한 이야기를 나눈다.	• 참여자들에게 자기표현의 기회를 주고 집단 내의 미결 문제를 다룬다. • 참여자들의 변화를 강화하고 더 변할 수 있는 깨달음을 얻었음을 확인시켜 준다. • 변화의 실질적 방법으로서 집단원들이 구체적 다짐을 하고 과제를 실천하도록 촉진한다. • 참여자들에게 바람직한 환류를 주고받을 수 있는 기회를 준다. • 상담이 끝난 후에도 집단에서 있었던 일에 대해 비밀을 유지할 것을 다시 한번 당부한다.

③ 관계망 구축 : 관계망을 구축하여 집단상담 집단원 간 목표 달성에 대한 역동성을 추구한다.

⊙ 필요성

변화 의지의 지속	• **집단에서 얻은 효과를 망각하게 되는 것을 방지**하기 위해서이다. • 시간이 지남에 따라 점차 소거될 가능성을 축소하기 위해서이다.
장애물 극복의 힘	집단 프로그램이 종결되고 **스스로 변화를 실생활에서 적용해 보려고** 하면 많은 장애물에 **봉착**하게 되는 상황에서 참여자들 사이에 관계망이 구축되어 있다면, 개개인이 지지적이지 않은 실생활에서 적용에 관한 **어려움을 공유할 수 있고** 실행 **방안에 대한 합리적인 선택이나 실천 의지를 강화하는 데 도움**이 될 수 있다.
정보교환 및 자원의 활용	• 집단상담 참여자들은 공통의 목표와 지향점이 있는 사람들로 구성된다. • 따라서 이들이 각각 가지고 있는 **개인적 자원을 활용**하고, **구축되어 있는 네트워킹을 연결하여 도움을 받을 수 있도록** 하는 것은 집단상담의 특·장점에 속할 수 있다.

⊙ 관계망 구축을 위한 집단상담 진행자의 역할

• 참여자들의 연락처와 소속 등이 기재된 연락망을 공유할 수 있도록 조력한다.
• 추수 회기의 성격을 띠는 만남을 주선한다.
• SNS를 통해 네트워킹을 형성할 수 있도록 돕는다.
• 기관의 승인을 받아 정기적인 모임의 장소를 제공한다.
• 집단상담 프로그램의 목표와 관련된 정보를 지속적으로 제공함으로써 참여자들이 집단에서 얻은 효과에 대한 경험을 활용하고 유지하도록 촉진한다.
• 기관에서 실시되는 교육, 행사 등의 정보를 참여자들의 네트워킹을 통해 제공함으로써 집단 참여 경험에 대해 상기시키고 연계 교육에 참여할 수 있도록 독려한다.

1 다음 설명에 적합한 집단의 유형이 순서대로 올바르게 연결된 것은?

> (㉠)은 비구조화 집단의 형태를 토대로 운영하되, 필요에 따라 구조화 집단에서 활용되는 활동을 이용하는 형태이다.
> (㉡)은 사전에 설정된 특정 주제와 목표를 달성하기 위해 구체적인 활동으로 구성되고 정해진 계획과 절차에 따라 진행하는 집단의 형태를 말한다.
> (㉢)은 정해진 활동이 없고 집단원 개개인의 경험과 관심을 토대로 상호 작용함으로써 집단의 치료적 효과를 얻고자 하는 형태이다.

	㉠	㉡	㉢
①	구조화 집단	반구조화 집단	비구조화 집단
②	반구조화 집단	구조화 집단	비구조화 집단
③	구조화 집단	비구조화 집단	반구조화 집단
④	반구조화 집단	비구조화 집단	구조화 집단

해설 집단의 유형

구조화 집단	사전에 설정된 특정 주제와 목표를 달성하기 위해 구체적인 활동으로 구성되고 정해진 계획과 절차에 따라 진행하는 집단의 형태이다.
반구조화 집단	비구조화 집단의 형태를 토대로 운영하되, 필요에 따라 구조화 집단에서 활용되는 활동을 이용하는 형태이다.
비구조화 집단	정해진 활동이 없고 집단원 개개인의 경험과 관심을 토대로 상호 작용함으로써 집단의 치료적 효과를 얻고자 하는 형태이다.

ANSWER 1.②

2 다음 설명에 공통으로 들어갈 알맞은 용어는?

> • (   )이란 집단원들 사이에 발생하는 지속적인 상호작용과 상호관계를 일컫는 말이다.
> • 이는 집단의 성격과 방향을 좌우하게 되며 집단상담 진행자의 개입과 중재로 집단원 개개인을 변화시키고 치유하는 원동력이 되기도 한다.
> • (   )은 집단원들에게 부정적인 영향을 주기도 하므로 진행자의 순발력 있고 능숙한 대처와 주의가 요구된다.

① 집단역동   ② 집단 응집력
③ 정서적 유대   ④ 카타르시스

해설 집단역동이란?
　　㉠ 집단원들 사이에 발생하는 지속적인 상호작용과 상호관계를 일컫는 말이다.
　　㉡ 집단의 성격과 방향을 좌우하게 되며 집단상담 진행자의 개입과 중재로 집단원 개개인을 변화시키고 치유하는 원동력이 되기도 한다.
　　㉢ 집단역동은 집단원들에게 부정적인 영향을 주기도 하므로 진행자의 순발력 있고 능숙한 대처와 주의가 요구된다.

3 집단역동의 영향 요소가 아닌 것은?

① 상담자의 배경
② 집단상담 프로그램 목적과 명료성
③ 집단 회기의 길이와 빈도
④ 집단 참여 동기

해설 집단역동의 영향 요소
　　집단역동에 영향을 주는 요인들은 집단원의 배경, 집단상담 프로그램 목적과 명료성, 집단의 크기, 집단 회기의 길이, 회기의 빈도, 집단상담 실시 장소, 집단 참여 동기 등에 따라 많은 영향을 받는다.

4 집단의 발달 단계 중 「작업단계」의 진행자의 역할로 옳은 것은?

① 참여자들의 자기 표현 촉진
② 참여자들의 감정을 모두 전이 현상으로 해석하지 않도록 함
③ 참여자들에게 자기표현의 기회를 주고 집단 내의 미결 문제를 다룰 것
④ 적절한 행동 모델을 보여줄 것

해설 집단의 발달 단계별 진행자의 역할

발달단계	진행자 역할
초기 단계	• 집단의 시작 • 진행자와 보조 진행자 소개 • 프로그램 목표의 명확한 설명 • 참여자들의 자기소개 • 참여자들의 자기 표현 촉진 • 신뢰하는 분위기 조성 • 참여자들의 참여 촉진 • 적절한 자기 개방 유도 • 다음 회기에 대한 소개 • 첫 회기의 종결
과도기 단계	• 초기에는 참여자들의 비현실적인 특성에 휩쓸리지 않도록 한다. 참여자들은 진행자의 도움, 현명함, 지각 있음, 매력적임, 힘, 역동성 등에 대한 과도하게 긍정적인 표현을 할 수 있으며 진행자는 이에 매혹되기 쉬워 이에 대해 경계가 필요함. • 진행자에 대한 참여자들의 부정적인 표현이나 과도한 지적, 사적인 질문 등은 집단상담의 현장에서 이루어지는 촉진적 관계에 대한 어색함이나 익숙하지 않음 때문에 이를 시험해 보고자 하는 동기가 있으므로 이를 파악하도록 하고 사적으로 받아들이지 않을 것 • 참여자들의 감정을 모두 전이 현상으로 해석하지 않도록 함. • 진행자가 참여자들에게 갖는 모든 감정을 역전이로 분류하지 않도록 함.
작업 단계	• <u>적절한 행동 모델을 보여줄 것</u> • 지지와 반박에 대한 균형감각을 잃지 않도록 신경 쓰고 집단에 대한 자신의 감정을 밝힐 것 • 적절한 시기에 행동 패턴의 의미를 설명하여 자기 탐색을 도울 것 • 응집력을 높이는 행동을 장려할 것 • 집단의 기준을 강화하고 발전시키는 데 유의할 것 • 위험을 감수하려는 참여자들의 의지를 지지해 주고 그것을 일상생활에 확장시켜 갈 수 있도록 도울 것
종결 단계	• 상담이 끝나는 데서 오는 감정을 잘 다스리도록 도울 것 • 참여자들에게 자기표현의 기회를 주고 집단 내의 미결 문제를 다룰 것 • 참여자들의 변화를 강화하고 더 변할 수 있는 깨달음을 얻었음을 확인시켜 줄 것 • 변화의 실질적 방법으로서 집단원들이 구체적 다짐을 하고 과제를 실천하도록 촉진할 것 • 참여자들에게 바람직한 환류를 주고받을 수 있는 기회를 줄 것 • 상담이 끝난 후에도 집단에서 있었던 일에 대해 비밀을 유지할 것을 다시 한번 당부할 것

ANSWER 2.① 3.① 4.④

5 집단의 발달 단계 중 「초기단계」에 나타나는 현상으로 옳은 것은?

① 집단 환경의 안정성에 대해 판단하기 위해 상담자나 타 집단원을 시험함.

② 상담자 및 참여자들의 환류(feedback)을 통해 응집력과 신뢰를 점차 형성함.

③ 의사소통이 개방적이고 자신의 경험 표현이 정확해짐.

④ 변화를 적용시키는 리허설 작업을 해봄.

해설 집단의 발달 단계별 나타나는 현상

발달단계	진단(나타나는 현상)
초기 단계	• 참여자들은 기대감을 가지고 집단의 기능과 참여 방식을 배운다. • 위험하게 느껴지는 행동이나 탐색이 매우 제한적이다. • 다른 집단원의 문제에 대한 성급한 해결책 제시 및 조언의 행동을 한다. • 상담자 및 참여자들의 환류(feedback)을 통해 응집력과 신뢰를 점차 형성한다. • 어떤 참여자는 부정적 감정을 표현해 봄으로써 집단 내에서의 수용의 정도를 시험하기도 한다. • 참여자들은 신뢰 형성을 촉진하는 존중, 공감, 수용, 관심, 반응의 기본적 태도를 배운다.
과도기 단계	• 자기 자각이 증대됨에 따라 스스로에 대해 어떠한 생각을 갖게 될지, 타인들이 자신을 수용할지 또는 거부할지에 대해 염려하게 된다. • 집단 환경의 안정성에 대해 판단하기 위해 상담자나 타 집단원을 시험한다. • 집단에 참여하기 위해 위협을 무릅쓸 것인지 뒤로 물러나 안주할 것인지 선택의 기로에서 고심한다. • 상담자가 신뢰할 만한 존재인지 탐색하고자 한다. • 타인의 경청을 이끌어내기 위해 자신을 표현할 방법을 배우게 된다. • 높은 불안 수준, 갈등 및 과도한 감정 표현, 직면, 전이 및 역전이, 의존성, 주지화 등이 나타난다.
작업 단계	• 높은 신뢰와 응집력을 보인다. • 의사소통이 개방적이고 자신의 경험 표현이 정확해진다. • 참여자들 모두가 지도력을 가지며 적절한 상호작용이 이루어진다. • 참여자들 간의 갈등이 무엇인지 알며, 그것을 직접적이고 효과적으로 다룰 수 있다. • 환류를 자유롭게 주고받으며 충분히 숙고한다. • 참여자들은 집단 밖에서 행동의 변화를 가져오려고 노력한다. • 변화에 대한 자신들의 시도가 지지를 받는다고 느끼며 과감해진다.
종결 단계	• 헤어진다는 사실에 대해 슬픔과 집단해체에 대한 우려를 느낀다. • 상담의 종결단계가 느껴지면서 참여 정도에 적극성이 떨어진다. • 참여자들은 어떻게 변하고 싶은지 결정한다. • 상담을 통해 알게 된 것을 실생활에 적용할 수 있을까에 대해 두려워한다. • 변화를 적용시키는 리허설 작업을 해본다. • 참여자들이 집단상담의 평가 작업을 한다. • 추수상담에 대한 이야기를 나눈다.

6 집단상담에서 관계망 구축의 필요성이 아닌 것은?

① 이중관계의 방지

② 변화 의지의 지속

③ 장애물 극복의 힘

④ 정보교환 및 자원의 활용

해설 관계망 구축의 필요성

변화 의지의 지속	• 집단에서 얻은 효과를 망각하게 되는 것을 방지하기 위해서이다. • 시간이 지남에 따라 점차 소거될 가능성을 축소하기 위해서이다.
장애물 극복의 힘	• 집단 프로그램이 종결되고 스스로 변화를 실생활에서 적용해 보려고 하면 많은 장애물에 봉착하게 되는 상황에서 참여자들 사이에 관계망이 구축되어 있다면, 개개인이 지지적이지 않은 실생활에서 적용에 관한 어려움을 공유할 수 있고 실행 방안에 대한 합리적인 선택이나 실천 의지를 강화하는 데 도움이 될 수 있다.
정보교환 및 자원의 활용	• 집단상담 참여자들은 공통의 목표와 지향점이 있는 사람들로 구성된다. • 따라서 이들이 각각 가지고 있는 개인적 자원을 활용하고, 구축되어 있는 네트워킹을 연결하여 도움을 받을 수 있도록 하는 것은 집단상담의 특·장점에 속할 수 있다.

7 집단 발달 단계 중 「과도기 단계」에 나타나는 현상으로 모두 구성된 것은?

> ㉠ 자기 자각이 증대됨에 따라 스스로에 대해 어떠한 생각을 갖게 될지, 타인들이 자신을 수용할지 또는 거부할지에 대해 염려하게 됨
> ㉡ 참여자들은 신뢰 형성을 촉진하는 존중, 공감, 수용, 관심, 반응의 기본적 태도를 배움
> ㉢ 집단 환경의 안정성에 대해 판단하기 위해 상담자나 타 집단원을 시험함
> ㉣ 상담자가 신뢰할 만한 존재인지 탐색하고자 함
> ㉤ 타인의 경청을 이끌어내기 위해 자신을 표현할 방법을 배우게 됨

① ㉠, ㉡, ㉤

② ㉡, ㉢, ㉣

③ ㉠, ㉢, ㉣, ㉤

④ ㉠, ㉡, ㉢, ㉣, ㉤

해설 집단의 발달 단계별 나타나는 현상

발달단계	진단(나타나는 현상)
초기 단계	• 참여자들은 기대감을 가지고 집단의 기능과 참여 방식을 배운다. • 위험하게 느껴지는 행동이나 탐색이 매우 제한적이다. • 다른 집단원의 문제에 대한 성급한 해결책 제시 및 조언의 행동을 한다. • 상담자 및 참여자들의 환류(feedback)을 통해 응집력과 신뢰를 점차 형성한다. • 어떤 참여자는 부정적 감정을 표현해 봄으로써 집단 내에서의 수용의 정도를 시험하기도 한다. • 참여자들은 신뢰 형성을 촉진하는 존중, 공감, 수용, 관심, 반응의 기본적 태도를 배운다.
과도기 단계	• 자기 자각이 증대됨에 따라 스스로에 대해 어떠한 생각을 갖게 될지, 타인들이 자신을 수용할지 또는 거부할지에 대해 염려하게 된다. • 집단 환경의 안정성에 대해 판단하기 위해 상담자나 타 집단원을 시험한다. • 집단에 참여하기 위해 위협을 무릅쓸 것인지 뒤로 물러나 안주할 것인지 선택의 기로에서 고심한다. • 상담자가 신뢰할 만한 존재인지 탐색하고자 한다. • 타인의 경청을 이끌어내기 위해 자신을 표현할 방법을 배우게 된다. • 높은 불안 수준, 갈등 및 과도한 감정 표현, 직면, 전이 및 역전이, 의존성, 주지화 등이 나타난다.

작업 단계	• 높은 신뢰와 응집력을 보인다. • 의사소통이 개방적이고 자신의 경험 표현이 정확해진다. • 참여자들 모두가 지도력을 가지며 적절한 상호작용이 이루어진다. • 참여자들 간의 갈등이 무엇인지 알며, 그것을 직접적이고 효과적으로 다룰 수 있다. • 환류를 자유롭게 주고받으며 충분히 숙고한다. • 참여자들은 집단 밖에서 행동의 변화를 가져오려고 노력한다. • 변화에 대한 자신들의 시도가 지지를 받는다고 느끼며 과감해진다.
종결 단계	• 헤어진다는 사실에 대해 슬픔과 집단해체에 대한 우려를 느낀다. • 상담의 종결단계가 느껴지면서 참여 정도에 적극성이 떨어진다. • 참여자들은 어떻게 변하고 싶은지 결정한다. • 상담을 통해 알게 된 것을 실생활에 적용할 수 있을까에 대해 두려워한다. • 변화를 적용시키는 리허설 작업을 해본다. • 참여자들이 집단상담의 평가 작업을 한다. • 추수상담에 대한 이야기를 나눈다.

ANSWER 7.③

SECTION 03 집단상담 프로그램 평가 및 사후관리

(1) 집단상담 프로그램 평가 실시

① **집단상담 프로그램 평가** : 집단상담 프로그램의 평가 결과는 프로그램의 우수성과 효과성을 검증하는 자료로 활용하는 한편, 내용의 수정·보완의 자료로도 활용한다.

　㉠ **평가의 필요성** : 실시된 집단상담 프로그램에 대한 평가는 향후 프로그램의 보완 및 개선, 연계 프로그램의 기획 및 개발 등을 위해 필요하다.

프로그램 효과성에 대한 평가	• 집단 참여자를 대상으로 사전 · 사후 검사지를 사용하여 프로그램이 성취하고자 한 목표, 즉 진로장벽 극복, 취업 효능감, 진로 적응성, 미래 시간 전망, 의사결정 능력 등을 조사한다. • 집단 참여자의 응답을 분석하여 그 프로그램의 효과성을 파악한다.
집단원의 만족도 평가	• 프로그램 전체 내용에 대한 평가 항목을 만들어 자료를 수집하는데, 이때 프로그램 전반에 대한 소감이나 개선사항, 제언 등도 적을 수 있도록 개방형 질문도 포함시킨다. • 수집된 정보에 대해서는 평균값과 빈도, 비율 등을 분석하여 평가한다. ※ 프로그램 운영 과정에 관한 평가 사항 　1. 계획 및 준비도 평가 　2. 자원 · 목적 성취도 　3. 연계에 관한 평가 　4. 전문성 유지 노력에 관한 평가 　5. 참여도 　6. 내용 및 진행 만족도 　7. 개선사항 및 제언 　8. 느낀 점
진행자의 평가	• 진행자와 보조 진행자가 회기마다 기록한 진행 일지를 취합하여 전반적인 평가를 수행한다. • 운영 과정에서의 어려움이나 개선할 점, 다양한 매체나 기자재 사용에 대한 적절성, 회기별 시간 준수의 수월성 등 프로그램 진행상에 경험했던 여러 가지 의견을 평가에 반영한다.

ⓛ 집단상담 프로그램 평가 시 유의사항

- 프로그램 만족도는 마지막 회기에서 측정하기 때문에 전반부 프로그램에 대한 제목과 내용을 연결시키지 못하는 경우가 있다. 따라서 만족도 평가를 실시하기 이전에 첫 회기부터의 활동에 대해 다시 상기시킬 필요가 있다.
- 양적 분석을 위해 구성하는 설문지는 중학생 정도의 읽기능력을 가진 사람이 쉽게 읽어 낼 수 있도록 간결하고 쉬운 문장으로 구성한다.
- 프로그램에 대해 수정·보완을 할 때에도 개발 단계에서 고려해야 하는 프로그램 내용 및 기법의 원칙을 적용하도록 한다.

② 평가 보고서 : 집단상담 진행자는 평가 결과에 대하여 해석하고 효과를 검증하여 보고서에 제시하도록 한다.

ㄱ 평가보고서의 필요성

- 집단상담 프로그램이 종결되면 프로그램에 대한 평가 보고서를 작성한다.
- 사업 실행에 대한 보고인 동시에 향후 추진될 사업의 기초자료를 제공하기 위해서이다.
- 평가 보고서는 프로그램의 효과성 분석 결과, 집단원의 평가, 진행자와 보조 진행자의 평가 등의 내용을 통합적으로 반영해 작성한다.

ㄴ 보고서에 포함되는 내용

- 작성자 및 작성 일시
- 프로그램명 및 프로그램의 목표
- 프로그램 참여자의 자격
- 회기별 정보 : 실시 일정, 장소, 진행자, 보조 진행자
- 프로그램 운영 과정에 관한 평가 사항
- 세부 프로그램에 대한 평가 사항

ㄷ 프로그램 수정·보완 시 유의사항

- 프로그램의 수정·보완은 평가 내용을 충분히 반영한다.
- 프로그램 평가에서 좋은 피드백을 받은 내용은 그대로 유지하되 진행 과정에서 필요한 통계치나 업데이트가 필요한 자료 등은 즉각적으로 수정한다.
- 프로그램 평가에서 좋은 평가를 받지 못한 프로그램을 수정할 때는 주의가 요구된다. 프로그램의 수정에 앞서 진행 일지를 확인하고, 다음과 같은 경우에는 프로그램에 대한 재검증이 필요하다.
  - 집단역동이 지나치게 수동적이거나 산만한 경우
  - 세부 지도안에 제시된 활동의 시간이 지켜지지 않은 경우
  - 집단 운영 과정에서 집단원의 무리한 언행으로 인해 진행자가 의도적인 개입을 한 이후에 진행된 프로그램인 경우
  - 프로그램에 대한 만족도가 일치하지 않는 경우

(2) 집단상담 프로그램 사후관리

① 사후관리

㉠ 사후관리의 필요성

실생활 적용 지원	사후관리는 상담 현장에서 학습하고 변화된 정서·인지·행동 등이 실생활에 적용될 수 있도록 지원한다.
지속적인 변화 관리 촉진	변화하려는 의지와 같은 심리적 지지나 행동 변화 등을 지키려는 노력, 스스로 동기를 부여하여 목표를 설정하고 접근해 가려는 노력이 퇴색되고 점차 소멸되는 것을 줄이고 지속적인 변화 관리를 촉진한다.
정보 제공	종결되면 필요에 따라 연계 프로그램의 참여, 타 상담기관으로의 의뢰, 직업훈련 등 대상의 욕구에 따라 관련 정보를 제공한다.

㉡ 사후관리의 방법

추수 집단 회기	• 집단원들이 진술한 목표를 얼마만큼 수행했는지, 계약의 내용과 기대를 어느 정도 만족시켰는지를 평가해 보기 위해 갖는다. • 추수 집단 회기는 집단원의 특성에 따라 다소 차이가 있다. • 일반적으로 집단이 종결하고 2~6개월 후에 갖지만, 시급한 의사결정을 수반하는 내용이 필요하다면 종결 후 2주일~1개월 후에 실시하기도 한다.
개별 추수면담	개별적인 추수면담은 많은 시간이 소요되는 단점이 있으나 집단의 효과를 측정하는 좋은 방법이다. 또 집단상담 프로그램에서 개인에게 초점을 맞추는 데 한계가 있었던 점을 고려할 때 보완적으로 사용할 수 있는 좋은 방법이다.
온라인 네트워크	• 시간과 비용을 고려할 때 가장 용이하고 현실적인 사후관리 방법으로 온라인 네트워크를 활용할 수 있다. • 이는 집단상담 프로그램이 종결되기 이전에 구축한 소셜 네트워크 서비스를 이용하는 것인데 반드시 집단원의 동의를 얻어 자발적인 참여 의사를 확인해야 한다. • 온라인 네트워크는 진행자와 집단원, 집단원 간 원활한 소통을 이루어나갈 수 있어 큰 장점이 있다.
오프라인 회합	• 집단원 간 정서적 교류, 친밀성, 강화 차원에서 더 효과적이다. • 집단상담 프로그램이 종결되기 이전에 집단을 이끌어갈 리더를 선발해 두면 진행하는 데에 수월하다.
동호인 모임	• 기관에서 집단상담 프로그램이나 교육이 지속적으로 전개될 때 한 집단에 참여한 집단원은 아닐지라도 유사한 목표와 관심을 갖는 사람들끼리 동호인 모임을 구성할 수 있다. • 이는 관계망의 확장을 가져올 수 있고 인적자원 활용 측면에서 효율성이 큰 이점이 있다.
이벤트	• 집단상담 프로그램을 실시한 기관에서 개최하는 다양한 이벤트를 통해 집단원과의 관계를 지속시키고 소속감을 부여할 수 있다. • 다양한 행사에 대한 홍보와 진행 과정에 집단원의 자발적 참여를 촉진할 수 있으며 최신의 정확한 정보를 제공할 수 있다.

② 사후관리를 위한 **집단상담 진행자의 역할** : 참여자의 사후관리를 통하여 참여자가 성장하도록 돕는다.

변화 관리를 위한 지지자	• 집단원의 목표 달성을 평가하고 이행이 잘 진행되고 있다면 지속적으로 새로운 행동을 실천하여 자신의 인지체계에 정착시킬 수 있도록 돕는 역할을 수행한다. • 만일 집단원이 참여한 프로그램이 취업과 관련된 것이라면 프로그램이 종결된 이후에 집단원의 취업 여부, 근무 유지 기간, 취업준비 과정에서의 애로사항 등에 대해 파악하고 이에 대해 도움을 줄 수 있다.
효과 지속력	집단상담 진행자는 집단원들의 집단 경험 효과를 지속시키기 위해 그 효과가 얼마나 오랫동안 지속되고 그 과정에서 문제점은 없는지 등을 파악하고 적용을 촉진하는 역할을 수행한다.
연계 프로그램의 소개	집단원 개개인의 지지 자원을 파악하고 그들의 실천 목표를 용이하게 수행할 수 있도록 하는 다양한 연계 프로그램을 소개할 수 있다. 필요한 경우 개인 상담을 비롯하여 관련 상담 프로그램, 교육, 자격 취득 훈련과정 등이 이에 해당한다.
사후 네트워킹 조력	집단상담이 종결된 후 집단원과의 소통, 집단원 간의 소통을 위해 진행자는 다양한 방법을 모색하고 이를 조력하는 역할을 수행한다. • 집단원의 동의를 받아 연락망을 공유하는 것을 돕는다. • SNS를 통한 네트워킹에 대한 도움을 준다. • 기관의 승인을 받아 정기적 또는 비정기적 모임의 장소를 제공한다. • 유사한 관심과 목표를 가진 사람들의 동호인 모임을 주선한다.
정보 제공	집단원이 참여한 프로그램과 관련된 진로 정보 및 기관에서의 교육, 행사 등의 정보를 제공하여 집단 참여 경험을 상기시키고 이를 확장해 나갈 수 있도록 돕는 역할을 수행한다.

---

1 집단상담의 집단원의 만족도 평가에서 프로그램 운영 과정에 관한 평가 사항으로 모두 구성된 것은?

> ㉠ 계획 및 준비도 평가 ㉡ 자원·목적 성취도
> ㉢ 전문성 유지 노력에 관한 평가 ㉣ 참여도
> ㉤ 내용 및 진행 만족도

① ㉠, ㉡, ㉢, ㉣, ㉤ ② ㉡, ㉢, ㉤

③ ㉠, ㉢, ㉣, ㉤ ④ ㉢, ㉣, ㉤

해설 프로그램 운영 과정에 관한 평가 사항
㉠ 계획 및 준비도 평가
㉡ 자원·목적 성취도
㉢ 연계에 관한 평가
㉣ 전문성 유지 노력에 관한 평가
㉤ 참여도
㉥ 내용 및 진행 만족도
㉦ 개선사항 및 제언
㉧ 느낀 점

2 집단상담 프로그램의 사후관리의 필요성이 아닌 것은?

① 실생활 적용 지원 ② 지속적인 변화 관리 촉진

③ 정보 제공 ④ 비밀유지 확인

해설 사후관리의 필요성

실생활 적용 지원	사후관리는 상담 현장에서 학습하고 변화된 정서·인지·행동 등이 실생활에 적용될 수 있도록 지원한다.
지속적인 변화 관리 촉진	변화하려는 의지와 같은 심리적 지지나 행동 변화 등을 지키려는 노력, 스스로 동기를 부여하여 목표를 설정하고 접근해 가려는 노력이 퇴색되고 점차 소멸되는 것을 줄이고 지속적인 변화 관리를 촉진한다.
정보 제공	종결되면 필요에 따라 연계 프로그램의 참여, 타 상담기관으로의 의뢰, 직업훈련 등 대상의 욕구에 따라 관련 정보를 제공한다.

3 집단상담 프로그램 수정 · 보완 시 재검증이 필요한 경우가 아닌 것은?

① 집단역동이 지나치게 능동적이거나 산만한 경우

② 세부 지도안에 제시된 활동의 시간이 지켜지지 않은 경우

③ 집단 운영 과정에서 집단원의 무리한 언행으로 인해 진행자가 의도적인 개입을 한 이후에 진행된 프로그램인 경우

④ 프로그램에 대한 만족도가 일치하지 않는 경우

해설 집단상담 프로그램 수정 · 보완 시 재검증이 필요한 경우
　　㉠ 집단역동이 지나치게 수동적이거나 산만한 경우
　　㉡ 세부 지도안에 제시된 활동의 시간이 지켜지지 않은 경우
　　㉢ 집단 운영 과정에서 집단원의 무리한 언행으로 인해 진행자가 의도적인 개입을 한 이후에 진행된 프로그램인 경우
　　㉣ 프로그램에 대한 만족도가 일치하지 않는 경우

4 사후관리를 위한 집단상담 진행자의 역할 중 사후 네트워킹 조력에 해당하는 역할이 아닌 것은?

① 집단원의 동의를 받아 연락망을 공유하는 것을 도움

② SNS를 통한 네트워킹에 대한 도움

③ 기관의 승인을 받아 정기적 또는 비정기적 모임의 장소 제공

④ 다양한 관심과 정보를 가진 사람들의 동호인 모임 주선

해설 사후관리를 위한 집단상담 진행자의 역할 중 사후 네트워크 조력의 역할
　　㉠ 집단원의 동의를 받아 연락망을 공유하는 것을 도움.
　　㉡ SNS를 통한 네트워킹에 대한 도움.
　　㉢ 기관의 승인을 받아 정기적 또는 비정기적 모임의 장소 제공
　　㉣ 유사한 관심과 목표를 가진 사람들의 동호인 모임 주선

ANSWER 1.① 2.④ 3.① 4.④

5 다음에서 설명하는 사후관리 방법에 해당하는 것은?

> • 집단원들이 진술한 목표를 얼마만큼 수행했는지, 계약의 내용과 기대를 어느 정도 만족시켰는지를 평가해 보기 위해 갖는다.
> • 추수 집단 회기는 집단원의 특성에 따라 다소 차이가 있다.
> • 일반적으로 집단이 종결하고 2 ~ 6개월 후에 갖지만, 시급한 의사결정을 수반하는 내용이 필요하다면 종결 후 2주일 ~ 1개월 후에 실시하기도 한다.

① 오프라인 회합   ② 온라인 네트워크
③ 추수 집단 회기   ④ 동호인 모임

해설 사후관리의 방법

추수 집단 회기	• 집단원들이 진술한 목표를 얼마만큼 수행했는지, 계약의 내용과 기대를 어느 정도 만족시켰는지를 평가해 보기 위해 갖는다. • 추수 집단 회기는 집단원의 특성에 따라 다소 차이가 있다. • 일반적으로 집단이 종결하고 2 ~ 6개월 후에 갖지만, 시급한 의사결정을 수반하는 내용이 필요하다면 종결 후 2주일 ~ 1개월 후에 실시하기도 한다.
개별 추수면담	개별적인 추수면담은 많은 시간이 소요되는 단점이 있으나 집단의 효과를 측정하는 좋은 방법이다. 또 집단상담 프로그램에서 개인에게 초점을 맞추는 데 한계가 있었던 점을 고려할 때 보완적으로 사용할 수 있는 좋은 방법이다.
온라인 네트워크	• 시간과 비용을 고려할 때 가장 용이하고 현실적인 사후관리 방법으로 온라인 네트워크를 활용할 수 있다. • 이는 집단상담 프로그램이 종결되기 이전에 구축한 소셜 네트워크 서비스를 이용하는 것인데 반드시 집단원의 동의를 얻어 자발적인 참여 의사를 확인해야 한다. • 온라인 네트워크는 진행자와 집단원, 집단원 간 원활한 소통을 이루어나갈 수 있어 큰 장점이 있다.
오프라인 회합	• 집단원 간 정서적 교류, 친밀성, 강화 차원에서 더 효과적이다. • 집단상담 프로그램이 종결되기 이전에 집단을 이끌어갈 리더를 선발해 두면 진행하는 데에 수월하다.
동호인 모임	• 기관에서 집단상담 프로그램이나 교육이 지속적으로 전개될 때 한 집단에 참여한 집단원은 아닐지라도 유사한 목표와 관심을 갖는 사람들끼리 동호인 모임을 구성할 수 있다. • 이는 관계망의 확장을 가져올 수 있고 인적자원 활용 측면에서 효율성이 큰 이점이 있다.
이벤트	• 집단상담 프로그램을 실시한 기관에서 개최하는 다양한 이벤트를 통해 집단원과의 관계를 지속시키고 소속감을 부여할 수 있다. • 다양한 행사에 대한 홍보와 진행 과정에 집단원의 자발적 참여를 촉진할 수 있으며 최신의 정확한 정보를 제공할 수 있다.

6 다음에서 설명하는 사후관리를 위한 집단상담 진행자의 역할에 해당하는 것은?

> • 집단원의 목표 달성을 평가하고 이행이 잘 진행되고 있다면 지속적으로 새로운 행동을 실천하여 자신의 인지체계에 정착시킬 수 있도록 돕는 역할을 수행한다.
> • 만일 집단원이 참여한 프로그램이 취업과 관련된 것이라면 프로그램이 종결된 이후에 집단원의 취업 여부, 근무 유지 기간, 취업준비 과정에서의 애로사항 등에 대해 파악하고 이에 대해 도움을 줄 수 있다.

① 효과 지속력
② 변화관리를 위한 지지자
③ 연계 프로그램 소개
④ 정보 제공

해설 사후관리를 위한 집단상담 진행자의 역할

변화 관리를 위한 지지자	• 집단원의 목표 달성을 평가하고 이행이 잘 진행되고 있다면 지속적으로 새로운 행동을 실천하여 자신의 인지체계에 정착시킬 수 있도록 돕는 역할을 수행한다. • 만일 집단원이 참여한 프로그램이 취업과 관련된 것이라면 프로그램이 종결된 이후에 집단원의 취업 여부, 근무 유지 기간, 취업준비 과정에서의 애로사항 등에 대해 파악하고 이에 대해 도움을 줄 수 있다.
효과 지속력	집단상담 진행자는 집단원들의 집단 경험 효과를 지속시키기 위해 그 효과가 얼마나 오랫동안 지속되고 그 과정에서 문제점은 없는지 등을 파악하고 적용을 촉진하는 역할을 수행한다.
연계 프로그램의 소개	집단원 개개인의 지지 자원을 파악하고 그들의 실천 목표를 용이하게 수행할 수 있도록 하는 다양한 연계 프로그램을 소개할 수 있다. 필요한 경우 개인 상담을 비롯하여 관련 상담 프로그램, 교육, 자격 취득 훈련과정 등이 이에 해당한다.
사후 네트워킹 조력	집단상담이 종결된 후 집단원과의 소통, 집단원 간의 소통을 위해 진행자는 다양한 방법을 모색하고 이를 조력하는 역할을 수행한다.
정보 제공	집단원이 참여한 프로그램과 관련된 진로 정보 및 기관에서의 교육, 행사 등의 정보를 제공하여 집단 참여 경험을 상기시키고 이를 확장해 나갈 수 있도록 돕는 역할을 수행한다.

ANSWER 5.③ 6.②

직업상담 협업 및 행정

출제경향

2025년 최초 도입 과목으로, NCS 관점에서 유사, 연계 능력단위로 직업상담서비스 협업체계 구축, 직업상담 행정 과목으로 단순 이론보다는 고용서비스 전달체계의 구조 이해를 묻는 문제가 출제되었다.

중앙-지방-유관기관 간 역할 분담, 공공·민간 협업모델, 사례관리 기반 협업체계와 직업상담사의 행정 실무 역할(기관 연계, 조정, 기록, 보고)에 대한 이해 여부를 확인하는 문제가 출제되었으며, 앞으로 개념 정의 및 현장 적용 판단을 묻는 문제가 혼합 NCS 기반으로 출제될 것으로 예상된다.

학습방법

- 실무 중심 이해하기

'암기 과목'이 아니라 구조 이해 과목로 접근해야 문제 해결이 가능하다.

- 협업체계의 흐름과 원리 이해

고용서비스 전달체계와 협업 주체, 역할, 행정적 흐름을 이해하는 것이 중요하다.

- 협업기관 및 사례 적용 이해

국민취업지원제도, 고용복지＋센터 등의 기능과 사례를 중심으로 실무와 관련한 내용을 이해하는 것이 중요하다.

출제 키워드

협업의 필요성, 수준과 범위 이해, 협업의 확장과 네트워크 이해, 공공·민간 협업, 직업상담 행정관리 이해

직업상담 행정의 기술(Katz)

협업체계 구축 및 운영

(1) 협업범위와 기준 결정

① 협업기준 결정 : 협업기준이란 대상자의 진로장애 요인, 서비스 필요 정도에 따라 협업 대상기관을 선정하는 기준으로 대상자 유형에 따라 차별화된 지원 필요함에 따라 협업 대상기관을 선정기준이 요구된다.

  ㉠ 청년(청년기본법에 의거, 19세 이상 34세 이하) : 진로목표 미설정 → 진로탐색기관 연계

  ㉡ 여성 : 경력단절 → 새일센터, 보육기관 협업

  ㉢ 제대군인 : 전직 → 전직지원센터, 군 전문 상담기관 연계 등

  ㉣ 신중년(50세 전후 퇴직해 재취업 일자리를 찾는 과도기 세대) : 전직 → 50+재단 연계 등

② 협업 네트워크 대상

  ㉠ 공공고용안정기관 : 우리나라의 공공고용안정기관은 고용복지플러스센터가 대표적이며, 취업알선, 고용보험, 고용정보 제공, 직업훈련 서비스 등을 수행하여 지역 내 일자리 허브 역할을 담당한다.

  ㉡ 민간고용안정기관

   • 비영리법인은 재단법인과 사단법인으로 구성되며, 정부와 지자체로부터 위탁을 받아 운영되는 경우가 많다.

   • 영리법인은 「직업안정법」에 따라 직업소개사업(무료·유료), 근로자공급사업, 직업정보제공사업, 근로자파견사업, 직업능력개발훈련사업 등을 수행한다.

   • 민간기관은 공공기관의 기능을 보완하면서도 유연하고 특화된 고용서비스를 제공한다.

〈기관유형별 주요기능〉

유형	기관	주요 기능
공공고용안정기관	고용복지플러스센터	고용·복지·서민금융 원스톱 서비스
	노사발전재단	전직지원·고용안정 지원
	한국산업인력공단	직업능력개발·자격검정
	한국장애인고용공단	장애인 자립·고용지원
민간고용안정기관	비영리법인	정부·지자체 위탁 운영
	영리법인	직업소개, 파견, 훈련사업
지역사회·기타	대학·특성화고, 여성새로일하기센터, 다문화가족지원센터	대상 맞춤형 지원

③ 거버넌스

　㉠ 개별적 요인이나 요인들 사이의 단순한 상관관계가 아니라 유기적 결합, 네트워크의 공식적, 비공식적 요인 등을 고려한다.

　㉡ 정부, 시민사회, 국민의 파트너십을 전제하고 자원 배분장치로서 경쟁적인 이익과 목표들을 조정한다.

　㉢ 거버넌스 파트너십 형성

- 단순히 프로그램을 모니터링하는 것에 그치지 않고 실제 이슈에 대하여 주도적으로 함께 참여한다.
- 협력자들이 서로 이해하여 신뢰성을 충분히 확보해야 가능하다.
- 제한된 시간이나 매우 억압적 환경에서는 협업이 가능하지 않다. 충분한 시간이 필요하다.
- 협업에 반드시 수반되는 것이 갈등과 스트레스이며 갈등과 스트레스는 협업하지 않는 것보다 바람직하다.
- 기존의 자원을 더 잘 활용하여 문제를 해결한다.
- 협업적 리더는 함께 일을 할 수 있게 만든다.

　㉣ 정부와 거버넌스의 특성과 작동원리

구분	정부	거버넌스
개념적 핵심	제도화된 권한과 기능	통치활동과 과정
권력 측면	정당한 강제력, 규제 기능 및 공공질서 유지	의제 창도, 개발 및 설정과 파트너십 창출
행정의 역할	집합적 의사결정을 가속하는 집행	집합적 발전 노력에서의 촉진자 및 조정자
조직행태	계층제	네트워크
행위자로서의 공공기관 역할	자족적 행위자	조정자
절차적 초점	내부행정 및 서비스 과정	외부관계
자원	권한에 부여되는 재정지원	공동체와 광역적 맥락이 가진 다양한 자원
시민역할	국민	적극적 참여자
업무	규제대상	파트너

④ 협업수준과 범위결정

  ㉠ 의사소통은 단순히 정보를 교환하는 단계이다.

  ㉡ 협력은 공동 프로그램을 운영하는 단계이다.

  ㉢ 협업은 자원과 예산을 통합하여 운영하는 심화된 단계이다.

〈관계집중도와 조직 통합수준에 따른 분류〉

의사소통	협력	조정	협업	융합	통합

약함   관계의 집중도   강함

수준	정의	특징
의사소통	단순 정보 교환	기본적인 자료 공유 단계
협력	공동 프로그램 운영	특정 사업 공동 수행
협업	자원 · 예산 통합 운영	장기적, 제도화된 협력

⑤ **성공적 협업 요소**

  ㉠ 개별기관의 차별성을 활용한다.

  ㉡ 협약의 중요성을 인식하고, 협약기관의 독립성을 인정한다.

  ㉢ 실무자와 기관 모두의 적극적인 노력을 요구한다.

  ㉣ 협업은 정보공유와 커뮤니케이션 활성화가 전제된다.

  ㉤ 협약은 제도화 및 신뢰를 구축한다.

⑥ **린덴(Linden)의 협업이 바람직하지 않은 상황** : 협업은 언제나 긍정적인 것이 아니라, 상황에 따라 신중하게 선택해야 한다.

  ㉠ 시간이 촉박하여 협업 효과가 없을 때

  ㉡ 담당 관리자가 협업역량을 갖추지 못했을 때

  ㉢ 협업비용이 편익보다 클 때

  ㉣ 협업대상과의 신뢰가 부족할 때

  ㉤ 고객이 협업을 원하지 않을 때

  ㉥ 시기적으로 부적절할 때

(2) 네트워크 구축

① 협업의 필요성

㉠ 직업상담 서비스의 경쟁력을 높인다.

㉡ 새로운 프로그램을 개발한다.

㉢ 기관 간 경쟁우위를 확보한다.

㉣ 각 기관의 핵심역량을 최대한 활용한다.

㉤ 인력과 기술을 공동으로 활용하여 비용을 절감한다.

구분	주요 내용	비고
과거(제조업 기반)	효율성 · 전문성 극대화	기관별 독립 운영
현재(무한경쟁 사회)	적극적 소통 · 협력 필수	기관 간 네트워크 통한 경쟁력 확보

② 인적자원 네트워크 구조 및 형태

㉠ **사회적 대화** : 기업 수준에서부터 국가 수준에 이르기까지 나타나는 노 · 사 · 정 이해관계자들의 공식 · 비공식의 접촉이다.

㉡ **사회적 자문** : 국가 수준에서 이루어지는 노 · 사 · 정 간의 상호 의견교환이다.

㉢ **사회적 협의** : 사회 경제정책 결정 과정에 대한 노사의 참여이다.

㉣ **사회적 합의주의** : 노 · 사 · 정 간의 대화와 정치적 교섭을 통해 사회 · 경제 정책과 관련된 제 문제를 해결하는 대의적 이익대표체계이다.

③ 네트워크 구축 방법

㉠ 취업박람회

㉡ 세미나(seminar)

㉢ 컨퍼런스(conference)

㉣ 포럼(forum)

㉤ 워크숍(workshop)

㉥ 전문가 커뮤니티

(3) 협업 협의 및 확장

① MOU의 필요성

㉠ 내부적 필요성

• 실무자가 업무수행과 관련하여 특정 기관과의 업무협약이 필요한 경우

• 정책추진상 기관장 또는 상급자의 지시로 해당 업무 담당자가 업무협약을 진행하게 되는 경우

㉡ 외부적 필요성 : 외부기관의 요청에 의해 진행하는 경우

② MOU 구성항목

　　㉠ MOU 체결목적

　　㉡ 협약내용

　　㉢ 역할분담

　　㉣ MOU 기간

　　㉤ 성실의무

　　㉥ 비밀유지

③ 민관협업

　　㉠ 공동목표 달성과 상호이익을 위하여 공공부문과 민간부문이 동반관계로서의 균형을 이루는 협상과정이다.

　　㉡ **민관협업 효과**

　　　• 공공부문은 민간부문의 전문성, 정보력, 창의력, 기술력, 자본력 등을 활용한다.

　　　• 민간부문은 공공부문의 공신력, 행정력, 관리력, 추진력 및 정보력 등을 이용 가능하다.

　　㉢ **공공직업안정기관과 민간직업안정기관의 협업이 증가하는 이유**

　　　• 4차산업혁명으로 인한 노동공급의 변화와 직업안정체계의 개편 요구 증가

　　　• 직업안정서비스 범위 확대, 접근이 용이한 환경 조성 요구 증가

　　　• 다기능을 소유한 전문가, 기술자 수요 증가, 서비스 근로자 증가에 따른 직업 안정망 구축 필요성

　　　• 진로단절 여성의 복귀, 평균수명 연장에 따른 신중년 인생 2모작, 이전직 증가, 재교육 및 훈련 필요성 증대 등

　　㉣ **공공과 민간직업안정기관의 협업방안**

　　　• 구직 · 구인 정보의 공유 및 활용

　　　• 직업 분류 및 적성 분석과 인적사항 기재의 표준화 및 공동 사용(노동시장의 정보 투명성을 향상)

　　　• 교육 · 훈련 분야의 프로그램 연계

　　　• 교육 · 훈련 분야의 프로그램 개발 및 운영에서의 행정 간소화

　　　• 장기실업자 등 취약계층에 대해 연계 프로그램 개발

　　　• 전문 상담사 등 서비스 관계자에 대한 인적자원 교환 및 훈련실시

　　　• 직업안정 서비스의 품질 향상을 위한 상호 의견교환 및 상담

　　　• 공공으로부터 민간으로의 계약을 통한 전문화된 업무 위탁 활성화

　　　• 민간의 전문성과 자율성 보장

　　　• 행정 중심에서 서비스 중심으로 변화

(4) 협업체계 활용 및 관리

① 협업체계 운영 평가 필요성

　㉠ MOU 체결 목표가 어느 정도 달성되었는지 객관적인 평가를 통해 확인할 수 있다.

　㉡ 협업체계에 대한 평가는 협업체계가 더 나은 방향으로 발전하는 데 도움을 준다.

　㉢ 협업에 대한 평가는 변화하는 기관 간의 요구에 대처하는 데 유용하다.

　㉣ 협업체계에 대한 평가는 그 기관을 보조하고 후원하는 모든 기관, 단체, 개인의 요구에 합리적으로 대응할 수 있다.

② 협업체계 운영 평가보고

　㉠ 평가보고서

　• MOU 체결을 시작해서 끝마칠 때까지 협업한 내용을 분석하고 그 결과를 작성한 문서이다.

　• MOU의 목적, 방법, 결과에 대하여 정확하게 작성되어야 한다.

　㉡ 평가보고서의 기본요건

　• 논리성 : 협업의 전 과정을 분석하되 논리적이고 체계적으로 작성해야 한다.

　• 주관성 : 평가보고서는 작성하는 기관의 입장에서 객관적 자료를 토대로 작성한다.

　• 정확성 : 각종 자료의 정보, 즉 인명이나 기관명, 출처, 통계자료 등의 정확성은 평가보고서의 필수요건이다

　• 일관성 : 사용하는 용어, 체제, 관점, 서술방식, 숫자표현 방법 등이 일관성을 유지해야 한다.

　• 가독성 : 내용을 쉽게 쓰라는 것이 아니라 같은 내용이라도 상사나 동료들이 이해하기 쉽도록 표현한다.

1 다음 중 슈퍼(Super)가 제시한 진로유형으로 옳지 않은 것은?

① 안정된 가정주부형

② 전통적 진로형

③ 전환적 유형

④ 전통적 진로형

해설 ③ 전환적 유형은 긴즈버그의 진로유형에 해당된다.

TIP 진로유형

㉠ **슈퍼**(Super, 1957) : 여성의 진로발달 이론을 최초로 제시했으며, 7개의 진로유형을 제시하였다.
- 안정된 가정주부형 : 학교를 졸업하자마자 곧바로 결혼하여 전업주부로 살아가는 유형이다.
- 전통적 진로형 : 학교 졸업 후 취업을 하였다가 결혼과 동시에 퇴직을 하고 가정생활을 영위하는 유형이다.
- 안정적 진로형 : 학교를 졸업 후 직업을 가진 뒤 결혼과 무관하게 지속적으로 직업을 갖는 유형이다.
- 이중 진로형 : 학교를 졸업하자마자 곧바로 결혼하여 직업을 갖는 유형이다.
- 단절 진로형 : 학교를 졸업하고 일을 하다가 결혼을 하면서 퇴직을 하고 자녀 육아에 전념하다 자녀가 어느 정도 성장하면 재취업하는 유형이다.
- 불안정한 진로형 : 가정생활과 직장생활을 번갈아가며 시행하는 유형이다.
- 충동적 진로형 : 상황에 따라 취업과 퇴직을 하는 등 일관성 없는 진로 유형이다.

㉡ **긴즈버그**(Ginzberg, 1966)
- 전통적 유형 : 가정주부를 고집하는 유형이다.
- 전환적 유형 : 직장을 가지기는 하지만 직장보다는 가정을 더 우선시하는 유형이다.
- 혁신적 유형 : 직장과 가정을 똑같이 강조하는 유형이다.

---

2 다음 중 직업상담 대상에 대한 설명으로 틀린 것은?

① 북한이탈주민이란 군사분계선 이북지역에 주소, 직계가족, 배우자, 직장 등을 두고 있는 사람으로서 북한을 벗어난 후 외국 국적을 취득하지 아니한 사람을 말한다.

② 진로단절여성은 결혼, 출산, 육아로 인하여 노동시장에서 퇴장하고 일정기간이 흐른 뒤 재진입하게 된 대상을 의미한다.

③ 청년기본법상 청년은 15세 이상 29세 이하를 의미한다.

④ 신중년은 주된 일자리에서 50세를 전후로 퇴직해 재취업 일자리 등에 종사하는 과도기 세대를 의미한다.

해설 직업상담 서비스 대상자
　㉠ **청년** : 법에 따른 나이 기준은 상이하다.
　　• 청년기본법(19세 이상 34세 이하)
　　• 지방자치단체 청년 기본 조례
　　－18세 이상 34세 이하(부산광역시)
　　－19세 이상 39세 이하(대구광역시, 광주광역시, 대전광역시, 서울특별시, 울산광역시, 세종특별자치시 등)
　　• 청년고용촉진특별법(15세 이상 ~ 29세 이하) : 특칙으로는 만 15세 이상 34세 이하로 규정하고 있으며 군필자의 경우 복무기간에 비례하여 참여 제한 연령을 연동하여 적용하되 최고 39세로 한정하고 있다. 고용노동부에서도 청년인턴제와 청년내일채움공제(만 15세 이상 34세 이하), 국민취업지원제도(만 18세 이상 34세 이하)로 다르게 적용하고 있다.
　㉡ **장애인** : 장애인의 개념은 시대와 그 시대의 가치, 법에 따라 상이하게 변화되었고 정의되고 있다.
　　• 장애인 고용촉진 및 직업재활법 제2조 : 신체 또는 정신상의 장애로 장기간에 걸쳐 직업생활에 상당한 제약을 받는 사람
　　• 산업재해 보상보험법 제5조 : 장해란 부상 또는 질병이 치유되었으나 정신적 또는 육체적 훼손으로 인하여 노동능력이 상실되거나 감소한 상태
　　• 장애인복지법 제2조 : 신체적 · 정신적 장애로 오랫동안 일상생활이나 사회생활에서 상당한 제약을 받는 자
　㉢ 진로단절여성은 결혼, 출산, 육아로 인하여 노동시장에서 퇴장하고 일정기간이 흐른 뒤 재진입하게 되는 진로형태
　㉣ 제대군인은 지속적으로 직업생활을 영위하였으나 일반적 직장문화와 격리된 상태로 군대라는 폐쇄적 직장에 장기간 근무한 경험을 가진다.
　㉤ 북한이탈주민은 군사분계선 이북지역에 주소, 직계가족, 배우자, 직장 등을 두고 있는 사람으로서 북한을 벗어난 후 외국 국적을 취득하지 아니한 사람(북한이탈주민 의 보호 및 정착에 관한 법 제2조)을 말한다.
　㉥ 다문화가족은 결혼이민자(재한외국인 처우 기본법 제2조)와 국적법 제2조부터 4조까지 규정에 따라 대한민국 국적을 취득한 자로 이루어진 가족을 포함한다.
　㉦ 신중년은 주된 일자리에서 50세를 전후로 퇴직해 재취업 일자리 등에 종사하는 과도기 세대를 의미한다.

3 다음 중 공공고용안정기관의 기능으로 옳지 않은 것은?

① 직업상담

② 직업지도

③ 고용보험 적용 및 사업 집행

④ 공공고용안정기관에 대한 지도 · 감독

해설 공공고용안정기관의 기능
   ㉠ 직업상담
   ㉡ 직업지도
   ㉢ 고용보험 적용 및 사업 집행
   ㉣ 국민취업지원제도 시행
   ㉤ 고용정보 수집 · 분석 · 체계화 · 가공 · 제공
   ㉥ 민간고용안정기관에 대한 지도 · 감독

4 아래에서 설명하는 용어로 알맞은 것을 고르시오.

> • 고객과 이해관계자와 연계하여 문제를 해결하는 기제를 의미한다.
> • 사회 내 다양한 기관이 자율성을 지니면서 함께 국정운영에 참여하는 변화 통치 방식을 말한다.
> • 다양한 행위자가 통치에 참여하고 협력하는 점을 강조해 '협치(協治)', '협업'이라고도 한다.

① 파트너십

② 네트워크

③ 협력

④ 거버넌스

해설 거버넌스(governance)
거버넌스 개념은 매우 다양한데 일반적으로 정부나 국가 중심으로 계획을 스립하고 집행하는 것이 아니라 고객과 이해관계자와 연계하여 문제를 해결하는 기제를 의미한다. 사회 내 다양한 기관이 자율성을 지니면서 함께 국정운영에 참여하는 변화 통치 방식을 말하며, 다양한 행위자가 통치에 참여하고 협력하는 점을 강조해 '협치(協治)', '협업'이라고도 한다.

5 다음 중 직업상담 협업의 성공요소로 적합하지 않은 것은?

① 협약기관의 독립성 인정

② 협약의 중요성 인식

③ 개별기관의 보편성 활용

④ 정보의 공유

해설 협업의 8가지 성공요소
- ㉠ 개별기관의 차별성 활용
- ㉡ 협약의 중요성 인식
- ㉢ 협약기관의 독립성 인정
- ㉣ 적극적 노력
- ㉤ 정보의 공유
- ㉥ 커뮤니케이션 활성화
- ㉦ 협약의 시스템화
- ㉧ 신뢰

6 린덴(Linden, 2010)이 제시한 협업이 바람직하지 않은 상황으로 적합한 것은?

① 시기 적절할 때

② 시간이 촉박할 때

③ 협업대상간 관계에 큰 갈등이 없을 때

④ 협업의 편익(benefits)이 비용(costs)을 초과할 때

해설 린덴(Linden, 2010)이 제시한 협업이 바람직하지 않은 7가지 상황
- ㉠ 시간이 촉박할 때
- ㉡ 해당과제를 담당해야 할 관리자에게 보다 중요한 일들이 산적해 있을 때
- ㉢ 협업대상이 과거 많은 갈등을 일으켰거나 신뢰가 높지 않을 때
- ㉣ 해당과제를 앞장서 추진하고자 하는 관리자가 충분한 관리역량을 갖추지 못한 경우
- ㉤ 협업의 비용(costs)이 편익(benefits)을 초과할 때
- ㉥ 해당과제의 추진을 통해 혜택을 입을 고객들이 막상 그 과제에 큰 관심이 없을 때
- ㉦ 시기가 적절하지 않을 때

7 협업은 참여하는 사람 관계의 집중도, 조직의 통합 수준에 따라 구분된다. 다음 중 협업수준이 가장 높은 형태로 적합한 것은?

① 의사소통　　　　　　　　　　　② 협조
③ 협력　　　　　　　　　　　　　④ 통합

해설　④ 통합은 정보 · 자원 · 목표까지 완전히 공유하는 단계로 협업 수준 중 가장 높은 형태에 해당된다.

TIP 협업형태

의사소통(communication), 협력(cooperation), 조정(coordination), 협업(collaboration), 융합(convergence), 통합(consolidation)

의사소통	협력	조정	협업	융합	통합

약함　　　　　　　　　　관계의 집중도　　　　　　　　　강함

8 직업상담 서비스 유관기관 및 인적자원 확보와 네트워크 구축을 위한 방법으로 적합하지 않은 것은?

① 포럼　　　　　　　　　　　　　② 유선전화
③ 취업박람회　　　　　　　　　　④ 컨퍼런스

해설　네트워크 구축 방법
　㉠ 취업박람회
　㉡ 세미나(seminar)
　㉢ 컨퍼런스(conference)
　㉣ 포럼(forum)
　㉤ 워크숍(workshop)
　㉥ 전문가 커뮤니티

9 다음 중 협업이 필요한 이유로 적합하지 않은 것은?

① 시스템의 부재

② 기관 간 핵심역량 최대 활용

③ 직업상담 서비스 경쟁력 제고 필요

④ 직업상담 서비스 프로그램 개발과 개발역량 제고

해설 시스템의 부재는 협업의 장애 요인에 해당된다.

TIP 협업의 이유

㉠ 직업상담 서비스 경쟁력 제고 필요
㉡ 직업상담 서비스 프로그램 개발과 개발역량 제고
㉢ 직업상담 서비스 기관 간 경쟁우위 확보
㉣ 기관 간 핵심역량 최대 활용
㉤ 협업기관의 인력, 기술을 활용 비용절감

TIP 협업의 장애 요인

㉠ 소통을 어렵게 하는 보수적 조직문화
㉡ 기관간 이기주의
㉢ 시스템의 부재
㉣ 공통목표의 부재
㉤ 업무성과에 따른 논공행상의 어려움

10 협업기준 설정 시 고려할 사항이 아닌 것은?

① 대상자 분석

② 기관의 서비스 내용

③ 기관의 교통 접근성

④ 협업 필요성 평가

해설 ③ 교통 접근성은 부차적 요인이며 가장 중요한 기준은 대상자의 필요와 기능 적합성이다.

직업상담 행정

(1) 직업상담 실적 관리

① 직업상담 실적 결과물 : 상담 기록지, 상담 프로그램 결과서, 연구 · 조사 보고서, 강의 계획서 · 만족도 조사 결과

② 직업상담의 기획과 설계

   ㉠ 직업상담의 기획 : 직업상담은 설계와 기획을 통하여 계획적으로 운영되어야 하며, 이를 위하여 1년 단위, 반년 단위, 월 단위 등으로 상담활동 계획을 수립한다.

   ㉡ 직업상담의 설계

     • 직업상담의 설계는 상담을 운영할 시간과 방법, 프로그램의 개발, 진행자, 평가 등에 관한 틀을 만드는 것이다.

     • 직업안정기관의 직업상담가인 경우, 구인 · 구직 개척에 대한 업무, 직업상담 관련 행사 기획 등이 포함된다.

     • 직업상담의 설계는 직업상담 운영의 구조를 확정하는 것으로, 직업상담의 연구와 평가 결과에 의하여 결정된다.

     • 상담 측면에서는 초기상담 이전에 검사를 실시할 것인가에 관한 사항, 검사 결과를 제공하는 방법, 상담과정에 대한 평가 방법, 상담 감독자의 책임과 권한, 상담자의 윤리 등을 포함한다.

③ 직업상담 서비스의 질 관리 방법

   ㉠ MBO(Management By Objectives)

   ㉡ BS(Balanced Scorecard)

   ㉢ TQM(Total Quality Management)

④ 직업상담 실적 관리

   ㉠ 직업상담 실적 결과물

   ㉡ 직업상담 실적관리

   ㉢ 과정 관리

⑤ 직업상담 평가모형

   ㉠ 계획 · 프로그램 · 예산 계상 체계 (PPBS : Planning, Programming, Budgeting System)구체적으로 진술된 목표, 목적, 평가 기준, 프로그램의 설계에 관한 것으로, 효과적인 상담이 중요한 변수로 작용하여 비용 · 효과를 분석하는 것이다.

ⓛ 맥락 · 입력 · 과정 · 생산 모형(CIPPM : Context, Input, Process, Product Model)관리자나 심리학자가 측정하며, '내담자가 목적을 성취하였는가?', '직업상담가가 생산적인가?'에 관점을 두고 행동적 목적과 성취를 평가하는 것이다.

(2) 직업상담 사무 관리

① 직업상담 사무 관리의 정의 : 직업상담 과정에서 생산되는 정보를 효율적으로 관리하는 것이다.

② 직업상담 사무 관리의 범위

　㉠ 행정에서 생산되는 서류, 상담 과정에서 발생되는 상담일지, 초기면담지, 상담기록지, 진단결과지, 종합 상담 의견서, 워크시트지, 활동기록지 등을 포함한다.

　ⓛ 직업상담에는 정보와 관련하여 게시판 관리, 이메일 및 유튜브, SNS 기록지 등이다.

　ⓒ 각종 계약서, 제안서, 보고서, 주간, 월간, 연간 업무보고서, 직업상담 사무 관리에는 직업상담 인력에 대한 근로계약, 연봉체결 등과 취업규칙, 안전규칙 등과 같은 규칙도 망라해서 포함한다.

③ 직업상담사무관리의 목적

　㉠ 목표설정 및 연계

　ⓛ 기획 및 조직화

　ⓒ 정보 처리 및 업무 수행

④ 직업상담 사무 관리의 실제

　㉠ 문서 처리의 원칙

　　• 즉일 처리 원칙

　　• 책임 처리 원칙

　　• 적법성의 원칙

　ⓛ 기안 : 행정기관의 의사를 결정하기 위하여 문안을 작성하는 것을 말한다.

　ⓒ 기안문작성 시 유의사항

　　• 정확성

　　• 신속성

　　• 용이성

　　• 경제성

　　• 성실성

⑤ 직업상담 행정 기술(Katz)

　㉠ 사무처리 기술 : 업무 절차 · 도구를 정확히 다루는 기술로 전산입력, 통계 · 실적 보고, 상담기록 관리, 제도 · 양식 활용 능력을 의미한다.

　ⓛ 인화적 기술 : 사람과의 관계 · 소통 · 협업 기술로 내담자 관계 형성, 동료 · 상사 협업, 민원 · 갈등 조정, 대외 협력하는 능력을 말한다.

ⓒ **구상적 기술** : 개별 업무를 넘어, 직업상담 행정을 시스템으로 이해하고 정책, 성과, 리스크 관점에서 상황을 파악하는 기술로 고용·훈련정책 흐름 이해, 사업·성과지표 해석, 서비스·프로그램 기획하는 능력이다.

(3) 직업상담 시설 관리

① **직업상담실 관리**
- ㉠ 상담실 환경 및 비품
- ㉡ 내담자의 편안함 확보
- ㉢ 교육훈련장 관리

② **직업상담 각종 서식**
- ㉠ **상담신청서** : 내담자에 관한 일반적 사항을 기록, 직업안정기관에서는 구인표를 상담신청서로 대체 가능하다.
- ㉡ **초기면담 기록지** : 내담자의 표정, 태도, 옷차림 등에 대한 상세한 정보와 상담하러 오게 된 경위, 가계도, 주요 호소 문제 등에 대해서 알아보며, 상담자의 평가와 의견을 제시한다.
- ㉢ **상담과정 기록지** : 상담이 진행된 일시, 시간, 회기 수, 다음 회기, 상담 내용, 주요 호소 문제, 진단 및 주요 상담 방법, 상담 후의 주요 변화, 직업상담가의 평가 및 의견 등으로 구성된다.
- ㉣ **상담 사례 요약서** : 상담 종결시 작성하며 상담 시작 일시, 종료 일시, 주요 호소 문제, 최종 진단 및 상담방법, 상담 후의 주요 변화, 상담 종결 의견, 직업상담가의 총평가 등을 기록한다.
- ㉤ **상담일지** : 매 상담이 종료되면 상담 진행 건수, 내담자 성명, 총상담 횟수, 상담 내용 등을 간략하게 기록한다.

③ **프로그램 운영**
- ㉠ **직업상담 프로그램 운영 계획서** : 프로그램 운영 시 프로그램 운영 장소, 집단 구성원, 진행자, 사용 도구, 프로그램 운영 시간, 운영 방법 등을 기재한다.
- ㉡ **직업상담 프로그램 운영 결과** : 프로그램을 운영한 후에 상담자는 프로그램을 평가하고, 그 결과를 다음 프로그램 운영에 반영하기 위하여, 종료 후 구성원의 주요 변화, 참고사항, 평가, 진행자의 의견 등을 기록한다.

(4) 전산망 관리

① **지능정보 및 정보보안**
- ㉠ **지능정보기술**〈「지능정보화기본법」 제2조(정의)〉
  - 전자적 방법으로 학습·추론·판단 등을 구현하는 기술이다.
  - 데이터[부호, 문자, 음성, 음향 및 영상 등으로 표현된 모든 종류의 자료 또는 지식을 말한다.]를 전자적 방법으로 수집·분석·가공 등 처리하는 기술이다.

- 물건 상호 간 또는 사람과 물건 사이에 데이터를 처리하거나 물건을 이용·제어 또는 관리할 수 있도록 하는 기술이다.
- 「클라우드 컴퓨팅 발전 및 이용자 보호에 관한 법률」 제2조(정의) 제2호에 따른 클라우드 컴퓨팅 기술이다.
- 무선 또는 유·무선이 결합된 초연결 지능 정보통신 기반 기술이다.
- 그 밖에 대통령령으로 정하는 기술이다.

ⓛ **지능정보화** : 정보의 생산·유통 또는 활용을 기반으로 지능정보기술이나 그 밖의 다른 기술을 적용·융합하여 사회 각 분야의 활동을 가능하게 하거나 그러한 활동을 효율화·고도화하는 것을 의미한다.
- 「전기통신사업법」 제2조(정의) 제6호에 따른 전기통신 업무와 이를 이용하여 정보를 제공하거나 정보의 제공을 매개하는 것이다.
- 지능정보기술을 활용한 서비스이다.
- 그 밖에 지능정보화를 가능하게 하는 서비스이다.

ⓒ **정보통신망** : 초연결 지능정보통신망과 이에 접속되어 이용되는 정보통신 또는 지능정보기술 관련 기기·설비, 소프트웨어 및 데이터 등이다.

ⓔ **정보문화** : 지능정보화를 통하여 사회구성원에 의하여 형성되는 행동방식·가치관·규범 등의 생활양식을 의미한다.

ⓜ **정보격차** : 사회적·경제적·지역적 또는 신체적 여건 등으로 인하여 지능정보 서비스, 그와 관련된 기기·소프트웨어에 접근하거나 이용할 수 있는 기회에 차이가 생기는 것을 말한다.

ⓗ **정보보호** : 정보의 수집·가공·저장·검색·송신 또는 수신 중 발생할 수 있는 정보의 훼손·변조·유출 등을 방지하기 위한 관리적·기술적 수단[이하 '정보보호 시스템'이라 한다.]을 마련하는 것을 말한다〈「지능정보화기본법」 제2조(정의)〉.

② **정보보완**

㉠ **정보보안의 원칙**

- 기밀성(confidentiality) : 허락되지 않은 사용자 또는 객체가 정보의 내용을 알 수 없도록 하는 것이다.
- 무결성 (integrity) : 허락되지 않은 사용자 또는 객체가 정보를 함부로 수정할 수 없도록 하는 것이다.
- 가용성(availability) : 허락된 사용자 또는 객체가 정보에 접근하려 하고자 할 때 방해받지 않도록 하는 것이다.

㉡ **정보보안의 의미**

- 정보의 수집, 가공, 저장, 검색, 송신, 수신 도중에 정보의 훼손, 변조, 유출 등을 방지하기 위한 관리적, 기술적 방법이다.
- 정보보호(information protection)란 정보를 제공하는 공급자 측면과 사용자 측면에서 논리적이고 물리적인 장치를 통해 미연에 방지하는 것이다.
- 정보보호의 기술, 암호화 기술, 해킹과 정보보호, 컴퓨터 바이러스, 시스템 보안, 네트워크 보안, 전자상거래 보안, 웹과 전자우편 보안 등 컴퓨터 보안 전반

ⓒ 정보관리

- 정보를 관리하는 담당자는 정보가 유출되지 않도록 대외비 자료를 분명하게 설정한다.
- 저장매체나 기억매체에 반드시 비밀번호를 부여하여 관리한다.
- 보안 정보나 대상에 따라 등급을 부여하고 중요도에 따라 관리 방법으로 따로 관리한다.
- 전산 자료 보안, 컴퓨터 및 보조 기억 매체 보안, 비밀번호 부여, 전자우편/전자 결재/게시판 보안, 사용자 이름 보안, 전산망 보안, 주전산기 보안, 고객의 보안, 시설 보안 등에 대한 규칙을 마련한다.

출제예상문제 | 직업상담 행정

1 **직업상담 시설 관리에 대한 설명이다. 다음 설명 중 잘못된 것은?**

① 상담실은 채광이 잘되고 쾌적한 장소이어야 한다.

② 상담실은 단정하고 청결을 유지해야 한다.

③ 내담자와 거리는 성에 관계없이 통상 85 ~ 90cm로 권하고 있다.

④ 내담자의 자리는 출입구에 직면하는 것이 좋다.

> **해설** 직업상담실 환경
> ㉠ 부드러운 조명, 침착한 색조, 정돈된 분위기, 조화 있게 배치된 안락한 가구들 비치
> ㉡ 상담자와 내담자와의 면담 거리가 유지될 수 있는 가구 배치, 직업 관련 서적들 비치
> ㉢ 채광이 잘되고 쾌적한 장소
> ㉣ 내담자의 자리가 채광과 출입구에 직면하는 것을 피하여 배치

2 **직업상담 사무에서 내부문서, 발신문서 등 업무와 관련한 사업이나 활동 계획의 초안을 만드는 것을 무엇이라 하는가?**

① 기안

② 지능정보화

③ 초기면담기록지

④ 결제

> **해설** ① 기안 : 행정기관의 의사를 결정하기 위하여 문안을 작성하는 것이다.

3 기안 작성 시 유의사항으로 옳지 않는 것은?

① 정확성   ② 지속성

③ 신속성   ④ 용이성

해설 기안문 작성 시 유의사항
- ㉠ **정확성** : 육하원칙에 의하여 작성하며 오탈자나 개수 착오 없이 작성한다.
- ㉡ **신속성** : 문장은 짧게 끊어서 개조식으로 쓰며 항목별로 표현하고, 가급적이면 먼저 결론을 쓰고 그 다음에 이유나 설명을 한다.
- ㉢ **용이성** : 읽기 쉽고 알기 쉬운 말을 쓰며, 한자나 어려운 전문용어는 피한다.
- ㉣ **경제성** : 일상 반복적인 업무는 표준 기안문을 활용하며, 용지규격 · 지질을 표준화하고, 서식을 통일하며 문자를 부호화하여 활용한다.
- ㉤ **성실성** : 성의가 있고 진실하게 작성하며 적절한 경어를 사용하며, 감정적이거나 위압적인 과격하거나 과장된 표현은 쓰지 않는다.

4 직업상담 실적 관리를 위해 절차에 따른 실적보고 시 고려해야 할 사항으로 적합하지 않은 것은?

① 실적보고는 비정기적으로 진행한다.

② 사업별로 구분하여 월별, 분기별로 실적 보고를 한다.

③ 실적보고에 나타난 문제점을 제기하고 대응 방안을 강구한다.

④ 실적보고 결과를 공유한다.

해설 직업상담 실적관리
- ㉠ 절차에 따라 정기 및 수시 실적을 보고한다.
- ㉡ 주간업무 보고를 한다.
- ㉢ 사업별로 구분하여 월별, 분기별로 실적보고를 한다.
- ㉣ 실적보고에 나타난 문제점을 제기하고 대응 방안을 강구한다.
- ㉤ 실적보고 결과를 공유한다.

ANSWER 1.④ 2.① 3.② 4.①

5 평가는 계속적 과정이기 때문에 직업상담가는 이러한 준비를 위하여 평가시간을 기획한다. 관리자나 심리학자가 측정하며, '내담자가 목적을 성취하였는가? 직업상담가가 생산적인가?'에 관점을 두고 평가하는 모델로 옳은 것은?

① PPBS 평가모델
② CIPPM 평가모델
③ 목표 평가모델
④ 가치판단 평가모델

> **해설** 평가의 모형
> ㉠ 계획·프로그램·예산 계상 체계(PPBS : Planning, Programming, Budgeting System) : 진술된 목표, 목적, 평가 기준, 프로그램의 설계에 관한 것으로, 효과적인 상담이 중요한 변수로 작용하여 비용효과를 분석하는 것이다. '기대한 대로 성취하였는가?, 가장 효과적인 프로그램이 무엇인가?'라는 의문을 제기하며, 주로 경제학자나 관리자가 평가한다.
> ㉡ 맥락·입력·과정·생산 모형(CIPPM : Context, Input, Process, Product Model) : 관리자나 심리학자가 측정하며, '내담자가 목적을 성취하였는가? 직업상담가가 생산적인가?'에 관점을 두고 행동적 목적과 성취를 평가하는 것이다. 설계한 프로그램과 실제 성취와의 비교하고 프로그램의 목적을 충족하기 위하여 입력평가를 실시한다. 프로그램 설계의 장단점에 초점을 맞추고 결과에 초점을 맞춘다.

6 비품에 대한 질 관리 및 업무 효율 향상을 위해 구매 연도별, 내용 연수별, 가격대별 등 데이터베이스를 구축하여 사용한 문서로 옳은 것은?

① 문서대장
② 비품관리대장
③ 인사기록카드
④ 출근부

> **해설** 비품관리대장
> ㉠ 비품에 대한 질 관리 및 업무 효율 향상을 위해 비품 관리 대장을 구매 연도별, 내용연수별, 가격대별 등 데이터베이스를 구축하여 사용한다.
> ㉡ 분기별 또는 일정 기간별로 재물조사를 하여 비품의 손·망실 등을 관리한다.

7 직업상담의 모든 사무는 문서로부터 시작하고 문서로 끝난다. 문서 처리의 3원칙에 해당하지 않는 것은?

① 즉일 처리 원칙

② 책임 처리 원칙

③ 적법성의 원칙

④ 성실성의 원칙

> **해설** 문서 처리의 원칙
>
> ㉠ **즉일 처리 원칙** : 문서에 내용 성질에 따라 효율적인 업무 수행을 위하여 그날 처리해야 하는 것은 그날로 처리한다.
>
> ㉡ **책임 처리 원칙** : 문서는 정해진 업무분장에 따라 책임을 지고 신속·정확하게 처리해야 된다.
>
> ㉢ **적법성의 원칙** : 문서는 법령의 규정에 따라 일정한 형식과 요건을 갖추어야 하고 권한 있는 자에 의해 작성·처리되어야 한다.

8 직업상담 운영을 위한 서식에 해당하지 않는 것은?

① 상담신청서

② 초기면담 기록지

③ 상담과정 기록지

④ 직업상담 프로그램 운영 계획서

> **해설** 직업상담 운영 관련 서식
>
> ㉠ **상담신청서** : 내담자에 관한 일반적 사항 기록, 구인표를 상담신청서로 대신 가능하다.
>
> ㉡ **초기면담 기록지** : 내담자의 표정, 태도, 옷차림 등에 대한 상세한 정보와 상담하러 오게 된 경위, 가계도, 주요 호소 문제 등에 대해서 알아보며, 상담자의 평가와 의견을 제시한다.
>
> ㉢ **상담과정 기록지** : 상담이 진행된 일시, 시간, 회기 수, 다음 회기, 상담 내용, 주요 호소 문제, 진단 및 주요 상담 방법, 상담 후의 주요 변화, 직업상담가의 평가 및 의견 등으로 구성한다.
>
> ㉣ **상담 사례 요약서** : 상담 종결 시 작성하며 상담 시작 일시, 종료 일시, 주요 호소 문제, 최종 진단 및 상담방법, 상담 후의 주요 변화, 상담 종결 의견, 직업상담가의 총평가 등을 기록한다.
>
> ㉤ **상담일지** : 매 상담이 종료되면 상담 진행 건수, 내담자 성명, 총상담 횟수, 상담 내용 등을 간략하게 기록한다.

> **TIP** 직업상담 프로그램 운영 관련 서식
>
> ㉠ **직업상담 프로그램 운영 계획서** : 프로그램 운영 시 프로그램 운영 장소, 집단 구성원, 진행자, 사용 도구, 프로그램 운영 시간, 운영 방법 등을 기재한다.
>
> ㉡ **직업상담 프로그램 운영 결과** : 프로그램을 운영한 후에 상담자는 프로그램을 평가하고, 그 결과를 다음 프로그램 운영에 반영하기 위하여, 종료 후 구성원의 주요 변화, 참고사항, 평가, 진행자의 의견 등을 기록한다.

ANSWER 5.② 6.② 7.④ 8.④

9 안정적인 전산망 관리를 위한 정보보안의 원칙에 해당하지 않는 것은?

① 정밀성

② 기밀성

③ 무결성

④ 가용성

해설 정보보안의 원칙
- ㉠ 기밀성(confidentiality) : 허락되지 않은 사용자 또는 객체가 정보의 내용을 알 수 없도록 하는 것이다.
- ㉡ 무결성(integrity) : 허락되지 않은 사용자 또는 객체가 정보를 함부로 수정할 수 없도록 하는 것이다.
- ㉢ 가용성(availability) : 허락된 사용자 또는 객체가 정보에 접근하려 하고자 할 때 방해받지 않도록 하는 것이다.

10 아래에서 설명하는 것으로 적절한 용어로 알맞은 것은?

> 정보의 생산 · 유통 또는 활용을 기반으로 지능정보기술이나 그 밖의 다른 기술을 적용 · 융합하여 사회 각 분야의 활동을 가능하게 하거나 그러한 활동을 효율화 · 고도화하는 것을 의미한다.

① 정보통신망

② 정보격차

③ 지능정보화

④ 정보화

해설 지능정보화

정보의 생산 · 유통 또는 활용을 기반으로 지능정보기술이나 그 밖의 다른 기술을 적용 · 융합하여 사회 각 분야의 활동을 가능하게 하거나 그러한 활동을 효율화 · 고도화하는 것을 의미한다. 정보진흥화를 통하여 산업 · 경제 · 사회 · 문화 · 행정 등 모든 분야에서 가치를 창출하고 발전을 이끌어가는 사회를 의미하며, 다음 각 항목의 어느 하나에 해당하는 서비스를 말한다.
- ㉠ 「전기통신사업법」 제2조 제6호에 따른 전기통신 업무와 이를 이용하여 정보를 제공하거나 정보의 제공을 매개하는 것이다.
- ㉡ 지능정보기술을 활용한 서비스이다.
- ㉢ 그 밖에 지능정보화를 가능하게 하는 서비스이다.

ANSWER 9.① 10.③

출제경향

2025년 최초 도입 과목으로, NCS 능력단위 중 '취업지원 행사운영' 능력단위가 공식적으로 존재하며, 출제 포인트는 행사 운영의 표준 절차(기획 → 홍보 → 운영 → 평가 등)로 수렴할 가능성이 크다.

출제범위 비교한 결과, 행사기획·관리, 홍보·업체섭외, 행사평가가 핵심 항목으로 제시되었으며 NCS 기반으로 출제될 것으로 예상된다.

단순 행사 종류 암기보다 목적에 맞는 행사 유형 선택 능력을 묻는 문제, 행사 기획·운영의 전 과정에 대한 문제, 채용박람회, 취업설명회, 구인·구직 만남의 날 등 실무 중심 문제, 행사운영 단계별 유의사항, 적절하지 않은 사례를 고르는 문제의 출제빈도가 높아질 것으로 예상된다.

학습방법

- 단순 암기가 아닌 실무 이해하기

  행사의 A–Z까지를 공부해야 하며, 단순 암기 과목이 아니라 실무적 접근이 필요하다. 실제 취업행사 하나를 처음부터 끝까지 설계한다는 관점으로 학습해야 한다.

- 취업행상의 기획에서 평가까지 행사전반에 걸친 실무 이해하기

  행사기획(목표·대상·예산·일정 등) → 홍보(홍보매체, 홍보안 등), 업체섭외(계약 관련) → 운영(위기관리 등) → 행사평가(평가회의, 만족도·성과지표, 개선)의 전과정을 이해해야 한다.

출제 키워드

취업행사의 유형과 특징, 취업행사 계약 및 위탁, 행사조직구성 방법, 행사홍보방법의 장·단점, 행사운영 및 위기관리, 행사평가

(1) 행사기획 및 관리

① 행사의 개념과 의의
　㉠ 행사의 개념 : 특정 목적을 가지고 조직적으로 시행하는 여러 가지 의식을 의미한다.
　㉡ 행사의 의의
　　• 국가나 지방자치 단체
　　− 고용률과 취업률 향상효과가 있다.
　　− 주최하는 국가 및 지방자치단체의 이미지 제고와 같은 긍정적 효과가 있다.
　　− 지역경제 활성화에 도움이 된다.
　　− 일자리 창출 효과가 있다.
　　− 위탁기관 및 기업으로부터 전문성을 확보한다.
　　• 위탁기관 및 기업
　　− 위탁기관 및 기업에 수익창출을 돕는다.
　　− 주관기관이나 기업의 홍보 효과가 있다.
　　− 기업의 전문성을 높인다.
　　• 개인 : 진로 및 취업 관련 정보를 수집하고 현장면접을 통해 취업에 성공하는 기회를 얻는다.

② 행사계획시 유의사항
　㉠ 실현 가능해야 한다.
　㉡ 세부사항 계획 시에는 전체적인 전략에서 벗어나지 않아야 한다.
　㉢ 행사계획은 한번 확정했다고 끝이 아니라 지속적으로 조정하고, 수정하는 과정이다.
　㉣ 행사는 종합예술과 같아 다양한 분야 전문가들과의 협업과정이므로 전문가 의견을 존중한다.

③ 행사계획 전 분석
　㉠ 인구통계학적 특성과 사회통계학적 분석
　㉡ 행사 주최/주관 분석
　㉢ 참가동기 분석
　㉣ 참여자의 체류시간 분석
　㉤ 참여자의 지역분석
　㉥ 행사 개최시기 분석

④ 행사범위와 시기 · 장소결정

　㉠ 행사 장소 결정 시 고려사항

　　• 누구나 찾기 쉬운 지명도가 있는 곳

　　• 행사 장소의 주변 환경

　　• 행사 취지와 목적 등 성격과 부합되는 것

　　• 행사장의 안전성

　　• 행사장 동선 계획 부합 여부

　　• 교통의 편리성 및 주차시설 확보 상황

　　• 행사 타깃층과 친밀성 여부 확인

　　• 행사장 외의 시설물, 편의시설 상황

　㉡ 행사 시기 결정 시 고려사항

　　• 행사 개최시기의 날씨, 기후, 계절 동향

　　• 행사 표적 고객의 개최시기 동향 분석(시험기간, 졸업시즌 등)

　　• 국내외적으로 행사에 영향을 줄 수 있는 정치·경제적 동향

　　• 행사장소의 사용이 용이한 시점

　　• 충분한 행사 준비 기간 확보(홍보기간, 인원 및 물적 자원 확보 가능 여부 등)

　　• 타 취업행사의 중복 여부

　　• 지역의 협업기관의 동향

⑤ 취업행사의 목적과 분류

　㉠ 취업박람회의 행사 목표

　　• 구인기업과 구직자의 현장면접을 통한 취업 지원

　　• 예비구직자의 취업서류 및 면접 체험

　　• 직업훈련기관 및 고용서비스 기관들의 정보 제공

　　• 구직자들에게 취업정보 제공

　　• 구직자들의 구직역량 향상

　　• 기업홍보

　㉡ 잡콘서트의 행사 목표

　　• 멘토를 통한 자기자존감 및 자기효능감 상승

　　• 할 수 있다는 자신감 증진

　　• 질의응답을 통한 궁금증 해소

　㉢ 워크숍, 컨퍼런스, 취업(진로)캠프의 행사 목표

　　• 취업역량 강화

　　• 자기 탐색

　㉣ 기업탐방(현장학습)의 행사 목표 : 현장경험을 통한 기업 및 직무이해

⑥ 행사조직 구성

㉠ 단순운영 조직 : 소규모 행사에 적합하며 소수인원으로 탄력적으로 운영할 수 있는 장점에 비해 1인이 다양한 업무를 소화해야 하므로 전문성이 떨어지는 단점이 있다.

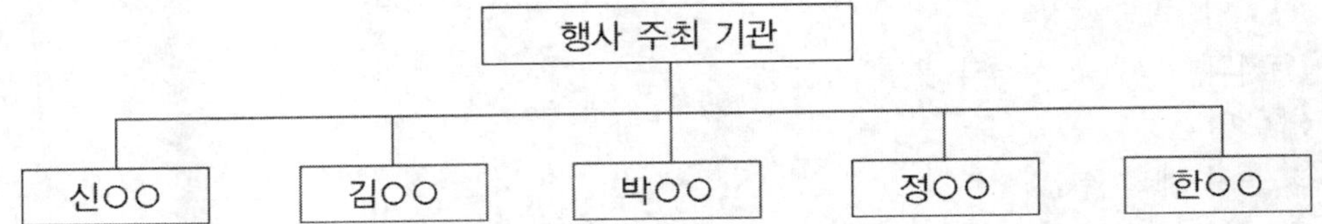

㉡ 네트워크 조직

- 아웃소싱을 통해 외부 위탁하거나 전략적 제휴로 외부 전문가에게 맡기는 조직 형태로 관주도형 행사에 많이 사용한다.
- 특화된 외부업체를 활용하여 전문성을 충분히 이용할 수 있고 소수인원으로도 가능하여 예산절감효과가 있는 장점이 있고, 계약이행과정에서 업체와의 갈등이 발생할 수 있다거나 관리를 철저히 하지 않으면 정보가 유출되는 단점이 있다.

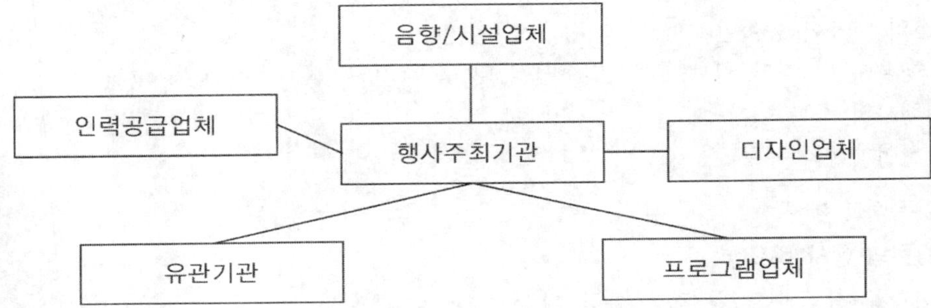

㉢ 기능 조직 : 전문성과 창의성을 극대화할 수 있으며 단순한 조직에서 복잡한 조직으로 변화가 용이하다. 대규모 취업박람회 운영에 적합하다.

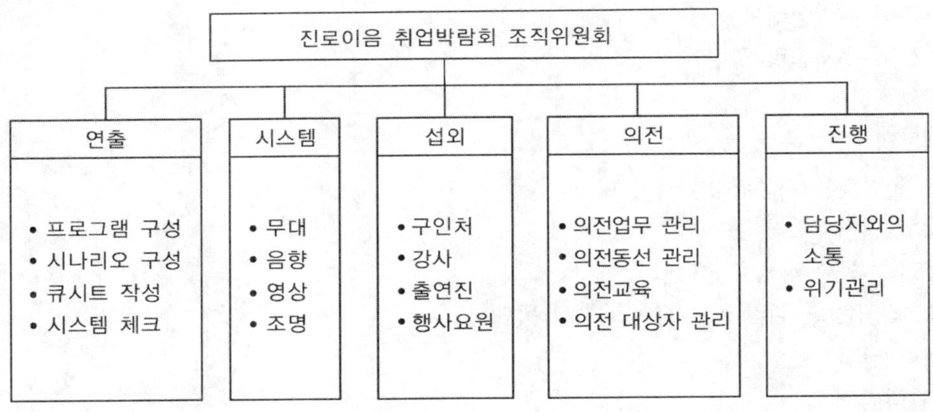

ㄹ **프로그램 중심 조직**

- 프로그램 간 관련성이 적어 독립된 장소에서 산발적으로 개최. 프로그램의 요소들이 매트릭스처럼 얽혀 있는 구조를 지닌다.
- 독립적으로 운영되어도 전체적인 흐름을 파악하고 관리하는 책임자가 필요하다.

ㅁ **프로젝트팀 조직** : 국가적 행사를 위해 임시적으로 구성하는 조직으로 수평적 조직으로서 숙련된 전문가들이 배치되고 많은 자원봉사자 필요하다.

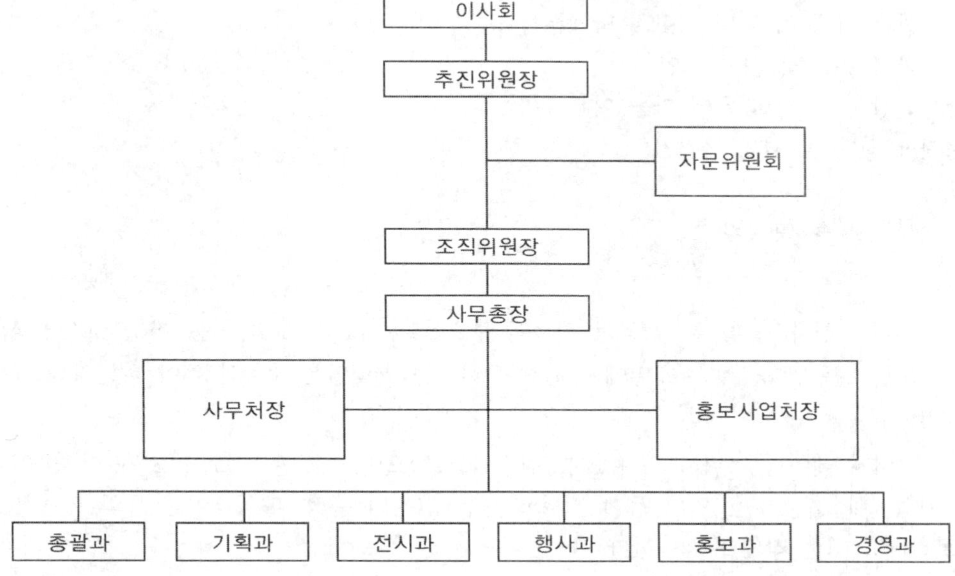

⑦ 리허설

　　㉠ **리허설의 의미** : 사전연습으로 박람회, 페스티벌, 엑스포 등 행사에 앞서 스태프, 출연진, 자원봉사자 등
　　이 참석하여 시설·장비 등을 체크하고 업무분장에 따른 역할을 수행해 봄으로써 실제 행사 시 발생할
　　수 있는 돌발요소를 줄이고 원활한 행사를 진행하기 위해 실시하는 것이다.

　　㉡ **리허설의 종류**

　　　• 리딩 리허설(reading rehearsal) : 작가와 연출자가 참여대본을 읽어봄으로써 연출 의지를 출연진, 스태
　　　프에게 인지 시키는 것이다.

　　　• 드레스 리허설(dress rehearsal) : 실제 본 공연이나 방송에서 사용되는 화장, 의상, 조명, 음향 등 모
　　　든 조건을 완비하고 실제와 동일하게 실시하는 것이다.

　　　• 카메라 리허설(camera rehearsal) : 실제 촬영을 하듯이 카메라 위치, 동선에 따른 카메라 위치, 기술
　　　문제 등을 점검하는 것이다.

　　　• 런 스루 리허설(run through rehearsal) : 카메라를 작동하지 않은 상태에서 실제와 같이 마지막으로
　　　진행하는 것이다.

　　㉢ **리허설 평가회의** : 실제 상황과 똑같이 리허설을 한 후에는 수정·보완할 부분을 스태프들이 참여한 평
　　가회의를 거쳐 협의·확정한다.

　　　• 행사 전체적 흐름과 부분 간의 조화 및 협업 확인

　　　• 발생할 수 있는 사고 방지 대책 확인

　　　• 모든 출연자 참석 여부 및 역할 분담 확인

　　　• 개막식 참여 VIP 및 의전 확인

　　　• 계획서 일정 및 시간별 운영 가능 여부 확인

　　　• 사기 진작 및 성공 결의 다지기

(2) 행사관련홍보 및 업체섭외

① 행사홍보

　　㉠ **행사홍보계획** : 행사의 일정은 성공적 행사의 중요한 고려 요소로서 연중 어느 시기에 행사를 개최해야
　　하는지 또는 일주일 중 무슨 요일에 개최해야 하는지 개최일은 며칠간 해야 하는지를 계획한다.

　　㉡ **행사홍보**

　　　• 행사의 이미지 메이킹을 위해 CI나 BI를 활용하고 있으며, 대중은 CI보다 BI가 더 친숙하다.

　　　• CI는 기업이나 공공기관, 단체 등이 지니고 있는 고유의 목적, 활동, 이념 등의 총체적 이미지를 시각
　　　적으로 체계화하는 작업을 의미한다.

　　㉢ **CI의 기능**

　　　• 내부적 이점

　　　　－기업 구성원의 사기를 높이고 동기를 유발한다.

　　　　－종업원의 이직률이 감소한다.

- 제품 및 서비스 질이 향상된다.
    - 우수인재 채용이 용이하다.
    - 구성원 간의 통합을 증진시킨다.
  • 재무적 이점
    - 기업의 안정성을 유도하여 주식 가격을 상승시킨다.
    - 기업합병 및 주식 취득이 용이하다.
    - 경쟁기업 공격으로부터 보호한다.
  • 마케팅 이점
    - 기업 및 브랜드에 대한 긍정적 태도가 상승한다.
    - 이해관계자 친밀감을 유도한다.
    - 광고 및 홍보 효율성이 상승한다.
    - 기업의 신시장 진입이 용이하다.
    - 브랜드 로얄티가 증가한다.

② **홍보의 종류**

  ㉠ **뉴스릴리스** : 언론보도를 위한 자료를 작성하고 제공하는 것이다.

  ㉡ **인터뷰** : 전달하고자 하는 정보가 매우 중요하고 홍보효과를 극대화할 때 사용한다.

  ㉢ **기자회견** : 행사의 중요이슈를 기관장 또는 관련 부서 책임자가 직접 설명한다.

  ㉣ **기자간담회** : 정보를 제공하면서 긍정적 기사를 유도하거나 언론과의 우호적 관계 유지를 위해 실시한다.

③ **홍보매체 선정시 고려사항**

  ㉠ 타깃 선정

  ㉡ 홍보 시기

  ㉢ 홍보지역 결정

  ㉣ 홍보매체 결정

  ㉤ 홍보예산 확인

④ 홍보매체 장단점

홍보매체	장점	단점
TV	• 넓은 범위 • 시청자 선별성 • 비용대비 효율성 • 친밀감 및 호감 부여 • 다각적 커뮤니케이션 가능(영향력 증가) • 통일성과 보편성 제공	• 고 비용 • 짧은 광고시간(자세한 정보제공 불가능) • 짧은 회피 현상 • 광고 혼잡도 높음 • 광고 규제 심화 • 낮은 융통성
라디오	• 청취자 계층 선별성 • 병행성과 수용성 높음 • 지역 밀착형 광고 가능 • 상대적 낮은 비용 • 접근 용이 • 높은 빈도수 • 광고 제작의 유연성과 융통성 • 상상력 자극(TV와 연계 이미지 전이 가능)	• 짧은 노출 시간(일회성) • 광고 혼잡도 • 백그라운드 매체 가능성 • 소리에 의존한 한계 • 낮은 주목도 • 낮은 도달률 • 정보제공의 한계성
신문	• 기록성, 보존성 • 융통성, 편리성 • 지역성	• 짧은 수명 • 낮은 품질 • 수용자 세분화 어려움 • 광고 혼잡도 높음 • 표현에 한계 • 주목도 저하
잡지	• 수용자 선별성 높음 • 쿠폰 등 프로모션과 연동 가능 • 자세하고 심층적 정보 제공 가능 • 미디어 믹스 용이(다양성) • 긴 수명 • 높은 회독 및 재독 • 컬러의 질이 높음(표현성 좋음)	• 긴 광고 집행 준비기간 • 정보의 즉시성 부족 • 낮은 도달률 • 수용자에 의한 스킵이 용이 • 고비용 • 광고 혼잡도 높음
옥외광고	• 광고의 크기 • 높은 빈도수 • 브랜드 인지도 상승 • 미디어 믹스 시 보조매체 용이 • 주의를 끌기 쉬움	• 짧은 노출시간 • 효과 측정의 어려움 • 환경적 문제에 대한 비판

온라인	• 쌍방향 커뮤니케이션 • 정보의 양 • 다양한 크리에이티브 창출 • 저렴한 비용 • 다양한 광고 효과 측정 가능	• 개인정보 문제 • 제한된 도달 범위 • 낮은 노출 비율 • 표준화된 광고 효과 측정방법 부재 • 광고 회피 현상
모바일	• 즉시성 • 다양한 크리에이티브 창출 • 다양한 형태로 제공 가능	• 작은 화면 • 개인정보 문제 • 기기에 따라 한계

⑤ 홍보문안 작성

　㉠ 온라인 홍보

- 여과 과정 없이 직접적으로 홍보 대상자에게 메시지 전달이 가능하다.
- 실시간으로 쌍방향 커뮤니케이션이 가능하다.
- 시간과 공간의 제약 없이 홍보가 가능하다.
- 타깃을 설정하여 홍보의 선택과 집중을 할 수 있다.
- 제공하는 홍보 내용의 변경을 실시간으로 할 수 있다.
- 자발적이며 주도적인 정보 접근이 이루어지므로 합리적 의사 결정이 가능하다.
- 홍보 효과를 실시간으로 측정 가능하다.

⑥ 업체선정과 계약

　㉠ 계약 : 어떤 일에 대하여 지켜야 할 의무를 미리 정해 놓고 서로 어기지 않을 것을 다짐하는 것이다.

　㉡ 계약의 주요 원칙

- 자유의 원칙 : 당사자들의 합의(청약과 승낙)만으로 법적 효력이 인정된다.
- 신의성실의 원칙 : 당사자의 합의에 따라 체결된다.
- 위탁업체의 법적 요건 : 수의계약 가능 조건에 해당되는지 확인 후 위탁업체는 유료직업소개소, 무료직업소개소, 국외유료직업소개업, 직업정보제공업, 행사용역업, 근로자파견업 등의 인허가를 득해야 한다.

　㉢ 나라장터

- 대한민국이 만든 국가종합전자조달시스템
- 조달업무 전 과정을 온라인으로 처리
- 공공조달 단일창구(single window) 역할 수행

(3) 행사평가

① **행사평가방법** : 평가회의는 행사실행 과정을 관찰하고 측정, 모니터링하는 과정이다.

② **행사효과성 분석**

- ㉠ **다이렉트 효과** : 먼저 행사 참여자 수, 참가기업 수, 면접자 수, 취업자 수 등은 효과 측정이 비교적 용이하다.
- ㉡ **퍼블리시티 효과** : 홍보매체를 통한 효과로 매스미디어의 노출빈도를 파악하여 측정 가능하다.
- ㉢ **커뮤니케이션 효과** : 행사 주최자의 지명도, 행사의 주제, 콘셉트를 분석한다.
- ㉣ **인센티브 효과** : 협업기관, 협력업체와의 관계 개선 및 직원 상호간의 결속 여부 등을 분석할 수 있다.
- ㉤ **직접 파급효과** : 행사를 인지하고 참여했던 사람들의 구전효과를 파악한다.
- ㉥ **간접 파급효과** : 정치, 경제, 지역 등 매우 복잡하고 다양한 영역에서 평가작업이 요구되는데 효과 측정이 매우 어렵다.

③ **행사결과보고서 작성**

- ㉠ **결과보고서 구성내용**
  - 종합보고(executive summary) 작성
  - 행사보고서에 사진과 그래프 추가
  - 홍보 성과 정리
  - 행사목적 서술
  - 예산과 결산
  - 정량적 평가(성과를 통계로 확인)
  - 정성적 평가(행사관계자 및 참여자 의견 기록)
- ㉡ 보고서에는 통계수치뿐만 아니라, 사람들의 의견도 포함
- ㉢ 제3자의 보고서도 포함
- ㉣ 공간 활용 분석

1 다음 행사의 의의 중 국가나 지방자치 단체 측면에서 행사의 의의에 대한 설명으로 옳지 않는 것은?

① 고용률과 취업률을 높이는 효과가 있다.

② 주최 기관 또는 단체의 이미지 제고와 같은 긍정적 효과가 있다.

③ 지역경제 활성화에 도움이 된다.

④ 위탁기관 및 기업에 수익창출을 돕는다.

해설 행사 의의
　　㉠ 국가나 지방자치 단체
　　　• 고용률과 취업률 향상효과가 있다.
　　　• 주최하는 국가 및 지방자치단체의 이미지 제고와 같은 긍정적 효과가 있다.
　　　• 지역경제 활성화에 도움이 된다.
　　　• 일자리 창출 효과가 있다.
　　　• 위탁기관 및 기업으로부터 전문성을 확보한다.
　　㉡ 위탁기관 및 기업
　　　• 위탁기관 및 기업에 수익창출을 돕는다.
　　　• 주관기관이나 기업의 홍보 효과가 있다.
　　　• 기업의 전문성을 높인다.
　　㉢ 개인 : 진로 및 취업 관련 정보를 수집하고 현장면접을 통해 취업에 성공하는 기회

ANSWER 1.④

2 다음 중 행사계획을 위해 분석할 내용에 해당하지 않는 것은?

① 인구통계학적 특성과 사회통계학적 분석

② 행사 주최/주관 분석

③ 참가동기 분석

④ 참여자의 만족도 분석

> **해설** 행사계획 전 분석
> ㉠ 인구통계학적 특성과 사회통계학적 분석
> ㉡ 행사 주최/주관 분석
> ㉢ 참가동기 분석
> ㉣ 참여자의 체류시간 분석
> ㉤ 참여자의 지역분석
> ㉥ 행사 개최시기 분석

3 다음 중 행사계획 시 유의할 사항으로 올바른 것은?

① 행사의 실현가능성 보다 창의성이 중요하다.

② 세부사항 계획 시 전체적인 전략에서 벗어나지 않아야 한다.

③ 행사계획은 한 번 확정하면 변경하기 어렵다.

④ 행사는 전문가 의견보다 참여자의 의견이 중요하다.

> **해설** 행사계획 시 유의사항
> ㉠ 실현 가능해야 한다.
> ㉡ 세부사항 계획 시에는 전체적인 전략에서 벗어나지 않아야 한다.
> ㉢ 행사계획은 한번 확정했다고 끝이 아니라 지속적으로 조정하고, 수정하는 과정이다.
> ㉣ 행사는 종합예술과 같아 다양한 분야 전문가들과의 협업과정이므로 전문가 의견을 존중한다.

4 다음 중 지방계약법 시행령으로 정한 수의계약의 조건에 해당하지 않는 것은?

① 천재지변, 감염병의 발생 및 유행, 작전상의 병력이동, 긴급한 행사, 원자재의 가격급등, 그 밖에 이에 준하는 경우로서 입찰에 부칠 여유가 없는 경우

② 입찰에 부칠 여유가 없는 긴급 복구가 필요한 재난 등 행정안전부령에 따른 재난복구 등의 경우

③ 국가기관, 다른 지방자치단체(「지방자치법」 제159조에 따른 지방자치단체조합을 포함한다)와 계약을 하는 경우

④ 계약의 목적·성질 등에 비추어 효율적이라고 판단되는 경우

해설 수의계약에 의할 수 있는 경우〈지방자치단체를 당사자로 하는 계약에 관한 법률 시행령 제25조 제1항〉 ··· 지방자치단체의 장 또는 계약담당자는 다음 각 호의 어느 하나에 해당하는 경우에는 법 제9조 제1항 단서에 따라 수의계약을 할 수 있다.

㉠ 천재지변, 감염병의 발생 및 유행, 작전상의 병력이동, 긴급한 행사, 원자재의 가격급등, 그 밖에 이에 준하는 경우로서 입찰에 부칠 여유가 없는 경우

㉡ 입찰에 부칠 여유가 없는 긴급복구가 필요한 재난 등 행정안전부령에 따른 재난복구 등의 경우

㉢ 국가기관, 다른 지방자치단체(「지방자치법」 제159조에 따른 지방자치단체조합을 포함한다)와 계약을 하는 경우

㉣ 특정인의 기술·용역 또는 특정한 위치·구조·품질·성능·효율 등으로 인하여 경쟁을 할 수 없는 경우로서 다음 각 목의 경우

㉤ 다음 각 목의 어느 하나에 해당하는 계약

㉥ 다른 법률에 따라 특정 사업자로 하여금 특수한 물품·재산 등을 매입하거나 제조하도록 하는 경우로서 다음 각 목의 경우

㉦ 특정 연고자, 지역주민 및 특정 물품 생산자 등과 계약할 필요가 있거나 그 밖에 이에 준하는 사유가 있는 경우로서 다음 각 목의 경우

㉧ 그 밖에 계약의 목적·성질 등에 비추어 경쟁에 따라 계약을 체결하는 것이 비효율적이라고 판단되는 경우로서 다음 각 목의 경우

5 아래에서 설명하는 용어(단어)로 알맞은 것은?

> 대한민국이 만든 전자조달 세계 대표 브랜드 '국가종합전자조달시스템'을 말한다. 국가종합전자조달시스템은 조달업무 전 과정을 온라인으로 처리하는 선진 전자조달시스템으로 모든 공공기관의 입찰정보가 공고되고, 1회 등록으로 어느 기관 입찰에나 참가할 수 있는 공공조달 단일창구(single window)를 말한다.

① 전자보증 ② 온비드
③ 누리장터 ④ 나라장터

해설 나라장터(g2b)
대한민국이 만든 전자조달 세계 대표 브랜드 '국가종합전자조달시스템'을 말한다. 국가종합전자조달시스템은 조달업무 전 과정을 온라인으로 처리하는 선진 전자조달시스템으로 모든 공공기관의 입찰정보가 공고되고, 1회 등록으로 어느 기관 입찰에나 참가할 수 있는 공공조달 단일창구(single window) 역할을 수행한다.

6 취업지원행사를 위한 위탁업체의 법적 요건에 대한 설명이다. 다음 중 올바르지 않은 것은?

① 취업지원행사를 위탁하기 위해서는 위탁받는 업체의 법적 요건이 전제되어야 한다.
② 유료직업소개소, 무료직업소개소, 국외유료직업소개업 등의 등록한 기업에 자격을 부여한다.
③ 위탁업체의 법적 요건에 대한 법적 자격요건을 갖추었다고 해도 실적, 운영인력, 시설 등 요건을 추가로 요구하는 경우가 있다.
④ 직업정보제공업, 행사용역업, 근로자파견업 등의 인허가를 득한 기업의 경우 취업지원행사가 가능하다.

해설 위탁업체의 법적 요건
㉠ 취업지원행사를 위탁하기 위해서는 위탁받는 업체의 법적 요건이 전제되어야 한다.
㉡ 일반적으로 유료직업소개소, 무료직업소개소, 국외유료직업소개업, 직업정보제공업, 행사용역업, 근로자파견업 등의 인허가를 득한 기업에 자격을 부여한다.
㉢ 그러나 법적 자격요건을 갖추었다고 해도 실적, 운영인력, 시설 등 요건을 추가로 요구하는 경우도 있다.

7 다음 중 취업지원행사 장소 결정 시 고려사항에 해당하지 않는 것은?

① 누구나 찾기 쉬운 지명도가 있는 곳
② 행사 타깃층과 친밀성 여부와 교통의 편리성 및 주차시설 확보 상황
③ 행사장의 안전성과 행사장 동선 계획 부합 여부
④ 행사 개최시기의 날씨, 기후, 계절 동향

해설 행사 장소 결정시 고려사항
  ㉠ 누구나 찾기 쉬운 지명도가 있는 곳
  ㉡ 행사 장소의 주변 환경
  ㉢ 행사장의 안전성
  ㉣ 행사장 동선 계획과 사고 예방 주의
  ㉤ 장소 이용료 및 인허가 상황
  ㉥ 교통의 편리성(접근성)
  ㉦ 주차시설 확보 상황
  ㉧ 행사 타깃층과 친밀도 있는 장소(학교, 체육관, 복지관 등)
  ㉨ 행사장 외의 편의시설 상황
  ㉩ 행사 취지와 목적 등 성격과 부합하는 곳

8 행사 시기 결정 시 고려사항에 해당하지 않은 것은?

① 행사 취지와 목적 등 성격과 부합하는 시기
② 행사 표적 고객의 개최시기 동향 분석(시험기간, 졸업시즌 등)
③ 국내외적으로 행사에 영향을 줄 수 있는 정치·경제적 동향
④ 행사 개최시기의 날씨, 기후, 계절 동향

해설 행사 시기 결정시 고려사항
  ㉠ 행사 개최시기의 날씨, 기후, 계절 동향
  ㉡ 행사 대상자의 개최시기 동향 분석(시험기간, 졸업시즌 등)
  ㉢ 국내외적으로 행사에 영향을 줄 수 있는 정치·경제적 동향
  ㉣ 행사장소의 사용이 용이한 시점
  ㉤ 충분한 행사 준비 기간 확보(홍보기간, 인원 및 물적 자원 확보 가능 여부 등)
  ㉥ 타 취업행사의 중복 여부
  ㉦ 지역의 협업기관의 동향

ANSWER 5.④ 6.② 7.④ 8.①

9 다음에서 설명하는 행사 구성 조직으로 옳은 것은?

> 국가적 행사인 대규모 엑스포, 박람회, 올림픽 등에 대응하기 위하여 임시적으로 구성하는 조직이다.

① 단순운영 조직
② 프로젝트팀 조직
③ 기능 조직
④ 네트워크 조직

해설 행사 운영조직 구성방식
㉠ 단순운영 조직 : 소규모 행사에 적합. 소수인원으로 탄력적으로 운영할 수 있는 장점에 비해 1인이 다양한 업무를 소화해야 하므로 전문성이 떨어지는 단점이 있다.
㉡ 네트워크 조직 : 아웃소싱을 통해 외부 위탁하거나 전략적 제휴로 외부 전문가에게 맡기는 조직 형태. 관주도형 행사에 많이 사용. 특화된 외부업체를 활용하여 전문성을 충분히 이용할 수 있고 소수인원으로도 가능하여 예산절감효과가 있는 장점이 있고, 계약이행과정에서 업체와의 갈등이 발생할 수 있다거나 관리를 철저히 하지 않으면 정보가 유출되는 단점이 있다.
㉢ 기능 조직 : 전문성과 창의성을 극대화할 수 있으며 단순한 조직에서 복잡한 조직으로 변화가 용이함. 대규모 취업박람회 운영에 적합하다.
㉣ 프로그램 중심 조직 : 프로그램 간 관련성이 적어 독립된 장소에서 산발적으로 개최. 프로그램의 요소들이 매트릭스처럼 얽혀 있는 구조를 지님. 독립적으로 운영되어도 전체적인 흐름을 파악하고 관리하는 책임자가 필요하다.
㉤ 프로젝트팀 조직 : 국가적 행사를 위해 임시적으로 구성하는 조직. 수평적 조직으로서 숙련된 전문가들이 배치되고 많은 자원봉사자 필요하다.

10 다음 중 취업박람회의 행사 목표에 해당하지 않는 것은?

① 구직자들의 구직역량 향상

② 구직자들에게 취업정보 제공

③ 현장경험을 통한 기업 및 직무 이해

④ 예비구직자의 취업 서류 및 면접체험

해설 취업박람회의 행사 목표
  ㉠ 구직자들의 구직역량 향상
  ㉡ 구직자들에게 취업정보 제공
  ㉢ 기업홍보
  ㉣ 예비구직자의 취업 서류 및 면접체험
  ㉤ 직업훈련기관 및 고용서비스기관의 정보제공
  ㉥ 구인기업과 구직자의 현장면접을 통한 취업지원

11 다음의 내용을 읽고 적합한 취업관련 행사로 올바른 것은?

> 최신 산업동향과 고용동향, 지역의 고용특성 등에 대한 정보를 제공하고 기업 인사 담당자로 하여금 직접 해당 기업의 인재상, 인재채용 기준 등의 정보를 제공함으로써 구직자에게 중장기적 취업준비를 지원하는 행사이다.

① 채용설명회　　　　　　　　　② 직종설명회
③ 구인구직 만남의 날　　　　　　④ 취업캠프

해설 행사내용의 구성
  ㉠ **구인구직 만남의 날** : 소규모로 진행하는 박람회라고 할 수 있으며 부대행사를 거의 하지 않고 오로지 구인기업과 구직자의 면접에 초점을 맞추어 취업촉진을 지원하는 행사로서 정례화되고 있는 추세이다.
  ㉡ **채용설명회** : 최신 산업동향과 고용동향, 지역의 고용특성에 대한 정보뿐만 아니라 기업 인사 담당자로 하여금 직접 해당기업의 인재상, 인재채용 기준 등의 정보를 제공하는 행사로서 구직자에게 중장기적 취업준비를 지원한다.
  ㉢ **직종설명회** : 직종개요, 전망, 인력수급, 직종평균임금, 관련 자격증 등 직종별로 세부적이며 종합적인 정보를 제공한다.

ANSWER 9.② 10.③ 11.①

12 온라인 홍보의 특징으로 옳지 않은 것은?

① 자발적이며 주도적인 정보 접근이 어렵다.

② 시간과 공간의 제약 없이 홍보가 가능하다.

③ 실시간으로 쌍방향 커뮤니케이션이 가능하다.

④ 여과 과정 없이 직접적으로 홍보 대상자에게 메시지 전달이 가능하다.

해설 온라인 홍보의 특징

    ㉠ 여과 과정 없이 직접적으로 홍보 대상자에게 메시지 전달이 가능하다.

    ㉡ 실시간으로 쌍방향 커뮤니케이션이 가능하다.

    ㉢ 시간과 공간의 제약 없이 홍보가 가능하다.

    ㉣ 타깃을 설정하여 홍보의 선택과 집중을 할 수 있다.

    ㉤ 제공하는 홍보 내용의 변경을 실시간으로 할 수 있다.

    ㉥ 자발적이며 주도적인 정보 접근이 이루어지므로 합리적 의사결정이 가능하다.

    ㉦ 홍보 효과를 실시간으로 측정 가능하다.

13 다음 중 리허설의 종류와 그 설명으로 틀린 것은?

① 리딩 리허설(reading rehearsal) : 작가와 연출자가 참여대본을 읽어봄으로써 연출 의지를 출연진, 스태프에게 인지 시키는 것

② 드레스 리허설(dress rehearsal) : 영상, 조명, 음향 등 장비 설치를 끝낸 후 담당 엔지니어와 총감독이 이상 유무를 확인하는 것

③ 카메라 리허설(camera rehearsal) : 실제 촬영을 하듯이 카메라 위치, 동선에 따른 카메라 위치, 기술문제 등을 점검

④ 런 스루 리허설(run through rehearsal) : 카메라를 작동하지 않은 상태에서 실제와 같이 마지막으로 진행

해설 리허설의 종류

    ㉠ 리딩 리허설(reading rehearsal) : 작가와 연출자가 참여대본을 읽어봄으로써 연출 의지를 출연진, 스태프에게 인지시키는 것이다.

    ㉡ 드레스 리허설(dress rehearsal) : 실제 본 공연이나 방송에서 사용되는 화장, 의상, 조명, 음향 등 모든 조건을 완비하고 실제와 동일하게 실시하는 것이다.

    ㉢ 카메라 리허설(camera rehearsal) : 실제 촬영을 하듯이 카메라 위치, 동선에 따른 카메라 위치, 기술문제 등을 점검이다.

    ㉣ 런 스루 리허설(run through rehearsal) : 카메라를 작동하지 않은 상태에서 실제와 같이 마지막으로 진행이다.

14 행사기획의 효과성 분석방법과 그에 대한 설명이 잘못 연결된 것은?

① 인센티브 효과 : 협업기관, 협력업체와의 관계 개선 및 직원 상호 간의 결속 여부 등을 분석할 수 있다.

② 퍼블리시티 효과 : 홍보매체를 통한 효과로 매스미디어의 노출빈도를 파악하여 측정할 수 있다.

③ 커뮤니케이션 효과 : 행사 참여자 수, 참가기업 수, 면접자 수, 취업자 수 등으로 측정할 수 있다.

④ 직접 파급효과 : 행사를 인지하고 참여했던 사람들의 구전효과를 파악한다.

해설 행사기획의 효과성 분석방법

　　㉠ 다이렉트 효과 : 먼저 행사 참여자 수, 참가기업 수, 면접자 수, 취업자 수 등은 효과 측정이 비교적 용이하다.

　　㉡ 퍼블리시티 효과 : 홍보매체를 통한 효과로 매스미디어의 노출빈도를 파악하여 측정 가능하다.

　　㉢ 커뮤니케이션 효과 : 행사 주최자의 지명도, 행사의 주제, 콘셉트를 분석한다.

　　㉣ 인센티브 효과 : 협업기관, 협력업체와의 관계 개선 및 직원 상호간의 결속 여부 등을 분석할 수 있다.

　　㉤ 직접 파급효과 : 행사를 인지하고 참여했던 사람들의 구전효과를 파악한다.

　　㉥ 간접 파급효과 : 정치, 경제, 지역 등 매우 복잡하고 다양한 영역에서 평가작업이 요구되는데 효과 측정이 매우 어렵다.

PART

03

직업정보

01 직업 및 산업분류의 활용

출제경향

직업 및 산업분류의 활용은 직업분류의 개요, 직업분류의 기준과 원칙, 직업분류의 체계와 구조, 산업분류의 개요, 산업분류의 기준과 원칙, 산업분류의 체계와 구조를 중심으로 출제된다. 특히 한국표준직업분류의 직능수준과 직업분류 원칙, 한국표준산업분류의 분류기준, 통계단위, 산업분류 결정방법 등을 내용을 중심으로 자주 출제되며, 개정내용에 대해 출제되는 경향이 있다.

학습방법

• 직업분류의 개요 이해하기
  한국표준직업분류의 개념과 직업분류 원칙, 한국고용직업분류의 개념과 직업분류 원칙의 내용을 중심으로 학습하는 것이 효과적이다.
• 산업분류의 개요 이해하기
  한국표준산업분류의 개요, 분류기준과 원칙, 통계단위, 산업분류 결정방법, 산업분류 적용원칙의 내용을 학습하는 것이 효과적이다.

출제 키워드

한국표준직업분류의 개요, 직업분류와 직능수준, 직업분류 원칙, 한국표준산업분류의 이해, 한국표준산업분류의 통계단위, 산업분류 결정방법

<table><tr><td>SECTION
01</td><td># 직업분류의 이해</td></tr></table>

(1) 한국표준직업분류

① 연혁

   ㉠ 한국표준직업분류(KSCO : Korean Standard Classification of Occupations)는 국제노동기구(ILO)의 국제표준직업분류(ISCO : International Standard Classification of Occupations)가 1958년에 제정되어 각국에 사용하도록 권고됨에 따라 이를 근거로 1963년에 제정되었다.

   ㉡ 2017년 제7차 한국표준직업분류를 개정, 이후 시간이 경과 되면서 새롭게 등장하거나 전문영역으로 분화 또는 일부 영역이 축소되는 등 직무변화를 반영하였다.

   ㉢ 표준분류의 예측 가능한 개정을 위해 통계청 훈령인 「통계분류 제·개정 업무처리지침」을 제정하여 5년마다 개정(4, 9자가 되는 해) 할 수 있도록 제도화하였다.

   ㉣ 이에 따라 2022년 6월, 제3차 한국표준직업분류 개정을 위한 기본계획을 수립하고 약 2년간에 걸친 개정작업을 통해 중분류인 보건 전문가 및 관련직과 사회복지종교 전문가 및 관련직 분리 등 최신 노동시장 구조 변화를 반영하여 통계청 고시 제2024−328(2024. 7. 1)로 개정·고시하고 2025년 1월 1일부터 시행하게 되었다.

② 제8차 개정의 주요 내용

   ㉠ 개정 방향

- 지난 개정 이후 시간 경과를 고려하여 전면 개정 방식으로 추진하되, 중분류 이하 분류체계를 중심으로 개정을 추진하였다.
- 국제표준직업분류(ISCO)의 분류 기준, 적용원칙, 구조 및 부호체계 등 직업분류 기본 틀은 기존 체계를 유지하였으며, 현재 2008년 국제표준직업분류(ISCO−08) 기준으로 작성하였다.
- 국내 노동시장 직업구조의 변화 특성을 고려하여 보건 및 관련 서비스와 사회복지 서비스 분야의 직업 확충, 신산업 성장에 따른 직업 신설 등 직업분류 항목에 반영하였고, 반면에 자동화·직무 전환 등에 따른 노동시장 축소로 기능직 및 기계 조작직 분류를 통합하였다.
- 직업분류 체계의 정합성 확보를 위해 사무종사자의 과대 분류항목 재분류 등을 포함하였고, 2016년 9월 제정한 한국표준직업분류(영역)와 2024년 1월 개정한 한국표준산업분류와 연계성을 고려하였다. 또한 특수분류인 한국고용직업분류의 세분류 수준이 연계될 수 있도록 구성하였다.

ⓛ 개정 특징

> • 포스트 코로나에 따른 보건 전문가 및 관련 서비스 종사자의 인력 확대 운영
> • 저출산 · 고령화에 따른 사회복지 및 돌봄 인력 수요 반영
> • 신생 · 확대 · 소멸직업 등 노동시장의 구조 변화 반영
> • 직업분류 활용성 및 정확성 제고를 위해 직업분류 체계 개선
> • 직업분류 개정 의견 수렴 등 대내외 개정 수요 반영

③ 한국표준직업분류의 개요

㉠ 직업 정의

• 직업(Occupation)은 유사한 직무의 집합으로 정의된다. 여기서 직무(Job)란 국제표준직업분류(ISCO−08)에서 자영업을 포함하여 특정한 고용주를 위하여 개별 종사자들이 수행하거나, 또는 수행해야 할 일련의 업무와 과업(Tasks and Duties)으로 정의되며, 유사한 직무는 주어진 업무와 과업이 매우 높은 유사성을 갖는 것으로 볼 수 있다.

• 직업은 유사성을 갖는 직무를 지속적으로 수행하는 계속성을 가져야 하는데, 일의 계속성이란 일시적인 것을 제외한 다음에 해당하는 것을 말한다.

> • 매일, 매주, 매월 등 주기적으로 행하는 것
> • 계절적으로 행해지는 것
> • 명확한 주기는 없으나 계속적으로 행해지는 것
> • 현재 하고 있는 일을 계속적으로 행할 의지와 가능성이 있는 것

• 직업은 경제성, 계속성, 윤리성, 사회성을 충족해야 하며, 속박된 상태에서의 제반 활동은 경제성이나 계속성의 여부와 상관없이 직업으로 보지 않는다.

• 직업으로 보지 않는 활동

> • 이자, 주식배당, 임대료(전세금, 월세), 등과 같은 자산수입이 있는 경우
> • 연금법, 국민기초생활보장법, 국민연금법 및 고용보험법 등의 사회보장이나 민간보험에 의한 수입이 있는 경우
> • 경마, 경륜, 경정, 복권 등에 의한 배당금이나 주식투자에 의한 시세차익이 있는 경우
> • 예 · 적금 인출, 보험금 수취, 차용 또는 토지 · 금융자산을 매각하여 수입이 있는 경우
> • 자기 집의 가사활동에 전념하는 경우
> • 교육기관에 재학하며 학습에만 전념하는 경우
> • 시민봉사활동 등에 의한 무급 봉사적인 일에 종사하는 경우
> • 사회복지시설 수용자의 시설 내 경제활동
> • 수형자의 활동과 같이 법률에 의한 강제노동을 하는 경우
> • 도박, 강도, 절도, 사기, 매춘, 밀수와 같은 불법적인 활동

ⓒ **직업분류 목적** : 직업분류는 고용 관련 통계 및 장·단기 인력 수급과 직업연구를 위한 기초자료 작성에 활용되며, 다음과 같이 기준자료로 활용되고 있다.

> • 각종 사회·경제통계조사의 직업단위 수준
> • 취업알선을 위한 구인·구직안내기준
> • 직종별 급여 및 수당지급 결정 기준
> • 직종별 특정질병의 이환율, 사망률과 생명표 작성 기준
> • 산재보험요율, 생명보험요율 또는 산재보상액, 교통사고 보상액 등의 결정 기준

ⓒ **직업분류 개념 및 기준**

• 수입(경제활동)을 위해 개인이 하고 있는 일을 그 수행되는 일의 형태에 따라 체계적으로 유형화한 것이 직업분류이며, 우리나라 직업구조 및 실태에 맞도록 표준화한 것이 한국표준직업분류(KSCO)이다.

• 한국표준직업분류는 주어진 직무의 업무와 과업을 수행하는 능력(the ability to carry out of the tasks and duties of a given job)인 직능(skill)을 근거로 편제되며, 직능수준과 직능유형을 고려하고 있다.

직능수준 (skill level)	직무수행의 높낮이를 말하는 것으로 정규교육, 직업훈련, 직업경험, 선천적 능력, 사회 문화적 환경 등에 의해 결정된다.
직능유형 (skill specialization)	직무수행에 요구되는 지식의 분야, 사용되는 도구 및 장비, 투입되는 원재료, 생산된 재화나 서비스의 종류와 관련된다.

ⓒ **직업분류와 직능 수준**

• 국제적 특성을 고려하여 4개의 직능수준으로 구분하고, 직무능력이 요구되는 정규교육(또는 직업훈련)을 통하여 얻어지는 것이라고 할 때 국제표준직업분류(ISCED-11)상의 교육과정 수준에 의하여 다음과 같이 정의하였다.

직능수준	정의
제1직능수준	• 일반적으로 단순하고 반복적이며 때로는 육체적인 힘을 요하는 과업을 수행한다. • 제1직능 수준의 일부 직업에서는 초등교육이나 기초적인 교육(ISCED 수준1)을 필요로 한다.
제2직능수준	• 일반적으로 완벽하게 읽고 쓸 수 있는 능력과 정확한 계산능력, 그리고 상당한 정도의 의사소통능력을 필요로 한다. • 일부의 직업은 중등학교 졸업 후 교육(ISCED 수준4)이나 직업교육기관에서의 추가적인 교육이나 훈련을 요구할 수도 있다.
제3직능수준	• 복잡한 과업과 실제적인 업무를 수행할 정도의 전문적인 지식을 보유하고 수리계산이나 의사소통능력이 상당히 높아야 한다. • 일반적으로 중등교육을 마치고 1~3년 정도의 추가적인 교육과정(ISCED 수준5) 정도의 정규교육 또는 직업훈련을 필요로 한다.

제4직능수준	• 매우 높은 수준의 이해력과 창의력 및 의사소통능력이 필요하다. • 일반적으로 4년 또는 그 이상 계속하여 학사, 석사나 그와 동등한 학위가 수여되는 교육수준(ISCED 수준6 혹은 그 이상)의 정규교육 또는 훈련을 필요로 한다.

• 한국표준직업분류의 대분류와 직능수준과의 관계 : 직능수준이 실제 종사자의 학력수준을 제시하는 것은 아니며, 필요로 하는 최소 직능수준을 의미한다고 할 수 있다.

1. 관리자	제4직능 수준 혹은 제3직능 수준 필요
2. 전문가 및 관련 종사자	제4직능 수준 혹은 제3직능 수준 필요
3. 사무 종사자	제2직능 수준 필요
4. 서비스 종사자	제2직능 수준 필요
5. 판매 종사자	제2직능 수준 필요
6. 농림어업 및 숙련 종사자	제2직능 수준 필요
7. 기능원 및 관련 기능 종사자	제2직능 수준 필요
8. 장치·기계 조작 및 조립 종사자	제2직능 수준 필요
9. 단순노무 종사자	제1직능 수준 필요
A. 군인	제2직능 수준 이상 필요

ⓜ 직업분류 원칙

• 일반원칙

포괄성의 원칙	• 우리나라에 존재하는 모든 직무는 어떤 수준에서든지 분류에 포괄되어야 한다. • 특정한 직무가 누락되어 분류가 불가능할 경우에는 포괄성의 원칙을 위배한 것으로 볼 수 있다.
배타성의 원칙	• 동일하거나 유사한 직무는 어느 경우에든 같은 단위 직업으로 분류되어야 한다. • 하나의 직무가 동일한 직업단위 수준에서 2개 혹은 그 이상의 직업으로 분류될 수 있다면 배타성의 원칙을 위반한 것이라 할 수 있다.

• 순서배열 원칙 : 동일한 분류수준에서 직무단위의 분류는 다음의 원칙을 가능한 준수하여 배열하였다.

한국표준산업분류 (KSIC)	동일한 직업 단위에서 산업의 여러 분야에 걸쳐 직업이 있는 경우에 한국표준산업분류의 순서대로 배열한다.
일반–특수분류	직업의 구분이 특수분류와 그 특수 분야를 포함하는 일반 분류가 있을 경우, 특수분류를 먼저 배열하고 일반 분류를 나중에 배열한다.
고용자 수와 직능수준, 직능유형 고려	• 직능수준이 비교적 높거나 고용자 수가 많은 직무를 우선하여 배치한다. • 직능유형이 유사한 것끼리 묶어 분류한다.

• 포괄적인 업무의 분류적용 원칙 : 어떤 직업의 경우에는 직무의 범위가 분류에 명시된 내용과 일치하지 않을 경우 다음과 같은 순서에 따라 분류원칙을 적용한다.

주된 직무 우선원칙	• 2개 이상의 연관된 직무를 수행하는 경우에는 실제 직무 내용과 관련 분류항목에 명시된 직무 내용을 비교·평가하여 관련 직무 내용상의 상관성이 가장 많은 항목에 분류한다. • 예 : 교육과 진료를 겸하는 의과대학 교수는 강의, 평가, 연구 등과 진료·처치, 환자 상담 등의 수행하는 실제 직무 내용을 파악하여 관련 항목이 많은 분야로 분류한다.
최상급 직능수준 우선원칙	• 수행된 직무가 상이한 수준의 훈련과 경험을 통해서 얻어지는 직무능력을 필요로 한다면, 가장 높은 수준의 직무능력을 필요로 하는 일에 분류하여야 한다. • 예 : 조리와 배달의 직무 비중이 같을 경우에는 조리의 직능수준이 높으므로 조리사로 분류한다.
생산업무 우선원칙	• 재화의 생산과 공급이 같이 이루어지는 경우는 생산단계에 관련된 업무를 우선적으로 분류한다. • 예 : 한 사람이 빵을 생산하여 판매도 하는 경우에는 판매원으로 분류하지 않고 제빵사 및 제과원으로 분류하여야 한다.

• 다수 직업 종사자의 분류적용 원칙 : 한 사람이 전혀 상관성이 없는 두 가지 이상의 직업에 종사할 경우에 그 직업을 결정하는 일반적 원칙은 다음과 같다.

취업시간 우선의 원칙	가장 먼저 분야별로 취업시간을 고려하여 보다 긴 시간을 투자하는 직업으로 결정한다.
수입 우선의 원칙	위의 경로로 분별하기 어려운 경우는 수입(소득이나 임금)이 많은 직업으로 결정한다.
조사 시 최근의 직업 원칙	위의 두 가지 경우로 판단할 수 없는 경우에는 조사 시점을 기준으로 최근에 종사한 직업으로 결정한다.

ⓗ 특정 직업의 분류 요령

행정 관리 및 입법적 기능 수행 직업	행정 관리 및 입법기능을 수행하는 자는 '대분류 1 관리자'에 분류한다.
자영업주 및 고용주 관련 직업	• 자영업주 및 고용주는 수행되는 일의 형태나 직무 내용에 따른 정의가 아니라 고용형태 또는 종사상 지위에 따라 정의된 개념이다. • 주된 직무 우선원칙에 따라 수행하는 직무 중 분류항목과 가장 연관이 많이 되는 직무로 분류된다.
감독 직업	반장 등과 같이 주로 수행된 일의 전문, 기술적인 통계업무를 수행하는 감독자는 그 감독하는 근로자와 동일 직종으로 분류한다.
연구 및 개발 직업	• 연구 및 개발업무 종사자는 '대분류 2 전문가 및 관련 종사자'에서 그 전문분야에 따라 분류된다. • 다만 연구자가 교육에 종사할 경우에는 '26 교육 전문가 및 관련직'으로 분류한다.
군인 직업	• 군인은 별도로 '대분류 A 군인'에 분류된다. • 이것은 수행된 일의 형태에 따라 분류되어야 한다는 일반원칙보다는 자료 수집상의 현실성에 따라 분류된 것이다.
기능원과 기계 조작원의 직무능력 관계	하나의 제품이 기능원에 의해 제조되는지 또는 대량 생산기법을 유도하는 기계를 사용해서 제조되는지에 따라 필요로 하는 직무능력에 대단한 영향을 미친다.
아동 관련 직업의 직능수준 관계	영유아 관련 종사자인 '대분류 2 전문가 및 관련 종사자'이하 '유치원 교사'나 '보육교사'는 영유아를 대상으로 일련의 놀이나 교육계획을 수립하고, 정해진 계획에 따라 교육과정 전반을 운영한다.
음식·조리 및 준비 관련 직업의 직능수준 관계	음식을 준비하거나 조리하는 직업 중 '대분류 2 전문가 및 관련 종사자'이하 '주방장'은 조리법을 정하고, 새로운 메뉴의 요리를 개발하는 한편, 조리 관련 업무 전반을 책임지는 자로서, 음식점의 경영계획에 참여한다.

(2) 한국고용직업분류

① 연혁

㉠ 2000. 12. 노동연구원·국가데이터처(구 통계청)에서 '고용직업분류'를 발간

㉡ 2002. 09. 직능유형을 우선 고려한 분류체계 개발

• 고용관련 조사의 정확성 및 용이성 확보
• 노동시장 내 직업에 대한 데이터 확보 및 의미 있는 통계정보 생산
• 직업정보의 활용성을 높이기 위해 국민의 시각에 맞는 분류체계 구성
• 직업훈련, 자격, 교육, 취업 등 수요자 요구에 대한 정보단계의 기준

ⓒ 2003. 09. '한국고용직업분류 2003'으로 명명 (KECO-2003으로 표기)

ⓔ **2011. 07. 한국고용직업분류 법적 명시** : 고용정책기본법에 한국고용직업분류의 작성·고시 사항 명시

ⓜ 2012. 03. 한국표준직업분류의 특수목적분류로 지정

ⓗ 2017. 12. 한국고용직업분류 2018 개정·마련

② **2025 개정 배경**

ㄱ 한국표준직업분류 개정(24. 7. 1 고시)에 따라 국가통계의 활용성 제고를 위해 개정 내용을 반영할 필요

ㄴ 17년 개정 이후 사회·경제적 변화, 산업기술 변화 등으로 인한 직업구조의 변화와 대내외 개정 수요를 반영하여 개선

③ **주요 개정 사항**

ㄱ **중분류(1개)** : (명칭 변경 : 1개) 반려동물 관련 서비스원(513) 신설로 포괄범위 변화 반영

ㄴ **소분류(12개)**

- (분리·신설 : 5개) 반려동물 양육가구 급증, 코로나 이후 방역 수요 증가, 가사서비스 수요 증가 등 반영
- (명칭변경 : 6개) 세분류 조정에 따른 소분류 포괄범위 변화 반영 등
- (통합 : 1개) 소규모 상점 경영 및 일선 관리 종사원과 판매종사자 통합

ㄷ **세분류(231개, 통계청 한국표준직업분류 개정내용 반영)**

- (분리·신설 : 48개) 플랫폼 노동 확대, AI·빅데이터 등 산업구조 변화, 반려동물 양육 가구 급증 등 고용 확대·신설직업 반영
- (통합 : △3개) 통계청 분류체계 개편을 반영하여 통합
- (분류이동 3개) 상향 조정 및 분류 분리된 행정사, 수의사 보조원, 보육 관련 시설 돌봄 종사원은 표준직업분류 개정내용과 직무 관련성을 반영하여 소분류 간 분류이동
- (명칭 변경 : 176개) 세분류 단위에서의 표준-고용직업분류 간 명칭 통일, 협회 및 단체 의견 수렴 등을 통해 명칭 변경

④ **한국고용직업분류 활용 시 준수조건**

ㄱ **표준직업분류와의 관계**

- 고용직업분류는 「통계법」 제22조(표준분류)의 특수한 분류체계로서 직무 전반을 다루어 표준직업분류와 포괄범위는 같으나 분류 기준이 상이하다.
    - (표준직업분류) ILO 국제표준직업분류 근거로 직능수준을 우선 고려한다.
    - (고용직업분류) 고용정책기본법의 직업정보 제공 등을 위해 직능유형을 우선 고려한다.
- 고용직업분류는 통계청 훈령의 특수분류 정의와 다른 성격의 분류체계로서 조건부로 특수분류를 작성한다.
- 개정 특수분류의 준수조건
    - 한국표준직업분류와 연계성 강화를 위한 동시 공표
    - 특수분류를 적용한 신규통계 작성 및 변경 시 개별 작성 승인 신청
    - 표준·특수분류 간 차이가 있는 경우 한국표준직업분류에 따라 적용

ⓛ 한국표준직업분류와 한국고용직업분류 비교

구분	한국표준직업분류	한국고용직업분류
작성기관	국가데이터처(구 통계청)	고용노동부(한국고용정보원)
법적근거	「통계법」 제22조(표준분류) 제1항	• 「통계법」 제22조(표준분류) 제2항 • 「고용정책기본법」 제15조(고용 · 직업정보 수집 및 제공)
제정연도	1963년	2011년(구 분류 : 2000. 12월)
포괄범위	우리나라의 직무 전반	좌동
분류기준	• 직능수준(대분류) • 직능유형 및 수준 고려(중분류 이하)	• 직능유형(대분류) • 직능유형 및 수준 고려(중분류 이하)
분류구성	• 대분류 10개 • 중분류 57개 • 소분류 167개 • 세분류 495개, • 세세분류 1,270개	• 대분류 10개 • 중분류 35개 • 소분류 140개 • 세분류 495개(표준직업분류와 동일)
분류내용	• 분류 항목명 및 부호 • 분류 항목별 직무 내용, 주요 업무, 직업 예시 등	좌동(표준직업분류 연계 코드 포함)
분류활용	• 경활 등 국가통계작성(112종) • 법령 표준직업분류 준용(24개)	• 노동통계 작성 • 고용 · 직업정보제공 • 국가직무능력표준(NCS – 자격 – 훈련 연계)

⑤ 한국고용직업분류의 개요

　㉠ **직업 정의** : 국제표준직업분류(ISCO – 08) 및 한국표준직업분류(KSCO – 2017)의 정의를 그대로 따른다.

　• 직업은 '유사한 직무의 집합'으로 정의되는데, 유사한 직무란 '주어진 업무와 과업이 매우 높은 유사성을 갖는 것'을 말한다.

　• 직업으로 판단하기 위해서는 계속성, 윤리성과 사회성을 충족해야 하며, 속박된 상태에서의 제반 활동은 경제성이나 계속성의 여부와 상관없이 직업으로 보지 않는다.

　㉡ **한국고용직업분류의 기준**

　• 한국고용직업분류는 직능유형을 우선 적용하고, 직능수준을 함께 고려하였다.

　• 한국고용직업분류는 대분류와 중분류 단위에서 직능유형을 우선적으로 적용하였으며, 소분류 단위에서 직능수준을 함께 적용하였다. 다만, 중분류 단위에서도 해당 항목이 직능유형만으로 구분하기 어려운 여러 단위에 걸쳐 있어서 구분하기 곤란한 경우는 직능수준이 고려되었다.

ⓒ 한국고용직업분류의 대분류 단위

0. 경영 · 사무 · 금융 · 보험직

1. 연구직 공학 · 기술직

2. 교육 · 법률 · 사회복지 · 경찰 · 소방직 및 군인

3. 보건 · 의료직

4. 예술 · 디자인 · 방송 · 스포츠직

5. 미용 · 여행 · 숙박 · 음식 · 경비 · 청소직

6. 영업 · 판매 · 운전 · 운송직

7. 건설 · 채굴직

8. 설치 · 정비 · 생산직

9. 농림어업직

ⓓ 직업분류의 원칙 : 국제표준직업분류와 한국표준직업분류의 정의를 그대로 따른다.

2021년

1 다음 내용의 (   ) 안에 알맞은 것은?

> 국제표준직업분류(ISCO-08)에서 (   )은/는 '자영업을 포함하여 특정한 고용주를 위하여 개별 종사자들이 수행하거나 또는 수행해야 할 일련의 업무와 과업(tasks and duties)'으로 정의되어 있다.

① 직업 ② 직위
③ 직군 ④ 직무

해설 직업과 직무의 개념
직업(Occupation)은 유사한 직무의 집합으로 정의된다. 여기서 직무(Job)란 국제표준직업분류(ISCO-08)에서 자영업을 포함하여 특정한 고용주를 위하여 개별 종사자들이 수행하거나 또는 수행해야 할 일련의 업무와 과업(Tasks and Duties)으로 정의되며, 유사한 직무는 주어진 업무와 과업이 매우 높은 유사성을 갖는 것으로 볼 수 있다.

2024년

2 한국표준직업분류(KSCO)의 제8차 개정의 주요 특징에 대한 설명으로 옳지 않은 것은?

① 보건·사회복지 종교 관련직에서 보건 전문가 및 관련직으로 중분류를 분리하였다.
② 돌봄서비스 일자리와 관련한 돌봄 및 보건 서비스직을 중분류로 분리·신설하였다.
③ 반려 동물 대상 서비스 확대로 동물 관련 서비스 종사자를 신설하였다.
④ 플랫폼 노동 확대로 택배원과 늘찬배달원을 통합하였다.

해설 한국표준직업분류 제 8차 개정의 주요내용
㉠ 포스트 코로나에 따른 보건 전문가 및 관련 서비스 종사자의 인력 확대 운영
㉡ 저출산·고령화에 따른 사회복지 및 돌봄 인력 수요 반영
㉢ 신생·확대·소멸직업 등 노동시장의 구조 변화 반영
㉣ 직업분류 활용성 및 정확성 제고를 위해 직업분류 체계 개선
㉤ 직업분류 개정 의견 수렴 등 대내외 개정 수요 반영
㉥ 플랫폼 노동 확대로 택배원과 늘찬배달원을 신설

3 **직업성립의 일반요건과 가장 거리가 먼 것은?**

① 경제성　　　　　　　　　　　② 윤리성

③ 계속성　　　　　　　　　　　④ 사회보장성

> **해설**　직업 성립의 일반적인 요건
> ㉠ 경제성 : 노동의 대가로 그에 따른 수입이 있어야 한다.
> ㉡ 윤리성 : 비윤리적인 직업이 아니어야 한다.
> ㉢ 계속성 : 계속해서 하는 일이어야 한다.
> ㉣ 사회성 : 사회적으로 가치 있고 쓸모 있는 일이어야 한다.

4 **다음은 한국표준직업분류에서 무엇에 대한 설명인가?**

> 직무수행능력의 높낮이를 말하는 것으로 정규교육, 직업훈련, 직업경험 그리고 선천적 능력, 사회문화적 환경 등에 의해 결정된다.

① 직무수준　　　　　　　　　　② 직업수준

③ 직능수준　　　　　　　　　　④ 과업수준

> **해설**　한국표준직업분류
> ㉠ 한국표준직업분류는 주어진 직무의 업무와 과업을 수행하는 능력인 직능을 근거로 편제되며, '직능수준'과 '직능유형'을 고려하고 있다.
> ㉡ 직능수준은 '직무수행능력의 높낮이'를 말하는 것으로 정규교육, 직업훈련, 직업경험 그리고 선천적 능력과 사회문화적 환경 등에 의해 결정된다.

ANSWER　1.④　2.④　3.④　4.③

5 다음은 한국표준직업분류의 어느 직능수준에 대한 설명인가?

> 일반적으로 중등교육을 마치고 1~3년 정도의 추가적인 교육과정(ISCED 수준5)정도의 정규교육 또는 직업훈련을 필요로 한다.

① 제1직능 수준
② 제2직능 수준
③ 제3직능 수준
④ 제4직능 수준

해설 한국표준직업분류의 직능수준

ㄱ 제1직능 수준의 일부 직업에서는 초등교육이나 기초적인 교육(ISCED 수준1)을 필요로 한다.

ㄴ 제2직능 수준은 보통 중등 이상 교육과정의 정규교육 이수(ISCED 수준3) 또는 이에 상응하는 직업훈련이나 직업경험을 필요로 한다.

ㄷ 제3직능 수준은 일반적으로 중등교육을 마치고 1~3년 정도의 추가적인 교육과정(ISCED 수준5) 정도의 정규교육 또는 직업훈련을 필요로 한다.

ㄹ 제4직능 수준은 일반적으로 4년 또는 그 이상 계속하여 학사, 석사나 그와 동등한 학위가 수여되는 교육수준(ISCED 수준6) 혹은 그 이상의 정규교육 또는 훈련을 필요로 한다.

6 한국표준직업분류(제8차)의 목적 및 활용에 대한 설명으로 옳지 않은 것은?

① 취업알선을 위한 구인 · 구직안내기준
② 실직자의 직업훈련을 지원하기 위한 기준
③ 직종별 급여 및 수당지급 결정기준
④ 산재보험요율, 생명보험요율 또는 산재보상액, 교통사고 보상액 등의 결정기준

해설 한국표준직업분류의 목적 및 활용

ㄱ 각종 사회 · 경제통계조사의 직업단위 수준
ㄴ 취업알선을 위한 구인 · 구직안내기준
ㄷ 직종별 급여 및 수당지급 결정 기준
ㄹ 직종별 특정질병의 이환율, 사망률과 생명표 작성 기준
ㅁ 산재보험요율, 생명보험요율 또는 산재보상액, 교통사고 보상액 등의 결정 기준

7 **한국표준직업분류의 대분류 항목과 직능수준과의 관계가 바르게 짝지어진 것은?**

① 사무종사자 - 제3직능 수준 필요

② 전문가 및 관련 종사자 - 제4직능 수준 필요

③ 단순노무종사자 - 제2직능 수준 필요

④ 군인 - 제2직능 수준 이상 필요

해설 한국표준직업분류의 직능수준

대분류	직능수준
관리자	제4직능 수준 혹은 제3직능 수준 필요
전문가 및 관련 종사자	제4직능 수준 혹은 제3직능 수준 필요
사무 종사자	제2직능 수준 필요
서비스 종사자	제2직능 수준 필요
판매 종사자	제2직능 수준 필요
농림 · 어업 숙련 종사자	제2직능 수준 필요
기능원 및 관련 기능 종사자	제2직능 수준 필요
장치 · 기계 조작 및 조립 종사자	제2직능 수준 필요
단순노무 종사자	제1직능 수준 필요
군인	제2직능 수준 이상 필요

ANSWER 5.③ 6.② 7.④

2022년

8 한국표준직업분류에서 포괄적인 업무의 분류적용 원칙에 해당되지 않는 것은?

① 주된 직무 우선원칙

② 최상급 직능수준 우선원칙

③ 생산업무 우선원칙

④ 취업시간 우선원칙

해설 한국표준직업분류의 직업분류 원칙

일반원칙	• 포괄성의 원칙 • 배타성의 원칙
순서배열 원칙	• 한국표준산업분류(KSIC) • 특수 – 일반분류 • 고용자 수와 직능수준, 직능유형 고려
포괄적인 업무의 분류적용 원칙	• 주된 직무 우선 원칙 • 최상급 직능수준 우선 원칙 • 생산업무 우선 원칙
다수 직업 종사자의 분류적용원칙	• 취업시간 우선의 원칙 • 수입 우선의 원칙 • 조사 시 최근의 직업 우선 원칙

2024년

9 한국표준직업분류의 직업분류 원칙 중 다음 설명으로 옳은 것은?

> 교육과 진료를 겸하는 의과대학 교수는 강의, 평가, 연구 등과 진료, 처치, 환자상담 등의 직무내용을 파악하여 관련 항목이 많은 분야로 분류한다.

① 취업시간 우선 원칙

② 최상급 직능수준 우선 원칙

③ 조사 시 최근의 직업 원칙

④ 주된 직무 우선 원칙

해설 한국표준직업분류의 직업분류 원칙

ⓐ 포괄적인 업무의 분류적용 원칙 중 '주된 직무 우선 원칙'에 해당된다.

ⓑ 포괄적인 업무의 분류적용 원칙 : 주된 직무 우선 원칙, 최상급 직능수준 우선 원칙, 생산업무 우선 원칙

10 한국표준직업분류상 일의 계속성에 대한 설명으로 틀린 것은?

① 매일, 매주, 매월 주기적으로 행하는 것

② 계절적으로 행하는 것

③ 취업한 후 계속적으로 행할 의지와 가능성이 있는 것

④ 명확한 주기는 없으나 계속적으로 행해지는 것

해설 한국표준직업분류상 일의 계속성
　　ㄱ 매일, 매주, 매월 등 주기적으로 행하는 것
　　ㄴ 계절적으로 행해지는 것
　　ㄷ 명확한 주기는 없으나 계속적으로 행해지는 것
　　ㄹ 현재 하고 있는 일을 계속적으로 행할 의지와 가능성이 있는 것

11 한국표준직업분류의 직업분류 원칙에 대한 설명으로 틀린 것은?

① 재화의 생산과 공급이 같이 이루어지는 경우는 공급단계에 관련된 업무를 우선적으로 분류한다.

② 동일하거나 유사한 직무는 어느 경우에든 같은 단위 직업으로 분류한다.

③ 2개 이상의 직무를 수행하는 경우는 수행되는 직무내용과 관련 분류 항목에 명시된 업무 내용을 비교, 평가하여 관련 직무 내용상의 상관성이 가장 높은 항목에 분류한다.

④ 수행된 직무가 상이한 수준의 훈련과 경험을 통해 얻어지는 직무능력을 필요로 한다면, 가장 높은 수준의 직무능력을 필요로 하는 일에 분류한다.

해설 한국표준직업분류의 직업분류 원칙
　　ㄱ 재화의 생산과 공급이 같이 이루어지는 경우는 공급단계가 아닌 생산단계에 관련된 업무를 우선적으로 분류한다. (공급단계 → 생산단계)
　　ㄴ ②항은 일반원칙 중 '배타성의 원칙'에 해당된다.
　　ㄷ ③항은 포괄적인 업무의 분류적용 원칙 중 '주된 직무 우선원칙'에 해당된다.
　　ㄹ ④항은 포괄적인 업무의 분류적용 원칙 중 '생산업무 우선원칙'에 해당한다.

12 한국표준직업분류에서 직업으로 보지 않은 활동을 모두 고른 것은?

> ㉠ 이자, 주식배당 등과 같은 자산수입이 있는 경우
> ㉡ 예적금 인출, 보험금 수취, 차용 또는 토지나 금융자산을 매각하여 수입이 있는 경우
> ㉢ 사회복지시설 수용자의 시설 내 경제활동
> ㉣ 수형자의 활동과 같이 법률에 의한 강제노동을 하는 경우

① ㉠, ㉢　　　　　　　　　　　② ㉡, ㉣
③ ㉠, ㉡, ㉢　　　　　　　　　　④ ㉠, ㉡, ㉢, ㉣

해설 한국표준직업분류에서 직업으로 보지 않는 활동
　　㉠ 이자, 주식배당, 임대료(전세금, 월세), 등과 같은 자산수입이 있는 경우
　　㉡ 연금법, 국민기초생활보장법, 국민연금법 및 고용보험법 등의 사회보장이나 민간보험에 의한 수입
　　　이 있는 경우
　　㉢ 경마, 경륜, 경정, 복권 등에 의한 배당금이나 주식투자에 의한 시세차익이 있는 경우
　　㉣ 예·적금 인출, 보험금 수취, 차용 또는 토지·금융자산을 매각하여 수입이 있는 경우
　　㉤ 자기 집의 가사활동에 전념하는 경우
　　㉥ 교육기관에 재학하며 학습에만 전념하는 경우
　　㉦ 시민봉사활동 등에 의한 무급 봉사적인 일에 종사하는 경우
　　㉧ 사회복지시설 수용자의 시설 내 경제활동
　　㉨ 수형자의 활동과 같이 법률에 의한 강제노동을 하는 경우
　　㉩ 도박, 강도, 절도, 사기, 매춘, 밀수와 같은 불법적인 활동

13 한국고용직업분류(KECO)에 대한 설명으로 틀린 것은?

① 10진법 중심의 분류이다.
② 대분류보다는 소분류 중심체계이다.
③ 직능유형(Skill Type) 중심이다.
④ 직업분류의 기본적인 포괄성과 배타성을 고려하여 분류하였다.

해설 한국고용직업분류(KECO)
한국고용직업분류는 대분류와 중분류 단위에서 직능유형이 우선적으로 적용되며, 소분류 단위에서 직능수준이 함께 적용된다.

ANSWER 12.④　13.②

SECTION 02 산업분류의 이해

(1) 산업분류의 개요

① 한국표준산업분류(KSIC : Korean Standard Industrial Classification)

　㉠ 연혁

　　• 한국표준산업분류는 산업관련 통계자료의 정확성, 비교성을 확보하기 위하여 작성된 것으로서 1963년 3월 광업과 제조업 부문에 대한 산업분류를 제정하였고, 이듬해 4월 제조업 부문 이외 부분에 대한 산업분류를 추가적으로 제정함으로써 우리나라의 표준산업분류 체계를 완성하였다. 이렇게 제정된 한국표준산업분류는 유엔의 국제표준산업분류(1차 개정 : 1958년)에 기초한 것이다.

　　• 1963년(제조업) · 1964년(제조업 이외)에 걸쳐 제정된 한국표준산업분류의 내용을 보완하기 위하여 1965년과 1968년 두 차례 개정작업을 추진하였으며, 이후 유엔의 국제표준산업분류 2 · 3 · 4차 개정(1968, 1989, 2007년)과 국내 산업구조 및 환경 변화를 반영하기 위하여 여덟 차례에 걸친 개정작업을 수행하였다(1970, 1975, 1984, 1991, 1998, 2000, 2007, 2017년).

　　• 현행 제11차 개정 분류는 2021년 9월에 기본계획을 수립하고 약 3년간에 걸친 개정작업을 추진하여 통계청 고시 제2024－2호(2024.1.1.)로 확정 · 고시하였고 2024년 7월 1일부터 시행하고 있다.

　㉡ 한국표준산업분류 제11차 주요 개정 내용

대분류	개정 내용
A 농업, 임업 및 어업	• (통합) 산업 규모와 증감률 추세를 반영하여 분류항목을 통합하였다. • 예 : 콩나물 재배업, 기타 시설작물 재배업 → 기타 시설작물 재배업
B 광업	• 주요 개정사항은 없다.
C 제조업	• (신설 · 세분) 산업 규모와 증감률 추세를 반영하여 분류항목을 신설 · 세분하였다. • 예 : 배합사료 제조업 → 반려동물용 사료 제조업, 배합사료 제조업 • (통합) 산업 규모와 증감률 추세를 반영하여 분류항목을 통합하였다. • 예 : 콩나물 재배업, 기타 시설작물 재배업 → 기타 시설작물 재배업 • (명칭 변경) 개정 수요 및 전문가 자문을 통한 세세분류 명칭을 변경하였다. • 예 : 천연수지 및 나무 화학물질 제조업 → 바이오매스계 기초 화학물질 제조업
D 전기, 가스, 증기 및 공기조절 공급업	• (신설 · 세분) 산업 규모와 증감률 추세를 반영하여 분류항목을 신설 · 세분하였다. • 예 : 기타 발전업 → 풍력발전업, 기타 발전업

분류	주요 개정사항
E 수도, 하수 및 폐기물 처리, 원료 재생업	• 주요 개정사항은 없다.
F 건설업	• (신설·세분) 산업 규모와 증감률 추세를 반영하여 분류항목을 신설·세분하였다. • 예 : 건물용 기계·장비 설치 공사업→건물용 기계 및 장비 설치 공사업, 승강설비 설치 공사업
G 도매 및 소매업	• (신설·세분) 산업 규모와 증감률 추세를 반영하여 분류항목을 신설·세분하였다. • 예 : 기타 식료품 소매업→기타 신선식품 및 단 순 가공식품 소매업, 기타 가공식품 소매업 • (명칭 변경) 정책 수요를 반영하여 분류항목 명칭을 변경하였다. • 예 : 애완동물 및 관련용품 소매업→반려용동물 및 관련용품 소매업
H 운수 및 창고업	• (신설·세분) 개정 수요를 반영하여 분류항목을 신설·세분하였다. • 예 : 기타 수상 운송지원 서비스업→선박관리업, 기타 수상 운송지원 서비스업 • (통합) 산업 구조 및 증감률 추세를 반영하여 분류항목을 통합하였다.
I 숙박 음식점업	• (신설·세분) 산업 규모 및 개정 수요를 반영하여 분류항목을 신설·세분하였다. • 예 : 기타 일반 생활 숙박시설 운영업→야영장업, 기타 일반 및 생활 숙박시설 운영업
J 정보통신업	• (신설·세분) 산업 규모와 증감률 추세 및 국제 기준을 반영하여 분류항목을 신설·세분하였다. • 예 : 호스팅 및 관련 서비스업→영상물 제공 서비스업, 오디오물 제공 서비스업, 호스팅 및 관련 서비스업
K 금융 및 보험업	• (분류 이동) 국제 기준을 반영하여 사회보장보험업 및 연금업이 대분류로 이동하였다. • 예 : 건강보험업→건강보험업
L 부동산업	• (신설·세분) 산업 규모 및 개정 수요를 반영하여 분류항목을 신설·세분하였다. • 예 : 부동산 중개 및 대리업→부동산 중개 및 대리업, 부동산 분양 대행업
M 전문, 과학 및 기술 서비스업	• (신설·세분) 산업 규모 및 개정 수요를 반영하여 분류항목을 신설·세분하였다. • 예 : 그 외 기타 분류 안 된 전문, 과학 및 기술 서비스업→고고유산 조사연구 서비스업, 그 외 기타 분류 안 된 전문, 과학 및 기술 서비스업 • (통합) 산업 구조 및 증감률 추세를 반영하여 분류항목을 통합하였다. • 예 : 광고매체 판매업, 그 외 기타 광고 관련 서비스업→그 외 기타 광고 관련 서비스업 • (명칭 변경) 개정 수요를 반영하여 분류항목 명칭을 변경하였다. • 예 : 옥외 및 전시 광고업→옥외 광고업

N 사업시설 관리, 사업 지원 및 임대 서비스업	• (신설 · 세분) 산업 규모와 증감률 추세를 반영하여 분류항목을 신설 · 세분하 였다. • 예 : 그 외 기타 분류 안 된 사업 지원 서비스업→온라인 활용 마케팅 및 관 련 사업 지원 서비스업, 그 외 기타 분류 안 된 사업 지원 서비스업 • (통합) 산업 규모와 증감률 추세를 반영하여 분류항목을 통합하였다. • 예 : 문서 작성업, 복사업→문서작성 및 복사업
O 공공 행정, 국방 및 사회보장 행정	(분류 이동) 국제 기준을 반영하여 사회보장보험업 및 연금업을 대분류 'K'에서 'O'로 이동하였다(K 금융 및 보험업 참조).
P 교육 서비스업	주요 개정사항은 없다.
Q 보건업 및 사회복지 서비스업	주요 개정사항은 없다.
R 예술, 스포츠 및 여가 관련 서비스업	• (신설 · 세분) 산업 규모 및 개정 수요를 반영하여 분류항목을 신설 · 세분하였다. • 예 : 기타 사행시설 관리 및 운영업→카지노 운영업, 기타 사행시설 관리 및 운영업 • (통합) 산업 규모와 증감률 추세를 반영하여 분류항목을 통합하였다. • 예 : 공연 및 제작 관련 제조업, 그 외 기타 창작 및 예술 관련 서비스업→그 외 기타 창작 및 예술 관련 서비스업
S 협회 및 단체, 수리 및 기타 개인 서비스업	• (명칭 변경) 정책 수요를 반영하여 분류항목 명칭을 변경하였다. • 예 : 애완동물장묘 및 보호 서비스업→반려동물장묘 및 보호 서비스업
T 가구 내 고용 활동 및 달리 분류되지 않은 자가소비 생산 활동	주요 개정사항은 없다.
U 국제 및 외국기관	주요 개정사항은 없다.

② 한국표준산업분류의 이해

　㉠ 분류 정의

분류	정의
산업	유사한 성질을 갖는 산업활동에 종사하는 생산단위의 집합이다.
산업활동	각 생산단위가 노동, 자본, 원료 등 자원을 투입하여 재화 또는 서비스를 생산 또는 가 공하는 일련의 활동과정이다.
산업활동 범위	영리적, 비영리적 활동이 모두 포함되나, 가정 내 가사활동은 제외한다.
산업분류	• 생산단위(사업체 단위, 기업체 단위 등)가 주로 수행하는 산업활동을 분류 기준과 원칙 에 맞춰 그 유사성에 따라 체계적으로 유형화한 것이다. • 즉 산업분류는 "경제적 특성이 동일하거나 유사성을 갖는 산업활동의 집합(Group)"이다.

ⓒ 분류 목적
- 통계작성 목적
  - 산업분류는 기본적으로 산업활동 관련 통계자료 수집, 제표, 분석 등을 위해서 활동 분류 및 범위를 제공하기 위한 것이다.
  - 통계법에서는 산업 관련 통계자료 정확성, 비교성을 확보하기 위하여 모든 통계 작성기관은 한국표준산업분류를 의무적으로 사용하도록 규정하고 있다.
- 일반행정 목적 : 통계작성 목적 이외에도 일반 행정 및 산업정책 관련 다수 법령에서 적용대상 산업영역을 규정하는 기준으로 준용하고 있다.

ⓒ 분류 범위
- 국민계정(SNA)에서 정의한 것처럼 산업분류는 재화 및 서비스 생산, 제공과 관련한 경제활동에 종사하고 있는 생산 단위에 대한 분류로 국한한다.
- 다만, ISIC에서 규정하고 있는 982(자가소비를 위한 가사서비스 활동)는 SNA 생산영역 밖에 있지만, 가구의 생산활동을 측정하기 위한 중요한 틀이 되기 때문에 981(자가 소비를 위한 가사 생산활동)과 병행하여 분류한다.

ⓒ 분류 기준
- 산출물(생산된 재화 또는 제공된 서비스) 특성
  - 산출물의 물리적 구성 및 가공 단계
  - 산출물의 수요처
- 투입물의 특성 : 원재료, 생산공정, 생산기술 및 시설 등
- 생산활동의 일반적인 결합형태

(2) 한국표준산업분류의 통계 단위

① 통계단위 정의
  ㉠ 통계단위는 생산단위의 활동(생산, 재무활동 등)에 관한 통계작성을 위하여 필요한 정보를 수집 또는 분석할 대상이 되는 관찰 또는 분석단위를 말한다.
  ㉡ 관찰단위는 산업활동과 지리적 장소의 동질성, 의사결정의 자율성, 자료수집 가능성이 있는 생산단위가 설정되어야 한다.
  ㉢ 생산활동과 장소의 동질성의 차이에 따라 통계단위는 다음과 같이 구분된다.

구분	하나 이상의 장소	단일 장소
하나 이상의 산업활동	기업집단 단위	지역 단위
	기업체 단위	
단일 산업활동	활동유형 단위	사업체 단위

② 사업체 단위

　　㉠ 사업체 단위는 공장, 광산, 상점, 사무소 등으로 산업활동과 지리적 장소의 양면에서 가장 동질성이 있는 통계단위이다.

　　㉡ 일정한 물리적 장소에서 단일 산업활동을 독립적으로 수행하며, 영업 잉여에 관한 통계를 작성할 수 있고 생산에 관한 의사결정에 있어서 자율성을 갖고 있는 단위이므로 장소의 동질성과 산업활동의 동질성이 요구되는 생산통계 작성에 가장 적합한 통계단위라고 할 수 있다.

③ 기업체 단위

　　㉠ 기업체 단위란 재화 및 서비스를 생산하는 법적 또는 제도적 단위의 최소 결합체로서 자원 배분에 관한 의사결정에서 자율성을 갖고 있다.

　　㉡ 기업체는 하나 이상의 사업체로 구성될 수 있다는 점에서 사업체와 구분되며, 재무 관련 통계작성에 가장 유용한 단위이다.

(3) 산업분류 결정방법

① 생산단위의 활동 형태

　　㉠ 생산단위 산업활동은 일반적으로 주된 산업활동, 부차적 산업활동 및 보조적 활동이 결합되어 복합적으로 이루어진다.

주된 산업활동	• 산업활동이 복합형태로 이루어질 경우 생산된 재화 또는 제공된 서비스 중에서 부가가치(액)가 가장 큰 산업활동이다. • 주된 산업활동 수행 결과로 얻어지는 생산물은 주된 생산품과 관련 부산물을 포함한다. • 예시 : 도정업체에서 생산하는 정미(주된 생산품)와 겨(부산물)
부차적 산업활동	• 주된 산업활동 이외의 재화 생산 및 서비스 제공 활동이다. • 실제 다수 생산단위는 부차적 산업활동을 복합적으로 병행해서 수행한다.
보조 활동	• 생산단위 내부에서 생산활동 지원을 위해 사용되는 비내구재 또는 서비스를 제공하는 활동이다. • 생산단위가 산업활동 수행을 위해 내부적으로 영위하는 회계, 창고, 운송, 구매, 판매 촉진, 수리 서비스업 등을 포함한다. • 이러한 보조 활동은 그 산출물을 동일 생산단위 내에서 중간에 소비하므로 통상 생산단위와 별도로 분리하여 파악하지 않는다.

　　㉡ 주된 산업활동과 부차적 산업활동은 보조 활동 지원 없이는 수행될 수 없다.

　　㉢ 생산활동과 보조 활동이 별개의 독립된 장소에서 이루어질 경우 지역 통계작성을 위하여 보조단위에 관한 정보를 별도로 수집할 수 있다.

　　㉣ 고정자산을 구성하는 재화 생산활동, 모 생산단위 생산품의 구성부품 생산활동, 연구개발 활동 등은 보조단위로 구분하지 않고 별개의 독립된 산업활동으로 간주하고 그 자체 산업활동에 따라 분류한다.

• 고정자산을 구성하는 재화 생산

> 예시 : 자기계정을 위한 건설 활동을 수행하고 이에 관한 별도 자료를 이용할 수 있으면 건설업으로 분류

• 모 생산단위에서 사용되는 재화나 서비스를 보조적으로 생산하더라도 그 생산되는 재화나 서비스의 대부분을 다른 시장(사업체 등)에 판매하는 경우

> 예시 : 모회사 물품을 보관하는 창고에 타 사업체 물품을 더 많이 보관하고 수수료를 받는 경우

• 모 생산단위가 생산하는 생산품의 구성부품이 재화를 생산하는 경우

> 예시 : 모 생산단위 생산품을 포장하기 위한 캔, 상자, 및 유사제품 생산

• 연구개발 활동은 통상적인 생산과정에서 소비되는 서비스를 제공하는 것이 아니므로 그 자체의 본질적인 성질에 따라 전문, 과학 및 기술서비스업으로 분류되며 SNA에서는 고정자본을 형성하는 것으로 구분한다.

② 산업분류 결정방법

㉠ 생산단위 산업활동은 그 생산단위가 수행하는 주된 산업활동(판매 또는 제공되는 재화 서비스) 종류에 따라 결정된다.

• 이러한 주된 산업활동은 산출물(재화 또는 서비스)에 대한 부가가치(액) 크기에 따라 결정되어야 하나, 부가가치(액) 측정이 어려운 경우에는 산출액에 의하여 결정된다.

• 부가가치(액)은 임금 및 급여, 급여성 복리후생비, 감가상각비, 제세공과금 및 부가가치세, 영업이익 등이 주된 요소이다.

㉡ 상기 원칙에 따라 결정하는 것이 적합하지 않을 경우에는 그 해당 활동의 종업원 수 및 노동시간, 임금 및 급여액 또는 설비의 정도에 따라 결정된다.

㉢ 계절에 따라 정기적으로 산업활동을 달리하는 사업체의 경우에는 조사시점에서 경영하는 사업과 관계없이 조사대상 기간 중 산출액이 가장 많았던 활동에 의하여 분류된다.

㉣ 휴업 중 또는 자산을 청산 중인 사업체의 산업활동은 영업 중 또는 청산을 시작하기 이전의 산업활동에 의하여 결정하며, 설립 중인 사업체는 개시하는 산업활동에 따라 결정한다.

㉤ 단일사업체의 보조단위는 그 사업체의 일개 부서로 포함하며, 여러 사업체를 관리하는 중앙 보조단위(본부, 본사 등)는 별도의 사업체로 분리한다.

(4) 산업분류 적용원칙

① 생산단위는 산출물뿐만 아니라 투입물과 생산공정 등을 함께 고려하여 그들의 활동을 가장 정확하게 설명된 항목에 분류한다.

> • 한국표준산업분류는 일반적으로 생산단위 중 기업체 및 사업체 단위를 대상으로 적용한다.
> • 사업체
> − 사업체의 운용상 개념은 '일정한 물리적 장소 또는 일정한 지역 내에서, 하나의 단일 또는 주된 산업활동을 독립적으로 수행하는 기업체 또는 기업체를 구성하는 부분 단위'라 정의된다(공장, 농장, 상점, 광산, 음식점, 여관, 병원, 학교, 사찰 등).
> − 단일장소에서 동질적인 활동을 독립적으로 수행하는 단위로서 산업분류를 적용한 동질적인 활동별 산업통계를 작성하는데 가장 적합한 단위이다.
> • 기업체
> − 동일 자금에 의하여 소유되고 통제되는 제도적 단위 또는 법적 경영 단위로, 주식회사, 협동조합, 협회, 단체 등의 법인체와 법인계열을 포함하며 정부조직도 하나의 기업체로 간주한다.
> − 기업체는 하나 이상의 사업체로 구성될 수 있다는 점에서 사업체 단위와 구분된다.
> − 수입, 지출 및 자금 관리에 관한 손익계산서 및 대차대조표 등을 유지·관리하는 단위로서 재무 관련 통계작성에 가장 유용한 단위이다.

② 복합적인 활동단위는 우선적으로 최상급 분류단계(대분류)를 정확히 결정하고, 순차적으로 생산단위는 중·소·세·세세분류 단계 항목을 결정한다(Top−Down 방식).

③ 산업활동이 결합되어 있는 경우에는 그 활동단위의 주된 활동에 따라 분류한다.

④ 수수료 또는 계약에 의하여 활동을 수행하는 단위는 동일한 산업활동을 자기계정과 자기책임 하에서 생산하는 단위와 같은 항목에 분류한다.
　㉠ 수수료 또는 계약에 의하여 활동을 수행하는 단위만을 분류하도록 명시적으로 특정 항목이 설정된 경우에는 제외한다.
　㉡ 예시
　　• 1340 섬유제품 염색, 정리 및 마무리 가공업
　　• 181 인쇄 및 인쇄 관련 산업
　　• 2592 금속 열처리, 도금 및 기타 금속 가공업

⑤ 자기가 직접 실질적인 생산활동은 하지 않고, 다른 계약업자에 의뢰하여 재화 또는 서비스를 자기계정으로 생산하게 하고, 이를 자기명의로 자기책임 하에 판매하는 단위는 이들 재화나 서비스 자체를 직접 생산하는 단위와 동일한 산업으로 분류한다.
　㉠ 예시 : B사업체가 A사업체에게 송아지와 사료를 공급받아 수수료 또는 계약에 따라 정해진 기간 동안 사육하여 육우로 키운 후 A사업체에 다시 납품하면, A사업체는 자기명의로 자기책임 하에 육우를 시장에 판매 → A, B사업체 모두 "축산업"으로 분류한다.

ⓛ 다만, 제조업의 경우에는 이들 이외에 제품의 성능 및 기능, 고안 및 디자인, 원재료 구성 설계, 견본 제작 등에 중요한 역할을 하고 자기계정으로 원재료를 제공하여야 한다.

⑥ 각종 기계 장비 및 용품의 개량, 제조 및 재제조 등 재생 활동은 일반적으로 그 기계 장비 및 용품 제조업과 동일 산업으로 분류하지만, 산업 규모 및 중요성 등을 고려하여 별도 독립된 분류에서 구성하고 있는 경우는 그에 따른다.

⑦ 수리활동은 다음과 같이 분류한다.

ㄱ 자본재로 주로 사용되는 산업용 기계 및 장비의 전문적인 수리 활동은 경상적인 유지 · 수리를 포함하여 "34 산업용 기계 장비 수리업"으로 분류한다.

ㄴ 자본재와 소비재로 함께 사용되는 컴퓨터, 자동차, 가구류 등과 생활용품으로 사용되는 소비재 물품을 전문적으로 수리하는 산업활동은 "95 개인 및 소비용품 수리업"으로 분류한다.

ㄷ 다만, 철도 차량 및 항공기 제조 공장, 조선소에서 수행하는 전문적인 수리 활동은 해당 장비를 제조하는 산업활동과 동일하게 분류한다.

ㄹ 고객의 특정 사업장 내에서 건물 및 산업시설 유지관리를 대행하는 경우는 "741 사업시설 유지관리 서비스업"에 분류한다.

⑧ 동일단위에서 제조한 재화 소매활동은 별개 활동으로 파악되지 않고 제조활동으로 분류되나, 자기가 생산한 재화와 구입한 재화를 함께 판매한다면 그 주된 활동에 따라 분류한다.

⑨ "공공행정 및 국방, 사회보장 사무, 의무가입 성격의 연금업무" 이외의 교육, 보건, 제조, 유통 및 금융 등 다른 산업활동을 수행하는 정부기관은 그 활동 성질에 따라 분류한다.

ㄱ 반대로 법령 등에 근거하여 전형적인 공공행정 부문에 속하는 산업활동을 정부기관이 아닌 민간에서 수행하는 경우에는 공공행정 부문으로 포함한다.

ㄴ 예시
- 정부기관 공무원 교육원 → 교육 서비스업(85650 직원 훈련기관)
- 정부기관 의료기관(보건소) → 의료업(86300 공중보건 의료업)

⑩ 생산단위 소유 형태, 법적 조직 유형 또는 운영 방식은 산업분류에 영향을 미치지 않는다. 즉 동일 산업활동에 종사하는 경우, 법인, 개인사업자 또는 정부기업, 외국계 기업 등인지에 관계없이 동일한 산업으로 분류한다.

⑪ 공식적 생산물과 비공식적 생산물, 합법적 생산물과 불법적인 생산물을 달리 분류하지 않는다.

(5) 분류구조 및 부호체계

① 분류구조는 대분류(알파벳 문자 사용/Section), 중분류(2자리 숫자 사용/Division), 소분류(3자리 숫자 사용/Group), 세분류(4자리 숫자 사용/Class), 세세분류(5자리 숫자 사용/Sub–Class)의 5단계로 구성된다.

② 부호처리를 할 경우에는 아라비아 숫자만을 사용하도록 했다.

③ 권고된 국제분류 ISIC Rev.4를 기본체계로 하였으나, 국내 실정을 고려하여 국제분류의 각 단계 항목을 분할, 통합 또는 재그룹화하여 독자적으로 분류항목과 분류 부호를 설정하였다.

④ 분류항목 간에 산업 내용의 이동을 가능한 억제하였으나 일부 이동 내용에 대한 연계분석 및 시계열 연구를 위하여 부록에 수록된 신구 연계표를 활용하도록 하였다.

⑤ 중분류의 번호는 01부터 99까지 부여하였으며, 대분류별 중분류 추가 여지를 남겨놓기 위하여 대분류 사이에 번호 여백을 두었다.

⑥ 소분류 이하 모든 분류의 끝자리 숫자는 “0”에서 시작하여 “9”에서 끝나도록 하였으며, “9”는 기타 항목을 의미하며 앞에서 명확하게 분류되어 남아 있는 활동이 없는 경우에는 “9” 기타 항목이 필요한 경우도 있다. 또한 각 분류 단계에서 더 이상 하위분류가 세분되지 않을 때는 “0”을 사용한다(예 : 중분류 02 임업 / 소분류 020 임업).

2024년 2019년

1 다음에서 설명하는 내용에 대한 정의로 올바른 것은?

> 유사한 성질을 갖는 산업활동에 주로 종사하는 생산단위의 집합

① 직업
② 일(TASK)
③ 요소작업
④ 산업

해설 산업의 정의
산업이란 "유사한 성질을 갖는 산업활동에 주로 종사하는 생산단위의 집합"이라 정의된다.

2022년

2 다음 내용은 무엇에 관한 정의인가?

> 각 생산단위가 노동, 자본, 원료 등 자원을 투입하여 재화 또는 서비스를 생산 또는 제공하는 일련의
> 활동과정

① 산업
② 생산활동
③ 산업분류
④ 산업활동

해설 산업활동의 정의
산업활동이란 "각 생산단위가 노동, 자본, 원료 등 자원을 투입하여 재화 또는 서비스를 생산 또는
제공하는 일련의 활동과정"이라 정의된다.

3 **한국표준산업분류의 분류 정의에 대한 설명으로 틀린 것은?**

① 산업은 유사한 활동을 갖는 생산단위의 집합이다.

② 각 생산단위가 노동, 자본, 원료 등 자원을 투입하여 재화 또는 서비스를 생산 또는 제공하는 일련의 활동과정은 산업활동이다.

③ 산업분류는 생산단위가 주로 수행하는 산업활동을 분류 기준과 원칙에 맞춰 그 유사성에 따라 체계적으로 유형화한 것이다.

④ 산업활동의 범위에는 영리적·비영리적 활동이 모두 포함되며, 가정 내의 가사활동도 포함된다.

> **해설** 생산단위의 결정 방법
> 산업활동의 범위에는 영리적·비영리적 활동이 모두 포함되나, 가정 내의 가사활동은 제외된다.

4 **한국표준산업분류의 분류 목적에 해당하지 않는 것은?**

① 기본적으로 산업활동 관련 통계자료 수집, 제표, 분석 등을 위해서 활동 분류 및 범위를 제공하기 위한 것

② 취업알선을 위한 구인·구직안내 기준

③ 산업 관련 통계자료 정확성, 비교성을 확보하기 위하여 모든 통계작성기관은 한국표준산업분류를 의무적으로 사용하도록 규정

④ 일반 행정 및 산업정책 관련 법령에서 적용대상 산업영역을 한정하는 기준 등으로 활용

> **해설** 한국표준산업분류의 분류 목적
> ㉠ 생산단위가 주로 수행하는 산업활동을 그 유사성에 따라 체계적으로 유형화한 것으로 산업활동 관련 통계자료 수집, 제표, 분석 등을 위해서 활동 분류 및 범위를 제공하기 위한 것
> ㉡ 산업 관련 통계자료의 정확성, 비교성을 확보하기 위하여 모든 통계작성기관은 한국표준산업분류를 의무적으로 사용하도록 규정
> ㉢ 일반 행정 및 산업 정책 관련 법령에서 적용대상 산업영역을 한정하는 기준등으로 활용

ANSWER 1.④ 2.④ 3.④ 4.②

5 한국표준산업분류상 단일장소에서 이루어지는 단일 산업활동의 통계단위는?

① 기업집단 단위　　　　　　　　② 활동유형 단위
③ 지역 단위　　　　　　　　　　④ 사업체 단위

해설　통계단위

구분	하나 이상의 장소	단일 장소
하나 이상의 산업활동	기업집단 단위	지역 단위
	기업체 단위	
단일 산업활동	활동유형 단위	사업체 단위

6 다음에서 설명하고 있는 통계단위는 무엇인가?

> 한국표준산업분류상 통계단위 중 하나로 "재화 및 서비스를 생산하는 법적 또는 제도적 단위의 최소 결합체로서 자원배분에 관한 의사결정에서 자율성을 갖고 있으며, 재무 관련 통계작성에 가장 유용하다."

① 산업　　　　　　　　　　　　② 산업활동
③ 기업체　　　　　　　　　　　④ 산업체

해설　통계단위

㉠ 사업체 단위
- 사업체 단위는 공장, 광산, 상점, 사무소 등으로 산업활동과 지리적 장소의 양면에서 가장 동질성이 있는 단위이다.
- 이 사업체 단위는 일정한 물리적 장소에서 단일 산업활동을 독립적으로 수행하며, 영업 잉여에 관한 통계를 작성할 수 있고, 생산에 관한 의사결정에 있어서 자율성을 갖고 있는 단위이므로 장소의 동질성과 산업활동의 동질성이 요구되는 생산통계 작성에 가장 적합한 통계단위라고 할 수 있다.

㉡ 기업체 단위
- 기업체 단위란 재화 및 서비스를 생산하는 법적 또는 제도적 단위의 최소 결합체로서 자원배분에 관한 의사결정에서 자율성을 갖고 있다.
- 기업체는 하나 이상의 사업체로 구성될 수 있다는 점에서 사업체와 구분되며, 재무 관련 통계작성에 가장 유용한 단위이다.

7 한국표준산업분류에서 생산단위의 활동형태에 관한 설명으로 틀린 것은?

① 주된 산업활동이란 산업활동이 복합형태로 이루어질 경우 생산된 재화 또는 제공된 서비스 중 부가가치(액)이 가장 큰 활동을 의미한다.

② 부차적 산업활동은 주된 산업활동 이외의 재화 생산 및 서비스 활동을 의미한다.

③ 보조활동에는 회계, 운송, 구매, 판매 촉진, 수리 서비스 등이 포함된다.

④ 모 생산단위의 생산품을 포장하기 위한 캔, 상자 및 유사제품의 생산은 보조단위로 본다.

해설 생산단위 활동 형태 : 고정자산을 구성하는 재화 생산활동, 모 생산단위 생산품의 구성부품 생산활동, 연구개발 활동 등은 보조단위로 구분하지 않고 별개의 독립된 산업활동으로 간주하고 그 자체 산업활동에 따라 분류한다.

고정자산을 구성하는 재화의 생산	다른 시장(사업체 등)에 판매하는 경우
자기계정을 위한 건설 활동을 하는 경우 이에 관한 별도의 자료를 이용할 수 있으면 건설업으로 분류	모회사 물품을 보관하는 창고에 타 사업체 물품을 더 많이 보관하고 수수료를 받는 경우
구성부품이 재화를 생산하는 경우	**연구 및 개발활동을 하는 경우**
모 생산단위 생산품을 포장하기 위한 캔, 상자, 및 유사제품 생산	연구개발 활동은 통상적인 생산과정에서 소비되는 서비스를 제공하는 것이 아니므로 그 자체의 본질적인 성질에 따라 전문, 과학 및 기술서비스업으로 분류되며 SNA에서는 고정자본을 형성하는 것으로 구분함

ANSWER 5.④ 6.③ 7.④

8 다음은 한국표준산업분류에서 산업분류 결정방법이다. (   )에 알맞은 것은?

> 계절에 따라 정기적으로 산업을 달리하는 사업체의 경우에는 조사 시점에서 경영하는 사업과 관계없이 조사대상 기간 중 (   )이 많았던 활동에 의하여 분류한다.

① 산출액

② 부가가치액

③ 급여액

④ 근로소득세액

해설 산업분류 결정방법

ⓗ 생산단위 산업활동은 그 생산단위가 수행하는 주된 산업활동(판매 또는 제공되는 재화 서비스) 종류에 따라 결정된다.
  - 이러한 주된 산업활동은 산출물(재화 또는 서비스)에 대한 부가가치(액) 크기에 따라 결정되어야 하나, 부가가치(액) 측정이 어려운 경우에는 산출액에 의하여 결정된다.
  - 부가가치(액)은 임금 및 급여, 급여성 복리후생비, 감가상각비, 제세공과금 및 부가가치세, 영업이익 등이 주된 요소이다.

ⓛ 상기 원칙에 따라 결정하는 것이 적합하지 않을 경우에는 그 해당 활동의 종업원 수 및 노동시간, 임금 및 급여액 또는 설비의 정도에 따라 결정된다.

ⓒ 계절에 따라 정기적으로 산업활동을 달리하는 사업체의 경우에는 조사 시점에서 경영하는 사업과 관계없이 조사대상 기간 중 산출액이 가장 많았던 활동에 의하여 분류한다.

ⓔ 휴업 중 또는 자산을 청산 중인 사업체의 산업활동은 영업 중 또는 청산을 시작하기 이전의 산업활동에 의하여 결정하며, 설립 중인 사업체는 개시하는 산업활동에 따라 결정한다.

ⓜ 단일사업체의 보조단위는 그 사업체의 일개 부서로 포함하며, 여러 사업체를 관리하는 중앙 보조단위(본부, 본사 등)는 별도의 사업체로 분리한다.

9 **한국표준산업분류의 산업분류 결정방법에 관한 설명으로 틀린 것은?**

① 생산단위 활동은 그 생산단위가 수행하는 주된 산업활동 종류에 따라 결정

② 계절에 따라 정기적으로 산업활동을 달리하는 사업체의 경우에는 조사대상 기간 중 산출액이 가장 많았던 활동에 의하여 분류

③ 설립 중인 사업체는 개시하는 산업활동에 따라 결정

④ 단일사업체의 보조단위는 별도의 사업체로 처리

해설 산업분류 결정방법

㉠ 생산단위 산업활동은 그 생산단위가 수행하는 주된 산업활동(판매 또는 제공되는 재화 서비스) 종류에 따라 결정된다.
  • 이러한 주된 산업활동은 산출물(재화 또는 서비스)에 대한 부가가치(액) 크기에 따라 결정되어야 하나, 부가가치(액) 측정이 어려운 경우에는 산출액에 의하여 결정된다.
  • 부가가치(액)은 임금 및 급여, 급여성 복리후생비, 감가상각비, 제세공과금 및 부가가치세, 영업이익 등이 주된 요소이다.
㉡ 상기 원칙에 따라 결정하는 것이 적합하지 않을 경우에는 그 해당 활동의 종업원 수 및 노동시간, 임금 및 급여액 또는 설비의 정도에 따라 결정된다.
㉢ 계절에 따라 정기적으로 산업활동을 달리하는 사업체의 경우에는 조사 시점에서 경영하는 사업과 관계없이 조사대상 기간 중 산출액이 가장 많았던 활동에 의하여 분류한다.
㉣ 휴업 중 또는 자산을 청산 중인 사업체의 산업활동은 영업 중 또는 청산을 시작하기 이전의 산업활동에 의하여 결정하며, 설립 중인 사업체는 개시하는 산업활동에 따라 결정한다.
㉤ 단일사업체의 보조단위는 그 사업체의 일개 부서로 포함하며, 여러 사업체를 관리하는 중앙 보조단위(본부, 본사 등)는 별도의 사업체로 분리한다.

ANSWER 8.① 9.④

10 **한국표준산업분류의 적용 원칙으로 틀린 것은?**

① 생산단위는 산출물뿐만 아니라 투입물과 생산공정 등을 함께 고려하여 그들의 활동을 가장 정확하게 설명된 항목에 분류해야 한다.

② 산업활동이 결합되어 있는 경우에는 그 활동단위의 주된 활동에 따라서 분류해야 한다.

③ 수수료 또는 계약에 의하여 활동을 수행하는 단위는 동일한 산업활동을 자기계정과 자기책임 하에서 생산하는 단위와 같은 항목에 분류해야 한다.

④ 공식적 생산물과 비공식적 생산물, 합법적 생산물과 불법적인 생산물을 달리 분류해야 한다.

해설 산업분류 적용 원칙

㉠ 생산단위는 산출물뿐만 아니라 투입물과 생산공정 등을 함께 고려하여 그들의 활동을 가장 정확하게 설명된 항목에 분류한다.

㉡ 복합적인 활동단위는 우선적으로 최상급 분류단계(대분류)를 정확히 결정하고, 순차적으로 생산단위는 중 · 소 · 세 · 세세분류 단계 항목을 결정한다(Top-Down 방식).

㉢ 산업활동이 결합되어 있는 경우에는 그 활동단위의 주된 활동에 따라 분류한다.

㉣ 수수료 또는 계약에 의하여 활동을 수행하는 단위는 동일한 산업활동을 자기 계정과 자기 책임하에서 생산하는 단위와 같은 항목에 분류수수료 또는 계약에 의하여 활동을 수행하는 단위만을 분류하도록 명시적으로 특정 항목이 설정된 경우에는 제외한다.

㉤ 자기가 직접 실질적인 생산활동은 하지 않고, 다른 계약업자에 의뢰하여 재화 또는 서비스를 자기계정으로 생산하게 하고, 이를 자기명의로 자기 책임하에 판매하는 단위는 이들 재화나 서비스 자체를 직접 생산하는 단위와 동일한 산업으로 분류한다.

다만, 제조업의 경우에는 이들 이외에 제품의 성능 및 기능, 고안 및 디자인, 원재료 구성 설계, 견본 제작 등에 중요한 역할을 하고 자기 계정으로 원재료를 제공하여야 한다.

㉥ 각종 기계 장비 및 용품의 개량, 제조 및 재제조 등 재생 활동은 일반적으로 그 기계 장비 및 용품 제조업과 동일 산업으로 분류하지만, 산업 규모 및 중요성 등을 고려하여 별도 독립된 분류에서 구성하고 있는 경우는 그에 따른다.

㉦ 동일단위에서 제조한 재화 소매 활동은 별개 활동으로 파악되지 않고 제조 활동으로 분류되나, 자기가 생산한 재화와 구입한 재화를 함께 판매한다면 그 주된 활동에 따라 분류한다.

㉧ "공공행정 및 국방, 사회보장 사무, 의무가입 성격의 연금업무" 이외의 교육, 보건, 제조, 유통 및 금융 등 다른 산업활동을 수행하는 정부 기관은 그 활동 성질에 따라 분류한다.

반대로 법령 등에 근거하여 전형적인 공공행정 부문에 속하는 산업활동을 정부기관이 아닌 민간에서 수행하는 경우에는 공공행정 부문으로 포함한다.

㉨ 생산단위 소유 형태, 법적 조직 유형 또는 운영 방식은 산업분류에 영향을 미치지 않는다.

즉 동일 산업활동에 종사하는 경우, 법인, 개인사업자 또는 정부기업, 외국계 기업 등인지에 관계없이 동일한 산업으로 분류한다.

㉩ 공식적 생산물과 비공식적 생산물, 합법적 생산물과 불법적인 생산물을 달리 분류하지 않는다.

11 **한국표준산업분류의 분류구조 및 부호체계에 대한 설명으로 틀린 것은?**

① 분류구조는 대분류(알파벳 문자 사용), 중분류(2자리 숫자 사용), 소분류(3자리 숫자 사용), 세분류(4자리 숫자 사용)의 단계로 구성된다.

② 부호처리를 할 경우에는 아라비아 숫자만을 사용하였다.

③ 권고된 국제분류 ISIC Rev.4를 기본체계로 하였으나, 국내 실정을 고려하여 국제분류의 각 단계 항목을 분할, 통합 또는 재그룹화하여 독자적으로 분류항목과 분류 부호를 설정하였다.

④ 대분류의 번호는 01부터 99까지 부여하였으며, 대분류별 중분류 추가 여지를 남겨놓기 위하여 대분류 사이에 번호 여백을 두었다.

해설 한국표준산업분류의 분류구조 및 부호체계

　　㉠ 분류구조는 대분류(알파벳 문자 사용/Section), 중분류(2자리 숫자 사용/Division), 소분류(3자리 숫자 사용/Group), 세분류(4자리 숫자 사용/Class), 세세분류(5자리 숫자 사용/Sub-Class)의 5단계로 구성된다.

　　㉡ 부호처리를 할 경우에는 아라비아 숫자만을 사용하도록 했다.

　　㉢ 권고된 국제분류 ISIC Rev.4를 기본체계로 하였으나, 국내 실정을 고려하여 국제분류의 각 단계 항목을 분할, 통합 또는 재 그룹화하여 독자적으로 분류항목과 분류 부호를 설정하였다.

　　㉣ 분류항목 간에 산업 내용의 이동을 가능한 억제하였으나 일부 이동 내용에 대한 연계분석 및 시계열 연구를 위하여 부록에 수록된 신구 연계표를 활용하도록 하였다.

　　㉤ 중분류의 번호는 01부터 99까지 부여하였으며, 대분류별 중분류 추가 여지를 남겨놓기 위하여 대분류 사이에 번호 여백을 두었다.

　　㉥ 소분류 이하 모든 분류의 끝자리 숫자는 "0"에서 시작하여 "9"에서 끝나도록 하였으며, "9"는 기타 항목을 의미하며 앞에서 명확하게 분류되어 남아 있는 활동이 없는 경우에는 "9" 기타 항목이 필요한 경우도 있다. 또한 각 분류단계에서 더 이상 하위분류가 세분되지 않을 때는 "0"을 사용한다 (예 : 중분류 02 임업 / 소분류 020 임업).

직업정보 수집

직업정보 수집은 직업정보의 역할 및 생산체계, 직업정보의 종류, 직업정보 원자료, 우리나라 표준직업정보, 직업정보 수집계획, 직업정보 제공원, 직업정보 수집방법, 직업정보 수집 및 결과 점검, 고용24 등을 중심으로 다양하게 출제되는 경향이 있다. 특히 우리나라 표준직업정보인 한국직업사전의 부가직업정보가 자주 출제되며, 통계자료나 정책변화에 따른 응용문제, 고용24의 이해 및 활용문제가 최근 출제되는 경향이 있다.

- 직업정보의 역할 및 생산체계 이해하기
  직업정보의 정의와 지식의 차이, 정보의 효용과 가치, 직업정보의 역할과 의의에 대해 학습하는 것이 효과적이다.
- 직업정보 수집계획 이해하기
  직업정보는 표준직업정보의 활용이 중요하며, 명확한 수집목적과 이용계획 등에 대해 학습하는 것이 효과적이다.

앤드류스의 정보효용과 가치, 브레이필드의 직업정보 기능, 직업선택 결정모형의 분류, 우리나라 표준직업정보, 직업정보 수집계획, 직업정보 수집방법

SECTION 01 직업정보 수집 계획

(1) 직업정보의 역할 및 생산체계

① 정보의 정의

　㉠ **직업정보의 정의** : 정보란 지식, 활동, 조직을 포괄하는 개념으로 의사 결정자에게 의미를 주는 형태로 처리되고 현재와 미래의 활동이나 결정에 있어서 실제나 인식 면에서 가치를 주는 자료이다.

　㉡ **정보와 지식의 차이**

정보	지식
• 어떤 목적을 가진 사람이 있으며, 처리(Process) 과정을 거침 • 단편적 사고 • 수동적[외부에서 수용] • 지식 창조의 매개 자료 • 가치판단 및 정보체계 • 일정한 의도를 가지고 정리해 놓은 자료의 집합	• 흩어져 있는 무수히 많은 자료로부터 목적 추구를 위한 의미 있는 자료만을 선택하여 재배열한 것 • 종합적 사고 • 능동적[주체적으로 사고 · 가공 · 판단] • 사고의 경험을 통해 정보를 체계화 • 의사결정 및 행동을 통한 가치판단 • 자료로부터 정보를 만들어내는 데 사용된 일련의 규칙

② 앤드류스(Andrus. 1971) 정보의 효용과 가치

　㉠ **정보의 효용**

정보의 효용	내용
형태효용	정보의 형태가 의사결정자의 요구사항에 보다 더 근접하게 맞추어짐에 따라 정보의 가치는 증가한다.
시간효용	필요할 때 필요한 정보를 사용할 수 있다면 정보는 의사결정자에게 보다 더 큰 가치를 준다.
장소효용	정보에 쉽게 접근할 수 있거나 이를 쉽게 전달할 수 있다면 정보는 큰 가치를 갖게 된다.
소유효용	정보 소유자는 타인에게로의 정보 전달을 통제함으로써 그 가치에 크게 영향을 준다.

ⓒ 정보의 가치

정보의 가치	내용
형식조건	정보의 형식이 이용자가 원하는 형식에 가까울수록 가치를 갖는다.
시간조건	정보의 이용자가 원하는 시간에 존재하면 가치를 갖는다.
공간조건 또는 물리적 접근조건	정보는 쉽게 접근할 수 있고, 쉽게 전달될수록 가치를 갖는다.
소유조건	정보의 소유자는 그 정보를 다른 사람에게 전파하는 것을 통제하여 정보 가치에 영향을 미칠 수 있다.

③ 직업정보의 의의 및 역할

㉠ 직업정보의 의의

- 직업정보는 직업을 결정하고자 하는 의사결정 단계에서 가치를 갖는다.
- 직업정보는 노동력에 관한 것, 직업구조, 직업군, 취업 경향, 노동에 관한 제반 규정, 직업의 분류와 직종, 직업에 필요한 자격요건, 준비과정, 취업 정보, 취업처 등에 대한 이용자의 의사결정 단계에서 도움을 주는 데 그 목적이 있다.
- 근본적으로 특별한 문제를 해결함에 있어 직업에 대해 좀 더 책임감을 받아들일 수 있도록 하는 데 그 의의가 있다.

㉡ 내담자 대상별 직업정보의 의의

- 브라운(Brown, D. 2007)의 내담자 대상별 직업정보의 의의

대상	의의
아동	• 직업구조의 다양성 인식의 발달 • 부모 직업과 세상의 작업자들에 대한 인식의 발달 • 종족, 성역할, 장애인 등에 대한 고정관념에서 탈피 • 교육과 일 사이에 연결에 대한 인정 • 생애 형태에서 직업과의 경제적 인식 발달
청소년	• 일과 관련시켜 개인의 정체성에 초점을 맞추는 것 • 고등학교, 교육 및 훈련 프로그램 등을 추구하기 위한 동기를 주는 것 • 연관된 작업자가 실제 검증하여 보여주는 것 • 생애설계의 기반을 제공하는 것
성인	• 현재 직업적 수행을 향상시키기 위한 훈련기회에 대한 정보를 제공하는 것 • 다르거나 유사한 직업과 관련하여 수입을 평가하는 정보를 제공받는 것 • 국가나 세계를 통한 직업탐색을 할 수 있도록 기술을 발달시키는 것 • 다른 직업에 제안하거나 면접할 수 있는 고용 가능성의 기법들을 발달시켜주는 것 • 장애인, 노인, 여성, 소수 민족들의 작업자의 권리에 대한 정보와 권리가 약화 되었을 때 불만을 제기하는 것과 같은 권리에 관한 정보를 제공하는 것

은퇴자	• 시간제 근로와 정시제 근로의 기회를 갖는 것
	• 그들이 갖고 있는 기술을 작업자나 자원봉사자로서 사용할 수 있는 것
	• 생애형태 계획을 유지하는 것

ⓒ 직업정보의 역할

구분	유용성
호포크 (Hoppock, 1976)	직업정보는 직위, 직무, 직업, 직종 등에 관한 모든 종류의 정보를 말하며, 이 정보는 직업을 선택하고자 하는 사람에게 최대한으로 유용하게 사용되어야 한다.
노리스 (Norris, 1979)	직업정보란 채용자격, 작업조건, 보상, 승진 등을 포함한 직위, 직무, 직업, 직종 등에 관한 유용하고 타당한 자료이며, 이는 인력 수급, 미래의 정보자원 등에 중요하다
크릿츠 (Crites, 1974)	직업발달은 직업인식, 직업탐색, 직업선택, 입직 과정들을 거치며, 이러한 각 단계에서 직업 지식이 중요한 역할을 한다.
슬로컴 (Slocum, 1974)	직업선택의 필수조건에 관한 정보가 직업준비를 할 때 사용될 수 있도록 미리 갖추어져 있어야 한다.

ⓔ 직업정보의 일반적인 기능과 역할

- 내담자의 직업선택에 대한 의사결정을 돕고, 직업선택에 관한 지식을 증가시킨다.
- 내담자로 하여금 자신의 선택을 점검하고 재조정해 볼 수 있도록 한다.
- 경험이 부족한 내담자에게 다양한 직업들을 간접적으로 접할 기회를 제공한다.
- 여러 가지 측면의 직업적 대안들의 정보를 제공한다.

ⓜ 브레이필드(Brayfield) 직업정보의 기능

정보적 기능 (정보제공기능)	직업정보를 통해 내담자의 의사결정을 돕고, 직업선택에 관한 지식을 증가시킨다.
재조정 기능	자신의 선택이 현실에 비추어 부적절한 선택이었는지를 점검 및 재조정한다.
동기화 기능	내담자를 의사결정 과정에 적극적으로 참여시킴으로써 자신의 선택에 대해 책임감

ⓗ 직업정보의 추가적인 기능 : 크리스텐슨, 베어, 로버(Christensen, Bear & Roeber)는 브레이필드가 제시한 직업정보의 3가지 기능 이외에 추가적인 4가지 기능을 제시하였다.

탐색기능	내담자가 선택한 직업분야에서의 일들에 대한 광범위한 탐색이 가능하다.
확신기능	내담자가 직업선택이 얼마나 합당한가를 확신한다.
평가기능	직업에 대한 내담자의 지식과 이해가 믿을 만하고 적절한지를 점검한다.
놀람기능	정보를 접한 내담자가 특정 직업을 선택하는 것에 대해 어떻게 생각하는지를 알 수 있게 한다.

④ 직업정보의 생산

단계		내용
1단계	표준직업정보의 생산	• 국가는 연 단위, 분기 단위, 월 단위로 표준직업정보를 생산한다. • 직무분석가, 직업전문가, 직업연구가들이 직업 관련 원자료를 분석 · 가공하여 표준직업정보를 생산한다.
2단계	직업정보의 생산 및 가공	• 표준직업정보는 이용자의 목적에 따라 재가공한다. • 직무분석가, 직업전문가, 직업연구가, 직업상담사들이 직업안정기관, 직업관련 연구기관, 교육훈련기관, 직업관련 상담소, 직업정보 생산업체 등을 위해 직업정보를 생산 및 가공 한다.
3단계	직업정보의 이용	생산 및 가공된 직업정보는 구인 · 구직자, 정책입안자, 교육훈련생, 내담자, 고객들에게 이용된다.

⑤ 직업정보의 사용 목적 : 표준직업정보는 이용자들의 사용 목적에 따라 정보를 가공한다.

직업정보 사용 목적	• 직업에 대하여 흥미 유발, 토론 자료 제공, 태도 변화, 더 나은 조사를 하도록 동기부여를 한다. • 직업정보를 통해 일을 하려는 동기부여를 한다.
	• 전에 알지 못했던 직업에 대한 인식을 한다. • 직업정보를 통해 전에 알지 못했던 직업세계와 직업비전에 대해 인식한다.
	• 직무를 수행하는 기업이나 공장 등의 유형에 대한 지식이 확대된다.
	• 한 직업에서 일하는 활동과 일의 과정, 환경 등에 관한 지식을 습득한다.
	• 직업생활, 가족, 오락, 일의 전과 후의 다른 활동을 기술 · 묘사함으로써 한 직업에서 더 좋은 근로자의 생활 형태를 비교한다.
	• 학력 취득자, 자격 취득자, 중도 탈락자 등이 직업 생활을 인식함으로써 갖는 역할 모형을 제공 • 직업정보를 통해 역할모형(Role Model)을 제공 받는다.
	• 미래와 현재 그리고 자신의 생애설계를 하도록 돕는 직업에 대한 지식이 확대된다. • 직업정보를 통해 근로생애를 설계한다.

(2) 직업정보의 종류

① 직업정보의 종류 분류

  ㉠ 내용별 직업정보

미래사회에 대한 정보	직업세계에 관한 정보	개인에 대한 정보
• 미래의 변화와 직업시장에 미칠 영향의 평가	• 고용의 지리적 분배	• 흥미, 가치, 적성 등의 직업에 대한 자기평가
• 인공지능(AI)에 의해 대체될 일자리 형태	• 블루칼라와 화이트칼라의 고용 이동	• 직업지식 및 역량
• 인구구조 변화에 의한 직업상담 대상별 특성	• 산업 및 직업의 분포	• 개척 가능성이 높은 직업들
• 기업의 고용형태의 변화	• 기업의 고용형태의 변화	• 가족 경험
• 팽창되는 직업과 축소되는 직업의 유형	• 사업체 특성 및 지역별 분포	• 교육 경험
• 인력 수급 불균형에 의한 인력구조의 변화	• 근로조건 및 작업환경 • 직업에서 요구하는 자격, 지식 및 역량	• 작업 경험 • 자신이 발견한 기능 및 능력

  ㉡ 취업 단계별·대상별 직업정보 : 개인, 기업, 사회, 국가 등에 의해 생산되는 직업정보들은 취업 전, 취업 후에 따라 필요한 정보들로 구성된다.

② 직업정보 관계법규

직업정보 관련 법규	내용
고용정책기본법 제1조	국가가 고용에 관한 정책을 수립·시행하여 국민 개개인이 평생에 걸쳐 직업능력을 개발하고 더 많은 취업기회를 가질 수 있도록 하는 한편, 근로자의 고용안정, 기업의 일자리 창출과 원활한 인력확보를 지원하고 노동시장의 효율성과 인력 수급의 균형을 도모함으로써 국민의 삶의 질 향상과 지속 가능한 경제성장 및 고용을 통한 사회통합에 이바지한다.
직업안정법 제1조	모든 근로자가 각자의 능력을 계발·발휘할 수 있는 직업에 취업할 기회를 제공하고, 정부와 민간 부분이 협력하여 각 산업에서 필요한 노동력이 원활하게 수급되도록 지원함으로써 근로자의 직업안정을 도모하고 국민경제의 균형 있는 발전에 이바지한다.
직업안정법시행령 제1조	「직업안정법」에서 위임된 사항과 그 시행에 대하여 필요한 사항을 규정한다.
고용보험법 제1조	고용보험의 시행을 통하여 실업의 예방, 고용의 촉진 및 근로자의 직업능력 개발과 향상을 꾀하고, 국가의 직업지도와 직업 소개 기능을 강화하며, 근로자가 실업한 경우에 생활에 필요한 급여를 지급하여 근로자의 생활 안정과 구직활동을 촉진함으로써 경제·사회 발전에 이바지한다.

| 고령자고용법
제1조 | 합리적인 이유 없이 연령을 이유로 하는 고용차별을 금지하고, 고령자가 그 능력에 맞는 직업을 가질 수 있도록 지원하고 촉진함으로써 고령자의 고용안정과 국민경제의 발전에 이바지한다. |

③ 직업선택 결정모형의 분류

  ㉠ 기술적 직업결정모형 : 사람들의 일반적 직업결정 방식을 나타내고자 시도한 이론이다.

  ㉡ 처방적 직업결정모형 : 사람으로 하여금 직업을 결정하는 데 있어 실수를 감소시키고 보다 나은 직업을 선택할 수 있도록 도와주려는 의도에서 시도된 이론이다.

기술적 직업결정모형	처방적 직업결정모형
타이드만과 오하라의 모형	카츠의 모형
힐튼의 모형	겔라트의 모형
브룸의 모형	칼도와 주토우스키의 모형
슈의 모형	

(3) 직업정보 원자료

① 직업정보 원자료

  ㉠ 직업정보 원자료의 정의 : 목적에 적합한 정보를 분석해서 가공할 수 있는 형태의 가장 최신의 정확한 자료를 의미한다.

  ㉡ 직업정보 원자료의 종류

구분		직업정보 원자료
국가에서 제공하는 원자료		• 공공데이터포털(www.data.go.kr) • 국가통계포털(KOSIS) • 주제별 통계 • 고용 관련 통계
패널 연구 자료	한국노동연구원	• 한국 노동시장 및 노사관계 연구
	한국직업능력개발원	• 한국교육고용 패널(KEEP) 조사 • 인적자본기업 패널(HCCP) 조사
	한국고용정보원	• 청년 패널(YP) 조사 • 대졸자 직업이동경로 조사(GOMS) • 고령화연구 패널 조사(KLoSA)

⑷ 우리나라 표준직업정보

① 우리나라 표준직업정보

  ㉠ 표준직업정보

표준직업정보	내용
한국표준산업분류	• 산업 관련 통계자료의 정확성, 비교성을 확보하기 위하여 작성되었다.
한국표준직업분류 (KSCO)	• ILO 국제표준직업분류가 1958년에 제정되어 각국에 사용토록 권고됨에 따라 제정하였다. • 주어진 직무의 업무와 과업을 수행하는 능력인 직능(skill)을 근거로 편제되며, 직능수준과 직능유형을 고려하였다. <table><tr><td>구분</td><td>설 명</td></tr><tr><td>직능수준 (skill level)</td><td>직무수행능력의 높낮이이다. 정규교육, 직업훈련, 직업경험, 선천적 능력과 사회문화적 환경 등에 의해 결정된다.</td></tr><tr><td>직능유형 (skill specialization)</td><td>직무수행에 요구되는 지식의 분야, 사용하는 도구 및 장비, 투입되는 원재료, 생산된 재화나 서비스의 종류와 관련된다.</td></tr></table>
한국고용직업분류 (KECO)	• 노동시장 내 직업에 대한 데이터를 수집하여 의미 있는 통계정보를 제공한다. • 고용 관련 행정 DB나 통계자료를 집계하고 비교하기 위한 통계목적으로 활용된다. • 공공부문의 취업알선 업무, 국가직무능력표준, 직업훈련, 국가기술자격 등에 활용된다.
한국직업사전(KEDO)	직무분석을 바탕으로 조사된 정보들로서 우리나라의 현존하는 직업개수를 제공한다.

한국표준산업분류	내용
분류기준	• 산출물[생산된 재화 또는 제공된 서비스]의 특성 −산출물의 물리적 구성 및 가공단계 −산출물의 수요처 −산출물의 기능 • 투입물의 특성 : 원재료, 생산공정, 생산기술 및 시설 등 • 생산활동의 일반적인 결합형태
통계단위 구분	• 생산단위의 활동[생산, 재무활동 등]에 관한 통계작성을 위하여 필요한 정보를 수집 또는 분석할 대상이 되는 관찰 또는 분석단위이다. • 생산활동과 장소의 동질성 차이에 따른 통계단위 구분 <table><tr><td>구분</td><td>하나 이상의 장소</td><td>단일 장소</td></tr><tr><td rowspan="2">하나 이상의 산업활동</td><td>기업집단 단위</td><td rowspan="2">지역단위</td></tr><tr><td>기업체 단위</td></tr><tr><td>단일 산업활동</td><td>활동유형 단위</td><td>사업체 단위</td></tr></table>
사업체 단위	• 공장, 광산, 상점, 사무소 등으로 산업활동과 지리적 장소의 양면성에서 가장 동질성이 있는 통계단위이다. • 일정한 물리적 장소에서 단일 산업활동을 독립적으로 수행한다. • 생산에 관한 의사결정에 있어서 자율성을 갖고 있는 단위이다. • 장소의 동질성과 산업활동의 동질성이 요구되는 생산통계작성에 가장 적합한 통계단위이다.
기업체 단위	• 재화 및 서비스를 생산하는 법적 또는 제도적 단위의 최소 결합체이다. • 자원배분에 관한 의사결정에서 자율성을 가진다. • 재무 관련 통계작성에 가장 유용한 단위이다.
생산단위의 산업 결정방법	• 산업 : '유사한 성질을 갖는 산업활동에 주로 종사하는 생산단위의 집합'이다. • 산업활동 : '각 생산단위가 노동, 자본, 원료 등 자원을 투입하여 재화 또는 서비스를 생산 또는 제공하는 일련의 활동과정'이다. • 산업활동의 범위 : 영리적, 비영리적 활동이 모두 포함되나 가정 내의 가사활동은 제외한다. • 생산단위의 산업활동은 그 생산단위가 수행하는 주된 산업활동[판매, 제공되는 재화 및 서비스]의 종류에 따라 결정된다. • 산업결정 우선순위로서 주된 산업활동은 산출물[재화 또는 서비스]에 대한 부가가치[액]의 크기에 따라 결정되어야 하며, 부가가치의 측정이 어려운 경우 산출액 또는 종업원 수 및 노동시간, 임금, 설비의 정도 등을 고려하여 결정된다.

(5) 직업정보 수집계획

① 직업정보 수집계획

㉠ 직업정보 수집계획 준비

- 직업정보는 수집 목적에 의하여 수집되어야 하며, 계획에 의해 탐색된다.
- 직업정보 수집계획에서 수집 목적, 수집처, 수집 기간, 수집 방법, 한계 등을 명시한다.

구분	내용
직업정보 수집 목적	• 정부 정책, 직업세계에 대한 전망과 추이, 노동시장의 현황, 인력수급 추계 등을 수집한다. • 직업정보 요구 또는 직업상담 대상의 특성에 맞는 가공된 정보, 집단상담 프로그램 개발한다. • 직업연구에서 사용되는 조사지 개발 등에 이용한다.
직업정보 수집계획 이용	• 직업정보를 수집하기 위하여 예산을 확보하고 수집 체계화 방법을 결정하며 수집에 우선순위를 결정한다. • 정보원의 부족, 기술력의 한계, 예산의 부족, 시간 부족 등에 따라 수집계획을 포함한다.

㉡ 직업정보 수집계획

구분	내용
직업정보 수집 원칙	직업정보의 신뢰성을 위해 출처가 명확한 정보를 수집한다.
수집 목적과 범위	• 직업정보는 구체적인 목적을 갖고 수집하여야 하며, 그 범위도 좁힐 수 있어야 한다. • 정보원의 부족, 기술력의 한계, 예산의 부족, 시간 부족 등에 따라 수집계획을 포함한다.
직업정보 수집처	• 직업정보망 : 워크넷, HRD-Net, 큐넷, 통계청 등 국가에서 운영하는 직업정보망 • 언론 미디어 : 라디오, TV, 신문, 잡지 • 인터넷 기반 : 인터넷 자료, 유튜브 등 소셜 미디어 • 공공 자료 : 각종 정부 부처 정책 및 보고서, 예산, 인구구조, 통계, 법률, 보도자료 • 연구 및 학술자료 : 전문가나 학자의 연구, 학술자료 세미나 자료 전문가 보고서 • 직업인 : 면담을 통하여 직업정보 수집 • 기타 : 협회 및 단체, 개인 등의 자료
수집계획 기간	직업정보는 정보 수집처에서 제공되는 정보의 생산 기간과 연관되어 있으며, 연간, 월간, 주간 계획과 특정한 수집 필요성에 의해 수집된다.
수집 방법	직업정보는 유료, 무료 등의 비용적인 면이 있고, 이미 생산된 정보를 수집할 수 있지만, 면담, 견학, 체험 등을 통해 수집된다.

ⓒ **직업정보 수집방법** : 직업정보 수집은 전화조사, 우편조사, 면접조사 등을 활용한다.

기준	면접조사	전화조사	우편조사
비용	높음	보통	보통
응답자료의 정확성	높음	보통	낮음
응답률	높음	보통	낮음
대규모 표본관리	곤란	보통	용이

ⓓ **일반적인 직업정보 처리과정** : 수집 → 분석 → 가공 → 체계화 → 제공 → 축적 → 평가

1 직업정보의 의의에 대한 설명으로 틀린 것은?

① 직업정보는 진로결정, 직업선택, 직업전환 등의 의사를 결정하는 과정에 작용한다.

② 직업정보는 직업을 결정하고자 하는 의사결정 단계에서 가치를 갖는다.

③ 직업정보는 노동력에 관한 것, 직업구조, 직업군, 취업경향, 직업에 필요한 자격요건, 준비과정, 취업정보 등에 대한 이용자의 의사결정 단계에서 도움을 준다.

④ 슈퍼는 생애공간 전체에서 내담자 집단에게 직업정보의 사용을 강조하였다.

> **해설** 직업정보의 의의
>
> ㉠ 직업정보는 진로결정, 직업선택, 직업전환 등의 의사를 결정하는 과정에 작용한다.
> ㉡ 직업정보는 직업을 결정하고자 하는 의사결정 단계에서 가치를 갖는다.
> ㉢ 직업정보는 노동력에 관한 것, 직업구조, 직업군, 취업경향, 노동에 관한 제반 규정, 직업의 분류와 직종, 직업에 필요한 자격요건, 준비과정, 취업정보, 취업처 등에 대한 이용자의 의사결정 단계에서 도움을 주는 데 그 목적이 있다.
> ㉣ 브라운(Brown, D. 2007)은 생애공간 전체에서 내담자 집단에게 직업정보를 사용하도록 제시했다.

2 직업정보를 사용하는 목적과 거리가 먼 것은?

① 직업정보를 통해 근로생애를 설계할 수 있다.

② 직업정보를 통해 전에 알지 못했던 직업세계와 직업지식에 대해 인식할 수 있다.

③ 직업정보를 통해 일을 하려는 동기를 부여 받을 수 있다.

④ 직업정보를 통해 과거의 직업탐색, 은퇴 후 취미활동 등에 필요한 정보를 얻을 수 있다.

> **해설** 직업정보의 사용 목적
>
> ㉠ 직업정보를 통해 '과거의 직업'을 탐색하는 것은 관련성이 없다.
> ㉡' 현재의 직업세계와 '미래의 직업선택'에 대한 의사결정을 위해 정보를 얻는다.

ANSWER 1.④ 2.④

3 앤드류스(Andrus)가 제시한 정보의 효용이 아닌 것은?

① 형태효용   ② 시간효용

③ 장소효용   ④ 통제효용

해설 앤드류스(Andrus. 1971) 정보의 효용

구분		내용
정보 효용	형태효용 (form utility)	정보의 형태가 의사결정자의 요구사항에 보다 더 근접하게 맞추어짐에 따라 정보의 가치는 증가한다.
	시간효용 (time utility)	필요할 때 필요한 정보를 사용할 수 있다면 정보는 의사결정자에게 보다 더 큰 가치를 준다.
	장소효용 (place utility)	정보에 쉽게 접근하거나 이를 쉽게 전달할 수 있다면 정보는 보다 큰 가치를 갖게 된다.
	소유효용 (possession utility)	정보소유자는 타인에게로의 정보전달을 통제함으로써 그 가치에 크게 영향을 준다.

4 직업정보의 역할에 대한 설명으로 틀린 것은?

① 직업정보는 직위, 직무, 직업, 직종 등에 관한 모든 종류의 정보를 말한다.

② 직업정보는 직업을 선택하고자 하는 사람에게 최대한 유용하게 사용되어야 한다.

③ 직업정보는 인력 수급, 과거 정보의 자원 등에 있어서 중요하다.

④ 직업정보는 직업을 준비할 때 사용될 수 있도록 미리 갖추어져 있어야 한다.

해설 직업정보의 역할

    ㉠ 직업정보는 직위, 직무, 직업, 직종 등에 관한 모든 종류의 정보를 말한다.

    ㉡ 직업을 선택하고자 하는 사람에게 최대한으로 유용하게 사용되어야 한다.

    ㉢ 직업정보란 채용자격, 작업조건, 보상, 승진 등을 포함한 직위, 직무, 직업, 직종 등에 관한 유용하고 타당한 자료이며, 인력수급, 미래정보의 자원 등에 중요하다.

    ㉣ 직업준비를 할 때 사용될 수 있도록 미리 갖추어져 있어야 한다.

    ㉤ 직업발달은 직업인식, 직업탐색, 직업선택, 입직과정 등을 거치며, 각각의 단계에서 중요한 역할을 한다.

5 직업정보의 사용 목적에 관한 설명으로 틀린 것은?

① 직업정보를 통해 과거의 직업탐색, 은퇴 후 취미활동 등에 필요한 정보를 얻을 수 있다.

② 직업정보를 통해 전에 알지 못했던 직업에 대해 인식할 수 있다.

③ 직업에 대하여 흥미를 유발하고 더 나은 조사를 하도록 동기를 부여할 수 있다

④ 한 직업에서 일하는 활동과 일의 과정, 환경 등에 관한 지식을 습득할 수 있다.

해설 직업정보의 사용 목적
- ㉠ 직업에 대하여 흥미 유발, 토론 자료제공, 태도 변화, 더 나은 조사를 하도록 동기부여
- ㉡ 전에 알지 못했던 직업에 대한 인식
- ㉢ 직무를 수행하는 기업이나 공장 등의 유형에 대한 지식 확대
- ㉣ 직업 생활, 가족, 오락, 일의 전과 후의 다른 활동을 기술·묘사함으로써 한 직업에서 더 좋은 근로자의 생활 형태를 비교
- ㉤ 학력 취득자, 자격 취득자, 중도탈락자 등이 직업생활을 인식함으로써 갖는 역할 모형을 제공
- ㉥ 미래와 현재 그리고 자신의 생애설계를 하도록 돕는 직업에 대한 지식확대

2024년

6 직업선택 결정 모형을 기술적 직업결정 모형과 처방적 직업결정 모형으로 분류할 때 기술적 직업결정 모형에 해당하지 않는 것은?

① 브룸(Vroom)의 모형

② 플레처(Fletcher)의 모형

③ 타이드만과 오하라(Tideman & O'Hara)의 모형

④ 겔라트(Gelatt)의 모형

해설 직업선택 결정 모형
- ㉠ 기술적 직업결정 모형
  - 사람들의 일반적인 직업결정 방식을 나타낸 이론이다.
  - 주요 학자로는 힐튼, 타이드만과 오하라, 브룸, 플레처 등이다
- ㉡ 처방적 직업결정 모형
  - 사람들이 직업을 결정할 때 실수를 줄이고 더 나은 직업을 선택하도록 돕고자 하는 이론이다.
  - 주요학자는 카츠, 겔라트, 칼도와 주토우스키 등이다

ANSWER 3.④ 4.③ 5.① 6.④

7 직업정보 관리에 대한 설명으로 틀린 것은?

① 직업정보 범위는 개인, 직업, 미래에 대한 정보 등으로 구성되어 있다.

② 개인의 정보는 보호되어야 하기 때문에 구직 시 연령, 학력 및 경력 등의 취업과 관련된 정보는 제한적으로 제공되어야 한다.

③ 직업정보원은 정부부처, 정부투자출연기관, 단체 및 협회, 연구소, 기업과 개인 등이 있다.

④ 직업정보 가공 시 전문적인 지식이 없어도 이해할 수 있도록 가급적 평이한 언어로 제공하여야 한다.

해설 직업정보 관리
ㄱ 취업과 관련된 정보는 제한적으로 제공되어서는 안 되며, 구체적으로 제공되어야 한다.
ㄴ 특히 구직 시 경력사항은 필수적으로 제공되어야 한다.

8 다음 설명에서 제시하는 직업정보 원자료에 해당하는 것은?

> 국내·국제·북한의 주요 통계를 한곳에 모아 이용자가 원하는 통계를 한 번에 찾을 수 있도록 통계청이 제공하는 원스톱 통계 서비스이다.

① 공공데이터포털
② 인적자본기업 패널조사
③ 국가통계포털
④ 한국교육고용 패널조사

해설 직업정보 원자료
ㄱ 국가에서 제공하는 원자료
- 공공데이터포털
- 국가통계포털
- 주제별 통계
- 고용 관련 통계

ㄴ 패널연구자료
- 한국노동연구원 : 한국노동 패널조사
- 한국직업능력개발원 : 한국교육고용 패널조사, 인적자본기업 패널조사,
- 한국고용정보원 : 청년 패널조사, 대졸자 직업이동경로 조사(GOMS), 고령화연구 패널조사(KLoSA)

9 다음에서 제시하는 직업정보의 관계법규에 해당하는 것은?

> 국가가 고용에 관한 정책을 수립·시행하여 국민 개개인이 평생에 걸쳐 직업능력을 개발하고 더 많은 취업기회를 가질 수 있도록 하는 한편, 근로자의 고용안정, 기업의 일자리 창출과 원활한 인력확보를 지원하고 노동시장의 효율성과 인력 수급의 균형을 도모함으로써 국민의 삶의 질 향상과 지속 가능한 경제성장 및 고용을 통한 사회통합에 이바지함을 목적으로 한다.

① 직업안정법　　　　　　　　　　② 고용보험법
③ 고용정책기본법　　　　　　　　④ 고령자고용법

해설 직업정보 관계 법규

직업정보 관계 법규	내용
고용정책기본법	국가가 고용에 관한 정책을 수립·시행하여 국민 개개인이 평생에 걸쳐 직업능력을 개발하고 더 많은 취업기회를 가질 수 있도록 하는 한편, 근로자의 고용안정, 기업의 일자리 창출과 원활한 인력확보를 지원하고 노동시장의 효율성과 인력 수급의 균형을 도모함으로써 국민의 삶의 질 향상과 지속 가능한 경제성장 및 고용을 통한 사회통합에 이바지함을 목적으로 한다.
직업안정법	모든 근로자가 각자의 능력을 계발·발휘할 수 있는 직업에 취업할 기회를 제공하고, 정부와 민간부문이 협력하여 각 산업에서 필요한 노동력이 원활하게 수급되도록 지원함으로써 근로자의 직업안정을 도모하고 국민경제의 균형 있는 발전에 이바지함을 목적으로 한다.
직업안정법 시행령	「직업안정법」에서 위임된 사항과 그 시행에 관하여 필요한 사항을 규정함을 목적으로 한다.
고용보험법	고용보험의 시행을 통하여 실업의 예방, 고용의 촉진 및 근로자의 직업능력의 개발과 향상을 꾀하고, 국가의 직업지도와 직업 소개 기능을 강화하며, 근로자가 실업한 경우에 생활에 필요한 급여를 실시하여 근로자의 생활안정과 구직활동을 촉진함으로써 경제·사회발전에 이바지하는 것을 목적으로 한다.
고용상 연령차별금지 및 고령자고용촉진에 관한 법률[약칭 : 고령자고용법]	합리적인 이유 없이 연령을 이유로 하는 고용차별을 금지하고, 고령자가 그 능력에 맞는 직업을 가질 수 있도록 지원하고 촉진함으로써 고령자의 고용안정과 국민경제의 발전에 이바지하는 것을 목적으로 한다.

ANSWER 7.② 8.④ 9.③

SECTION 02 직업정보 수집 실행 및 점검

(1) 직업정보제공원

① 한국직업사전

　㉠ 한국직업사전 발간 목적

　　• 한국직업사전은 급속한 과학기술 발전과 산업구조 변화 등에 따라 변동하는 직업 세계를 체계적으로 조사분석하여 표준화된 직업명과 기초 직업정보를 제공할 목적으로 발간

　　• 「2020 한국직업사전」(통합본 제5판)에 16,891개의 직업명 수록되어 있다(본직업명 6,075개, 관련직업명 6,748개, 유사직업명 4,068개).

　　• 예비조사 및 조사설계 → 현장전문가 인터뷰 → 기존직업 검토 → 신생 및 누락직업 검토 → 현장 직무조사 및 직무기술서 작성 → 검증작업, 직업 DB 구성의 단계를 거쳐 직업사전이 발간되었다.

　㉡ 한국직업사전 구성 항목 : 한국직업사전에 수록된 정보들은 직업코드명, 본직업명, 직무개요, 수행직무, 부가직업정보의 다섯 가지로 구성되어 있다.

2314　직업상담사

| 직무개요 |

구직자나 미취업자에게 직업 및 취업정보를 제공하고, 직업선택, 경력설계, 구직활동 등에 대해 조언한다.

| 수행직무 |

직업의 종류, 전망, 취업기획 등에 관한 자료를 수집하고 관리한다. 구직자와 면담하거나 검사를 통하여 취미, 적성, 흥미, 능력, 성격 등의 요인을 조사한다. 적성검사, 흥미검사 등 직업심리검사를 실시하여 구직자의 적성과 흥미에 알맞은 직업정보를 제공한다. 구직자에게 적합한 취업정보를 제공하고 직업선택에 관해 조언한다. 비디오, 슬라이드 등의 시청각장비를 사용하여 직업정보 및 직업윤리 등을 교육하기도 한다. 청소년, 여성, 중고령자, 실업자 등을 위한 직업지도 프로그램 개발과 운영을 담당하기도 한다.

| 부가직업정보 |

• 정 규 교 육	14년 초과~16년 이하(대졸 정도)		• 유 사 명 칭	직업상담원
• 숙 련 기 간	2년 초과~4년 이하		• 관 련 직 업	
• 직 무 기 능	자료(조정)/사람(자문)/사물(관련없음)		• 자 격 면 허	직업상담사(1급, 2급)
• 작 업 강 도	아주 가벼운 작업		• 표준산업분류	N751 고용알선 및 인력공업업
• 육 체 활 동			• 표준직업분류	2473 직업상담사
• 작 업 장 소	실내		• 조 사 연 도	2017년
• 작 업 환 경				

구성항목	내용
직업코드	• 특정 직업을 구분해 주는 단위로서 **한국고용직업분류(KECO)의 세분류 4자리 숫자로 표기**한다. • 다만, 동일한 직업에 대해 여러 개의 직업코드가 포함되는 경우에는 직무의 유사성을 고려하여 **가장 타당하다고 판단되는 직업코드 하나를 부여**한다.
본직업명	• 산업현장에서 일반적으로 **해당 직업으로 알려진 명칭 혹은 그 직무가 통상적으로 호칭되는 것**으로 한국직업사전에 그 직무내용이 기술된 명칭이다. • 특별히 부르는 명칭이 없는 경우에는 직무 내용과 산업의 특수성 등을 고려하여 누구나 쉽게 이해할 수 있는 명칭을 부여한다. • 직업명칭은 **해당 작업자의 의견**뿐만 아니라 **상위책임자 및 인사담당자의 의견을 수렴**하여 결정한다. • 가급적 외래어를 피하고 우리말로 표기하되, 우리말 표기에 현장감이 없을 경우에는 외래어를 정부에서 정한 외래어표기법에 따라 표기한다.
직무개요	직무담당자의 활동, 활동의 대상 및 목적, 직무담당자가 사용하는 기계, 설비 및 작업보조물, 사용된 자재, 만들어진 생산품 또는 제공된 용역, 수반되는 일반적, 전문적 지식 등을 간략히 기술한다.
수행직무	• 직무담당자가 직무의 목적을 완수하기 위하여 수행하는 구체적인 작업(task) 내용을 작업 순서에 따라 서술한다. • 직무의 특정적인 작업을 명확히 하기 위하여 작업자가 사용하는 도구·기계와 관련시켜 작업자가 무엇을, 어떻게, 왜 하는가를 정확하게 표현하되 평이한 문체로 이해하기 쉽게 기술한다.
부가직업정보	정규교육, 숙련 기간, 직무기능, 작업 강도, 육체 활동, 작업장소, 작업환경, 유사명칭, 관련 직업, 자격·면허, 한국표준산업분류 코드, 한국표준직업분류 코드, 조사연도

ⓒ 한국직업사전 부가직업정보

- 정규교육
  - 해당 직업의 직무를 수행하는 데 필요한 일반적인 정규교육수준을 의미하는 것으로 해당 직업 종사자의 평균 학력을 나타내는 것은 아니다.
  - 현행 우리나라 정규교육과정의 연한을 고려하여 그 수준을 6단계로 분류, 독학, 검정고시 등을 통해 정규교육과정을 이수하였다고 판단되는 기간도 포함된다.

수준	교육정도
1	6년 이하(초졸 정도)
2	6년 초과 ~ 9년 이하(중졸 정도)
3	9년 초과 ~ 12년 이하(고졸 정도)
4	12년 초과 ~ 14년 이하(전문대졸 정도)
5	14년 초과 ~ 16년 이하(대졸 정도)
6	16년 초과(대학원 이상)

- 숙련기간
  - 정규교육과정을 이수한 후 해당 직업의 직무를 평균적인 수준으로 스스로 수행하기 위하여 필요한 각종 교육, 훈련, 숙련기간을 의미한다.
  - 해당직업에 필요한 자격면허를 취득하는 취업 전 교육 및 훈련 기간뿐만 아니라 취업 후에 이루어지는 관련 자격 · 면허 취득 교육 및 훈련기간도 포함한다.
  - 또한 자격 · 면허가 요구되는 직업은 아니지만, 해당 직무를 평균적으로 수행하기 위한 각종 교육 · 훈련기간, 수습교육, 기타 사내교육, 현장훈련 등이 포함된다.
  - 단, 해당직무를 평균적인 수준 이상으로 수행하기 위한 향상훈련(further training)은 '숙련기간'에 포함되지 않는다.

수준	숙련기간
1	약간의 시범 정도
2	시범 후 30일 이하
3	1개월 초과 ~ 3개월 이하
4	3개월 초과 ~ 6개월 이하
5	6개월 초과 ~ 1년 이하
6	1년 초과 ~ 2년 이하
7	2년 초과 ~ 4년 이하
8	4년 초과 ~ 10년 이하
9	10년 초과

- 직무기능
  - 해당 직업 종사자가 직무를 수행하는 과정에서 '자료(data)', '사람(people)', '사물(thing)'과 관련된 특성이다.
  - 자료(data)와 관련된 기능은 정보, 지식, 개념 등 세 가지 종류의 활동으로 배열한다.
  - '자료(data)'와 관련된 기능은 만질 수 없으며, 숫자, 단어, 기호, 생각, 개념 그리고 구두상 표현을 포함한다.
  - 사람(people)과 관련된 기능은 위계적 관계가 없거나 희박하고 서비스 제공이 일반적으로 덜 복잡한 사람 관련 기능이며, 나머지 기능들은 기능의 수준을 의미하는 것은 아니다.
  - '사람(people)'과 관련된 기능은 인간과 인간처럼 취급되는 동물을 다루는 것을 포함한다.
  - 사물(thing)과 관련된 기능은 작업자가 기계와 장비를 가지고 작업하는지 혹은 기계가 아닌 도구나 보조구를 가지고 작업하는지에 기초하여 분류, 또한 작업자의 업무에 따라 사물과 관련되어 요구되는 활동 수준이 달라진다.
  - '사물(thing)'과 관련된 기능은 사람과 구분되는 무생물로서 물질, 재료, 기계, 공구, 설비, 작업도구 및 제품 등을 다루는 것을 포함한다.

수준	자료(data)	사람(people)	사물(thing)
0	종합	자문	설치
1	조정	협의	정밀작업
2	분석	교육	제어조작
3	수집	감독	조작운전
4	계산	오락제공	수동조작
5	기록	설득	유지
6	비교	말하기 – 신호	투입 – 인출
7	–	서비스 제공	단순작업
8	관련없음	관련없음	관련없음

- 작업강도
  - '작업강도'는 해당 직업의 직무를 수행하는 데 필요한 육체적 힘의 강도를 나타낸 것으로 5단계로 분류하였다. 그러나 작업강도는 심리적·정신적 노동강도는 고려하지 않았다.
  - 각각의 작업강도는 '들어올림', '운반', '밈', '당김' 등을 기준으로 결정한다.

구분	정의
아주 가벼운 작업	• 최고 4kg의 물건을 들어 올리고, 때때로 장부, 소도구 등을 들어 올리거나 운반한다. • 앉아서 하는 작업이 대부분을 차지하지만 직무수행상 서거나 걷는 것이 필요할 수도 있다.
가벼운 작업	• 최고 8kg의 물건을 들어올리고 4kg 정도의 물건을 빈번히 들어 올리거나 운반한다. • 걷거나 서서 하는 작업이 대부분일 때 또는 앉아서 하는 작업일지라도 팔과 다리로 밀고 당기는 작업을 수반할 때에는 무게가 매우 적을지라도 이 작업에 포함된다.
보통 작업	최고 20kg의 물건을 들어 올리고 10kg 정도의 물건을 빈번히 들어 올리거나 운반한다.
힘든 작업	최고 40kg의 물건을 들어 올리고 20kg 정도의 물건을 빈번히 들어 올리거나 운반한다.
아주 힘든 작업	40kg 이상의 물건을 들어 올리고 20kg 이상의 물건을 빈번히 들어 올리거나 운반한다.

- 육체활동
  - '육체활동'은 해당 직업의 직무를 수행하기 위해 필요한 신체능력을 나타내는 것으로 균형감각, 웅크림, 손, 언어력, 청각, 시각 등이 요구되는 직업인지를 보여준다.
  - 육체활동은 조사대상 사업체 및 종사자에 따라 다소 상이할 수 있으므로 전체 직업 종사자의 육체활동으로 일반화하는데는 무리가 있다.
- 작업장소 : '작업장소'는 해당직업의 직무가 주로 수행되는 장소를 나타내는 것으로 실내, 실외 종사비율에 따라 구분한다.

구분	정의
실내	눈, 비, 바람과 온도변화로부터 보호를 받으며, 작업의 75% 이상이 실내에서 이루어지는 경우
실외	눈, 비, 바람과 온도변화로부터 보호를 받지 못하며, 작업의 75% 이상이 실외에서 이루어지는 경우
실내·외	작업이 실내 및 실외에서 비슷한 비율로 이루어지는 경우

- 작업환경 : '작업환경'은 해당 직업의 직무를 수행하는 작업자에게 직접적으로 물리적, 신체적 영향을 미치는 작업장의 환경요인을 나타낸 것이다.

구분	정의
저온	신체적으로 불쾌감을 느낄 정도로 저온이거나 두드러지게 신체적 반응을 야기시킬 정도로 저온 으로 급변하는 경우
고온	신체적으로 불쾌감을 느낄 정도로 고온이거나 두드러지게 신체적 반응을 야기시킬 정도로 고온 으로 급변하는 경우
다습	신체의 일부분이 수분이나 액체에 직접 접촉되거나 신체에 불쾌감을 느낄 정도로 대기 중에 습기가 충만하는 경우
소음진동	심신에 피로를 주는 청각장애 및 생리적 영향을 끼칠 정도의 소음, 전신을 떨게 하고 팔과 다리의 근육을 긴장시키는 연속적인 진동이 있는 경우
위험내재	신체적인 손상의 위험에 노출되어 있는 상황으로 기계적·신체적 위험, 화상, 폭발, 방사선 등의 위험이 있는 경우
대기환경 미흡	직무를 수행하는 데 방해가 되거나 건강을 해칠 수 있는 냄새, 분진, 연무, 가스 등의 물질이 작업장의 대기 중에 다량 포함된 경우

- 유사명칭
  - '유사명칭'은 현장에서 본직업명을 명칭만 다르게 부르는 것으로 본직업명과 사실상 동일하다. 따라서 직업 수 집계에서 제외된다.
  - 예를 들어 '보험모집원'은 '생활설계사', '보험영업사원'이라는 유사명칭을 가지는데 이는 동일한 직무를 다르게 부르는 명칭들이다.
- 관련직업 : '관련직업'은 본직업명과 기본적인 직무에 있어서 공통점이 있으나 직무의 범위, 대상 등에 따라 나누어지는 직업이다. 하나의 본 직업명에는 두 개 이상의 관련 직업이 있을 수 있으며, 직업 수 집계에 포함된다.
- 자격·면허 : '자격·면허'는 해당 직업에 취업 시 소지할 경우 유리한 자격증 또는 면허를 나타내는 것으로 현행 국가기술자격법 및 개별법령에 의해 정부주관으로 운영하고 있는 국가자격 및 면허를 수록한다.
- 한국표준산업분류 코드 : 해당 직업을 조사한 산업을 나타내는 것으로 「한국표준산업분류(제10차 개정)」의 소분류(3-digits)산업을 기준으로 하였다.
- 한국표준직업분류 코드 : 해당 직업의 「한국표준직업분류(KECO)」의 세분류 코드(4-digits)에 해당하는 「한국표준직업분류」(통계청)의 세분류 코드를 표기한다.
- 조사연도 : '조사연도'는 해당 직업의 직무조사가 실시된 연도를 말한다.

② 한국직업전망서

　㉠ 발간 배경 및 목적

- 디지털 전환, 탄소중립, 인구구조 변화 등의 영향으로 산업구조와 직업세계가 급변하였다.
- 이에 따라 고용시장도 빠르게 변화하여 불확실성이 커지고 청소년, 구직자 등은 진로직업 선택과 경력 개발에 어려움이 커졌다.
- 일선에서 진로지도와 직업상담을 담당하는 전문가들도 급변하는 직업 세계에 대해 지속적으로 이해도를 높일 필요가 제기됨에 따라 발간되었다.
- 한국고용정보원은 1999년부터 「한국직업전망」을 발간하여 왔고, 최근 2020 ~ 2022년 동안에는 「2021 ~ 2023 한국직업전망 통합본」을 발간하였다.

　㉡ 수록 직업 목록 : 「2021 ~ 2023 한국직업전망 : 일자리 전망 통합본」에는 우리나라 대표직업 537개 에 대한 '일자리 전망'이 수록되어 있다.

　㉢ 직업별 내용

- 직업명은 한국고용직업분류(KECO)에서 사용하는 명칭을 준용하였으며, 워크넷(work-Net) 「한국직업정보(KNOW)」의 등재 직업명과 일치한다.
- 일부 직업의 경우 산업현장에서 실제 불리는 명칭이 대표 직업명과 다른 경우에는 산업현장의 명칭을 병기하였다.

　㉣ 직업별 내용

- 직업 코드(code)는 6-digits으로 구분된다. 세분류(4-digits)까지는 한국고용직업분류(KECO) 코드를 따랐다.
- 이하 세세분류 두 자리(6-digits)는 워크넷(work-Net)의 「한국직업정보(KNOW)」에 등재된 직업들을 관리하기 위한 일련번호이다.

　㉤ 일자리 전망

- '일자리 전망'은 향후 10년간 해당 직업의 일자리(고용) 증감을 전망하고, 그 요인을 분석하였다.
- 일자리 증감 전망은 향후 10년간의 연평균 증감률을 기준으로 '증가(2% 초과)', '다소 증가(1% 이상 ~ 2% 이하)', '현 상태 유지(-1% 초과 ~ 1% 미만)', '다소 감소(-2% 이상 ~ -1% 이하)', '감소(-2% 미만)' 등 총 5개 구간으로 구분된다.

일자리 전망 요인	세부 내용
인구구조 및 노동인구의 변화	저출생, 고령화, 생산가능인구 감소, 1인 가구 증가, 외국인 근로자의 증가 등
가치관과 라이프 스타일 변화	일과 삶의 균형(워라밸), 개인주의, 사회관계망서비스(SNS)를 통한 소통 강화, 세대별 특성(디지털 세대, 엑티브시니어 등), 건강ㆍ미용에 대한 중시 등
과학기술의 발전	인공지능(생성형 AI), 협동 로봇 등 기술혁신 및 융ㆍ복합화, 경제ㆍ사회ㆍ문화 전반의 디지털 전환 등

국내외 경기 변화	세계 및 국내 경기 전망, 수출·수입 등 무역전망, 자국 우선주의 등
기업의 경영전략 변화	공장 해외이전 또는 국내복귀, 인력 아웃소싱, 기업활동의 스마트화 등
산업특성 및 산업구조의 변화	노동·자본·기술집약적 산업, 글로벌 밸류체인 변화, 미래차(전기차, 수소차 등) 전환 등
환경과 에너지·자원	기후변화 및 환경오염 대응(탄소중립), 신재생에너지 등 녹색산업 육성, 국가 간 자원경쟁 등
법제도 및 정부 정책	정부의 신산업 육성 정책, 규제 완화, 대학정원 등 교육정책, 인재양성, 자격 제도 신설 등

③ 국가직무능력표준(NCS)

　㉠ 국가직무능력표준(NCS)의 개념

- 국가직무능력표준(NCS : National Competency Standards)은 산업현장에서 직무를 수행하기 위해 요구되는 지식·기술·태도(소양)을 국가가 산업부문별·수준별로 체계화한 것이다.
- 산업현장의 직무를 수행하기 위하여 능력(지식, 기술, 태도)을 국가적 차원에서 표준화한 것으로 능력단위 또는 능력단위들의 집합을 의미한다.

　㉡ 국가직무능력표준(NCS)의 활용영역

- 산업현장의 직무를 체계적으로 분석하여 제시함으로써 '일－교육·훈련－자격'을 연결하는 인적자원개발의 핵심 인프라로 기능한다.
- 기업, 교육훈련기관, 자격시험기관 등에서 다양하게 활용할 수 있다.

활용 기관	활용 내용
기업	근로자를 위한 경력개발경로와 자기진단도구 개발에 활용하거나 채용, 배치, 승진 등 인사관리의 도구로 활용된다.
교육훈련기관	교육훈련과정, 훈련기준, 교육훈련교재 등의 개발에 활용된다.
자격시험기관	자격종목 설계, 출제기준 설정, 시험문항 출제, 시험방법 결정 등에 활용된다.

　㉢ 국가직무능력표준(NCS)의 분류

- 국가직무능력표준의 분류는 직무유형(Type)을 중심으로 NCS의 단계적 구성을 나타내는 것으로, 한국고용직업분류(KECO) 등을 참고하여 '대분류－중분류－소분류－세분류'순으로 구성된다.

• NCS 5가지 분류원칙

원칙	활용 내용
포괄성(Inclusiveness)	NCS 활용도를 고려하여 개발 대상 분야의 직무는 가능한 NCS 분류에 모두 포함되어야 한다.
배타성(Exclusion)	동일 수준의 분류 간에는 상호 차별성을 유지하여야 하며, 동일하거나 유사한 직무는 가능한 하나의 직무로 표현되어야 한다.
위계성(Hierarchy)	대−중−소−세분류의 수준 간 위계적 구조 및 포괄적 관계가 명확하여야 한다.
계열성(Sequence)	동일 분류의 직무는 상호 내용적 관련성이 있는 것들로 구성되어야 한다.
보편성(Universality)	NCS 분류를 구성하는 직업 및 직무는 특수한 것이라기보다는 보편적인 것으로 구성 되어야 한다.

ㄹ 국가직무능력표준(NCS)의 구성

• 국가직무능력표준은 능력단위 또는 능력단위의 집합으로 구성된다.
• 능력단위는 NCS 기본 구성 요소로 복수의 능력 단위 요소, 적용 범위 및 작업상황, 평가지침, 직업기초능력 등의 정보로 구성된다.
• 능력단위요소는 수행 준거, 지식·기술·태도로 구성된다.

NCS의 구성

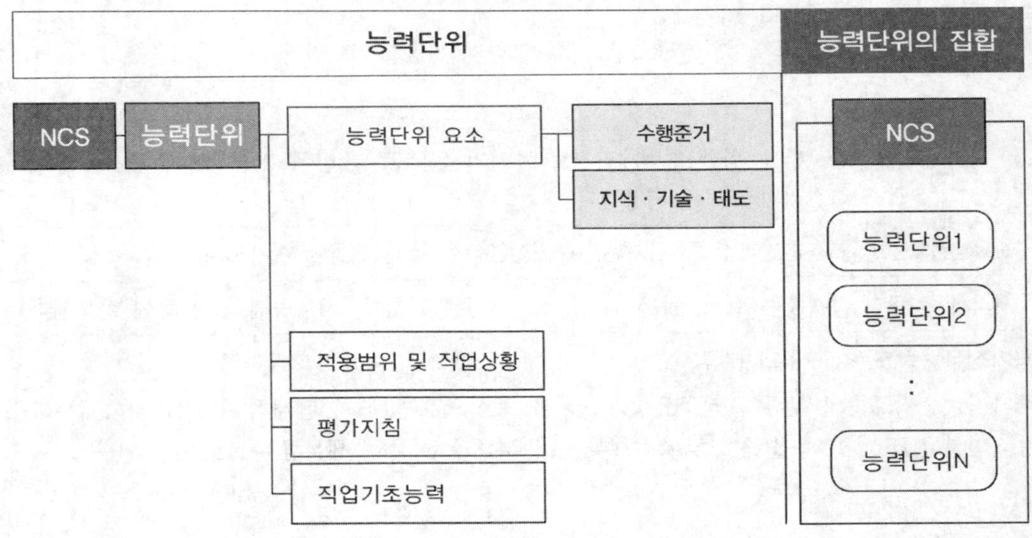

ⓜ 국가직무능력표준(NCS)의 수준체계

- 국가직무능력표준의 수준체계는 산업현장 직무의 수준을 체계화한 것으로, '산업현장·교육훈련·자격' 연계, 평생학습능력 성취 단계 제시, 자격의 수준체계 구성에서 활용된다.
- 국가직무능력표준 개발 시 8단계의 수준체계에 따라 능력단위 및 능력단위요소별 수준을 평정하여 제시된다.

ⓗ 직업기초능력

- 직업기초능력은 직종이나 직위에 상관없이 모든 직업인들에게 공통적으로 요구되는 기본적인 능력 및 자질을 말한다.
- 직업기초능력은 10개 영역과 34개의 하위영역으로 구성된다.

④ 국민취업지원제도(2025년 기준)

㉠ 국민취업지원제도의 의의 및 목적 : 근로능력과 구직의사가 있음에도 불구하고 취업에 어려움을 겪고 있는 구직자에게 통합적인 취업지원서비스를 제공하고 생계를 지원함으로써 구직활동 및 생계안정을 도모한다.

㉡ 지원대상

- Ⅰ유형
  - (요건심사형) 15세 ~ 69세 구직자 중 중위소득 60% 이하, 재산 4억 이하(15 ~ 34세 청년은 재산 5억원 이하)이면서, 최근 2년 이내 100일 또는 800시간 이상의 취업경험이 있는 경우
  - (선발형) 15세 ~ 69세 구직자 중 요건심사형 중 취업경험 요건을 충족하지 못한 경우(15 ~ 34세 청년은 중위소득 120% 이하, 재산 5억 원 이하, 취업경험 무관)
- Ⅱ유형 : 15세 ~ 69세 구직자 중 Ⅰ유형에 해당하지 않는 가구단위 중위소득 100% 이하(청년은 소득 무관)

㉢ 지원내용 : 취업취약계층(저소득층, 청년, 경력단절여성 등)에게 맞춤형 취업지원서비스를 제공하고, 저소득 구직자에게는 생계안정을 위한 소득도 함께 지원한다.

구분	지원 내용
취업지원(Ⅰ, Ⅱ유형 공통)	심층상담을 통해 개인별 역량, 의지에 따른 직업훈련, 일경험, 복지 프로그램 연계 등 취업지원서비스 제공
소득지원(Ⅰ유형)	구직활동 이행 시 구직촉진수당(월 50 ~ 90만원, 6개월) 지원
취업활동비용 지원(Ⅱ유형)	훈련참여지원 수당 등

⑤ 국민내일배움카드(2025년 기준)

㉠ 의의 및 목적

- 급격한 기술발전에 적응하고 노동시장 변화에 대응하는 사회안전망 차원에서 생애에 걸친 역량개발 향상 등을 위해 국민 스스로 직업능력개발훈련을 실시할 수 있도록 훈련비 등을 지원한다.

- 국민내일배움카드는 실업자와 재직자로 구분하여 운영해 왔던 기존의 내일배움카드를 직업훈련을 희망하는 국민을 대상으로 확대·통합하여 2020년 1월부터 시행되었다.
  ⓛ 지원대상 : 국민 누구나

지원제외 대상	• 공무원, 사립학교 교직원 • 졸업까지 수업연한이 2년이 초과되어 남은 대학생 및 졸업예정자가 아닌 고등학생 • 연매출 4억 원 이상의 자영업자 • 월 임금 300만 원 이상인 대규모 기업 근로자(만 45세 미만) • 월 소득 500만 원 이상인 특수형태근로종사자 등 • 만 75세 이상자

  ⓒ 지원내용 : 5년간 300 ~ 500만원 한도 내에서 고용노동부로부터 인정받은 적합훈련과정을 수강하는 경우 훈련비의 일부 또는 전액을 지원한다.
- 계좌의 지원 한도 : 1인당 300만원(단, 일부 대상자에 한해 최대 500만원까지 지원 가능)
- 계좌의 유효기간 : 계좌발급일로부터 5년
  ⓡ 사업의 주요 내용
- 지원대상 훈련과정

국민내일배움카드 훈련과정의 요건〈국민내일배움카드 운영규정 제19조〉

- 국가기간·전략산업직종 훈련과정
- 일반계좌제 훈련과정(단, 요양보호사 양성과정, 아이돌봄인력 양성과정은 제외한다)
- 법정직무훈련과정(단, 사업주에게 의무가 지워지는 공통 법정직무훈련 등은 제외한다)
- 외국어 훈련과정
- 다음 각 항목의 어느 하나에 해당하는 특화 훈련과정
  - 일반고 특화과정
  - 과정평가형 자격과정
  - K-디지털 트레이닝
  - K-디지털 기초역량훈련(K-디지털 크레딧)
  - 산업구조변화 대응 등 특화훈련
  - K-디지털 트레이닝 단기과정
  - 돌봄서비스 훈련(요양보호사 양성과정, 아이돌봄인력 양성과정에 한한다)

ⓜ 훈련과정의 요건(운영규정 별표2 참조)

훈련과정 유형	훈련방법	요건
국가기간 · 전략산업직종 훈련	집체	국가기간 · 전략산업직종 훈련으로서 훈련기간이 3개월 이상 1년 이하이고 소정훈련시간이 350시간 이상일 것
	혼합	집체훈련방법의 요건을 갖추고, 인터넷원격훈련 시간이 20시간 이상이고, 소정훈련시간 대비 인터넷원격훈련시간은 5%이상 50% 이하일 것
일반 계좌제 훈련과정	집체	(실업자) 소정훈련일수가 10일 이상이고 소정훈련시간이 40시간 이상일 것 (재직자) 훈련일수가 2일 이상이고 훈련시간이 16시간 이상일 것
	인터넷 원격	(실업자) 훈련시간이 20시간 이상일 것 (재직자) 훈련시간이 16시간 이상일 것
	우편원격	훈련시간이 32시간(2개월) 이상일 것
	스마트	(재직자) 훈련시간이 16시간 이상일 것
	혼합	(실업자) 소정훈련시간이 140시간 이상(인터넷원격훈련시간은 20시간 이상)이고, 소정훈련시간 대비 인터넷원격훈련시간이 10% 이상 50% 이하일 것 (재직자) 소정훈련시간이 40시간 이상(인터넷원격훈련시간은 20간 이상)이고, 소정훈련시간 대비 원터넷원격훈련시간이 10% 이상 50% 이하일 것
법정 직무훈련 과정	집체	훈련일수가 2일 이상이고 훈련시간이 16시간 이상일 것
	인터넷 원격	훈련시간이 16시간 이상일 것
	우편원격	훈련시간이 32시간(2개월) 이상일 것
	스마트	훈련시간이 16시간 이상일 것
외국어 훈련과정	집체	훈련일수가 2일 이상이고 훈련시간이 16시간 이상일 것
	인터넷 원격	훈련시간이 16시간 이상일 것
특화훈련과정	집체 외	별도로 정하는 바에 따른다.

⑥ 자격제도(2025년 기준)

  ㉠ 국가기술자격과 국가전문자격

  • 국가기술자격은 「국가기술자격법」에 의해 운영되는 자격으로 크게 '기술·기능분야(기술사/기능장/기사/산업기사/기능사'와 '서비스 분야 (1급/2급/3급/단일등급)로 구성되어 있다.
  • 국가전문자격은 정부부처별 소관 법령에 의해 운영되는 자격으로 의사, 변호사, 공인노무사, 감정평가사, 사회복지사, 국가유산수리기술자, 주택관리사보 등의 자격이 있다.
  • 빠르게 변화하는 산업환경과 기술 수요에 맞춰 새로운 국가기술 자격증을 신설하고 기존 자격제도를 개편하였다.
  • 2025년 주요 개편 내용
    − 기계·설비 분야의 기능사 자격 중 일부 통합되어 설비보전기능사로 개편하였다.
    − 광학기능사, 원형기능사, 광고도장기능사 등 산업수요가 줄어든 일부 자격은 폐지하였다.

구분	개편 내용(2025 ~ 2026)
설비보존기능사로 개편	• 기계·설비 분야의 기능사 자격 중 일부 통합 • 유사한 기능을 가진 자격의 중복을 줄이고 효율적인 인재양성
자격 폐지	• 산업수요가 줄어든 일부 자격은 폐지 • 광학기능사, 원형기능사, 광고도장기능사 등
자격명칭 변경	• 산업 구조 변화에 맞게 일부 자격의 명칭이 현실에 맞게 변경 • 웹디자인 기능사 → 웹디자인개발기능사, 컴퓨터그래픽운용기사 → 컴퓨터그래픽기능사
과목개편	• 현장 실무와 연계성 강화 • 직업상담사, 용접, 환경, 배관 등 다수자격에서 시험과목이 개편
2026년 신설 종목	• 실무중심, 첨단산업, 공공안전 분야에 중점을 두고 5종목 신설 • 이륜자동차정비기능사, 바이오공정기능사, 스마트공장산업기사, 스마트공장기능사, 산림기능장

ⓛ 기술 · 기능 분야 국가기술자격 등급 및 검정 기준

구분	개편 내용
기술사	해당 국가기술자격의 종목에 관한 **고도의 전문지식과 실무경험**에 입각한 계획 · 연구 · 설계 · 분석 · 조사 · 시험시공 · 감리 · 평가 · 진단 · 사업관리 · 기술관리 등의 업무를 수행할 수 있는 능력보유
기능장	해당 국가기술자격의 종목에 관한 **최상급 숙련기능**을 가지고 산업현장에서 작업관리, 소속 기능인력의 지도 및 감독, 현장훈련, 경영자와 기능인력을 유기적으로 연계시켜주는 현장관리 등의 업무를 수행할 수 있는 능력보유
기사	해당 국가기술자격의 종목에 관한 **공학적 기술이론 지식**을 가지고 설계 · 시공 · 분석 등의 업무를 수행할 수 있는 능력보유
산업기사	해당 국가기술자격의 종목에 관한 **기술기초이론 지식 또는 숙련기능**을 바탕으로 복합적인 기초기술 및 기능업무를 수행할 수 있는 능력보유
기능사	해당 국가기술자격의 종목에 관한 **숙련기능**을 가지고 제작 · 제조 · 조작 · 운전 · 보수 · 정비 · 채취검사 또는 작업관리 및 이에 관련되는 업무를 수행할 수 있는 능력보유

ⓒ 서비스 분야 국가기술자격 등급

등급	종목	
단일등급	• 국제의료관광코디네이터 • 게임기획전문가 • 멀티미디어콘텐츠제작전문가 • 워드프로세서 • 텔레마케팅관리사 • 경영정보시각화능력	• 게임그래픽전문가 • 게임프로그래밍전문가 • 스포츠경영관리사 • 전자상거래운용사 • 이러닝운영관리사
1 · 2급	• 사회조사분석사 • 임상관리사 • 직업상담사 • 컴퓨터활용능력	• 소비자전문상담사 • 전자상거래관리사 • 컨벤션기획사
1 · 2 · 3급	• 비서 • 한글속기	전산회계운용사

ⓔ 서비스 분야 국가기술 응시자격(전문사무)

• 직업상담사, 사회조사분석사, 전자상거래관리사

구분	응시자격
1급	다음 각 호의 어느 하나에 해당하는 사람 • 해당 종목의 2급 자격을 취득한 후 해당 실무에 2년 이상 종사한 사람 • 해당 실무에 3년 이상 종사한 사람
2급	제한 없음

• 소비자전문상담사

구분	응시자격
1급	다음 각 호의 어느 하나에 해당하는 사람 • 해당 종목의 2급 자격을 취득한 후 소비자상담 실무경력 2년 이상인 사람 • 소비자상담 관련 실무경력 3년 이상인 사람 • 외국에서 동일한 종목에 해당하는 자격을 취득한 사람
2급	제한 없음

⑦ 노동시장과 고용환경

　㉠ 노동력의 공급과 수요

노동공급 결정요인	노동수요 결정요인
임금	노동의 가격
인구수	다른 생산요소의 가격
경제활동인구	상품에 대한 소비자 수요의 크기
노동시간의 크기	노동생산성 차이
노동의 질	생산기술방식의 변화

　㉡ 노동시장 분석의 대상

구분	내용
노동시장 측면	고용, 임금, 근로시간, 노동생산성, 국제경쟁력, 근로자 생활
노사관계론 측면	노동조합, 단체교섭, 노동쟁의, 노동과정에서의 산업재해 문제

⑧ 고용지표

구분	내용
경제활동인구	만 15세 이상 인구 중 조사대상 기간 동안 상품이나 서비스를 생산하기 위하여 실제로 수입이 있는 일을 한 취업자와 일을 하지는 않았으나 구직활동을 한 실업자
경제활동참가율	• 만 15세 이상 인구 중에서 취업자와 실업자를 합한 경제활동인구의 비율 • 경제활동참가율(%)＝(경제활동인구 / 만 15세 이상 인구)×100
비경제활동인구	만 15세 이상 인구 중 조사대상 기간에 취업도 실업도 아닌 상태에 있는 자
고용률	• 만 15세 이상 인구 중 취업자가 차지하는 비율 • 고용률(%)＝취업자/만 15세 이상 인구×100
실업률	• 실업자가 경제활동인구(취업자＋실업자)에서 차지하는 비율 • 실업률(%)＝실업자/경제활동인구×100
취업자	• 조사대상 기간에 수입을 목적으로 1시간 이상 일한 자 • 동일 가구 내 가구원이 운영하는 농장이나 사업체의 수입을 위하여 18시간 일한 무급 가족 종사자 • 직업 또는 사업체를 가지고 있으나 일시적인 병, 또는 사고, 연가, 교육, 노사분규 등의 사유로 일하지 못한 일시휴직자
잠재구직자	비경제활동인구 중에서 지난 4주간 구직활동을 하지 않았지만, 조사대상 주간에 취업이 가능한 자
구직단념자	• 비경제활동인구 중에서 취업 희망과 취업 가능성이 있으나 아래의 사유로, 즉 노동시장적 사유로 지난 4주간에 구직활동을 하지 않은 자 중 지난 1년 내 구직경험이 있었던 자 • 적당한 일자리가 없을 것 같아서[전공, 경력, 임금수준, 근로조건, 주변지역] • 지난 4주간 이전에 구직하여 보았지만, 일거리를 찾을 수 없어서 • 자격이 부족하여[교육, 기술/경험부족, 나이가 너무 어리거나 많다고 고용주가 생각할 것 같아서]
실업자	• 실업은 자발적 실업과 비자발적 실업으로 구분 • 조사대상 주간에 수입이 있는 일을 하지 않았고, 지난 4주간 일자리를 찾아 구직활동을 하였던 사람으로서 일자리가 주어지면 즉시 취업이 가능한 자
근로형태	종사상 지위는 상용근로자, 임시근로자, 일용근로자, 고용원이 있는 자영업자, 고용원이 없는 자영업자, 무급가족 종사자, 기타 종사자[특수형태근로종사자]로 구분

⑨ 고용보험과 직업 안정

구분		내용
고용보험	목적	고용보험을 통하여 실업의 예방, 고용의 촉진 및 근로자의 직업능력개발과 향상을 꾀하고, 국가의 직업지도와 기능을 강화하며, 근로자 등이 실업한 경우에 생활에 필요한 급여를 실시하여 근로자 등의 생활 안정과 구직활동을 촉진함으로써 경제·사회발전에 이바지함을 목적으로 한다.
	지원 대상	• 이직일 이전 18개월간 피보험기간이 통상하여 180일 이상일 것 • 근로자의 의사와 능력이 있음에도 불구하고 취업하지 못한 상태에 있을 것 • 재취업을 위한 노력을 적극적으로 할 것 • 부득이한 경우로 인한 비자발적 퇴사일 것 • 단 65세 이후에 고용되거나 자영업을 개시한 사람은 실업급여를 적용하지 아니함. 다만 65세 전부터 고용보험에 가입 후 유지하던 사람이 65세 이후에 단절 없이 고용된 경우에는 실업급여를 적용함
	실업 급여의 구분	• 실업급여는 구직급여와 취업촉진 수당으로 구분 • 취업촉진 수당 : 조기 재취업수당, 직업능력개발 수당, 광역 구직활동비, 이주비

소정 급여 일수	연령 및 가입기간	1년 미만	1년 이상 3년 미만	3년 이상 5년 미만	5년 이상 10년 미만	10년 이상
	50세 미만	120일	150일	180일	210일	240일
	50세 이상 및 장애인	120일	180일	210일	240일	270일

구분		내용
고용안정사업	목적 및 종류	• 근로시간 단축, 교대제 전환 등을 통하여 일자리 창출한 기업을 지원한다[고용창출 지원사업]. • 경영사정이 어려운 기업의 구조조정을 지원함으로써 근로자의 실업을 예방하고, 기업의 경영 부담을 완화한다[고용조정 지원사업]. • 노동시장의 통상적인 조건하에서는 취직이 특히 곤란한 고령자·장기구직자·장애인·여성고용을 촉진한다[취약계층 고용촉진사업]. • 직장 보육 시설을 설치, 운영하는 경우에 지원하는 제도로서 여성의 육아 부담을 완화한다[고용촉진시설 지원사업].

국민취업 지원제도	목적	「고용정책기본법」 상 학력·경력 부족, 실업 장기화 등으로 노동시장의 통상적 조건에서 취업이 특히 곤란한 사람, 경제적 어려움으로 취업에 곤란을 겪는 사람 등에 대하여 구직자에 취업지원 서비스와 구직 촉진수당을 지원한다.
	수급 자격 및 지원 내용	(아래 유형 표 참조)

• Ⅰ유형

구분	요건심사형	선발형(비경제활동)	선발형(청년특례)
나이	15 ~ 69세	15 ~ 69세	15 ~ 34세
소득	중위소득 60% 이하	중위소득 60% 이하	중위소득 120% 이하
재산	가구원 합산 4억 원 이하(15 ~ 34세 청년은 5억 원 이하)	가구원 합산 4억 원 이하	가구원 합산 5억 원 이하
취업경험	100일 또는 800시간 이상	–	–

• Ⅱ유형

구분	특정계층	청년	중장년
나이	별도	15 ~ 34세	35 ~ 69세
소득	무관	무관	중위소득 100% 이하
재산	무관	무관	무관
취업경험	무관	무관	무관

⑩ 직업훈련 및 자격

㉠ 직업훈련과 교육훈련의 의의

구분	내용
직업훈련	• 넓은 의미에서 필요한 직무수행능력을 습득·향상시키기 위하여 실시하는 훈련이다. • 직업을 갖고자 하는 자에게 산업사회에 적응하기 위한 능력을 갖추기 위하여 필요한 기능·지식·태도를 함양하도록 도와주고, 취업한 자에게 기술혁신과 산업변화에 대처하기 위한 능력을 향상시켜 자기실현을 꾀하도록 도와주는 일련의 훈련 활동이다. • 「근로자직업능력개발법」〈법률 제8429호〉: 근로자의 직업능력개발을 위한 훈련이다.
교육훈련	교육훈련은 적절한 관습이나 태도를 향상시키고, 효과적으로 직무를 수행할 수 있도록 도와주는 계획적이고 조직적인 교육적 활동이다.

ⓛ 직업훈련의 분류

구분		내용
직업훈련 실시목적에 따른 분류	양성훈련	근로자에게 직업에 필요한 기초적 직무수행능력을 습득시키기 위하여 실시하는 직업능력개발훈련이다.
	향상훈련	양성훈련을 받은 사람이나 직업에 필요한 기초적 직무수행능력을 가지고 있는 사람에게 더 높은 직무수행능력을 습득시키기 위하여 실시하는 직업능력개발훈련이다.
	전직훈련	근로자가 종전의 직업과 유사하거나 새로운 직업에 필요한 직무수행능력을 습득(직업전환을 필요로 하는 근로자) 시키기 위하여 실시하는 직업능력개발훈련이다.
직업훈련 형태에 의한 분류	공공직업훈련	국가, 지방자치단체 또는 공공직업훈련법인이 숙련된 다기능공 양성을 목표로 실시하는 정규훈련 방식의 직업훈련이다.
	인정직업훈련	공공직업훈련법인이 이외에 비영리법인이 고용노동부장관의 인가를 받아 실시하는 기능공 양성 목표를 가진 정규훈련 방식의 직업훈련이다.
	사업장 내 직업훈련	기업주가 단독 또는 타 기업주와 공동으로 사업제 내에서 기능공을 양성하거나 고용된 근로자에게 직무향상 및 직무보충 등을 훈련하는 직업훈련이다.
직업훈련 방법에 따른 분류	집체훈련	직업능력개발훈련을 실시하기 위하여 설치한 훈련전용시설, 그 밖에 훈련을 실시하기에 적합한 시설[산업체의 생산시설 및 근무 장소를 제외]에서 실시하는 방법이다.
	현장훈련	산업체의 생산시설 또는 근무장소에서 실시하는 방법이다.
	원격훈련	정보통신매체 등을 이용하여 직업능력개발훈련의 실시자가 근로자에게 원격으로 교육하는 방법이다.
	혼합훈련	집체훈련, 현장훈련, 원격훈련을 혼합한 직업훈련 방법이다.

(2) 직업정보 수집 방법

① **직업정보의 수집** : 직업정보는 활용 목적에 따라 수집되어야 하고, 수집된 직업정보는 이용자를 위한 분석을 위하여 검토단계를 거친다.

② **직업정보 수집방법**

구분	내용
직업정보 수집 방법	• 구입에 의한 방법 • 기증에 의한 방법 • 통신에 의한 공개 비공개 자료수집 방법 • 상담에 의한 방법 • 조사에 의한 방법 • 현장방문 또는 체험에 의한 방법
기존 정보자료 수집 · 정리	• 구인신청서 · 구직신청서(구인표 · 구직표) • 각종 통계조사 · 업무통계 • 조사연구자료 및 보고서 • 신문 · 잡지 · 관계기관지 등의 기사 • 은행 · 민간신용기관이 공표하는 정보지 등
필요한 정보 수집 · 기록	• 관내 사업체 및 사업주단체 등의 방문 • 직업안정기관을 이용하는 구인 · 구직자 등과의 면접 및 설문조사 • 사업주단체 · 노동단체 · 교육훈련기관 · 관계행정기관 및 직업안정기관의 각종 회의 등

③ **직업정보 수집 실행**

　㉠ **직업정보 수집의 영역**
- 노동시장 분석을 위한 노동시장의 주요 개념체계를 통해 직업정보를 수집한다.
- 고용환경 직업정보원에서 필요한 직업정보를 수집한다.
- 고용보험과 직업훈련시스템에서 제공되는 필요한 직업정보를 수집한다.

　㉡ **2차 자료의 원천**
- 공문서와 공식기록
- 민간부문 문서
- 대중매체
- 물리적 · 비언어적 자료
- 기존의 축적된 사회과학분야 수집자료 등

④ 직업정보 수집 시 유의점

구분	내용
수집 시 유의점	• 명확한 목표를 세운다. • 직업정보는 계획적으로 수집하여야 한다. • 자료의 출처와 수집일자를 반드시 기록한다. • 항상 최신의 자료인가 확인하여야 한다. • 직업정보 수집에 필요한 도구를 사용한다.

(3) 직업정보 수집 결과 점검

① 수집 단계에서의 정보의 점검 : 직업정보는 수집 단계에서 올바르게 수집되었는지 평가함으로써 내담자의 요구나 목표에 부합하는지 점검한다.

② 직업정보 수집 점검기준 : 수집된 직업정보는 최신성과 신뢰성, 명료성과 신속성, 편리성과 윤리성과 비용 등에 대해 점검한다.

구분	내용
점검기준	• 현재 수집된 직업정보의 결과물은 내담자의 요구에 부합하는가? • 수집된 정보는 신뢰할 수 있는가? • 점검 시기에서 정보가 변화되었는가? • 공개된 직업정보를 최대한 수집하였는가? • 수집된 직업정보는 출처가 명확한가? • 직업정보의 수집은 합법적으로 수집하였는가? • 내담자가 누구나 쉽게 접근할 수 있고 편리하게 활용할 수 있는가? • 직업정보의 수집으로 인한 정보제공이 저렴한 비용으로 가능한가? • 출처로 인하여 정보 조작이 쉽지 않은가? • 정보기관의 편견이 있어 활용에 어려운가? • 인트라넷에 접근이 어려워 제한된 정보인가? • 보고서, 연구 논문, 책자, 팸플릿, 라디오 및 TV, 기타 검색되지 않은 다양한 자료들이 존재하는가?

③ 직업정보 수집 점검기준

    ㉠ 직업정보 수집은 내담자 입장에서 주의 깊게 점검하는 과정을 통하여 내담자의 요구도에 더 근접 가능하다.

    ㉡ 상담자는 정보수집이 내담자가 최종 가공된 정보를 대할 때 이해력 높은 정보가공의 형식과 방법을 기반으로 점검한다.

구분	내용
내담자의 입장에서 점검	• 내담자에게 전달할 가장 중요한 메시지는 무엇인가? 활용 가치는 무엇인가? • 내담자가 제공받은 정보를 어떻게 사용할 것으로 기대되는가? • 내담자가 정보를 이해하는 데 얼마만큼의 시간이 필요한가? • 내담자가 이해하기 용이한 핵심적인 요점을 표현하는 것이 가능할 것인가? • 내담자가 이 주제에 대한 다른 견해를 요청할 수 있는가? • 다른 이해관계자들은 이슈에 대해 어떤 관점을 가지고 있는가?

2024년

1   한국직업사전의 작업강도 중 가벼운 작업의 설명으로 옳은 것은?

① 최고 40kg의 물건을 들어 올리는 정도

② 최고 8kg의 물건을 들어 올리고, 4kg 정도의 물건을 빈번히 들어 올리거나 운반하는 정도

③ 최고 20kg의 물건을 들어 올리고, 10kg 정도의 물건을 빈번히 들어 올리거나 운반하는 정도

④ 최고 40kg의 물건을 들어 올리고, 20kg 정도의 물건을 빈번히 들어 올리거나 운반하는 정도

해설   한국직업사전의 작업강도
가벼운 작업은 최고 8kg의 물건을 들어 올리고, 4kg 정도의 물건을 빈번히 들어 올리거나 운반하는 정도를 말한다.

2024년

2   한국직업사전 부가 직업정보의 직무기능에 대한 설명에서 (   ) 안에 공통적으로 들어갈 용어로 적합한 것은?

> (   )와/과 관련된 기능은 위계적 관계가 없거나 희박하다. 서비스 제공은 일반적으로 덜 복잡한 (   ) 관련 기능이며, 나머지 기능들은 기능의 수준을 의미하는 것은 아니다.

① 사람

② 사물

③ 자료

④ 시스템

해설   한국직업사전의 직무기능
㉠ 자료(data) – 사람(people) – 사물(thing)
㉡ '사람'과 관련된 기능은 위계가 없거나 희박하다.

2024년

3 **한국직업사전에서 알 수 있는 직업관련 정보가 아닌 것은?**

① 표준산업분류코드

② 직무개요

③ 수행직무

④ 임금수준

해설 한국직업사전 구성체계
　㉠ 직업코드명 – 본직업명 – 직무개요 – 수행직무－부가직업정보
　㉡ 부가 직업정보 : 정규교육, 숙련 기간, 직무기능, 작업 강도, 육체 활동, 작업장소, 작업환경, 유사
　　명칭, 관련 직업, 자격·면허, 한국표준산업분류 코드, 한국표준직업분류 코드, 조사연도
　㉢ 한국직업사전에서 '임금수준'은 제공하지 않는다.
　㉣ 한국직업전망서에서 확인할 수 있다.

2024년

4 **한국직업사전의 부가 직업정보 중 숙련기간에 포함되지 않는 것은?**

① 해당 직업에 필요한 자격·면허를 취득하는 취업 전 교육 및 훈련기간

② 취업 후에 이루어지는 관련 자격·면허를 취득 교육 및 훈련기간

③ 해당 직무를 평균적으로 수행하기 위한 각종 교육·훈련, 수습교육 등의 기간

④ 해당 직무를 평균적인 수준 이상으로 수행하기 위한 향상훈련 기간

해설 한국직업사전의 숙련기간
　㉠ 정규교육과정을 이수한 후 해당 직업의 직무를 평균적인 수준으로 스스로 수행하기 위하여 필요한
　　각종 교육기간, 훈련기간 등을 의미한다.
　㉡ 숙련기간에 '향상훈련' 기간을 포함되지 않는다.

ANSWER 1.② 2.① 3.④ 4.④

2024년

5 한국직업사전의 부가 직업정보 중 '수준4'에 해당하는 숙련기간으로 옳은 것은?

① 시범 후 30일 이하

② 3개월 초과 ~ 6개월 이하

③ 1년 초과 ~ 2년 이하

④ 4년 초과 ~ 10년 이하

해설 한국직업사전의 숙련기간
수준4는 3개월 초과 ~ 6개월 이하에 해당한다.

2024년

6 한국직업사전의 부가 직업정보에서 정규교육에 관한 설명으로 틀린 것은?

① 해당 직업의 직무를 수행하는데 필요한 일반적인 정규교육수준을 의미한다.

② 현행 우리나라 정규교육과정의 연한을 고려하여 그 수준은 6개로 분류된다.

③ 해당 직업종사자의 평균 학력을 나타낸 것이다.

④ 독학, 검정고시 등을 통해 정규교육과정을 이수하였다고 판단되는 기간도 포함된다.

해설 한국직업사전의 정규교육
해당 직업종사자의 평균 학력을 나타내는 것은 아니다.

수준	교육 정도
1	6년 이하(초졸 정도)
2	6년 초과 ~ 9년 이하(중졸 정도)
3	9년 초과 ~ 12년 이하(고졸 정도)
4	12년 초과 ~ 14년 이하(전문대졸 정도)
5	14년 초과 ~ 16년 이하(대졸 정도)
6	16년 초과(대학원 이상)

7 다음은 한국직업사전에 수록된 어떤 직업인가?

> 직무개요 : 기업기업을 구성하는 여러 요소(재무, 회계, 인사, 미래비전, 유통 등)에 대한 분석을 통하여 기업이 당면한 문제점과 해결방안을 제시한다.
>
> 직무기능 : 자료(분석)/사람(자문)/사물(관련 없음)

① 직무분석가
③ 경영컨설턴트

② 시장조사분석가
④ 환경영향평가원

해설 한국직업사전의 직업명칭

경영컨설턴트는 '기업이 당면한 문제점과 해결방안을 제시' 하는 역할을 수행한다.

8 다음 국가기술자격 종목이 공통으로 해당하는 직무분야는?

> • 산업위생 관리사
> • 와전류비파괴검사기사
> • 가스기사
> • 인간공학기사

① 안전관리
③ 기계

② 환경에너지
④ 재료

해설 국가기술자격 안전관리

주요 직무분야	중직무분야	주요 자격종목
25 안전관리	251 안전관리	• 산업위생관리, 가스, 건설안전, 기계안전, 산업안전, 인간공학 등
	252 비파괴검사	• 와전류비파괴검사, 자기파괴검사, 초음파비파괴검사 등

---

9 국가기술자격 중 전문사무분야인 사회조사분석사 1급의 응시자격은?

① 해당 종목의 2급 자격 취득 후 해당 실무에 2년 이상 종사한 자

② 해당 실무에 4년 이상 종사한 자

③ 대학졸업자 등으로서 졸업 후 해당 실무에 2년 이상 종사한 자

④ 전문대학 졸업자 등으로서 졸업 후 해당 실무에 3년 이상 종사한 자

해설 사회조사분석사 1급 응시자격
ㄱ 해당 종목의 2급 자격을 취득한 후 해당 실무에 2년 이상 종사한 자
ㄴ 해당 실무에 3년 이상 종사한 사람

10 국가기술자격 서비스분야 등급에서 응시자격의 제한이 없는 종목을 모두 고른 것은?

ㄱ 사회조사분석사 2급	ㄴ 스포츠경영관리사
ㄷ 소비자전문상담사 2급	ㄹ 임상심리사 2급
ㅁ 텔레마케팅관리사	

① ㄱ, ㄴ, ㄹ

② ㄴ, ㄹ, ㅁ

③ ㄱ, ㄴ, ㄷ, ㅁ

④ ㄱ, ㄴ, ㄷ, ㄹ, ㅁ

해설 국가기술자격 서비스분야
ㄱ 임상심리사 2급은 심리학 학사학위가 있는 자로 응시자격이 제한된다.
ㄴ 응시자격의 제한이 없는 종목 : 사회조사분석사 2급, 스포츠경영관리사, 소비자전문상담사 2급, 텔레마케팅관리사, 직업상담사 2급

2024년

11 실기능력이 중요하여 고용노동부령으로 정하는 필기시험이 면제되는 기능사 종목이 아닌 것은?

① 도화기능사

② 항공사진기능사

③ 유리시공기능사

④ 사진기능사

해설 필기시험 해당 종목

    ㉠ 사진기능사는 필기시험을 치른다.

    ㉡ 필기시험이 면제되지 않는 종목 : 정보처리기능사, 측량기능사, (피부)미용사, 사진기능사, 한복기능사, 로더운전기능사

2024년

12 국가기술자격 기능장 등급의 응시자격으로 틀린 것은?

① 응시하려는 종목이 속하는 동일 및 유사 직무 분야의 산업기사 또는 기능사 자격을 취득한 후 국민평생 직업능력 개발법에 따라 설립된 기능대학의 기능장과정을 마친 이수자 또는 그 이수 예정자

② 산업기사 등급 이상의 자격을 취득한 후 응시하려는 종목이 속하는 동일 및 유사 직무분야에서 7년 이상 실무에 종사한 사람

③ 응시하려는 종목이 속하는 동일 및 유사 직무분야에서 9년 이상 실무에 종사한 사람

④ 응시하려는 종목이 속하는 동일 및 유사 직무 분야의 다른 종목의 기능장 등급의 자격을 취득한 사람

해설 국가기술자격 기능장 응시자격

    ㉠ 국가기술 자격 체계 : 기능사 – 산업기사 – 기사 – 기능장 – 기술사

    ㉡ 기능장 응시자격

      • 기능사 자격 + 7년 이상 실무종사

      • 산업기사 자격 + 5년 이상 실무종사

      • 산업기사, 기사 + 기능장 과정 수료

      • 9년 이상 실무종사자

ANSWER 9.① 10.③ 11.④ 12.②

13 Q-Net에서 제공하는 자격정보에 관한 설명으로 틀린 것은?

① 국가자격정보는 한국산업인력공단에서 시행하는 자격정보만을 제공한다.

② 국가공인민간자격정보를 민간자격정보 서비스(www.pqi.or.kr)와 연계하여 제공한다.

③ 국가기술자격 통계연보를 제공한다.

④ 미국, 호주, 독일 등 외국의 자격제도 운영현황정보를 제공한다.

> **해설** Q-Net 자격정보
>
> 국가자격정보는 한국산업인력공단에서 시행하는 자격정보뿐만 아니라 대한상공회의소 및 고용노동부에서 제공하는 자격정보도 제공한다.

14 다음 설명에서 제시하는 고용 관련 지표에 해당하는 것은?

> 만 15세 이상 인구 중에서 조사대상 기간 동안 상품이나 서비스를 생산하기 위하여 실제로 수입이 있는 일을 한 취업자와 일을 하지는 않았으나 구직활동을 한 실업자를 말한다.

① 잠재 취업가능자 　　　　　　　　② 구직단념자

③ 잠재구직자　　　　　　　　　　　④ 경제활동인구

> **해설** 고용 관련 지표
>
> ㉠ **경제활동 인구** : 만 15세 인구 중에서 조사대상 기간 동안 상품이나 서비스를 생산하기 위하여 실제로 수입이 있는 일을 한 취업자와 일을 하지는 않았으나 구직활동을 한 실업자
>
> ㉡ **잠재취업가능자** : 비경제활동인구 중에서 지난 4주간 구직활동을 하였으나, 조사대상 주간에 취업이 가능하지 않은 자
>
> ㉢ **잠재구직자** : 비경제활동인구 중에서 지난 4주간 구직활동을 하지 않았지만, 조사대상 주간에 취업을 희망하고 취업이 가능한 자
>
> ㉣ **구직단념자** : 비경제활동인구 중에서 취업 희망과 취업 가능성이 있으나 아래의 사유로 즉 노동시장적 사유로 지난 4주간에 구직활동을 하지 않은 자 중 지난 1년 내 구직경험이 있었던 자

2024년

15 경제활동인구조사에서 종사상 지위로 고용계약기간이 1개월 미만인 임금근로자는?

① 임시근로자

② 계약직근로자

③ 고용근로자

④ 일용근로자

> **해설** ㉠ 일용근로자 : 고용계약기간이 1개월 미만인 임금근로자
> ㉡ 임시근로자 : 고용계약기간이 1개월 이상 ~ 1년 미만인 임금근로자
> ㉢ 상용근로자 : 고용계약기간이 1년 이상인 임금근로자

2024년

16 통계청(현 국가데이터처) 경제활동인구조사에서 사용하는 용어에 관한 설명으로 틀린 것은?

① 자영업자 : 고용원이 있는 자영업자 및 고용원이 없는 자영업자를 합친 개념

② 고용률 : 만 15세 이상 인구 중 취업자가 차지하는 비율

③ 취업자 : 조사대상 주간 중 수입을 목적으로 18시간 이상 일한 자

④ 잠재취업가능자 : 비경제활동인구 중에서 지난 4주간 구직활동을 하였으나 조사대상 주간에 취업이 가능하지 않은 자

> **해설** 취업자
> ㉠ 조사대상 주간에 수입을 목적으로 1시간 이상 일한 자
> ㉡ 동일가구 내 가족이 운영하는 농장이나 사업체의 수익을 위하여 주당 18시간 이상 일한 무급가족 종사자
> ㉢ 직업 또는 사업체를 가지고 있으나 일시적인 병 또는 사고, 연가, 교육, 노사분규 등의 사유로 일하지 못한 일시휴직자

ANSWER 13.① 14.④ 15.④ 16.③

17 경제활동인구조사에 대한 설명으로 틀린 것은?

① 조사 결과의 발표기관은 통계청이다.

② 공익근무요원과 외국인은 대상에서 제외된다.

③ 조사담당 직원이 조사대상 가구를 직접 방문하여 면접 조사한다.

④ 매월 15일이 포함된 1주간이 실제 조사기간이다.

> **해설**　경제활동인구조사
> ㉠ 매월 15일이 포함된 1주간은 '조사대상 주간'이다.
> ㉡ 그 다음 주간에 조사를 실시하는 '실제 조사기간'이다.

18 직업정보 수집 시 유의사항으로 틀린 것은?

① 명확한 목표를 세운다.

② 수집한 정보는 항상 유효하기 때문에 불필요한 자료라도 별도 보관하여 활용하도록 한다.

③ 직업정보는 계획적으로 수집해야 한다.

④ 자료를 수집하면 자료의 출처와 저자, 발행연도와 수집일자를 기입해야 한다.

> **해설**　직업정보 수집 시 유의사항
> ㉠ 명확한 목표를 세운다.
> ㉡ 직업정보는 계획적으로 수집하여야 한다.
> ㉢ 자료의 출처와 수집일자를 반드시 기록한다.
> ㉣ 항상 최신의 자료인가 확인하여야 한다
> ㉤ 직업정보 수집에 필요한 도구를 사용한다.

19 질문지조사를 통해 직업정보를 수집하고자 한다. 질문지 문항 작성방법에 대한 설명으로 틀린 것은?

① 객관식 문항의 응답 항목은 상호배타적이어야 한다.

② 응답하기 쉬운 문항일수록 설문지의 앞에 배치하는 것이 좋다.

③ 신뢰도 측정을 위해 짝(pair)으로 된 문항들을 함께 배치하는 것이 좋다.

④ 이중(double-barreled)질문과 유도질문은 피하는 것이 좋다.

> **해설**　직업정보 조사를 위한 질문지법 : 신뢰도 측정을 위해 짝(pair)으로 된 문항들은 '분리'해서 배치하는 것이 좋다.

20 직업정보 수집 시 2차 자료(secondary data)유형을 모두 고른 것은?

> ㉠ 한국고용정보원에서 발행하는 직종별 직업사전
> ㉡ 통계청에서 실시한 지역별 고용조사 결과
> ㉢ 한국산업인력공단에서 제공하는 국가기술자격통계연보
> ㉣ 고용24(워크넷)에서 제공하는 직업별 탐방기(테마별 직업여행)

① ㉠, ㉢　　　　　　　　　　　② ㉠, ㉡, ㉣
③ ㉡, ㉢, ㉣　　　　　　　　　④ ㉠, ㉡, ㉢, ㉣

해설 직업정보 2차 자료

1차 자료	2차 자료
직접 수집·분석·가공한 자료	기존의 자료 (기존에 만들어져 있는 모든 자료는 2차 자료에 해당한다)

21 다음 중 면접을 통한 직업정보 수집 시 개방형 질문(open-ended questions)을 이용하기에 적합하지 못한 경우는?

① 응답자에 대한 사전지식의 부족으로 응답을 예측할 수 없는 경우
② 특정 행동에 대한 동기조성과 같은 깊이 있는 내용을 다루고자 하는 경우
③ 숙련된 전문 면접자보다 자원봉사자에 의존하여 면접을 실시하는 경우
④ 응답자들의 지식수준이 높아 면접자의 도움 없이 독자적으로 응답할 수 있는 경우

해설 개방형 질문
개방형 질문은 응답자료가 개인적으로 표준화되어 있지 않다. 따라서 비교나 통계가 어려워 효과적인 조사를 위해서는 숙련된 면접자를 필요로 한다.

ANSWER 17.④ 18.② 19.③ 20.④ 21.③

SECTION 03 고용정보시스템

(1) 고용 24(워크넷)

① 고용24 개편
  ㉠ 구인구직, 실업급여 등 각종 고용 관련 서비스를 통합한 플랫폼인 고용 24 홈페이지(2024년 9월 23일 오픈)
  ㉡ 이력서 작성방법, 구직스킬, 기업직무체험신청 서비스를 제공
  ㉢ 지역의 일자리 정보, 실업급여 신청 등을 통해 개인의 직업생활 및 기업의 편리한 인사관리를 목표로 한다.

② 고용24 제공 서비스

구분	제공 서비스
채용정보	• 일자리 찾기 : 채용정보 상세 검색, 직종별, 지역별, 테마별, 채용캘린더, 4차산업혁명 채용관, e - 채용마당, 통합기업정보, 해외취업, 내 주변 채용정보 등 다양한 일자리 정보 확인 • 구직신청 : 구직신청, 이력서, 자기소개서 관리 • 채용행사 : 채용행사, 온라인채용박람회 • 강소기업 : '공공기관, 지자체 추천기업'과 '개별신청기업' 중에서 신용평가 등급이 높고, 명단 공개 체불사업주 또는 산업재해발생건수 공표기업에 해당하지 않는 중소·중견기업(25년 8월 기준 15,290개 기업)
취업지원	• 취업역량강화 : 구직자 취업역량강화 프로그램, 중장년내일센터, 청년도전지원사업, 청년성장프로젝트, 우리학교 취업지원실, 재학생 맞춤형 고용서비스 • 취업가이드 : 자소서(자기소개서) 작성가이드, 직무별 자소서 작성가이드, 직업심리검사, 사이버진로교육센터, 취업동향 모아보기, 취업뉴스, 직업정보, 학과정보 • 국민취업지원제도 : 국취이야기, 취업지원신청, Ⅰ유형 구직촉진수당 신청, Ⅱ유형 취업활동비용 신청 유예·재참여 신청, (조기)취업성공수당 신청, 운영기관 찾기 • 일경험 : 미래일경험(기업탐방형), 미래내일일경험(프로젝트형), 미래내일일경험(인턴형), (국민취업) 일경험프로그램 • 취업지원금 : 청년내일채움공제 운영기관

• 직업심리검사

검사대상	심리검사명	검사시간	실시가능
청소년 대상 심리검사 (10종)	청소년직업흥미검사	20분	인터넷, 지필
	흥미로 알아보는 직업탐색 (Job아드림)	2분	인터넷
	진로준비진단검사(찾아Dream)	2분	인터넷
	직업흥미탐색검사(간편형)	5분	인터넷
	초등학생 진로인식검사	30분	인터넷, 지필
	고등학생 적성검사	65분	인터넷, 지필
	청소년 인성검사	25분	인터넷, 지필
	중학생 진로발달검사(커리어UP)	15분	인터넷, 지필
	고등학생 진로발달검사(커리어UP)	15분	인터넷, 지필
	중학생진로적성검사	63분	인터넷, 지필
성인 대상 심리검사 (13종)	흥미로 알아보는 직업탐색 (Job아드림)	2분	인터넷
	진로준비진단검사(찾아Dream)	2분	인터넷
	직업선호도검사(S형)	25분	인터넷, 지필
	직업선호도검사(L형)	60분	인터넷, 지필
	구직준비도검사	20분	인터넷, 지필
	성인용 직업적성검사	80분	인터넷, 지필
	대학생진로준비검사	20분	인터넷, 지필
	창업적성검사	20분	인터넷, 지필
	중장년 직업역량검사	25분	인터넷
	준고령자 직업선호도검사	20분	인터넷
	IT직무 기본역량검사	95분	인터넷, 지필
	영업직무 기본역량검사	50분	인터넷, 지필
	이주민 취업준비도검사	60분	인터넷

위 표는 취업지원에 해당한다.

실업급여

- 수급자격 : 수급자격 신청자 온라인 교육, 수급자격 신청서 인터넷 제출, 수급자격증 기재사항 변경신고, 수급기간 연기(변경) 신고, 수급자격증 재교부 신청, 수급자격 인정명세서 발급 청구
- 실업인정 : 온라인 취업드림수첩 조회, 실업인정 인터넷 신청, 온라인 취업특강(1차 실업인정 교육), 취업사실 신고, 상병급여(일반) 청구, 상병급여(출산시) 청구, 개별연장급여 신청, 미지급 실업급여 청구
- 취업촉진수당 : 조기재취업수당 청구, 이주비 청구, 광역구직활동비 청구

직업능력 개발	• 국민내일배움카드 : 발급 신청, 지원대상 및 휴직기간 변경, 계좌한도 추가지원 안내 • 훈련 찾기 · 신청 : 국민내일배움카드 훈련과정, K−디지털 아카데미, 기업훈련과정, 일학습병행과정, 유관기관 훈련과정, 정부부처별 훈련과정, STEP 이러닝 • 훈련기관 · 강사 : 훈련교사관리, NCS확인강사 신청, K−DT 교강사 신청, 인재뱅크 신청, 훈련기관평가정보, 훈련교강사조회, 스타훈련강사조회, 지정직업훈련시설 신청
출산, 육아휴직	• 출산전후(유산 · 사산 · 배우자)휴가급여 신청, 기간제 · 파견근로자 출산전후휴가 급여 등에 상당하는 금액 신청, 예술인 · 특고 출산전후급여 신청, 고용보험 미적용자 출산(유산 · 사산)급여 신청 • 육아휴직 : 육아휴직 신청, 육아기 근로시간 단축 급여 신청, 육아휴직 · 육아기 근로시간 단축 사용현황, 육아휴직 급여 사후지급금 확인 요청

③ **고용24 제공 주요 서비스** : 고용24는 개인과 기업으로 구분하여 서비스를 제공한다.

   ㉠ **개인대상** : 채용정보, 실업급여, 직업능력개발, 출산휴가, 육아휴직 관련 서비스 제공

   ㉡ **기업대상** : 채용지원, 직업능력개발, 기업지원금, 확인 및 신고 서비스 제공

구분	제공 서비스
개인 서비스	• 일자리 정보제공(민간 취업사이트 일자리 정보를 포함한다) • 이력서 등록(구직신청) • 이력서 작성 방법 등 구직스킬 교육, 개인상담 및 집단상담 신청 • 청년을 위한 정부지원금, 일경험 신청 • 출산(전후)휴가 급여, 배우자 출산휴가 급여, 육아휴직 급여 신청 • 실업급여 신청 • 국민내일배움카드 신청, 직업훈련 프로그램 정보 제공 • 국민취업지원제도 신청
기업 서비스	• 구직자 정보 제공(구인신청, 인재검색 등) • 실업급여 이직확인서, 출산(전후)휴가 확인서, 육아휴직 확인서 작성 • 청년 · 고령자 · 취약계층 채용, 유연근무, 출산(전후)휴가 및 육아휴직 등을 실시한 기업을 위한 정부지원금 신청 • 직원의 직무교육을 위한 기업 컨설팅과 지원금 신청 • 외국인 고용 • 고용보험 가입 정보, 내 민원 진행 상황 조회 • 고용노동부, 한국산업인력공단, 장애인고용공단 등 다양한 정부지원제도 설명자료

④ 고용24 제공 직업심리검사의 하위척도 및 측정요인

청소년 직업흥미검사	• 활동척도 : 해당 문항 활동에 대한 선호도를 측정한다. • 자신감 척도 : 해당 문항 활동에 대한 자신감 척도를 측정한다. • 직업척도 : 다양한 직업명의 문항들로 구성된다.			
직업선호도검사(L형)	하위검사	측정요인	하위검사	측정요인
	흥미검사	현실형	생활사검사	대인관계 지향
		탐구형		독립심
		예술형		가족신화
		사회형		야망
		진취형		학업성취
		관습형		예술성
	성격검사	외향성		운동선호
		호감성		종교성
		성실성		직무만족
		정서적 불안정성		—
		경험에 의한 개방성		
성인용 직업적성검사	• 언어력(43문항) : 어휘력 검사, 문장해독력 검사 • 수리력(26문항) : 계산능력 검사, 자료해석력 검사 • 추리력(27문항) : 수열추리력1,2 검사, 도형추리력 검사 • 공간지각력(25문항) : 조각맞추기 검사, 그림맞추기 검사 • 사물지각력(30문항) : 사물지각력 검사, • 상황판단력(45문항) : 상황판단력 검사 • 기계능력(15문항) : 기계능력 검사 • 집중력(45문항) : 집중력 검사 • 색채지각력(20문항) : 색채혼합 검사, 색구분 검사 • 문제해결능력(13문항) : 문제해결능력 검사 • 사고유창력(2문항) : 사고유창력 검사			
창업적성검사	• 측정요인 : 사업지향성, 문제해결, 효율적 처리, 주도성, 자신감, 목표설정, 설득력, 대인관계, 자기개발노력, 책임감수, 업무완결성, 성실성 등 12개 요인 측정			

⑤ 고용24 제공 학과 정보 : 인문계열, 사회계열, 교육계열, 자연계열, 공학계열, 의학계열, 예체능계열, 이색학과 정보 제공

구분	학과
인문계열	국어 · 국문학과, 국제지역학과, 기타 아시아어 · 문학과, 기타 유럽어 · 문학과, 독일어 · 문학과, 러시아어 · 문학과, 문예창작과, 문헌정보학과, 문화 · 민속 · 미술사학과, 스페인어 · 문학과, 심리학과, 언어학과, 역사 · 고고학과, 영미어 · 문학과, 일본어 · 문학과, 종교학과, 중국어 · 문학과, 철학 · 윤리학과, 프랑스어 · 문학과
사회계열	경영학과, 경제학과, 경찰행정학과, 광고 · 홍보학과, 국제학과, 금융 · 보험학과, 노인복지학과, 도시 · 지역학과, 무역 · 유통학과, 법학과, 보건행정학과, 비서학과, 사회복지학과, 사회학과, 세무 · 회계학과, 신문방송학과, 아동 · 청소년복지학과, 정보미디어학과, 정치외교학과, 항공서비스과, 행정학과, 호텔 · 관광경영학과
교육계열	공학교육과, 교육학과, 사회교육과, 언어교육과, 예체능교육과, 유아교육학과, 인문교육과, 자연계교육과, 특수교육학과
자연계열	(애완)동물학과, 가정관리학과, 농업학과, 물리 · 과학과, 산림 · 원예학과, 생명과학과, 생물학과, 수산학과, 수의학과, 수학과, 식품영양학과, 식품조리학과, 의류 · 의상학과, 자원학과, 지구과학과, 천문 · 기상학과, 통계학과, 화학과
공학계열	(안경)광학과, 건축 · 설비공학과, 건축학과, 게임공학과, 기계공학과, 도시공학과, 메카트로닉스(기전)공학과, 반도체 · 세라믹공학과, 산업공학과, 섬유공학과, 소방방재학과, 신소재공학과, 에너지공학과, 응용소프트웨어공학과, 자동차공학과, 재료 · 금속공학과, 전기공학과, 전자공학과, 정보 · 통신공학과, 정보보안 · 보호학과, 제어계측공학과, 조경학과, 지상교통공학과, 컴퓨터공학과, 토목공학과, 항공학과, 해양공학과, 화학공학과, 환경공학과
의학계열	간호학과, 물리치료학과, 방사선학과, 보건관리학과, 약학과, 응급구조학과, 의료공학(의료장비)과, 의학과, 임상병리학과, 작업치료학과, 재활학과, 치기공학과, 치위생학과, 치의학과, 한의학과
예체능계열	경호학과, 공예학과, 만화 · 에니메이션학과, 무용학과, 미술학과, 방송 · 연예과, 뷰티아트과, 사진 · 영상예술학과, 산업디자인학과, 시각디자인학과, 실내디자인학과, 실용음악과, 연극 · 영화학과, 음악학과, 음향과, 조형학과, 체육학과, 패션디자인학과
이색학과 정보	식품/웰빙/여가, 과학/정보통신, 보건의료/교육, 문화/예술/스포츠, 경영/금융/보안, 방송/이벤트, 기타

(2) 기타 고용정보망

① Q-Net(www.q-net.or.kr) 정보

　㉠ 큐넷은 자격정보시스템으로 한국산업인력공단이 운영하는 국가자격 및 시험정보 포탈

　㉡ 시험일정, 원서접수, 합격자발표조회, 자격정보, 자격증발급신청, 자격취득자정보 등을 서비스

　㉢ 직업훈련포털(HRD-Net) 및 고용24와 연계하여 자격종목별 직업훈련 정보와 취업정보를 제공

　㉣ 관련 내용

국가기술자격 종목	전체 약 550여 개 종목 중 한국산업인력공단이 위탁받아 검정형(일부는 과정평가형)으로 시행하는 약 500여 개 종목 소개	
주요 서비스	원서접수, 합격자/답안발표, 시험일정, 필기시험 안내, 실기시험 안내, 자격정보, 자격검정통계(국가기술자격통계연보), 국가자격대여근절 캠페인(불법대여 신고) 등	
자격정보	국가자격	국가기술자격제도, 국가자격증종목별상세정보, 비상대비자원관리종목, 자격종목변천일람표
	민간자격	민간자격 등록제도, 민간자격 국가공인제도, 사업주 자격제도
	외국자격	국가별 자격제도 운영현황(일본, 독일, 영국, 호주, 미국, 프랑스)

② 국가기술자격 종목별 상세정보

시험정보	검정형 자격, 시험일정, 검정형 자격 시험정보(시험수수료, 출제경향, 출제기준, 취득방법), 과정평가형 자격 취득정보(c.q.net)
기본정보	기본정보(자격개요, 수행직무, 실시기관 홈페이지, 실시기관명, 진로 및 전망), 종목별 검정현황(연도별 응시자 수/합격자 수/합격률)
우대현황	자격취득자에 대한 법령상 우대현황
일자리정보	경력, 학력, 지역, 기타 상세조건(임금형태, 근무형태, 근무시간, 우대사항, 키워드검색)
수험자 동향	성별, 연령별, 직업별, 응시목적별, 시험준비경로별, 시험준비기간별 등

③ 기타 고용정보망

구분	제공자료명	시기	정보 내용
중앙행정기관	지표누리	상시	국정 모니터링 시스템으로 중앙행정기관이 선정 관리하는 웹기반의 통계정보 시스템이다.
공공데이터포털	각 정부부처	상시	정부 부처에서 제공하는 직업정보이다.
국가데이터처 (구 통계청)	고용동향	매월	우리나라 경제활동 인구구조, 연령별, 고용률, 실업률, 산업별 취업자 수 등에 대한 현황 및 추이를 제공한다.
	산업활동동향	매월	우리나라 전 산업에 대한 생산동향, 소비동향, 투자동향, 경기동향 등에 대한 현황 및 추이를 제공한다.
	임금근로자 일자리 동향	분기	산업별 일자리 변동, 및 유형을 파악하여 일자리 관련 정책수립과 취업준비자의 일자리 선택에 유용한 기초자료를 제공한다.
고용노동부 (고용노동통계)	사업체 노동력조사	매월	사업체의 임금, 근로시간, 종사자의 입·이직자 현황을 제공한다.
	직종별 사업체 노동력 조사	반기	사용근로자 5인 이상을 고용하고 있는 사업체를 대상으로 산업별, 직종별, 사업체 규모별 현원, 부족인원, 채용계획인원, 구인인원 및 채용인원을 조사하여 그 결과를 제시한다.
	기업체 노동비용 조사	매년	기업체가 근로자를 고용하면서 발생하는 비용을 유형별로 파악하여 기업활동 및 근로자 복지 증진 등 고용 노동 여건개선을 위한 정책 입안 기초자료로 제공한다.
	고용형태별 근로실태 조사	매년	근로자 1인 이상[특수형태 근로종사자 포함] 사업체에 종사하고 있는 근로자를 다양한 고용형태로 구분하고, 이들의 임금, 근로시간, 등 근로조건을 파악하여 노동정책 참고자료로 제공한다.
	사업체 노동실태 현황	매년	전국사업체조사 자료 중 자영업자 또는 자영업자＋무급가족종사자로만 구성된 사업체 및 공무원 재직기관을 제외하여 작성한 통계이다.
	노동포털	상시	노동행정정보, 노동관계법령 등을 제공하는 고용행정통합포털이다.
한국고용 정보원	고용24	상시	국내에서 운영하는 양성 및 향상의 직업훈련과정에 대한 상세한 정보를 제공한다.
	고용행정통계	상시	사업장수, 피보험자수, 실업급여지급액, 구인인원수, 구직자수, 재직자 훈련 인원, 실업자 훈련 인원 등의 통계를 제시한다.

산업인력공단	국가자격	상시	기술사 및 기능사 자격시험에 대한 기준, 자격취득 절차, 응시 및 합격 등 정보를 제공한다.
	국가직무능력표준 (NCS)	상시	능력중심사회를 위한 여건조성에 핵심기제인 국가직무능력표준 NCS를 소개한다.
한국직업능력 연구원	CareerNet	상시	청소년을 대상으로 검사, 상담, 직업정보, 학과정보 등을 제시한다.
	민간자격정보 서비스		국가 공인된 민간자격에 대한 현황 및 상세한 안내를 한다.
한국노동 연구원	노동통계	매월	비정규직 노동통계, 주요 경제지표, 인구 및 고용, 노사관계, 근로자 생활, 임금 및 노동생산성 등의 노동통계 제시한다.

1 신규취업자의 노동력 수급상황, 채용, 구직 및 이직상황을 제공하는 고용정보로 옳은 것은?

① 경제 및 산업동향에 관한 정보

② 고용관리에 관한 정보

③ 근로조건에 관한 정보

④ 노동시장, 고용 및 실업동향에 관한 정보

해설 노동시장, 고용 및 실업동향에 관한 정보

신규취업자의 노동력 수급상황, 채용, 구직 및 이직상황을 제공한다.

2 고용24 구인구직 및 취업동향에서 사용하는 용어해설로 틀린 것은?

① 신규구인인원 : 해당 월에 고용24에 등록된 구인인원 수

② 희망임금충족률 : (제시임금 ÷ 의중임금) × 100

③ 취업률 : (취업건수 ÷ 신규구직자수) × 100

④ 임시직 : 그 사업장에서 근무하는 통산상의 근로자보다 짧은 시간을 근로하게 하는 고용

해설 고용24 용어해설

㉠ 임시직 : 통상 근로자보다 근로계약기간이 짧은 경우(계약직과 큰 차이가 없다)

㉡ 계약직 : 근로계약기간을 정하여 동 근로계약기간에 따라 근로를 제공하는 경우

㉢ 일용직

• 일일 단위로 근로계약이 종료되는 경우

• 4대 보험 가입 관련하여 1개월 미만 기간 동안 고용된 경우

3 사용근로자 5인 이상을 고용하고 있는 사업체를 대상으로 산업별, 직종별 사업체 규모별 현원, 부족인원 등을 조사하는 정보에 해당하는 것은?

① 직종별 사업체 노동력 조사

② 사업체 노동력 조사

③ 기업체 노동비용 조사

④ 고용형태별 근로실태 조사

해설 고용분석 통계조사 보고서

구분	제공자료명	시기	정보 내용
고용노동부 (고용노동 통계)	사업체 노동력 조사	매월	사업체의 임금, 근로시간, 종사자의 입·이직자 현황을 제공
	직종별 사업체 노동력 조사	반기	사용근로자 5인 이상을 고용하고 있는 사업체를 대상으로 산업별, 직종별, 사업체 규모별 현원, 부족인원, 채용계획인원, 구인인원 및 채용인원을 조사하여 그 결과를 제시
	기업체 노동비용 조사	매년	기업체가 근로자를 고용하면서 발생하는 비용을 유형별로 파악하여 기업활동 및 근로자 복지 증진 등 고용 노동 여건개선을 위한 정책 입안 기초자료로 제공
	고용형태별 근로실태 조사	매년	근로자 1인 이상[특수형태 근로종사자 포함] 사업체에 종사하고 있는 근로자를 다양한 고용형태로 구분하고, 이들의 임금, 근로시간, 등 근로조건을 파악하여 노동정책 참고자료로 제공
	사업체 노동실태 현황	매년	전국사업체조사 자료 중 자영업자 또는 자영업자＋무급가족종사자로만 구성된 사업체 및 공무원 재직기관을 제외하여 작성한 통계
	노동포털	상시	노동행정정보, 노동관계법령 등 제공하는 고용행정통합포털

4 고용24 직업, 진로에서 제공하는 청소년 직업흥미검사의 하위척도가 아닌 것은?

① 활동 척도

② 자신감 척도

③ 가치관 척도

④ 직업척도

해설 청소년 직업흥미검사의 하위척도

㉠ 활동 척도

㉡ 자신감 척도

㉢ 직업 척도

5 고용24(워크넷)에서 제공하는 학과정보 중 공학계열에 해당하는 학과가 아닌 것은?

① 생명과학과

② 건축학과

③ 안경공학과

④ 해양공학과

해설 고용24 학과 정보

인문계열, 사회계열, 교육계열, 자연계열, 공학계열, 의약계열, 예체능계열, 이색학과정보 제공

학과정보	학과
자연계열	(애완)동물학과, 가정관리학과, 농업학과, 물리 · 과학과, 산림 · 원예학과, 생명과학과, 생물학과, 수산학과, 수의학과, 수학과, 식품영양학과, 식품조리학과, 의류 · 의상학과, 자원학과 지구과학과, 천문 · 기상학과, 통계학과, 화학과
공학계열	(안경)광학과, 건축 · 설비공학과, 건축학과, 게임공학과, 기계공학과, 도시공학과, 메카트로닉스(기전)공학과, 반도체 · 세라믹공학과, 산업공학과, 섬유공학과, 소방방재학과, 신소재공학과, 에너지공학과, 응용소프트웨어공학과, 자동차공학과, 재료 · 금속공학과, 전기공학과, 전자공학과, 정보 · 통신공학과, 정보보안 · 보호학과, 제어계측학과, 조경학과, 지상교통공학과, 컴퓨터공학과, 토목공학과, 항공학과, 해양공학과, 화학공학과, 환경공학과

2024년

6 고용24(워크넷)에서 제공하는 학과정보 중 자연계열에 해당하는 학과가 아닌 것은?

① 안경공학과 ② 생명과학과

③ 수학과 ④ 지구과학과

해설 고용24 학과 정보
ㄱ 인문계열, 사회계열, 교육계열, 자연계열, 공학계열, 의약계열, 예체능계열, 이색학과정보 제공
ㄴ 안경광학과는 '공학계열'에 해당한다.
ㄷ 공학이 포함된 자연계열은 '임산공학', '생명공학', '식품공학', '바이오산업공학'이다.

2024년

7 한국고용정보원에서 제공하는 고용24(워크넷) 구인 · 구직 및 취업동향에 관한 설명으로 틀린 것은?

① 수록된 통계는 전국 고용센터, 한국산업인력공단, 시 · 군 · 구 등에서 입력한 워크넷 DB로 집계한 것이다.

② 통계표에 수록된 단위가 반올림 표기되어 전체 수치와 표 내의 합계가 일치하지 않을 수도 있다.

③ 워크넷을 이용한 구인 · 구직자들만을 대상으로 하므로 통계자료가 노동시장 전체의 수급상황과 정확히 일치한다.

④ 공공안정기관의 취업지원서비스를 통해 산출되는 구직자, 구인업체 등에 관한 통계를 제공하여, 취업지원사업 성과분석 등의 국가 고용정책사업 수행의 기초자료를 제공하는 데 목적이 있다.

해설 고용24(워크넷)
ㄱ 워크넷을 이용한 구인 · 구직자들만을 대상으로 하므로, 통계자료가 노동시장 전체와 정확히 일치하지 않는다.
ㄴ 워크넷 안에서도 반올림 또는 조사 기간 등에 따라 일치하지 않을 수 있다.

ANSWER 4.③ 5.① 6.① 7.③

8 고용24(워크넷) 직업 · 진로 정보에서 제공하는 직업선호도검사 L형과 S형의 공통적인 하위검사는?

① 흥미검사

② 성격검사

③ 생활사검사

④ 구직동기검사

해설 직업선호도검사

직업선호도검사의 L형과 S형의 공통적인 하위검사는 흥미검사이다.

9 해외취업 · 창업 · 인턴 · 봉사 등의 해외진출 관련 정보를 통합하여 제공하는 사이트로 옳은 것은?

① 월드잡플러스(worldjob.or.kr)

② 커리어넷(career.go.kr)

③ 일모아사이트(ilmoa.go.kr)

④ 빅데이터(data.go.kr)

해설 해외진출 관련 정보

㉠ 월드잡플러스(worldjob.or.kr)는 청년들의 해외 진출을 지원하는 해외통합정보망이다.

㉡ 한국산업인력공단에서 운영한다.

10 고용노동부에서 실시하는 직업상담(취업지원) 프로그램 중 취업을 원하는 결혼이민여성(한국어 소통 가능자)을 대상으로 하는 프로그램은?

① Wici 취업지원 프로그램

② CAP+ 프로그램

③ allA 프로그램

④ Hi 프로그램

해설 고용24(워크넷) 취업지원 프로그램
　㉠ Wici 취업지원 프로그램 : 결혼이민여성을 대상으로 지원하는 취업프로그램이다.
　㉡ CAP+프로그램 : 청년 취업준비생들의 직업선택과 취업을 돕기 위해 개발된 취업지원 프로그램이다.
　㉢ allA 프로그램 : 오랜 기간 취업 실패나 실직으로 구직의욕을 잃은 청소년들에게 희망과 자신감 및 대인관계 및 진로역량을 강화시키기 위한 프로그램이다.
　㉣ Hi 프로그램 : 고졸자들을 위한 취업지원 프로그램이다.

ANSWER 8.① 9.① 10.①

직업정보 제공

출제경향

직업정보 제공은 직업정보의 축적, 직업정보 생산과정의 공개, 직업정보의 평가, 직업정보인지에 대한 오류, 직업정보 평가결과 환류 등을 중심으로 출제된다. 출제기준 변경에 따라 NCS학습모듈을 중심으로 개편되었으며, 추후 변경내용을 기준으로 볼 때, 직업업보 인지 오류 및 평가결과 환류에 대한 내용이 출제될 가능성이 있다. 특히 민간직업정보와 공공 직업정보에 대한 개념이 빈도 있게 출제되는 경향이 있다.

학습방법

- 직업정보의 축적 및 생산과정의 공개 이해하기
  직업정보의 부문별 기능과 정보의 유형(미시적 정보, 거시적 정보), 정보의 생산주체에 따른 분류에 대해 학습하는 것이 효과적이다.
- 직업정보 평가 및 환류하기
  직업정보 평가 시 직업상담가의 유의점과 앤드류스가 제시한 직업정보의 평가 내용에 대해 학습하는 것이 효과적이다.

출제 키워드

직업정보의 유형, 정보의 생산주체에 따른 분류, 직업선택 결정모형의 분류, 직업정보의 일반적인 관리과정, 직업정보 단계별 유의사항, 직업정보 평가환류

직업정보 제공

(1) 직업정보의 축적

① 직업정보의 이해

 ㉠ 고용정보의 개념
- 직업정보가 일의 수행단위로서 주로 직무에 관련된 정보를 말한다면, 고용정보는 일자리와 관련된 보다 광범위한 정보를 말한다.
- 고용정보는 구직자 및 구인업체에 관한 정보는 물론 일자리 관련 정부의 정책 및 연구자료 등을 포함한다.

 ㉡ 직업정보의 역할
- 구직자의 직업탐색, 직업결정, 직업전환 등의 의사결정의 대안으로서의 역할을 한다.
- 직업상담 시 상담의 기초자료로서 직업대안들의 정보를 제공한다.
- 직무, 노동시장의 수요, 직업 관련 조사 연구의 기초자료로서의 역할을 한다.
- 내담자로 하여금 자신의 선택을 점검하고 재조정해 볼 수 있도록 한다.

 ㉢ 고용정보의 내용(「직업안정법 시행령」 제12조(고용정보제공의 내용 등))
- 경제 및 산업동향
- 노동시장, 고용, 실업동향
- 임금, 근로시간 등 근로조건
- 직업에 관한 정보
- 채용 · 승진 등 고용관리에 관한 정보
- 직업능력개발훈련에 관한 정보
- 고용관련 각종 지원 및 보조제도
- 구인 · 구직에 관한 정보

㉣ 직업정보의 부문별 기능

부문별	기능
국가	• 직업훈련 정책을 수립하고, 고용정책결정의 기초자료로 활용한다. • 체계적인 직업정보를 기초로하여 직업훈련의 기준을 설정한다.
기업	• 직업별 수행직무를 파악하여 합리적인 인사관리를 가능케한다. • 직무분석을 통한 안전관리로 산업재해를 예방한다.
노동시장	• 미취업 구직자의 진로탐색 및 진로선택의 참고자료로 활용한다. • 구직자의 구직활동에 활용한다.

㉤ 브레이필드(Brayfield)의 직업정보 기능 : 브레이필드(Brayfield)는 상담자가 내담자에게 제공해주는 직업 정보의 기능을 세 가지로 분류하였다.

기능	내용
정보제공 기능	진로 미결정 내담자로 하여금 적절한 선택이 이루어지도록 하며, 진로선택에 대한 내담자의 지식을 증가시키는 기능이다.
재조정 기능	진로 결정 내담자로 하여금 현실 상황에 비추어 자신의 진로선택이 적절했는지를 재조정해 보는 기능이다.
동기화 기능	동기부족 내담자로 하여금 직업정보 제공 과정을 통해 의사결정에 자발적이고, 몰입하게 하는 기능이다.

② 직업정보의 유형

㉠ 정보의 성격에 따른 분류

미시적 정보	• 정보가 개별적이고 구체적이므로 보통 개별사업에 국한된다. • 구인업체, 구직자 등에 관한 사항이 포함된다. • 정보로서의 기한이 짧고, 그 범위가 제한적이다. • 예 : 구인 및 구직정보, 자격정보, 훈련정보, 임금정보, 취업박람회 등
거시적 정보	• 정책 및 법률의 입안으로 연결되는 정보로서, 보통 포괄적인 산업을 확장된다. • 노동시장의 흐름에 관한 동향정보를 비롯하여 각종 시계열 자료 및 전망자료 등이 포함된다. • 정보로서의 기한이 길며, 그 범위가 포괄적이다. • 예 : 노동시장 동향, 산업별·직종별 인력 수급 현황, 지역별·직종별 실업률, 미래 직업별 고용전망 등

ⓒ 정보의 생산주체에 따른 분류

공공직업정보	• 정부 및 공공단체와 같은 비영리기관에서 공익적 목적으로 생산·제공된다. • 특정한 시기에 국한되지 않고 지속적으로 조사·분석하여 제공되며, 장기적인 계획 및 목표에 따라 정보체계의 개선작업 수행이 가능하다. • 특정분야 및 대상에 국한되지 않고 전체 산업 및 업종에 걸친 직종(업)을 대상으로 한다. • 국내 또는 국제적으로 인정되는 객관적인 기준(국제표준직업분류 및 한국표준직업분류 등)에 근거한 직업분류이다. • 직업별로 특정한 정보만을 강조하지 않고 보편적인 항목으로 이루어진 기초적인 직업정보체계로 구성된다. • 관련 직업정보 간의 비교·활용이 용이하고, 공식적인 노동시장 통계 등 관련 정보와 결합하여 제반 정책 및 취업 알선과 같은 공공목적 사용이 가능하다. • 광범위한 이용 가능성에 따라 공공직업정보체계에 대한 직접적이며 객관적인 평가가 가능하다. • 정부 및 공공기관 주도로 생산·운영되므로 무료로 제공된다
민간직업정보	• 필요한 시기에 최대한 활용되도록 한시적으로 신속하게 생산되어 운영된다. • 노동시장 환경, 취업상황, 기업의 채용환경 등을 반영한 직업정보가 상대적으로 단기간에 조사되어 집중적으로 제공된다. • 특정한 목적에 맞게 해당 분야 및 직종이 제한적으로 선택된다. • 정보생산자의 임의적 기준 또는 시사적인 관점이나 흥미를 유도할 수 있도록 해당 직업을 분류한다. • 정보 자체의 효과가 큰 반면, 부가적인 파급효과는 적다. • 객관적이고 공통적인 기준에 따라 분류되지 않았기 때문에 다른 직업정보와의 비교가 적고 활용성이 낮다. • 민간 특정 직업에 대해 구체적이고 상세한 정보를 제공하기 위해서는 조사·분석 및 정리와 제공에 상당한 시간 및 비용이 소요되므로 해당 직업정보는 유료로 제공된다.

㉢ 공공직업정보와 민간직업정보의 비교

구분	민간직업정보	공공직업정보
정보제공 지속성	한시적, 불연속적, 단절적	지속적
직업분류 및 구분	생산자의 자의성 개입	객관적 기준
조사 및 수록되는 범위	특정직업에 대한 제한적인 정보	전체 산업 및 업종의 포괄적인 정보
정보의 구성	완결적 정보체계	기초적 정보체계
다른 정보와의 관계	다른 정보와의 관련성 낮음	다른 정보에 미치는 영향이 크며, 관련성이 높음
정보획득 비용	유료	무료

㉣ 직업정보의 유형별 특징

유형	비용	학습자 참여도	접근성
인쇄물	저	수동	용이
시청각자료	고	수동	제한적
면접	저	적극	제한적
관찰	고	수동	제한적
직업경험	고	적극	제한적
직업체험	고	적극	제한적

(2) 직업정보 생산과정의 공개

① 직업정보의 일반적인 관리과정

단계	내용
수집(제1단계)	• 정보사용자가 무엇을 요구하는지에 대한 명확한 목표를 세우고, 항상 최신의 자료를 수집하여야 한다. • 자료를 수집하면 자료의 출처와 저자, 발행연도, 수집일자를 기입한다.
분석(제2단계)	사용자가 요구하는 목적에 부합하도록 분석 기간의 길이, 양과 질을 고려하여 자료의 내용을 파악하며, 이를 체계적으로 분류하여 제공하기에 편리하도록 배열한다.
가공(제3단계)	수집 · 분석된 정보를 기초로 이를 재편집함으로써 내담자가 사용하기에 편리하도록 요약 · 정리한다.
체계화(제4단계)	필요도에 따라 수집되어 분석된 정보라도 오래되거나 불필요하게 된 정보는 폐기하고, 항상 최신의 자료인지 확인하여 체계화하도록 한다.
제공(제5단계)	직업정보는 사용자의 요구에 부합되도록 생산되어야 하며, 그 과정은 공개하도록 한다.
축적(제6단계)	정보관리시스템을 적용하여 정보를 제공 · 교환하며, 보급된 정보를 축적하는 과정이다.
평가(제7단계)	직업정보가 사용자의 요구사항에 근접하게 맞추어졌는지(형태효용), 필요한 때에 필요한 정보를 사용할 수 있는지(시간효용), 정보에 대한 접근 및 전달이 용이한지(장소효용), 정보소유자가 타인에 대한 정보 전달을 통제할 수 있는지(소유효용) 등을 평가한다.

② 직업정보의 일반적인 단계별 관리과정

5단계	수집 → 분석 → 가공 → 제공 → 평가
6단계	• 수집 → 분석 → 가공 → 체계화 → 제공 → 평가 • 분석 → 가공 → 체계화 → 제공 → 축적 → 평가
7단계	수집 → 분석 → 가공 → 체계화 → 제공 → 축적 → 평가

③ 직업정보 수집과정

직업분류 제시하기	내담자에게 직업분류체계를 제공한다.
대안 만들기	내담자와 함께 대안직업들에 대한 광범위한 목록을 작성한다.
목록 줄이기	내담자와 함께 2 ~ 5개의 가장 적합한 대안으로 목록을 줄인다.
직업정보 수집하기	내담자에게 최종 선정된 목록의 직업들에 관한 정보를 수집하도록 한다.

④ 직업대안 작성과 선택 시 과제

　㉠ 한 가지 선택을 하도록 집중하기

　㉡ 직업들을 평가하기

　㉢ 직업들 가운데서 한 가지 선택하기

　㉣ 선택조건에 이르기

⑤ 직업정보의 일반적인 관리과정 단계별 유의사항

　㉠ 직업정보 수집 시 유의사항

- 목표를 명확히 설정한다.
- 직업정보는 조직적이고 계획적으로 수집한다.
- 필요한 정보를 적시에 제공받도록 한다.
- 과거에 유용했던 정보도 시간이 지나면 가치가 변하므로 필요 없는 자료는 폐기한다.
- 항상 최신의 자료가 되도록 새로운 정보를 지속적으로 보완한다.
- 정리와 활용을 편리하게 할 수 있도록 녹음, 녹화, 사진 오려 붙이기 등 수집에 필요한 도구를 사용한다.
- 자료의 출처와 저자, 발행연도, 수집자 및 수집일자 등을 기입한다.

　㉡ 직업정보 분석 시 유의사항

- 정보의 분석 목적을 명확히 하며, 변화의 동향에 유의한다.
- 동일한 직업정보라 할지라도 다각적이고 종합적인 분석을 시도하여 해석을 풍부히 한다.
- 직업정보의 신뢰성, 객관성, 정확성, 효용성 등을 확보하기 위해 전문가나 전문적인 시각에서 분석한다.
- 분석과 해석은 원자료의 생산일, 자료표집방법, 대상, 자료의 양 등을 검토하여야 한다.
- 수집된 정보는 목적에 맞도록 분석하며, 수차례의 재검토 과정을 거쳐 객관성과 정확성을 갖춘 최신자료를 선정한다.
- 수집된 정보는 필요도에 따라 선택하고 항목별로 분류하며, 오래되거나 불필요한 것은 버린다.
- 다양한 정보를 충분히 검토하여 가장 효율적으로 검색·활용할 수 있는 방법으로 분류한다.
- 각 정보는 입수 연월일, 제공처, 주제별, 활용대상별, 활용방법, 활용장소 등에 따라 분류하며, 그 내용을 명확히 한다.
- 다른 통계와의 관련성 및 여러 측면을 고려하며, 숫자로 표현할 수 없는 정보라도 이를 삭제 혹은 배제하지 않는다.
- 직업정보원과 제공원에 대하여 제시한다.

　㉢ 직업정보 가공 시 유의사항

- 직업정보의 공유방법을 강구하는 과정이므로 이용자의 수준에 부합하는 언어로 가공한다. 즉 이용자가 전문적인 지식이 없어도 이해할 수 있도록 가공한다.
- 정보의 생명력을 측정하여 활용방법을 선정하고 이용자에게 동기를 부여할 수 있도록 구상한다.
- 가장 최신의 자료를 활용하되 표준화된 정보(예 : 한국직업사전, 한국표준직업분류, 한국표준산업분류 등)를 활용한다.
- 직업에 대한 장단점을 편견 없이 제공한다.

- 객관성을 잃은 정보나 문자, 어투는 삼간다.
- 효율적인 정보제공을 위해 시각적(시청각) 효과를 부가한다.
- 정보제공 방법에 적절한 형태로 제공한다.

② 직업정보 제공 시 유의사항
- 직업정보는 이용자의 구미에 맞도록 생산되어야 하며, 이용자의 진로발달단계나 수준, 이용 목적 등을 고려하여 제공한다.
- 직업정보는 생산과정을 공개한다.
- 직업정보의 본래적 기능과 정보 활용의 효율성을 위해 내담자의 필요와 자발적 의사를 고려하여 직업정보를 제공한다.
- 상담자는 모든 형태의 자료에 구분을 두지 않은 채 다양한 정보를 수집 및 제공하기 위하여 지속적으로 노력해야 한다.
- 직업정보 제공 후 작업과 일에 대한 내담자의 태도 및 감정을 자유롭게 표현할 수 있도록 하며, 그에 대한 피드백을 상담에 효과적으로 활용한다.
- 내담자 개인은 물론 내담자의 직업선택에 영향을 미칠 수 있는 환경에 대해서도 충분히 고려하여 내담자의 흥미와 적성에 부합하는 직업정보를 제공한다.
- 전문용어 및 기술용어는 가급적 삼가며, 필요할 경우 용어에 대해 자세히 설명해야 한다. 특히 언어나 비속어를 사용해서는 안 된다.
- 직업정보는 개발년도를 명시하여 부적절한 과거의 직업 세계나 노동시장 정보가 구직자나 청소년에게 제공되지 않도록 하는 것이 바람직하다.

⑥ 통계법에서 제시된 통계의 공표
㉠ 우리나라 통계법은 1962년에 제정되어 지금까지 21번의 개정을 거쳤으며, 1990년에 통계청(현 국가데이터처)가 신설되면서 시작되었다.
㉡ 「통계법」제27조(통계의 공표) 통계 작성기관의 장은 "통계를 작성한 때에는 그 결과를 공표 예정 일시를 별도로 정하여 고지한 경우를 제외하고는 지체 없이 공표하여야 한다."
- 통계를 공표하지 아니할 수 있는 경우
- 국가 안전보장질서 유지 또는 공공복리에 현저한 지장을 초래할 것으로 인정되는 경우
- 통계의 신뢰성이 낮아 그 이용에 혼란이 초래될 것으로 인정되는 경우
- 그 밖에 통계를 공표하지 아니할 필요가 있다고 인정되는 상당한 이유가 있을 경우

⑦ **직업정보 제공 시 정보 공개** : 직업정보를 제공할 때에는 직업정보 생산과정에 대하여 공개하여야 한다.
  ㉠ 한국직업전망서 발간자료 생산과정 공개
    • 전문가 인터뷰를 통한 고용전망 : 전문가 의견 수집을 통한 질적인 판단
      − 향후 5년간 인력수요 판단[증가, 유지, 감소]
      − 고용증가를 가져오는 요소
      − 고용감소를 가져오는 요소
      − 중장기 인력 수급 계획
    • 수량적인 전망자료를 통한 검토
    • 외국 직업전망 자료를 통한 보완
    • 향후 5년간 200여 개 직업별 고용전망
  ㉡ 직업전망 요인
    • 인구구조 및 노동인구 변화
    • 가치관과 라이프스타일 변화
    • 국내외 경기
    • 기업의 경영전략 변화
    • 산업특성 및 산업구조 변화
    • 법 · 제도 및 정부정책
⑧ **주요 고용관련 통계**
  ㉠ **고용24(워크넷) 구인 · 구직 및 취업동향**
    • 작성주기 : 매월
    • 조사대상 : 고용24(워크넷)에 등록된 구인 · 구직자
    • 조사내용 : 구인배수, 일자리수, 취업률 등
    • 참고사항 : 고용24(워크넷)을 이용한 구인 · 구직자만을 대상으로 하므로 노동시장의 전체 수급 상황을 대표한다고 볼 수는 없다.
  ㉡ **통계청**
    • 경제활동인구조사
      − 작성주기 : 매월
      − 조사대상 : 인구총조사를 모집단으로 한 표본가구
      − 조사내용 : 만 15세 이상인구, 경제활동인구, 취업자, 실업자
      − 조사대상기간 : 매월 15일이 포함된 1주간(일요일 ~ 토요일)
      − 조사실시기간 : 조사대상기간 다음주 1주간
    • 고용동향
      − 작성주기 : 매월
      − 조사내용 : 고용관련 통계자료에 대한 분석

ⓒ 고용노동부

사업체 노동력조사	• 작성주기 : 매월 • 조사대상 : 종사자 5인 이상 사업체 중 50,000여 개 표본 사업체 • 조사내용 : 현재 근무 인원, 빈 일자리 및 입·이직에 관한 상황, 임금 및 근로시간 사항 등
직종별 사업체 노동력 조사	• 작성주기 : 반기 • 조사대상 : 근로자 1인 이상 사업체 약 72,000개 • 조사내용 : 산업별, 직종별, 사업체 규모별 현원, 부족인원 및 채용계획인원
지역별 사업체 노동력 조사	• 작성주기 : 반기(4월, 10월) • 조사대상 : 종사자 1인 이상 사업체 200,000개 • 조사내용 : 시·군·구 단위의 종사자 수, 빈 일자리 수, 입·이직자 수
기업체 노동비용조사	• 작성주기 : 연간 • 조사대상 : 상용근로자 10인 이상 기업체 36,000개 • 조사내용 : 직접 노동비용(임금총액), 간접 노동비용(퇴직급여 등의 비용 등)
시도별 임금·근로시간조사	• 작성주기 : 연간(기준시점 4월) • 조사대상 : 상용 5인 이상 사업체 • 조사내용 : 사업체 현황, 상용근로자, 임시·일용근로자의 임금 및 근로시간
임금체계, 정년제, 임금피크제 조사	• 작성주기 : 연간 • 조사대상 : 상용 1인 이상 사업체 • 조사내용 : 사업체 현황 상용근로자, 임시·일용근로자의 임금 및 근로시간

2021년

1 다음 중 직업안정법령상 직업안정기관의 장이 수집·제공하여야 할 고용정보에 해당하지 않는 것은?

① 구인구직에 관한 정보 ② 직업에 관한 정보

③ 경제 및 산업동향 ④ 직무분석의 방법과 절차

해설 고용정보의 내용(「직업안정법」 제12조(고용정보의 내용 등))
ㄱ 경제 및 산업동향
ㄴ 노동시장, 고용, 실업동향
ㄷ 임금, 근로시간 등 근로조건
ㄹ 직업에 관한 정보
ㅁ 채용·승진 등 고용관리에 관한 정보
ㅂ 직업능력개발훈련에 관한 정보
ㅅ 고용관련 각종 지원 및 보조제도
ㅇ 구인·구직에 관한 정보

2021년

2 다음 중 일반적인 직업정보 처리과정 5단계를 순서대로 올바르게 나열한 것은?

① 수집 → 제공 → 분석 → 가공 → 평가

② 수집 → 분석 → 가공 → 제공 → 평가

③ 수집 → 평가 → 가공 → 제공 → 분석

④ 수집 → 가공 → 제공 → 분석 → 평가

해설 직업정보의 일반적인 단계별 처리과정

5단계	수집 → 분석 → 가공 → 제공 → 평가
6단계	• 수집 → 분석 → 가공 → 체계화 → 제공 → 평가 • 분석 → 가공 → 체계화 → 제공 → 축적 → 평가
7단계	수집 → 분석 → 가공 → 체계화 → 제공 → 축적 → 평가

3 다음 중 공공직업정보의 특징으로 옳은 것은?

① 필요한 시기에 최대한 활동되도록 한시적으로 신속하게 생산되어 운영된다.

② 정보생산자의 임의적 기준에 따라 관심이나 흥미를 유도할 수 있도록 해당 직업을 분류한다.

③ 특정 직업에 대해 구체적이고 상세한 정보를 제공하기 위해서는 조사분석 및 제공에 상당한 시간 및 비용이 소요되므로 해당 직업정보는 유료로 제공한다.

④ 특정 분야 및 대상에 국한되지 않고 전체 산업 및 업종에 걸친 직종을 대상으로 한다.

해설 공공직업정보와 민간직업정보의 비교

구분	민간직업정보	공공직업정보
정보제공 지속성	한시적, 불연속적, 단절적	지속적
직업분류 및 구분	생산자의 자의성 개입	객관적 기준
조사 및 수록되는 범위	특정직업에 대한 제한적인 정보	전체 산업 및 업종의 포괄적인 정보
정보의 구성	완결적 정보체계	기초적 정보체계
다른 정보와의 관계	다른 정보와의 관련성 낮음	다른 정보에 미치는 영향이 크며, 관련성이 높음
정보획득 비용	유료	무료

4 다음 중 직업정보의 처리과정에 대한 설명으로 옳지 않은 것은?

① 직업정보 수집 시에는 명확한 목표를 세운다.

② 직업정보 분석 시에는 다각적인 분석을 시도하여 해석을 풍부히 한다.

③ 직업정보 가공 시에는 직업에 대한 장단점을 편견 없이 제공해야 한다.

④ 직업정보 가공 시에는 전문적인 용어를 주로 사용하여 활용가치를 높여야 한다.

해설 직업정보 가공 시 유의점
직업정보의 공유방법을 강구하는 과정이므로 이용자의 수준에 부합하는 언어로 가공한다. 즉 이용자가 전문적인 지식이 없어도 이해할 수 있도록 가공한다.

ANSWER 1.④ 2.② 3.④ 4.④

5 다음은 직업정보를 제공하는 유형별 특징에 대한 설명이다. 보기의 빈칸에 들어갈 내용을 순서대로 올바르게 나열한 것은?

유형	비용	학습자 참여도	접근성
인쇄물	저	(ⓛ)	용이
시청각자료	(㉠)	수동	제한적
면접	저	적극	(㉢)

	㉠	ⓛ	㉢
①	저	적극	제한적
②	저	수동	용이
③	고	수동	제한적
④	고	적극	용이

해설 직업정보의 유형별 특징

유형	비용	학습자 참여도	접근성
인쇄물	저	수동	용이
시청각자료	고	수동	제한적
면접	저	적극	제한적
관찰	고	수동	제한적
직업경험	고	적극	제한적
직업체험	고	적극	제한적

6 직업정보의 유형 중 미시적 정보에 해당하지 않는 것은?

① 구인 및 구직정보 ② 자격정보

③ 산업별 · 직종별 인력수급 현황 ④ 임금정보

해설 직업정보의 유형(성격에 따른 분류)
- ㉠ 미시적 정보 : 구인 및 구직정보, 자격정보, 훈련정보, 임금정보, 취업박람회 등
- ㉡ 거시적 정보 : 노동시장 동향, 산업별 · 직종별 인력수급 현황, 지역별 · 직종별 실업률, 미래 직업별 고용전망 등

2006년

7 다음 중 직업정보 수집 시 유의사항에 대한 설명으로 옳은 것은?

① 수집된 정보라 할지라도 항상 유효하지 않기 때문에 지속적인 정보의 보완이 필요하다.

② 자료의 출처와 저자, 발행연도를 반드시 명기하여야 하나, 수집자는 기입하지 않아도 된다.

③ 직업정보를 수집하기 위해서는 오려붙이기, 녹음, 재구성하기 등이 필요하다.

④ 우연히 발견한 것과 외부로부터 자료를 모아두는 것도 직업정보의 수집이다.

해설 직업정보 수집 시 유의사항
- ㉠ 목표를 명확히 설정한다.
- ㉡ 직업정보는 조직적이고 계획적으로 수집한다.
- ㉢ 필요한 정보를 적시에 제공받도록 한다.
- ㉣ 과거에 유용했던 정보도 시간이 지나면 가치가 변하므로 필요 없는 자료는 폐기한다.
- ㉤ 항상 최신의 자료가 되도록 새로운 정보를 지속적으로 보완한다.
- ㉥ 정리와 활용을 편리하게 할 수 있도록 녹음, 녹화, 사진 오려 붙이기 등 수집에 필요한 도구를 사용한다.
- ㉦ 자료의 출처와 저자, 발행연도, 수집자 및 수집일자 등을 기입한다.

8 다음 중 직업정보의 가공·분석 시 유의사항으로 옳지 않은 것은?

① 변화의 동향에 유의한다.

② 정보의 가공 및 분석 목적을 명확히 한다.

③ 다른 통계와의 관련성 및 여러 측면들을 고려한다.

④ 숫자로 표현할 수 없는 정보는 배제한다.

해설 직업정보 분석 시 유의사항

㉠ 정보의 분석 목적을 명확히 하며, 변화의 동향에 유의한다.

㉡ 동일한 직업정보라 할지라도 다각적이고 종합적인 분석을 시도하여 해석을 풍부히 한다.

㉢ 직업정보의 신뢰성, 객관성, 정확성, 효용성 등을 확보하기 위해 전문가나 전문적인 시각에서 분석한다.

㉣ 분석과 해석은 원자료의 생산일, 자료표집방법, 대상, 자료의 양 등을 검토하여야 한다.

㉤ 수집된 정보는 목적에 맞도록 분석하며, 수차례의 재검토 과정을 거쳐 객관성과 정확성을 갖춘 최신자료를 선정한다.

㉥ 수집된 정보는 필요도에 따라 선택하고 항목별로 분류하며, 오래되거나 불필요한 것은 버린다.

㉦ 다양한 정보를 충분히 검토하여 가장 효율적으로 검색·활용할 수 있는 방법으로 분류한다.

㉧ 각 정보는 입수 연월일, 제공처, 주제별, 활용대상별, 활용방법, 활용장소 등에 따라 분류하며, 그 내용을 명확히 한다.

㉨ 다른 통계와의 관련성 및 여러 측면을 고려하며, 숫자로 표현할 수 없는 정보라도 이를 삭제 혹은 배제하지 않는다.

㉩ 직업정보원과 제공원에 대하여 제시한다.

TIP 직업정보 가공 시 유의사항

㉠ 직업정보의 공유방법을 강구하는 과정이므로 이용자의 수준에 부합하는 언어로 가공한다. 즉 이용자가 전문적인 지식이 없어도 이해할 수 있도록 가공한다.

㉡ 정보의 생명력을 측정하여 활용방법을 선정하고 이용자에게 동기를 부여할 수 있도록 구상한다.

㉢ 가장 최신의 자료를 활용하되 표준화된 정보(예 : 한국직업사전, 한국표준직업분류, 한국표준산업분류 등)를 활용한다.

㉣ 직업에 대한 장단점을 편견 없이 제공한다.

㉤ 객관성을 잃은 정보나 문자, 어투는 삼간다.

㉥ 효율적인 정보제공을 위해 시각적(시청각) 효과를 부가한다.

㉦ 정보제공 방법에 적절한 형태로 제공한다.

9 다음 중 직업정보 제공에 대한 설명으로 옳은 것은?

① 모든 내담자에게 직업정보를 우선적으로 제공한다.

② 직업정보 제공은 상담의 초기단계에 이루어지며, 이 경우 내담자의 피드백은 고려하지 않는다.

③ 내담자가 속한 가족, 문화보다는 표준화된 정보를 우선적으로 고려하여 정보를 제공한다.

④ 직업상담사는 다양한 정보를 수집하기 위해 지속적으로 노력한다.

해설 직업정보 제공 시 유의점

ㄱ 직업정보는 이용자의 구미에 맞도록 생산되어야 하며, 이용자의 진로발달단계나 수준, 이용 목적 등을 고려하여 제공한다.

ㄴ 직업정보는 생산과정을 공개한다.

ㄷ 직업정보의 본래적 기능과 정보 활용의 효율성을 위해 내담자의 필요와 자발적 의사를 고려하여 직업정보를 제공한다.

ㄹ 상담자는 모든 형태의 자료에 구분을 두지 않은 채 다양한 정보를 수집 및 제공하기 위하여 지속적으로 노력해야 한다.

ㅁ 직업정보 제공 후 작업과 일에 대한 내담자의 태도 및 감정을 자유롭게 표현할 수 있도록 하며, 그에 대한 피드백을 상담에 효과적으로 활용한다.

ㅂ 내담자 개인은 물론 내담자의 직업선택에 영향을 미칠 수 있는 환경에 대해서도 충분히 고려하여 내담자의 흥미와 적성에 부합하는 직업정보를 제공한다.

ㅅ 전문용어 및 기술용어는 가급적 삼가며, 필요할 경우 용어에 대해 자세히 설명해야 한다. 특히 언어나 비속어를 사용해서는 안 된다.

ㅇ 직업정보는 개발년도를 명시하여 부적절한 과거의 직업 세계나 노동시장 정보가 구직자나 청소년에게 제공되지 않도록 하는 것이 바람직하다.

SECTION 02 직업정보 평가 및 환류

(1) 직업정보의 평가

① 직업정보의 일반적인 평가 기준(Hopock)
  ㉠ 언제 만들어진 것인가?
  ㉡ 어느 곳을 대상으로 한 것인가?
  ㉢ 누가 만든 것인가?
  ㉣ 어떤 목적으로 만든 것인가?
  ㉤ 자료를 어떤 방식으로 수집하고 제시했는가?

② 직업정보의 주요 평가 항목
  ㉠ 직업 관련 인쇄물은 이용자들의 읽기 수준에 부합하는가?
  ㉡ 직업정보의 내용은 직업정보 매체의 형식에 적합하도록 제시되는가?
  ㉢ 삽화와 그림은 이용자들의 성별, 연령별, 특성별로 접근하며, 질적 조건을 갖추고 있는가?
  ㉣ 인쇄매체의 발행일자가 명시되어 있으며, 자료들이 시간상 유효하고 정확한가?
  ㉤ 정보는 성별, 종교, 민족적 배경 또는 사회적 집단 등의 편견으로부터 자유로운가?
  ㉥ 정보는 다양한 조사방법들을 사용한 증거를 제시함으로써 신뢰성을 부여받고 있는가?
  ㉦ 정보는 인정받은 권위자나 조사연구들에 의해 타당성과 정당성을 부여받고 있는가?

③ 직업정보의 주요 평가 항목 : 미국 「진로정보매체의 준비와 평가를 위한 지침들(Guidelines for the Preparation and Evaluation of Career Information Media)」의 직업정보 평가 권고항목
  ㉠ 직업의 본질, 직업분야, 산업 및 그 중요성
  ㉡ 단일 직업에서 수행되는 일 또는 그 직업분야에 있어서의 직무의 다양성
  ㉢ 과제설정
  ㉣ 직업에서 가능한 개인적 보상
  ㉤ 입직 자격요건
  ㉥ 발전 가능성
  ㉦ 전망(장래 고용기회에 영향을 미칠 기술적 · 경제적 · 인구학적 요인들을 포함)
  ㉧ 관련 직업들
  ㉨ 자격면허 또는 조합원 자격과 전문가 집단
  ㉩ 성공을 위해 필요한 개인적 자격조건

④ 직업정보 평가(주제와 관련된 활자와 형식을 위한 평가)
  ㉠ 어휘 : 이용자들의 읽기수준에 맞게 쓰여져야 한다.
  ㉡ 형식 : 이용자에게 초점이 맞춰진 경우에 적합하다.
  ㉢ 삽화와 그림 : 인쇄매체는 체제가 산뜻하고, 전체적인 형식은 흥미를 끌 수 있어야 하며, 삽화는 자료의 효능을 높일 수 있을 만큼의 질적 조건을 갖추어야 한다.
  ㉣ 편견으로부터의 자유 : 정보는 편견, 즉 성별, 종교, 민족적 배경 또는 사회적 집단 등에서 추구하는 이기적 목적을 위한 선동적 행동으로부터 벗어나 있어야 한다.
  ㉤ 신뢰성 : 신뢰성 부여, 정당성
  ㉥ 타당성 : 직업정보의 타당성을 점검하는 기법을 활용해야 한다.
  ㉦ 예비심사 : 이용자들이 사용할 수 있는 간단한 자료를 시험적으로 심사해보는 것이다.
  ㉧ 평가 점검 항목 : 상식 수준에서 적용되어야 한다.
  ㉨ 이용자들의 평가 : 이용자들은 스스로 직업정보를 평가하는 법을 배워야 한다.

⑤ 직업정보의 평가 시 직업상담가의 유의점

직업정보 생산일자	직업정보물은 3년 이상된 자료라면 해당 직종의 과거 자료에 불과하다.
직업추이와 전망	노동시장의 추이는 영원히 지속되는 것이 아니라 수시로 변화하는 과정이다.
직업정보 자원인사의 대표성	다양한 직업 분야와 다양한 수준에서 종사하는 사람들의 목록을 만들어서 그들이 무슨 일을 하는 지에 관해 내담자들에게 기꺼이 말해주는 자원 인사를 파악한다.
직업정보분석가와 협업	직업상담가라고 전부 노동시장의 전문가는 아니기 때문에 내담자로 하여금 직업정보분석가와 면담할 수 있는 기회를 마련해 주는 것도 필요하다.

⑥ 앤드류스(Andrus)가 제시한 효용의 관점에 의한 직업정보의 평가

형태효용 (Form Utility)	정보의 형태가 의사결정자의 요구사항에 보다 더 근접하게 맞추어짐에 따라 정보의 가치는 증가한다.
시간효용 (Time Utility)	필요할 때 필요한 정보를 사용할 수 있다면 정보는 의사결정자에게 보다 더 큰 가치를 준다.
장소효용 (Place Utility)	정보에 쉽게 접근할 수 있거나 전달할 수 있다면 정보는 보다 큰 가치를 가지며, 온라인시스템은 시간과 장소효용 모두를 극대화한다.
소유효용 (Possession Utility)	정보소유자는 타인에게로의 정보전달을 통제함으로써 그것의 가치에 크게 영향을 준다.

(2) 직업정보의 인지에 대한 오류

① 직업정보인지에 대한 오류

　㉠ 인지편향

- 단순화된 정보처리 전략에 의해 초래되는 정신적 오류이다.
- 문화적 오류, 조직적 오류, 자기 자신의 사리사욕에서 비롯된 편향 등과 구별된다.

증거편향 (증거 평가의 편향)	• 보고 들은 것의 위력 • 생생하고 구체적이며 개인적인 정보는 추상적인 정보보다 더 많은 영향을 준다. • 증거의 부재, 일관성에 대한 반응
인과관계 인식의 편향	• 연결고리 만들어내기 • 사람들은 내적 요인의 역할을 과대평가하는 반면, 외적 요인의 역할을 과소평가한다.
확률추정의 편향	• 숫자의 함정 • 사람들은 가용성의 법칙에 따라 빈번히 일어나는 사건, 보다 상상하기 쉬운 것을 높이 평가한다. • 닻의 효과, 불확실성, 시나리오의 확률 평가, 기저율의 오류
사후편향	• "사실 알고 있었는데 까먹었다." • 사람들은 통상적으로 자신의 과거 판단을 과대평가하는데, 이는 후견지명으로 사건의 예측 가능성을 높이 평가하는 것이다.

　㉡ 습관

- 어림짐작의 기술(heuristics, 휴리스틱)에 의존한다.
- 어림짐작의 기술은 시간이나 정보가 불충분해서 합리적인 판단을 할 수 없거나, 굳이 체계적이고 합리적인 판단을 할 필요가 없는 상황에서도 그동안의 경험을 통해 나름대로 발견한 편리한 기준에 따라 신속하게 사용하는 기술이다.

집단추종	인간은 구체적이고 명확한 목적을 위해 발달한 타고난 능력이 집단추종을 갖고 있다.
손실회피	사람들은 대부분 이득을 얻기 위해서는 손실을 피하고자 노력한다.
현재 가치 선호	사람은 현재 이득에 대해 참을성이 없는 반면, 미래 이득에 대해서는 더 많은 인내심을 발휘한다.

(3) 직업정보 평가 결과 환류

① 분석적 측면 : 상담자는 직업정보 평가결과에 대하여 환류 이전에 재검토해야 한다.

다각적 시각	동일한 직업정보라 할지라도 다각적인 분석을 시도하여 해석을 풍부히 했는지 확인해야 한다.
전문적 시각	전문적 시각에서 분석·가공하여 정보 본래의 가치에 충실했는지 확인이 필요하다.
분석과 해석	정보생산자가 의도한 정보생산 목적에 부합한 분석과 해석이어야 한다.
직업정보원과 제공원	이용자가 분석된 자료에서 2차적인 정보를 얻기 원할 경우가 있으므로 직업정보원과 제공원을 분명히 밝혀야 한다.

② 가공적 측면

이용자의 수준	이용자가 이해할 수 있는 언어로 가공하여 가독성을 높여서 제공되었는지 평가결과를 확인하고 환류한다.
직업에 대한 장·단점을 편견 없이 제공	직업정보 가공 시에 객관적 자료에 의한 장·단점을 제시하여야 의사결정을 하는 데 도움을 줄 수 있다.
현황은 가장 최신의 자료를 활용하되, 표준화된 정보활용	직업정보의 생명은 가장 최신의 것이라야 한다.
객관성을 잃은 정보, 문장, 어투	직업정보 제공 시에는 가능한 한 객관적인 언어나 메시지로 전달되었는지를 평가하고 그 결과를 환류한다.
시청각의 효과	직업정보는 전문성으로 인하여 매우 딱딱하고 지루한 내용이 많으므로, 시청각 효과를 부여하여 이용자가 쉽게 접근할 수 있도록 구성한다.
정보 제공 방법의 적절성	직업정보의 전달매체는 이용자의 특성에 맞는 매체로서 제공되는 것이 효과적이다.

③ 가설과 검증의 환류

교육	상담자는 내담자의 직업정보 취향에 대한 분석 결과를 직업정보시스템에 환류함으로써 다른 상담자와 그 내용을 공유한다.
면접 결과 확인	상담자는 면접 결과지를 분석하여 그 결과를 환류함으로써 면담지를 수정·보완한다.
가설 수립	상담자는 가설 설정에서 나타난 오류를 직업정보시스템에 환류함으로써 그와 유사한 사례에 대해 의사결정 개입을 한다.
내담자와 직업정보의 적합성	상담자는 내담자의 특성별 직업정보의 형태와 내용의 적합성에 대하여 직업정보시스템에 환류한다.

2021년

1 직업정보의 일반적인 평가기준과 거리가 먼 것은?

① 어떤 목적으로 만든 것인가?

② 누가 만든 것인가?

③ 언제 만들어진 것인가?

④ 얼마나 비싼 정보인가?

해설 직업정보의 일반적인 평가기준(Hopock)
ㄱ 언제 만들어진 것인가?
ㄴ 어느 곳을 대상으로 한 것인가?
ㄷ 누가 만든 것인가?
ㄹ 어떤 목적으로 만든 것인가?
ㅁ 자료를 어떤 방식으로 수집하고 제시했는가?

2 다음 중 앤드류스(Andrus)가 제시한 정보의 효용에 해당하지 않는 것은?

① 형태효용   ② 시간효용

③ 통제효용   ④ 장소효용

해설 앤드류스(Andrus)가 제시한 정보의 효용

형태효용 (Form Utility)	정보의 형태가 의사결정자의 요구사항에 보다 더 근접하게 맞추어짐에 따라 정보의 가치는 증가한다.
시간효용 (Time Utility)	필요할 때 필요한 정보를 사용할 수 있다면 정보는 의사결정자에게 보다 더 큰 가치를 준다.
장소효용 (Place Utility)	정보에 쉽게 접근할 수 있거나 전달할 수 있다면 정보는 보다 큰 가치를 가지며, 온라인시스템은 시간과 장소효용 모두를 극대화한다.
소유효용 (Possession Utility)	정보소유자는 타인에게로의 정보전달을 통제함으로써 그것의 가치에 크게 영향을 준다.

3 다음 보기의 내용과 연관된 인지편향에 해당하는 것은?

> 사람들은 가용성의 법칙에 따라 빈번히 일어나는 사건, 보다 상상하기 쉬운 것을 높이 평가한다.

① 증거편향
② 확률 추정의편향
③ 인과관계 인식의 편향
④ 사후편향

해설 인지편향

ㄱ **증거편향** : 생생하고 구체적이며, 개인적인 정보가 추상적인 정보보다 더 많은 영향을 미친다는 것이다.

ㄴ **인간관계 인식의 편향** : 사람들이 내적 요인의 역할을 과대평가하는 반면, 외적 요인을 과소평가한다는 것이다.

ㄷ **사후편향** : 사람들이 후견지명으로 사건의 예측 가능성을 높이 평가한다는 것이다.

4 다음 보기의 확률 추정의 편향에서 설명하는 것은?

> 사람들은 판단을 내릴 때 단순화하고 직관적이고 무의식적으로 사용하는 한 가지 전략이 있다.

① 불확실성
② 시나리오의 확률 평가
③ 기저율의 오류
④ 닻의 효과

해설 확률추정의 편향
- ㉠ 불확실성 : 사람들은 자신이 보고자 기대하는 것을 보는 경향이 있다.
- ㉡ 시나리오의 확률 평가 : 대부분 사건이 일어나기 전에 기대되는 결과에 대한 시나리오를 작성하게 된다.
- ㉢ 기저율의 효과 : 자료가 인과관계를 설명하지 않는다는 이유로 무시되는 것이다.
- ㉣ 닻의 효과 : 사람들은 판단을 내릴 때 단순화하고 직관적이고 무의식적으로 사용하는 한 가지 전략이 있다.

5 **직업정보 평가 결과 환류를 위한 분석적 측면의 설명으로 틀린 것은?**

① 전문적인 시각에서 분석·가공하여 정보 본래의 가치에 충실했는지 확인이 필요하다.

② 분석과 해석은 원자료의 생산일, 자료표집방법, 대상 등을 면밀히 검토해야 한다.

③ 동일한 직업정보라면 단일분석을 해야 한다.

④ 직업정보원과 제공원을 제시해야 한다.

해설 분석적 측면의 평가
　　ⓐ 다각적 시각
　　ⓑ 전문적 시각
　　ⓒ 분석과 해석
　　ⓓ 직업정보원과 제공원

PART

04

노동시장

01 노동시장의 이해

출제경향

노동수요 · 노동공급의 기본 메커니즘 즉, 임금 변화에 따른 수요-공급 변화, 임금탄력성 개념 등이 반복 출제된다. 노동공급 감소 시 나타나는 현상, 임금체계 유형 같은 정형적인 노동시장 관련 문제가 지속적으로 출제되고 있음을 확인할 수 있다.

이외 임금체계, 임금격차, 노조효과 등의 용어 관련 정의와 판별형 문제가 자주 출제된다. 이중노동시장(1차/2차 노동시장), 실업 개념과 유형, 정책 연결과 관련한 까다로운 문제 역시 변별형문제로 다루어지고 있다.

학습방법

- 노동시장의 개념과 원리 이해하기
  노동수요와 노동공급, 임금탄력성, 임금결정 · 임금체계, 실업 유형의 정의와 제반조건, 결과 등을 이해해야 판별형 문제 해결이 가능하다.
- 노동시장의 특성과 구조 이해하기
  기출문제를 분석 결과 같은 개념이 표현만 바뀌어 재출제되는 경향이 있어, 기출문항을 주제별로 재분류해서 회독하는 것이 도움이 된다(노동수요/공급 · 임금 · 실업 · 노조/노사관계 · 이중노동시장).
- 반복 출제문항 오답노트 정리하기
  오답노트를 정리하여 헷갈리는 부분을 표로 정리하여 정확하게 이해할 필요가 있다. 예를 들어 연공급/직무급/직능급/성과급 등의 임금구조와 구조적/마찰적/계절적 실업 같은 실업이론, 1차/2차 노동시장 특징은 자주 출제되는 문항으로 표로 정리한다면 차이점을 이해하는데 도움이 된다.

출제 키워드

노동시장의 수요와 공급 이해, 노동시장의 종류와 특징, 임금의 재개념, 실업의 재개념, 노동조합과 영향

SECTION 01 노동의 수요

(1) 노동수요의 의의와 특징

① **노동수요의 의의** : 노동수요란 노동에 대한 수요는 일정기간 동안 기업들이 고용하고자 하는 노동의 양을 의미한다.

② **노동수요의 특징**
  ㉠ **유량(Flow)의 개념**
  - 노동수요는 일정기간 동안 기업에서 고용하고자 하는 노동의 양을 의미한다.
  - 노동의 수요는 일정시점이 아니라 일정기간 동안에 있어서의 노동력 이용 및 활용을 의미하므로 유량 (Flow)의 개념이다.
  ㉡ **파생수요(유발수요)**
  - 노동의 수요는 독립적인 수요가 아니고, 기업이 생산하는 상품이 시장에서 수요되는 것으로부터 파생 또는 유발되는 수요이다.
  - 기업에서 생산되는 상품이 시장에서 판매되는 정도, 재화시장에 있어서의 재화가격과 판매량에 의해 노동의 수요가 결정된다.
  ㉢ **결합수요**
  - 노동은 다른 생산요소와 공동으로 사용되므로 비용을 최소화시킬 수 있는 자본재와의 적정 결합률, 대체율, 기술수준과 자동화단계에 따른 제약 및 노동조합의 역할 등에 의해 영향을 받게 된다.
  - 노동의 수요는 그 자체에 대한 독립적인 수요만으로 이루어지는 것이 아니라, 다른 투입물(설비·기계)의 수요와 동시에 결합되어 이루어진다.

(2) 노동수요의 결정요인

① **노동의 가격(임금)** : 다른 조건이 변화하지 않을 때, 임금의 상승은 기업의 이윤을 감소시키고 기업이윤의 감소는 기업의 노동수요(고용량)를 감소시킬 것이다. 임금과 기업의 노동수요(고용량) 간에는 역의 관계가 성립한다.

② **상품에 대한 소비자의 수요 크기**
  ㉠ 자동차의 소비가 늘어났다면 추가적인 자동차 생산을 위해 노동투입을 증가해야 하므로 노동의 수요는 증가될 것이다.
  ㉡ 노동수요는 기본적으로 파생수요(유발수요)라는 특징을 갖고 있기 때문에 생산되는 상품에 대한 소비자의 수요의 크기가 노동수요에 영향을 준다.

③ 다른 생산요소의 가격

　㉠ 장기노동수요곡선의 도출에서 자본량의 변화가 한계생산물가치곡선을 이동시켜 노동수요를 변화시켰듯이, 자본량의 변화는 자본재 가격의 변화에 따라 이루어지기 때문에 다른 생산요소의 가격이 노동수요에 미치게 된다.

　㉡ 자본서비스의 가격 즉, 이자율이 상승하면 기업들은 자본 대신에 노동을 더 이용하려고 할 것이기 때문에 노동에 대한 수요는 증가 될 것이라고 예상할 수 있다.

④ 노동생산성의 변화나 생산기술방식의 변화

　㉠ 기업은 노동생산성이 높은 근로자를 더 많이 수요할 것이다. 생산기술의 향상은 기업으로 하여금 주어진 생산량을 보다 적은 생산요소의 투입으로 생산할 수 있게 하므로 노동수요를 감소시킬 수 있다.

　㉡ 생산기술의 향상은 생산비용을 줄여 상품가격을 하락시킬 수 있고, 보다 저렴해진 상품을 소비자들이 더 구입함에 따라 기업이윤이 증대되어 노동수요가 증가될 수 있다.

　㉢ 생산기술의 향상으로 고용감소효과가 클지, 아니면 고용창출효과가 클지는 실증적인 문제이며, 이론에 의해 예측될 수 있는 문제는 아니다.

⑤ 노동시장에 작용하는 기업의 수 : 노동수요는 시장에 참여하는 개별기업의 노동수요에서 창출되므로, 노동시장이 경쟁적인 경우와 노동시장에 단 하나의 노동수요자(독점기업)만 있는 극단적인 경우 기업의 노동수요는 큰 차이가 있을 것이다.

(3) 노동의 수요곡선

① 노동시장에서의 단기와 장기

　㉠ 단기란 고정요소가 존재하는 짧은 기간을 의미하고, 장기는 모든 생산요소가 가변요소가 될 정도로 충분히 긴 기간을 의미한다.

　㉡ 장기에 있어서는 공장건물이나 시설을 증가시키거나 새로운 기계를 투입할 수 있으므로 가변요소인 자본의 변화가 노동수요에 미치는 영향을 고려해야 한다.

② 노동의 한계생산물과 평균생산물

　㉠ 평균생산물(APL : Average Product of Labor) : 평균생산물이란 총생산량을 노동투입량으로 나눈 값으로, 노동 한 단위당의 평균적인 생산물을 의미하며, 평균생산물은 한계생산물이 극대점을 지난 이후에도 계속적으로 증가된다.

　㉡ 한계생산물(MPL : Marginal Product of Labor) : 한계생산물이란 노동의 투입이 한 단위 증가함에 따라 얻어지는 총생산량의 증가분을 의미하며, 한계생산물은 극대에 도달한 이후에는 계속적으로 감소한다.

　㉢ 기업의 이윤극대화 조건 : 이윤극대화를 추구하는 기업은 한계생산물이 계속적으로 감소(한계생산물체감의 법칙)하는 Lo 이후에서 고용을 결정한다.

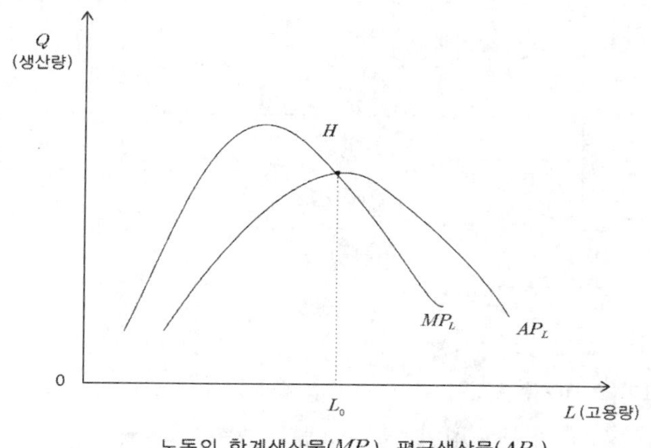

노동의 한계생산물(MP_L), 평균생산물(AP_L)

③ **노동의 한계생산물가치곡선(VMPL)**

　㉠ 노동의 한계생산물가치란 노동을 한 단위 더 추가로 고용하므로 얻을 수 있는 총수입의 증가분을 의미한다.

　㉡ 노동의 한계생산물가치곡선(VMPL) = 상품가격(P) × 노동의 한계생산물(MPL)

　㉢ 완전경쟁시장에서는 상품(재화)의 시장가격은 일정하고 근로자 수가 증가함에 따라 노동의 한계생산물이 체감하므로 한계생산물가치곡선도 체감하게 된다.

　㉣ 한계생산물 체감의 법칙에 따라 노동수요곡선은 우하향한다.

　㉤ 기업의 이윤극대화를 위한 조건 : 기업은 노동 한 단위를 추가로 고용할 때 투입되는 비용의 증가분(임금)과 수입의 증가분(노동의 한계생산가치) 크기를 비교하여 고용량을 결정한다.

(4) 노동수요의 탄력성

① **노동수요 탄력성의 개념**

　㉠ 노동에 대한 수요량, 즉 고용량은 노동의 가격인 임금의 변화에 따라 변화하게 된다.

　㉡ 노동에 대한 수요가 임금의 변화에 대해 얼마나 민감하게 반응하는가를 측정하는 도구로서 노동수요의 탄력성이라는 개념을 사용하게 되는데, 이는 결국 1%의 임금상승에 대하여 노동수요가 몇 % 감소하는가를 나타내는 것이다.

　㉢ 즉, 노동수요의 탄력성은 수요량의 변화율을 임금의 변화율로 나누어 그 절댓값을 취한 것이다.

　㉣ 노동수요의 탄력성값이 1보다 크면 탄력적, 그리고 1보다 작으면 비탄력적이라고 부른다.

　㉤ 노동수요의 탄력성 = 노동수요량의 변화율(%) / 임금의 변화율(%)

노동수요 탄력성의 크기	의미	노동수요곡선 형태
$\varepsilon = \infty$	완전 탄력적	수평선
$\varepsilon \rangle 1$	탄력적	완만한 우하향
$\varepsilon = 1$	단위 탄력적	직각 쌍곡선
$\varepsilon \langle 1$	비탄력적	가파른 우하향
$\varepsilon = 0$	완전 탄력적	수직선

② 노동수요의 탄력성에 영향을 미치는 요인(힉스-마샬 법칙)

㉠ 생산물에 대한 소비자 수요의 탄력성이 클수록 탄력성은 커진다.

㉡ 총생산비에 대한 노동비용이 차지하는 비중이 클수록 탄력성은 커진다.

㉢ 노동 이외의 다른 생산요소로의 대체가능성이 클수록 탄력성은 커진다.

㉣ 노동 이외의 다른 생산요소의 공급탄력성이 클수록 탄력성은 커진다.

2023년

1 기업에서 단기노동수요를 증가시키는 요인으로 가장 적합한 것은?

① 상품 수요의 증가

② 실업의 감소

③ 노동생산성의 체감

④ 고용보험료의 인상

해설 기업의 노동수요를 결정하는 요인

㉠ <u>노동의 수요량은 노동의 가격(임금)에 의해 영향을 받는다.</u> 임금이 하락하면 기업은 더 많은 노동을 고용하려 하고, 반대로 임금이 상승하면 고용을 줄이게 된다. 따라서 노동수요곡선은 우하향하는 형태를 가지며, 이러한 변화는 노동수요곡선 위에서의 이동, 즉 수요량의 변화로 나타난다. 한편, 임금 이외의 다른 요인에 의한 변화는 노동수요곡선 자체의 이동, 즉 수요의 변화라고 한다.

㉡ <u>노동의 수요는 다른 생산요소(자본)의 가격에 의해 영향을 받는다.</u> 자본의 가격인 이자율이 상승하면 자본 사용이 비싸지므로 기업은 상대적으로 저렴해진 노동을 더 많이 고용하게 된다. 이 경우 노동수요곡선은 우측으로 이동한다.

㉢ <u>노동의 수요는 소비자의 수요의 크기에도 영향을 받는다.</u> 노동은 생산물의 수요로부터 파생되는 파생수요(derived demand)이므로, 소비자의 상품 수요가 증가하면 상품 가격이 상승하고, 생산을 늘리기 위해 노동의 수요도 증가하게 된다. 따라서 노동수요곡선은 우측으로 이동한다.

㉣ <u>노동의 수요는 노동생산성의 변화나 생산기술의 변화에도 영향을 받는다.</u> 새로운 기술이 도입되어 노동의 생산성이 향상되면 노동의 한계생산물 가치가 증가하고, 그 결과 노동수요곡선은 우측으로 이동하게 된다.

ANSWER 1.①

2023년

2 **노동수요를 결정하는 요인과 가장 거리가 먼 것은?**

① 개인의 여가에 대한 태도

② 시장임금의 크기

③ 자본서비스의 가격

④ 노동을 이용하여 생산된 상품에 대한 소비자의 수요

해설 ① 개인의 여가에 대한 태도는 노동공급을 결정하는 요인 중 하나이다.

2024년 2023년

3 **노동과 자본만이 생산요소이고 두 생산요소가 서로 보완재인 경우, 자본의 가격이 하락할 때 노동수요의 변화를 나타낸 그래프는?**

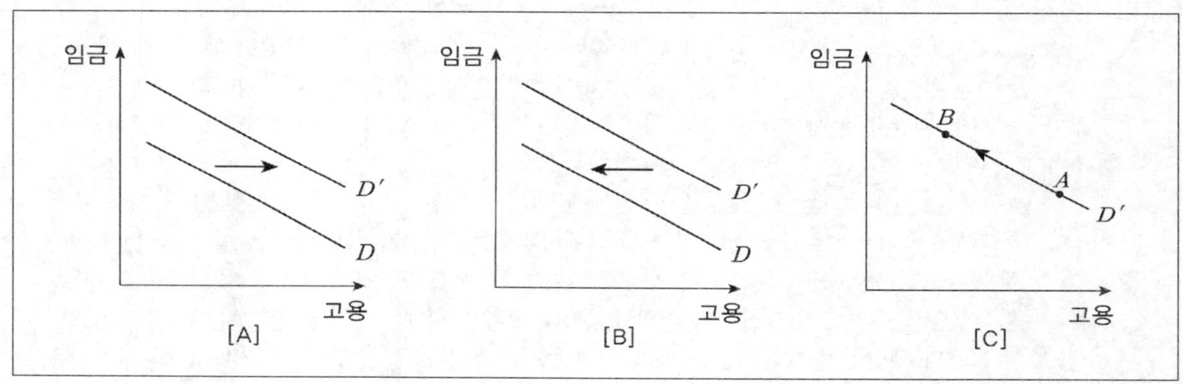

① 그래프 − A

② 그래프 − B

③ 그래프 − C

④ 그래프 − A, B, C

해설 ① 노동과 자본만이 생산요소이고 두 생산요소가 서로 보완재일 때, 자본의 가격이 하락하면 자본수요량을 늘리고 그러면 보완재인 노동수요도 증가하므로 노동수요곡선이 우측으로 이동하는 그래프 [A]이다.

4 **생산요소인 노동의 수요곡선을 이동(shift)시키는 요인이 아닌 것은?**

① 임금의 변화

② 노동을 투입하여 생산한 생산물의 가격변화

③ 노동생산성의 변화

④ 자본의 생산성 변화

해설 ① 임금이 상승하면 노동수요량이 감소하고 임금이 하락하면 노동수요량이 증가한다.

TIP 노동의 수요곡선을 이동(shift)시키는 요인

㉠ 노동을 투입하여 생산한 생산물의 가격 변화 : 생산물의 가격이 상승하면 노동수요가 증가하고 생산물의 가격이 하락하면 노동수요가 감소한다.

㉡ 노동생산성의 변화 : 기술진보로 노동의 한계생산성이 증가할 경우, 노동수요가 증가한다.

㉢ 자본의 생산성 변화 : 기업이 노동과 자본을 같이 사용할 때 자본의 생산성이 높아져 자본수요를 늘려 자본을 많이 사용하면 같이 사용되는 노동의 생산성이 높아지고, 노동의 수요도 증가하게 된다.

㉣ 다른 요소의 가격 변화 : 다른 요소의 가격이 상승하면 노동수요가 증가한다.

㉤ 노동생산성의 변화나 생산기술의 변화 : 새로운 기술의 발명으로 노동의 생산성이 향상되면 노동의 한계생산물가치가 상승하여 노동의 수요곡선은 우측으로 이동한다.

5 **경쟁시장에서 아이스크림 가게를 운영하는 A씨는 5명을 고용하여 1개당 2,000원에 판매하고 있으며, 시간당 12,000원을 임금으로 지급하면서 이윤을 극대화하고 있다. 만일 아이스크림 가격이 3,000원으로 오른다면 현재의 고용수준에서 노동의 한계생산물가치는 시간당 얼마이며, 이때 A씨는 노동의 투입량을 어떻게 변화시킬까?**

① 9,000원, 증가시킨다.

② 18,000원, 증가시킨다.

③ 9,000원, 감소시킨다.

④ 18,000원, 감소시킨다.

해설 ② 모든 시장이 완전경쟁시장일 때 노동수요의 이윤극대화 조건은 <u>한계생산물가치(생산물가격×노동의한계생산물)＝임금</u>이다. 아이스크림의 가격이 2,000원이고 임금이 12,000원이므로 노동의 한계생산물은 6이라는 것을 알 수 있다. 이때 아이스크림의 가격이 3,000원으로 오른다면 한계생산물가치는 18,000원이 된다. 즉, 한계생산물가치(노동수요곡선)가 증가했으므로 현재보다 노동수요량을 증가시킬 것이다.

ANSWER 2.① 3.① 4.① 5.②

6 생산물시장과 노동시장이 완전경쟁이고, A 기업의 시간당 임금은 3,000원이다. A 기업에서 생산된 제품의 가격은 500원이고, 현 고용수준에서 최종적으로 고용된 근로자가 생산하는 제품의 수는 시간당 5개라 할 때 A 기업의 이윤극대화를 위한 고용수준의 결정은?

① 고용량을 감소시킬 것이다.

② 고용량을 증대시킬 것이다.

③ 고용량을 현 수준에서 동결시킬 것이다.

④ 기업의 이윤극대화는 고용량과는 관련이 없다.

해설 ① 기업의 <u>노동수요의 이윤극대화 조건은 한계수입생산(MRP)＝한계요소비용(MFC)이다.</u> 생산물시장이 완전경쟁시장인 경우, 상품가격(P)은 일정하므로 한계수입(MR)은 상품가격과 같아진다. 따라서 한계수입생산(MR×MP)은 한계생산물가치(VMP＝P×MP)로 표현할 수 있다.

　　또한 노동시장이 완전경쟁시장일 때는 임금(W)이 일정하므로, 한계요소비용(MFC)은 임금(W)과 동일하다. 따라서 이윤극대화 조건은 다음과 같이 정리된다. P×MP＝W

　⑦ 문제의 상황에서 임금(W)＝3,000원, 생산물 가격(P)＝500원, 노동의 한계생산물(MP)＝5이므로, 한계생산물가치(VMP)＝500×5＝2,500원으로 계산된다.

　ⓒ 이때 한계생산물가치(VMP)가 임금(W)보다 작으므로 2,500<3,000이며, 기업은 노동을 과잉 고용하고 있는 상태이다.

　ⓒ 따라서 이윤을 극대화하기 위해서는 현재보다 고용을 감소시켜야 한다.

7 독점 상품시장과 완전경쟁 노동시장에서 기업의 균형 고용 조건은?

① 임금과 총수입이 일치한다.　　　　　　　② 임금과 총비용이 일치한다.

③ 임금과 한계수입생산이 일치한다.　　　　④ 임금과 한계생산물가치가 일치한다.

해설 ③ 기업의 노동수요의 이윤극대화 조건은 한계수입생산(MR×MP)＝한계요소비용(MFC)이다. 상품시장에서 기업이 완전경쟁기업일 경우, 상품가격(P)이 일정하므로 한계수입(MR)은 상품가격과 같아진다. 따라서 MR×MP＝P×MP이 되어, 한계수입생산(MRP)과 한계생산물가치(VMP)가 일치한다.

　⑦ 반면, 기업이 독점기업이라면 생산량을 늘릴수록 상품가격(P)이 하락하기 때문에 한계수입(MR)은 가격보다 작아진다. 따라서 독점기업의 경우에는 MR×MP<P×MP가 되어, 한계수입생산(MRP)과 한계생산물가치(VMP)가 서로 다르게 나타난다. 또한, 한계요소비용(MFC)은 노동 한 단위를 추가로 고용할 때 증가하는 비용을 의미한다.

　ⓒ 노동시장이 완전경쟁시장일 경우 임금(W)은 일정하므로, MFC＝W가 된다. 따라서 상품시장이 독점이더라도, 노동시장이 완전경쟁이라면 기업의 노동수요는 한계수입생산(MRP)이 임금(W)과 일치하는 지점에서 결정된다.

8 **완전경쟁기업의 단기 노동수요곡선은 다음 중 어느 곡선의 일부인가?**

① 평균수입(AR) 곡선

② 한계수입(MR) 곡선

③ 평균수입생산물(ARP) 곡선

④ 한계생산물가치(VMP) 곡선

해설　④ 완전경쟁기업의 노동수요곡선은 한계수입생산(MRP) 혹은 한계생산물가치(VMP) 곡선이다.

TIP 노동의 한계생산물가치 곡선

㉠ 노동 투입이 한 단위 증가할 때 총생산량이 얼마나 증가하는가를 나타내는 값이다.
　그리고 이로 인해 기업이 얻을 수 있는 총수입의 증가분을 노동의 한계생산물가치(Value of Marginal Product of Labor, VMP)라고 한다.

㉡ 완전경쟁시장에서 기업은 시장에서 형성된 생산물 가격(P)을 그대로 받아들이는 가격수용자이다. 따라서 기업은 추가적인 노동 고용으로 인한 노동의 한계생산량(MP)과 시장가격(P)을 곱하여, 모든 노동 고용 수준에서의 노동의 한계생산물가치($VMP = P \times MP$)를 계산할 수 있다.

㉢ 단기 생산함수에서 노동 투입이 증가함에 따라 한계생산량이 점차 체감하는 모습을 보인다. 그 결과 한계생산물가치(VMP)도 점차 감소하며 우하향 곡선의 형태를 가지게 된다. 이 한계생산물가치 곡선이 바로 기업의 단기 노동수요곡선을 나타낸다.

9 **한계수입생산물(marginal revenue product)은?**

① 한계수입 × 한계생산물

② 한계수입 × 생산물가격

③ 총수입 × 한계생산물

④ 한계수입 × 생산량

해설　① 한계수입생산물이란 기업이 노동자 1명 추가로 고용했을 때 발생하는 총수입의 증가분으로 기업의 한계수입과 한계생산물을 곱한 값으로 계산된다.

ANSWER　6.①　7.③　8.④　9.①

10 최저임금이 적용되는 근로자의 총소득이 최저임금 인상으로 증가되었을 경우 노동수요의 임금탄력성은?

① 탄력적임　　　　　　　　　　　　② 비탄력적임

③ 단위탄력적임　　　　　　　　　　④ 불확실함

> **해설**　② 임금 하락 시 고용이 줄어들더라도, 노동수요의 임금탄력성이 1보다 작은 비탄력적 상태라면 노동자의 총소득은 증가한다.

2024년

11 노동의 준고정비용의 증가가 기업의 고용수준과 소속근로자의 초과근로시간에 미치는 효과는?

① 고용수준은 증가하지만 초과근로시간은 감소한다.

② 고용수준은 감소하지만 초과근로시간은 증가한다.

③ 고용수준과 초과근로시간은 모두 증가한다.

④ 고용수준과 초과근로시간은 모두 감소한다.

> **해설**　② 노동의 준고정비용(예 : 후생복지 비용, 교육훈련비 등)이 증가하면 기업 입장에서는 불리한 충격이므로 노동수요의 감소로 인해 고용수준이 감소하게 된다. 반면 일시적인 수요 증가가 발생하더라도 기업은 새로운 노동자를 채용하기보다 기존 근로자의 활용도를 높이는 방식을 택하는 경향이 있다. 이로 인해 초과근로시간이 증가하게 되며, 이는 단기적으로 노동공급의 유연성을 확보하기 위한 기업의 대응 형태로 해석할 수 있다.

TIP 준고정비용

㉠ 사용자는 근로자의 근로시간 자체가 아닌 근로자 수와 관련된 비용을 부담하게 된다. 이러한 비용은 근로시간 단축 등으로 쉽게 줄일 수 있는 가변비용과는 달리, 삭감이 어렵고 일정 기간 동안 고정적으로 발생하는 준고정비용의 성격을 가진다.

㉡ 준고정비용은 일반적으로 두 가지 범주로 구분된다. 첫째, 근로자에 대한 투자에 해당하는 비용으로, 여기에는 근로자의 채용비용, 직무훈련비용, 그리고 고용관계 종결 시 발생하는 비용 등이 포함된다. 둘째, 부가급여 항목으로, 이는 직접적인 임금이나 급여 외에 기업이 부담하는 건강보험, 퇴직연금(퇴직금), 유급휴가, 교육훈련비, 사회보장지급 등과 같은 비임금성 보상을 의미한다. 이러한 준고정비용은 단기적으로 조정이 어렵기 때문에, 기업의 노동수요 결정 및 고용 안정성에 중요한 영향을 미친다.

㉢ 비임금노동비용 중 준고정비용이 높을수록 기업은 신규채용보다 기존 근로자의 초과근로 확대를 선호하게 된다.

㉣ 준고정비용이 높아지면 기업은 고용을 줄이고, 대신 기존 근로자의 근로시간을 늘리는 방향으로 대응한다.

12 단시간근로자(파트타임근로자)에 대한 의료보험 가입을 법적으로 강제할 경우 발생하는 경제적 효과로 옳은 것은?

① 단시간근로자의 고용 증가와 전일제근무자의 초과근로시간 증가
② 단시간근로자의 고용 증가와 전일제근무자의 초과근로시간 감소
③ 단시간근로자의 고용 감소와 전일제근무자의 초과근로시간 증가
④ 단시간근로자의 고용 감소와 전일제근무자의 초과근로시간 감소

해설 ③ 단시간근로자(파트타임근로자)에 대한 의료보험 가입 의무화는 기업 입장에서 고용비용 상승을 초래한다. 이는 준고정비용 증가와 동일한 효과를 가져오므로, 기업은 단시간근로자 고용을 줄이려는 경향을 보이게 된다. 그 결과 단시간근로자의 고용수준은 감소하게 된다. 한편, 기업은 늘어난 비용 부담을 회피하기 위해 기존 전일제 근로자의 초과근로시간을 확대함으로써 생산량을 조정하려는 경향이 있다. 따라서 단기적으로는 파트타임 고용 감소와 풀타임 근로자의 근로시간 증가가 동시에 나타날 가능성이 높다.

13 다음 중 노동수요탄력성의 크기에 영향을 미치는 요인과 가장 거리가 먼 것은?

① 생산물 수요의 가격탄력성 크기
② 총비용에서 노동이 차지하는 비중
③ 다른 생산요소로 대체 용이성
④ 대체생산요소의 수요탄력성

해설 ④ 대체생산요소의 수요탄력성이 아니라 공급탄력성으로 인해 영향을 받는다. 대체생산요소의 공급탄력성이 클수록 노동수요탄력성의 크기도 커지게 된다.

TIP 노동수요의 탄력성을 결정하는 요인

㉠ 생산물의 수요탄력성이 클수록 노동수요의 탄력성도 커진다.
㉡ 총생산비에 대한 노동비용의 비중이 클수록 노동수요의 탄력성도 커진다.
㉢ 재화생산에 사용되는 다른 생산요소와의 대체가능성이 클수록 노동수요의 탄력성도 커진다.
㉣ 재화생산에 사용되는 다른 생산요소와의 공급탄력성이 클수록 노동수요의 탄력성도 커진다.
㉤ 노동의 한계생산성이 완만하게 감소할수록 노동수요의 탄력성은 커진다.

ANSWER 10.② 11.② 12.③ 13.④

14 장·단기 노동수요의 탄력성에 관한 설명으로 옳은 것은?

① 장기가 단기에 비해 더욱 탄력적이다.

② 장기가 단기에 비해 더욱 비탄력적이다.

③ 장기와 단기의 탄력성은 같다.

④ 노동공급곡선의 탄력성과 비교해야 알 수가 있다.

해설 ① 단기보다 장기에서는 기업이 조정할 수 있는 생산요소의 범위가 확대된다. 특히 노동 이외의 요소인 자본설비와의 대체가능성이 커지므로, 장기에서는 노동수요의 임금탄력성이 단기에 비해 더욱 커지게 된다. 즉, 장기적으로는 임금 변화에 대해 노동수요가 더 민감하게 반응(탄력적)한다.

TIP 장·단기 노동수요의 탄력성

㉠ 단기란 기업이 생산량을 늘리기 위해 생산요소의 투입을 조정하고자 할 때, 그중 일부 생산요소(예 : 자본, 토지 등)는 단기간 내에 변경할 수 없는 고정요소로 존재하는 기간을 의미한다. 따라서 단기에서는 노동과 같은 일부 요소만이 가변적으로 조정된다. 반면, 장기는 생산량을 조정하기 위해 모든 생산요소의 투입 수준을 자유롭게 변경할 수 있는 기간을 의미한다. 즉, 장기에서는 모든 생산요소가 가변요소로 간주된다.

㉡ 장기에는 기업이 노동뿐만 아니라 자본의 투입량도 자유롭게 조정할 수 있으므로, 자본과 노동 간의 투입비율을 최적화함으로써 최대 산출물을 달성하려 한다. 예를 들어, 만약 어떤 기업에서 1원당 노동의 한계생산이 1원당 자본의 한계생산보다 작은 경우, 기업은 노동의 투입을 줄이거나 자본 투입을 늘리는 방향으로 조정함으로써 한계생산물가치를 균등화하고 이윤을 극대화할 수 있다. 결과적으로, 장기에서는 기업이 자본과 노동 간의 대체가 가능하기 때문에 노동의 한계생산물가치 변화에 대한 조정 여지가 커지고, 이에 따라 장기 노동수요는 단기 노동수요보다 더 탄력적으로 나타난다.

15 임금이 10% 상승할 때 노동수요량이 20% 하락했다면 노동수요의 탄력성 값은?

① −0.5 ② 0.5

③ −2.0 ④ 2.0

해설 ④ 노동수요의 임금탄력성은 임금 1%의 증가에 의해 유발되는 고용의 변화율을 갈하는 것으로서, 노동수요의 (임금)탄력성은 노동수요량의 변화율(%)/임금의 변화율(%)이다.
임금이 10% 상승(+10%)할 때 노동수요량이 20% 하락(−20%)하였으므로, 노동수요의 탄력성=−20(%)/10%=−2.0
단, 노동수요의 탄력성은 절댓값 개념을 사용하므로 2.0에 해당한다.

16 외국인 노동자들의 모든 근로가 합법화되었을 때 외국인 노동수요의 임금탄력성이 0.6이고 임금이 15% 상승하면, 외국인 노동자들에 대한 수요는 몇% 감소하는가?

① 6% ② 9%

③ 12% ④ 15%

해설 ② 노동수요의 (임금)탄력성은 노동수요량의 변화율(%)/임금의 변화율(%)이다. 즉, 0.6=x/15%이며, x=0.6×15%=9%이다.

SECTION 02 노동의 공급

(1) 노동공급의 의의와 특징

① **노동공급의 의의**
　　㉠ 노동의 공급은 일정기간 동안 노동자가 팔기를 원하는 노동의 양이다. 따라서 노동공급 또한 유량 (Flow)의 개념이다.
　　㉡ 노동자는 고용계약에 의해 임금이라는 대가를 받고 노동력 또는 노동서비스를 제공한다. 노동에 대한 수요는 임금의 함수이며, 노동에 대한 공급도 역시 임금의 크기에 따라 큰 영향을 받는다.

② **노동공급의 특징**
　　㉠ 노동력의 경우에는 노동자로부터 생성되는 노동서비스만을 매매하는 것이기 때문에 일반 재화의 경우와 는 다르다.
　　㉡ 노동력의 제공은 작업현장에서 이루어진다.
　　㉢ 노동력은 저장이 불가능하다.
　　㉣ 노동자는 대부분의 경우 교섭상 불리한 위치에 처하게 된다. 이를 보완할 수 있는 수단이 노동조합의 구성이다.

(2) 노동공급의 결정요인

① **임금** : 여타의 조건이 동일하다면 근로자의 임금이 상승하면 노동공급은 증가한다. 그러므로, 임금과 근로 자의 노동공급은 정(+)의 관계가 성립한다.

② **인구 또는 생산가능인구의 크기** : 다른 조건이 동일하다면 인구의 크기가 클수록 노동공급은 커질 것이다. 또한 생산가능인구인 만 15세 이상 인구의 비율이 높을수록, 또는 고령자의 비율이 낮을수록 노동공급은 커진다.

③ **경제활동참가율** : 경제활동참가율이란 경제활동인구를 생산가능인구로 나눈 값을 말하는 것으로 생산가능인 구에서 차지하는 경제활동인구의 비율을 말한다. 경제활동참가율의 크기에 영향을 미치는 요인으로는 산업 구조, 청소년의 진학률, 여성의 취업에 대한 사회의 인식, 여성의 결혼연령, 자녀의 수, 육아시설의 보급률 등의 사회경제적 요인을 들 수 있다.

④ **노동시간** : 노동시장에 참여하는 노동자의 수가 같더라도 노동시간의 길이에 따라 실제 현장에 공급되는 노 동력의 크기는 달라진다. 노동시간에 영향을 미치는 요인으로는 산업구조, 노동관행, 소득수준, 노동조합의 존재 여부 등을 들 수 있다.

⑤ 노동력의 질 : 실제로 노동력은 동질적이지 않다. 노동자들의 지식, 기능, 숙련도, 열정 등에 차이가 있으면 노동의 결과에는 현저한 차이가 난다. 따라서 노동시간의 길이에 못지 않게 노동력의 질도 노동공급에 중요한 영향을 미친다.

(3) 노동의 공급곡선

① 경제활동에 참가할 의사를 지니게 되면 근로자는 본인이 제공할 노동의 양을 결정하게 된다. 이러한 선택은 주로 임금에 의해 결정되는 것이 일반적이다.

② 임금이 노동시간에 미치는 효과

　㉠ 대체효과
- 근로선호, 고임금이 존재하지 않을 경우
- 임금이 상승하게 되면 여가에 활용하는 시간이 상대적으로 비싸져, 노동자는 상대적으로 비싸진 여가시간을 활용하는 대신에 근로를 선호하게 되어 노동공급이 증가하는 효과를 말한다.

　㉡ 소득효과
- 여가선호, 일반적으로 선진국에서 발생, 고임금이 존재할 경우
- 일정수준 이상에서 임금이 상승할 경우 부유해진 노동자는 노동에 투입하려는 시간보다는 여가를 더 선호하려는 경향을 가지고 있으므로 여가시간은 늘고, 노동공급은 감소하는 효과를 말한다.

　㉢ 후방굴절 노동공급곡선
- 노동공급곡선이 '뒤쪽으로 구부러지는 공급곡선', 후방굴절 노동공급곡선의 형태를 말한다.
- 임금수준이 이미 높은 수준에 있는 선진자본주의 국가의 고소득층의 경우에는 임금상승이 있으면 소득효과가 대체효과를 압도함으로써 오히려 여가소비가 증가하고 노동공급이 감소하는 현상이 나타난다.
- 일정수준 이상에서 임금의 상승은 부유해진 근로자로 하여금 여가를 선호하게 하여 여가를 늘리고 노동공급을 감소하게 만든다.

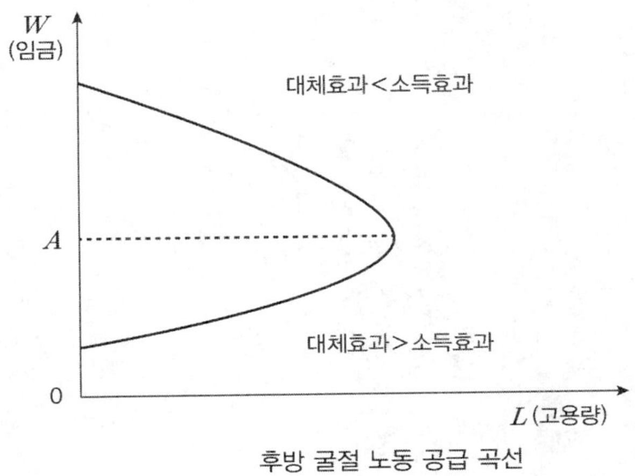

후방 굴절 노동 공급 곡선

⑷ 노동공급의 탄력성

① **노동공급 탄력성의 개념** : 임금의 변화에 대한 공급량의 변화 정도를 노동공급의 탄력성이라고 한다. 노동공급의 탄력성은 임금이 상승할 경우 노동공급 역시 증가하므로 항상 양의 값을 가지게 된다. 노동공급의 탄력성은 노동공급의 변화율을 임금의 변화률로 나눈 값이다. 일반적으로 노동공급의 탄력성값이 1보다 크면 탄력적이라고 하며, 탄력성값이 1보다 작으면 비탄력적이라고 한다.

② **노동공급의 탄력성 공식**

$$\text{노동공급의 탄력성} = \text{노동공급량의 변화율(\%)} \ / \ \text{임금의 변화율(\%)}$$

2024년 2023년

1 우리나라의 생산 가능인구는 만 몇 세 이상인가?

① 14세   ② 15세

③ 16세   ④ 17세

해설 ② 생산가능인구란 만 15세 이상의 인구를 말한다. 단, 군복무자나 교도소 수감자 등은 제외한다.

2024년

2 비경제활동인구에 포함되지 않는 사람은?

① 일기불순이나 노동재해 등의 이유로 인한 일시휴직자

② 가사를 돌보는 가정주부

③ 초 · 중 · 고등학교에 재학중인 학생

④ 심신장애자

해설 ① 일기불순이나 노동재해 등의 이유로 인한 일시휴직자는 취업자로서 경제활동인구에 포함된다.

TIP 비경제활동인구

㉠ 조사대상기간(최근 4주일) 동안 무직 상태이면서 구직활동을 하지 않았거나, 설령 일할 의사가 있더라도 즉시 취업이 불가능한 사람을 말한다. 즉, 경제활동에 참여하지 않는 학생, 가사, 은퇴자, 구직단념자 등이 이에 해당한다.

㉡ 구체적으로는 아르바이트 없이 학교만 다닌 학생, 가사 노동만 하는 가정주부, 일을 할 수 없는 노약자 및 장애인, 자발적으로 수입을 목적으로 하지 않고 자선사업 및 종교단체에 관여하는 자 등이다.

ANSWER 1.②   2.①

3 **기혼여성의 경제활동참가율을 높이는 요인과 가장 거리가 먼 것은?**

① 가사노동 대체비용의 하락 　　　　② 남편의 소득증가

③ 출산율 저하 　　　　　　　　　　④ 시간제 근무 기회확대

해설 ② 남편의 소득이 증가하면 오히려 기혼여성의 경제활동참가율을 낮춘다.

TIP 기혼여성의 경제활동참가를 결정하는 요인

㉠ 남녀고용평등법과 같이 여성의 직업생활을 보호하고 지원하는 법과 제도가 강화될수록 기혼여성의 경제활동참가율은 높아진다.

㉡ 사회나 기업의 문화가 보수적일수록 여성의 직업활동에 대한 사회적 제약이 커져 기혼여성의 경제활동참가율은 낮아지는 경향이 있다.

㉢ 배우자가 경제활동을 하거나 그 소득이 높을수록 가계의 소득보완 필요성이 줄어들어, 기혼여성의 경제활동참가율은 낮아진다.

㉣ 자녀의 수가 많을수록 양육과 가사노동 부담이 커지므로 기혼여성의 경제활동참가율은 낮아진다.

㉤ 경기침체로 실업률이 높을수록 여성의 경제활동참가율은 낮아지는 경향이 있다.

㉥ 여성의 교육 수준이 높을수록 취업기회와 기대임금이 증가하기 때문에 경제활동참가율은 높아진다.

㉦ 파트타임 근로 등 유연한 근로형태가 확대될수록 가사·육아와 병행이 가능해져 기혼여성의 경제활동참가율은 높아진다.

㉧ 다른 조건이 일정할 때, 시장임금(실질임금)이 상승할수록 여성의 경제활동참가율은 높아진다. 특히 교육 수준의 향상과 화이트칼라 직종(사무직·서비스직 등)의 확대는 여성의 노동시장 참여를 촉진시키는 요인으로 작용한다.

4 **다음의 현상을 설명하는 개념은?**

> 경제성장과 더불어 시간 외 근무수당이 증가함에도 불구하고 근로자들이 휴일근무나 잔업처리 등을 기피하는 현상이 늘고 있다.

① 임금의 하방경직성 　　　　　　　② 후방굴절형 노동공급곡선

③ 노동의 이력 현상(hysteresis) 　　④ 임금의 화폐적 현상

해설 ② 경제성장이 지속되면서 시간외 근무수당이 증가하더라도, 근로자들이 휴일근무나 잔업을 기피하는 현상이 나타나는 것은 후방굴절형 노동공급곡선으로 설명할 수 있다. 상대적으로 높은 임금 수준에서는 임금이 더 상승하더라도 대체효과보다 소득효과가 더 크게 작용한다. 그 결과, 근로자들은 추가적인 소득보다는 여가의 가치를 더 높게 평가하게 되어 노동시간을 줄이고 여가를 늘리려는 경향을 보이게 된다.

5 다른 조건이 일정할 때 비노동소득의 발생이 노동공급에 미치는 영향은?

① 소득효과가 대체효과보다 더 크기 때문에 노동공급이 증가한다.

② 대체효과가 소득효과보다 더 크기 때문에 노동공급이 증가한다.

③ 대체효과만 있기 때문에 노동공급이 증가한다.

④ 소득효과만 있기 때문에 노동공급이 감소한다.

해설 ④ 비노동소득이 증가하면, 개인의 실질소득이 높아지지만 임금수준은 변하지 않기 때문에 대체효과는 발생하지 않는다. 따라서 오직 소득효과만 작용하게 되며, 이는 노동공급을 감소시키는 방향으로 나타난다. 개인은 여가의 기회비용이 상대적으로 낮아졌다고 인식하여 더 많은 여가를 선택하고 노동시간을 줄이는 경향을 보이게 된다.

TIP 대체효과와 소득효과

㉠ 임금이 상승한다고 가정할 때, 여가는 포기된 근로시간에 대한 기회비용을 가진다. 즉, 여가의 가격은 임금으로 볼 수 있다.

㉡ 임금이 오르면 여가의 기회비용이 높아져 노동공급이 늘지만, 임금이 너무 높아지면 충분한 소득을 얻을 수 있어 여가를 더 선호하게 된다. 결국 임금이 일정 수준을 넘으면 노동공급이 감소할 수 있다.

㉢ 이처럼 임금 상승으로 노동공급을 증가시키는 것은 대체효과, 노동공급을 감소시키는 것은 소득효과에 해당한다.

ANSWER 3.② 4.② 5.④

6 **가계생산(household production)과 가계소비(household consumption)에 관한 설명으로 틀린 것은?**

① 가계생산함수에서는 남편과 아내의 소비에 대한 효용이 결합적으로 돌출된다고 가정한다.

② 가계생산함수에서는 가족들이 소비하는 재화의 많은 부분은 가족 내에서 생산된다고 가정한다.

③ 기혼남성의 임금이 오를 경우 시간 집약적 상품의 소비를 줄이게 된다.

④ 기혼여성의 임금이 오를 경우 생산과 소비 양면에서 소득효과가 발생한다.

해설 ④ 가계생산은 가족 구성원이 가정을 위해 비화폐적 방식으로 효용을 창출하는 활동을 의미한다. 즉, 외부 시장에서 거래되지 않지만 생산적 성격을 지닌 활동으로, 다른 사람에게 위임할 수도 있다. 대표적인 예로는 주부가 가족을 위해 수행하는 가사노동, 육아, 돌봄 등 신체적·정신적 서비스 활동, 가정 내 채소 재배나 가축 사육을 통한 실질소득 창출 등이 있다. 한편, 기혼남성의 임금이 상승하면 시간 집약적 여가활동(낮잠, 대화, TV 시청 등)은 감소하고, 시장재 소비(헬스, 공연, 외식 등)가 증가하는 경향을 보인다. 반면 기혼여성의 임금 상승은 경제활동참가를 높여 가계소득과 소비는 증가하지만, 가사노동과 같은 가계생산활동은 감소하는 결과를 초래한다.

7 **임금상승에 의한 소득효과가 대체효과보다 크다면 임금율이 상승할 때 노동공급은?**

① 증가한다.

② 감소한다.

③ 감소하다가 증가한다.

④ 일정하다.

해설 ② 임금상승으로 인한 소득효과가 대체효과보다 크게 작용하면, 임금이 오르더라도 개인은 더 많은 여가를 선택하게 되어 노동공급이 감소한다. 즉, 임금 상승 구간에서 노동공급곡선이 후방으로 굽어지는(후방굴절) 형태를 보이게 된다.

임금상승 : 대체효과 : 여가의 기회비용 ↑ 여가 ↓, 노동공급 ↑

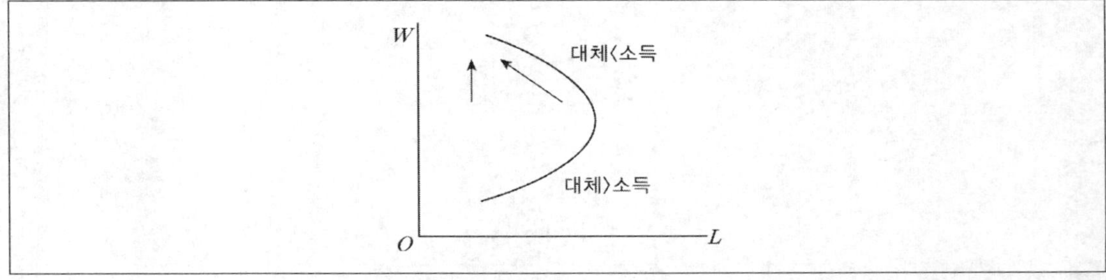

8 **후방굴절형 노동공급곡선에 대한 설명으로 옳은 것은?**

① 임금이 일정 수준 이상으로 오르면 임금이 오를수록 노동공급이 감소하게 된다.

② 임금변화의 대체효과가 소득효과보다 클 때 임금과 노동시간 사이에 부의 관계가 나타나는 것을 말한다.

③ 노동공급의 변화율을 노동가격의 변화율로 나눈 값이 점차 감소하는 현상을 그래프로 나타낸 것을 말한다.

④ 인구가 일정 규모 이상이 되면 임금이 오를수록 노동공급이 감소하는 것을 그래프로 나타낸 것을 말한다.

해설 ① 후방굴절형 노동공급곡선은 임금이 일정 수준 이하일 때는 대체효과가 우세하여 임금 상승 시 노동공급이 증가하지만, 임금이 일정 수준을 초과하면 소득효과가 더 커져 임금이 오를수록 오히려 노동공급이 감소하는 현상을 그래프로 나타낸 것이다. 임금이 낮을 때는 노동공급곡선이 우상향, 임금이 높을 때는 노동공급곡선이 좌하향(후방굴절)의 형태를 보인다.

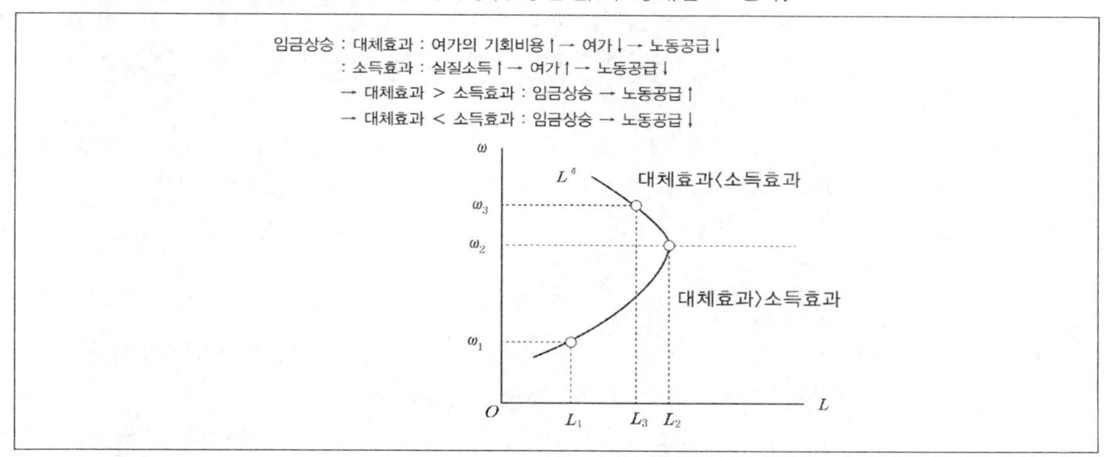

SECTION 03 노동시장의 균형

(1) 노동시장의 균형분석

① 노동시장의 특징과 기본가정

  ㉠ 노동시장과 생산물시장

  • 노동시장은 생산물시장보다 다원적이며 노동자의 질과 수에 따라 여러 가지의 시장으로 나누어진다. 즉, 단일노동시장만 존재하는 것이 아니라 상호관련 있는 여러 가지 유형의 노동시장이 존재한다.

  • 노동시장은 언제나 노동조건과 관련되어 존재한다. 따라서 노동력을 제공하는 개인은 일할 것을 결정하기 전에 작업장의 환경과 위치, 작업의 안정도, 승진 및 발전의 기회 등 일체의 작업조건을 신중히 검토한다.

  • 노동시장은 노동의 다원적 역할로 인해 그 구조가 매우 복잡하다. 노동은 사용자의 입장에서 보면 생산요소로서의 역할을 하며, 노동자의 입장에서 보면 소득의 원천이 된다. 그리고 국민경제의 관점에서 보면 인적자원이기도 하다.

  • 노동시장은 생산물시장에 비해 제도적 변화의 영향을 매우 크게 받는다. 노동시장을 둘러싼 여러 가지 환경적 요인, 공업화의 단계, 노동시장의 집중화 정도, 각종 노동보호법, 교육제도, 여성의 경우 경제활동참가율의 변화, 인구 및 인구구성의 변화 등이 상호 복합적으로 작용한다.

  ㉡ 노동시장의 기본가정

  • 완전경쟁시장을 가정한다.

  • 모든 노동은 동질적이다. 수요자의 입장에서 모든 노동자 간에 완전대체가 가능하다

  • 모든 노동자는 노동시장 정보에 대해 완전한 지식을 가지며 이동이 자유롭다.

  • 사용자는 생산물시장 및 생산요소시장에서 완전경쟁적이며, 생산물가격이나 임금률은 완전 신축적이다.

  • 노동력의 크기는 일정하게 주어져 있다.

  • 생산물의 총수요 수준은 일정하다.

② 노동시장의 균형분석

  ㉠ 경쟁시장에서의 균형

  • 노동시장은 완전경쟁시장인 것으로 가정한다.

  • 노동수요는 기업의 한계생산물가치곡선과 같으며 우하향의 기울기를 가진다. 반면에 노동의 공급곡선은 임금률이 상승할수록 공급이 증가하는 관계를 반영하여 우상향의 기울기를 가지게 된다.

  • 노동시장에서는 수요곡선과 공급곡선이 만나는 E점에서 균형이 달성되며, 균형임금은 We, 그리고 균형고용량은 Le 수준으로 결정된다.

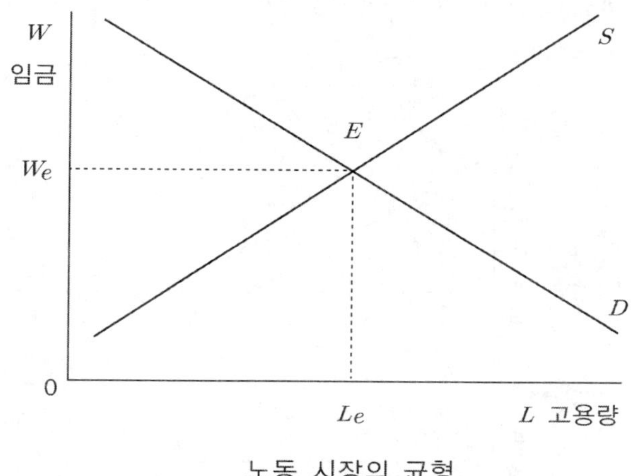

노동 시장의 균형

(2) 노동시장의 구조와 특징

① **노동시장의 구조** : 노동을 사고 팔기 위하여 관계를 맺는 수많은 개인과 기업들의 모임을 노동시장이라고 하며 수요와 공급에 의해 가격과 거래량이 결정되는 것과 같이 노동시장에서도 노동의 수요와 공급에 의해 임금과 고용량이 결정된다.

② **노동수요의 변화와 대응** : 노동수요에 영향을 미치는 요인으로는 기술변화, 노동 이외의 다른 생산요소의 가격변화, 최종생산물의 가격변화 등을 둘 수 있다. 이러한 요인들에 변화가 생기면 노동의 수요함수가 변하게 되고 노동의 수요곡선이 이동하게 된다.

③ **노동공급의 변화와 대응** : 노동의 공급도 시간이 경과함에 따라 변화하게 된다. 노동공급에 영향을 미치는 요인으로는 비노동소득의 변화, 다른 가구구성원의 노동소득의 변화, 취업활동에 대한 선호의 변화 등을 들 수 있다. 이러한 요인들의 변화는 노동공급곡선의 이동을 유발한다.

④ **동일노동에 대한 동일임금** : 노동에 대한 수요곡선과 공급곡선이 만나는 점에서 균형이 성립된다. 동일노동에 대한 임금격차가 있을 때는 노동이동을 통해 노동의 생산기여도가 낮은 곳에서 높은 곳으로 노동이 재분배된다. 즉 동일노동에 대한 각 부문간의 임금격차가 있다면 노동이동을 통해 사회적 생산의 극대화가 성취될 수 있다. 결국 동일노동에 대한 동일임금은 노동의 각 부문간 배분의 효율성을 유발한다.

⑤ 노동시장에서의 이윤극대화와 최적고용량상품시장에서 경쟁기업의 이윤극대화 조건은 P=W / MPL이다.
양변에 MPL을 곱하면, W=P×MPL이 된다.

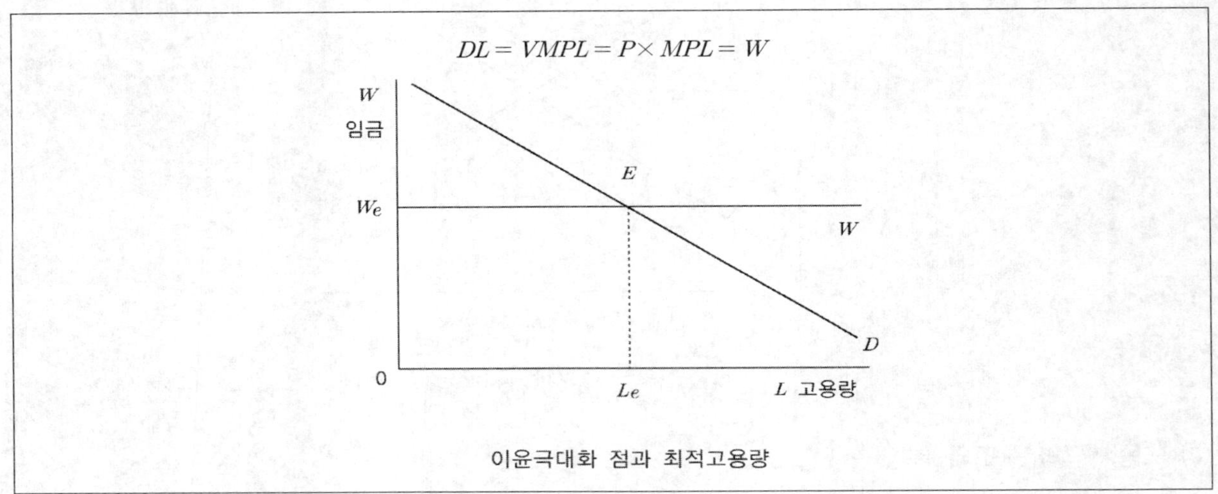

이윤극대화 점과 최적고용량

2023년

1 하나의 국민 경제에서 최적 인적자원배분이 이루어졌을 때는?

① 동일노동에 대해 동일임금이 지급될 때

② 완전고용을 이루었을 때

③ 자연실업률 상태에 도달하였을 때

④ 수요부족 실업이 최소화될 때

해설 ① 하나의 국민 경제에서 최적 인적자원배분이 이루어졌을 때는 동일노동에 대해 동일임금이 지급될 때를 말한다. ③의 자연실업률 상태에 도달하였을 때는 ②의 완전고용이 이루어졌을 때와 같은 말이다.

2023년

2 근로자의 구직활동에 관한 설명으로 틀린 것은?

① 탐색기간이 길어질수록 탐색비용은 감소한다.

② 탐색기간이 길어질수록 좋은 일자리를 찾게 될 확률이 높아진다.

③ 직업탐색활동은 노동시장 정보의 불완전성에 기인한다.

④ 직업에 관련된 정보를 얻는데 소요된 지출도 인적자본투자의 한 형태이다.

해설 ① 탐색기간이 길어질수록 탐색비용이 점차 증가하게 된다. 그 결과 구직자는 이전보다 낮은 수준의 임금에도 취업을 수락하게 되어 요구임금이 하락한다. 따라서 요구임금곡선은 우하향 형태로 나타난다.

ANSWER 1.① 2.①

3 기업이 인력운영의 유연성을 확보하기 위하여 채택하는 인적자원관리정책이 아닌 것은?

① 성과급제와 연봉제의 도입

② 정규직 중심의 인력채용

③ 사내직업훈련의 강화

④ 고용형태의 다양화

해설 ② 정규직 중심의 인력채용은 고용 안정성은 높지만, 근로계약의 변경이나 인력조정이 어렵기 때문에 인력운영의 유연성 확보에는 한계가 있다.

TIP 노동시장의 유연성

노동시장의 유연성이랑 경제적·사회적 환경 변화에 대응하여 인적자원이 신속하고 효율적으로 재배분될 수 있는 능력을 말한다. 즉, 경기 변동이나 산업구조 변화, 기술혁신 등 외부 환경의 변화에 맞춰 노동의 수요와 공급이 원활히 조정되는 정도를 의미한다.

㉠ 수량적 유연성

외부적·수량적 유연성	• 인력의 수적 조정 및 고용형태의 다양화를 통해 수량적 유연성을 도모한다. • 예를 들어, 신규채용을 줄이거나 명예퇴직·희망퇴직을 시행하고, 유연한 해고 절차를 통해 인력 규모를 조정하는 방안이 있다. 또한 계약직, 재택근무, 시간제 근로(파트타임) 등 다양한 고용형태를 도입하여 인력운영의 탄력성을 높이는 방법도 포함된다.
내부적·수량적 유연성	• 근로자 수를 줄이지 않고 고용을 유지하면서 인력운영의 유연성을 확보하는 방식으로, 근로시간이나 작업방식을 조정하거나 직무를 공유하는 형태를 의미한다. • 예를 들어, 변형근로시간제·탄력적 근무시간제·변형근무일제·교대근무제 등을 활용하여 직무를 분담하거나 근로시간을 조정하는 방식이 있다. 또한 휴직 제도나 재고용을 보장하는 일시해고(근속기간 산입)를 통해 고용을 유지하면서 인력운영의 유연성을 확보할 수도 있다.

㉡ 작업의 외부화 : 근로자의 권리를 보호하는 고용계약 대신 거래적 계약관계로 대체함으로써 기업은 인건비 절감과 인력운영의 유연성 확보를 도모하고, 외부 전문기관이나 개인은 업무 수행에 대한 자율성과 책임을 동시에 가지게 되는 형태이다.

㉢ 기능적 유연성 : 다기능공(멀티스킬 근로자) 육성, 배치전환, 작업장 간 이동 등을 통해 근로자가 생산공정의 변화나 기술 혁신에 신속하게 적응할 수 있도록 하는 것을 의미한다.

㉣ 임금 유연성 : 임금구조를 개인 또는 집단(팀)의 능력과 성과에 연계하여 결정하는 방식으로 전환하는 것을 의미한다.

2023년

4 노동시장의 유연성을 높일 수 있는 방안과 가장 거리가 먼 것은?

① 신속한 고용조정능력을 갖춘다.

② 전직실업자의 신속한 재취업능력을 높인다.

③ 국제노동기구와의 연대를 모색한다.

④ 노동수요측면의 능력위주 인사관행을 확립한다.

> **해설** ③ 국제노동기구(ILO)와의 연대 모색은 노동정책의 국제적 협력이나 노동기준의 향상과 관련된 활동으로, 이는 노동권 보호 강화를 목표로 한다. 따라서 이러한 활동은 노동시장의 유연성을 높이는 직접적인 방안에는 해당하지 않는다.

2023년

5 A 기업은 기업에 특화된 훈련(firm‒speific training)에 더 많은 투자를 하고, B 기업은 모든 기업들에 필요한 일반 훈련(general training)에 더 많은 투자를 한 상태에서, A, B 기업이 생산하는 상품수요가 감소한 경우 다음 중 해고 가능성이 높은 경우는? (단, 기타 조건은 일정하다고 가정한다.)

① 기업 A가 기업 B보다 해고 가능성이 높다.

② 기업 B가 기업 A보다 해고 가능성이 높다.

③ A 기업, B 기업 모두 동일하게 해고시킨다.

④ 위 내용으로는 판단할 수 없다.

> **해설** ② A 기업은 기업 특화훈련에 더 많은 투자를 했기 때문에, 해당 훈련을 받은 노동자는 해당 기업에서만 생산성이 높고 다른 기업에서는 활용도가 낮다. 따라서 경기 불황으로 상품 수요가 줄어도 이들을 해고하면 기업의 인적자본 손실이 커지므로 쉽게 해고하기 어렵다.
> 반면, B 기업은 일반훈련에 더 많은 투자를 했으므로 노동자의 숙련은 여러 기업에서도 활용 가능한 보편적 기술이다. 이 경우 불황 시 해고를 하더라도 경기 회복 후에 유사한 숙련을 가진 노동자를 시장에서 쉽게 재고용할 수 있기 때문에, B기업은 경기침체기에 해고 가능성이 더 높다.

ANSWER 3.② 4.③ 5.②

6 인적자본론과 선별가설의 주장으로 옳은 것을 모두 짝지은 것은?

> ㉠ 인적자본론에 의하면 교육은 생산성을 증가시키는 역할을 한다.
> ㉡ 선별가설에 의하면 교육은 단지 생산성의 신호이다.
> ㉢ 인적자본론과 선별가설 모두 교육투자는 높은 임금을 보장한다고 주장한다.

① ㉠

② ㉡

③ ㉠, ㉡

④ ㉠, ㉡, ㉢

해설 ④ 모두 옳은 지문이다.

인적자본이론은 '교육투자 → 생산성 향상 → 높은 임금'으로 이어진다고 설명하였으며, 선별가설은 '높은 생산성(타고난 능력) → 교육투자 → 높은 임금'으로 이어진다고 설명한다. 즉, 두 이론 모두 교육투자는 높은 임금을 보장한다는 점은 동일하게 설명하지만, 이론의 전개방식이 상이하다.

TIP 교육훈련에 대한 관점의 대비

인적자본이론	• 교육훈련은 개인의 노동생산성과 임금수준을 직접적으로 향상시키는 요인으로, 보다 높은 노동수익을 가져오는 직접적 원인이다. • 저소득층의 교육수준을 향상시키는 정책은 이들의 생산성 제고와 임금 상승으로 이어져, 결과적으로 빈곤 문제를 완화하거나 해결하는 효과적인 수단이 될 수 있다.
선별가설	• 교육훈련은 단순히 생산성 신호나 능력의 지표로 작용할 뿐, 반드시 노동생산성 향상이나 임금 상승의 직접적 요인이 되지는 않는다. • 빈곤 문제 해결을 위한 교육기회의 평등화 정책은 크게 성공하기 어렵다.

7 **다음 사례에서 기업의 채용 이유에 해당하는 것은?**

> 국내 시장만을 상대하는 어떤 내수기업에서 영어에 능통한 A를 채용했다. 그런데 A의 업무는 영어를 전혀 필요로 하지 않는다. 그러나 이 회사는 A가 영어에 능통하다는 사실이 그만큼 A가 성실하고 유능하다는 것을 의미한다고 보고 채용한 것이다.

① 신호기능
② 보상적 임금격차
③ 임금경쟁원리
④ 효율임금

해설 ① 기업은 채용 시 지원자의 실제 능력이나 생산성을 직접적으로 알 수 없기 때문에, 자격증·학력·성적 등 객관적 신호를 근거로 유능한 인재를 선별한다. 이 관점에서 교육은 근로자의 생산성을 직접적으로 높이지 않는다. 교육은 단지 능력 있는 사람을 구별해내기 위한 신호 혹은 선별장치로 작용하며, 기업은 이를 통해 더 높은 잠재능력을 가진 근로자를 선택할 수 있게 된다. 따라서 이는 인적자본이론이 주장하는 '교육이 개인의 능력과 생산성을 향상시켜 임금 격차를 만든다'는 견해를 비판하는 것이다. 즉, 교육은 생산성 향상의 원인이 아니라, 개인의 선천적 재능을 나타내는 신호로서의 기능만 수행한다.

ANSWER 6.④ 7.①

8 던롭(Dunlop)의 내부노동시장론에서 일반적으로 외부노동시장과 분리되는 독립적인 노동시장이 존재한다고 여기는 조직체는?

① 기업 　　　　　　　　　　　　② 산업
③ 지역사회 　　　　　　　　　　④ 국가

해설 ① 내부노동시장이란 기업이 인력 수요를 충족하기 위해 외부에서 신규 인력을 채용하기보다, 조직 내부에서 승진이나 전환배치 등을 통해 노동력을 수평적 또는 수직적으로 이동시켜 확보하는 인력 운영 방식을 말한다.

TIP 내부노동시장의 특징
㉠ 제1차 노동자(핵심인력)와 장기근로자로 구성되며, 승진제도가 핵심적인 역할을 한다.
㉡ 내부노동시장은 원칙적으로 조직 내부에서 인력 수급이 이루어지지만, 신규채용이나 복직, 능력 있는 자의 초빙 시에만 외부노동시장과 연결된다.
㉢ 고용과 임금이 분리되어 결정되며, 임금은 직무 등급이나 근속연수 등 내부 기준에 따라 결정된다.
㉣ 근로자의 장기근속과 성과 향상을 위해 승진, 평가, 복리후생 등의 동기유발제도가 체계적으로 설계되어 있다.

9 내부노동시장의 형성요인이 아닌 것은?

① 관습 　　　　　　　　　　　　② 현장훈련
③ 임금수준 　　　　　　　　　　④ 숙련의 특수성

해설 내부노동시장의 형성요인
㉠ 숙련의 특수성 : 기업 고유의 숙련은 문서나 매뉴얼로 이전하기 어렵고, 기업 내부 근로자들의 경험을 통해 장기간에 걸쳐 축적되는 특수한 기술이다.
㉡ 현장훈련 : 현장훈련은 비공식적이고 경험적인 지식전수 방식으로, 전임자가 후임자에게 작업현장에서 직접 기술과 노하우를 전달하는 형태를 갖는다.
㉢ 기업 내의 관습(위계적 직무서열) : 기업 내부에는 고용, 보수, 전환배치, 승진, 퇴직 등의 노동관계를 규율하는 관습적 규범과 위계적 직무질서가 존재한다. 이러한 관습은 고용안정성을 기반으로 형성되며, 사용자와 근로자 모두에게 예측 가능한 인사관리 체계를 제공함으로써 내부노동시장의 지속성을 강화한다.
㉣ 장기근속과 기업의 규모(장기근속 가능성) : 근로자는 일반적으로 규모가 크고 역사가 오래된 기업일수록 고용안정성과 장기근속 가능성이 높다고 인식한다. 이러한 인식은 대기업 중심의 안정적 근속문화를 강화하며, 조직 내 업무분담과 관리구조의 발전과 함께 내부노동시장을 제도적으로 정착시킨다.

10 다음 중 1차 노동시장의 특성과 가장 거리가 먼 것은?

① 고용의 안정성　　　　　　　　② 승진기회의 평등
③ 자유로운 직업간 이동보장　　　④ 고임금

해설		
1차 노동시장	• 고임금 • 고용의 안정성 • 양호한 근로조건 • 승진 및 승급 기회의 공평성 • 합리적인 노무관리 등	
2차 노동시장	• 저임금 • 고용의 불안정성(높은 노동이동) • 열악한 근로조건 • 승진 및 승급 기회의 결여 • 자의적인 관리감독 등	

11 다음 (　　)에 알맞은 것은?

> 도시와 농촌간 노동이동을 설명하는 모형에서 (　　)의 노동공급곡선은 수평이다.

① A. marshall　　　　　　　　② J.R. Hicks
③ W.A Lewis　　　　　　　　　④ A.Smith

해설　W.A Lewis 모형
ㄱ 후전적 경제에서 노동의 한계생산성이 0에 가까운 수준을 보일 때 노동의 가격은 생존유지 수준으로 결정된다.
ㄴ 노동의 가격이 생존유지 수준으로 결정될 때 노동공급이 노동수요를 초과하면 노동의 공급은 무제한이 된다(노동공급곡선 수평).

ANSWER　8.①　9.③　10.③　11.③

2023년

12 노동시장이 완전경쟁인 경우와 수요독점인 경우의 비교로 옳은 것은?

① 수요독점인 경우가 완전경쟁인 경우에 비해 임금수준은 높게 되고 고용수준은 낮게 된다.

② 수요독점인 경우가 완전경쟁인경우에 비해 임금수준은 낮게 되고 고용수준은 높게 된다.

③ 수요독점인 경우가 완전경쟁인 경우에 비해 임금수준과 고용수준 모두 높게 된다.

④ 수요독점인 경우가 완전경쟁인 경우에 비해 임금수준과 고용수준 모두 낮게 된다.

해설　④ 노동시장이 수요독점인 경우에는 완전경쟁인 경우에 비해 임금수준과 고용수준 모두 낮다.

2024년

13 아래 자료에서 A국의 실업률 계산공식으로 맞는 것은?

> A국의 총인구 : 100명
> 생산가능인구(15세 이상) : 70명
> 취업인구 : 60명
> 실업인구 : 5명

① $5/100 \times 100$

② $5/70 \times 100$

③ $5/60 \times 100$

④ $5/65 \times 100$

해설　④ 실업률＝실업자 수/경제활동인구(취업자수＋실업자수)×100이다. 자료에서 취업자 수는 60명, 실업자 수는 5명이므로, 실업률＝5명/65명×100＝7.69%이다.

14 A국의 취업자가 200만 명, 실업자가 10만 명, 비경제활동인구가 100만 명이라고 할 때, A국의 경제활동참가율은?

① 약 66.7%

② 약 67.7%

③ 약 69.2%

④ 약 70.4%

해설 ② 경제활동참가율＝경제활동인구/15세이상인구×100＝경제활동인구/경제활동인구＋비경제활동인구 ×100
(200만＋10만)/(200만＋10만)＋100만×100 ≒ 67.7%이다.

2024년

15 기혼여성의 경제활동참가율은 60%이고 실업률은 20%일 때, 기혼여성의 고용률은?

① 12%

② 48%

③ 56%

④ 86%

해설 ② 경제활동참가율＝경제활동인구/생산가능연령인구(15세이상 인구)×100＝취업자＋실업자/생산가능
연령인구×100이며, 고용률＝취업자수/생산가능인구×100이다.
기혼여성의 경제활동참가율이 60%이므로 생산가능인구가 100명이라 가정한다면 경제활동인구는
60명이다. 그리고 실업률이 20%이므로 실업자는 12명(60명×0.2)이고, 취업자는 48명(60－12)이
다. 그러므로, 고용률은 (48/100)×100＝48%이다.

ANSWER 12.④ 13.④ 14.② 15.②

16 다음 중 노동조합이 조합원의 확대와 사용자와의 교섭에서 가장 불리하다고 볼 수 있는 숍(shop) 제도는?

① closed shop

② open shop

③ union shop

④ agency shop

해설 ② 오픈 숍(open shop) 제도는 노동조합 가입이 고용 조건이 아닌 제도로, 노동자의 조합 가입 여부와 관계없이 고용이 가능하다. 이는 조합의 조직력 약화 및 고용주의 노동조합 통제 수단으로 작용할 수 있다.

17 단체교섭 형태 중 만일 어떤 방직회사 대표가 연합단체인 섬유노련과 임금과 노동조건에 대해 교섭한다면 이러한 교섭형태는?

① 집단 교섭

② 통일 교섭

③ 대각선 교섭

④ 기업별 교섭

해설 ③ 대각선 교섭은 기업별 노동조합들이 소속된 상급단체(산별 연맹 또는 총연맹)가 각 개별 사용자(기업)와 독립적으로 교섭을 수행하는 방식으로, 상급단체와 기업 간의 교섭이 직접 이루어지는 형태이다.

18 직업별 노동조합(craft union)에 관한 설명으로 틀린 것은?

① 동일직업의 노동자들이 소속 기업이나 공장에 관계없이 가입한 횡적 조직이었다.

② 저임금의 미숙련노동자, 여성, 연속노동자들도 조합에 가입할 수 있었다.

③ 조합원 간의 연대를 강화하기 위해 공제활동에 의한 조합원 간의 상호부조에 주력했다.

④ 산업혁명 초기 숙련노동자가 노동시장을 독점하기 위한 조직으로 결성하였다.

해설 ② 직업별 노동조합은 동일한 직능·숙련 기술을 가진 근로자들이 자신들의 경제적 이익을 보호하고 향상시키기 위해 조직한 전통적인 형태의 노동조합이다. 이는 노동운동 역사상 가장 초기 형태의 조합 조직으로, 직종별 노동조합이라고도 불린다.

TIP 직업별 노동조합

장점	• 동일한 직종을 가지는 근로자로서 조직되기 때문에 단체교섭 사항과 그 내용이 명확하다. • 근로자로서의 연대의식이 강하기 때문에 조직의 단결력이 공고하여 이용화될 염려가 없다. • 직장단위가 조직의 중심이 아니므로 실업자라 하더라도 조합가입이 가능하고, 조합원의 실업을 예방할 수도 있다.
단점	• 지나치게 배타적이고 독점적이어서 산업사회에 있어서의 전체 근로자의 분열을 초래할 염려가 있으며, 근로자 전체의 경제 및 사회적 지위의 향상을 위해서는 적당치 않다. • 기업을 초월한 조직이기 때문에 조합의 자주성은 지킬 수 있으나 사용자와의 관계가 너무 희박하다.

19 노동조합의 임금효과에 관한 설명으로 틀린 것은?

① 노동조합 조직부문과 비조직부문간의 임금격차는 불경기시에 감소한다.

② 노동조합 조직부문에서 해고된 근로자들이 비조직부문에 몰려 비조직부문의 임금을 떨어뜨릴 수 있다.

③ 노동조합이 조직 될 것을 우려하여 비조직부문 기업이 이전보다 임금을 더 많이 인상시킬 수 있다.

④ 노조조직부분에 입사하기 위해 비조직부문 근로자들이 사직하는 경우가 많아 비조직부문의 임금이 상승할 수 있다.

해설 ① 노동조합이 존재하는 조직부문에서는 단체교섭을 통해 균형임금보다 높은 임금이 설정되어 노동 수요는 감소하고 공급은 증가하여 비자발적 실업이 발생한다. 이 실업 인력이 비조직부문으로 이동하면서 해당 부문의 노동 공급이 증가하고 임금이 하락하여, 결과적으로 조직부문과 비조직부문 간의 임금격차는 심화된다.

ANSWER 16.② 17.③ 18.② 19.①

20 노동조합 조직부문과 비조직부분 간의 임금격차를 축소시키는 효과를 바르게 짝지은 것은?

> ㉠ 이전효과(spillover effect)
> ㉡ 위협효과(threat effect)
> ㉢ 대기실업효과(wait unemployment effect)
> ㉣ 해고효과(displacement effect)

① ㉠, ㉡
② ㉡, ㉢
③ ㉢, ㉣
④ ㉠, ㉣

해설 노동조합의 임금에 미치는 효과

㉠ 일단 노조가 있는 기업의 임금은 대부분의 경우 노조가 없는 기업보다 높게 나타난다.

㉡ **파급(이전)효과(spillover effect)** : 노조부문의 임금 인상으로 실업이 발생하여 이들이 비노조부문으로 가는 경우 비노조부문의 균형임금을 하락시키는 역할을 한다.

㉢ **유인효과** : 노조부문의 고임금이 비노조부문의 노동자들을 유인하여 비노조부문의 노동공급이 감소한 결과 비노조부문의 임금이 상승한다는 것이다.

㉣ **위협효과(threat effect)** : 노조부문의 임금 인상으로 비노조부문의 사용자가 위협을 받아 노조설립을 방지하기 위하여 임금을 높이는 효과이다.

㉤ **대기실업효과(wait unemployment effect)** : 노조/비노조부문 간의 임금격차가 매우 클 경우 노조부문에서 실직한사람이 비노조부문에서 구직행위를 하지 않고 노조부문에서 구직행위를 하는 경우를 말하며, 이 경우 비노조부문의 임금이 종전보다 상승할 수도 있고 하락할 수도 있다는 효과이다.

㉥ **임금평준화효과** : 노조부문 조직 내의 노동자들 간 임금 격차가 줄어든다는 효과이다.

이때 노조의 행동이 노조부문과 비노조부문 간 임금격차를 더욱 초래하는 것은 파급효과이고, 노조부문과 비노조부문 간 임금격차를 해소하는 것은 유인효과, 위협효과 등이다.

21 다음 중 기업별 노동조합에 관한 설명으로 틀린 것은?

① 기업별 노동조합은 노동자들의 횡단적 연대가 뚜렷하지 않고, 동종·동일산업이라도 기업 간의 시설규모, 지불능력의 차이가 큰 곳에서 조직된다.

② 기업별 노동조합은 노동조합이 회사의 사정에 정통하여 무리한 요구로 인한 노사분규의 가능성이 낮다.

③ 기업별 노동조합은 사용자와의 밀접한 관계로 공동체 의식을 통한 노사협력 관계를 유지할 수 있어 어용화의 가능성이 낮다.

④ 기업별 노동조합은 각 직종간의 구체적 요구조건을 공평하게 처리하기 곤란하여 직종간에 반목과 대립이 발생할 수 있다.

해설 기업별 노동조합

㉠ 동일한 기업에 종사하는 근로자로서 조직되는 노동조합이다.

㉡ 기업을 단위로 하여 직종이나 산업은 고려되지 않는다.

㉢ 일반적으로, 노동조합이 기업 단위를 중심으로 조직되는 경우는 근로자들이 산업 전반에 걸친 연대의식(횡단적 연대의식)을 충분히 갖추지 못한 상태에서 주로 나타난다. 또한, 동일 산업이나 직종 내에서도 기업 간 설비 규모나 임금 지급 능력의 격차가 클 경우, 개별 기업 단위로의 조직이 더 용이하게 형성되는 경향이 있다.

㉣ 산업 전반에 걸친 노동조직의 확대를 저지하고 이를 무력화하기 위해, 사용자 측이 선제적으로 자사 중심의 기업별 노동조합 조직을 주도하는 사례도 적지 않다.

㉤ 단점으로는 사용자에 의한 어용화 가능성이 높고, 각 직종간의 구체적 요구조건을 공평하게 처리하기 곤란하여 조합원의 분열이 심하다. 또한, 단체교섭과 노사협의의 기능이 혼돈되어 사업장내 분규가 끊이지 않는다.

ANSWER 20.② 21.③

22 다음 중 노동조합의 노동공급권이 독점되는 숍(shop) 제도는?

① 클로즈드 숍(closed shop)

② 유니온 숍(union shop)

③ 오픈 숍(open shop)

④ 에이전시 숍(agency shop)

해설 ① 클로즈드 숍(closed shop) 제도는 근로자의 고용이 노동조합 가입을 전제로 이루어지는 방식으로, 노동조합의 조직력과 영향력이 가장 강하게 보장되는 제도이다.

TIP 숍(shop) 제도

클로즈드 숍 (closed shop)	• 노동조합 가입이 고용의 필수 조건으로 규정되어 있어, 노동조합에 가장 유리하게 작용하는 제도이다. • 회사와 노동조합이 체결한 단체협약을 통해 노동조합이 채용 과정에 직접 참여하게 되며, 이를 통해 노동조합은 조직의 안정성과 규모 확장을 도모할 수 있다.
유니온 숍 (union shop)	• 클로즈드 숍(closed shop)과 오픈 숍(open shop)의 중간형태이다. • 사용자는 근로자가 노동조합의 조합원인지 여부와 관계없이 채용할 수 있지만, 채용된 근로자는 일정 기간 내에 반드시 노동조합에 가입해야 한다.
오픈 숍 (open shop)	• 사용자는 노동조합의 조합원 여부와 관계없이 근로자를 자유롭게 채용할 수 있는 제도이다. • 근로자의 노동조합 가입 여부가 채용이나 해고에 어떠한 영향을 미치지 않으므로, 노동조합의 조직 확대에는 가장 불리한 제도에 해당한다.
에이전시 숍 (agency shop)	• 조합원이 아닌 근로자에게도 단체교섭의 주체인 노동조합이 조합비를 징수할 수 있는 제도이다. • 비조합원이 조합비 납부를 회피하면서도 조합원과 동일한 혜택을 누리려는 무임승차 심리를 억제하고, 동시에 노동조합은 조합원 수 증가를 통해 조직의 안정성을 확보할 수 있다.

23 이원적 노사관계론의 구조를 바르게 나타낸 것은?

① 제1차 관계 : 경영 대 노동조합 관계
   제2차 관계 : 경영 대 정부기관 관계

② 제1차 관계 : 경영 대 노동조합 관계
   제2차 관계 : 경영 대 종업원 관계

③ 제1차 관계 : 경영 대 종업원 관계
   제2차 관계 : 경영 대 노동조합 관계

④ 제1차 관계 : 경영 대 종업원 관계
   제2차 관계 : 정부기관 대 노동조합 관계

해설 이원적 노사관계

㉠ 두 개의 상이한 차원에서 동시에 작동한다고 본다.

㉡ 1차 관계는 경영자와 개별 종업원 간의 관계로서, 협력적이고 우호적인 관계 형성이 중점이다. 이 관계에서는 종업원의 직무수행, 조직 내 적응, 성과와 같은 실무적 차원의 상호작용이 강조된다.

㉢ 2차 관계는 경영자와 노동조합 간의 관계로, 주로 집단적 교섭이나 갈등, 권리 보호 등 대립적인 요소를 중심으로 전개된다. 이 관계는 이해당사자 간의 권익 충돌과 조정이 중요한 이슈로 작용한다.

㉣ 이원적 노사관계론은 이처럼 서로 다른 성격의 두 관계를 동시에 이해하고 관리해야 한다는 관점을 제시하며, 노사관계의 다면적 구조를 설명하는 데 유용한 틀을 제공한다.

ANSWER 22.① 23.③

임금의 제개념

출제경향

임금의 제개념은 노동시장론에서 임금 관련 핵심 개념을 정확히 이해하고 상호 구분할 수 있는지를 평가하는 영역으로, 일정한 비중으로 출제되고 있다. 임금의 기본적인 의의를 토대로 명목임금과 실질임금의 개념 구분, 임금체계 및 임금격차의 구조, 최저임금제도의 기능과 한계 등을 묻는 문제가 주를 이룬다. 단순 정의 확인보다는 개념 간 관계를 파악하도록 하는 문항이 증가하는 추세다.

학습방법

- 임금의 기본 개념과 기능 이해하기
  임금의 의의와 범위를 중심으로 명목임금·실질임금, 임금의 경제적 기능을 구분해 정리해야 개념 확인형·판별형 문제에 대응할 수 있다.
- 임금체계 및 제도 중심 학습
  임금체계의 유형과 특징, 최저임금제도의 목적과 효과를 비교·정리하고, 임금격차·부가급여 등 관련 개념을 함께 학습하면 응용 문항 해결에 유리하다.

출제 키워드

임금의 의의와 범위, 명목임금과 실질임금, 임금의 경제적 기능, 임금체계, 최저임금제도

SECTION 01 임금의 의의와 결정이론

(1) 임금의 의의와 법적 성격

① 임금의 의의
- ㉠ 임금이란 사용자의 입장에서 보면 근로자가 기업에 제공한 노동에 대하여 지불하는 대가이며, 근로자의 입장에서는 생활의 원천이 되는 소득이다.
- ㉡ 임금은 넓은 의미에서 정기적으로 지불되는 통상의 임금 및 급여 등의 경상적 지급에 수당·상여 등 각종의 임시적 지급까지를 포함하여 지칭하며 협의적으로 각종 임시적 지급을 제외한 경상적 지급만을 임금으로 이해되기도 한다.

② 법적 성격
- ㉠ 우리나라의 「근로기준법」 제2조(정의)에 의하면 임금이란 "사용자가 근로의 대가로 근로자에게 임금, 봉급 그 밖에 어떠한 명칭으로든지 지급하는 일체의 금품을 말한다"고 규정하고 있다.
- ㉡ 임금을 해석하는 데 있어서 노사간의 시각은 현저히 다르게 나타난다. 근로자는 임금을 인간다운 생활을 영위하고 노동력을 재생산하여 원활히 제공하기 위해 사용자가 지급하는 현금 및 현물의 가치라고 정의하는 반면 사용자는 임금을 노동의 대가, 즉 생산요소의 가격으로 간주하는 경향이 짙다. 이러한 임금의 양면성은 근로자단체가 임금인상율 산출시 생계비용을 주요 기준으로 하고, 경영자측은 생산성을 강조하는 점에서 잘 나타나고 있다.

(2) 임금의 범위

① 협의의 임금과 광의의 임금 : 협의적 임금은 정기, 부정기임금을 말하고, 여기에 퇴직금, 복리후생적 급여 또는 현물급여 등의 부가급여까지를 포함할 때 광의의 임금으로 간주한다.

② 임금(Wage)과 봉급(Salaries)
- ㉠ 임금과 봉급은 현실적으로 명확히 구분하여 적용되고 있지는 않으나 계산기간, 가변성, 지급대상에 따라 다음과 같이 구분하기도 한다.
- ㉡ 계산기간으로 볼 때 임금은 시간당, 일당 등과 같이 단기간에 기준하여 계산하고 지급된다.
- ㉢ 봉급은 월, 연 등 장기간에 기초한 계산과 지급되고 있는 보수로 구분한다. 가변성 측면에서 볼 때 임금은 작업한 시간이나 일수, 그리고 성과로서의 산출량에 따라 가변적이다. 봉급은 일정액이 지급되는 경우를 말한다.

② 지급대상의 측면에서 볼 때도 임금은 주로 육체적 노동을 많이 하게 되는 생산직 근로자에게 지급되는 것을 말하나, 봉급은 상대적으로 사무관리 직종에 속하는 근로자와 경영자, 임원, 관리자에게 지급되는 것으로 구분하기도 한다.

③ 기준내 임금과 기준외 임금 : 임금을 체계적 관점에서 기본급과 제수당 등을 기준내 임금으로 보고 있으며, 시간외 초과근로수당, 연·월차수당 및 임시적인 수당 등을 기준외 임금으로 본다.

④ 정기적 임금과 부정기적 임금 : 정기적인 임금은 근로기준법에 근거한 기준내 임금과 기준외 임금을 포함한 것을 말하며, 부정기적 임금은 상여금 및 일시금과 같이 정해진 일정, 기간과 관계없는 성격의 특별급여를 말한다.

(3) 임금의 경제적 기능

① 임금은 단순한 근로의 대가 이상의 의미를 가지며, 노동시장과 전체 경제에 여러 중요한 기능을 담당한다.

② 동일노동 동일임금의 원칙
  ㉠ 같은 가치를 지닌 노동(직무, 숙련도, 책임, 근로조건 등)이면 동일한 임금을 지급받아야 한다.
  ㉡ 직무수행의 가치, 난이도, 기여도를 반영하여 임금을 결정함으로써 생산성 향상과 직무 몰입을 유도

③ 인적자본 투자와 임금의 관계
  ㉠ 인적자본은 근로자가 가진 지식, 기술, 경험 등 노동력이 가지는 경제적 가치를 말하며, 교육과 훈련을 통한 투자로 키울 수 있다.
  ㉡ 더 높은 인적자본(교육·훈련 등)은 더 높은 생산성으로 이어지고 이는 더 높은 임금으로 연결된다.

> 〈인적자본이론〉
> 인적자본이론(human capital theory)은 1950년대 슐츠(Schultz)와 베커(Becker) 등이 확립한 개념으로 사람의 지식, 기술, 경험, 태도, 건강 등 노동자가 가진 특성이 생산성을 높여주며, 이런 특성을 '자본'처럼 투자로 키울 수 있다고 보는 경제학 이론이다. 인적자본을 많이 축적한 사람은 더 높은 생산성으로 더 많은 소득을 얻게 된다. 따라서 교육(학교, 직업훈련), 건강(의료 등)에 투자하면 생산성과 임금이 상승하게 되고 개인은 더 높은 소득과 안정된 일자리를 얻을 수 있다고 본다.

④ 임금의 주요 경제적 기능
  ㉠ **노동자 생활을 보장** : 임금은 생활필수품 구매, 주거비, 교육비 등 생계의 기반이 된다.
  ㉡ **노동시장 신호** : 임금수준은 노동 공급·수요의 신호로 작용해 어느 직종, 산업에 근로자가 몰릴지 알 수 있다.
  ㉢ **기업의 고용, 투자, 생산전략 결정에 영향** : 기업 입장에서 인건비는 기업 비용의 큰 부분이기 때문에, 임금 수준은 기업의 고용, 투자, 생산전략 결정에 영향을 미치게 된다.
  ㉣ **사회적 유효수요 창출** : 임금이 증대되면 가계소비가 늘어 전체 경제의 성장에 기여한다.

⑤ 실질임금

 ㉠ 실질임금은 명목임금에서 물가 상승률(인플레이션)을 반영해 실제 구매력으로 환산한 임금이다. 즉, 근로자가 임금으로 실제로 살 수 있는 상품과 서비스의 양을 의미한다.

 ㉡ 근로자의 생활 수준과 복지에 직접적인 영향을 주며 실질임금이 오르면 삶의 질이 향상된다.

> 실질임금 = 명목임금 ÷ 소비자물가지수(CPI) × 100

⑥ 생산성임금

 ㉠ 생산성 향상에 따른 이익분배를 노사 간에 상호 보장하는 임금제도이다.

 ㉡ 생산성임금제에서 명목임금 인상분은 물가상승률에 실질생산성 향상률을 합한 만큼이 된다.

> 생산성 임금제 : 명목임금 인상률 = 실질생산성증가율 + 물가상승률

⑦ 기타 임금의 제개념

 ㉠ 보상요구임금 : 근로자가 요구하는 최소한의 주관적 임금수준으로, '의중임금' 또는 '눈높이임금'이라고 한다.

 ㉡ 유보임금 : 노동자 즉 근로자가 최소한 받아야 되겠다고 생각하는 임금수준이다.

 ㉢ 효율임금 : 근로자의 생산성을 높이기 위해 기업 스스로 균형임금보다 높은 임금을 지불하는 것이다.

(4) 최저임금제도

① 최저임금제도 의미 : 노동시장에서 결정되는 시장임금이 노동자의 생활안정을 보장하기에는 지나치게 낮다고 판단하여 정부가 임금의 최저한도를 정하여 고용주에게 그 이상의 임금을 강제하는 제도이며 이러한 제도에 의해 규정된 임금이다.

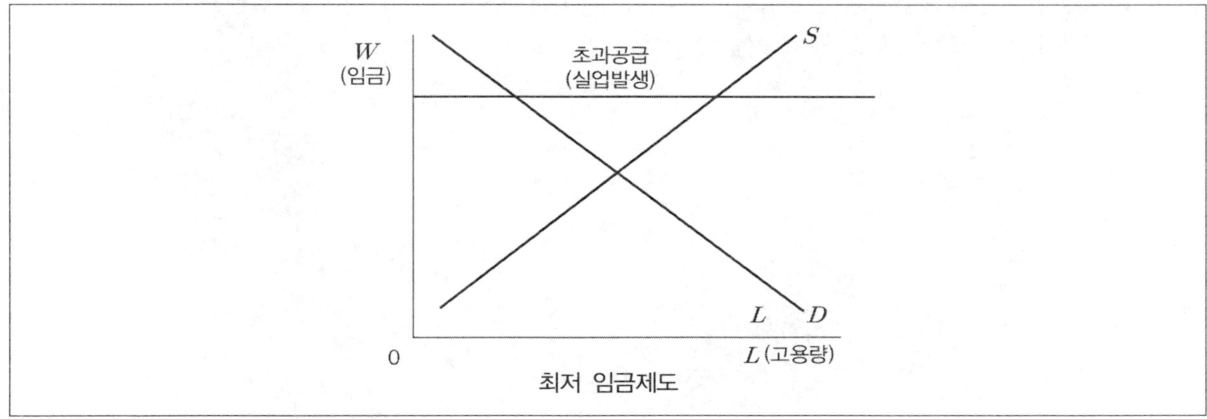

최저 임금제도

② 최저임금제도의 긍정적 효과

　　㉠ **과도한 노동의 방지** : 근로자들이 열악한 노동조건 하에서 혹사당하는 상황에 빠지지 않게 근로자를 보호하고, 이런 상황에서 낮게 지급되는 임금을 합리적이고 타당한 수준까지 끌어올릴 필요가 있다.

　　㉡ **노동자의 근로 보호** : 근로자 조직이 미발달된 단계에서 노동의 착취현상이 극심하게 나타나는데, 이러한 착취를 받기 쉬운 근로자들을 보호해야 한다.

　　㉢ **산업평화의 촉진** : 근로자의 낮은 임금으로 인한 노사분쟁을 사전에 방지함으로써 산업평화를 이룬다.

　　㉣ **공정경쟁의 확보** : 지나치게 낮은 임금에 근거하여 발생하게 되는 과당경쟁을 방지함으로써 기업간 공정경쟁을 확보할 수 있다.

　　㉤ **유효수요의 증대** : 저임금 근로자의 임금을 어느 정도 올림으로써 구매력 있는 유효수요를 창출한다.

　　㉥ **노동능률의 향상** : 노동조건의 개선과 생활의 안정은 근로의욕을 자극하고 근로자의 정신적·물질적 안정에 의한 생산성 향상을 가져올 수 있다.

　　㉦ **경영체질 개선** : 기업으로 하여금 임금절감을 통한 생산비 절감이 아닌 노동력의 유효한 활용, 투자증대 등 경영체질개선을 통한 생산비 절감을 통해 중장기적인 생산성 향상을 유도할 수 있다.

　　㉧ **소득의 계층별 분배 개선** : 저임금 근로자의 근로소득을 향상시키고 지나치게 큰 임금격차를 축소·조정하는 데 기여한다. 또한 최저임금제도는 근대 복지국가에서 사회복지제도의 기초가 된다.

　　㉨ **산업구조의 고도화** : 기업경영의 혁신과 근대화를 촉진시키며 산업구조의 고도화를 실현시킨다.

③ 최저임금제도의 부정적 효과

　　㉠ 초과공급으로 인한 실업발생이 발생한다.

　　㉡ 최저임금제 도입에 따른 고용의 감소와 그에 따른 소득분배구조의 왜곡, 경제활동의 불균형이 발생한다.

　　㉢ 최저임금의 상승이 모든 계층의 임금인상을 유발하게 되므로 임금부담이 커진다.

　　㉣ 최저임금이 저소득 근로자들의 소득수준을 향상시킨다는 근본적인 취지와는 달리 생산기여도가 낮은 미숙련자나 임시고용자 등이 불이익을 당할 가능성이 크다.

2023년

1   임금에 대한 설명으로 틀린 것은?

① 실질임금은 명목임금을 물가수준으로 나눈 것이다.

② 특별급여는 초과급여의 일부분이다.

③ 기본급은 정액급여에 속한다.

④ 월 일정액의 제수당은 정액급여에 포함된다.

해설

인건비	연금급여	정액급여	기준내임금	기본급	연령급
					직능급
					근속급
					종합결정금
				제수당	직무수당
					생활수당
			기준외임금	초과근로수당	
				당일직수당	
		특별급여(상여금)			
	부가급여 (기업복지비)	법정복지비			
		법정외복지비			

ANSWER 1.②

2 임금이 노동자 및 그 가족의 생활을 유지할 수 있을 정도의 수준에서 결정되어야 한다는 이론은?

① 노동가치설 ② 임금기금설

③ 임금생존비설 ④ 한계생산력설

해설 임금 관련 이론

임금생존비설 (임금철칙석)	배경	17세기 중상주의 시절 국부증진을 위해 외국무역에 대한 국가의 강력한 규제와 김금극소화를 요구하여 등장한 이론이다.
	의의	• 근로자 자신 및 가족의 생활유지에 필요한 생존비에 의해 임금이 결정된다고 한다. • 임금 > 생존비이면 '인구증가 → 노동공급증가 → 임금 = 생존비'이고, 임금 < 생존비이면 '인구감소 → 노동공급감소 → 임금 = 생존비'라고 설명하였다. • 즉, 임금은 생존비 수준에서 결정된다고 설명한다. 그러나 이 이론은 생존비라는 개념이 애매하고 그것이 임금에 의하여 영향을 받기 때문에 논리상 문제가 발생하게 된다.
임금기금설	배경	노동공급 측면을 강조한 임금생존비설이 역사적으로 타당성을 잃은 후 노동수요 측면을 중시하여 등장한 이론이다.
	의의	• 자본가의 이윤증대로 기금이 형성되어야 임금 지불이 가능하고 그러하지 않은 경우 교섭에 의한 임금 향상이 불가능하다고 설명한다. • 노동조합이 임금인상을 요구하면 비노동조합 근로자의 임금은 반드시 하락한다고 설명한다. • 지나치게 노동수요 측면인 기업의 측면만을 강조했다는 비판을 받고 있다.
노동가치설 (노동력재생산비설)	배경	19세기 마르크스에 의해 제기된 이론으로서 자본가의 착취를 강조하였다.
	의의	• 노동가치가 임금보다 큰 경우 자본가가 생존비 수준의 임금만을 지급하여 차액분을 생산수단을 독점하는 자본가가 착취한다고 주장한다. • 자본가끼리 경쟁하여 임금이 상승하면 기계를 도입하여 기술적인 실업이 발생하는데, 이러한 실업은 근로자의 임금을 생존비 수준으로 하락시킨다고 설명한다.
한계생산력설	배경	19세기 후반 한계주의의 등장으로 나타난 이론이다.
	의의	• 개별적 기업들은 그들이 이윤을 얻을 수 있을 때까지 고용량을 늘린다. 즉, 고용노동 단위당 기업에 대한 그 근로자의 기여분과 같아질 때까지 고용을 확대한다. • 이윤극대화를 위한 기업 간 경쟁을 통해 그 기업의 생산물에 기여한 근로자의 한계생산물의 가치와 임금이 같아지게 된다.
임금교섭력설		고용기회나 노동공급량에 불리한 영향을 미치지 않으면서 일정한 범위 내에서 교섭력의 강도에 의해 임금이 변경될 수 있다는 이론이다.

3 임금기금설(wage-fund theory)에 관한 설명으로 틀린 것은?

① 임금기금의 규모는 일정하므로 시장임금의 크기는 임금기금을 노동자의 수로 나눈 값이 된다.

② 임금기금설은 노동공급측면의 역할을 중시한 노동의 장기적인 자연가격결정론에 해당된다.

③ 임금기금설은 고임금이 고실업률을 야기한다고 하여 고용이론에 영향을 주었다.

④ 임금기금설에 따라 노동조합의 교섭력을 통한 임금의 인상이 불가능하다는 노동조합 무용론이 제기되었다.

해설　② 임금기금설(J. S. Mill)은 임금생존비설이 노동공급측면만 강조한것에 대한 대응으로, 노동의 수요측면을 강조한 이론이다.

4 고전학파의 임금론인 임금생존비설과 마르크스의 노동력재생산비설의 유사점은?

① 노동수요측면의 역할을 중요시한다는 점

② 임금수준은 노동자와 그 가족의 생활필수품의 가치에 의해 결정된다는 점

③ 맬더스의 인구법칙에 따른 인구의 증감에 의해 임금이 생존비수준에 수렴한다는 점

④ 임금의 상대적 저하경향과 자본에 의한 노동의 착취를 설명하는 점

해설　② 고전학파의 임금론인 임금생존비설과 마르크스의 노동력재생산비설의 유사점은 임금수준은 노동자와 그 가족의 생활필수품의 가치에 의해 결정된다는 점이다.

5 실질임금의 정의로 옳은 것은?

① 한 가구의 총 임금을 말한다.

② 물가수준을 반영하여 구매력으로 평가한 임금을 말한다.

③ 세금공제 후 노동자가 실제 지급받는 임금을 말한다.

④ 작업시간과 작업의 난이도를 반영한 임금을 말한다.

해설　② 실질임금은 물가수준을 반영하여 구매력으로 평가한 임금으로 명목임금을 물가지수로 나눈 것이다.

ANSWER　2.③　3.②　4.②　5.②

6 유보임금(reservation wage)에 관한 설명이 옳은 것으로 짝지어진 것은?

> ㉠ 유보임금의 상승은 실업기간을 연장한다.
> ㉡ 유보임금의 상승은 기대임금을 하락시킨다.
> ㉢ 유보임금은 기업이 근로자에게 제시한 최고의 임금이다.
> ㉣ 유보임금은 근로자가 받고자 하는 최저의 임금이다.

① ㉠, ㉢   ② ㉡, ㉢
③ ㉡, ㉣   ④ ㉠, ㉣

해설 임금의 범위

평균임금	• 평균임금을 산정하여야 할 사유가 발생한 날 이전 3개월 동안 지급된 임금의 총액을 그 기간의 총 일수로 나눈 금액이다. • 퇴직급여, 휴업수당, 재해수당 등의 산정기초가 된다.
통상임금	• 정기적으로 총 근로에 대하여 지급하기로 정한 금액을 말한다. • 정기적·일률적으로 지급되는 것이며 통상임금에 포함된다. • 해고 예고수당, 연장·야간·휴일 근로수당, 출산전후 휴가급여 등의 산정기초가 된다.
명목임금	• 매년 결정되는 임금을 보통의 화폐단위로 나타낸 것이다. • 임금이 인상될 때 당시의 화폐단위로 표시한 것일뿐 물가상승률은 고려하지 않았음을 의미한다.
실질임금	• 물가상승의 효과를 제거한 실질적 임금액이다. • 실질임금의 변화는 근로자의 실질소득이다. • 실질구매력의 변화 수준을 나타내는 지표이다. • 실질임금＝명목임금/소비자물가지수×100
의중임금 (유보임금)	• 보상유보임금, 희망임금이라고도 한다. • 노동을 시장에 공급하기 위해 노동자가 요구하는 최소한의 주관적 요구임금 수준이다. • 근로자는 제안받은 임금수준과 자신의 의중임금을 비교한 후, 제안된 임금이 자신의 의중임금보다 높거나 같을 경우에는 취업을 수락하고, 낮을 경우에는 노동시장 참여를 유보한다. • 효용극대화를 달성하는 근로자의 의중임금은 제시임금과 일치하게 된다. • 일반적으로 전업주부의 의중임금은 실제임금보다 높다.

7 최저임금제 실시에 따른 효과로 볼 수 있는 것은?

① 고용증가

② 노동력의 질적 하락

③ 노동조합의 임금삭감 수용

④ 기업 간 공정경쟁 확보 가능성

해설 최저임금제의 목적(기대효과)

　㉠ 저임금 해소로 임금격차가 완화되고 소득분배 개선에 기여한다.

　㉡ 근로자에게 일정한 수준 이상의 생계를 보장해 줌으로써 생활을 안정시키고 사기를 올려주어 노동생산성이 향상된다.

　㉢ 저임금을 바탕으로 한 경쟁방식을 지양하고 적정한 임금을 지급토록 하여 공정한 경쟁을 촉진하고 경영합리화를 기한다.

　㉣ 최저임금제를 실시하면 비자발적 실업(구조적 실업)이 발생하고 암시장이 형성되므로 반드시 실업대책이 병행되어야 한다.

8 최저임금제도와 근로장려세제(EITC : earned income tax credit)에 관한 설명으로 틀린 것은?

① EITC는 저소득근로계층을 수혜대상으로 한다.

② EITC는 이론적으로 저생산성 저임금근로자의 실업을 유발하지 않는다.

③ 최저 임금제도하에서는 최저임금 이하를 받는 근로자에게 그 혜택이 주어진다.

④ EITC와 최저임금제 실시는 공통적으로 사중손실(dead weight loss) 발생으로 총경제후생(economic surplus)을 축소시킨다.

해설 ④ EITC는 최저임금제와는 달리 이론적으로 저임금근로자의 실업을 유발하지 않기 때문에 사중손실이 발생하지 않아 총경제후생을 감소시키지 않는다.

TIP 최저임금제도와 근로장려세제(EITC : earned income tax credit)

㉠ 최저임금제는 법정 최저임금 수준 이하의 급여를 받던 근로자들의 임금 인상을 유도함으로써 직접적인 혜택을 제공한다. 반면, 근로장려세제(EITC)는 근로소득이 있으나 생계유지에 어려움을 겪는 저소득층 근로자에게 조세 환급 형태로 지원함으로써 이들의 소득 보전을 도모한다.

㉡ 최저임금제는 저숙련자의 고용을 위축시키는 반면, 근로장려세제는 이론적으로 저숙련 저임금근로자의 실업을 유발하지 않는다.

㉢ 근로장려세제 시행은 근로의욕 감퇴의 부작용을 유발하기도 한다.

㉣ 자원의 인위적 배분은 사중손실을 수반할 수 있지만, 동시에 복지증진이나 불균형 해소 등의 긍정적 효과도 발생할 수 있어, 총경제후생의 방향성을 일반화하기는 어렵다.

ANSWER 6.④ 7.④ 8.④

SECTION 02 임금체계

(1) 임금체계의 결정

① 임금체계의 의의

　㉠ 임금체계란 '임금의 구성내용', '임금격차의 구조'를 말한다.

　㉡ 광의의 임금체계란 한 개인이 받는 임금을 포괄적으로 해석하여 전체의 구성내용이 어떻게 되어 있는가를 이해하는 것이다(기준내 임금, 기준외 임금, 상여금).

　㉢ 협의의 임금체계는 표준적인 근무에 대한 임금으로서 임금의 기본적인 부분을 구성하는 기준 내 임금에 국한된다. 즉 기본급 부분이 어떤 원리로 지급되는가에 초점을 맞춘 것이다(연공급, 직무급, 직능급).

　㉣ 임금체계의 관리란 각 개인에게 기업이 제공할 수 있는 임금총액을 배분하여 개인 간의 임금격차를 가장 공정하게 설정함으로써, 종업원들이 이를 이해하고 만족하며 동기가 유발되도록 하는 것이 중요하다.

② 임금체계의 결정요인

　㉠ 필요기준

　　• 수령자의 필요를 중시하여 임금이 결정된다.

　　• 종업원의 실제 필요생활비를 반영하는 활동이다.

　　• 필요하다면 추가적 임금의 지급(가족수당, 학자금 보조수당, 물가수당 등)도 고려된다.

　㉡ 직무기준

　　• 담당하는 직무내용에 따라 경정하는 것을 의미한다.

　　• 직무기준의 전제조건

　　　– 직무단위의 정의가 명확해야 한다.

　　　– 직무를 담당하는 사람이 직무가 요구하는 구체적인 능력을 보유하고 있는가를 확인한다.

　㉢ 능력기준

　　• 능력이란 기업조직이 구체적으로 필요로 하는 현재 담당하고 있는 직무 및 앞으로 담당해야 할 직무와 관련된 것이다.

　　• 능력의 결정요인 : 연공, 근무경험, 학력 등

　㉣ 성과기준

　　• 성과는 업적으로서 종업원의 조직에 대한 기여도를 의미한다.

　　• 성과기준은 연공급 · 직능급 · 직무급 등을 산출할 때, 이들 중 어느 하나 아니면 둘 이상에 적용해야 할 기본사고로서 고려된다.

(2) 임금체계의 유형

① 임금체계는 근로자의 보상을 결정하는 기준과 방식을 의미한다.

② **연공급**(Seniority-based pay)
- ㉠ 근속 연수에 따라 임금을 지급하는 방식으로, 근속 기간이 길어질수록 임금이 증가한다.
- ㉡ 주로 공공기관이나 전통적인 기업에서 많이 사용된다.

③ **직무급**(Job-based pay)
- ㉠ 특정 직무의 가치에 따라 임금을 결정하는 방식이다.
- ㉡ 직무의 난이도나 책임 수준에 따라 차등 지급된다.

④ **성과급**(Performance-based pay)
- ㉠ 근로자의 성과에 따라 임금을 지급하는 방식이다.
- ㉡ 목표 달성이나 성과에 따라 보너스가 지급된다.
- ㉡ 직원의 동기 부여에 효과적입니다.

⑤ **직능급**(Skill-based pay)
- ㉠ 근로자의 기술이나 능력에 따라 임금을 결정하는 방식이다.
- ㉡ 특정 기술을 보유한 근로자에게 더 높은 임금을 지급하여 전문성을 인정한다.

⑥ **성과연봉제**(Performance-based annual salary)
- ㉠ 연봉을 성과에 따라 조정하는 방식이다.
- ㉡ 성과가 우수한 경우 연봉이 인상된다.
- ㉢ 연공서열형 임금체계의 한계를 개선한다.
- ㉣ **성과연봉제의 장점**
  - 우수인력의 유지 및 확보가 가능하다.
  - 종업원들에게 동기부여가 가능하다.
  - 임금체계가 단순화된다.
  - 조직변화와 경쟁의식이 확산된다.
  - 부가가치가 높은 업무를 담당한다.
- ㉤ **성과연봉제의 단점**
  - 개인 및 부서 이기주의에 빠지기 쉽다.
  - 초기 인건비가 증가한다.
  - 평가를 둘러싼 불신이 발생한다.
  - 조직의 안정성이 저해된다.
  - 도입 후의 효과분석이 어렵다.

2024년

1 생산성 임금제를 따를 때 물가상승률이 3%이고, 실질생산성증가율 5%라고 하면 명목임금은 얼마나 인상되어야 하는가?

① 2%

② 4%

③ 8%

④ 15%

해설 ③ 명목임금의 증가율＝생산성 증가율＋물가상승률＝5%＋3%＝8%이다.

2 성과배분제의 형태 중 스캔론(scanlon) 방식의 생산성 측정수단에 해당하는 것은?

① 노동시간

② 인건비/이윤

③ 인건비/매출액

④ 인건비/부가가치

해설 ③ 스캔론방식의 생산성 측정수단은 표준인건비율인 인건비/매출액이다.

SECTION 03 임금형태

(1) 시간임금

① **시간임금의 의의**
  ㉠ 수행한 작업의 양과 질에는 관계없이 단순히 근로시간을 기준으로 임금을 산정 하여 지불하는 방식이다.
  ㉡ 일급, 주급, 월급, 연봉 등의 형태를 취한다.

② **시간임금의 장점**
  ㉠ 시간급제는 종업원 입장에서 일정액의 임금이 확정적으로 보장된다.
  ㉡ 기업 입장에서도 임금산정이 간편하며 공정성을 기할 수 있고, 시간단위로 임금을 지급하므로 근로의 질이 나빠지는 것을 방지할 수 있다.

③ **시간임금의 단점** : 작업수행의 질·양에 관계없이 임금이 지불되므로 근로자를 자극할 수 없어 작업능률이 오르지 않는다.

④ **시간임금의 형태**
  ㉠ 단순시간급제
   • 한 시간당의 임률(단위시간임률)을 정해 두고, 여기에 실제의 근로시간을 곱하여 임금을 산정하는 방법이다.
   • 가장 간단하고 정확한 계산이 가능하다.
   • 지급되는 임금은 조업도와는 관계없이 발생하게 되므로 능률증진이 이루어지면 인건비는 체감하게 되며 반대의 경우에 단위당 인건비는 증가하게 된다.
  ㉡ 복률시간급제
   • 작업능률에 따라 다단계의 시간임률을 설정하여 인센티브 효과를 노리고자 하는 임금을 산정하는 방법이다.
   • 표준과업량을 초과한 경우와 달성하지 못한 경우 각기 다른 임률을 적용하게 된다.

(2) 연공급

① **연공급임금의 의의** : 임금의 수준이 속인적 요소(연령, 학력)에 의해 결정되는 일종의 생활급 체계라고 할 수 있다. 연공서열형 임금체계의 설립배경을 보면 우선 생활급기준으로서 연령에 따른 생계비의 증가를 들 수 있다. 그리고 근속자 우대면에서 정기승급제도를 통한 근속년수의 연장과 함께 숙련도가 상승하고 근로자의 생활안정에 기여하는 바가 크다는 데 있다.

② **연공급의 장점**

    ㉠ 정기승급에 의한 생활안정으로 높은 귀속의식이다.

    ㉡ 조직의 안정화에 따른 위계질서 확립이 용이하다.

    ㉢ 배치전환 등 인력관리가 용이하고 평가가 용이하다.

③ **연공급의 단점**

    ㉠ 동일노동 동일임금 원칙실현이 곤란하다.

    ㉡ 직무성과와 관련없는 비합리적 인건비를 지출한다.

    ㉢ 무사안일주의, 적당주의를 초래한다.

(3) 직능급

① **직능급 임금의 의의** : 직무수행능력에 따라 임금의 사내격차를 두는 체계이다. 능력이 어떤 수준으로 평가되느냐에 따라서 임금이 결정된다는 점에서 직무급과 차이가 있다. 직능급은 직무급에 비해 근속년수나 각자의 능력평가요소를 가미한 것이 차이점이다.

② **직능급의 장점**

    ㉠ 직능과 처우의 연계로 근로자의 동기부여가 강하다.

    ㉡ 학력과 직종에 관계없이 능력에 따라 동일한 기회를 보장한다.

    ㉢ 직무분석과 평가가 직무급만큼 복잡하지 않다.

③ **직능급의 단점**

    ㉠ 위계질서 확립이 어렵다.

    ㉡ 잘못 운영될 경우 연공급화의 가능성이 있다.

    ㉢ 연령별 능력개발의 한계가 있다.

(4) 직무급

① **직무급 임금의 의의** : 직무의 중요성과 곤란도 등에 따라서 각 직무의 상대적 가치를 평가하고 그 결과에 의하여 임금액을 결정하는 체계를 직무급체계이다. 동일한 직무에 대해서는 동일한 임금을 지급한다는 원칙에 근거하였으므로, 적정한 임금수준의 책정과 더불어 직무 간에 공정한 임금격차를 유지할 수 있는 기반이 된다. 합리적인 직무중심의 채용과 고과제도를 확립하여 배치와 승진이동이 직무중심의 능력평가에 따라 엄격히 실시되어야만 직무급제도의 효과를 기대할 수 있다.

② **직무급의 장점**

    ㉠ 공정한 임금 배분이 가능하다.

    ㉡ 직무를 기준으로 임금을 결정함으로써 인사관리를 합리화할 수 있다.

    ㉢ 유능한 인재 확보 가능하다.

③ 직무급의 단점

    ㉠ 직무 분석과 평가가 복잡하고 시간이 많이 소요될 수 있으며, 객관적인 평가 기준을 설정하는 것이 어렵다.

    ㉡ 장기 근속자들은 자신의 경력이나 능력이 반영되지 않는다고 느껴 저항감이 커진다.

    ㉢ 임금 상승을 위해서는 더 높은 가치의 직무로 이동하여 타 기업으로의 이직이 발생할 수 있다.

④ 직무급이 실행되기 위한 전제조건

    ㉠ 직무분석과 직무평가의 합리화가 이루어져야 한다.

    ㉡ 업무량의 정확한 파악이 이루어져야 한다.

    ㉢ 합리적인 직무승진의 가능성을 부여하여야 한다.

    ㉣ 직무급을 실시하기 위해서는 기본급이 생계비의 유지에 충분한 수준으로 책정되어야 한다.

2024년 2023년

1 다음 중 임금체계에 관한 설명으로 틀린 것은?

① 직능급은 개인의 직무수행능력을 고려하여 임금을 관리하는 체계이다.

② 속인급은 연력, 근속, 학력에 따라 임금을 결정하는 체계이다.

③ 직무급은 직무분석과 직무평가를 기초로 직무의 상대적 가치에 따라 임금을 결정하는 체계이다.

④ 연공급은 근로자의 생산성에 바탕을 둔 임금체계이다.

해설 임금체계의 종류

연공급	• 근로자의 근속연수에 따라 임금을 결정한다. • 장기근속을 전제로 근속연수, 학력, 연령 등 완전한 속인적 요소를 기준으로 개인 간 임금격차가 결정된다.
직능급	• 직무수행능력을 기준으로 임금이 결정된다. • 학력과 직종에 관계없이 능력에 따라 임금을 지급한다.
직무급	• 개인이 수행하는 직무에 따라 임금을 결정한다. • 노동의 양 뿐만 아니라 노동의 질을 동시에 평가한다. • 직무분석과 직무평가를 통해 직무의 중요성과 가치에 따라 임금을 지급한다.

ANSWER 1.④

2 **다음 중 연공임금제도의 장점이 아닌 것은?**

① 고용안정을 달성할 수 있다.

② 근로자의 기업에 대한 귀속의식을 고양시킬 수 있다.

③ 폐쇄적인 노동시장에서 인력관리가 용이하다.

④ 전문기술인력의 확보가 용이하다.

해설 연공급 장·단점

구분	내용
장점	• 정기승급에 의한 생활안정으로 근로자가 높은 귀속 의식을 가질 수 있다. • 조직의 안정화에 따른 위계질서 확립이 용이하다. • 배치 전환등 인력관리 용이하다. • 평가가 용이하다.
단점	• 동일 노동·동일임금의 원칙 실현 곤란하다. • 직무 성과와 관련 없는 비합리적인 인건비 지출이 있을 수 있다. • 무사안일주의, 적당주의이다.

3 **근로자의 직무수행능력을 기준으로 하여 각 근로자의 임금을 결정하는 임금체계는?**

① 직무급   ② 직능급

③ 부가급   ④ 성과배분급

해설 ② 근로자의 직무수행능력을 기준으로 하여 각 근로자의 임금을 결정하는 임금체계는 직능급이다

TIP 직능급 장·단점

구분	내용
장점	• 종업원의 자기계발에 대한 동기부여를 할 수 있다. • 보상기회가 확대되고 보상의 개별화로 능력에 맞는 처우가 가능하다. • 근속에 따른 동일한 직능자격 등급을 받을 수 있어 공동체 형성에 기여한다. • 보상에 있어 직종의 구분이 없기 때문에 기존 생산직의 불만을 감소시킬 수 있다.
단점	• 직무수행능력의 평가가 쉽지 않다. • 직무성격상 직능급 보다는 직무급이 적합할 수 있다.

4 직무분석과 직무평가를 기초로 하여 직무의 중요성과 난이도 등 직무의 상대적 가치에 따라 개별 임금을 결정하는 것은?

① 연공급
② 직무급
③ 직능급
④ 기본급

해설 직무급 장·단점

구분	내용
장점	• 직무마다 동일임금의 원칙으로 공평성을 기할 수 있다. • 직무분석을 통해 조직의 운영방식을 개선하고, 직무평가를 통해 공정한 보상과 업무 재설계를 도모할 수 있다. • 직무가치의 객관성 확보를 통해 임금수준 설정에 객관적 근거를 부여할 수 있다. • 적재적소 인사배치를 통해 노동력을 효율적으로 이용할 수 있다. • 불합리한 노무비 상승을 막을 수 있다.
단점	• 직무평가에 개인의 주관이 개입될 수 있다. • 시장 변동에 의해 직무내용을 변경할 필요성이 생긴다. • 직무구성과 인적능력구성이 일치하지 않을 경우 효과가 적다. • 직무내용이 정형화되어 직무수행에 있어 유연성이 떨어질 수 있다.

ANSWER 2.④ 3.② 4.②

SECTION 04 임금격차

(1) 임금격차 이론

① 임금격차의 의의 : 경쟁노동시장모형에 의하면 모든 직무는 동일하고 모든 노동자가 능력에 있어서 동일하다면, 기업과 노동자의 자유로운 진입과 퇴출에 이해 동일노동에 대해 동일임금이 성립한다. 그러나, 현실적으로 근로자들은 모두가 동일한 임금을 받는 것이 아니라 각각 다른 임금을 받을 때 임금의 격차가 존재한다.

② 임금격차의 발생요인

ㄱ 경쟁적 요인

- 근로자의 생산성(한계생산성) 차이
- 임금의 보상적 격차설

> 〈헤도닉 임금이론〉
> 헤도닉 임금이란 고통스럽고 불쾌한 직무에 대해서 보상요구를 반영한 임금수준을 뜻하거나 또는 편하고 쾌적한 직무에 대해서는 노동자가 누리는 편함과 쾌적함이라는 직무특성에 대한 대가지불을 반영한 임금수준을 뜻한다.
>
> ※ 헤도닉 임금이론의 기본가정
> ① 직장의 다른 특성은 다 동일한데, 산업재해의 위험도만이 다르다.
> ② 노동자는 효용을 극대화하며, 노동자간에는 산업위험에 관한 선호의 차이가 존재한다.
> ③ 기업은 이윤극대화를 추구하며 그러기 위해서 산업안전에 투자해야 한다.
> ④ 노동자는 각종 직업들에 대해 정확한 정보를 가지고 있으며, 직업간 이동이 자유롭다.

- 노동시장의 단기적 불균형
- 인적자본량의 차이

  ※ 인적자본의 투자범위 : 정규교육, 현장훈련, 이주, 건강, 정보 등.

• 효율임금정책

〈기업의 효율임금정책〉

기업이 근로자에게 시장의 균형임금 이상의 높은 임금을 지불함으로써 노동생산성 향상을 꾀하는 것이다. 대기업은 시장에서 형성된 균형임금보다 높은 임금을 지불하는 효율임금정책을 실시함으로써 근로자간의 임금격차를 발생시킨다.

※ 기업의 효율임금정책(고임금정책) 이점
① 기업에 대한 충성심과 귀속감을 증대시킨다.
② 근로자의 직장상실비용을 증대시켜서 게으름 피우는 것을 방지한다.
③ 이직을 감소시켜서 신규채용비용을 절감시킨다.
④ 상대적으로 우수한 인재의 지원을 유도하여 근로자의 질적 향상을 꾀한다.

ⓛ 비경쟁적 요인

• 노동시장의 분단

〈1차 노동시장과 2차 노동시장의 특징〉

① 1차 노동시장 : 일반적으로 대기업이나 공기업의 정규직으로 구성되며, 다음과 같은 특징이 있다.
　㉠ 고임금 : 1차 노동시장에 속하는 직종은 평균적으로 높은 임금이 제공된다. 1차 노동시장의 월평균 임금은 2차 노동시장에 비해 약 1.7배 높다.
　㉡ 고용 안정성 : 이 시장의 근로자들은 상대적으로 높은 고용 안정성을 누리며 정규직으로 고용되기 때문에 해고 위험이 낮고, 장기적인 직업 안정성을 보장받는다.
　㉢ 복리후생 : 1차 노동시장에서는 퇴직연금, 건강보험 등 다양한 복리후생이 제공되어 근로자의 생활 안정에 기여한다.
　㉣ 승진 기회 : 1차 노동시장에서는 승진 기회가 평등하게 제공되며, 경력 개발을 위한 교육과 훈련 기회도 많다.
　㉤ 노동조합의 존재 : 1차 노동시장에서는 노동조합이 활성화되어 있어 근로자들이 자신의 권리를 보호받을 수 있는 구조가 마련되어 있다.
② 2차 노동시장 : 주로 중소기업이나 비정규직으로 구성되며, 다음과 같은 특징이 있다.
　㉠ 저임금 : 2차 노동시장에 속하는 직종은 평균적으로 낮은 임금을 제공한다.
　㉡ 고용 불안정 : 이 시장의 근로자들은 고용이 불안정하며, 직업 안정성이 낮다.
　㉢ 열악한 근로조건 : 근로시간이 불규칙하고, 휴가나 병가 등의 권리가 제한되는 경우가 많다.
　㉣ 노동조합의 부족 : 2차 노동시장에서는 노동조합이 거의 존재하지 않거나, 그 영향력이 미미하다.

• 근로자의 독점지대배당
• 강력한 노동조합의 효과
• 비효율적 연공급제도의 영향

③ 임금격차에 대한 정부의 정책
  ㉠ 최저임금제의 실시
  ㉡ 노동조합의 확대를 통한 교섭력 강화
  ㉢ 비조합원의 노동조합 가입 추진
  ㉣ 임금인상에 대한 행정지도(임금 인상률 조정)

(2) 임금격차의 실태 및 특징

① 남녀 간의 임금격차
  ㉠ 여성의 경제활동참가율이 높아짐에도 불구하고 여성들이 고위직으로 올라가는 비율이 낮고 관리직보다
     는 저임금의 생산직이 많다.
  ㉡ 정규직 남성과 비교할 때, 비정규직 여성의 임금수준은 40%에도 미치지 못하고 있다.

② 학력별 임금격차 : 우리나라 노동시장에서 고졸과 대졸 근로자간 임금격차가 크다.

③ 중소기업과 대기업의 임금격차 : 중소기업과 대기업 간의 전반적인 양극화와 대기업 근로자들에 대한 급격한
   임금인상으로 인해 임금격차가 더욱 심화되었다.

〈임금관리의 3대 지주〉
① 임금수준 : 일정기간 동안 한 기업 내의 모든 종업원에게 지급되는 평균임금을 의미하며, 기업의 전체적
   인 임금수준을 결정하는 총액 인건비와 관계된다.
② 임금체계 : 개별종업원의 임금결정기준으로서 전체임금을 종업원 개개인에게 어떠한 항목으로, 어떤 기
   준에 의해 공평하게 배분하느냐 하는 문제를 다루는 개별인건비 관리라고 할 수 있다.
   임금의 구성요소나 결정기준이 제도나 관행에 의해 정해져 있을 때, 이를 임금체계라 한다.
③ 임금형태 : 임금의 계산 및 지불방법을 말한다.

2023년

1 보상적 임금격차이론에 관한 설명으로 틀린 것은?

① 위험한 직업에는 높은 임금이 지급된다.

② 정부의 안전에 관한 규제가 항상 근로자에게 이로운 것은 아니다.

③ 기업의 산재위험에 관한 도덕적 해이는 산재보험에 의해 감소된다.

④ 보상적인 임금격차가 적절하게 기능한다면 3D업종의 구인난이 해소될 수 있다.

해설 ③ 정부의 안전규제가 근로자 보호를 의도하더라도, 기업의 고용축소를 야기할 수 있어 오히려 근로자에게 불리한 결과가 될 수 있다. 기업의 산재위험에 대한 도덕적 해이는 산재보험에 가입한 후에 오히려 산재예방을 게을리함으로써 산재위험이 감소한다고 보기는 어렵다.

TIP 보상적 임금격차

㉠ 개념 : 임금 이외의 근로조건에서 상대적으로 불리한 요소를 보상하기 위해, 해당 직무에 더 높은 임금을 지급함으로써 근로자가 받는 총 편익이 다른 직업과 균등하도록 만드는 차이를 보상임금격차 또는 균등화 임금격차라 한다.

㉡ 원인

- 금전적 위험 : 직업 안정성이 낮아 실업 위험이 높은 경우, 노동자는 해당 금전적 손실 가능성을 고려하여 높은 임금을 지불한다.
- 비금전적 차이 : 직무 위험성이 높거나 환경이 열악하다면 불이익에 대한 보상으로 더 많은 임금을 지불한다.
- 교육훈련의 차이 : 취업을 위한 비용(교육, 훈련 등)에 이자를 붙여 임금으로 회수되어야 하므로 더 많은 임금을 지불한다.
- 성공·실패의 가능성 : 직업의 장래성이 불확실할 경우에 보다 높은 임금을 지불한다.
- 책임의 정도 : 막중한 책임이 따르는 일에 종사할 경우에 책임에 따른 높은 임금을 지불한다.

ANSWER 1.③

2 **다음 중 헤도닉 임금이론의 가정으로 틀린 것은?**

① 직장의 다른 특성은 동일하며 산업재해의 위험도도 동일하다.

② 노동자는 효용을 극대화하며 노동자간에는 산업안전에 관한 선호의 차이가 존재한다.

③ 기업은 좋은 노동조건을 위해 산업안전에 투자해야 한다.

④ 노동자는 정확한 직업정보를 갖고 있으며 직업 간에 자유롭게 이동할 수 있다.

해설 헤도닉 임금이론

ㄱ 시카고대학교의 Sherwin Rosen 교수가 1974년에 처음으로 제시하였으며, 이후 노동경제학 분야에서 널리 활용되는 이론적 틀로 자리잡았다.

ㄴ 헤도닉 임금은 직무의 쾌·불쾌 특성에 따라 노동자에게 제공되는 보상 수준이 달라짐을 의미하며, 이는 시장임금에 반영된다.

ㄷ 헤도닉 임금이론이 현실에서 가장 대표적으로 구현되는 사례는 산업재해 위험과 같은 직무의 부정적 특성이 임금 보상 메커니즘에 반영되는 경우이다. 즉, 고위험 작업환경에서 일하는 근로자에게는 해당 위험 요소를 고려하여 추가적인 보상임금이 지급되며, 이는 시장에서의 임금 형성에 중요한 변수로 작용한다.

ㄹ 헤도닉 임금이론의 기본가정

- 직장의 조건은 산업재해의 위험도를 제외하고는 모두 동일하다.
- 노동자 간에는 산업안전에 관한 선호의 차이가 존재한다.
- 기업은 이윤극대화를 목표로 하며, 좋은 노동조건을 만들기 위해서 기업은 투자해야 한다.
- 노동자는 각종 기업들에 대해 정확한 정보(산업안전 수주, 임금 등)를 가지고 있으며 직업 간 자유로이 이동할 수 있다.

2023년

3 **효율임금이론에서 고임금이 고생산성을 가져오는 원인에 관한 설명으로 틀린 것은?**

① 고임금은 노동자의 직장상실 기대비용을 증대시켜 노동자로 하여금 열심히 일하게 한다.

② 대규모 사업장에서는 통제상실을 사전에 방지하는 차원에서 고임금을 지불하여 노동자를 열심히 일하도록 유도할 수 있다.

③ 고임금은 노동자의 사직을 감소시켜 신규노동자의 채용 및 훈련비용을 감소시킨다.

④ 균형임금을 지불하여 경제 전반적으로 동일 노동·동일 임금이 달성되도록 한다.

해설 ④ 효율성임금이란 노동자의 생산성을 극대화하는 실질임금이다.

TIP 효율임금이론

㉠ 근로자의 작업 효율성과 성과를 극대화하기 위해 기업이 시장의 균형 수준을 초과하는 임금을 전략적으로 지급하는 방식을 말한다.

㉡ 기업이 생산성 제고를 위해 시장균형임금보다 높은 수준의 임금을 설정하는 것이, 비용을 초과하는 수익을 발생시켜 오히려 이윤 극대화에 기여할 수 있음을 설명한다.

㉢ 불황에도 인위적인 임금 삭감을 피하고 기존의 높은 임금 수준을 유지한다.

㉣ 고임금 지급은 인적자본 축적과 조직 몰입도 증진을 유도하여, 노동생산성 향상에 기여하는 전략적 보상 방식이다.

㉤ 고임금으로 인해 생산성이 향상되면, 임금 상승에도 불구하고 노동수요의 감소 폭은 작아져 노동수요곡선은 비탄력적으로 변한다. 이는 임금 변화에 대한 노동수요의 반응이 둔해진다는 의미다.

㉥ 이윤극대화를 추구하는 기업이 이직률을 낮추기 위해 효율성 임금을 지불할 시 구조적 실업이 발생할 수 있다.

㉦ 고임금정책이라고도 한다.

2024년

4 **개인들은 조직, 집단 및 타인과의 서로 다른 이해와 선호체계를 갖고 있기 때문에 쌍방간의 거래가 있는 노동계약에서는 완전한 계약이 일어나지 않는다. 이러한 현상이 일어나는 설명 요인이 아닌 것은?**

① 제한된 합리성 ② 조정문제

③ 역선택 ④ 도덕적 해이

해설 ② 개인은 노동계약에 있어정보의 불완전성으로 인하여 처음부터 질이 나쁜 상대와 계약할 가능성이 높은 역선택과 계약한 이후에 상대방에게 손해되는 활동을 하는 도덕적 해이가 발생하게 되어 노동계약에 있어서는 노동자나 사용자 모두 제한된 합리성에 의해서 행동한다.

ANSWER 2.① 3.④ 4.②

실업의 제개념

출제경향

실업의 정의 및 실업률 개념을 토대로, 다양한 실업 유형을 이해하고 있는지를 평가하는 문항이 출제된다. 여기에는 마찰적 실업, 구조적 실업, 경기적 실업 등 경제 상황이나 노동시장 구조에 따라 구분되는 실업 유형이 포함되며, 이들 간의 차이점과 실업의 원인에 대한 이해를 묻는 문제가 등장할 수 있다.

학습방법

- 실업의 개념과 유형 체계적으로 정리하기

  실업의 의의와 실업률의 의미를 정확히 이해하고, 자발적 · 비자발적 실업과 마찰적 · 구조적 · 경기적 실업의 정의 및 발생 원인을 구분해 정리해야 한다.

- 실업률 변동 요인과 해석 중심 학습

  실업률의 개념과 산출 방식을 이해한 뒤, 경기 변동에 따라 나타나는 실망노동자 효과와 부가노동자 효과를 통해 실업률 변화의 원인을 해석할 수 있어야 한다.

출제 키워드

실업의 의의 · 실업률, 자발적 · 비자발적 실업, 마찰적 · 구조적 · 경기적 실업, 실업 대책(고용 · 인력 · 사회안정망 정책)

SECTION 01 실업의 이론과 형태

(1) 실업의 제이론

① 실업의 의의와 실업률
 ㉠ 실업은 일할 의사와 능력을 가지고 있는 사람이 일자리를 갖지 못한 상태를 말한다.
 ㉡ 통계청은 국제기준에 따라 1주일에 1시간 이상 일한 사람을 취업자로 분류하여 실업률 통계에서 실업자로 분류하고 있지는 않지만, 불완전취업자, 실망노동자, 파트타임 노동자, 저고용 노동자가 많이 존재하고 있음을 인식할 필요가 있다.

② 케인스의 실업이론
 ㉠ 케인스는 유효수요가 부족하면 취업기회를 얻지 못하는 사람, 즉 비자발적 실업자가 발생한다고 지적하였다.
 ㉡ 케인스는 실업을 자발적 실업, 마찰적 실업, 비자발적 실업으로 분류하였는데, 자발적 실업과 마찰적 실업만 존재하는 상태를 완전고용이라고 한다.
 ㉢ 케인스이론에서는 비자발적 실업의 원인을 유효수요의 부족으로 설명하고 있으며 실업의 해소 방안으로는 재정투자의 확대와 통화량의 증대를 통한 공공사업 등의 투자로 비자발적 실업을 해소함으로써 완전고용이 실현된다고 주장한다.

(2) 자발적 실업

① 자발적 실업의 특징 : 일할 능력을 가지고 있으면서도 현재의 임금수준에서 일할 의사를 가지고 있지 않은 상태로 어느 사회든지 항상 존재한다. 이는 노동시장에서의 정보부족, 노동이동의 불완전성, 노동시장 자체의 불완전성 등에 기인하며 사회적 비용이 가장 적다. 자발적 실업만이 존재하는 상태를 완전고용이라 하며 이때의 실업률을 자연실업률이라고 한다.

② 자발적 실업의 종류
 ㉠ 탐색적 실업 : 보다 나은 일자리를 탐색하면서 일시적으로 실업상태에 있는 것이다.
 ㉡ 마찰적 실업 : 일자리를 바꾸는 과정에서 실업상태에 있는 것이다.

③ 대책 : 정부는 고용기회에 대한 여러 정보들의 흐름을 원활하게 하여, 탐색과정을 촉진 또는 단축시키는 정책을 수립함으로써 자발적 실업을 최소한의 규모로 줄일 수 있다.

(3) 비자발적 실업

① **비자발적 실업의 특징** : 일할 능력이 있고 현재의 임금수준에서 일할 의사가 있는 사람이 취업의 기회를 얻지 못하고 있는 상태를 말한다. 비자발적 실업은 사회적으로나 경제적으로 문제가 되며, 원인에 따라 경기적 실업과 구조적 실업 등으로 나눈다. 경기적 실업이란 경기침체 때에 발생하는 실업으로 경제 전반에 걸친 총수요(유효수요)의 부족으로 생기는 것이다. 그래서 이를 수요부족실업이라고 하며 경기가 회복되면 해소가 가능하다.

② **비자발적 실업의 종류 및 대책**
  - ㉠ **구조적 실업** : 기술혁신 등으로 종래의 기술이 아무 쓸모가 없게 되거나 어떤 산업이 장기적으로 사양화됨에 따라 발생하는 실업이다. 이는 경기적 실업보다 오래가는 속성을 지니고 있으나 산업구조의 재편이나 직업재훈련을 통하여 해결할 수 있다.
  - ㉡ **기술적 실업** : 기술이 진보하여 노동력이 기계로 대체될 때 발생하는 실업으로 넓은 의미의 구조적 실업에 포함된다.
  - ㉢ **계절적 실업** : 계절적 실업은 농업, 건설업, 관광업 등과 같이 기후나 계절적 요인에 의해 생산이나 서비스 활동이 결정되는 산업에서 발생하는 실업이다. 따라서 계절성에 의해 예상할 수 있다는 점에서 경기적 실업과는 차이가 있다. 정부대책으로는 농한기나 관광비수기에 비닐하우스나 특화작물 재배기술을 가르쳐 보급시키는 것이다.

(4) 마찰적 실업

① **마찰적 실업의 특징** : 실업과 미충원 상태의 공석이 공존한다. 신규. 전직자가 노동시장에 진입하는 과정에서 직업정보의 부족에 의하여 일시적으로 발생하는 실업의 유형이다. 마찰적 실업은 구인과 구직을 위한 탐색활동의 과정에서 일시적이고 단발적인 원인에 의하여 발생한다. 경제가 완전고용 상태라고 할 때는 일반적으로 2 ~ 3%의 실업률을 전제로 하는데, 이때의 실업을 말한다.

② **대책** : 노동시장정보시스템의 효율적인 구축과 정보제공, 직업안정기관의 기능 강화, 직업정보제공 시설의 확충, 구인구직 전산망 확충 등이 있다. 즉 구인 · 구직에 대한 정보를 원활하게 제공하면 해소되므로 사회적 비용이 가장 적게 든다.

(5) 구조적 실업

① **구조적 실업의 특징** : 인구통계학적인 구조의 변화나 노동시장에 영향을 주는 여러 가지 구조적인 요인들에 의해 유발된다. 즉, 산업 및 직종, 지역 간의 노동력수급상의 불균형이나 노동시장에 교육 및 훈련시장과의 괴리 등에 의해 실업이 발생한다. 이것은 노동시장정보의 불완전성에 의하지 않고도 실업과 일자리 공석이 공존하는 경우이다. 특히 특정 산업이나 특정직종에 노동수요가 증가(또는 감소)하는 상황에서 공급이 신축적으로 이루어지지 못하는 경우에 발생한다. 이 외에 교육 및 훈련 시장과 산업체의 요구가 부합하지 않는 경우에도 발생한다. 구조적 실업은 경제구조의 특징에서 오는 만성적이고 고질적인 실업형태이며, 후진국에서 생산설비의 부족과 노동인구과잉으로 생기는 실업으로 경기가 회복되어도 단기간에 흡수되지 않는 실업형태이다.

② **대책** : 교육훈련 프로그램과 직업전환 프로그램의 공급, 산업구조의 변화와 예측에 따른 인력수급정책, 이주에 대한 보조금 등이 있다.

(6) 경기적 실업

① **경기적 실업의 특징** : 재화와 서비스에 대한 총수요(유효수요)의 부족으로 인해 노동력에 대한 수요가 감소하여 발생하는 실업이다. 전형적인 수요부족실업에 해당되고 경기변동과 밀접히 연관되며, 경기침체시에 기업의 인원감축 결과로 나타나게 된다.

② **대책** : 각종의 재정금융정책(감세정책, 금리인하정책, 지급준비율인하정책, 대출한도제 등), 공공사업을 통한 실업 흡수정책, 근무제도의 변경방법(교대근무제도, 연장근무과 휴일근무를 다른 사람으르 대체 등)

(7) 잠재적 실업

① **잠재적 실업의 특징** : 표면적으로는 실업이 아니지만 노동자가 그의 한계생산력에 미달한 임금을 받는 상태, 생산능력을 충분히 발휘하지 못하고 있는 상태, 원하는 직업에 종사하지 못하고 부득이 조건이 낮은 다른 직업에 종사하는 상태, 형식적 또는 표면적으로 취직한 상태이나 실질적으로는 실업인 상태를 말한다. 즉 한계생산력이 0 또는 0에 가까운 실업을 말한다.

② 통계에는 실업으로 기록되지 않으며, 완전한 직업을 가졌다고 보기가 어렵기 때문에 '불완전취업' 또는 '잠재적 실업'이라 할 수 있다. 실업하여 귀농한 영세농민, 도시영세영업 종사자 등이 해당된다. 개발도상국에서는 일반적으로 일자리가 없어 과잉노동력이 농촌에 숨어 있는데, 이들 취업자의 저생산성을 들어 잠재실업이라고 규정한다.

2023년

1 **실업에 관한 설명으로 옳은 것은?**

① 경기 후퇴시에는 실망노동자효과는 실업률을 감소시키고 부가노동자효과는 실업률을 증가시킨다.

② 잠재실업자는 통계청의 경제활동인구조사에서 실업자의 일부로 집계된다.

③ 완전고용이란 실업률이 영(0)인 상태를 말한다.

④ 밀튼 프리드만(M. Freedman)에 의하면 자연실업률은 국가별로 예측될 수 있다.

해설 ① 실망노동자 효과는 실업자가 구직을 포기해 비경제활동인구로 전환되므로 실업률이 감소하며, 부
가노동자 효과는 비경제활동인구가 구직을 시작해 실업자로 전환되므로 실업률이 증가하게 된다.
② 잠재실업자는 취업 상태에 있으나, 실질적인 생산성이 영(0)인 노동자이므로 취업자로 집계된다.
③ 완전고용은 실업률이 0인 상태가 아니라, 비자발적 실업이 존재하지 않고 자발적 실업만 존재하는
상태로서, 노동과 자본이 정상 수준으로 활용되는 경제 상태를 의미한다.
④ 완전고용상태의 실업률을 자연실업률이라고도 한다. 즉 자발적 실업만 존재할 때가 자연실업률이
며, 이 자연실업률은 국가별로 예측하기 힘들다.

2023년

2 **해고에 대한 사전해고와 통보가 실업률을 감소시킬수 있는 실업의 유형을 모두 짝지은 것은?**

> ㉠ 마찰적 실업
> ㉡ 구조적 실업
> ㉢ 경기적 실업

① ㉠, ㉡　　　　　　　　　　　　② ㉠, ㉢

③ ㉡, ㉢　　　　　　　　　　　　④ ㉠, ㉡, ㉢

해설 ① 마찰적 실업은 직장을 옮기거나 구직 중에 발생하는 일시적인 실업이므로, 해고 전 미리 통보를
받으면 재취업 준비가 가능해 실업률을 낮출 수 있다. 구조적 실업은 기술 변화나 산업구조 재편
등으로 인해 발생하는 실업으로, 사전 고지를 통해 교육 및 재훈련 등의 대응이 가능하므로 실업
률을 줄이는 데 도움이 될 수 있다. 반면, 경기적 실업은 경기 침체로 인한 일자리 감소에 따라
발생하는 실업이기 때문에 사전 통지만으로는 실업률 개선 효과가 제한적이다.

2024년

3 다음 중 마찰적 실업에 관한 설명으로 맞는 것은?

① 마찰적 실업은 경기침체로부터 오는 실업이다.

② 마찰적 실업의 원인은 구인자와 구직자 간의 정보의 불일치로 발생한다.

③ 마찰적 실업 기업이 요구하는 기술수준과 노동자가 공급하는 기술수준의 불일치에 의해 발생한다.

④ 마찰적 실업은 정부와 기업 간의 마찰로 인해 발생한다.

> **해설** ② 마찰적 실업은 직장을 옮기는 과정에서 발생하는 일시적 실업으로, 주로 구직자와 구인자 간의 정보 불균형에서 비롯된다.

2024년

4 다음 중 수요부족실업에 해당되는 것은?

① 마찰적 실업

② 구조적 실업

③ 계절적 실업

④ 경기적 실업

> **해설** ④ 수요 부족으로 인해 발생하는 실업을 경기적 실업이라 한다. 케인스(Keynes)는 이러한 실업이 총수요 부족에서 기인한다고 보고, 정부의 재정정책과 통화정책을 통해 총수요를 확대함으로써 완화할 수 있다고 주장하였다.

ANSWER 1.① 2.① 3.② 4.④

5 산업구조 변동시 성장산업의 기업들이 요구하는 기술과 사양산업에 종사하던 노동자들이 제공하는 기술이 서로 맞지 않아서 사양산업에 종사하던 노동자들이 성장산업으로 즉시 이동할 수 없어 발생하는 실업은?

① 마찰적 실업

② 구조적 실업

③ 경기적 실업

④ 직업탐색적 실업

해설 ② 성장 산업이 요구하는 기술 수준과, 사양 산업에서 일하던 노동자가 보유한 기술 간에 불일치가 존재하기 때문에, 기존 산업 종사자들이 신성장 산업으로 즉시 전환하지 못해 발생하는 실업은 구조적 실업의 전형적인 사례이다.

TIP 실업의 형태

	종류	원인	대책
자발	마찰적 실업 (탐색적 실업)	직장을 옮기는 과정에서 생기는 일시적 실업	정보제공, 직업소개소 알선, 노동시장유연성 제고, 실업보험제도의 개선 등
비자발	계절적 실업	계절변동(1차 산업 등)	부업알선, 계절에 따른 업종 전환
	기술적 실업	자동화, 기계화로 기존 노동자 축출	교육훈련, 인력정책 등
	잠재적 실업	생산성이 0인 취업자(개도국의 농촌지역)	도시공업쪽에서 일자리 마련 (Lewis의 이중 경제발전론)
	경기적 실업 (단기적)	불황시에 유효수요 부족(케인스)	유효수요 증대(확장재정, 금융)
	구조적 실업 (장기적, 만성적)	노동시장의 모든 구조적 변화(한 산업은 인력난, 타 산업은 실업자 속출, 요구되는 기술을 갖춘 노동자의 부재, 산업의 사양화, 효율성임금, 최저임금제, 노조 임금인상 등)	교육 및 직업훈련 등 인력정책

6 베버리지 곡선(Beberidge Curve)이 원점에서 멀어질 때 발생하는 실업의 유형은?

① 구조적 실업

② 마찰적 실업

③ 경기적 실업

④ 계절적 실업

해설 ① 아래 그림처럼 베버리지 곡선(Beberidge Curve) 또는 실업−결원곡선은 경기적 실업(수요부족 실업)과 구조적·마찰적 실업(비수요부족 실업)의 규모를 구분하여 파악하기 위한 도구이다. 이 곡선이 원점으로부터 멀어질수록, 구조적 실업과 마찰적 실업의 비중이 상대적으로 증가함을 의미한다.

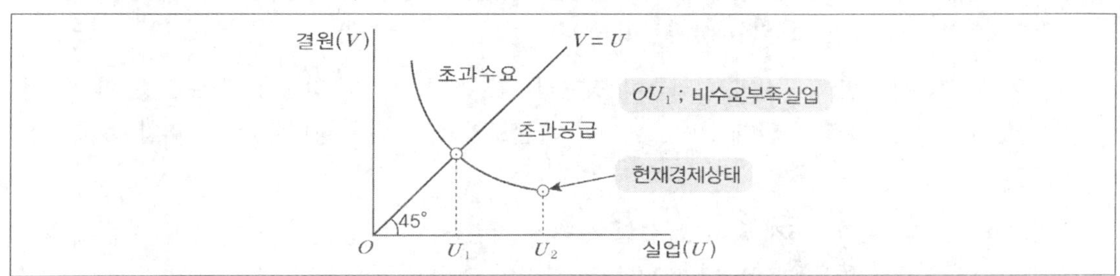

TIP 베버리지 곡선(실업 − 결원곡선)

㉠ 베버리지 곡선의 종축에는 결원률(빈 일자리의 비율), 횡축에는 실업률을 표시하여 두 변수 간의 관계를 나타낸다.

㉡ 곡선이 원점으로부터 멀어질수록 노동시장의 비효율성이 커져 구조적 및 마찰적 실업이 증가함을 의미한다.

㉢ 수요부족실업의 규모는 '현재의 실업자 수−현재의 결원 수'로 산출되며, 이는 경기적 요인에 따른 실업을 의미한다.

㉣ 마찰적 실업과 구조적 실업은 통계적으로 구분이 어렵지만, 수요부족실업과 비수요부족실업은 구분이 가능하다.

㉤ 결원 수와 실업자수가 1인 경우 완전고용상태에 해당한다.

SECTION 02 실업의 원인과 대책

(1) 실업률 추이와 실업구조

① **청년 실업률** : 청년층의 실업률은 상대적으로 높은 편이다. 2025년 3월에는 청년 실업률이 7.5%로, 2021년 6월 이후 최고치를 기록하여 청년층의 취업 기회가 제한적임을 보여준다.

② **성별 실업률** : 남성과 여성의 실업률 차이가 존재하며, 일반적으로 남성의 실업률이 여성보다 낮은 경향을 보인다. 이는 전통적인 성 역할과 관련이 높다.

③ **비정규직과 정규직** : 비정규직의 실업률이 정규직보다 높다. 비정규직 근로자는 고용 안정성이 낮고, 경제적 충격에 더 취약한 경향이 있다. 이는 비정규직 근로자들이 실업 상태에 빠질 위험이 더 크다는 것을 의미한다.

④ **장기 실업** : 장기 실업자(6개월 이상 실업 상태인 사람)의 비율이 증가하고 있다. 이는 노동 시장에서의 재취업이 어려워지고 있음을 나타내며, 경제적 불황이 지속될 경우 더욱 심각해질 수 있다.

⑤ **지역별 차이** : 실업률은 지역에 따라 차이가 크다. 대도시와 지방의 실업률이 다르게 나타나며, 대도시에서는 상대적으로 낮은 실업률을 보이는 반면, 지방에서는 높은 실업률이 관찰된다.

(2) 실업대책

① 실업대책이란 실업풀에의 진입이유에 대응하는 정책, 실업풀로부터 탈출을 촉진하는 정책, 실업풀에 있는 실직자에 대한 생활안정정책으로 나누어진다.

② 실업풀에의 진입이유에 대한 정책은 고용안정정책이라고 불리우며, 실업풀로부터의 탈출촉진정책은 고용창출정책, 실업풀에 있는 실직자에 대한 실직자안정정책은 사회안정망 형성정책이라고 불린다.

③ 인력개발정책

   ⊙ 인력개발정책은 직접적인 실업의 해소정책을 의미하며, 넓은 의미에서는 노동력의 수요변화에 따른 잠재노동력의 질적인 수준과 양적인 확보를 유지하기 위한 정책이다.

   ⓒ 이러한 정책수립의 기초가 되는 것은 노동력의 수요와 공급변화 추이에 대한 장 · 단기적 예측이다.

   ⓒ 단기적 예측 이외에도 중 · 장기적 인력의 수급전망 또한 중요한 지표가 된다.

④ 고용안정정책

　　㉠ 취업알선 등 고용서비스 기능강화

　　㉡ 직업훈련의 효율성 제고

　　㉢ 기업의 고용유지 및 무분별한 해고 제한 노력 지원

⑤ 고용창출정책

　　㉠ 공공투자사업의 확충

　　㉡ 추가적인 민간부문 유연성 제고

　　㉢ 공공부문 유연성 확립

　　㉣ 공공봉사 요원제 확충

⑥ **사회안정망 정책** : 사회 안정망이란 비정상적인 상황으로 인하여 여타 다른 방법으로는 생계에 필요한 자원과 원조를 받을 수 없는 사람에게 제공하는 정부의 사회적 서비스나 공적부조를 지칭한다. 보통은 가정 또는 가족이 개인에게 개인의 안정망 역할을 하듯이 국가가 일부 사람들에게 사회적 안정망 역할을 수행하여야 한다. 사회적 안정망은 크게 사전적 사회안정망과 사후적 사회안정망으로 나누어진다.

　　㉠ **사전적 사회안정망** : 대학 및 대학원 교육의 자율화는 시장성 높은 근로자를 배출함으로써 실업을 사전에 방지한다.

　　㉡ **사후적 사회안정망** : 실업이 발생한 후에 제공되는 실업급부 및 실업부조금이다.

2024년

1 다음 표를 이용하여 실업률을 계산하면 얼마인가? (단, 소수점 셋째 자리에서 반올림)

(단위 : 만명)

총인구	15세 미만 인구	비경제활동 인구	취업자수
5000	1000	800	3000

① 5.00% 　　　　　　　　　② 6.25%

③ 6.33% 　　　　　　　　　④ 6.67%

해설 ② 실업률은 '실업자 수÷경제활동인구×100'으로 산출된다. 따라서 생산가능인구(만 15세 이상)가 4,000만 명, 경제활동인구가 3,200만 명, 실업자 수가 200만 명일 경우, 실업률＝(200만÷3,200만)×100＝6.25%가 된다.

2023년

2 노동력의 20%가 매년 구직활동을 하고 구직활동에 평균 2개월이 소요되는 경우 이 이유만으로도 연간 몇 %의 실업률이 나타나게 되는가?

① 약 2.5% 　　　　　　　　② 약 2.7%

③ 약 3.0% 　　　　　　　　④ 약 3.3%

해설 ④ 노동력의 20%가 매년 구직활동에 평균 2개월을 소요한다면, 이는 연간 2/12＝1/6 만큼의 기간동안 실업 상태에 있음을 의미한다. 따라서 전체 노동력의 20% 중 1/6이 실업 상태에 해당하므로, 20%×16＝약3.3%의 실업이 존재하게 된다.

3 경기침체시 일자리를 찾게 될 확률이 낮아져 구직을 포기하는 사람들이 늘어나 경제활동인구를 감소시키는 효과는?

① 실망노동자효과(discouraged worker effect)

② 부가노동자효과(added worker effect)

③ 대체효과(substitution effect)

④ 대기실업효과(wait unemployment effect)

해설 ① 경기 침체 시에는 일자리를 찾을 가능성이 낮아져 구직을 포기하는 사람이 늘어나게 된다. 이로 인해 경제활동인구가 감소하고, 결과적으로 실업률 또한 낮아지는 현상을 실망노동자효과라고 한다.

TIP 실망노동자효과와 부가노동자효과

실망노동자효과	• 구직을 단념한 경제활동 가능 인력이 비경제활동인구로 분류됨 • 경기침체기, 구직자 〉 구인자일 때 발생 • 실망실업자는 실업통계에 포함되지 않아 실업률이 과소평가됨
부가노동자효과	• 비경제활동인구가 구직활동을 시작 → 경제활동인구로 전환 • 경기침체 시 가족 구성원의 노동시장 참여 증가 • 결과적으로 실업자 수 과대평가, 실업률 상승

ANSWER 1.② 2.④ 3.①

3 경기침체에도 불구하고 실업률이 크게 높아지지 않았다면, 그 이유로 가장 적합한 것은?

① 부가노동자효과가 실망노동자효과보다 컸기 때문이다.

② 실망노동자효과가 부가노동자효과보다 컸기 때문이다.

③ 실망노동자효과와 부가노동자효과의 크기가 비슷하기 때문이다.

④ 실망노동자효과가 없었기 때문이다

해설　② 실망노동자가 증가하면, 이들은 구직활동을 중단하고 노동시장에서 이탈하여 비경제활동인구로 분류된다. 따라서 경제활동인구가 감소하고, 공식 통계상의 실업률은 오히려 하락하게 된다.

4 다음 중 실망노동력인구(discouraged labor force)는 어디에 해당하는가?

① 취업자

② 실업자

③ 경제활동인구

④ 비경제활동인구

해설　④ 지난 4주 동안 구직활동을 하지 않은 실망노동력인구는 노동시장 참여 의사는 있으나 실제 구직행동이 없기 때문에 비경제활동인구로 분류된다.

5 실업급여의 효과에 대한 설명으로 가장 적합한 것은?

① 노동시간을 늘리고 경제활동참가도 증대시킨다.

② 노동시간을 단축시키고 경제활동참가도 감소시킨다.

③ 노동시간의 증·감은 불분명하지만 경제활동참가는 증대시킨다.

④ 노동시간, 경제활동참가 모두 불분명하다.

해설 ③ 실업보험제도는 주부 등 비경제활동인구가 노동시장에 진입하도록 유도하여 경제활동참가율을 높이는 효과가 있다. 그러나 한편으로 기존 노동자가 실직 후 실업급여에 의존하여 구직활동을 소극적으로 수행하는 도덕적 해이가 발생할 수 있다. 따라서 전체 노동공급이나 총노동시간의 변화 방향은 명확히 단정하기 어렵다.

ANSWER 3.② 4.④ 5.③

직업상담사 2급 필기

PART
05

고용관계법규(Ⅰ)

01 노동기본권과 개별 근로관계 법규, 고용관련법규
02 기타 직업상담관련 법규

노동기본권과 개별 근로관계 법규, 고용관련법규

출제경향

노동기본권과 개별 근로관계 법규, 고용관련법규 과목은 헌법상 노동기본권, 근로기준법을 중심으로 한 개별 근로관계 법규, 최저임금법 · 직업안정법 · 고용보험법 · 남녀고용평등 관련 법률 등 고용관련 법규의 주요 내용을 중심으로 출제된다. 특히 권리의 주체와 내용, 법률별 적용 대상, 급여 · 수당 · 휴가 · 제재 규정, 기간 · 요건 · 금액 등 수치형 요소를 정확히 구분하는 문제가 반복적으로 출제되는 경향이 있다.

학습방법

- 법률별 핵심 제도와 조문 구조 중심으로 학습하기
  헌법, 근로기준법, 최저임금법, 직업안정법, 고용보험법, 고용평등 · 고령자 관련 법률에서 규정하는 권리 · 의무 · 급여 · 제재 규정을 법률별로 구분하여 정리한다.
- 기간 · 요건 · 급여 등 수치형 요소를 중심으로 반복 학습하기
  퇴직금 소멸시효, 임금 지급 원칙, 구직급여 수급 요건, 적용 제외 대상 등 시험에 자주 출제되는 기간 · 요건 · 금액을 중심으로 반복 학습하여 혼동을 줄인다.

출제 키워드

헌법상 노동기본권과 근로의 권리, 노동 3권과 쟁의행위, 근로기준법 주요 내용, 근로기준법의 핵심 규정, 최저임금법과 최저임금위원회, 직업안정법의 주요 제도, 고용보험법의 급여와 적용 요건, 고용평등 및 고령자 고용 관련 법규

노동기본권의 이해

(1) 헌법상의 노동기본권

① 노동기본권의 개념

　㉠ 노동기본권

- 노동기본권(근로권)은 근로자의 생존권 확보를 위하여 헌법이 규정하고 있는 근로의 권리와 근로3권인 단결권, 단체교섭권 및 단체행동권을 말한다.
- 국가는 사회적 · 경제적 방법으로 근로자의 고용의 증진과 적정임금의 보장에 노력하여야 하며, 법률이 정하는 바에 의하여 최저임금제를 시행하여야 한다.
- 모든 국민은 근로의 의무를 진다. 국가는 근로의 의무의 내용과 조건을 민주주의 원칙에 따라 법률로 정한다.
- 근로의 기준은 인간의 존엄성을 보장하도록 법률로 정한다.

구분	내용
근로의 권리(근로권)	모든 국민은 근로의 권리를 가진다. 〈헌법 제32조 제1항〉
근로3권(노동3권)	근로자는 근로조건의 향상을 위하여 자주적인 단결권 · 단체교섭권 및 단체행동권을 가진다. 〈헌법 제33조 제1항〉

　㉡ 근로의 권리

- 본원적 내용

구분	내용
근로기회청구권 (근로기회제공청구권)	근로의 의사와 능력이 있는 사람은 누구든지 국가에 의히여 근로의 기회를 청구할 수 있다. 이는 실업 중에 있는 근로자가 취업할 수 있는 권리뿐만 아니라 취업 중에 있는 근로자가 부당하게 해고되지 않는 권리 즉, 해고의 제한까지 포함된다.
생활비지급청구권 (생계비지급청구권)	근로의 기회를 제공받지 못하는 경우 국가에 대하여 그에 상응하는 생활비(생계비)의 지급을 청구할 수 있다.

• 보충적 내용

구분	내용
국가의 고용증진의 의무	국가는 사회적 · 경제적 방법으로 근로자의 고용의 증진에 노력하여야 한다.
적적임금의 보장	국가는 근로자의 적정임금의 보장에 노력하여야 하며, 법률이 정하는 바에 의하여 최저임금제를 시행하여야 한다〈헌법 제32조 제1항〉.
근로조건 기준의 법정 주의	국가는 근로의 의무의 내용과 조건을 민주주의 원칙에 따라 법률로 정한다. 근로조건의 기준은 인간의 존엄성을 보장하도록 법률로 정한다〈헌법 제32조 제2항 및 제3항〉.
여성근로자의 보호 및 차별대우의 금지	여자의 근로는 특별한 보호를 받으며, 고용 · 임금 및 근로조건에 있어서 부당한 차별을 받지 아니한다〈헌법 제32조 4항〉.
연소근로자의 특별보호	연소자의 근로는 특별한 보호를 받는다.
국가유공자 등의 근로 기회 우선보장	국가유공자 · 상이군경 및 전몰군경의 유가족은 법률이 정하는 바에 의하여 우선적으로 근로의 기회를 부여받는다〈헌법 제32조 제6항〉.

ⓒ 근로의 권리의 주체
- 근로의 권리는 국가 내적인 사회정책적 권리이므로 외국인은 원칙적으로 근로의 권리의 주체가 될 수 없다.
- 근로의 권리는 소위 자연인의 권리이므로 법인은 근로의 권리의 주체가 될 수 없다.

ⓔ 근로의 권리의 기능
- 근로를 통하여 개성과 자주적 인간성을 제고하고 함양하게 한다.
- 근로의 상품화를 허용함으로써 자본주의경제의 이념적 기초를 제공한다.
- 국민으로 하여금 근로를 통하여 생활의 기본적 수요를 스스로 충족하게 한다.
- 근로기회의 제공을 통하여 생활무능력자에 대한 국가적 보호의 의무를 감소시킨다.

② 근로3권(노동3권)

㉠ 노동기본권
- 근로3권은 근로의 단결권 · 단체교섭권 및 단체행동권을 통칭하는 개념이다.
- 경제적 약자인 근로자들이 사용자와 대등한 지위를 확보하기 위해 자주적인 노동조합을 조직하고 이를 통해 사용자와 교섭을 수행하며, 원활한 교섭을 뒷받침하기 위해 단체행동을 할 수 있는 권리를 말한다.

ⓛ 근로3권의 내용

구분	내용
단결권	근로자들이 자주적으로 노동조합을 설립·운영하고 이에 가입하며, 노동조합을 운영할 수 있는 권리
단체교섭권	근로자가 근로조건을 유지·개선하기 위하여 단결에 의해서 사용자와 교섭할 수 있는 권리
단체행동권	단체교섭이 근로자에게 유리하게 전개되도록 하기 위하여 근로자에게 보장된 집단적 행동에 관한 권리

ⓒ 근로3권의 제한
- 근로자는 근로조건의 향상을 위하여 자주적인 단결권·단체교섭권 및 단체행동권을 가진다〈헌법 제33조 제1항〉.
- 공무원인 근로자는 법률이 정하는 자에 한하여 단결권·단체교섭권 및 단체행동권을 가진다.
- 법률이 정하는 주요방위산업체에 종사하는 근로자의 단체행동권은 법률이 정하는 바에 의하여 이를 제한하거나 인정하지 아니할 수 있다.

2023년

1 **헌법상 노동기본권에 관한 설명으로 틀린 것은?**

① 국가는 법률이 정하는 바에 의하여 최저임금제를 시행하여야 한다.

② 근로조건의 기준은 인간의 존엄성을 보장하도록 법률로 정한다.

③ 여자의 근로는 특별한 보호를 받으며, 고용과 임금 및 근로조건에 있어서 부당한 차별을 받지 아니한다.

④ 장애인은 법률이 정하는 바에 의하여 우선적으로 근로의 기회를 부여받는다.

해설 ④ 장애인이 아닌 국가유공자 상이군경 및 전몰군경의 유가족은 법률이 정하는 바에 따라 우선적으로 근로의 기회를 부여받는다.

2024년

2 **헌법상 노동기본권에 관한 설명으로 옳은 것은?**

① 공무원인 근로자는 법률이 정하는 자에 한하여 단결권·단체교섭권 및 단체행동권을 가진다.

② 근로자는 근로자의 근로조건과 정치적 지위향상을 위하여 자주적인 단결권·단체교섭권 및 단체행동권을 가진다.

③ 법률이 정하는 주요방위산업체에 종사하는 근로자의 단체교섭권은 법률이 정하는 바에 의하여 인정하지 않을 수 있다.

④ 법률이 정하는 주요방위산업체에 종사하는 근로자의 단결권은 법률이 정하는 바에 의하여 제한할 수 있다.

해설 ② 헌법에서 "근로자는 근로조건의 향상을 위하여 자주적인 단결권, 단체교섭권 및 단체행동권을 가진다"고 규정하고 있다.

③④ 헌법에서 "법률이 정하는 주요 방위산업체에 종사하는 근로자의 단체행동권은 법률이 정하는 바에 따라 이를 제한하거나 인정하지 않을 수 있다"고 명시하고 있다.

3 노동법에 대한 설명과 가장 거리가 먼 것은?

① 근로자의 인간다운 생활보장

② 근대시민법원리의 부정

③ 노사대등의 실현

④ 자본주의체제의 유지·발전

해설 ② 노동법은 근대시민법의 기본 원리인 계약자유의 원칙, 과실책임의 원칙, 소유권 절대의 원칙을 부정하는 것이 아니라, 이러한 시민법의 원칙을 적용함으로 인해 발생하는 사회적 문제(예 : 장시간 근로, 저임금, 임산부·소년의 도덕적·보건상 유해한 근로 등)를 해결하기 위해 시민법의 원칙을 수정·보완하여 일정 수준 이상의 근로조건을 보장하고자 탄생한 법이다.

4 노동기본권에 관한 설명으로 틀린 것은?

① 모든 국민은 근로의 권리를 가진다.

② 공무원인 근로자는 법률이 정하는 자에 한하여 노동3권을 가진다.

③ 고용·임금 및 근로조건에 있어서 모든 근로자는 성별에 관계없이 평등하다.

④ 법률이 정하는 주요방위산업체에 종사하는 근로자의 단체행동권은 법률이 정하는 바에 의하여 이를 제한하거나 인정하지 아니할 수 있다.

해설 ③ 여성 근로자는 모성 보호 등 특별 보호의 대상이면서, 동시에 고용·임금·근로조건에서 차별을 받아서는 안된다는 보호와 평등을 동시에 규정한 조항이다. 헌법에서 "여성의 근로는 특별한 보호를 받으며, 고용·임금 및 근로조건에 있어서 부당한 차별을 받지 아니한다"라고 규정되어 있다.

ANSWER 1.④ 2.① 3.② 4.③

2024년

5 **헌법상 근로자의 노동3권에 해당하지 않늘 것은?**

① 단결권

② 단체교섭권

③ 단체행동권

④ 이익균점권

해설 ④ 노동기본권(근로권)은 근로자의 생존권 확보를 위하여 헌법이 규정하고 있는 근로의 권리와 근로3권인 단결권, 단체교섭권 및 단체행동권을 말한다.

2024년

6 **다음 내용에 해당하는 것은?**

근로자들이 자주적으로 노동조합을 설립 · 운영하고 이에 가입하며, 노동조합을 운영할 수 있는 권리

① 단체교섭권   ② 단체행동권

③ 단결권   ④ 근로기준법

해설 근로3권의 내용

구분	내용
단결권	근로자들이 자주적으로 노동조합을 설립 · 운영하고 이에 가입하며, 노동조합을 운영할 수 있는 권리이다.
단체교섭권	근로자가 근로조건을 유지 · 개선하기 위하여 단결에 의해서 사용자와 교섭할 수 있는 권리이다.
단체행동권	단체교섭이 근로자에게 유리하게 전개되도록 하기 위하여 근로자에게 보장된 집단적 행동에 관한 권리이다.

7 다음 내용에 해당하는 것은?

> 경제적 약자인 근로자들이 사용자와 대등한 지위를 확보하기 위해 자주적인 노동조합을 조직하고 이를 통해 사용자와 교섭을 수행하며, 원활한 교섭을 뒷받침하기 위해 단체행동을 할 수 있는 권리를 말한다.

① 직업안정법
② 노동기본권
③ 고용보험법
④ 근로기준법

해설

구분	내용
직업안정법	모든 근로자가 각자의 능력을 계발·발휘할 수 있는 직업에 취업할 기회를 제공하고, 정부와 민간부문이 협력하여 각 산업에서 필요한 노동력이 원활하게 수급되도록 지원함으로써 근로자의 직업안정을 도모하고 국민경제의 균형 있는 발전에 이바지함을 목적으로 한다.
노동기본권	경제적 약자인 근로자들이 사용자와 대등한 지위를 확보하기 위해 자주적인 노동조합을 조직하고 이를 통해 사용자와 교섭을 수행하며, 원활한 교섭을 뒷받침하기 위해 단체행동을 할 수 있는 권리를 말한다.
고용보험법	고용보험의 시행을 통하여 실업의 예방, 고용의 촉진 및 근로자 등의 직업능력의 개발과 향상을 꾀하고, 국가의 직업지도와 직업소개 기능을 강화하며, 근로자 등이 실업한 경우에 생활에 필요한 급여를 실시하여 근로자 등의 생활안정과 구직활동을 촉진 함으로써 경제·사회발전에 이바지하는 것을 목적으로 한다.
근로기준법	헌법에 따라 근로조건의 기준을 정함으로써 근로자의 기본적 생활을 보장, 향상시키며, 균형 있는 국민경제의 발전을 꾀하는 것을 목적으로 한다.

ANSWER 5.④ 6.③ 7.②

2023년

8 헌법상 근로의 권리와 관련하여 명시되어 있지 않은 것은?

① 최저임금제 시행

② 국가유공자의 유가족에 대한 우선적 근로기회 부여

③ 여자·연소자의 근로에 대한 특별한 보호

④ 산업 재해로부터 특별한 보호

해설 대한민국헌법 제32조

① 모든 국민은 근로의 권리를 가진다. 국가는 사회적·경제적 방법으로 근로자의 고용의 증진과 적정임금의 보장에 노력하여야 하며, 법률이 정하는 바에 의하여 <u>최저임금제를 시행</u>하여야 한다.

② 모든 국민은 근로의 의무를 진다. 국가는 근로의 의무의 내용과 조건을 민주주의원칙에 따라 법률로 정한다.

③ 근로조건의 기준은 인간의 존엄성을 보장하도록 법률로 정한다.

④ <u>여자의 근로는 특별한 보호</u>를 받으며, 고용·임금 및 근로조건에 있어서 부당한 차별을 받지 아니한다.

⑤ <u>연소자의 근로는 특별한 보호</u>를 받는다.

⑥ <u>국가유공자·상이군경 및 전몰군경의 유가족은 법률이 정하는 바에 의하여 우선적으로 근로의 기회를 부여</u>받는다.

2023년

9 다음 중 헌법상 보장된 쟁의행위로 볼 수 없는 것은?

① 파업

② 태업

③ 직장폐쇄

④ 보이콧

해설 ③ 근로자의 쟁의행위로는 파업, 태업, 보이콧 등이 있으며, 직장폐쇄는 헌법상 보장된 근로자의 쟁의행위가 아니라, 사용자의 방어수단에 해당한다.

10 다음 중 근로3권의 제한 및 한계에 관한 설명으로 틀린 것은?

① 근로3권은 어떠한 경우에도 제한할 수 없는 절대적인 권리이다.

② 현역군인, 경찰관 등에게 근로 3권을 인정하지 않는 것은 헌법위법이라고 볼 수 없다.

③ 근로3권을 제한하는 경우 근로3권의 전면적 부인이나 본질적 내용의 침해는 인정될 수 없다.

④ 근로3권은 국가의 안전보장 질서유지 공공복리를 위하여 필요한 경우에 한하여 법률로써 제한할 수 있다.

해설 ① 근로3권은 절대적 권리가 아니라, 헌법 제37조 제2항에 따라 공공복리 등 이유로 법률에 의해 제한 가능하다.

ANSWER 8.④ 9.③ 10.①

SECTION 02 개별근로관계법규

(1) 근로기준법 및 시행령, 시행규칙

① 목적〈법 제1조〉: 헌법에 따라 근로조건의 기준을 정함으로써 근로자의 기본적 생활을 보장, 향상시키며, 균형 있는 국민경제의 발전을 꾀하는 것을 목적으로 한다.

② 용어의 정의〈법 제2조〉

구분	내용
근로자	직업의 종류와 관계없이 임금을 목적으로 사업이나 사업장에 근로를 제공하는 사람
사용자	사업주 또는 사업 경영 담당자, 그 밖에 근로에 관한 사항에 대하여 사업주를 위하여 행위하는 자
근로	정신노동과 육체노동
근로계약	근로자가 사용자에게 근로를 제공하고 사용자는 이에 대하여 임금을 지급하는 것을 목적으로 체결된 계약
임금	사용자가 근로의 대가로 근로자에게 임금, 봉급, 그 밖에 어떠한 명칭으로든지 지급하는 모든 금품
평균임금	이를 산정하여야 할 사유가 발생한 날 3개월 동안에 그 근로자에게 지급된 임금의 총액을 그 기간의 총일수로 나눈 금액, 근로자가 취업한 후 3개월 미만인 경우도 이에 준한다.
1주	휴일을 포함한 7일
소정 근로시간	근로기준법 제50조, 제69조 본문 또는 「산업안전보건법」 제139조 제1항에 따른 근로시간의 범위에서 근로자와 사용자 사이에 정한 근로시간 • 근로기준법 제50조 －1주간의 근로시간은 휴게시간을 제외하고 40시간을 초과할 수 없다. －1일이 근로시간은 휴게시간을 제외하고 8시간을 초과할 수 없다. • 근로기준법 제69조 　15세 이상 18세 미만인 사람의 근로시간은 1일에 7시간, 1주에 35시간을 초과하지 못한다. 다만 당사자 사이의 합의에 따라 1일 1시간, 1주에 5시간을 한도로 연장할 수 있다. • 산업안전보건법 제139조 제1항 　사업주는 유해하거나 위험한 작업으로서 높은 기압에서 작업 중 대통령령으로 정하는 직업에 종사하는 근로자에게는 1일 6시간, 1주 34시간을 초과하여 근로하게 해서는 아니 된다.
단시간 근로자	1주 동안의 소정근로시간이 그 사업장에서 같은 종류의 업무에 종사하는 통상근로자의 1주 동안에 소정근로시간에 비하여 짧은 근로자

③ 기본원리

구분	내용
근로조건의 기준 〈법 제3조〉	이 법에서 정하는 근로조건은 '최저기준'이므로 근로관계 당사자는 이 기준을 이유로 근로조건을 낮출 수 없다.
근로조건의 결정 〈법 제4조〉	근로조건은 근로자와 사용자가 '동등한 지위'에서 자유의사에 따라 결정하여야 한다.
근로조건의 준수 〈법 제5조〉	근로자와 사용자는 각자가 단체협약, 취업규칙과 근로계약을 지키고 성실하게 이행할 의무가 있다.
균등한 처우 〈법 제6조〉	사용자는 근로자에 대하여 '남녀의 성(性)'을 이유로 차별적 대우를 하지 못하고, '국적·신앙 또는 사회적 신분'을 이유로 근로조건에 대한 차별적 대우를 하지 못한다.
강제 근로의 금지 〈법 제7조〉	사용자는 폭행, 협박, 감금, 그 밖에 정신상 또는 신체상의 자유를 부당하게 구속하는 수단으로써 근로자의 자유의사에 어긋나는 근로를 강요하지 못한다.
폭행의 금지 〈법 제8조〉	사용자는 사고의 발생이나 그 밖의 어떠한 이유로도 근로자에게 폭행을 하지 못한다.
중간착취의 배제 〈법 제9조〉	누구든지 법률에 따르지 아니하고는 영리로 다른 사람의 취업에 개입하거나 중간인으로서 이익을 취득하지 못한다.
공민권 행사의 보장 〈법 제10조〉	사용자는 근로자가 근로시간 중에 선거권, 그 밖의 공민권(公民權) 행사 또는 공(公)의 직무를 집행하기 위하여 필요한 시간을 청구하면 거부하지 못한다. 다만 그 권리 행사나 공(公)의 직무를 수행하는 데에 지장이 없으면 청구한 시간을 변경할 수 있다.

④ 적용범위〈법 제11조〉

㉠ 이 법은 상시 5명 이상의 근로자를 사용하는 모든 사업 또는 사업장에 적용한다. 다만, 동거하는 친족만을 사용하는 사업 또는 사업장과 가사(家事) 사용인에 대하여는 적용하지 아니한다.

㉡ 상시 4명 이하의 근로자를 사용하는 사업 또는 사업장에 대하여는 대통령령으로 정하는 바에 따라 이 법의 일부 규정을 적용할 수 있다.

㉢ 이 법을 적용하는 경우에 상시 사용하는 근로자 수를 산정하는 방법은 대통령령으로 정한다.

⑤ 근로조건의 명시〈법 제17조〉

　　㉠ 근로조건의 명시 사항 : 사용자는 근로조건을 체결할 때에 근로자에게 다음의 각 호의 사항을 명시하여야 한다. 근로계약을 체결한 후 다음 각 호의 사항을 변경하는 경우에도 또한 같다.

> • 임금
> • 소정근로시간
> • 휴일(주휴일)
> • 연차 유급휴가
> • 취업의 장소와 종사하여야 할 업무에 관한 사항
> • 취업규칙에서 정한 사항
> • 기숙사 규칙에서 정한 사항(사업장의 부속 기숙사에서 근로자를 기숙하게 하는 경우)

　　㉡ 근로조건 명시사항의 서면 교부〈법 제17조 제2항〉 : 사용자는 임금의 구성항목·계산방법·지급방법, 소정근로시간, 휴일(주휴일), 연차 유급휴가의 사항이 명시된 서면(전자문서를 포함한다)을 근로자에게 교부하여야 한다.

　　㉢ 단시간근로자의 근로조건〈법 제18조 제3항〉 : 4주 동안(4주 미만으로 근로하는 경우에는 그 기간)을 평균하여 1주 동안의 소정근로시간이 15시간 미만인 근로자에 대하여는 휴일(주휴일)과 연차 유급휴가를 적용하지 아니한다.

　　㉣ 근로조건의 위반〈법 제19조 제1항〉 : 명시된 근로조건이 사실과 다를 경우에 근로자는 근로조건 위반을 이유로 손해의 배상을 청구할 수 있으며 즉시 근로계약을 해제할 수 있다.

⑥ 금지제한

위약 예정의 금지〈법 제20조〉	사용자는 근로계약 불이행에 대한 위약금 또는 손해배상액의 계약을 체결하지 못한다.
전차금 상계의 금지〈법 제21조〉	사용자는 전차금(前借金)이나 그 밖에 근로할 것을 조건으로 하는 전대(前貸)채권과 임금을 상계하지 못한다
강제 저금의 금지〈법 제22조〉	사용자는 근로계약에 덧붙여 강제 저축 또는 저축금의 관리를 규정하는 계약을 체결하지 못한다.
해고 등의 제한〈법 제23조〉	사용자는 정당한 이유 없이 해고, 휴직, 정직, 전직, 감봉, 그 밖의 징벌(懲罰)(이하 "부당해고 등"이라 한다)을 하지 못한다.

⑦ 해고

　　㉠ 경영상의 이유에 의한 해고의 제한〈법 제24조〉

　　　• 사용자가 경영상 이유에 의하여 근로자를 해고하려면 '긴박한 경영상의 필요'가 있어야 한다. 이 경우 경영 악화를 방지하기 위한 사업의 양도·인수·합병은 긴박한 경영상의 필요가 있는 것으로 본다.

　　　• 사용자는 해고를 피하기 위한 노력을 다하여야 하며, '합리적이고 공정한 해고의 기준'을 정하고 이에 따라 그 대상자를 선정하여야 한다. 이 경우 남녀의 성을 이유로 차별하여서는 아니 된다.

- 사용자는 해고를 피하기 위한 방법과 해고의 기준 등에 관하여 그 사업 또는 사업장에 '근로자의 과반수로 조직된 노동조합이 있는 경우에는 그 노동조합(근로자의 과반수로 조직된 노동조합이 없는 경우에는 근로자의 과반수를 대표하는 자를 말한다. 이하 "근로자대표"라 한다)에 '해고하려는 날의 50일 전까지 통보'하고 성실하게 협의하여야 한다.
- 사용자는 대통령령으로 정하는 일정한 규모 이상의 인원을 해고하려면 대통령령으로 정하는 바에 따라 '고용노동부장관'에게 신고하여야 한다.
- 신고를 할 때에는 다음 각 호의 사항을 포함하여야 한다〈근로기준법 시행령 제10조〉.

> - 해고사유
> - 해고 예정인원
> - 해고 예정인원
> - 근로자 대표와 협의한 내용
> - 해고 일정

ⓛ **우선 재고용 등**〈법 제25조〉: 경영상이 이유에 따라 근로자를 해고한 사용자는 해고한 날로부터 3년 이내에 해고된 근로자가 해고 당시 담당하였던 업무와 같은 업무를 할 근로자를 채용하려고 할 경우 해고된 근로자가 원하면 그 근로자를 우선 고용하여야 한다.

ⓒ **해고의 예고**〈법 제26조〉: 사용자는 근로자를 해고(경영상 이유에 의한 해고를 포함한다)하려면 적어도 '30일 전에 예고'를 하여야 하고, 30일 전에 예고를 하지 아니하였을 때에는 30일분 이상의 통상임금을 지급하여야 한다. 다만 다음 각 호의 사항에 해당하는 경우에는 그러하지 아니하다.

> - 근로자가 계속 근로한 기간이 3개월 미만인 경우
> - 천재·사변, 그 밖의 부득이한 사유로 사업을 계속하는 것이 불가능한 경우
> - 근로자가 고의로 사업에 막대한 지장을 초래하거나 재산상 손해를 끼친 경우로서 고용노동부령으로 정하는 사유에 해당하는 경우

ⓔ **해고사유 등의 서면 통지**〈법 제27조〉: 사용자는 근로자를 해고하려면 해고사유와 해고시기를 서면으로 통지하여야 한다.

⑧ **구제신청 및 구제명령 등**

　ⓐ **부당해고 등이 구제신청**〈법 제28조〉

- 사용자가 근로자에게 부당해고 등을 하면 근로자는 '노동위원회'에 구제를 신청할 수 있다.
- 구제신청은 부당해고 등이 있었던 날부터 '3개월 이내'에 하여야 한다.

　ⓑ **조사 및 구제명령 등의 확정**〈법 제29조, 제30조, 제31조〉

- 노동위원회는 구제신청을 받으면 지체 없이 필요한 조사를 하여야 하며 관계 당사자를 심문하여야 하며, 부당해고 등이 성립하지 아니한다고 판정하면 구제신청을 기각하는 결정을 하여야 한다〈법 제29조 및 제30조〉.
- 판정, 구제명령 및 기각결정은 사용자와 근로자에게 각각 서면으로 통지하여야 한다〈법 제30조〉.
- 지방노동위원회의 구제명령이나 기각결정에 불복하는 사용자나 근로자는 기각결정서를 '통지받은 날부터 10일 이내에 중앙노동위원회'에 재심을 신청할 수 있다〈법 제31조〉.

- 중앙노동위원회의 재심판정에 대하여 사용자나 근로자는 재심판정서를 '송달받은 날부터 15일 이내'에 「행정소송법」의 규정에 따라 소(訴)를 제기할 수 있다〈법 제31조〉.

ⓒ **구제명령 등의 효력**〈법 제32조〉 : 노동위원회의 구제명령, 기각결정 또는 재심판정은 중앙노동위원회의에 대한 재심 신청이나 행정소송 제기에 의하여 그 효력이 정지되지 아니한다.

⑨ **근로계약 종료 후 근로자 보호**

　ㄱ **금품 청산**〈법 제36조〉 : 사용자는 근로자가 사망 또는 퇴직한 경우에는 그 '지급 사유가 발생한 때부터 14일 이내'에 임금, 보상금, 그 밖의 모든 금품을 지급하여야 한다. 다만, 특별한 사정이 있을 경우에는 당사자 사이의 합의에 의하여 기일을 연장할 수 있다.

　ㄴ **임금채권의 우선변제**〈법 제38조〉

- 최종 3개월분의 임금 및 재해보상금(최우선 변제)
- 질권(質權)저당권 또는 담보권에 우선하는 조세 · 공과금
- 질권(質權)저당권 또는 담보권에 따라 담보된 채권
- 최종 3개월분의 임금을 제외한 임금 및 기타 근로관계로 인한 채권
- 그 밖에 우선권이 없는 조세 · 공과금 및 다른 채권

　ㄷ **사용증명서**〈법 제39조 및 시행령 제19조〉

- 사용자는 근로자가 퇴직한 후라도 사용 기간, 업무 종류, 지위와 임금, 그 밖에 필요한 사항에 관한 증명서를 청구하면 사실대로 적은 증명서를 즉시 내주어야 한다.
- 이 증명서에는 근로자가 요구한 사항만을 적어야 한다.
- 사용증명서를 청구할 수 있는 자는 계속하여 30일 이상 근무한 근로자로 하되, 청구할 수 있는 기한은 퇴직 후 3년 이내로 한다〈시행령 제19조〉.

　ㄹ **계약서류의 보존**〈법 제42조 및 시행령 제20조, 제22조〉 : 사용자는 근로자 명부와 근로계약에 관한 중요한 서류를 3년간 보존하여야 한다.

근로자 명부 기재사항	근로계약에 관한 중요한 서류
<ul><li>성명</li><li>성(性)별</li><li>생연월일</li><li>주소</li><li>이력(履歷)</li><li>종사하는 업무의 종류</li><li>고용 또는 고용갱신 연월일, 계약기간을 정한 경우에는 그 기간, 그 밖의 고용에 관한 사항</li><li>해고, 퇴직 사망한 경우에는 그 연월일과 사유</li><li>그 밖에 필요한 사항</li></ul>	<ul><li>근로계약서</li><li>임금대장</li><li>임금의 결정 · 지급방법과 임금계산의 기초에 관한 서류</li><li>고용 · 해고 · 퇴직에 관한 서류</li><li>승급 · 감급에 관한 서류</li><li>휴가에 관한 서류</li><li>탄력적 근로시간제, 선택적 근로시간제, 연장근로의 제한, 휴일, 보상휴가제, 근로시간 계산의 특례 등에 관한 서면 합의 서류</li><li>연소자의 증명에 관한 서류</li></ul>

⑩ 임금

　㉠ 임금 지급의 원칙〈법 제43조〉

구분	내용
통화불 · 직접불 · 전액불	임금은 통화(通貨)로 직접 근로자에게 그 전액을 지급하여야 한다. 다만, 법령 또는 단체협약에 특별한 규정이 있는 경우에는 임금의 일부를 공제하거나 통화 이외의 것으로 지급할 수 있다.
매월 1회 이상 정기불	임금은 매월 1회 이상 일정한 날짜를 정하여 지급하여야 한다. 다만, 임시로 지급하는 임금, 수당, 그 밖에 이에 준하는 것 또는 대통령령으로 정하는 임금 에 대하여서는 그러하지 아니하다

　㉡ 휴업수당〈법 제46조〉

- 사용자의 귀책 사유로 휴업하는 경우에는 사용자는 휴업기간 동안 그 근로자에게 '평균임금의 100분의 70 이상의 휴업수당'을 지급하여야 한다. 다만, 평균임금의 100분의 70에 해당하는 금액이 통상임금을 초과하는 경우에는 통상임금을 휴업수당으로 지급할 수 있다.
- 부득이한 사유로 사업을 계속하는 것이 불가능하여 '노동위원회'의 승인을 받은 경우에는 기준에 못 미치는 휴업수당을 지급할 수 있다.

　㉢ 임금의 시효〈법 제49조〉 : 이 법에 따른 임금채권은 3년간 행사하지 아니하면 시효로 소멸한다.

　㉣ 평균임금과 통상임금 비교〈법 제2조 및 시행령 제6조〉

구분	내용
평균임금	• 평균임금을 산정하여야 할 사유가 발생한 날 이전 3개월 동안에 그 근로자에게 지급된 임금의 총액을 그 기간의 총일수로 나눈 금액 • 퇴직급여, 휴업수당, 연차유급휴가수당(취업규칙에 따름), 재해보상 및 산업재해보상보험 급여, 제재로서의 감급, 구직급여 등의 산정기초
통상임금	• 근로자에게 정기적 · 일률적으로 소정근로 또는 총근로에 대하여 지급하기로 정한 시간급 금액, 일급 금액, 주급 금액, 월급 금액 또는 도급 금액 • 해고예고수당, 연장 · 야간 · 휴일근로수당, 연차유급휴가수당(취업규칙에 따름), 출산전후 휴가 급여 등의 산정 기초

⑪ 근로시간과 휴식

　㉠ 근로시간〈법 제50조〉

- 1주간의 근로시간은 휴게시간을 제외하고 40시간을 초과할 수 없다.
- 1일의 근로시간은 휴게시간을 제외하고 8시간을 초과할 수 없다.
- 제1항 및 제2항에 따라 근로시간을 산정하는 경우 작업을 위하여 근로자가 사용자의 지휘 · 감독 아래 에 있는 대기시간 등은 근로시간으로 본다.

ⓛ 탄력적 근로시간제〈법 제51조〉

3개월 이내의 탄력적 근로시간제	사용자는 취업규칙(취업규칙에 준하는 것을 포함한다)에서 정하는 바에 따라 2주 이내의 일정한 단위기간을 평균하여 1주간의 근로시간이 기준근로시간을 초과하지 아니하는 범위에서 근로시간을 초과하여 근로하게 할 수 있다. 다만, 특정한 주의 근로시간은 48시간을 초과할 수 없다.
3개월을 초과하는 탄력적 근로시간제	사용자는 근로자대표와의 서면 합의에 따라 3개월을 초과하고 6개월 이내의 단위기간을 평균하여 1주간의 근로시간이 기준근로시간을 초과하지 아니하는 범위에서 근로시간을 초과하여 근로하게 할 수 있다. 다만, 특정한 주의 근로시간은 52시간을, 특정한 날의 근로시간은 12시간을 초과할 수 없다.

ⓒ 선택적 근로시간제〈법 제52조〉

• 사용자는 취업규칙(취업규칙에 준하는 것을 포함한다)에 따라 업무의 시작 및 종료 시각을 근로자의 결정에 맡기기로 한 근로자에 대하여 근로자대표와의 서면 합의에 따라 1개월(신상품 또는 신기술의 연구개발 업무의 경우에는 3개월로 한다) 이내의 정산기간을 평균하여 1주간의 근로시간이 휴게시간을 제외하고 40시간을 초과하지 아니하는 범위에서 1주간에 40시간을, 1일에 8시간을 초과하여 근로하게 할 수 있다.
• 대상 근로자의 범위(15세 이상 18세 미만의 근로자는 제외한다)

ⓓ 연장근로의 제한〈법 제53조〉 : 당사자 간에 합의하면 1주간에 12시간을 한도로 기준근로시간을 연장할 수 있다.

ⓜ 휴게〈법 제54조〉

• 사용자는 근로시간이 4시간인 경우에는 30분 이상, 8시간인 경우에는 1시간 이상의 휴게시간을 근로시간 도중에 주어야 한다.
• 휴게시간은 근로자가 자유롭게 이용할 수 있다.

ⓗ 휴일〈법 제55조 및 시행령 제30조〉

• 사용자는 근로자에게 1주에 평균 1회 이상의 유급휴일을 보장하여야 한다〈법 제55조〉.
• 사용자는 근로자에게 대통령령으로 정하는 휴일을 유급으로 보장하여야 한다. 다만, 근로자대표와의 서면으로 합의한 경우 특정한 근로일로 대체할 수 있다〈법 제55조〉.
• 유급 휴일은 1주 동안의 소정근로일을 개근한 자에게 주어야 한다〈시행령 제30조〉.

ⓢ 연장 · 야간 및 휴일 근로〈법 제56조〉

• 사용자는 연장근로에 대하여는 통상임금의 100분의 50 이상을 가산하여 근로자에게 지급하여야 한다.
• 사용자는 휴일근로에 대하여는 다음 각 호의 기준에 따른 금액 이상을 가산하여 근로자에게 지급하여야 한다.

> -8시간 이내의 휴일근로 : 통상임금의 100분의 50
> -8시간을 초과한 휴일근로 : 통상임금의 100분의 100

- 사용자는 야간근로(오후 10시부터 다음 날 오전 6시 사이의 근로를 말한다)에 대하여는 100분의 50 이 상을 가산하여 근로자에게 지급하여야 한다.

◎ **연차 유급휴가**〈법 제60조〉

- 사용자는 1년간 80% 이상 출근한 근로자에게 15일의 유급휴가를 주어야 한다.
- 사용자는 계속하여 근로한 기간이 1년 미만인 근로자 또는 1년간 80% 미만 출근한 근로자에게 1개월 개근 시 1일의 유급휴가를 주어야 한다.
- 사용자는 3년 이상 계속하여 근로한 근로자에게는 제1항에 따른 휴가에 최초 1년을 초과하는 계속 근 로 연수 매 2년에 대하여 1일을 가산한 유급휴가를 주어야 한다. 이 경우 가산휴가를 포함한 총 휴가 일수는 25일을 한도로 한다.
- 연차 유급휴가는 1년간 행사하지 아니하면 소멸된다. 다만, 사용자의 귀책사유로 사용하지 못한 경우에 는 그러하지 아니하다.

⑫ **여성과 소년**

㉠ **최저 연령과 취직인허증**〈법 제64조 및 시행령 제35조〉

- 15세 미만인 사람(「초·중등교육법」에 따른 중학교에 재학 중인 18세 미만인 사람을 포함한다)은 근로 자로 사용하지 못한다. 다만, 대통령령으로 정하는 기준에 따라 고용노동부장관이 발급한 취직인허증을 지닌 사람은 근로자로 사용할 수 있다〈법 제64조〉.
- 취직인허증은 본인의 신청에 따라 의무교육에 지장이 없는 경우에는 직종(職種)을 지정하여서만 발행할 수 있다〈법 제64조〉.
- 고용노동부장관은 거짓이나 그 밖의 부정한 방법으로 취직인허증을 발급받은 사람에게는 그 허가를 취 소하여야 한다〈법 제64조〉.
- 취직인허증을 발급받을 수 있는 자는 13세 이상 15세 미만인 자로 한다. 다만, 예술공연 참가를 위한 경우에는 13세 미만인 자도 취직인허증을 받을 수 있다〈시행령 제35조〉.
- 취직인허증을 받으려는 자는 고용노동부령으로 정하는 바에 따라 고용노동부장관에게 신청하여야 한다 〈시행령 제35조〉.
- 신청은 학교장(의무교육 대상자와 재학 중인 자로 한정한다) 및 친권자 또는 후견인의 서명을 받아 사 용자가 될 자와 연명(連名)으로 하여야 한다〈시행령 제35조〉.

㉡ **미성년자의 근로계약 및 임금의 청구**〈법 제67조 및 제68조〉

- 친권자나 후견인은 미성년자의 근로계약을 대리할 수 없다〈법 제67조〉.
- 친권자, 후견인 또는 고용노동부장관은 근로계약이 미성년자에게 불리하다고 인정하는 경우에는 이를 해지할 수 있다〈법 제67조〉.
- 미성년자는 독자적으로 임금을 청구할 수 있다〈법 제68조〉.

ⓛ 야간근로와 휴일근로의 제한〈법 제70조〉

- 사용자는 18세 이상의 여성을 오후 10시부터 오전 6시까지의 시간 및 휴일에 근로시키려면 그 근로자의 동의를 받아야 한다.
- 사용자는 임산부와 18세 미만자를 오후 10시부터 오전 6시까지의 시간 및 휴일에 근로시키지 못한다. 다만, 다음 각호의 어느 하나에 해당하는 경우로서 고용노동부장관의 인가를 받으면 그러하지 아니하다.

  > - 18세 미만자의 동의가 있는 경우
  > - 산후 1년이 지나지 아니한 여성의 동의가 있는 경우
  > - 임신 중의 여성이 명시적으로 청구하는 경우

ⓒ 생리휴가〈법 제73조〉 : 사용자는 여성 근로자가 청구하면 월 1일의 생리휴가를 주어야 한다.

⑬ 취업규칙

ⓐ **취업규칙의 작성·신고·변경**〈법 제93조〉 : 상시 10명 이상의 근로자를 사용하는 사용자는 다음 각호의 사항에 관한 취업규칙을 작성하여 고용노동부장관에게 신고하여야 한다. 이를 변경하는 경우에도 또한 같다.

  > - 업무의 시작과 종료 시각, 휴게시간, 휴일, 휴가 및 교대 근로에 관한 사항
  > - 임금의 결정·계산·지급 방법, 임금의 산정기간·지급시기 및 승급(昇給)에 관한 사항
  > - 가족수당의 계산·지급 방법에 관한 사항
  > - 퇴직에 관한 사항
  > - 「근로자 퇴직급여 보장법」에 따라 설정된 퇴직급여, 상여 및 최저임금에 관한 사항
  > - 근로자의 식비, 작업 용품 등의 부담에 관한 사항
  > - 근로자를 위한 교육시설에 관한 사항
  > - 출산전후휴가·육아휴직 등 근로자의 모성 보호 및 일·가정 양립 지원에 관한 사항
  > - 안전과 보건에 관한 사항
  > - 근로자의 성별·연령 또는 신체적 조건 등의 특성에 따른 사업장 환경의 개선에 관한 사항
  > - 업무상과 업무 외의 재해부조에 관한 사항
  > - 직장 내 괴롭힘의 예방 및 발생 시 조치 등에 관한 사항
  > - 표창과 제재에 관한 사항
  > - 그 밖에 해당 사업 또는 사업장의 근로자 전체에 적용될 사항

ⓑ **취업규칙 작성, 변경 절차**〈법 제94조〉

- 사용자는 취업규칙의 작성 또는 변경에 관하여 해당 사업 또는 사업장에 근로자의 과반수로 조직된 노동조합이 있는 경우에는 그 '노동조합', 근로자의 과반수로 조직된 노동조합이 없는 경우에는 '근로자 과반수의 의견'을 들어야 한다. 다만, 취업규칙을 근로자에게 불리하게 변경하는 경우에는 그 '동의'를 받아야 한다.
- 사용자는 취업규칙을 신고할 때에는 근로자의 과반수로 조직된 노동조합 또는 근로자의 과반수로 조직된 노동조합이 없는 경우에는 근로자 과반수의 의견을 적은 '서면을 첨부'하여야 한다.

(2) 최저임금법 및 시행령, 시행 규칙

① 총직

　　㉠ 목적〈법 제1조〉 : 이 법은 근로자에 대하여 임금의 최저수준을 보장하여 근로자의 생활안정과 노동력의 질적 향상을 꾀함으로써 국민경제의 건전한 발전에 이바지하는 것을 목적으로 한다.

　　㉡ 적용 범위〈법 제3조〉

　　　• 이 법은 근로자를 사용하는 모든 사업 또는 사업장에 적용한다. 다만, 동거하는 친족만을 사용하는 사업과 가사(家事) 사용인에게는 적용하지 아니한다.
　　　• 이 법은 「선원법」의 적용을 받는 선원과 선원을 사용하는 선박의 소유자에게는 적용하지 아니한다.

② 최저임금의 효력 및 산입범위

　　㉠ 최저임금의 효력〈법 제6조〉

　　　• 사용자는 최저임금의 적용을 받는 근로자에게 최저임금액 이상의 임금을 지급하여야 한다.
　　　• 사용자는 이 법에 따른 최저임금을 이유로 종전의 임금수준을 낮추어서는 아니 된다.
　　　• 최저임금의 적용을 받는 근로자와 사용자 사이의 근로계약 중 최저임금액에 미치지 못하는 금액을 임금으로 정한 부분은 무효로 하며, 이 경우 무효로 된 부분은 이 법으로 정한 최저임금액과 동일한 임금을 지급하기로 한 것으로 본다.
　　　• 도급으로 사업을 행하는 경우 도급인이 책임져야 할 사유로 수급인이 근로자에게 최저임금액에 미치지 못하는 임금을 지급한 경우 도급인은 해당 수급인과 연대하여 책임을 진다.
　　　• 사용자는 정신 또는 신체의 장애가 업무 수행에 직접적으로 현저한 지장을 주는 것이 명백하다고 인정되는 사람으로서 고용노동부장관의 인가를 받은 사람에 대하여는 최저임금의 적용을 제외할 수 있다〈시행령 제6조〉.

　　㉡ 최저임금의 산입범위〈법 제6조 제4항 및 제6조의2〉 : 근로기준법상 임금으로서 매월 1회 이상 정기적으로 지급하는 임금은 최저임금에 산입한다. 다만, 다음의 어느 하나에 해당하는 임금은 최저임금에 산입하지 아니한다〈시행규칙 제2조〉.

> • 연장근로 또는 휴일근로에 대한 임금 및 연장 · 야간 또는 휴일 근로에 대한 가산임금
> • 「근로기준법」에 따른 연차 유급휴가의 미사용 수당
> • 유급으로 처리되는 휴일에 대한 임금(단, 「근로기준법」에 따른 주휴일(유급휴일)은 제외)
> • 그 밖에 명칭에 관계 없이 위의 규정에 준하는 것으로 인정되는 임금

　　㉢ 최저임금의 적용 제외〈법 제7조〉 : 다음 각 호의 어느 하나에 해당하는 사람으로서 사용자가 대통령령으로 정하는 바에 따라 고용노동부장관의 인가를 받은 사람에 대하여는 적용하지 아니한다.

> • 정신장애나 신체장애로 근로능력이 현저히 낮은 사람
> • 그 밖에 최저임금을 적용하는 것이 적당하지 아니하다고 인정되는 사람

③ 최저임금의 결정 및 고시

　㉠ **최저임금의 결정**〈법 제8조〉

- 고용노동부장관은 매년 8월 5일까지 최저임금을 결정하여야 한다. 이 경우 고용노동부장관은 대통령령으로 정하는 바에 따라 최저임금위원회(이하 "위원회"라 한다)에 심의를 요청하고, 위원회가 심의하여 의결한 최저임금안에 따라 최저임금을 결정하여야 한다.
- 위원회는 고용노동부장관으로부터 최저임금에 관한 심의 요청을 받은 경우 이를 심의하여 최저임금안을 의결하고 심의 요청을 받은 날부터 90일 이내에 고용노동부장관에게 제출하여야 한다.
- 고용노동부장관은 위원회가 심의하여 제출한 최저임금안에 따라 최저임금을 결정하기가 어렵다고 인정되면 20일 이내에 그 이유를 밝혀 위원회에 10일 이상의 기간을 정하여 재심의를 요청할 수 있다.
- 고용노동부장관은 위원회가 재심의에서 재적위원 과반수의 출석과 출석위원 3분의 2 이상의 찬성으로 당초의 최저임금안을 재의결한 경우에는 그에 따라 최저임금을 결정하여야 한다.

　㉡ **최저임금의 고시와 효력발생**〈법 제10조〉

- 고용노동부장관은 최저임금을 결정한 때에는 지체 없이 그 내용을 고시하여야 한다.
- 고시된 최저임금은 다음 연도 1월 1일부터 효력이 발생한다. 다만, 고용노동부장관은 사업의 종류별로 임금교섭 시기 등을 고려하여 필요하다고 인정하면 효력 발생 시기를 따로 정할 수 있다.
- 사용자가 근로자에게 주지시켜야 할 최저임금의 내용은 다음 각 호와 같다〈시행령 제11조〉.

> － 적용을 받는 근로자의 최저임금액
> － 최저임금에 산입하지 아니하는 임금
> － 해당 사업에서 최저임금의 적용을 제외할 근로자의 범위
> － 최저임금의 효력발생 연월일

- 사용자는 최저임금의 내용을 최저임금 효력발생일 전날까지 근로자에게 주지시켜야 한다.

④ 최저임금위원회

　㉠ **최저임금위원회의 설치**〈법 제12조〉 : 최저임금에 관한 심의와 그 밖에 최저임금에 관한 중요 사항을 심의하기 위하여 고용노동부에 최저임금위원회를 둔다.

　㉡ **최저임금위원회의 기능**〈법 제13조〉 : 최저임금위원회는 다음 각 호의 기능을 수행한다.

> － 최저임금에 관한 심의 및 재심의
> － 최저임금 적용 사업의 종류별 구분에 관한 심의
> － 최저임금제도의 발전을 위한 연구 및 건의
> － 그 밖에 최저임금에 관한 중요 사항으로서 고용노동부장관이 회의에 부치는 사항의 심의

ⓒ **최저임금위원회의 구성 등**〈법 제14조 및 제16조〉: 최저임금위원회는 다음 각 호의 위원으로 구성한다.

> −근로자를 대표하는 위원 9명
> −사용자를 대표하는 위원 9명
> −공익을 대표하는 위원 9명
> • 위원회에 2명의 상임위원을 두며, 상임위원은 공익위원이 된다.
> • 위원의 임기는 3년으로 하되, 연임할 수 있다.
> • 위원이 궐위(闕位)되면 그 보궐위원의 임기는 전임자(前任者) 임기의 남은 기간으로 한다.
> • 위원은 임기가 끝났더라도 후임자가 임명되거나 위촉될 때까지 계속하여 직무를 수행한다.
> • 위원의 자격과 임명위촉 등에 관하여 필요한 사항은 대통령령으로 정한다.
> • 위원회에는 관계 행정기관의 공무원 중에서 3명 이내의 특별위원을 둘 수 있다〈법 제16조〉.

ⓔ **최저임금위원회의 위원의 위촉 또는 임명**〈시행령 제12조〉

• 근로자위원 · 사용자위원 · 공익위원 및 상임위원은 고용노동부장관의 제청에 의하여 대통령이 위촉하거나 임명한다.

• 위원이 궐위된 경우에는 궐위된 날부터 30일 이내에 후임자를 위촉하거나 임명하여야 한다. 다만, 전임자의 남은 임기가 1년 미만인 경우에는 위촉하거나 임명하지 아니할 수 있다.

ⓜ **위원회의 회의 및 운영**〈법 제17조〉

• 위원회의 회의는 다음 각 호의 경우에 위원장이 소집한다.

> −고용노동부장관이 소집하는 경우
> −재적위원 3분의 1 이상이 소집을 요구하는 경우
> −위원장이 필요하다고 인정하는 경우

• 위원장은 위원회의 의장이 된다.
• 위원회의 회의는 이 법으로 따로 정하는 경우 외에는 재적위원 과반수의 출석과 출석위원 괴반수의 찬성으로 의결한다.
• 위원회가 의결을 할 때에는 근로자위원과 사용자위원 각 3분의 1 이상의 출석이 있어야 한다.

(3) 남녀고용평등과 일·가정 양립 지원에 관한 관한 법률 및 시행령, 시행규칙

① 총칙

㉠ 목적〈법 제1조〉 : 이 법은 「대한민국헌법」의 평등이념에 따라 고용에서 남녀의 평등한 기회와 대우를 보장하고 모성보호와 여성 고용을 촉진하여 남녀고용평등을 실현함과 아울러 근로자의 일과 가정의 양립을 지원함으로써 모든 국민의 삶의 질 향상에 이바지하는 것을 목적으로 한다.

㉡ 용어의 정의〈법 제2조〉

구분	내용
차별	• 사업주가 근로자에게 성별, 혼인, 가족 안에서의 지위, 임신 또는 출산 등의 사유로 합리적인 이유 없이 채용 또는 근로의 조건을 다르게 하거나 그 밖의 불리한 조치를 하는 경우 • 사업주가 채용조건이나 근로조건은 동일하게 적용하더라도 그 조건을 충족할 수 있는 남성 또는 여성이 다른 성(性)에 비하여 현저히 적고 그에 따라 특정 성에게 불리한 결과를 초래하며 그 조건이 정당한 것임을 증명할 수 없는 경우
직장내 성희롱	사업주·상급자 또는 근로자가 직장 내의 지위를 이용하거나 업무와 관련하여 다른 근로자에게 성적 언동 등으로 성적 굴욕감 또는 혐오감을 느끼게 하거나 성적 언동 또는 그 밖의 요구 등에 따르지 아니하였다는 이유로 근로조건 및 고용에서 불이익을 주는 것
적극적 고용개선조치	현존하는 남녀 간의 고용차별을 없애거나 고용평등을 촉진하기 위하여 잠정적으로 특정성을 우대하는 조치
근로자	사업주에게 고용된 사람과 취업할 의사를 가진 사람

㉢ 차별에 해당하지 않는 경우〈법 제2조〉

> • 직무의 성격에 비추어 특정 성이 불가피하게 요구되는 경우
> • 여성 근로자의 임신·출산·수유 등 모성보호를 위한 조치를 하는 경우
> • 그 밖에 이 법 또는 다른 법률에 따라 적극적 고용개선조치를 하는 경우

② 남녀의 평등한 기회보장 및 대우

㉠ 모집과 채용〈법 제7조〉

• 사업주는 근로자를 모집하거나 채용할 때 남녀를 차별하여서는 아니 된다.

• 사업주는 근로자를 모집·채용할 때 그 직무의 수행에 필요하지 아니한 용모·키·체중 등의 신체적 조건, 미혼 조건, 그 밖에 고용노동부령으로 정하는 조건을 제시하거나 요구하여서는 아니 된다.

• 이를 위반한 경우에는 500만원 이하의 벌금에 처한다〈법 제 37조 제4항 제1호〉.

㉡ 임금〈법 제8조〉

• 사업주는 동일한 사업 내의 동일 가치 노동에 대하여는 동일한 임금을 지급하여야 한다. 이를 위반한 경우에는 3년 이하의 징역 또는 3천만원 이하의 벌금에 처한다〈법 제37조 제2항 제1호〉.

- 동일가치 노동의 기준은 직무 수행에서 요구되는 기술, 노력, 책임 및 작업조건 등으로 하고, 그 기준을 정할 때에는 노사협의회의 근로자를 대표하는 위원의 의견을 들어야 한다.
  - 사업주가 임금차별을 목적으로 설립한 별개의 사업은 동일한 사업으로 본다.
- ⓒ **임금 외의 금품 등**〈법 제9조〉: 사업주는 임금 외에 근로자의 생활을 보조하기 위한 금품의 지급 또는 자금의 융자 등 복리후생에서 남녀를 차별하여서는 아니 된다. 이를 위반한 경우에는 500만원 이하의 벌금에 처한다〈법 제37조 제4항 제2호〉.
- ⓔ **교육 · 배치 및 승진**〈법 제9조〉: 사업주는 근로자의 교육 · 배치 및 승진에 남녀를 차별하여서는 아니 된다. 이를 위반한 경우에는 500만원 이하의 벌금에 처한다〈법 제37조 제4항 제3호〉.
- ⓜ **정년 · 퇴직 및 해고**〈법 제9조〉: 사업주는 근로자의 정년 · 퇴직 및 해고에서 남녀를 차별하여서는 아니 되며, 여성 근로자의 혼인, 임신 또는 출산을 퇴직 사유로 예정하는 근로계약을 체결하여서는 아니 된다. 이를 위반한 경우에는 5년 이하의 징역 또는 3천만원 이하의 벌금에 처한다〈법 제37조 제1항〉.

③ **직장 내 성희롱 예방 교육**

- ㉠ **직장 내 성희롱의 금지**〈법 제12조〉: 사업주, 상급자 또는 근로자는 직장내 성희롱을 하여서는 아니 된다. 사업주가 이를 위반한 경우에는 1천만원 이하의 과태료를 부과한다〈법 제39조 제2항〉.
- ㉡ **직장 내 성희롱 예방 교육**〈법 제13조〉
  - 사업주는 직장 내 성희롱을 예방하고 근로자가 안전한 근로환경에서 일할 수 있는 여건을 조성하기 위하여 직장 내 성희롱의 예방을 위한 교육(이하 "성희롱 예방 교육"이라 한다)을 매년 실시하여야 한다. 사업주가 이를 위반한 경우에는 500만원 이하의 과태료를 부과한다〈법 제39조 제3항 제1의2호〉.
  - 사업주 및 근로자는 성희롱 예방 교육을 받아야 한다.
  - 사업주는 성희롱 예방 교육의 내용을 근로자가 자유롭게 열람할 수 있는 장소에 항상 게시하거나 갖추어 두어 근로자에게 널리 알려야 한다.
  - 성희롱 예방 교육은 사업의 규모나 특성 등을 고려하여 직원연수 · 조회 · 회의 · 인터넷 등 정보통신망을 이용한 사이버 교육 등을 통해서 실시할 수 있다. 다만, 단순히 교육자료 등을 배포게시하거나 전자우편을 보내거나 게시판에 공지하는 데 그치는 등 근로자에게 교육 내용이 제대로 전달되었는지 확인하기 곤란한 경우에는 예방 교육을 한 것으로 보지 아니한다〈시행령 제3조〉.
  - 다음 각 호의 어느 하나에 해당하는 사업의 사업주는 근로자가 알 수 있도록 교육자료 또는 홍보물을 게시하거나 배포하는 방법으로 직장 내 성희롱 예방 교육을 할 수 있다〈시행령 제3조〉.

  > - 상시 10명 미만의 근로자를 고용하는 사업
  > - 사업주 및 근로자가 모두 남성 또는 여성 중 어느 한 성(性)으로 구성된 사업

- ㉢ **직장 내 성희롱 예방 교육의 위탁**〈법 제13조의 2〉
  - 사업주는 성희롱 예방 교육을 고용노동부장관이 지정하는 기관(이하 "성희롱 예방 교육기관"이라 한다)에 위탁하여 실시할 수 있다.

• 성희롱 예방 교육기관의 지정 취소

> – 거짓이나 부정한 방법으로 지정을 받은 경우
> – 정당한 사유 없이 강사를 3개월 이상 계속하여 두지 않는 경우
> – 2년 동안 직장 내 성희롱 예방 교육 실적이 없는 경우

④ 모성보호
　㉠ 출산전후휴가 등에 대한 지원〈법 제18조〉
　　• 국가는 이 법에 따른 배우자 출산휴가, 난임치료휴가, 「근로기준법」에 따른 출산전후휴가 또는 유산·사산휴가를 사용한 근로자 중 일정한 요건에 해당하는 사람에게 그 휴가기간에 대하여 통상임금에 상당하는 금액(이하 "출산전후휴가급여 등"이라 한다)을 지급할 수 있다.
　　• 출산전후휴가급여 등을 지급하기 위하여 필요한 비용은 국가재정이나 「사회보장기본법」에 따른 사회보험에서 지급할 수 있다.
　　• 근로자가 출산전후휴가급여 등을 받으려는 경우 사업주는 서류의 작성·확인 등 모든 절차에 적극 협력하여야 한다.
　　• 출산전후휴가급여 등의 지급요건, 지급기간 및 절차 등에 관하여 필요한 사항은 따로 법률로 정한다.
　㉡ 배우자 출산휴가〈법 제18조의2〉
　　• 사업주는 근로자가 배우자 출산을 이유로 휴가(이하 "배우자 출산휴가"라 한다)를 청구하는 경우에 20일의 휴가를 주어야 한다. 이 경우 사용한 휴가기간은 유급으로 한다.
　　• 배우자 출산휴가는 근로자의 배우자가 출산한 날부터 120일이 지나면 사용할 수 없다.
　　• 배우자 출산은 3회에 한정하여 나누어 사용할 수 있다.
　　• 사업주는 배우자 출산휴가를 이유로 근로자를 해고하거나 그 밖의 불리한 처우를 하여서는 아니 된다.
　㉢ 난임치료휴가〈법 제18조의3〉
　　• 사업주는 근로자가 인공수정 또는 체외수정 등 난임치료를 받기 위하여 휴가(이하 "난임치료휴가"라 한다)를 청구하는 경우에 연간 6일 이내의 휴가를 주어야 하며, 이 경우 최초 2일은 유급으로 한다. 다만 근로자가 청구한 시기에 휴가를 주는 것이 정상적인 사업 운영에 중대한 지장을 초래하는 경우에는 근로자와 협의하여 그 시기를 변경할 수 있다.
　　• 사업주는 난임치료휴가를 이유로 해고, 징계 등 불리한 처우를 하여서는 아니 된다.
　　• 사업주는 난임치료휴가의 청구 업무를 처리하는 과정에서 알게 된 사실을 난임치료휴가를 신청한 근로자의 의사에 반하여 다른 사람에게 누설하여서는 아니 된다.
　　• 난임치료휴가의 신청방법 및 절차 등은 대통령령으로 한다.

⑤ 일·가정의 양립 지원
　㉠ 육아휴직〈법 제19조〉
　　• 사업주는 임신 중인 여성 근로자가 모성을 보호하거나 근로자가 만 8세 이하 또는 초등학교 2학년 이하의 자녀(입양한 자녀를 포함한다. 이하 같다)를 양육하기 위하여 육아휴직을 신청하는 경우에 이를 허용하여야 한다. 다만, 육아휴직을 시작하려는 날의 전날까지 해당 사업에서 계속 근로한 기간이 6개월 미만인 근로자가 신청한 경우에는 그러하지 아니하다〈시행령 제10조〉.

- 육아휴직의 기간은 1년 이내로 한다. 다만, 다음 각 호의 어느 하나에 해당하는 근로자의 경우 6개월 이내에서 추가로 육아휴직을 사용할 수 있다.

> - 같은 자녀를 대상으로 부모가 모두 육아휴직을 각각 3개월 이상 사용한 경우의 부 또는 모
> - 「한부모가족지원법」의 부 또는 모
> - 고용노동부령으로 정하는 장애아동의 부 또는 모

- 사업주는 육아휴직을 이유로 해고나 그 밖의 불리한 처우를 하여서는 아니 되며, 육아휴직 기간에는 근로자를 해고하지 못한다. 다만, 사업을 계속할 수 없는 경우에는 그러하지 아니하다.
- 사업주는 육아휴직을 마친 후에는 휴직 전과 같은 업무 또는 같은 수준의 임금을 지급하는 직무에 복귀시켜야 한다. 또한 육아휴직 기간은 근속기간에 포함한다.
- 기간제근로자 또는 파견근로자의 육아휴직 기간은 사용기간 또는 근로파견기간에서 제외한다.
- 사업주는 육아휴직을 신청한 근로자에게 본인 또는 배우자가 임신 중인 사실을 증명할 수 있는 서류나 해당 자녀의 출생 등을 증명할 수 있는 서류의 제출을 요구할 수 있다〈시행령 제11조 제7항〉.
- 근로자는 휴직종료예정일을 연기하려는 경우에는 한 번만 연기할 수 있다〈시행령 제12조 제2항〉.
- 육아휴직을 신청한 근로자는 휴직개시예정일의 7일 전까지 사유를 밝혀 그 신청을 철회할 수 있다〈시행령 제13조 제1항〉.

ⓛ 육아기 근로시간 단축〈법 제19조의2〉

- 사업주는 근로자가 만 12세 이하 또는 초등학교 6학년 이하의 자녀를 양육하기 위하여 근로시간의 단축(이하 '육아기 근로시간 단축"이라 한다)을 신청하는 경우에 이를 허용하여야 한다. 다만, 대체인력 채용이 불가능한 경우, 정상적인 사업 운영에 중대한 지장을 초래하는 경우 등 대통령령으로 정하는 경우에는 그러하지 아니하다.
- 사업주가 육아기 근로시간 단축을 허용하지 아니하는 경우에는 해당 근로자에게 그 사유를 서면으로 통보하고 육아휴직을 사용하게 하거나 출근 및 퇴근 시간 조정 등 다른 조치를 통하여 지원할 수 있는지를 해당 근로자와 협의하여야 한다.
- 사업주가 해당 근로자에게 육아기 근로시간 단축을 허용하는 경우 단축 후 근로시간은 주당 15시간 이상이어야 하고 35시간을 넘어서는 아니 된다.
- 육아가 근로시간 단축의 기간은 1년 이내로 한다. 다만 근로자가 육아휴직 기간 중 사용하지 아니한 기간이 있으면 그 기간의 두 배를 가산한 기간 이내로 한다.
- 사업주는 육아기 근로시간 단축을 이유로 해당 근로자에게 해고나 그 밖의 불리한 처우를 하여서는 아니 된다.
- 사업주는 근로자의 육아기 근로시간 단축이 끝난 후에 그 근로자를 육아기 근로시간 단축 전과 같은 업무 또는 같은 수준의 임금을 지급하는 직무에 복귀시켜야 한다.
- 육아기 근로시간 단축의 신청방법 및 절차 등에 관하여 필요한 사항은 대통령령으로 한다.

ⓛ 육아기 근로시간 단축 중 근로조건 등〈법 제19조의3〉

- 사업주는 육아기 근로시간 단축을 하고 있는 근로자에 대하여 근로시간에 비례하여 적용하는 경우 외에는 육아기 근로시간 단축을 이유로 그 근로조건을 불리하게 하여서는 아니 된다.
- 육아기 근로시간 단축을 한 근로자의 근로조건(육아기 근로시간 단축 후 근로시간을 포함한다)은 사업주와 그 근로자 간에 서면으로 한다.
- 사업주는 육아기 근로시간 단축을 하고 있는 근로자에게 단축된 근로시간 외에 연장근무를 요구할 수 없다. 다만, 그 근로자가 명시적으로 청구하는 경우에는 사업주는 주 12시간 이내에서 연장근로를 시킬 수 있다.
- 육아기 근로시간 단축을 한 근로자에 대하여 근로기준법에 따른 평균임금을 산정하는 경우에는 그 근로자의 육아기 근로시간 단축 기간을 평균임금 산정기간에서 제외한다.

ⓛ **육아휴직과 육아기 근로시간 단축의 사용형태**〈법 제19조의4〉

- 근로자는 육아휴직을 3회에 한정하여 나누어 사용할 수 있다. 이 경우 임신 중인 여성 근로자가 모성보호를 위하여 육아휴직을 사용한 횟수는 육아휴직을 나누어 사용한 횟수에 포함하지 아니한다.
- 근로자는 육아기 근로시간 단축을 나누어 사용할 수 있다. 이 경우 나누어 사용하는 1회의 기간은 1개월(근로계약기간의 만료로 1개월 이상 근로시간 단축을 사용할 수 없는 기간제근로자에 대해서는 남은 근로계약기간을 말한다) 이상이 되어야 한다.

⑥ **분쟁의 예방과 해결**

㉠ **명예고용평등감독관**〈법 제24조 및 시행규칙 제16조〉

- 고용노동부장관은 사업장의 남녀고용평등 이행을 촉진하기 위하여 그 사업장 소속 근로자 중 노사가 추천하는 사람을 명예고용평등감독관(이하 "명예감독관"이라 한다)으로 위촉할 수 있다.

> -「근로자참여 및 협력증진에 관한 법률」에 따른 노사협의회의 위원 또는 고충처리위원
> -노동조합의 임원 또는 인사 · 노무 담당부서의 관리자
> -차별 및 직장 내 성희롱에 관한 상담, 고충처리, 교육 또는 훈련업무를 수행한 경험이 있는 사람
> -그 밖에 해당 사업의 남녀고용평등을 실현하기 위하여 활동하기에 적합하다고 인정하는 사람

- 명예감독관은 다음 각 호의 업무를 수행한다.

> -해당 사업장의 차별 및 직장 내 성희롱 발생 시 피해 근로자에 대한 상담 · 조언
> -해당 사업장의 고용평등 이행상태 자율점검 및 지도 시 참여
> -법령위반 사실이 있는 사항에 대하여 사업주에 개선 건의 및 감독기관에 신고
> -남녀고용평등 제도에 대한 홍보 · 계몽
> -그 밖에 남녀고용평등의 실현을 위하여 고용노동부장관이 정하는 업무

- 사업주는 명예감독관으로서 정당한 임무 수행을 한 것을 이유로 해당 근로자에게 인사상 불이익 등의 불리한 조치를 하여서는 아니된다.
- 명예감독관의 위촉과 해촉에 관한 사항은 고용노동부령으로 한다.
- 명예감독관의 임기는 3년으로 하되, 연임할 수 있다.
- 명예감독관이 업무를 수행하는 경우에는 비상근, 무보수로 함을 원칙으로 한다.

2024년

1 근로기준법령상 이행강제금에 관한 설명으로 틀린 것은?

① 노동위원회는 구제명령을 받은 후 이행기한까지 구제명령을 이행하지 아니한 사용자에게 3천만 원 이하의 이행강제금을 부과한다.

② 노동위원회는 이행강제금을 부과하기 30일 전까지 이행강제금을 부과·징수한 뜻을 사용자에게 미리 문서로써 알려주어야 한다.

③ 근로자는 구제명령을 받은 사용자가 이행기한까지 구제명령을 이행하지 아니하면 이행 기한이 지난 때부터 30일 이내에 그 사실을 노동위원회에 알려줄 수 있다.

④ 노동위원회는 이행강제금 납부의무자가 납부기한까지 이행강제금을 내지 아니하면 기간을 정하여 독촉을 하고 지정된 기간에 이행강제금을 내지 아니하면 국세 체납처분의 예에 따라 징수할 수 있다.

해설 ③ 근로자는 구제명령을 받은 사용자가 이행기한까지 구제명령을 이행하지 아니하면 이행기한이 지난 때부터 15일 이내에 그 사실을 노동위원회에 알려줄 수 있다〈「근로기준법」 제33조(이행강제금) 제8항〉.
① 「근로기준법」 제33조(이행강제금) 제1항
② 「근로기준법」 제33조(이행강제금) 제2항
④ 「근로기준법」 제33조(이행강제금) 제7항

2 **근로기준법상 휴업수당에 관한 설명으로 틀린 것은?**

① 휴업수당은 사용자의 귀책사유로 휴업하는 경우 사용자가 휴업한 근로자에게 지급하는 수당을 말한다.

② 휴업은 1개월 이상인 경우를 의미하고 그 이하의 기간은 제외된다.

③ 휴업수당은 원칙적으로 평균임금의 100분의 70 이상의 수당을 지급하여야 한다.

④ 부득이한 사유로 사업을 계속하는 것이 불가능한 경우에는 기준에 못 미치는 휴업수당을 지급할 수 있으며, 이 경우 노동위원회의 승인을 얻어야 한다.

해설 ② 휴업이란 1개월, 1일 전체의 휴업만이 아니라 1일 소정근로시간 중 일부에 한정되는 휴업도 해당 된다.

TIP 휴업수당〈근로기준법 제46조〉

① 사용자의 귀책사유로 휴업하는 경우에 사용자는 휴업기간 동안 그 근로자에게 평균임금의 100분의 70 이 상의 수당을 지급하여야 한다. 다만, 평균임금의 100분의 70에 해당하는 금액이 통상임금을 초과하는 경 우에는 통상임금을 휴업수당으로 지급할 수 있다.

② 제1항에도 불구하고 부득이한 사유로 사업을 계속하는 것이 불가능하여 노동위원회의 승인을 받은 경우에 는 제1항의 기준에 못 미치는 휴업수당을 지급할 수 있다.

3 **근로기준법상 임금에 관한 설명으로 틀린 것은?**

① 임금은 원칙적으로 통화(通貨)로 직접 근로자에게 그 전액을 지급하여야 한다.

② 사용자는 근로자가 출산, 질병, 재해 등 비상(非常)한 경우의 비용에 충당하기 위하여 임금지급을 청구하면 지급기일 전이라도 향후 제공할 근로에 대한 임금을 지급하여야 한다.

③ 임금은 원칙적으로 매월 1회 이상 일정한 날짜를 정하여 지급하여야 한다.

④ 사업이 여러 차례의 도급에 따라 행하여지는 경우에 하수급인(下受給人)이 직상(直上)수급인의 귀책 사유로 근로자에게 임금을 지급하지 못한 경우에는 그 직상 수급인은 그 하수급인과 연대하여 책임 을 진다.

해설 ② 사용자는 근로자가 출산, 질병, 재해, 그 밖에 대통령령으로 정하는 비상(非常)한 경우의 비용에 충당하기 위하여 임금 지급을 청구하면 지급기일 전이라도 <u>이미 제공한 근로에 대한</u> 임금을 지급 하여야 한다〈근로기준법 제45조(비상시 지급)〉.
① 「근로기준법」 제43조(임금 지급) 제1항
③ 「근로기준법」 제43조(임금 지급) 제2항
④ 「근로기준법」 제44조(도급 사업에 대한 임금 지급) 제1항

4 근로기준법상 재해보상에 관한 설명으로 틀린 것은?

① 사용자는 요양 중에 있는 근로자에게 그 근로자의 요양 중 평균임금의 100분의 60의 휴업 보상을 하여야 한다.

② 근로자가 업무상 사망한 경우에는 사용자는 근로자가 사망한 후 지체 없이 그 유족에게 평균임금 360일분의 유족보상을 하여야 한다.

③ 근로자가 업무상 사망한 경우에는 사용자는 근로자가 사망한 후 지체 없이 평균임금 90일 분의 장례비를 지급하여야 한다.

④ 요양보상을 받는 근로자가 요양을 시작한지 2년이 지나도 부상 또는 질병이 완치되지 아니하는 경우에는 사용자는 그 근로자에게 평균임금 1,340일분의 일시보상을 하여 그 후의 이 법에 따른 모든 보상책임을 면할 수 있다.

> **해설** ② 근로자가 업무상 사망한 경우에는 사용자는 근로자가 사망한후 지체 없이 그 유족에게 평균임금 <u>1,000일분</u>의 유족 보상을 하여야 한다〈근로기준법 제82조(유족보상)〉.
> ① 「근로기준법」 제79조(휴업보상) 제1항
> ③ 「근로기준법」 제83조(장례비)
> ④ 「근로기준법」 제84조(일시보상)

5 근로기준법의 내용에 관한 설명으로 틀린 것은?

① 임금채권은 3년간 행사하지 아니하면 시효로 소멸한다.

② 명시된 근로조건이 사실과 다를 경우에 근로자는 근로조건 위반을 이유로 손해의 배상 청구를 노동위원회에 신청할 수 있다.

③ 사용자는 전차금(前借金)이나 그 밖에 근로할 것을 조건으로 하는 전대(前貸) 채권과 임금을 상계하지 못한다.

④ 사용자는 근로계약 불이행에 대한 위약금을 예정하는 계약을 체결한 경우 사용자는 근로자의 근로계약 불이행이 있으면 약정된 위약금을 청구할 수 있다.

> **해설** ④ 사용자는 근로계약 불이행에 대한 위약금 또는 손해배상액을 예정하는 계약을 체결하지 못한다〈근로기준법 제20조(위약예정의 금지)〉.
> ① 「근로기준법」 제49조(임금의 시효)
> ② 「근로기준법」 제19조(근로조건의 위반)
> ③ 「근로기준법」 제21조(전차금 상계의 금지)

ANSWER 2.② 3.② 4.② 5.④

6 근로계약의 일부내용이 근로기준법의 기준에 미달하는 경우 근로계약의 효력은?

① 근로계약은 전부 무효이다.

② 근로자는 근로계약을 취소할 수 있다.

③ 미달한 부분의 근로계약만 무효이다.

④ 근로계약의 효력에는 아무런 영향을 미치지 않는다.

해설 ③ 근로기준법에서 정하는 기준에 미치지 못하는 근로조건을 정한 근로계약은 그 부분에 한하여 무효로 하며, 무효로 된 부분은 근로기준법에서 정한 기준에 따른다.

7 근로기준법상의 근로시간, 휴게 및 휴일에 관한 규정이 모두 적용되지 않는 근로자는?

① 백화점매장에서 아르바이트하는 학생

② 자동차 경정비센터에서 일을 배우고 있는자

③ 기밀을 취급하는 업무에 종사하는 근로자

④ 자동차판매회사의 외근사원

해설 적용의 제외〈근로기준법 제63조〉 … 이 장과 제5장에서 정한 근로시간, 휴게와 휴일에 관한 규정은 다음 각 호의 어느 하나에 해당하는 근로자에 대하여는 적용하지 아니한다.
1. 토지의 경작, 개간, 식물의 재식, 재배, 채취사업 기타의 농림사업의 근로자
2. 동물의 사육, 수산동식물의 체포, 양식사업 기타의 축산, 양잠, 수산사업의 근로자
3. 감시 또는 단속적으로 근로에 종사하는 자로서 사용자가 노동부장관의 승인을 얻은 자
4. 사업의 종류를 불문하고 관리·감독업무 또는 <u>기밀을 취급하는 업무에 종사하는 근로자</u>〈근로기준법 시행령 제34조〉

8 근로기준법상의 임금의 지급방법에 관한 원칙으로만 연결된 것은?

① 통화불의 원칙, 직접불의 원칙, 정액불의 원칙, 일시불의 원칙

② 통화불의 원칙, 직접불의 원칙, 전액불의 원칙, 매월 1회 이상 정기불의 원칙

③ 통화불의 원칙, 정액불의 원칙 전액불의 원칙, 일시불의 원칙

④ 직접불의 원칙, 정액불의 원칙, 전액불의 원칙, 매월 1회 이상 정기불의 원칙

해설 ② 근로기준법상의 임금의 지급은 통화지급, 직접지급, 전액지급, 매월 1회 이상 정기지급을 원칙으로 한다.

9 다음 (　　)에 알맞은 것은?

> 근로기준법상 사용자는 근로자가 사망 또는 퇴직한 경우에는 그 지급 사유가 발생한 때부터 (　　　) 이내에 임금, 보상금, 그 밖에 일체의 금품을 지급하여야 한다. 다만, 특별한 사정이 있을 경우에는 당사자 사이의 합의에 의하여 기일을 연장할 수 있다.

① 14일

② 30일

③ 60일

④ 90일

해설 사용자는 근로자가 사망 또는 퇴직한 경우에는 그 지급 사유가 발생한 때부터 <u>14일</u> 이내에 임금, 보상금, 그 밖의 모든 금품을 지급하여야 한다. 다만, 특별한 사정이 있을 경우에는 당사자 사이의 합의에 의하여 기일을 연장할 수 있다〈근로기준법 제36조(금품 청산)〉.

ANSWER 6.③ 7.③ 8.② 9.①

10 근로기준법상 퇴직금의 소멸시효는?

① 2년   ② 3년

③ 5년   ④ 10년

해설   ② 근로기준법상 퇴직금의 소멸시효는 3년에 해당한다.

11 최저임금법의 목적에 관한 설명으로 옳은 것은?

① 고용보험의 안정성과 기업 경쟁력 향상

② 산업재해의 예방과 근로자의 건강 보호

③ 근로자의 생활안정과 노동력의 질적 향상

④ 임금 체불 근절과 근로시간 단축

해설   ③ 최저임금법 제1조는 "근로자의 생활안정과 노동력의 질적 향상을 꾀함으로써 국민경제의 건전한 발전에 이바지하는 것"을 목적으로 한다고 규정하고 있다.

12 다음 중 최저임금법에 대한 설명으로 가장 옳은 것은?

① "임금"이란「근로기준법」제2조에 따른 임금을 말한다.

②「선원법」의 적용을 받는 선원에게도 적용한다.

③「기간제 및 단시간근로자 보호 등에 관한 법률」의 적용을 받는 단시간근로자에게는 적용하지 아니한다.

④ 최저임금은 사업의 종류와 지역을 구분하여 정하여야 한다.

해설   ② 이 법은「선원법」의 적용을 받는 선원과 선원을 사용하는 선박의 소유자에게는 적용하지 아니한다〈최저임금법 제3조(적용 범위) 제2항〉.

③「기간제 및 단시간근로자 보호 등에 관한 법률」의 적용을 받는 단시간근로자는 원칙상「최저임금법」의 적용 대상이다〈최저임금법 제3조(적용 범위)〉.

④ 최저임금은 근로자의 생계비, 유사 근로자의 임금, 노동생산성 및 소득분배율 등을 고려하여 정한다. 이 경우 사업의 종류별로 구분하여 정할 수 있다〈최저임금법 제4조(최저임금의 결정기준과 구분) 제1항〉.

13 다음 중 최저임금법상 최저임금의 결정기준으로 명시된 것이 아닌 것은?

① 노동생산성

② 소득분배율

③ 유사 근로자의 임금

④ 직무 수행에 요구되는 작업조건

해설 ④ 최저임금은 근로자의 생계비, 유사 근로자의 임금, 노동생산성 및 소득분배율 등을 고려하여 정한다. 이 경우 사업의 종류별로 구분하여 정할 수 있다〈최저임금법 제4조(최저임금의 결정기준과 구분) 제1항〉.

14 다음은 최저임금법령상 수습 중에 있는 근로자 (단, 단순노무업무로 고용노동부장관이 정하여 고시한 직종에 종사하는 근로자는 제외) 에 대한 최저임금액의 내용이다. 보기의 빈칸에 들어갈 내용을 순서대로 올바르게 나열한 것은?

> (㉠)년 이상의 기간을 정하여 근로계약을 체결하고 수습 중에 있는 근로자로서 수습을 시작한 날부터 (㉡)개월 이내인 사람에 대하여는 시간급 최저임금액에서 100분의 (㉢)을 뺀 금액을 그 근로자의 시간급 최저임금액으로 한다.

	㉠	㉡	㉢
①	1	2	5
②	2	3	5
③	1	3	10
④	2	3	10

해설 1년 이상의 기간을 정하여 근로계약을 체결하고 수습 중에 있는 근로자로서 수습을 시작한 날부터 3개월 이내인 사람에 대해서는 같은 조 제1항 후단에 따른 시간급 최저임금액(최저임금으로 정한 금액을 말한다. 이하 같다)에서 100분의 10을 뺀 금액을 그 근로자의 시간급 최저임금액으로 한다〈최저임금법 제3조(수습 중에 있는 근로자에 대한 최저임금액)〉.

15 다음 중 최저임금법령상 최저임금에 대한 설명으로 옳지 않은 것은?

① 사용자는 최저임금의 적용을 받는 근로자에게 최저임금액 이상의 임금을 지급하여야 한다.

② 사용자는 정신 또는 신체의 장애가 업무 수행에 직접적으로 현저한 지장을 주는 것이 명백하다고 인정되는 사람에 대하여는 고용노동부장관의 인가 없이도 최저 임금의 적용을 제외할 수 있다.

③ 사용자는 이 법에 따른 최저임금을 이유로 종전의 임금수준을 낮추어서는 아니 된다.

④ 도급으로 사업을 행하는 경우 도급인이 책임져야 할 사유로 수급인이 근로자에게 최저임금액에 미치지 못하는 임금을 지급한 경우 도급인은 해당 수급인과 연대하여 책임을 진다.

> **해설** 최저임금의 적용 제외〈최저임금법 제7조〉… 다음 각 호의 어느 하나에 해당하는 사람으로서 사용자가 대통령령으로 정하는 바에 따라 고용노동부장관의 인가를 받은 사람에 대하여는 제6조(최저임금의 효력)를 적용하지 아니한다.
> 1. 정신장애나 신체장애로 근로능력이 현저히 낮은 사람
> 2. 그 밖에 최저임금을 적용하는 것이 적당하지 아니하다고 인정되는 사람

> **TIP** 최저임금 적용 제외의 인가 기준〈최저임금법 시행령 제6조〉
> 사용자가 법 제7조(최저임금의 적용제외)에 따라 고용노동부장관의 인가를 받아 최저임금의 적용을 제외할 수 있는 자는 정신 또는 신체의 장애가 업무 수행에 직접적으로 현저한 지장을 주는 것이 명백하다고 인정되는 사람으로 한다.

16 다음 중 최저임금법규상 최저임금에 산입하는 임금은?

① 연장근로에 대한 가산임금

② 연차유급휴가의 미사용수당

③ 법정 주휴일 이외의 유급으로 처리되는 휴일에 대한 임금

④ 매월 정기적으로 지급하는 상여금

> **해설** ④ 최저임금의 효력에 관한 적용 특례에 따라 매월 1회 이상 정기적으로 지급하는 상여금 및 식비, 숙박비, 교통비 등 근로자의 생활 보조 또 는 복리후생을 위한 성질의 임금은 최저임금에 전부 산입한다〈최저임금법 부칙 제2조〉.

17 다음 중 최저임금법령상 최저임금의 적용을 받는 사용자가 근로자에게 주지시켜야 할 최저임금의 내용에 해당하는 것을 올바르게 모두 고른 것은?

> ㉠ 적용을 받는 근로자의 최저임금액
> ㉡ 최저임금에 산입하지 아니하는 임금
> ㉢ 해당 사업에서 최저임금의 적용을 제외할 근로자의 범위
> ㉣ 해당 연도 시간급 최저임금액을 기준으로 산정된 월 환산액

① ㉡, ㉣

② ㉠, ㉡, ㉢

③ ㉠, ㉢, ㉣

④ ㉠, ㉡, ㉢

해설 주지의무〈최저임금법 시행령 제11조 제1항〉… 법 제11조(주지 의무)에 따라 사용자가 근로자에게 주지시켜야 할 최저임금의 내용은 다음 각 호와 같다.
1. 적용을 받는 근로자의 최저임금액
2. 법 제6조(최저임금의 효력) 제4항에 따라 최저임금에 산입하지 아니하는 임금
3. 법 제7조(최저임금의 적용 제외)에 따라 해당 사업에서 최저임금의 적용을 제외할 근로자의 범위
4. <u>최저임금의 효력발생 연월일</u>

18 다음 중 최저임금법상 최저임금위원회에 대한 설명으로 옳지 않은 것은?

① 최저임금위원회는 근로자위원 6명, 사용자위원 6명, 공익위원 6명으로 구성한다.

② 최저임금위원회의 위원의 임기는 3년으로 하되, 연임할 수 있다.

③ 최저임금위원회에 2명의 상임위원을 두며, 상임위원은 공익위원이 된다.

④ 최저임금위원회의 위원장과 부위원장은 공익위원 중에서 최저임금위원회가 선출한다.

> **해설** 위원회의 구성 등〈최저임금법 제14조〉
> ① 위원회는 다음 각 호의 위원으로 구성한다.
>   1. 근로자를 대표하는 위원(이하 "근로자위원"이라 한다) 9명
>   2. 사용자를 대표하는 위원(이하 "사용자위원"이라 한다) 9명
>   3. 공익을 대표하는 위원(이하 "공익위원"이라 한다) 9명
> ② 위원회에 2명의 상임위원을 두며, 상임위원은 공익위원이 된다.
> ③ 위원의 임기는 3년으로 하되, 연임할 수 있다.
> ④ 위원이 궐위(闕位)되면 그 보궐위원의 임기는 전임자(前任者) 임기의 남은 기간으로 한다.
> ⑤ 위원은 임기가 끝났더라도 후임자가 임명되거나 위촉될 때까지 계속하여 직무를 수행한다.
> ⑥ 위원의 자격과 임명 · 위촉 등에 관하여 필요한 사항은 대통령령으로 정한다.

19 다음 중 최저임금법상 최저임금위원회에 대한 설명으로 옳지 않은 것은?

① 최저임금위원회의 회의는 재적위원 3분의 1이상이 소집을 요구하는 경우 위원장이 소집한다.

② 최저임금위원회의 회의는 이 법으로 따로 정하는 경우 외에는 재적위원 과반수의 출석과 출석위원 과반수의 찬성으로 의결한다.

③ 최저임금위원회가 의결을 할 때에는 근로자위원과 사용자위원 각 3분의 1 이상의 출석이 있어야 한다.

④ 최저임금위원회가 사업의 종류별 또는 특정 사항별로 두는 전문위원회는 근로자위원, 사용자위원 및 공익위원 각 6명 이내의 같은 수로 구성한다.

> **해설** 전문위원회〈최저임금법 제19조〉
> ① 위원회는 필요하다고 인정하면 사업의 종류별 또는 특정 사항별로 전문위원회를 둘 수 있다.
> ② 전문위원회는 위원회 권한의 일부를 위임받아 제13조 각 호의 위원회 기능을 수행한다.
> ③ 전문위원회는 근로자위원, 사용자위원 및 공익위원 각 5명 이내의 같은 수로 구성한다.
> ④ 전문위원회에 관하여는 위원회의 운영 등에 관한 제14조 제3항부터 제6항까지, 제15조, 제17조 및 제18조를 준용한다. 이 경우 "위원회"를 "전문위원회"로 본다.

20 다음 중 2025년 적용 최저임금으로 옳은 것은?

① 9,860원

② 10,030원

③ 10,060원

④ 10,120원

해설 ② 2025년 적용 최저임금은 10,030원, 2024년 9,860이다.

SECTION
03 # 고용관련법규

(1) 직업안정법 및 시행령, 시행규칙

① **목적**〈법 제1조〉: 모든 근로자가 각자의 능력을 계발·발휘할 수 있는 직업에 취업할 기회를 제공하고, 정부와 민간부문이 협력하여 각 산업에서 필요한 노동력이 원활하게 수급되도록 지원함으로써 근로자의 직업안정을 도모하고 국민경제의 균형 있는 발전에 이바지함을 목적으로 한다.

② **용어의 정의**〈법 제2조의2〉

구분	내용
직업안정기관	직업소개, 직업지도 등 직업안정업무를 수행하는 지방고용노동행정기관
직업소개	구인 또는 구직자의 신청을 받아 구직자 또는 구인자를 탐색하거나 구직자를 모집하여 구인자와 구직자 간에 고용계약이 성립되도록 알선하는 것
직업지도	취업하려는 사람이 그 능력과 소질에 알맞은 직업을 쉽게 선택할 수 있도록 하기 위한 직업적성검사, 직업정보의 제공, 직업상담, 실습, 권유 또는 조언, 그 밖에 직업에 관한 지도
무료직업소개사업	수수료, 회비 또는 그 밖의 어떠한 금품도 받지 아니하고 하는 직업소개업
유료직업소개사업	무료직업소개사업이 아닌 직업소개사업
모집	근로자를 고용하려는 자가 취업하려는 사람에게 피고용인이 되도록 권유하거나 다른 사람으로 하여금 권유하게 하는 것
근로자공급사업	공급계약에 따라 근로자를 타인에게 사용하게 하는 사업. 다만 「파견근로자 보호 등에 관한 법률」에 따른 근로자파견사업은 제외
직업정보제공사업	신문, 잡지, 그 밖의 간행물 또는 유선·무선방송이나 컴퓨터 통신 등으로 구인·구직 정보 등 직업정보를 제공하는 사업
고용서비스	구인자 또는 구직자에 대한 고용보험의 제공, 직업소개, 직업지도 또는 직업능력개발 등 고용을 지원하는 서비스

③ **고용서비스 우수기관 인증**〈법 제4조의5〉

　㉠ 고용노동부장관은 무료직업소개사업, 유료직업소개사업, 직업정보제공사업 등을 하는 자로서 구인자·구직자가 편리하게 이용할 수 있는 시설과 장비를 갖추고 직업소개 또는 취업정보 제공 등의 방법으로 구인자·구직자에 대한 고용서비스 향상에 기여하는 기관을 고용서비스 우수기관으로 인증할 수 있다.

ⓛ 고용노동부장관은 고용서비스 우수기관 인증업무를 「고용정책기본법」에 따른 한국고용정보원, 그 밖에 고용서비스 우수기관 인증업무를 수행할 능력이 있다고 고용노동부장관이 정하여 고시하는 조직 및 인력 기준을 갖춘 법인 또는 단체에 위탁할 수 있다.

ⓒ 고용노동부장관은 고용서비스 우수기관으로 인증을 받은 자가 다음 각 호의 어느 하나에 해당되면 인증을 취소할 수 있다.

> • 거짓이나 그 밖의 부정한 방법으로 인증을 받은 경우
> • 정당한 사유 없이 1년 이상 계속 사업 실적이 없는 경우
> • 인증기준을 충족하지 못하게 된 경우
> • 고용서비스 우수기관으로 인증을 받은 자가 폐업한 경우

ⓔ 고용서비스 우수기관 인증의 유효기가은 인증일로부터 3년으로 한다.

ⓜ 고용서비스 우수기관으로 인증을 받은 자가 인증의 유효기간이 지나기 전에 다시 인증을 받으려면 유효기간 만료 60일 전까지 고용노동부장관에게 재인증을 신청하여야 한다〈시행령 제2조의6〉.

③ **직업소개**

㉠ **구인의 신청**〈법 제8조 및 시행령 제5조〉

• 구인신청은 구인자의 사업장소재지를 관할하는 직업안정기관에 하여야 한다. 다만, 사업장소재지 관할 직업안정기관에 신청하는 것이 적절하지 아니하다고 인정되는 경우에는 인근의 다른 직업안정기관에 신청할 수 있다.

• 직업안정기관의 장은 구인신청의 수리를 거부하여서는 아니 된다. 다만, 다음 각 호의 어느 하나에 해당하는 경우에는 그러하지 아니하다〈법 제8조〉.

> • 구인신청의 내용이 법령을 위반한 경우
> • 구인신청의 내용 중 임금, 근로시간, 그 밖의 근로조건이 통상적인 근로조건에 비하여 현저하게 부적당하다고 인정되는 경우
> • 구인자가 구인조건을 밝히기를 거부하는 경우
> • 구인자가 구인신청 당시 「근로기준법」에 따라 명단이 공개 중인 체불사업주인 경우

㉡ **구직의 신청**〈법 제9조 및 시행령 제6조〉

• 직업안정 기관의 장은 구직신청의 수리를 거부하여서는 아니 된다. 다만, 그 신청 내용이 법령을 위반한 경우에는 그러하지 아니하다〈법 제9조〉.

• 직업안정 기관의 장이 구직신청의 수리를 거부하는 경우에는 구직자에게 그 이유를 설명하여야 한다〈시행령 제6조〉.

㉢ **직업소개의 원칙 및 준수사항**〈법 제11조, 시행령 제7조 및 제8조〉

• 직업안정기관의 장은 구직자에게는 그 능력에 알맞은 직업을 소개하고, 구인자에게는 구인조건에 적합한 구직자를 소개하도록 노력하여야 한다〈법 제11조〉.

• 직업안정기관의 장은 구직자가 통근할 수 있는 지역에서 직업을 소개하도록 노력하여야 한다〈법 제11조〉.

- 구인자 또는 구직자 어느 한쪽의 이익에 치우지지 아니하여야 한다〈시행령 제7조〉.
- 구직자가 취업할 직업에 쉽게 적응할 수 있도록 종사하게 될 업무의 내용, 임금, 근로시간, 그 밖의 근로조건에 대하여 상세히 설명하여야 한다〈시행령 제7조〉.
- 구인자가 직업안정기관에서 구직자를 소개받은 때에는 그 채용 여부를 직업안정기관의 장에게 통보하여야 한다〈시행령 제8조〉.

② 직업안정기관의 장 외의 자가 행하는 직업안정사업의 규제

구분	내용
국내 무료직업소개사업	특별자치도지사 · 시장 · 군수 및 구청장에게 신고
국외 무료직업소개사업	고용노동부장관에게 신고
국내 유료직업소개사업	특별자치도지사 · 시장 · 군수 및 구청장에게 등록
국외 유료직업소개사업	고용노동부장관에게 등록
직업정보제공사업	고용노동부장관에게 신고
국외 취업자 모집	고용노동부장관에게 신고
근로자공급사업	고용노동부장관의 허가

⑩ 겸업 금지〈법 제26조, 시행령 제29조〉 : 직업소개사업자(법인의 임원도 포함한다) 또는 그 종사자는 다음 각 호의 어느 하나에 해당하는 사업을 할 수 없다.

- 결혼중개업
- 숙박업
- 다류(茶類)를 조리 · 판매하는 영업(영업자 또는 종업원이 영업장을 벗어나 다류를 배달 · 판매하면서 소요 시간에 따라 대가를 받는 형태로 운영하는 경우로 한정한다)
- 단란주점영업
- 유흥주점영업

⑭ 근로자공급사업의 허가〈법 제33조〉

- 누구든지 고용노동부장관의 허가를 받지 아니하고는 근로자공급사업을 하지 못한다〈법 제33조〉.
- 근로자공급사업의 유효기간은 3년으로 하되, 유효기간이 끝난 후 계속하여 근로자공급사업을 하려는 자는 고용노동부령으로 정하는 바에 따라 연장허가를 받아야 한다. 이 경우 연장허가의 유효기간은 연장 전 허가의 유효기간이 끝나는 날부터 3년으로 한다〈법 제33조〉.

구분	내용
국내 근로자공급사업	「노동조합 및 노동관계조정법」에 따른 노동조합
국외 근로자공급사업	국내에서 제조업 · 건설업 · 용역업, 그 밖의 서비스업을 하고 있는 자. 다만, 연예인을 대상으로 하는 국외 근로자공급사업의 허가를 받을 수 있는 자는 「민법」에 따른 비영리법인으로 한다.

④ 보칙

　　㉠ **결격사유**〈법 제38조〉 : 다음 각 호의 어느 하나에 해당하는 자는 직업소개사업의 신고 · 등록을 하거나 근로자공급사업의 허가를 받을 수 없다.

> - 미성년자, 피성년후견인 및 피한정후견인
> - 파산선고를 받고 복권되지 아니한 자
> - 금고 이상의 실형을 받고 그 집행이 끝나거나 집행을 하지 아니하기로 확정된 날로부터 2년이 지나지 아니한 자
> - 이 법, 「성매매알선 등 행위의 처벌에 관한 법률」, 「풍속영업의 규제에 관한 법률」 또는 「청소년 보호법」을 위반하거나 직업소개사업과 관련된 행위로 「선원법」을 위반한 자로서 다음 각 목의 어느 하나에 해당하는 자
> - 금고 이상의 실형을 선고받고 그 집행이 끝나거나 집행을 아니하기로 확정된 날로부터 3년이 지나지 아니한 자
> - 금고 이상의 형의 집행유예를 선고받고 그 유예기간이 끝난 날부터 3년이 지나지 아니한 자
> - 벌금형이 확정된 후 2년이 지나지 아니한 자
> - 금고 이상의 형의 집행유예를 선고받고 그 유예기간 중에 있는 자
> - 해당 사업의 등록이나 허가가 취소된 후 5년이 지나지 아니한 자
> - 임원 중에 각 호의 어느 하나에 해당하는 자가 있는 법인

　　㉡ **장부 등의 작성 · 비치**〈법 제39조〉 : 유료직업소개사업 · 근로자공급사업에 따라 허가를 받은 자는 고용노동부령으로 정하는 바에 따라 장부 · 대장이나 그 밖에 필요한 서류를 작성하여 갖추어 두어야 한다. 이 경우 장부 · 대장은 전자적 방법으로 작성 · 관리할 수 있다.

　　㉢ **장부 등의 비치 기간**〈시행규칙 제26조 및 제40조〉

　　　• 유료직업소개사업의 장부 비치 기간 : 2년〈시행규칙 제26조〉

> - 종사자명부
> - 구인신청서
> - 구인접수대장
> - 구직신청서
> - 구직접수 및 직업소개대장
> - 소개요금약정서
> - 일용근로자 회원명부(일용근로자를 회원제로 소개 · 운영하는 경우만 해당한다)
> - 금전출납부 및 금전출납 명세서
> - 단, 일용근로자의 직업소개에 대해서는 구인신청서, 구직신청서, 소개요금약정서 서류를 작성하여 갖추어 두지 아니할 수 있다.

• 근로자공급사업의 장부 비치 기간 : 3년〈시행규칙 제40조〉

> • 사업계획서
> • 근로자명부
> • 공급 요청 접수부 또는 공급계약서
> • 근로자공급대장
> • 경리 관련 장부
> • 공급 근로자 임금대장

(2) 고용보험법 및 시행령, 시행규칙

① 총칙

㉠ 목적〈법 제1조〉: 이 법은 고용보험의 시행을 통하여 실업의 예방, 고용의 촉진 및 근로자 등의 직업능력의 개발과 향상을 꾀하고, 국가의 직업지도와 직업소개 기능을 강화하며, 근로자 등이 실업한 경우에 생활에 필요한 급여를 실시하여 근로자 등의 생활안정과 구직활동을 촉진 함으로써 경제·사회발전에 이바지하는 것을 목적으로 한다.

㉡ 용어의 정의〈법 제2조〉

구분	내용
피보험자	• 「고용보험 및 산업재해보상보험의 보험징수 등에 관한 법률」(이하 고용산재보험료징수법이라 한다)에 따라 보험에 가입되거나 가입된 것으로 보는 근로자, 예술인 또는 노무제공자 • 고용산재보험료징수법에 따라 고용보험에 가입하거나 가입된 것으로 보는 자영업자
이직	• 피보험자와 사업주 사이의 고용관계가 끝나게 되는 것 • 예술인 및 노무제공자의 경우에는 문화예술용역 관련 계약 또는 노무제공계약이 끝나는 것
실업	근로의 의사와 능력이 있음에도 불구하고 취업하지 못한 상태에 있는 것
실업의 인정	직업안정기관의 장이 수급자격자가 실업한 상태에서 적극적으로 직업을 구하기 위하여 노력하고 있다는 것을 인정하는 것
보수	「소득세법」에 따른 근로소득에서 대통령령으로 정하는 금품(비과세 근로소득)을 뺀 금액 다만, 휴직이나 그 밖의 상태에 있는 기간 중에 사업주 외의 자로부터 지급받는 금품 중 고용노동부장관이 정하여 고시하는 금품은 보수로 본다.
일용근로자	1개월 미만 동안 고용되는 사람

ⓒ **고용보험의 관장 및 고용보험사업**〈법 제3조 및 4조〉

- 고용보험은 고용노동부장관이 관장한다〈법 제3조〉.
- 고용보험은 목적을 이루기 위하여 고용보험사업으로 고용안정·직업능력개발 사업, 실업급여, 육아휴직 및 출산전후휴가 급여 등을 실시한다〈법 제4조〉.

ⓔ **적용범위**〈법 제8조〉

- 고용보험법은 근로자를 사용하는 모든 사업 또는 사업장에 적용한다. 다만, 산업별 특성 및 규모 등을 고려하여 대통령령으로 정하는 사업에 대해서는 적용하지 아니한다.
- 적용 제외〈법 제10조 및 시행령 제3조〉

> − 해당 사업에서 1개월간 소정근로시간이 60시간 미만이거나 1주간의 소정근로시간이 15시간 미만인 근로자(단, 해당 사업에서 3개월 이상 계속하여 근로를 제공하는 근로자와 일용근로자는 적용 대상에 포함)
> − 「국가공무원법」과 「지방공무원법」에 따른 공무원(단, 대통령령으로 정하는 바라에 따라 별정직 공무원 및 임기제공무원의 경우 본인의 의사에 따라 실업급여에 한정하여 가입 가능)
> − 「사립학교교직원 연금법」의 적용을 받는 사람
> − 「별정우체국법」에 따른 별정우체국 직원
> − 농업·임업 및 어업 중 법인이 아닌 자가 상시 4명 이하의 근로자를 사용하는 사업에 종사하는 근로자(단, 본인의 의사에 따라 고용보험에 가입을 신청하는 사람은 가입 가능)

- 65세 이후에 고용되거나 자영업을 개시한 사람에게는 실업급여와 육아휴직 급여 등을 적용하지 아니하되, 고용안정·직업능력개발 사업은 적용한다. 다만, 65세 전부터 피보험자격을 유지하던 사람이 65세 이후에 계속해서 고용된 경우는 고용보험 적용대상이다〈법 제10조〉.

② **피보험자의 관리**

ⓐ **피보험자격의 취득일**〈법 제13조〉

- 근로자인 피보험자가 고용보험법이 적용되는 사업에 고용된 경우 : 그 고용된 날
- 적용제외 근로자였던 사람이 고용보험법의 적용을 받게 된 경우 : 그 적용을 받게 된 날
- 고용산재보험료징수법에 따른 보험관계 성립일 전에 고용된 근로자의 경우 : 그 보험관계가 성립한 날
- 자영업자인 피보험자인 경우 : 그 보험관계가 성립한 날

ⓑ **피보험자격의 상실일**〈법 제14조〉

- 근로자인 피보험자가 적용제외 근로자에 해당하게 된 경우 : 그 적용제외 대상자가 된 날
- 고용산재보험료징수법에 따라 보험관계가 소멸한 경우 : 그 보험관계가 소멸한 날
- 근로자인 피보험자가 이직한 경우 : 이직한 날의 다음 날
- 근로자인 피보험자가 사망한 경우 : 사망한 날의 다음 날
- 자영업자인 피보험자의 경우 : 그 보험관계가 소멸한 날

③ 고용안정 · 직업능력개발사업

㉠ 고용안정 · 직업능력개발사업의 실시〈법 제19조〉

- 고용노동부장관은 피보험자 및 피보험자였던 사람, 그 밖에 취업할 의사를 가진 사람에 대한 실업의 예방, 취업의 촉진, 고용기회의 확대, 직업능력개발 · 향상의 기회제공 및 지원, 그 밖에 고용안정과 사업주에 대한 인력확보를 지원하기 위하여 고용안정 · 직업능력개발사업을 실시한다.
- 고용노동부장관은 고용안정 · 직업능력개발사업을 실시할 때에는 근로자의 수, 고용안정 · 직업능력개발을 위하여 취한 조치 및 실적 등 대통령령으로 정하는 기준에 해당하는 기업을 우선적으로 고려하여야 한다.

㉡ 고용안정 · 직업능력개발사업의 내용

- 사업의 구분

구분	내용
고용안정	• 고용을 유지하거나 실직자를 채용하여 고용을 늘리는 사업주를 지원하여 근로자 고용안정 및 취약계층 고용촉진 지원 • 예 : 고용유지 지원, 고용창출지원, 고용안정지원 등
직업능력개발	• 사업주가 근로자 등을 대상으로 직업훈련을 실시하거나 근로자 등이 자기개발을 위해 훈련받는 경우 사업주 · 근로자 등에게 일정비용 지원 • 예 : 사업주훈련지원, 일학습병행제 등

- 사업의 내용〈법 제3장 및 시행령 제3장〉

> - 고용창출의 지원
> - 고용조정의 지원(고용유지지원금 포함)
> - 지역 고용의 촉진(지역고용촉진 지원금 포함)
> - 고령자 등 고용촉진의 지원(고령자 고용연장 지원금 및 임금피크제 지원금 포함)
> - 건설근로자 등의 고용안정지원
> - 고용안정 및 취업 촉진
> - 고용촉진 시설에 대한 지원
> - 사업주에 대한 직업능력개발 훈련의 지원(사업주훈련지원 및 일학습병행제 포함)
> - 피보험자 등에 대한 직업능력개발 지원
> - 직업능력개발 훈련 시설에 대한 지원
> - 직업능력개발의 촉진
> - 건설근로자 등의 직업능력개발 지원
> - 고용정보의 제공 및 고용 지원 기반의 구축
> - 지방자치단체 등에 대한 지원 등

④ 실업급여

　㉠ **실업급여의 종류**〈법 제37조〉: 실업급여는 구직급여와 취업촉진수당으로 구분한다.

　㉡ **구직급여의 수급요건**〈법 제40조〉: 구직급여는 이직한 근로자인 피보험자가 다음 각 호의 요건을 모두 갖춘 경우에 지급한다.

> - 법령에 따른 기준기간(원칙상 이직일 이전 18개월) 동안의 피보험 단위기간이 합산하여 180일 이상일 것
> - 근로의 의사와 능력이 있음에도 불구하고 취업(영리를 목적으로 사업을 영위하는 경우를 포함)하지 못한 상태에 있을 것
> - 이직사유가 수급자격의 제한 사유에 해당하지 아니할 것
> - 재취업을 위한 노력을 적극적으로 할 것

　㉢ **구직급여의 소정 급여일수**〈법 제50조〉: 하나의 수급자격에 따라 구직급여를 지급받을 수 있는 날은 대기기간이 끝난 다음 날부터 계산하기 시작하여 피보험기간과 연령에 따라 다음의 '구직급여 소정일수'에서 정한 일수가 되는 날까지로 한다.

구분		피보험기간				
		1년 미만	1년 이상 3년 미만	3년 이상 5년 미만	5년 이상 10년 미만	10년 이상 240일
이직일 현재 연령	50세 미만	120일	150일	180일	210일	240일
	50세 이상	120일	180일	210일	240일	270일

　※ 단. 「장애인고용촉진 및 직업재활법」에 따른 장애인은 50세 이상인 것으로 보아 위 표를 적용한다.

⑤ 육아휴직 급여 등

　㉠ **육아휴직급여 및 육아기 근로시간 단축 급여**〈법 제70조〉

- 고용노동부장관은 「남녀고용평등과 일·가정 양립 지원에 관한 법률」에 따른 육아휴직을 30일(「근로기준법」 제74조에 따른 출산전후휴가기간과 중복되는 기간은 제외한다) 이상 부여받은 피보험자 중 육아휴직을 시작한 날 이전에 피보험 단위기간이 합산하여 180일 이상인 피보험자에게 육아휴직급여를 지급한다.
- 육아휴직급여를 지급받으려는 사람은 육아휴직을 시작한 날 이후 1개월부터 육아휴직이 끝난 날 이후 12개월 이내에 신청하여야 한다. 다만 해당 기간에 대통령령으로 정하는 사유로 육아휴직급여를 신청할 수 없었던 사람은 그 사유가 끝난 후 30일 이내에 신청하여야 한다.

ⓛ 육아휴직급여 및 육아기 근로시간 단축 급여의 지급 제한 등〈법 제73조〉

- 피보험자가 육아휴직 기간 또는 육아기 근로시간 단축 기간 중에 그 사업에서 이직한 경우에는 그 이직하였을 때부터 급여를 지급하지 아니한다.
- 피보험자가 육아휴직 기간 육아기 근로시간 단축 기간 중에 취업을 한 경우에는 그 취업한 기간에 대해서는 해당 급여를 지급하지 아니한다.
- 피보험자가 사업주로부터 육아휴직 또는 육아기 근로시간 단축을 이유로 금품을 지급받은 경우 대통령령으로 정하는 바에 따라 해당 급여를 감액하여 지급할 수 있다.
- 거짓이나 그 밖의 부정한 방법으로 육아휴직 급여 또는 육아기 근로시간 단축급여를 받았거나 받으려 한 사람에게는 그 급여를 받은 날 또는 받으려 한 날부터의 해당 급여를 지급하지 아니한다. 다만, 그 급여와 관련된 육아휴직 이후에 새로 육아휴직 급여 요건을 갖춘 경우 그 새로운 요건에 따른 육아휴직 급여는 그러하지 아니하다.
- 육아휴직 기간 중 취업한 사실을 기재하지 아니하거나 거짓으로 기재하여 육아휴직 급여를 받았거나 받으려 한 사람에 대해서는 위반횟수 등을 고려하여 고용노동부령으로 정하는 바에 따라 지급이 제한되는 육아휴직 급여의 범위를 달리 정할 수 있다.

⑥ 심사 및 재심사 청구

㉠ 심사와 재심사〈법 제87조〉

- 피보험자의 취득·상실에 대한 확인, 실업급여 및 육아휴직 급여와 출산전후휴가 급여 등에 관한 처분에 이의가 있는 자는 고용보험심사관에게 심사를 청구할 수 있고, 그 결정에 이의가 있는 자는 고용보험심사위원회에 재심사를 청구할 수 있다.
- 심사의 청구는 확인 또는 처분이 있음을 안 날부터 90일 이내에, 재심사의 청구는 심사청구에 대한 결정이 있음을 안 날부터 90일 이내에 각각 제기하여야 한다.
- 심사 및 재심사의 청구는 시효중단에 관하여 재판상의 청구로 본다.

㉡ 대리인의 선임〈법 제88조〉 : 심사청구인 또는 재심사청구인은 법정대리인 외에 다음 각 호의 어느 하나에 해당하는 자를 대리인으로 선임할 수 있다.

> - 청구인의 배우자, 직계존속비속 또는 형제자매
> - 청구인인 법인의 임원 또는 직원
> - 변호사나 공인노무사
> - 고용보험심사위원회의 허가를 받은 자

⑦ 보칙

소멸시효〈법 제107조〉 : 고용안정·직업능력개발 사업의 지원금을 지급받거나 반환받을 권리 등은 3년간 행사하지 아니하면 시효로 소멸한다.

(3) 국민평생직업능력개발법 및 시행령, 시행규칙

① 총칙

  ㉠ 목적〈법 제1조〉: 이 법은 모든 국민의 평생에 걸친 직업능력개발을 촉진·지원하고 산업현장에서 필요한 인력을 양성하며 산학협력 등에 관한 사업을 수행함으로써 국민의 고용창출, 고용촉진, 고용안정 및 사회·경제적 지위 향상과 기업의 생산성 향상을 도모하고 능력중심사회의 구현 및 사회·경제의 발전에 이바지함을 목적으로 한다.

  ㉡ 용어의 정의〈법 제2조〉

구분	내용	
직업능력개발훈련	모든 국민에게 평생에 걸쳐 직업에 필요한 직무수행능력(지능정보화 및 포괄적 직업·직무기초능력을 포함)을 습득·향상시키기 위하여 실시하는 훈련	
직업능력개발사업	직업능력개발훈련, 직업·진로 상담 및 경력개발 지원, 직업능력개발훈련 과정·매체의 개발 및 직업능력개발에 관한 조사·연구 등을 하는 사업	
직업능력개발훈련 시설	공공직업 훈련시설	국가지방자치단체 및 대통령령으로 정하는 공공단체가 직업능력개발훈련을 위하여 설치한 시설로서 고용노동부장관과 협의하거나 고용노동부장관의 승인을 받아 설치한 시설
	지정직업 훈련시설	직업능력개발훈련을 위하여 설립·설치된 직업전문학교·실용전문학교 등의 시설로서 고용노동부장관이 지정한 시설
근로자	사업주에게 고용된 사람과 취업할 의사가 있는 사람	
기능대학	고등교육법 제2조 제4호에 따른 전문대학으로서 학위과정인 제40조에 따른 다기능기술자과정 또는 학위전공심화과정을 운영하면서 직업훈련과정을 병설운영하는 교육훈련기관	

  ㉢ 직업능력개발훈련 시설을 설치할 수 있는 공공단체의 범위〈시행령 제2조〉

> • 「한국산업인력공단법」에 따른 한국산업인력공단(한국산업인력공단이 출연하여 설립한 학교법인을 포함한다)
> • 「장애인고용촉진 및 직업재활법」에 따른 한국장애인고용공단
> • 「산업재해보상보험법」에 따른 근로복지공단

  ㉣ 직업능력개발훈련의 기본원칙〈법 제3조〉

  • 직업능력개발훈련은 국민 개개인의 희망·적성·능력에 맞게 국민의 생애에 걸쳐 체계적으로 실시되어야 한다.

  • 직업능력개발훈련은 민간의 자율성과 창의성이 존중되도록 하여야 하며, 노사의 참여와 협력을 바탕으로 실시되어야 한다.

- 직업능력개발훈련은 성별, 연령, 신체적 조건, 고용형태, 신앙 또는 사회적 신분 등에 따라 차별하여 실시되어서는 아니 되며, 모든 국민에게 균등한 기회가 보장되도록 노력하여야 한다.
- 직업능력개발훈련은 교육 관계 법에 따른 학교교육 및 산업현장과 긴밀하게 연계될 수 있도록 하여야 한다.
- 직업능력개발훈련은 국민의 직무능력과 고용가능성을 높일 수 있도록 지역·산업현장의 수요가 반영되어야 한다.
- 직업능력개발훈련은 직업에 필요한 직무능력뿐만 아니라 지능정보화 및 포괄적 직업·직무기초능력 등 직무 수행과 관련되는 직무기초역량을 함께 지원하여야 한다.
- 직업능력개발훈련은 고용정책기본법에 따른 직업소개, 직업지도 및 경력개발 등과 긴밀하게 연계될 수 있도록 하여야 한다.

ⓗ **직업능력개발훈련이 중시되어야 할 대상**〈법 제3조〉

> - 고령자·장애인
> - 「국가유공자 등 예우 및 지원에 관한 법률」에 따른 국가유공자와 그 유족 또는 가족이나
>   보훈보상대상자 지원에 관한 법률에 따른 보훈보상대상자와 그 유족 또는 가족
> - 「5·18민주유공자예우 및 단체설립에 관한 법률」에 따른 5·18민주유공자와 그 유족 또는 가족
> - 「제대군인지원에 관한 법률」에 따른 제대군인 및 전역예정자
> - 여성근로자
> - 「중소기업기본법」에 따른 중소기업의 근로자
> - 일용근로자, 단시간근로자, 기간을 정하여 근로계약을 체결한 근로자, 일시적 사업에 고용된 근로자
> - 「파견근로자 보호 등에 관한 법률」에 따른 파견근로자
> - 「학교 밖 청소년 지원에 관한 법률」에 따른 학교 밖 청소년

② **직업능력개발훈련**

㉠ **직업능력개발훈련의 구분 및 실시방법**〈시행령 제3조〉

- 훈련의 목적에 따른 구분

구분	내용
양성훈련	직업에 필요한 기초적 직무수행능력을 습득시키기 위하여 실시하는 직업능력개발훈련
향상훈련	양성훈련을 받은 사람이나 직업에 필요한 기초적 직무수행능력을 가지고 있는 사람에게 더 높은 직무수행능력을 습득시키거나 기술발전에 맞추어 지식·기능을 보충하게 하기 위하여 실시하는 직업능력개발훈련
전직훈련	종전의 직업과 유사하거나 새로운 직업에 필요한 직무수행능력을 습득시키기 위하여 실시하는 직업능력개발훈련

• 훈련의 실시방법에 따른 구분

구분	내용
집체훈련	직업능력개발훈련을 실시하기 위하여 설치한 훈련전용시설이나 그 밖에 훈련을 실시하기에 적합한 시설(산업체의 생산시설 및 근무장소는 제외)에서 실시하는 방법
현장훈련	산업체의 생산시설 또는 근무장소에서 실시하는 방법
원격훈련	먼 곳에 있는 사람에게 정보통신매체 등을 이용하여 실시하는 방법
혼합훈련	집체훈련, 현장훈련, 원격훈련 중 2가지 이상 병행하여 실시하는 방법

③ **훈련계약과 권리 · 의무**〈법 제9조〉

ㄱ 사업주와 직업능력개발훈련을 받으려는 근로자는 직업능력개발훈련에 따른 권리 · 의무 등에 관하여 훈련계약을 체결할 수 있다.

ㄴ 사업주는 훈련계약을 체결할 때에는 해당 직업능력개발훈련을 받는 사람이 직업능력개발훈련을 이수한 후에 사업주가 지정하는 업무에 일정 기간 종사하도록 할 수 있다. 이 경우 그 기간은 5년 이내로 하되, 직업능력개발훈련기간의 3배를 초과할 수 없다.

ㄷ 훈련계약을 체결하지 아니한 경우에 고용근로자가 받은 직업능력개발훈련에 대하여는 그 근로자가 근로를 제공한 것으로 본다.

ㄹ 훈련계약을 체결하지 아니한 사업주는 직업능력개발훈련을 「근로기준법」에 따른 기준 근로시간 내에 실시하되, 해당 근로자와 합의한 경우에는 기준근로시간 외의 시간에 직업능력개발훈련을 실시할 수 있다.

ㅁ 기준근로시간 외의 훈련시간에 대하여는 생산시설을 이용하거나 근무장소에서 하는 직업능력개발훈련의 경우를 제외하고는 연장근로와 야간근로에 해당하는 임금을 지급하지 아니할 수 있다.

④ **재해 위로금**

ㄱ **재해 위로금의 지급**〈법 제11조〉

• 직업능력개발훈련을 실시하는 자는 해당 훈련시설에서 직업능력개발훈련을 받는 국민(「산업재해보상보험법」을 적용받는 사람은 제외한다)이 직업능력개발훈련 중에 그 직업능력개발훈련으로 인하여 재해를 입은 경우에는 재해 위로금을 지급하여야 한다.

• 위탁에 의한 직업능력개발훈련을 받는 국민에 대하여는 그 위탁자가 재해 위로금을 부담하되, 위탁받은 자의 훈련시설의 결함이나 그 밖에 위탁받은 자에게 책임이 있는 사유로 인하여 재해가 발생한 경우에는 위탁받은 자가 재해 위로금을 지급하여야 한다.

ㄴ **재해 위로금의 지급 기준 및 절차**〈시행령 제5조〉

• 재해 위로금의 지급에 관하여는 근로기준법의 재해보상에 관한 규정(휴업보상의 규정은 제외)을 준용한다.

• 재해 위로금의 산정기준이 되는 평균임금은 산업재해보상보험법에 따라 고용노동부장관이 매년 정하여 고시하는 최고 보상기준 금액 및 최저 보상기준 금액을 각각 그 상한 및 하한으로 한다.

⑤ 직업능력개발훈련교사

　　㉠ 직업능력개발훈련교사의 자격〈법 제33조〉

- 직업능력개발훈련교사나 그 밖에 해당 분야에 전문지식이 있는 사람 등으로서 대통령령으로 정하는 사람은 직업능력개발훈련을 위하여 훈련생을 가르칠 수 있다.
- 직업능력개발훈련교사가 되려는 사람은 직업능력개발훈련교사 양성을 위한 훈련과정을 수료하는 등 대통령령으로 정하는 기준을 갖추어 고용노동부장관으로부터 직업능력개발훈련교사 자격증을 발급받아야 한다.
- 직업능력개발훈련교사 자격증을 발급받으려는 사람은 고용노동부령으로 정하는 바에 따라 수수료를 내야 한다.
- 발급받은 자격증은 다른 사람에게 빌려주거나 빌려서는 아니 되며, 이를 알선하여서도 아니 된다.
- 직업능력개발훈련교사의 종류, 등급, 자격기준, 그 밖에 직업능력개발훈련교사에 관하여 필요한 사항은 대통령령으로 정한다.

　　㉡ 직업능력개발훈련교사의 결격사유〈법 제34조〉

- 다음 각 호의 어느 하나에 해당하는 사람은 직업능력개발훈련교사가 될 수 없다.

> - 피성년후견인 · 피한정후견인
> - 금고 이상의 실형을 선고받고 그 집행이 끝나거나(집행이 끝난 것으로 보는 경우를 포함한다) 집행이 면제된 날부터 2년이 지나지 아니한 사람
> - 금고 이상의 형의 집행유예를 선고받고 그 유예기간 중에 있는 사람
> - 법원의 판례에 따라 자격이 상실되거나 정지된 사람
> - 「성폭력범죄의 처벌 등에 관한 특례법」에 따른 성폭력범죄로 100만원 이상의 벌금형을 선고받고 그 형이 확정된 후 2년이 지나지 아니한 사람
> - 직업능력개발훈련교사 자격이 취소된 후 3년이 지나지 아니한 사람

　　㉢ 직업능력개발훈련교사의 양성〈법 제36조〉

- 국가, 지방자치단체, 공공단체 또는 고용노동부장관이 고시하는 법인 · 단체는 직업능력개발훈련교사 양성을 위한 훈련과정을 설치 · 운영할 수 있다. 이 경우 국가 및 지방자치단체가 아닌 자가 훈련과정을 설치 · 운영하려면 고용노동부장관의 승인을 받아야 한다.
- 직업능력개발훈련교사의 양성을 위한 훈련과정은 양성훈련과정, 향상훈련과정 및 교직훈련과정으로 구분한다. 〈시행규칙 제18조 제1항〉

⑷ 구직자 취업촉진 및 생활안정지원에 관한 법률 및 시행령, 시행규칙

① 총칙

  ㉠ 목적〈법 제1조〉: 이 법은 근로능력과 구직의사가 있음에도 불구하고 취업에 어려움을 겪고 있는 국민에게 통합적인 취업지원서비스를 제공하고 생계를 지원함으로써 이들의 구직활동 및 생활안정에 이바지함을 목적으로 한다.

  ㉡ 용어의 정의〈법 제2조〉

구분	내용
취업지원	수급자의 취업활동에 도움이 될 수 있는 취업지원 서비스 및 구직촉진수당을 지급하는 것
수급자격자	취업지원서비스 또는 구직촉진수당의 수급요건을 갖추어 수급자격이 인정된 사람
수급자	수급자격자로서 취업지원서비스 또는 구직촉진수당을 받는 사람

  ㉢ 각 주체의 책무〈법 제3조 및 제4조〉

구분	내용
국가와 지방자치단체	• 수급자격자의 적성과 능력에 맞는 분야에 취업할 수 있도록 지원 • 구직 중 생활이 안정될 수 있도록 필요한 시책을 수립 · 시행
수급자격자	• 국가와 지방자치단체로부터 취업 및 생활안정을 위한 지원을 받을 권리 • 취업활동계획 등에 따른 구직활동을 성실히 이행할 의무

  ㉣ 구직자 취업지원 기본계획의 수립 · 시행〈법 제5조〉

    • 고용노동부장관은 관계 중앙행정기관의 장과 협의하여 구직자의 취업을 지원하기 위한 구직자 취업지원 기본계획(이하 "기본계획"이라 한다)을 5년마다 수립하고 시행하여야 한다.

    • 기본 계획에는 다음 각 호의 사항이 포함되어야 한다.

> • 구직자 취업지원의 기본목표 및 추진방향
> • 구직자 취업지원에 관한 사업계획 및 추진방법
> • 구직자 취업지원 체계의 구축 및 운영
> • 구직자 취업지원의 성과분석 및 개선방안
> • 구직자 취업지원을 위한 재원조달
> • 그 밖에 구직자 취업지원을 위하여 필요한 사항

② 취업지원 수급자격의 인정 등

  ㉠ 취업지원서비스의 수급 요건〈법 제6조〉: 다음 각 호의 요건에 해당하는 사람은 취업지원서비스 수급자격이 있다.

    • 근로능력과 구직의사가 있음에도 취업하지 못한 상태일 것
    • 취업지원을 신청할 당시 15세 이상 64세 미만일 것

• 가구단위의 월평균 총소득이 기준 중위소득의 100분의 100이하 일 것. 다만, 15세 이상 34세 이하인 사람은 가구단위의 월평균 총소득이 기준 중위소득의 100분의 120 이하일 것

ⓒ **구직촉진수당의 수급 요건**〈법 제7조〉: 다음 각 호의 요건에 해당하는 사람은 구직촉진수당의 수급자격이 있다.

• 취업지원서비스의 수급 요건을 갖출 것
• 가구단위의 월평균 총소득이 기준 중위소득의 100분의 60 이내의 범위에서 최저생계비 및 구직활동에 드는 비용을 고려하여 대통령령으로 정하는 수준(기준 중위소득의 100분의 60 이하일 것)
• 가구원이 소유하고 있는 토지건물자동차 등 재산의 합계액이 6억원 이내의 범위에서 대통령령으로 정하는 금액(→ 4억원, 단, 15세 이상 34세 이하는 5억원 이하일 것)
• 취업지원 신청일 이전 2년 이내의 범위에서 대통령령으로 정하는 기간(취업지원 신청인이 취업한 기간을 모두 더하여 100일 또는 800시간) 이상 취업한 사실이 있을 것

③ **취업지원서비스의 주요 내용**〈법 제12조, 제13조 및 제14조〉

구분	내용
취업활동계획 〈법 제12조〉	고용노동부장관은 수급자격자와 협의하여 해당 수급자격자에게 필요한 취업지원 프로그램 또는 구직활동지원 프로그램 등에 관한 사항을 포함하여 개인별 취업활동계획을 수립하여야 한다.
취업지원 프로그램 〈법 제13조〉	고용노동부장관은 취업활동계획에 따라 수급자가 취업의욕과 직업 적응능력을 높이고 구직활동에 필요한 기술을 익힐 수 있도록 취업지원프로그램을 제공할 수 있다.
구직활동지원 프로그램 〈법 제14조〉	고용노동부장관은 수급자의 취업활동계획에 따라 일자리 소개 및 이력서 작성·면접기법 등 구직활동에 필요한 구직활동지원 프로그램을 제공하여야 한다.

④ **수급권 보호 및 부정행위에 대한 조치**

ⓐ **수급권 보호를 위한 조치**〈법 제22조, 제23조 및 제25조〉

구분	내용
수당수급계좌의 신청 〈법 제22조〉	고용노동부장관은 수급자의 신청이 있는 경우에는 구직촉진수당, 취업활동비용 및 취업성공수당(이하 "구직촉진수당 등"이라 한다)을 수급자 명의의 지정된 수당수급계좌로 입금하여야 한다.
압류 등의 금지 〈법 제23조〉	• 구직촉진수당 등을 지급받을 권리는 양도 또는 압류하거나 담보로 제공할 수 없다. • 수당수급계좌의 예금에 관한 채권은 압류할 수 없다.
공과금의 면제 〈법 제25조〉	구직촉진수당 등으로 지급된 금액에 대해서는 국가나 지방자치단체의 공과금을 부과하지 아니한다.

ⓛ 소멸시효〈법 제24조〉

- 구직촉진수당 등을 지급받거나 반환명령 등에 따라 반환받을 권리는 3년간 행사하지 아니하면 시효로 소멸한다.
- 소멸시효는 수급자 또는 고용노동부장관의 청구로 중단된다.

⑤ 취업지원의 종료 및 심사 · 재청구

ⓐ 취업지원 종료 등〈법 제29조 및 시행규칙 제20조〉

- 고용노동부장관은 다음 각 호의 구분에 따른 시점부터 수급자에 대한 해당 취업지원서비스의 제공 또는 구직촉진수당의 지급을 하지 아니한다.

> - 취업지원서비스 기간이 만료된 경우 : 해당 기간이 만료된 날의 다음날
> - 취업지원서비스 기간 중 취업 또는 창업한 경우 : 고용노동부령으로 정하는 기준 이상의 일자리(→ 주 30시간 이상 근무하는 일자리)에 취업한 날 또는 영리 목적으로 사업을 하기 시작한 날
> - 재정지원 일자리사업 중 대통령령으로 정하는 사업의 참여자로 선정된 경우 : 사업 참여자로 선정된 날
> - 생계급여 수급자로 선정된 경우 : 생계급여 수급자로 선정된 날
> - 취업지원 유예 기간 만료 또는 유예 사유 해소에도 불구하고 취업지원서비스에 다시 참여하지 아니하는 경우 : 취업지원의 유예기간이 만료된 날의 다음 날 또는 그 유예 사유가 해소된 날의 다음 날부터 30일이 지난 날
> - 수급자격자의 취업활동계획 수립의무 미이행으로 수급자격의 인정을 철회한 경우 : 철회한 날
> - 구직촉진수당의 지급기간이 최종 회차인 경우 : 최종 회차 지급기간의 마지막 날의 다음 날
> - 구직촉진수당의 마지막 지급중단 결정을 받은 경우 : 마지막 지급중단 결정이 있은 날
> - 취업지원서비스를 수급하는 중 수급자격을 갖추지 못한 것으로 확인된 경우 : 확인된 날
> - 구직촉진수당의 지급기간 중 수급자격을 갖추지 못한 것으로 확인된 경우 : 확인된 날
> - 국가 또는 지방자치단체가 구직활동을 위해 지원하는 수당을 받게 된 경우 : 수당을 처음 받는 날
> - 구직촉진수당의 지급기간 중 수급자 신고 소득의 월 단위 지급액 초과로 수급자격의 인정을 철회한 경우 : 철회한 날
> - 부정행위에 따라 구직촉진수당 등의 지급결정이 취소된 경우 : 취소된 날
> - 「고용보험법」에 따른 구직급여를 받게 된 경우 : 구직급여 수급자격의 인정을 받은 날
> - 수급자 본인이 취업지원 종료를 원하는 경우 : 취업지원 종료를 원하는 날

- 취업지원의 종료에 따라 취업지원을 하지 아니하게 된 경우에는 원칙상 그날부터 3년 이내의 범위에서 대통령령으로 정하는 기간(→ 3년)이 지나야 취업지원 신청을 할 수 있다〈시행령 제13조 제1항〉.

ⓛ 심사 및 재심사〈법 제30조〉

- 수급자격자의 결정, 취업지원의 유예, 취업활동계획의 수립, 취업지원서비스의 제공, 취업활동비용의 지원, 취업성공수당의 지급, 구직촉진수당의 지급 · 지급정지 · 지급제한, 반환명령, 취업지원의 종료 등에 따른 처분에 대하여 이의가 있는 사람은 「고용보험법」에 따라 고용보험심사관에게 청구할 수 있고, 그 결정에 이의가 있는 자는 고용보험심사위원회에 재심사를 청구할 수 있다.
- 심사 및 재심사 청구의 가능기간 및 방식 등 세부적인 절차에 관하여는 「고용보험법」을 준용한다.

2024년

1 직업안정법상 유료직업소개사업을 하는 자가 사업소별로 고용해야 하는 직업상담원의 자격으로 틀린 것은?

① 「국가기술자격법」에 따른 직업상담사 1급 또는 2급

② 「사회복지사업법」에 따른 사회복지사

③ 「고등교육법」에 따른 교원으로서 교원 근무경력이 1년 이상인 사람

④ 「공인노무사법」에 따른 공인노무사

해설 ③ 「초중등교육법」에 따른 교원자격증을 가진 사람으로서 교사 근무 경력이 2년 이상인 사람 또는 「고등교육법」에 따른 교원으로서 교원 근무 경력이 2년 이상인 사람〈직업안정법 시행령 제21조(유료직업소개사업의 등록요건 등)〉

2024년

2 직업안정법상 고용서비스 우수기관 인증에 대한 설명으로 틀린 것은?

① 고용노동부장관은 고용서비스우수기관 인증업무를 대통령령으로 정하는 전문기관에 위탁할 수 있다.

② 고용서비스 우수기관으로 인증을 받은 자가 인증의 유효기간이 지나기 전에 다시 인증을 받으려면 직업안정기관의 장에게 재인증을 신청하여야 한다.

③ 고용노동부장관은 고용서비스 우수기관으로 인증을 받은 자가 정당한 사유 없이 1년 이상 계속 사업 실적이 없는 경우 인증을 취소할 수 있다.

④ 고용서비스 우수기관 인증의 유효기간은 인증일부터 3년으로 한다.

해설 ② 직업안정법 제4조의5 제6항에서는 고용서비스 우수기관으로 인증을 받은 자가 제5항에 따른 인증의 유효기간이 지나기 전에 다시 인증을 받으려면 대통령령으로 정하는 바에 따라 <u>고용노동부장관에게 재인증을</u> 신청하여야 한다고 명시되어 있다.

3 **직업안정법규상 유료직업소개사업자의 장부비치기간으로 옳은 것은?**

① 종사자명부 : 3년

② 구인신청서 및 구직신청서 : 3년

③ 근로계약서 : 2년

④ 금전출납부 및 금전출납명세서 : 1년

해설 유료직업소개사업자의 장부비치기간 : 2년〈직업안정법 제25조 제1항〉

> • 종사자명부
> • 구인신청서
> • 구인접수대장
> • 구직신청서
> • 구직접수 및 직업소개대장
> • 소개요금약정서
> • 일용근로자 회원명부(일용근로자를 회원제로 소개·운영하는 경우만 해당한다)
> • 금전출납부 및 금전출납 명세서
> 단, 일용근로자의 직업소개에 대해서는 구인신청서, 구직신청서, 소개요금약정서 서류를 작성하여
> 갖추어 두지 아니할 수 있다.

4 **직업안정법규상 고용노동부장관 또는 특별자치도지사, 시장, 군수, 구청장이 직업소개사업을 하는 자 및 그 종사자에 대하여 실시하는 교육훈련의 교과내용이 아닌 것은?**

① 노동경제학이론   ② 직업상담 이론 및 기법

③ 고용안정전산망 운용   ④ 직업소개사업의 사회적 책임

해설 직업소개사업자 및 그 종사자에 대한 교육훈련의 내용·방법 및 시간〈직업안정법 시행규칙 별표3〉

     ㉠ 직업소개제도 : 직업안정법 해설, 불법 직업소개행위 및 거짓 구인광고 유형과 처벌규정

     ㉡ 직업상담실무 : 직업상담이론, 직업상담기법

     ㉢ 직업정보관리 : 직업정보의 수집·제공

     ㉣ 직업윤리의식 : 직업소개사업의 사회적 책임, 직업소개사업자의 윤리강령 및 자정노력

ANSWER   1.③   2.②   3.③   4.①

5 **직업안정법에 관한 설명으로 틀린 것은?**

① 국외 무료직업소개사업을 하려는 자는 고용노동부장관의 허가를 받아야 한다.

② 국외 유료직업소개사업을 하려는 자는 고용노동부장관에게 등록하여야 한다.

③ 구인자가 직업안정기관에서 구직자를 소개받은 때에는 그 채용여부를 직업안정기관의 장에게 통보하여야 한다.

④ 누구든지 국외에 취업할 근로자를 모집한 경우에는 고용노동부장관에게 신고하여야 한다.

> **해설** ① 무료직업소개사업은 소개대상이 되는 근로자가 취직하고자 하는 장소를 기준으로 하여 국내무료직업소개사업과 국외무료직업소개사업으로 구분하되, 국내무료직업소개사업을 하고자 하는 자는 시장·군수·구청장(자치구의 구청장에 한한다. 이하 같다)에게 신고하여야 하고, 국외무료직업소개사업을 하고자 하는 자는 <u>노동부장관에게 신고</u>하여야 한다. 신고한 사항을 변경하고자 하는 경우에도 또한 같다〈직업안정법 제18조(무료직업 소개사업) 제1항〉.
> ② 「직업안정법」 제19조(유료직업소개사업) 제1항
> ③ 「직업안정법 시행령」 제8조(채용여부의 통보)
> ④ 「직업안정법 시행령」 31조(국외취업자의 모집신고 및 등록) 제1항

6 **직업안정법에서 사용하는 용어의 정의로 틀린 것은?**

① 유료직업소개사업이란 무료직업소개사업이 아닌 직업소개사업을 말한다.

② 직업안정기관이란 직업소개, 직업지도 등 직업안정업무를 수행하는 지방고용노동행정기관을 말한다.

③ 무료직업소개사업이란 수수료, 회비 또는 그 밖의 어떠한 금품도 받지 아니하고 하는 직업소개사업을 말한다.

④ 직업소개란 구인 또는 구직의 신청을 받아 구인자와 구직자 간에 고용계약의 성립을 결정하는 것을 말한다.

> **해설** ④ 직업소개란 구인 또는 구직의 신청을 받아 구직자 또는 구인자를 탐색하거나, 구직자를 모집하여 <u>구인자와 구직자 간에 고용계약이 성립되도록 알선</u>하는 일을 말한다〈직업안정법 제2조의2(정의) 제2호〉.

2024년

7 직업안정법상 근로자의 모집 및 근로자공급사업에 관한 설명으로 틀린 것은?

① 근로자를 고용하려는 자는 광고, 문서 또는 정보통신망 등 다양한 매체를 활용하여 자유롭게 근로자를 모집할 수 있다.

② 누구든지 국외에 취업할 근로자를 모집한 경우에는 고용노동부장관에게 신고하여야한다.

③ 국내 근로자공급사업의 경우 그 사업의 허가를 받을 수 있는 자는 「노동조합 및 노동관계 조정법」에 따른 노동조합이다.

④ 근로자공급사업에는 「파견근로자보호 등에 관한 법률」에 따른 근로자파견사업을 포함한다.

> **해설** ④ 근로자공급사업은 직업안정법상 원칙적으로 금지되며, 노동조합에 한해 예외적으로 허용되고, 근로자파견사업은 별도의 법률(「파견근로자보호 등에 관한 법률」)에 따른 제도이므로, 포함되지 않는다.
> ① 「직업안정법」 제28조(근로자의 모집)
> ② 「직업안정법」 제30조(국외 취업자의 모집) 제1항
> ③ 「직업안정법」 제33조(근로자공급사업) 제3항 제1호

2024년

8 직업안정법상 직업정보제공 사업자의 준수사항으로 틀린 것은?

① 직업정보제공매체의 구인·구직의 광고에는 구인·구직자 및 직업정보제공사업자의 주소 또는 전화번호를 기재할 것

② 구인자의 연락처가 사서함으로 표시된 구인광고를 게재하지 아니할 것

③ 광고문에 취업 상담·추천 등의 표현을 사용하지 아니할 것

④ 구직자의 이력서 발송을 대행하거나 구직자에게 취업 추천서를 발부하지 아니할 것

> **해설** 직업정보제공사업자의 준수사항〈직업안정법 제28조〉… 직업정보제공사업을 하는 자 및 그 종사자가 준수하여야 할 사항은 다음 각 호와 같다.
> ㉠ 구인자의 업체명(또는 성명)이 표시되어 있지 않거나, 구인자의 연락처가 사서함 등으로 표시되어 구인자의 신원이 확실하지 않은 구인광고를 게재하지 아니할 것
> ㉡ 직업정보제공매체의 구인·구직 광고에는 구인자 또는 구직자의 주소 또는 전화번호를 기재하고, <u>직업정보제공사업자의 주소 또는 전화번호는 기재하지 아니할 것</u>
> ㉢ 직업정보제공매체 또는 직업정보제공사업의 광고문에 '(무료)취업상담', '취업추천', '취업지원' 등의 표현을 사용하지 아니할 것
> ㉣ 구직자의 이력서 발송을 대행하거나 구직자에게 취업추천서를 발급하지 아니할 것

ANSWER 5.① 6.④ 7.④ 8.①

2024년

9 고용보험법상 취업촉진수당에 해당하지 않는 것은?

① 조기재취업수당

② 광역구직활동비

③ 이주비

④ 구직급여

해설 ④ 고용보험법상 취업촉진수당으로는 조기재취업수당, 직업능력개발수당, 광역구직활동비, 이주비가 해당한다.

2024년

10 고용보험법상 육아휴직 급여에 관한 설명으로 틀린 것은?

① 육아휴직 급여는 육아휴직 시작일을 기준으로 한 월 통상임금의 100분의 80에 해당하는 금액을 월별 지급액으로 하는 것이 원칙이다.

② 피보험자가 육아휴직 기간 중에 그 사업에서 이직한 경우에는 그 이직하였을 때부터 육아휴직 급여를 지급하지 아니하는 것이 원칙이다.

③ 피보험자가 사업주로부터 육아휴직을 이유로 금품을 지급받은 경우에라도 이를 이유로 하여 육아휴직 급여가 감액되어 지급되어서는 아니 된다.

④ 거짓이나 그 밖의 부정한 방법으로 육아휴직 급여를 받았거나 받으려 한 사람에게는 그 급여를 받은 날 또는 받으려 한 날부터의 육아휴직 급여를 지급하지 아니하는 것이 원칙이다.

해설 ③ 피보험자가 사업주로부터 육아휴직을 이유로 금품을 지급받은 경우 대통령령으로 정하는 바에 따라 급여를 감액하여 지급할 수 있다〈고용보험법 제 73조(육아휴직 급여의 지급 제한 등) 제3항〉.
① 「고용보험법 시행령」 제95조(육아휴직급여) 제1항 제3호
② 「고용보험법」 제73조(육아휴직 급여의 지급 제한 등) 제1항
④ 「고용보험법」 제73조(육아휴직 급여의 지급 제한 등) 제4항

11 고용보험법상 실업급여에 포함되지 않는 것은?

① 생계비   ② 이주비

③ 구직급여   ④ 조기재취업 수당

해설 고용보험법상 실업급여
　　ㄱ 구직급여
　　ㄴ 취업촉진수당 : 조기재취업 수당, 직업능력개발 수당, 광역 구직활동비, 이주비

12 고용보험법상 피보험자격의 취득일 및 상실일에 관한 설명으로 옳은 것은?

① 피보험자는 고용보험법이 적용되는 사업에 고용된 날의 다음날에 피보험자격을 취득한다.

② 적용 제외 근로자였던 자가 고용보험법의 적용을 받게 된 경우에는 그 적용을 받게 된 날의 다음날에 피보험자격을 취득한 것으로 본다.

③ 피보험자가 사망한 경우에는 사망한 날의 다음날에 피보험자격을 상실한다.

④ 보험관계가 소멸한 경우에는 그 보험관계가 소멸한 날의 다음날에 피보험자격을 상실한다.

해설 ① 「고용보험법」 제13조(피보험자격의 취득일) 제1항에 따르면, 피보험자는 이 법이 적용되는 사업에 고용된 날에 피보험자격을 취득한다.

② 제10조 및 제10조의2(외국인 근로자·예술인·노무제공자에 대한 적용)에 따른 적용 제외 근로자였던 사람이 이 법을 적용을 받게 된 경우에는 그 적용을 받게 된 날 피보험자격을 취득한 것으로 본다.

④ 「고용산재보험료징수법」 제10조(보험관계의 소멸일)에 따라 보험관계가 소멸한 경우에는 그 보험관계가 소멸한 날 피보험자격을 상실한다.

---

13 **고용보험법상 이직한 피보험자의 구직급여 수급요건으로 틀린 것은?**

① 이직일 이전 18개월간 피보험 단위기간이 통산하여 150일 이상일 것

② 근로의 의사와 능력이 있음에도 불구하고 취업하지 못한 상태에 있을 것

③ 재취업을 위한 노력을 적극적으로 할 것

④ 일용근로자는 수급자격 인정신청일이 속한달의 직전 달 초일부터 수급자격 인정신청일까지의 근로일 수의 합이 같은 기간 동안의 총 일수의 3분의 1 미만일 것

> **해설** ① 이직일 이전 18개월간 피보험 단위기간이 통산하여 180일 이상이어야 한다〈고용보험법 제40조(구직급여의 수급 요건)〉.
> ② 「고용보험법」 제40조(구직급여의 수급요건) 제1항 제2호
> ③ 「고용보험법」 제40조(구직급여의 수급요건) 제1항 제4호
> ④ 「고용보험법」 제40조(구직급여의 수급요건) 제1항 제5호 가목

14 **고용보험법 적용제외 근로자에 해당하는 자는?**

① 60세에 새로 고용된 근로자

② 1개월 미만동안 고용되는 일용근로자

③ 사립학교교직원 연금법의 적용을 받는 자

④ 1일 6시간씩 주 3일 근무하기로 한 자

> **해설** 적용제외〈고용보험법 제10조 제1항〉 … 다음 각 호의 어느 하나에 해당하는 사람에게는 이 법을 적용하지 아니한다.
> 1. 1개월간 소정근로시간이 60시간 미만이거나 1주간의 소정근로시간이 15시간 미만인 근로자
> 2. 「국가공무원법」과 「지방공무원법」에 따른 공무원
> 3. <u>「사립학교교직원 연금법」의 적용을 받는 자</u>
> 4. 「별정우체국법」에 따른 별정우체국 직원
> 5. 농업·임업 및 어업 중 법인이 아닌 자가 상시 4명 이하의 근로자를 사용하는 사업에 종사하는 근로자

2023년

15 고용보험법령상 고용노동부장관은 고용보험기금을 관리·운용함에 있어 대량 실업의 발생이나 그 밖의 고용 상태 불안에 대비한 준비금을 여유자금으로 적립하여야 한다. 실업급여 계정의 연말 적립금의 적정규모는?

① 해당연도 지출액의 1배

② 해당연도 지출액의 1배 이상 2배 미만

③ 해당연도 지출액의 1.5배 이상 2배 미만

④ 해당연도 지출액의 1.5배 이상 2.5배 미만

해설 ③ 실업급여 계정의 연말 적립금 : 해당 연도 지출액의 1.5배 이상 2배 미만에 해당한다〈고용보험법 제84조(기금의 적립) 제2항 제2호〉.

2024년

16 고용보험법상 다음조건에서 기초일액은? (단, 주어진 조건 외는 고려하지 않는다.)

> • 마지막 이직일 이전 3개월간의 일수 : 90일
> • 산정하여야 할 사유가 발생한 날 이전 3개월 동안에 그 근로자에게 지급된 임금의 총액
>   : 10,800,000원
> • 일용직이 아님
> • 산정된 기초일액이 근로기준법에 따른 그 근로자의 통상임금보다 많음
> • 산정된 기초일액이 그 수급자격자의 이직 전 1일 소정근로시간에 이직일 당시 적용되던 최저임금법
>   에 따른 시간단위에 해당하는 최저임금을 곱한 금액보다 많음

① 9만 5천 원 ② 11만

③ 11만 5천 원 ④ 12만 원

해설 근로기준법에 따른 평균임금의 산정방식에 따라서 산정 사유발생일 이전 3개월 동안 지급된 임금총액 인 10,800,000원을 그 기간의 총 일수인 90일로 나눈 120,000원이 기초일액에 해당한다. 다만, 기초일액의 상한이 11만원이므로 11만 원이 기초일액이 된다.
※ 해당 법은 2025.12.23.에 개정되어 2026.1.1.부터 아래와 같이 시행된다.
법 제45조(급여의 기초가 되는 임금일액) 제5항에 따라 구직급여의 산정 기초가 되는 임금일액이 11만3500원을 초과하는 경우에는 11만3500원을 해당 임금일액으로 한다〈고용보험법 시행령 제68조(급여기소 임금일액의 상한액) 제1항〉.

ANSWER　13.①　14.③　15.③　16.②

2024년

17 남녀고용평등과 일·가정 양립 지원에 관한 법률상 명예고용평등감독관에 관한 설명으로 틀린 것은?

① 고용노동부장관은 사업장의 남녀고용평등 이행을 촉진하기 위하여 외부 전문가 중 노사가 추천하는 자를 명예고용평등감독관으로 위촉할 수 있다.

② 명예고용평등감독관의 업무에는 해당사업장의 차별 및 직장내 성희롱 발생시 피해근로자에 대한 상담, 조언이 포함된다.

③ 명예고용평등감독관은 해당사업장의 고용평등 이행상태 자율점검 및 지도 시 참여한다.

④ 명예고용평등감독관은 남녀고용평등 제도에 대한 홍보, 계몽 활동을 한다.

> **해설** ① 고용노동부장관은 사업장의 남녀고용평등 이행을 촉진하기 위하여 그 사업장 소속 근로자 중 노사가 추천하는 사람을 명예고용평등감독관으로 위촉할 수 있다〈남녀고용평등과 일·가정 양립 지원에 관한 법률 제24조(명예고용평등감독관) 제1항〉.
> ② 「남녀고용평등과 일·가정 양립 지원에 관한 법률」 제24조(명예고용평등감독관) 제2항 제1호
> ③ 「남녀고용평등과 일·가정 양립 지원에 관한 법률」 제24조(명예고용평등감독관) 제2항 제2호
> ④ 「남녀고용평등과 일·가정 양립 지원에 관한 법률」 제24조(명예고용평등감독관) 제2항 제4호

2024년

18 고용상 연령차별금지 및 고령자고용촉진에 관한 법률상 고령자인재은행 및 중견전문인력 고용 지원센터에 관한 설명으로 틀린 것은?

① 중견전문인력 고용지원센터는 「직업안정법」에 따라 무료직업소개사업을 하는 비영리법인 또는 공익단체로서 필요한 전문인력과 시설을 갖춘 단체 중에서 지정한다.

② 고용노동부장관은 고령자인재은행에 대하여 직업안정 업무를 하는 행정기관이 수집한 구인·구직정보, 지역 내의 노동력 수급상황, 그 밖에 필요한 자료를 제공할 수 있다.

③ 고용노동부장관은 고령자인재은행에 대하여 예산의 범위에서 소요 경비의 일부를 지원해야 한다.

④ 중견전문인력 고용지원센터는 중견전문인력의 중소기업에 대한 경영자문 및 자원봉사활동 등의 지원사업을 한다.

> **해설** ③ 고용노동부장관은 고령자인재은행에 대하여 예산의 범위에서 소요경비의 일부를 지원할 수 있다〈고용상 연령차별금지 및 고령자고용촉진에 관한 법률 제11조(고령자인재은행의 지정) 제4항〉. 즉, 의무조항('해야 한다')이 아니라 임의조항('할 수 있다')이다.
> ① 「고용상 연령차별금지 및 고령자고용촉진에 관한 법률」 제11조(고령자인재은행의 지정) 제1항 제1호
> ② 「고용상 연령차별금지 및 고령자고용촉진에 관한 법률」 제11조(고령자인재은행의 지정) 제3항
> ④ 「고용상 연령차별금지 및 고령자고용촉진에 관한 법률」 제11조의2(중견전문인력 고용지원센터의 지정) 제3항 제2호

19 남녀고용평등과 일·가정 양립 지원에 관한 법률상 출산전후휴가에 대한 지원에 관한 설명으로 틀린 것은?

① 국가는 출산전후휴가를 사용한 근로자 중 일정한 요건에 해당하는 자에게 그 휴가기간에 대하여 평균임금에 상당하는 출산전후휴가급여를 지급하여야 한다.

② 출산전후휴가급여등을 지급하기 위하여 필요한 비용은 국가재정이나 "사회보장기본법" 에 따른 사회보험에서 분담할 수 있다.

③ 근로자가 출산전후휴가급여등을 받으려는 경우 사업주는 관계 서류의 작성·확인 등 모든 절차에 적극 협력하여야 한다.

④ 출산전후휴가급여등의 지급요건, 지급기간 및 절차등에 관하여 필요한 사항은 따로 법률로 정한다.

해설 ① 국가는 출산전후휴가 또는 유산·사산 휴가를 사용한 근로자 중 일전한 요선에 해당하는 자에게 그 휴가기간에 대하여 평균임금이 아닌 통상임금에 상당하는 금액을 지급할 수 있다〈남녀고용평등과 일·가정 양립 지원에 관한 법률 제18조(출산전후휴가 등에 대한 지원) 제1항〉.
②「남녀고용평등과 일·가정 양립 지원에 관한 법률」제18조(출산전후휴가 등에 대한 지원) 제3항
③「남녀고용평등과 일·가정 양립 지원에 관한 법률」제18조(출산전후휴가 등에 대한 지원) 제4항
④「남녀고용평등과 일·가정 양립 지원에 관한 법률」제18조(출산전후휴가 등에 대한 지원) 제5항

ANSWER 17.① 18.③ 19.①

20 남녀고용평등과 일·가정 양립 지원에 관한 법령상 육아휴직에 관한 설명으로 틀린 것은?

① 사업주는 육아휴직을 시작하려는 날의 전날까지 해당 사업에서 계속 근로한 기간이 6개월 미만인 근로자에게는 육아휴직을 허용하지 않을 수 있다.

② 사업주는 육아휴직을 신청한 근로자에게 해당 자녀의 출생 등을 증명할 수 있는 서류의 제출을 요구할 수 없다.

③ 근로자는 휴직종료예정일을 연기하려는 경우에는 한 번만 연기할 수 있다.

④ 육아휴직을 신청한 근로자는 휴직개시예정일의 7일 전까지 사유를 밝혀 그 신청을 철회할 수 있다.

해설 ③ 사업주는 육아휴직을 신청한 근로자에게 해당 자녀의 출생일, 가족관계 등을 증명할 수 있는 서류의 제출을 요구할 수 있다. 이는 신청 자격의 확인을 위한 정당한 요구이다.

TIP 남녀고용평등과 일·가정 양립 지원에 관한 법률 시행령

제10조 (육아휴직의 적용 제외)	법 제19조 제1항 단서에 따라 사업주가 육아휴직을 허용하지 아니할 수 있는 경우는 다음 각 호와 같다. 1. 육아휴직을 시작하려는 날(이하 "휴직개시예정일"이라 한다)의 전날까지 해당 사업에서 계속 근로한 기간이 1년 미만인 근로자 2. 같은 영유아에 대하여 배우자가 육아휴직(다른 법령에 따른 육아휴직을 포함한다)을 하고 있는 근로자
제11조 (육아휴직의 신청 등)	④ 사업주는 육아휴직을 신청한 근로자에게 해당 자녀의 출생 등을 증명할 수 있는 서류의 제출을 요구할 수 있다.
제12조 (육아휴직의 변경신청 등)	② 근로자는 휴직종료예정일을 연기하려는 경우에는 한 번만 연기할 수 있다. 이 경우 당초의 휴직종료예정일 30일 전(제11조제2항제2호의 사유로 휴직종료예정일을 연기하려는 경우에는 당초의 예정일 7일 전)까지 사업주에게 신청하여야 한다.
제13조 (육아휴직 신청의 철회 등)	① 육아휴직을 신청한 근로자는 휴직개시예정일의 7일 전까지 사유를 밝혀 그 신청을 철회할 수 있다.

21 다음 ( )안에 들어갈 가장 알맞은 것은?

> 남녀고용평등과 일·가정 양립 지원에 관한 법률상 사업주는 근로자가 배우자의 출산을 이유로 휴가를 고지하는 경우에 (㉠)일의 휴가를 주어야 한다. 다만 근로자의 배우자가 출산한 날부터 (㉡)일이 지나면 사용할 수 없다.

	㉠	㉡
①	7	45
②	10	90
③	10	120
④	20	120

해설 배우자의 출산휴가〈남녀교용평등과 일·가정 양립 지원에 관한 법률 제18조의2〉

① 사업주는 근로자가 배우자의 출산을 이유로 휴가(이하 "배우자 출산휴가"라 한다)를 고지하는 경우에 20일의 휴가를 주어야 한다. 이 경우 사용한 휴가기간은 유급으로 한다.

② 제1항 후단에도 불구하고 출산전후휴가급여등이 지급된 경우에는 그 금액의 한도에서 지급의 책임을 면한다.

③ 배우자 출산휴가는 근로자의 배우자가 출산한 날부터 120일이 지나면 사용할 수 없다.

④ 배우자 출산휴가는 3회에 한정하여 나누어 사용할 수 있다.

⑤ 사업주는 배우자 출산휴가를 이유로 근로자를 해고하거나 그 밖의 불리한 처우를 하여서는 아니 된다.

22 남녀고용평등과 일·가정 양립 지원에 관한 법령상 ( ) 안에 들어갈 숫자의 연결이 옳은 것은?

제19조의4(육아휴직과 육아기 근로시간 단축의 사용형태)
① 근로자는 육아휴직을 (　㉠　)회에 한정하여 나누어 사용할 수 있다.
② 근로자는 육아기 근로시간 단축을 나누어 사용할 수 있다. 이 경우 나누어 사용하는 (　㉡　)회의 기간은 (　㉢　)개월 이상이 되어야 한다.

	㉠	㉡	㉢
①	1	2	2
②	2	1	2
③	2	2	1
④	3	1	1

해설 육아휴직과 육아기 근로시간 단축의 사용형태〈남녀고용평등과 일·가정 양립 지원에 관한 법률 제19조의4〉

① 근로자는 육아휴직을 <u>3회</u>에 한정하여 나누어 사용할 수 있다. 이 경우 임신 중인 여성 근로자가 모성보호를 위하여 육아휴직을 사용한 횟수는 육아휴직을 나누어 사용한 횟수에 포함하지 아니한다.

② 근로자는 육아기 근로시간 단축을 나누어 사용할 수 있다. 이 경우 나누어 사용하는 <u>1회</u>의 기간은 <u>1개월</u>(근로계약기간의 만료로 1개월 이상 근로시간 단축을 사용할 수 없는 기간제근로자에 대해서는 남은 근로계약기간을 말한다) 이상이 되어야 한다.

23 남녀고용평등과 일·가정 양립 지원에 관한 법령상 직장 내 성희롱 예방에 관한 설명으로 틀린 것은?

① 사업주는 직장내 성희롱을 예방하고 근로자가 안전한 근로환경에서 일할 수 있는 여건을 조성하기 위하여 성희롱 예방 교육을 매년 실시하여야 한다.

② 직장내 성희롱 예방교육은 사업의 규모나 특성 등을 고려하여 직업연수, 조회, 회의, 인터넷 등 정보통신망을 이용한 사이버 교육 등을 통하여 실시할 수 있다

③ 고용노동부장관은 성희롱 예방 교육기관이 1년 동안 교육 실적이 없는 경우 그 지정을 취소 할 수 있다.

④ 사업주는 고객 등 업무와 밀접한 관련이 있는 사람이 업무수행 과정에서 성적인 언동 등을 통하여 근로자에게 성적 굴욕감 또는 혐오감 등을 느끼게 하여 해당 근로자가 그로 인한 고충 해소를 요청할 경우 근무장소 변경, 배치전환 등 적절한 조치를 하여야 한다.

> **해설** 성희롱 예방 교육의 위탁〈남녀고용평등과 일·가정 양립 지원에 관한 법률 제13조의2 제5항〉… 고용노동부장관은 성희롱 예방 교육기관이 다음 각 호의 어느 하나에 해당하면 그 지정을 취소할 수 있다.
> 1. 거짓이나 그 밖의 부정한 방법으로 지정을 받은 경우
> 2. 정당한 사유 없이 저13항에 따른 강사를 3개월 이상 계속하여 두지 아니한 경우
> 3. 2년 동안 직장 내 성희롱 예방 교육 실적이 없는 경우

02 기타 직업상담관련 법규

출제경향

기타 직업상담관련 법규 과목은 기타 직업상담관련 법규 과목은 채용, 직업능력개발, 고용정책, 취업지원, 개인정보 보호 등 직업상담 실무와 직접적으로 관련된 법령의 목적과 주요 내용, 적용 대상, 급여·지원 요건, 과태료 및 제재 규정을 중심으로 출제된다. 특히 채용 절차의 공정성, 취업지원 및 생활안정 제도, 차별금지 규정, 개인정보 보호 의무 등 직업상담 현장에서 빈번히 접하는 사항을 정확히 이해하고 있는지를 묻는 문제가 출제되는 경향이 있다.

학습방법

- 법령의 목적과 적용 대상 중심으로 정리하기

  각 법규가 제정된 목적, 보호하려는 대상, 적용되는 범위를 중심으로 학습하면 법령 간 혼동을 줄일 수 있다.

- 제재·지원 규정 위주로 선별 학습하기

  과태료 부과 행위, 수당·지원금의 지급 요건 등 시험에 직접적으로 출제되는 조항을 중심으로 선별하여 반복 학습하는 것이 효과적이다.

출제 키워드

채용절차의 공정화에 관한 법령, 국민 평생 직업능력 개발법, 직업능력개발훈련 관련 급여 및 재해 위로금, 고용정책기본법의 차별금지 사유, 취업지원 및 취업촉진 제도, 개인정보 보호 관련 법규

SECTION 01 채용절차의 공정화에 관한 법률

(1) 총칙

① **목적**〈법 제1조〉: 이 법은 채용과정에서 구직자가 제출하는 채용서류의 반환 등 채용절차에서의 최소한의 공정성을 확보하기 위한 사항을 정함으로써 구직자의 부담을 줄이고 권익을 보호하는 것을 목적으로 한다.

② **용어의 정의**〈법 제2조〉

구인자	구직자를 채용하려는 자
구직자	직업을 구하기 위하여 구인자의 채용광고에 응시하는 사람
기초심사자료	구직자의 응시원서, 이력서 및 자기소개서
입증자료	학위증명서, 경력증명서, 자격증명서 등 기초심사자료에 기재한 사항을 증명하는 모든 자료
심층심사자료	작품집, 연구실적물 등 구직자의 실력을 알아볼 수 있는 모든 물건 및 자료
채용서류	기초심사자료, 입증자료, 심층심사자료

③ **적용범위**〈법 제3조〉: 이 법은 상시 30명 이상의 근로자를 사용하는 사업 또는 사업장의 채용절차에 적용한다. 다만, 국가 및 지방자치단체가 공무원을 채용하는 경우에는 적용하지 아니한다.

(2) 채용절차 공정성 저해 행위의 금지

① **거짓 채용광고 등의 금지**〈법 제4조〉

  ㉠ 구인자는 채용을 가장하여 아이디어를 수집하거나 사업장을 홍보하기 위한 목적 등으로 거짓의 채용광고를 내서는 아니 된다.

  ㉡ 구인자는 정당한 사유 없이 채용광고의 내용을 구직자에게 불리하게 변경하여서는 아니 된다.

  ㉢ 구인자는 구직자를 채용한 후에 정당한 사유 없이 채용광고에서 제시한 근로조건을 구직자에게 불리하게 변경하여서는 아니 된다.

  ㉣ 구인자는 구직자에게 채용서류 및 이와 관련한 저작권 등의 지식재산권을 자신에게 귀속하도록 강요하여서는 아니 된다.

② **채용강요 등의 금지**〈법 제4조의2〉: 누구든지 채용의 공정성을 침해하는 다음 각 호의 어느 하나에 해당하는 행위를 할 수 없다.

> • 법령을 위반하여 채용에 관한 부당한 청탁, 압력, 강요 등을 하는 행위
> • 채용과 관련하여 금전, 물품, 향응 또는 재산상의 이익을 제공하거나 수수하는 행위

③ **출신지역 등 개인정보 요구 금지**〈법 제4조의3〉: 구인자는 구직자에 대하여 그 직무의 수행에 필요하지 아니한 다음 각 호의 정보를 기초심사자료에 기재하도록 요구하거나 입증자료를 수집하여서는 아니 된다.

> • 구직자 본인의 용모 · 키 · 체중 등의 신체적 조건
> • 구직자 본인의 출신지역 · 혼인여부 · 재산
> • 구직자 본인의 직계 비존속 및 형제자매의 학력 · 직업 · 재산

④ **채용서류의 거짓 작성 금지**〈법 제6조〉: 구직자는 구인자에게 제출하는 채용서류를 거짓으로 작성하여서는 아니 된다.

⑤ **채용심사비용의 부담금지**〈법 제9조〉: 구인자는 채용심사를 목적으로 구직자에게 채용서류 제출에 드는 비용 이외의 어떠한 금전적 비용(이하 "채용심사비용"이라고 한다)도 부담시키지 못한다. 다만, 사업장 및 직종의 특수성으로 인하여 불가피한 사정이 있는 경우 고용노동부장관의 승인을 받아 구직자에게 채용심사비용의 일부를 부담하게 할 수 있다.

⑥ **채용서류의 반환 등**〈법 제11조 및 시행령 제2조〉

　㉠ 구인자는 구직자의 채용 여부가 확정된 이후 구직자(확정된 대상자는 제외)가 채용서류의 반환을 청구하는 경우에는 본인임을 확인한 후 대통령령으로 정하는 바에 따라 반환하여야 한다. 다만 법령에 따라 홈페이지 또는 전자우편으로 제출된 경우나 구직자가 구인자의 요구 없이 자발적으로 제출한 경우에는 그러하지 아니하다〈법 제11조 제1항〉.

　㉡ 구직자로부터 채용서류의 반환 청구를 받은 구인자는 구직자가 반환 청구를 한 날부터 14일 이내에 구직자에게 해당 채용서류를 발송하거나 전달하여야 한다〈시행령 제2조 제1항〉.

　㉢ 채용서류의 반환 청구기간은 구직자의 채용 여부가 확정된 날 이후 14일부터 180일까지의 기간의 범위에서 구인자가 정한 기간으로 한다. 이 경우 구인자는 채용 여부가 확정되기 전까지 구인자가 정한 채용서류의 반환 청구기간을 구직자에게 알려야 한다〈시행령 제4조〉.

　㉣ 구인자는 구직자의 반환 청구에 대비하여 대통령령으로 정하는 기간 동안 채용서류를 보관하여야 한다. 다만, 천재지변이나 그 밖에 구인자에게 책임 없는 사유로 채용서류가 멸실된 경우 구인자는 채용서류의 반환 의무를 이행한 것으로 본다〈법 제11조 3항〉.

　㉤ 구인자는 반환의 청구기간이 지난 경우 채용서류를 반환하지 아니한 경우에는 개인정보보호법에 따라 채용서류를 파기하여야 한다〈법 제11조 4항〉.

　㉥ 채용서류의 반환에 소요되는 비용은 원칙적으로 구인자가 부담한다. 다만, 구인자는 대통령령으로 정하는 범위에서 채용서류의 반환에 소요되는 비용을 구직자에게 부담하게 할 수 있다〈법 제11조 5항〉.

⑦ 벌칙 및 과태료〈법 제16조 및 제17조〉

5년 이하의 징역 또는 2천만 원 이하의 벌금	거짓 채용광고 등의 금지 위반
3천만 원 이하의 과태료	채용강요 등의 금지 위반
500만 원 이하 과태료	• 정당한 사유 없이 채용광고의 내용 또는 근로조건을 변경한 구인자 • 지식재산권을 자신에게 귀속하도록 강요한 구인자 • 구직자에 대하여 그 직무의 수행에 필요하지 아니한 개인정보를 기초심사자료에 기재하도록 요구하거나 입증자료로 수집한 구인자
300만 원 이하 과태료	• 채용서류 보관의무를 이행하지 아니한 구인자 • 채용서류의 반환 등에 따른 구직자에 대한 고지의무를 이행하지 아니한 구인자 • 채용심사비용 등에 관한 시정명령을 이행하지 아니한 구인자

2023년

1 채용절차의 공정화에 관한 법령에 대한 설명으로 틀린 것은?

① 기초심사자료란 구직자의 응시원서 이력서 및 자기소개서를 말한다.

② 이 법은 국가 및 지방자치단체가 공무원을 채용하는 경우에도 적용한다.

③ 직종의 특수성으로 인하여 불가피한 사정이 있는 경우 고용노동부장관의 승인을 받아 구직자에게 채용심사비용의 일부를 부담하게 할 수 있다.

④ 구인자는 구직자 본인의 재산정보를 기초심사자료에 기재하도록 요구하여서는 아니 된다.

> **해설** ② 이 법은 상시 30명 이상의 근로자를 사용하는 사업 또는 사업장의 채용절차에 적용한다. 다만, 국가 및 지방자치단체가 공무원을 채용하는 경우에는 적용하지 아니한다〈채용절차의 공정화에 관한 법률 제3조(적용범위)〉.
> ① 「채용절차의 공정화에 관한 법률」 제2조(정의) 제5호
> ③ 「채용절차의 공정화에 관한 법률」 제9조(채용심사비용의 부담금지)
> ④ 「채용절차의 공정화에 관한 법률」 제4조의3(출신지역 등 개인정보 요구 금지)

2022년

2 채용절차의 공정화에 관한 법령상 500만 원 이하의 과태료 부과행위에 해당하는 것은?

① 채용서류 보관의무를 이행하지 아니한 구인자

② 구직자에 대한 고지의무를 이행하지 아니한 구인자

③ 시정명령을 이행하지 아니한 구인자

④ 지식재산권을 자신에게 귀속하도록 강요한 구인자

> **해설** 과태료〈채용절차의 공정화에 관한 법률 제17조 제3항〉… 다음 각 호의 어느 하나에 해당하는 자에게는 300만 원 이하의 과태료를 부과한다.
> 1. 제11조(채용서류의 반환 등) 제3항에 따른 <u>채용서류 보관의무를 이행하지 아니한 구인자</u>
> 2. 제11조(채용서류의 반환 등) 제6항을 위반하여 <u>구직자에 대한 고지의무를 이행하지 아니한 구인자</u>
> 3. 제12조(채용심사비용 등에 관한 시정명령) 제1항에 따른 <u>시정명령을 이행하지 아니한 구인자</u>

3 채용절차의 공정화에 관한 법률에 관한 설명으로 틀린 것은?

① 고용노동부장관은 입증자료의 표준양식을 정하여 구인자에게 그 사용을 권장할 수 있다.

② 원칙적으로 상시 30명 이상의 근로자를 사용하는 사업장의 채용절차에 적용한다.

③ 채용서류란 기초심사자료, 입증자료, 심층심사자료를 말한다.

④ 심층심사자료란 작품집, 연구실적물 등 구직자의 실력을 알아볼 수 있는 모든 물건 및 자료를 말한다.

> **해설** ① 고용노동부장관은 기초심사자료의 표준양식을 정하여 구인자에게 그 사용을 권장할 수 있다〈채용절차의 공정화에 관한 법률 제5조〉
> ② 「채용절차의 공정화에 관한 법률」 제3조(적용범위)
> ③ 「채용절차의 공정화에 관한 법률」 제2조(정의) 제6호
> ④ 「채용절차의 공정화에 관한 법률」 제2조(정의) 제5호

4 채용절차의 공정화에 관한 법률상 '기초심사자료'에 해당하지 않는 것은?

① 이력서   ② 자기소개서

③ 자격증 사본   ④ 응시원서

> **해설** ③ 기초심사자료는 응시원서, 이력서, 자기소개서 등이다. 자격증 사본은 '입증자료'에 해당한다.

5 채용절차의 공정화에 관한 법률의 적용범위로 맞는 것은?

① 상시 근로자 20명 사업장

② 국가 및 지방자치단체의 공무원 채용

③ 상시 근로자 30명 이상 사업장

④ 일용직 근로자만 사용하는 사업장

> **해설** ③ 상시 30명 이상의 근로자를 사용하는 사업장에 적용되며, 공무원 채용은 제외된다.

ANSWER 1.② 2.④ 3.① 4.③ 5.③

6 채용광고 내용 변경 시 위법이 되는 행위로 보기 어려운 것은?

① 근로조건을 구직자에게 유리하게 변경

② 채용 후 정당한 사유 없이 조건을 불리하게 변경

③ 채용광고를 홍보 목적만으로 낸 경우

④ 채용광고에 명시된 직무와 무관한 업무를 지시

해설 ① 구직자에게 유리한 변경은 허용된다. 나머지는 모두 채용절차 공정성 저해 행위에 해당된다.

7 구직자가 채용서류 반환을 청구할 수 있는 기간은?

① 채용 확정 후 7일 이내

② 채용 확정 후 30일 이내

③ 채용 확정 후 14일부터 180일 이내

④ 채용 확정 후 1년 이내

해설 ③ 채용 확정 후 14일부터 180일 사이에 구인자가 정한 기간 내에 반환을 청구할 수 있다.

8 다음 중 구인자가 구직자에게 부담하게 할 수 없는 비용은?

① 채용서류 우편 발송비용

② 면접용 복장 비용

③ 자기소개서 인쇄비

④ 채용서류 발급비

해설 ② 채용심사 목적의 부당한 비용 요구는 금지된다. 복장 등은 원칙적으로 구직자 부담을 강요할 수 없다.

9 채용절차의 공정화에 관한 법률에 따른 과태료 기준으로 옳지 않은 것은?

① 거짓 채용광고는 징역 또는 벌금

② 채용강요는 3천만 원 이하의 과태료

③ 개인정보 요구는 500만 원 이하의 과태료

④ 채용서류 반환을 거부하면 2천만 원 이하 벌금

해설 ④ 채용서류 반환 관련 사항은 300만~500만 원 이하의 과태료에 해당하며, 징역이나 벌금은 해당되지 않는다.

10 구직자의 채용서류 반환 요구와 관련된 설명 중 옳은 것은?

① 홈페이지 제출 서류도 반환대상이다.

② 채용 여부 확정 전에도 반환 청구가 가능하다.

③ 반환 청구는 14일 이내에 해야 한다.

④ 구직자의 반환청구가 있을 경우 14일 이내에 반환해야 한다.

해설 ④ 반환 청구가 있으면 14일 이내 반환해야 한다. 단, 홈페이지·전자우편으로 제출된 서류는 반환 예외 대상이다.

2024년

11 국민 평생 직업능력 개발법령상 직업능력개발훈련시설을 설치할 수 있는 공공단체가 아닌 것은?

① 한국산업인력공단   ② 안전보건공단

③ 한국장애인고용공단   ④ 근로복지공단

해설 ② 「한국산업인력공단법」에 다른 한국산업인력공단, 「장애인고용촉진 및 직업재활법」에 따른 한국장애인고용공단, 「산업재해보상보험법」에 따른 근로복지공단은 직업능력개발훈련시설을 설치할 수 있는 공공단체이다.

ANSWER 6.① 7.③ 8.② 9.④ 10.④ 11.②

12 국민 평생 직업능력 개발법령상 직업능력개발훈련의 목적에 따라 구분되어지는 훈련이 아닌 것은?

① 혼합훈련 ② 향상훈련

③ 전직훈련 ④ 양성훈련

해설

구분	내용
양성훈련	근로자에게 직업에 필요한 기초적 직무수행능력을 습득시키기 위하여 실시하는 직업능력개발훈련
향상훈련	양성훈련을 받은 사람이나 직업에 필요한 기초적 직무수행능력을 가지고 있는 사람에게 더 높은 직무수행능력을 습득시키거나 기술발전에 지식기능을 보충하게 하기 위하여 실시하는 직업능력개발훈련
전직훈련	근로자에게 종전의 직업과 유사하거나 새로운 직업에 필요한 직무수행능력을 습득시키기 위해 실시하는 직업능력개발훈련

13 다음 ( )에 들어갈 알맞은 것은?

> 국민 평생 직업능력 개발법상 사업주는 훈련계약을 체결할 때에는 해당 직업능력개발훈련을 받는 사람이 직업능력개발훈련을 이수한 후에 사업주가 지정하는 업무에 일정 기간 종사하도록 할 수 있다. 이 경우 그 기간은 (㉠)년 이내로 하되, 직업능력개발훈련기간의 (㉡)배를 초과할 수 없다.

	㉠	㉡
①	5	5
②	3	3
③	5	3
④	3	5

해설 ③ 업무종사 기간은 <u>5년</u> 이내로 하되, 직업능력개발훈련기간의 <u>3배</u>를 초과할 수 없다〈국민 평생 직업능력 개발법 제9조(훈련계약과 권리·의무) 제2항〉.

14 국민 평생 직업능력 개발법상 직업능력개발향상을 받는 국민이 훈련 중에 그 훈련으로 인하여 재해를 입은 경우 지급받는 재해 위로금에 관한 설명으로 틀린 것은?

① 산업재해보상보험법의 적용을 받는 사람은 제외한다.

② 재해 위로금의 지급에 관하여는 휴업보상을 제외한 근로기준법을 준용한다.

③ 위탁에 의한 직업능력개발훈련을 받는 국민에 대하여는 위탁받은 자의 훈련시설의 결함으로 인하여 재해가 발생한 경우라도 위탁자가 재해 위로금을 지급하여야 한다.

④ 재해 위로금의 산정기준이 되는 평균임금은 산업재해보상보험법에 따라 고용노동부장관이 매년 정하여 고시하는 최고 보상기준금액 및 최저 보상기준 금액을 각각 그 상한 및 하한으로 한다.

해설　③ 위탁에 의한 직업능력개발훈련을 받는 국민에 대하여는 <u>위탁받은</u> 자의 훈련시설의 결함으로 인하여 재해가 발생한 경우에는 <u>위탁받은</u> 자가 재해 위로금을 지급하여야 한다〈국민 평생 직업능력 개발법 제11조(재해위로금) 제1항 후단〉.
　　① 「국민 평생 직업능력 개발법」 제11조(재해 위로금) 제1항
　　② 「국민 평생 직업능력 개발법 시행령」 제5조(재해 위로금) 전단
　　④ 「국민 평생 직업능력 개발법 시행령」 제5조(재해 위로금) 후단

15 고용정책 기본법상 취업기회의 균등한 보장을 위한 차별금지사유가 아닌 것은?

① 업무능력

② 병력

③ 출신학교

④ 신앙

해설　① 사업주는 근로자를 모집·채용할 때에 합리적인 이유 없이 성별, 신앙, 연령, 신체조건, 사회적 신분, 출신학교, 혼인·임신 또는 병력 등을 이유로 차별을 하여서는 아니 되며, 균형한 취업 기회를 보장하여야 한다〈고용정책 기본법 제7조(취업기회의 균등한 보장) 제1항〉.

ANSWER　12.①　13.③　14.③　15. ①

2024년

16 고용보험법상 취업촉진수당에 해당하지 않는 것은?

① 조기재취업수당　　　　　　　　　② 광역구직활동비

③ 이주비　　　　　　　　　　　　　④ 구직급여

해설　④ 고용보험법상 취업촉진수당으로는 조기재취업수당, 직업능력개발수당, 광역구직활동비, 이주비가 있다.

2023년

17 고용정책 기본법상 고용노동부장관이 실시할 수 있는 실업대책사업에 해당되지 않은 것은?

① 고용촉진과 관련된 사업을 하는 자에 대한 대부(貸付)

② 실업자에 대한 생계비, 의료비(가족의 의료비 불포함), 주택전세자금 등의 지원

③ 실업자의 취업촉진을 위한 훈련의 실시와 훈련에 대한 지원

④ 실업의 예방, 실업자의 재취업 촉진, 그밖에 고용안정을 위한 사업을 하는 자에 대한 지원

해설　실업대책사업〈고용정책 기본법 제34조 제1항〉 … 고용노동부장관은 산업별·지역별 실업 상황을 조사하여 다수의 실업자가 발생하거나 발생할 우려가 있는 경우나 실업자의 취업촉진 등 고용안정이 필요하다고 인정되는 경우에는 관계 중앙행정기관의 장과 협의하여 다음 각 호의 사항이 포함된 실업대책사업(이하 "실업대책사업"이라 한다)을 실시할 수 있다.
1. 실업자의 취업촉진을 위한 훈련의 실시와 훈련에 대한 지원
2. 실업자에 대한 생계비, 생업자금, 「국민건강보험법」에 따른 보험료 등 사회보험료, 의료비(가족의 의료비를 포함한다), 학자금(자녀의 학자금을 포함한다), 주택전세자금 및 창업점포임대 등의 지원
3. 실업의 예방, 실업자의 재취업 촉진, 그 밖에 고용안정을 위한 사업을 하는 자에 대한 지원
4. 고용촉진과 관련된 사업을 하는 자에 대한 대부(貸付)
5. 실업자에 대한 공공근로사업
6. 그 밖에 실업의 해소에 필요한 사업

2024년

18 다음 중 구직자 취업촉진 및 생활안정지원에 관한 법률에 대한 설명으로 옳지 않은 것은?

① 생활이 어려운 사람에게 필요한 급여를 실시하여 이들의 최저생활을 보장하고 자활을 돕는 것을 목적으로 한다.

② "취업지원"이란 수급자의 취업활동에 도움이 될 수 있는 취업지원서비스 및 구직 촉진수당을 지급하는 것을 말한다.

③ 국가와 지방자치단체는 수급자격자가 구직 중 생활이 안정될 수 있도록 필요한 계획을 수립·시행하여야 한다.

④ 수급자격자는 취업활동계획 등에 따른 구직활동을 성실히 이행하여야 한다.

> **해설**　① 「국민기초생활 보장법」의 목적에 해당한다. 이 법은 생활이 어려운 사람에게 필요한 급여를 실시하여 이들의 최저생활을 보장하고 자활을 돕는 것을 목적으로 한다.
> ② 「구직자 취업촉진 및 생활안정지원에 관한 법률」 제2조(목적) 제1호
> ③ 「구직자 취업촉진 및 생활안정지원에 관한 법률」 제3조
> ④ 「구직자 취업촉진 및 생활안정지원에 관한 법률」 제4조

2023년

19 다음 중 (　)의 빈칸에 들어갈 내용으로 옳은 것은?

> 고용노동부장관은 관계 중앙행정기관의 장과 협의하여 구직자의 취업을 지원하기 위한 구직자 취업지원 기본계획을 (　　) 수립하고 시행하여야 한다.

① 3년마다　　　　　　　　　　　　② 5년마다

③ 매년　　　　　　　　　　　　　　④ 격년으로

> **해설**　제5조(구직자 취업지원 기본계획의 수립·시행 등)
> 고용노동부장관은 관계 중앙행정기관의 장과 협의하여 구직자의 취업을 지원하기 위한 구직자 취업지원 기본계획(이하 이 조에서 "기본계획"이라 한다)을 <u>5년마다</u> 수립하고 시행하여야 한다〈구직자 취업촉진 및 생활안정지원에 관한 법률 제5조(구직자 취업지원 기본계획의 수립·시행 등) 제1항〉.

ANSWER　16.④　17.②　18.①　19.②

20 구직촉진수당 수급요건에 해당하지 않는 것은?

① 기준 중위소득 60% 이하의 가구

② 재산합계 5억 원 이하(34세 이하인 경우)

③ 최근 2년 이내 취업기간 50일

④ 근로능력과 구직의사가 있음

해설 ③ 수급요건 중 취업이력은 2년 이내에 '100일 또는 800시간 이상'이어야 하므로 50일은 해당하지 않는다.

21 다음 중 구직자 취업촉진 및 생활안정지원에 관한 법률상 취업지원서비스의 수급 요건으로 옳은 것을 모두 고른 것은? (단, 고용노동부장관이 취업취약계층에 대해 별도로 정하여 고시한 수급 요건은 고려하지 않음)

> ㉠ 근로능력과 구직의사가 있음에도 취업하지 못한 상태일 것
> ㉡ 취업지원을 신청할 당시 15세 이상 60세 이하일 것
> ㉢ 원칙상 가구단위의 월평균 총소득이 기준 중위소득의 100분의 120 이하일 것
> ㉣ 15세 이상 34세 이하인 사람은 가구단위의 월평균 총소득이 기준 중위소득의 100분의 150 이하일 것

① ㉠

② ㉠, ㉡

③ ㉠, ㉡, ㉢

④ ㉠, ㉡, ㉢, ㉣

해설 취업지원서비스의 수급 요건〈구직자 취업촉진 및 생활안정지원에 관한 법률 제6조〉

① 다음 각 호의 요건에 모두 해당하는 사람은 취업지원서비스 수급자격이 있다.

1. 근로능력과 구직의사가 있음에도 취업하지 못한 상태일 것

2. 제8조에 따라 취업지원을 신청할 당시 15세 이상 64세 이하일 것

3. 가구단위의 월평균 총소득이 「국민기초생활 보장법」 제2조제11호에 따른 기준 중위소득(이하 "기준 중위소득"이라 한다)의 100분의 100 이하일 것. 다만, 15세 이상 34세 이하(「병역법」 제3조에 따른 병역의무를 이행한 경우 대통령령으로 정하는 바에 따라 병역의무 이행기간을 가산한다)인 사람은 가구단위의 월평균 총소득이 기준 중위소득의 100분의 120 이하이어야 한다.

② 제1항제3호의 가구단위 및 가구단위 월평균 총소득의 구체적인 범위와 산정기준 등은 대통령령으로 정한다.

③ 고용노동부장관은 제1항의 요건에도 불구하고 「고용정책 기본법」 제6조제1항제6호의 취업취약계층에 대하여 취업지원서비스가 특별히 필요한 경우에는 고용정책심의회의 심의를 거쳐 제1항 각 호의 요건을 별도로 정하여 고시할 수 있다.

22 다음 중 구직자 취업촉진 및 생활안정지원에 관한 법률상 구직촉진수당의 수급 요건으로 옳은 것을 모두 고른 것은?

> ㉠ 취업지원서비스의 수급 요건에 해당하지 않을 것
> ㉡ 가구단위의 월평균 총소득이 기준 중위소득의 100분의 60 이내의 범위에서 최저생계비 및 구직활동에 드는 비용 등을 고려하여 대통령령으로 정하는 수준 이하일 것
> ㉢ 원칙상 가구원이 소유하고 있는 토지·건물·자동차 등 재산의 합계액이 6억원 이내의 범위에서 대통령령으로 정하는 금액 이하일 것
> ㉣ 취업지원 신청일 이전 1년 이내의 범위에서 대통령령으로 정하는 기간 이상 취업한 사실이 없을 것

① ㉠

② ㉠, ㉡

③ ㉠, ㉡, ㉢

④ ㉡, ㉢

해설 구직촉진수당의 수급 요건〈구직자 취업촉진 및 생활안정지원에 관한 법률 제7조 제1항〉… 다음 각 호의 요건에 모두 해당하는 사람은 구직촉진수당의 수급자격이 있다.

1. 제6조(취업지원서비스의 수급 요건)에 따른 수급 요건을 갖출 것
2. 제6조(취업지원서비스의 수급 요건) 제1항 제3호에 따른 가구단위의 월평균 총소득이 기준 중위소득의 100분의 60 이내의 범위에서 최저 생계비 및 구직활동에 드는 비용 등을 고려하여 대통령령으로 정하는 수준 이하일 것
3. 가구원이 소유하고 있는 토지·건물·자동차 등 재산의 합계액이 6억 원 이나의 범위에서 대통령령으로 정하는 금액 이하일 것
4. 제8조(취업지원 신청)에 따른 취업지원 신청일 이전 2년 이내의 범위에서 대통령령으로 정하는 기간 이상 취업한 사실이 있을 것

SECTION 02 개인정보보호 관련법규

(1) 개인정보 보호법 및 시행령

① 총칙

　㉠ 목적〈법 제1조〉: 이 법은 개인정보의 처리 및 보호에 관한 사항을 정함으로써 개인의 자유와 권리를 보호하고, 나아가 개인의 존엄과 가치를 구현함을 목적으로 한다.

　㉡ 용어의 정의〈법 제2조〉

개인정보	살아 있는 개인에 관한 정보로서 다음 각 목의 어느 하나에 해당하는 정보 • 성명, 주민등록번호 및 영상 등을 통하여 개인을 알아볼 수 있는 정보 • 해당 정보만으로는 특정 개인을 알아볼 수 없더라도 다른 정보와 쉽게 결합하여 알아볼 수 있는 정보 • 위의 정보를 가명처리함으로써 원래의 상태를 복원하기 위한 추가정보의 사용·결합 없이는 특정 개인을 알아볼 수 있는 정보(이하 "가명정보"라 한다)
가명처리	개인정보의 일부를 삭제하거나 일부 또는 전부를 대체하는 등의 방법으로 추가정보가 없이는 특정 개인을 알아볼 수 없도록 처리하는 것
처리	개인정보의 수집, 생성, 연계, 연동, 기록, 저장, 보유, 가공, 편집, 검색, 출력, 정정(訂正), 복구, 이용, 제공, 공개, 파기(破棄), 그 밖에 이와 유사한 행위
정보주체	처리되는 정보에 의하여 알아볼 수 있는 사람으로서 그 정보의 주체가 되는 사람
개인정보파일	개인정보를 쉽게 검색할 수 있도록 일정한 규칙에 따라 체계적으로 배열하거나 구상한 개인정보의 집합물(集合物)
개인정보처리자	업무를 목적으로 개인정보파일을 운용하기 위하여 스스로 또는 다른 사람을 통하여 개인정보를 처리하는 공공기관, 법인, 단체 및 개인 등

　㉢ 개인정보 보호 원칙〈법 제3조〉

　　• 개인정보처리자는 개인정보의 처리 목적을 명확하게 하여야 하고 그 목적에 필요한 범위에서 최소한의 개인정보만을 적법하고 정당하게 수집하여야 한다

　　• 개인정보처리자는 개인정보의 처리 목적에 필요한 범위에서 적합하게 개인정보를 처리하여야 하며, 그 목적 외의 용도로 활용하여서는 아니 된다.

　　• 개인정보처리자는 개인정보의 처리 목적에 필요한 범위에서 개인정보의 정확성, 완전성 및 최신성이 보장되도록 하여야 한다.

- 개인정보처리자는 개인정보의 처리 방법 및 종류 등에 따라 정보주체의 권리가 침해받을 가능성과 그 위험 정도를 고려하여 개인정보를 안전하게 관리하여야 한다.
- 개인정보처리자는 개인정보 처리방침 등 개인정보의 처리에 관한 사항을 공개하여야 하며, 열람청구권 등 정보주체의 권리를 보장하여야 한다.
- 개인정보처리자는 정보주체의 사생활 침해를 최소화하는 방법으로 개인정보를 처리하여야 한다.
- 개인정보처리자는 개인정보를 익명 또는 가명으로 처리하여도 개인정보 수집목적을 달성할 수 있는 경우 익명처리가 가능한 경우에는 익명에 의하여, 익명처리로 목적을 달성할 수 없을 경우에는 가명에 의하여 처리될 수 있도록 하여야 한다.
- 개인정보처리자는 이 법 및 관계 법령에서 규정하고 있는 책임과 의무를 준수하고 실천함으로써 정보주체의 신뢰를 얻기 위하여 노력하여야 한다.

② 개인정보 보호정책의 수립 등

　㉠ 개인정보 보호위원회〈법 제7조 및 제7조의2, 제7조의12〉

구분	내용
보호위원회의 설치 〈법 제7조〉	개인정보보호에 관한 사무를 독립적으로 수행하기 위하여 국무총리 소속으로 개인정보 보호위원회(이하 "보호위원회"라 한다)를 둔다.
보호위원회의 구성 등 〈법 제7조의2 및 제7조의12〉	• 보호위원회는 상임위원 2명(위원장 1명, 부위원장 1명)을 포함한 9명의 위원으로 구성한다. • 위원장과 부위원장은 정무직 공무원으로 한다. • 위원의 임기는 3년으로 하되, 한 차례만 연임할 수 있다. • 대한민국 국민이 아닌 사람, 「국가공무원법」에 따라 공무원으로 임용될 수 없는 사람, 「정당법」에 따른 당원은 보호위원회의 위원이 될 수 없다. • 보호위원회의 회의는 위원장이 필요하다고 인정하거나 재적위원 과반수의 출석으로 개의하고, 출석위원 과반수의 찬성으로 의결한다. • 보호위원회는 효율적인 업무 수행을 위하여 개인정보 침해 정도가 경미하거나 유사 · 반복되는 사항 등을 심의 · 의결할 소위원회를 둘 수 있다. • 소위원회는 3명의 위원으로 구성한다.

　㉡ 개인정보 보호 기본계획 및 시행계획〈법 제9조 및 제10조〉

- 기본계획 : 보호위원회는 개인정보의 보호와 정보주체의 권익 보장을 위하여 3년마다 개인정보보호 기본계획(이하 "기본계획"이라 한다)을 관계 중앙행정기관의 장과 협의하여 수립한다〈법 제9조〉.

• 기본계획에 포함되어야 할 사항〈법 제9조〉

> • 개인정보 보호의 기본목표와 추진방향
> • 개인정보 보호와 관련된 제도 및 법령의 개선
> • 개인정보 침해 방지를 위한 대책
> • 개인정보 보호 자율규제의 활성화
> • 개인정보 보호 교육·홍보의 활성화
> • 개인정보 보호를 위한 전문인력의 양성
> • 그 밖에 개인정보 보호를 위하여 필요한 사항

• 시행계획 : 중앙행정기관의 장은 기본계획에 따라 매년 개인정보보호를 위한 시행계획을 작성하여 보호위원회에 제출하고, 보호위원회의 심의·의결을 거쳐 시행하여야 한다〈법 제10조〉.

③ 개인정보의 처리

　㉠ 민감정보의 처리 제한〈법 제23조 및 시행령 제18조〉 : 개인정보처리자는 정보주체의 사생활을 현저히 침해할 우려가 있는 개인정보로서 다음의 민감정보를 처리하여서는 아니 된다.

> • 사상·신념·노동조합·정당의 가입·탈퇴, 정치적 견해, 건강, 성생활 등에 관한 정보
> • 유전자 검사 등의 결과로 얻어진 유전정보
> • 범죄경력자료에 해당하는 정보
> • 개인의 신체적, 생리적, 행동적 특징에 관한 정보로서 특정 개인을 알아볼 목적으로 일정한 기술적 수단을 통해 생성한 정보
> • 인종이나 민족에 관한 정보
> • 그 밖에 정보주체의 사생활을 현저히 침해할 우려가 있는 개인정보

　㉡ 고유식별정보의 처리 제한〈법 제24조 및 시행령 제19조〉

• 개인정보처리자는 법령에 따라 개인을 고유하게 식별하기 위하여 부여된 식별정보로서 다음의 고유식별정보를 처리할 수 없다.

> • 「주민등록법」에 따른 주민등록번호
> • 「여권법」에 따른 여권번호
> • 「도로교통법」에 따른 운전면허의 면허번호
> • 「출입국관리법」에 따른 외국인등록번호

• 다만, 정보주체에게 개인정보의 수집이용제공에 관한 사항을 알리고 다른 개인정보의 처리에 대한 동의와 별도로 고유식별정보의 처리에 대한 동의를 받은 경우 또는 법령에서 구체적으로 고유식별정보의 처리를 요구하거나 허용하는 경우에는 예외적으로 고유식별정보를 처리할 수 있다.

④ 개인정보의 안전한 관리

　㉠ 개인정보 유출 등의 통지 · 신고〈법 제34조 및 시행령 제40조〉

- 개인정보처리자는 개인정보가 분실 · 도난 · 유출(이하 "유출 등"이라 한다)되었음을 알게 되었을 경우에는 지체 없이 해당 정보주체에게 다음의 사항을 알려야 한다〈법 제34조〉.

> - 유출 등이 된 개인정보의 항목
> - 유출 등이 된 시점과 그 경위
> - 유출 등으로 인하여 발생할 수 있는 피해를 최소화하기 위하여 정보주체가 할 수 있는 방법 등에 관한 정보
> - 개인정보처리자의 대응조치 및 피해 구제절차
> - 정보주체가 피해가 발생한 경우 신고 등을 접수할 수 있는 담당부서 및 연락처

- 개인정보 처리자는 개인정보의 유출 등이 있음을 알게 되었을 때에는 개인정보의 유형, 유출 등의 경로 및 규모 등을 고려하여 대통령령으로 정하는 바에 따라 지체 없이 보호위원회 또는 대통령령으로 정하는 전문기관(→ 한국인터넷진흥원)에 신고하여야 한다〈법 제34조〉.
- 개인정보처리자는 다음 각 호의 어느 하나에 해당하는 경우로서 개인정보가 유출 등이 되었음을 알게 되었을 때에는 72시간 이내에 개인정보 유출 등의 신고 사항을 서면 등의 방법으로 보호위원회 또는 한국인터넷진흥원에 신고해야 한다〈시행령 제40조〉.

> - 1천 명 이상의 정보주체에 관한 개인정보가 유출된 경우
> - 민감정보 또는 고유식별정보가 유출등이 된 경우
> - 개인정보처리시스템 또는 개인정보취급자가 개인정보 처리에 이용하는 정보기기에 대한 외부로부터의 불법적인 접근에 의해 개인정보가 유출 등이 된 경우

⑤ 개인정보의 분쟁조정위원회

　㉠ 개인정보 분쟁조정위원회〈법 제40조〉

분쟁조정위원회의 설치	개인정보에 관한 분쟁의 조정을 위하여 개인정보 분쟁조정위원회(이하 "분쟁조정위원회"라 한다)를 둔다.
분쟁조정위원회의 구성	• 분쟁조정위원회는 위원장 1명을 포함한 30명 이내의 위원으로 구성하며, 위원은 당연직위원과 위촉위원으로 구성한다. • 위원장은 위원 중에서 공무원이 아닌 사람으로 보호위원회 위원장이 위촉한다. • 위원장과 위원의 임기는 2년으로 하되, 1차에 한하여 연임할 수 있다. • 분쟁조정위원회는 분쟁조정 업무를 효율적으로 수행하기 위하여 필요하면 대통령령으로 정하는 바에 따라 조정사건의 분야별로 5명 이내의 위원으로 구성되는 조정부를 둘 수 있다. • 분쟁조정위원회 또는 조정부는 재적위원 과반수의 출석으로 개의하며 출석위원 과반수의 찬성으로 의결한다.

1 다음 중 개인정보 보호법상 용어에 대한 설명으로 옳지 않은 것은?

① 개인정보 – 성명이나 주민등록번호, 법인 또는 단체의 소재지 주소 등을 통하여 알아볼 수 있는 자연인, 법인 또는 단체에 관한 정보

② 처리 – 개인정보의 수집, 생성, 연계, 연동, 기록, 저장, 보유, 가공, 편집, 검색, 출력, 정정, 복구, 이용, 제공, 공개, 파기 등의 행위

③ 정보주체 – 처리되는 정보에 의하여 알아볼 수 있는 사람으로서 그 정보의 주체가 되는 사람

④ 개인정보처리자 – 업무를 목적으로 개인정보파일을 운용하기 위하여 스스로 또는 다른 사람을 통하여 개인정보를 처리하는 공공기관, 법인, 단체 및 개인 등

해설 ① 개인정보 보호법상 개인정보는 살아 있는 개인에 관한 정보이다. 따라서 개인정보의 주체는 자연인이어야 하며, 법인 또는 단체에 관한 정보는 개인정보에 해당하지 않는다〈개인정보보호법 제1호〉.

2 다음 중 개인정보 보호법령상 개인정보 보호위원회(이하 "보호위원회"라 한다)에 대한 설명으로 옳은 것은?

① 개인정보 보호에 관한 사무를 독립적으로 수행하기 위하여 대통령 소속으로 보호위원회를 둔다.

② 보호위원회는 위원장 1명, 부위원장 1명을 포함한 20명 이내의 위원으로 구성한다.

③ 위원의 임기는 2년으로 하되, 한 차례만 연임할 수 있다.

④ 보호위원회의 회의는 위원장이 필요하다고 인정하거나 재적위원 4분의 1 이상의 요구가 있는 경우에 위원장이 소집한다.

해설 ④ 「개인정보 보호법」 제7조의10(회의) 제1항
① 개인정보 보호에 관한 사무를 독립적으로 수행하기 위하여 국무총리 소속으로 개인정보 보호위원회를 둔다〈개인정보 보호법 제7조(개인정보 보호위원회) 제1항〉.
② 보호위원회는 상임위원 2명(위원장 1명, 부위원장 1명)을 포함한 9명의 위원으로 구성한다〈개인정보 보호법 제7조의2(보호위원회의 구성 등) 제1항〉.
③ 위원의 임기는 3년으로 하되, 한 차례만 연임할 수 있다〈개인정보 보호법 제7조의4(위원의 임기) 제1항〉.

3 다음 중 보기의 빈칸에 들어갈 내용을 순서대로 올바르게 나열한 것은?

> (㉠)은/는 개인정보의 보호와 정보주체의 권익 보장을 위하여 (㉡)마다 개인정보 보호 기본
> 계획을 관계 중앙행정기관의 장과 협의하여 수립한다.

	㉠	㉡
①	행정안전부장관	3년
②	행정안전부장관	4년
③	개인정보 보호위원회	3년
④	개인정보 보호위원회	4년

해설 ① 보호위원회는 개인정보의 보호와 정보주체의 권익 보장을 위하여 3년마다 개인정보 보호 기본계획
(이하 "기본계획"이라 한다)을 관계 중앙행정기관의 장과 협의하여 수립한다〈개인정보보호법 제9조
(기본계획) 제1항〉.

4 다음 중 개인정보 보호법에 따라 개인정보처리자가 정보주체의 동의를 받아 개인정보를 수집·이용할 때
정보주체에게 반드시 알려야 하는 사항에 포함되지 않는 것은?

① 개인정보의 수집·이용목적

② 개인정보의 수집·이용방법

③ 수집하려는 개인정보의 항목

④ 개인정보의 보유 및 이용 기간

해설 개인정보 수집·이용〈개인정보 보호법 제15조 제1항〉 … 개인정보처리자는 제1항 제1호에 따른 동의
를 받을 때에는 다음 각 호의 사항을 정보주체에게 알려야 한다. 다음 각 호의 어느 하나의 사항을
변경하는 경우에도 이를 알리고 동의를 받아야 한다.
1. 개인정보의 수집·이용 목적
2. 수집하려는 개인정보의 항목
3. 개인정보의 보유 및 이용 기간
4. 동의를 거부할 권리가 있다는 사실 및 동의 거부에 따른 불이익이 있는 경우에는 그 불이익의 내용

ANSWER 1.① 2.④ 3.③ 4.②

5 다음 중 개인정보 보호법상 개인정보의 파기에 대한 설명으로 옳지 않은 것은?

① 개인정보처리자는 보유기간의 경과, 개인정보의 처리 목적 달성 등 그 개인정보가 불필요하게 되었을 때에는 그 로부터 7일 이내에 그 개인정보를 파기하여야 한다.

② 개인정보처리자가 개인정보를 파기할 때에는 복구 또는 재생되지 아니하도록 조치하여야 한다.

③ 개인정보처리자가 개인정보를 파기하지 아니하고 보존하여야 하는 경우에는 해당 개인정보 또는 개인정보파일을 다른 개인정보와 분리하여서 저장·관리하여야 한다.

④ 개인정보처리자는 기록물이나 인쇄물 형태의 개인정보를 파기할 때에는 파쇄 또는 소각의 방법으로 해야 한다.

해설 ① 개인정보처리자는 보유기간의 경과, 개인정보의 처리 목적 달성, 가명정보의 처리 기간 경과 등 그 개인정보가 불필요하게 되었을 때에는 <u>지체 없이</u> 그 개인정보를 파기하여야 한다. 다만, 다른 법령에 따라 보존하여야 하는 경우에는 그러하지 아니하다〈개인정보보호법 제21조(개인정보의 파기) 제1항〉.
② 「개인정보 보호법」 제21조(개인정보의 파기) 제2항
③ 「개인정보 보호법」 제21조(개인정보의 파기) 제3항
④ 「개인정보 보호법 시행령」 제16조(개인정보의 파기방법) 제1항 제2호

6 다음 중 고유식별정보에 해당하지 않는 것은?

① 여권번호   ② 운전면허번호
③ 성별   ④ 외국인등록번호

해설 ③ 성별은 고유식별정보가 아니다. 주민등록번호, 여권번호, 운전면허번호, 외국인등록번호 등이 고유식별정보이다.

7 개인정보가 유출되었을 때 72시간 이내 신고 의무가 있는 경우가 아닌 것은?

① 민감정보 유출   ② 500명의 정보주체 유출
③ 고유식별정보 유출   ④ 시스템 해킹으로 인한 유출

해설 ② 유출 대상이 1,000명 이상일 때 신고의무가 발생한다. 500명은 의무사항이 아니다.

8 개인정보처리자가 반드시 준수해야 할 보호 원칙에 해당하지 않는 것은?

① 처리 목적의 명확성   ② 최소한의 수집

③ 비공개 처리   ④ 정확성 및 최신성 유지

해설 ③ 개인정보는 '공개'가 아니라 정보주체에게 알리고 그 권리를 보장해야 한다.
① 「개인정보 보호법」 제3조(개인정보 보호 원칙) 제1항
② 「개인정보 보호법」 제3조(개인정보 보호 원칙) 제1항
④ 「개인정보 보호법」 제3조(개인정보 보호 원칙) 제3항

9 다음 중 정보주체의 권리에 해당하지 않는 것은?

① 열람청구권   ② 삭제청구권

③ 개인정보 전송요구권   ④ 처벌청구권

해설 ④ 정보주체는 본인의 정보에 대해 열람, 정정, 삭제, 처리정지 등을 요구할 수 있으나, 처벌청구권은 없다.

10 개인정보 분쟁조정위원회에 대한 설명으로 옳은 것은?

① 위원장은 공무원 중에서만 위촉된다.

② 위원 수는 최대 20명으로 제한된다.

③ 조정부는 최대 5명 이내로 구성된다.

④ 위원의 임기는 1년 이내로 한다.

해설 ③ 조정부는 5명 이내로 구성되며, 위원장은 공무원이 아닌 사람도 가능하고 위원의 임기는 2년, 위원 수는 최대 30명이다.